*Karl Manitius*

# Des Claudius Ptolemäus Handbuch der Astronomie

## 2. Band

Literaricon

Karl Manitius

**Des Claudius Ptolemäus Handbuch der Astronomie**

2. Band

ISBN/EAN: 9783965066977

Auflage: 1

Erscheinungsjahr: 2023

Erscheinungsort: Treuchtlingen, Deutschland

© Literaricon Verlag UG (haftungsbeschränkt)

www.literaricon.com



Printed in Germany

Cover: Jan van Loon, Scenographia systematis mundani Ptolemaici, Abb. gemeinfrei

# DES CLAUDIUS PTOLEMÄUS HANDBUCH DER ASTRONOMIE

## ZWEITER BAND

AUS DEM GRIECHISCHEN ÜBERSETZT UND MIT ERKLÄRENDEN ANMERKUNGEN VERSEHEN

VON

## KARL MANITIUS

DRUCK UND VERLAG VON B. G. TEUBNER LEIPZIG 1913

# Inhaltsverzeichnis
## des zweiten Bandes.

### Siebentes Buch.



### Achtes Buch.



### Neuntes Buch.

## Zehntes Buch.



## Elftes Buch.

## Zwölftes Buch.



## Dreizehntes Buch.

### Anhang.



### Verzeichnis der Abweichungen von dem Text Heibergs.



### Berichtigungen.



### Namenverzeichnis . . . . . . . **441**

# DES CLAUDIUS PTOLEMÄUS
# HANDBUCH DER ASTRONOMIE

## ZWEITER BAND

### BUCH VII—XIII

# Siebentes Buch.

## Erstes Kapitel.
## Nachweis, daß die Fixsterne ewig dieselbe Lage zueinander beibehalten.

Nachdem wir, lieber Syrus, in dem ersten Bande unseres {H/H} Handbuchs die Erscheinungen bei Sphaera recta und bei Sphaera obliqua besprochen, dann weiter die Hypothesen der Bewegungen von Sonne und Mond und ihrer demgemäß der Theorie nach eintretenden Stellungen erörtert haben, werden wir nunmehr, weil es die Voraussetzung der weiteren theoretischen Betrachtung bildet, das Kapitel von der Sternenwelt in Angriff nehmen, und zwar zunächst, wie es die logische Reihenfolge verlangt, das Kapitel von den sogenannten Fixsternen.

Da muß denn zuallererst über diese Benennung folgende Bemerkung vorausgeschickt werden. Weil die Sterne an sich sowohl die gleichen Figuren als auch die gleichgroßen Abstände scheinbar ewig zueinander beibehalten, so dürften wir sie treffend als „Fixsterne" bezeichnen. Weil aber ihre ganze Sphäre, an welcher sie wie angewachsen umschwingen, in der Richtung der Zeichen, d. i. gegen den ersten Umschwung nach Osten zu, scheinbar auch ihrerseits einen eigenen fest geregelten Fortschritt bewerkstelligt, so dürfte für die Sphäre die Bezeichnung der „Unbeweglichkeit" nicht mehr zutreffend sein. Finden wir doch beide Punkte auf Grund des Beobachtungsmaterials, welches die verhältnismäßig kurze Zeit an die Hand gibt, durchaus bestätigt. Erstens ist schon früher Hipparch nach den Erscheinungen, wie sie ihm vorlagen, zu der vorläufigen Annahme dieser beiden Punkte gelangt, d. h. er vermochte dort, wo es sich

um (die Vorhersage für) einen längeren Zeitraum handelt,
Hei 3 mehr nur Näherungswerte als endgültige Ansätze zu liefern,
weil er nur ganz wenige vor seiner Zeit angestellte Beobachtungen der Fixsterne vorfand, fast nur die von Aristyll
5 und Timocharis aufgezeichneten, und auch diese weder
zweifellos sicher noch zuverlässig bearbeitet. Zweitens gelangen wir selbst aus der Vergleichung der heutzutage angestellten theoretischen Betrachtungen mit den damaligen zu
demselben Ergebnis, welches indessen bereits sicherer ist,
10 weil die Prüfung auf einer längeren Vorzeit beruht und weil
Hipparchs Aufzeichnungen über die Fixsterne, die wir vor-
zugsweise zur Vergleichung herangezogen haben, uns in
tadelloser Fassung überliefert sind.

Daß nun auch bis auf den heutigen Tag keinerlei Ver-
15 änderung in der Stellung der Fixsterne zueinander ein-
getreten ist, sondern die zu Hipparchs Zeit beobachteten
Alignements auch jetzt noch ohne jede Verschiebung als die-
Ha 3 selben sich der Betrachtung darbieten, und zwar nicht allein
die Alignements, welche Sterne des Tierkreises zueinander
20 in Beziehung setzen, oder solche, welche die außerhalb des
Tierkreises stehenden Sterne mit Sternen in gleicher Lage
verbinden — hätte doch gegen letztere unbedingt eine Veränderung eintreten müssen, wenn nach der ersten Hypothese,
welche Hipparch aufstellt, ausschließlich die Sterne des
25 Tierkreises den Fortschritt in der Richtung der Zeichen
bewerkstelligten —, daß also nicht bloß diese zwei Arten,
sondern auch die Alignements der Sterne des Tierkreises mit
den außerhalb in beträchtlicher Entfernung stehenden Sternen keinerlei Veränderung zeigen, dürfte jedem begreiflich
30 werden, der Lust hat nachzuprüfen und die Betrachtung
Hei 4 mit Wahrheitssinn zu wiederholen, wenn er die Erscheinungen,
wie sie heutzutage sich darbieten, mit den zu Hipparchs
Zeit gemachten Aufzeichnungen in voller Übereinstimmung
findet.

35 Wir werden nun auch hier, damit die Probe bequem gemacht werden kann, einige von den Aufzeichnungen mitteilen, welche am leichtesten wahrnehmbar sind und das

Ergebnis des Vergleichs als allgemeingültig vor Augen führen können, insofern sie zeigen, daß die von den außerhalb des Tierkreises stehenden Sternen gebildeten Alignements sowohl an sich als auch im Verhältnis zu solchen des Tierkreises unverändert geblieben sind.

Hipparchs Aufzeichnungen über die Sterne des Tierkreises lauten folgendermaßen.[1]

Krebs. Der Stern ($\alpha$) in der südlichen Schere des Krebses, der diesem und dem Kopfe der Wasserschlange vorangehende glänzende ($\beta$) und von denen im Kleinen Hund der glänzende ($\alpha$ Procyon) liegen nahezu auf einer Geraden; denn der mittelste ($\beta$) weicht von der durch die äußersten Sterne gezogenen Geraden nur $1\frac{1}{2}$ Zoll[2] nordöstlich(?) ab, während die Zwischenabstände gleichgroß sind.

Löwe. 1. Von den vier Sternen ($\mu \varepsilon \varkappa \lambda$) im Kopfe des Löwen liegen die beiden östlichen ($\mu \varepsilon$) auf einer Geraden mit dem Stern ($\omega$ Hydrae) im Ansatz des Nackens der Wasserschlange.

2. Eine durch den Schwanz ($\beta$ Denebola) des Löwen und den Stern ($\eta$ Benetnasch) am Ende des Schwanzes des Großen Bären gezogene Gerade läßt den hellen ($\alpha$ Can. venat. „Herz Karls II.") unter dem Schwanze des Großen Bären einen Zoll westlich liegen.

3. Eine durch den Stern ($\alpha$ Can. venat.) unter dem Schwanze des Großen Bären und den Schwanz ($\beta$ Denebola) des Löwen gezogene Gerade geht genau durch die vorangehenden Sterne (7 und 15 Com. Beren.) im Haupthaar.

Jungfrau. 1. Zwischen dem nördlichen Fuß ($\mu$) der Jungfrau und dem rechten Fuß ($\zeta$ Bootis) des Bootes liegen zwei Sterne, von denen der südliche (109) mit dem Fuße des Bootes gleichhelle von einer durch die (genannten) Füße (der Jungfrau und des Bootes) gezogenen Geraden nach Osten abweicht, während der nördliche (31 Bootis) halbhelle auf einer Geraden mit den Füßen liegt.

2. Dem halbhellen (31 Bootis) der beiden letztgenannten gehen zwei helle Sterne (43 H und 46 H Bootis) voraus, welche mit dem halbhellen (31) ein gleichschenkliges Drei-

eck bilden, dessen Spitze der halbhelle ist, während sie selbst (43, 46) auf einer Geraden(?) mit dem Arktur und dem südlichen Fuße (λ) der Jungfrau liegen.

3. Zwischen der Spika und dem vorletzten (γ Hydrae) im Schwanze der Wasserschlange stehen drei Sterne (61, 63, 69) auf einer Geraden(?) miteinander; von diesen liegt der mittelste (63) auf einer Geraden mit der Spika und dem vorletzten (γ) im Schwanze der Wasserschlange.

Scheren. Nahezu auf einer Geraden mit den glänzenden Sternen (αβ) in den Scheren steht nach Norden zu ein glänzender dreifacher (α Serp. Unuk); zu beiden Seiten desselben steht nämlich je ein kleiner Stern (λ und 29 *H Serp.).

Skorpion. 1. Eine durch den nachfolgenden (λ) der im Stachel des Skorpions stehenden Sterne (λ υ) und das rechte Knie (η Ophiuchi) des Schlangenträgers gezogene Gerade halbiert(?) den Abstand der beiden vorangehenden Sterne (ϑ A Oph.) im rechten Fuße des Schlangenträgers.

2. Das fünfte (ϑ) und das siebente (κ) Schwanzgelenk liegt auf einer Geraden mit dem glänzenden Stern (α Arae) in der Mitte des Räucheraltars.

3. Der nördlichere (σ Arae) von den Sternen (ϑ σ Arae) an der Grundfläche des Räucheraltars[a] steht als mittelster nahezu auf einer Geraden mit dem fünften Schwanzgelenk (ϑ) und dem Stern (α Arae) in der Mitte des Räucheraltars, so daß er von jedem der beiden ungefähr den gleichen Abstand hat.

Schütze. 1. Südöstlich von dem Kreis unter dem Schützen (d. i. von der Südlichen Krone) liegen zwei helle Sterne (αβ), welche voneinander den geraumen Abstand von etwa 3 Ellen[2] haben. Von ihnen steht der südlichere und glänzen-

a) Beide Sterne werden von Hipparch (Comment. p. 222, 27; 236,8) erwähnt. σ Arae ist, als durch vorliegendes Alignement bestimmt, dort nachzutragen.

dere ($\beta$ ein Doppelstern), der im Fuße des Schützen, nahezu auf einer Geraden mit dem mittelsten ($\alpha$) von den drei
hellen Sternen ($\alpha\beta\gamma$ Cor. austr.) im Kreis, welche in eben-
diesem am weitesten nach Osten zu liegen, und dem nach-
folgenden ($\zeta$) von den im Viereck ($\zeta\tau\sigma\varphi$) einander diagonal
gegenüberstehenden glänzenden Sternen ($\zeta\sigma$), so daß die
zwischen beiden ($\beta$ und $\zeta$) sich erstreckenden Abstände ($\beta\alpha$
und $\alpha\zeta$) gleichgroß(?) sind.

2. Der nördliche ($\alpha$) der (S 6, 31) genannten weicht von
dieser Geraden nach Osten zu ab und liegt mit den glänzenden Sternen ($\zeta\sigma$), welche im Viereck einander diagonal
gegenüberstehen, auf einer Geraden.

**Wassermann.** 1. Die beiden dicht nebeneinander stehenden Sterne ($\vartheta\nu$ Pegasi) im Kopfe des Pferdes und die nachfolgende Schulter ($\alpha$) des Wassermanns liegen nahezu(?) auf
einer Geraden, zu welcher die Gerade von der vorangehen-
den Schulter ($\beta$) des Wassermanns nach dem Stern ($\varepsilon$ Enif)
am Unterkinnbacken des
Pferdes parallel verläuft.

2. Die vorangehende
Schulter ($\beta$) des Wassermanns, der glänzende ($\zeta$)
von den zwei Sternen
($\xi\zeta$ Peg.) am Halse des
Pferdes und der Stern
($\alpha$ Andr. Sirrah) am Na-
bel des Pferdes liegen
auf einer Geraden und
die Abstände ($\zeta\beta$ und
$\zeta\alpha$) sind gleichgroß.

3. Eine durch das Maul
($\varepsilon$ Enif) des Pferdes und
den östlichen ($\eta$) von
den vier Sternen ($\eta\zeta\pi\gamma$)
im Wasserkrug gezogene
Gerade halbiert nahezu

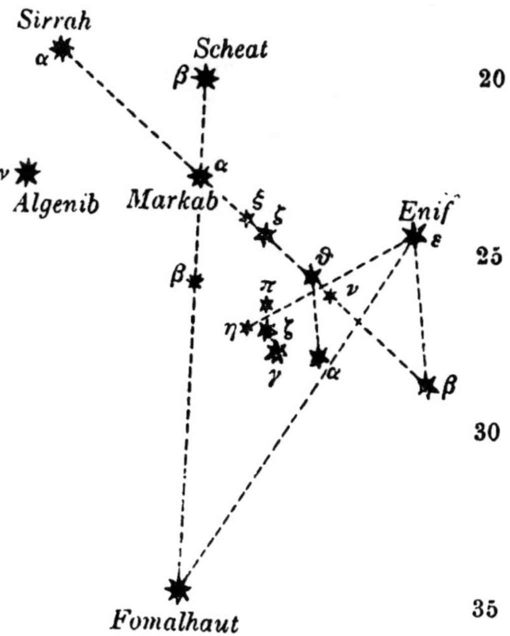


unter rechten Winkeln die Gerade, welche durch die

beiden dicht nebeneinander stehenden Sterne ($\vartheta\nu$ Peg.) im Kopfe des Pferdes geht.

Ha 6    **Fische.** Der Stern ($\beta$) an der Schnauze des südlichen Fisches steht mit dem glänzenden ($\alpha$ Markab) an den Schul-
5 tern und dem glänzenden ($\beta$ Scheat) an der Brust des Pferdes auf einer Geraden.

**Widder.** 1. Der vorangehende Stern ($\beta$ Triang.) an der Grundlinie des Dreiecks weicht einen Zoll östlich von einer Geraden ab, welche durch den Stern ($\alpha$) am Maule des
10 Widders und den linken Fuß ($\gamma$ Alamak) der Andromeda geht.

2. Die vorangehenden ($\beta\gamma$) von den Sternen ($\alpha\beta\gamma$) im Kopfe des Widders liegen mit dem Halbierungspunkte der Grundlinie ($\beta\gamma$ Triang.) des Dreiecks auf einer Geraden.

**Stier.** 1. Die ostwärts stehenden Sterne ($\alpha\varepsilon$) der Hyaden
15 und in dem Fell, welches der Orion in der linken Hand hält, von Süden gezählt der sechste ($\pi^1$ Or.) stehen auf einer Geraden.

2. Eine durch das vorangehende Auge ($\delta$) des Stiers und
Hel 8 den von Süden siebenten Stern im Fell ($o^2$ Or.) gezogene
20 Gerade läßt den glänzenden Stern ($\alpha$ Aldebaran) der Hyaden einen Zoll nördlich liegen.

**Zwillinge.** Mit den Köpfen ($\alpha$ Kastor und $\beta$ Pollux) der Zwillinge liegt auf einer Geraden ein Stern ($\zeta$ Cancri Tegmine), welcher hinter dem nachfolgenden Kopf ($\beta$) das
25 Dreifache des Abstandes der Köpfe (östlich) zurückbleibt, während er mit den südlicheren ($\delta\vartheta$) von den vier Sternen ($\delta\vartheta\gamma\eta$ Cancri) um den Nebelfleck (die sog. Krippe, $\varepsilon$ Cancri) auf einer Geraden liegt.

Von diesen und ähnlichen Alignements, welche so ziem-
30 lich über die ganze Sphäre weg einen Anhalt zum Vergleich bieten, sehen wir kein einziges bis auf den heutigen Tag verändert, was doch in sehr bemerkbarer Weise in der Zwischenzeit von etwa 260 Jahren[a] geschehen sein müßte, wenn

---

a) Sonst stets 265 Jahre, nämlich von 128 v. Chr. bis 138 n. Chr.; so S. 15, 9; 20, 21. Vgl. I 142, 14; 143, 1, wo es sich um eine Zwischenzeit von 285 ägyptischen Jahren (von 146 v. Chr. bis 140 n. Chr.) handelt.

ausschließlich die im Tierkreis stehenden Sterne den Fort- Ha
schritt nach Osten bewerkstelligten.

Damit aber auch unsere Nachkommen an der Hand einer
noch größeren Anzahl von ähnlichen Alignements den auf
eine längere Zwischenzeit gegründeten Vergleich anstellen 5
können, werden wir noch von den Alignements, welche in
älterer Zeit nicht zur Aufzeichnung gelangt, sondern erst
von uns beobachtet worden sind, diejenigen hinzufügen,
welche besonders leicht wahrgenommen werden können. Als
Ausgangspunkt wählen wir den 10

Widder. Von den drei Sternen $(\alpha\beta\gamma)$ im Kopfe des
Widders liegen die beiden nördlicheren $(\alpha\beta)$ mit dem glänzenden Stern $(\varepsilon$ Persei$)$ im südlichen Knie des Perseus und Hei !
der sog. Capella auf einer Geraden.

Stier. 1. Eine durch die sog. Capella und den glänzen- 15
den Stern $(\alpha$ Aldebaran$)$ der Hyaden gezogene Gerade läßt
den Stern $(\iota$ Aur.$)$ im vorangehenden Fuße des Fuhrmanns
ein wenig östlich liegen.

2. Die sog. Capella und der dem nachfolgenden Fuße des
Fuhrmanns mit der Spitze des nördlichen Stierhorns gemein- 20
same Stern $(\beta)$ liegen mit dem Stern $(\gamma$ Bellatrix$)$ in der
vorangehenden Schulter des Orion auf einer Geraden.

Zwillinge. Die glänzenden Sterne $(\alpha\beta)$ in den Köpfen
der Zwillinge liegen mit dem glänzenden Stern $(\vartheta$ Hydrae$)$
im Nacken der Wasserschlange nahezu auf einer Geraden. 25

Krebs. 1. Die beiden dicht nebeneinander stehenden
Sterne $(\iota\varkappa$ Urs. maj.$)$ im Vorderfuße des Großen Bären, der
Stern $(\iota)$ an der Spitze der nördlichen Schere des Krebses
und der nördliche Esel $(\gamma)$ liegen auf einer Geraden.

2. Der südliche Esel $(\delta)$, der glänzende Stern $(\alpha$ Procyon$)$ 30
im Kleinen Hund und der zwischen ihnen stehende helle $(\beta)$,
welcher dem Kopf der Wasserschlange vorangeht, liegen
nahezu(?) auf einer Geraden.

Löwe. 1. Eine von dem mittelsten $(\gamma)$ der glänzenden
Sterne $(\zeta\gamma\eta)$ im Nacken des Löwen nach dem glänzenden 35
Stern $(\alpha$ Alphard$)$ in der Wasserschlange gezogene Gerade Ha ε

läßt den Stern (α Regulus) im Herzen des Löwen ein wenig östlich liegen.

2. Eine Gerade, gezogen von dem glänzenden Stern (δ) an der Hüfte des Löwen nach dem glänzenden (γ Phekda) am Hinterschenkel des Großen Bären, welcher im Viereck von der nachfolgenden Seite der südliche ist, läßt die beiden dicht nebeneinander stehenden Sterne (ν ξ Urs. maj.) am Ende des nachfolgenden Fußes des Großen Bären ein wenig westlich liegen.

Jungfrau. 1. Eine von dem Stern (ζ) auf dem Schenkel der Jungfrau nach dem vorletzten (γ Hydrae) in dem Ende des Schwanzes der Wasserschlange gezogene Gerade läßt die sog. Spika ein wenig westlich liegen.

2. Eine von der Spika nach dem Stern (β Bootis) im Kopfe des Bootes gezogene Gerade läßt den Arktur ein wenig östlich (vielmehr stark westlich!) liegen.[a]

3. Die Spika und die Sterne (δγ Corvi) auf den Flügeln des Raben liegen auf einer Geraden.

4. Die Spika, der Stern (ζ) auf dem Schenkel der Jungfrau und von den drei Sternen (ητυ Bootis) in dem vorangehenden Schienbein des Bootes der nördliche glänzende (η) liegen auf einer Geraden.

Scheren. 1. Die glänzenden Sterne (αβ) in den Scheren liegen mit dem Stern (π Hydrae) am Ende des Schwanzes der Wasserschlange auf einer Geraden.

2. Der glänzende Stern (α Zuben-el-dschenubi) in der südlichen Schere, der Arktur und von den drei Sternen (εξη Urs. maj.) im Schwanze des Großen Bären der mittelste (ζ Mizar) liegen auf einer Geraden.

3. Der glänzende Stern (β Zuben-el-schemali) in der nördlichen Schere, der Arktur und der Stern (γ Phekda) am Hinterschenkel des Großen Bären liegen auf einer Geraden.

Skorpion. 1. Der Stern (ξ Oph.) im nachfolgenden Schienbein des Schlangenträgers, der im fünften Schwanz-

---

a) Die Ortsveränderung gegen die benachbarten Sterne beträgt ungefähr drei Vollmondbreiten in westlicher Richtung. Vgl. Hipp. Comment. p. 192, 9; 194, 3 und die erl. Anm. 26 dazu.

gelenk ($\vartheta$) des Skorpions und von den beiden dicht nebeneinander stehenden ($\lambda\,v$) im Stachel des Skorpions der vorangehende ($v$) liegen auf einer Geraden.

2. Der vorangehende ($\sigma$) von den drei Sternen ($\tau\,\alpha\,\sigma$) in
der Brust des Skorpions und die zwei Sterne ($\eta\,\zeta$ Oph.) in
den Knien des Schlangenträgers bilden ein gleichschenkliges
Dreieck, an dessen Spitze der vorangehende ($\sigma$) von den
drei Sternen in der Brust steht.

Schütze. 1. Der Stern ($\beta$) zweiter Größe im vorderen
südlichen Knöchel des Schützen steht mit dem Stern ($\gamma$) an
der Pfeilspitze und dem Stern ($\eta$ Oph.) im nachfolgenden
Knie des Schlangenträgers auf einer Geraden.

2. Der Stern ($\alpha$) am Knie desselben Beines des Schützen,
welcher neben dem (Südlichen) Kranz steht, liegt mit dem
Stern ($\gamma$) an der Pfeilspitze und dem Stern ($\zeta$ Oph.) im vorangehenden Knie des Schlangenträgers auf einer Geraden.

Steinbock. 1. Eine von dem glänzenden Stern ($\alpha$ Wega) in
der Leier nach den Sternen ($\alpha\beta$) in den Hörnern des Steinbocks gezogene Gerade läßt den glänzenden Stern ($\alpha$ Atair)
im Adler ein wenig östlich liegen.

2. Eine von dem glänzenden Stern ($\alpha$ Atair) im Adler
nach dem Stern erster Größe ($\alpha$ Fomalhaut) am Maule des
Südlichen Fisches gezogene Gerade halbiert nahezu den Abstand zwischen den zwei glänzenden Sternen ($\gamma\,\delta$) im Schwanze
des Steinbocks.

Wassermann. Eine von dem Stern erster Größe ($\alpha$ Fomalhaut) am Maule des Südlichen Fisches nach dem Stern
($\varepsilon$ Enif) am Maule des Pferdes gezogene Gerade läßt den
glänzenden Stern ($\alpha$) an der nachfolgenden Schulter des
Wassermanns ein wenig östlich liegen (s. Fig. S. 7).

Fische. Die Sterne ($\alpha$ Pisc. austr. und $\beta$ Piscium) an
den Mäulern der beiden südlichen Fische und die vorangehenden ($\alpha$ Markab und $\beta$ Scheat) des Vierecks im Pferde
liegen auf einer Geraden (s. Fig. S. 7).

Prüft man wieder auch gerade auf diese Alignements hin
die Sternbilder nach dem Sternbestand des Himmelsglobus
Hipparchs, so wird man die Lage der betreffenden Sterne

auf dem Globus, wie sie der damaligen Beobachtung entsprechend zur Auftragung gelangt ist, ohne wesentliche Abweichungen als die nämliche wie heutzutage finden.

## Zweites Kapitel.
### Nachweis, daß die Fixsternsphäre eine in der Richtung der Ekliptikzeichen vor sich gehende Bewegung hat.

Aus diesem und ähnlichem Beobachtungsmaterial kann uns der Schluß nahegelegt werden, daß schlechthin allen sog. Fixsternen einerlei Verhalten und dieselbe Bewegung eigen sei. Daß aber auch ihre Sphäre eine ganz eigenartige Bewegung in der dem Umschwung des Weltalls entgegengesetzten Richtung vollziehe, d. h. nach der Seite hin, welche östlich des durch die beiden Pole des Äquators und der Ekliptik gezogenen größten (Kolur-) Kreises (vgl. I 23, 14—22) liegt, das wird uns hauptsächlich daraus ersichtlich, daß die nämlichen Sterne in vergangener Zeit nicht dieselben Entfernungen wie heutzutage von den Wende- und Nachtgleichenpunkten einhalten, sondern je nach der Länge der verflossenen Zwischenzeit gegen früher in immer größerer Entfernung östlich der betreffenden Punkte gefunden werden.

In der Schrift „Über die Veränderung der Wende- und Nachtgleichenpunkte" gelangt nämlich Hipparch durch Vergleichung von zu seiner Zeit (vgl. I 136, 26) genau beobachteten Mondfinsternissen mit solchen, welche noch früher von Timocharis beobachtet worden waren, zu dem Ergebnis, daß die Spika von dem Herbstnachtgleichenpunkt gegen die Richtung der Zeichen zu seiner Zeit 6°, zu Timocharis' Zeit dagegen nahezu 8° entfernt stand. Er drückt sich nämlich schließlich folgendermaßen aus: „Wenn also z. B. die Spika früher in der Länge der Zeichen 8° westlich des Herbstpunktes stand[a], jetzt aber nur noch 6°" usw. Aber auch bei den anderen Fixsternen, welche er in die Vergleichung

---

a) D. h. in ♍ 22° ohne Rücksicht auf ihre südliche Breite, die unverändert 2° beträgt.

miteinbezogen hat, weist er nach, daß in der Richtung der Zeichen ein Weiterrücken von gleichgroßem Betrage stattgefunden habe.

Als wir selbst die scheinbaren Entfernungen der Fixsterne von den Wende- und Nachtgleichenpunkten, wie sie sich zu unserer Zeit darbieten, mit den von Hipparch beobachteten und aufgezeichneten Abständen verglichen, fanden wir gleichfalls, daß ein Weiterrücken in der Richtung der Ekliptikzeichen dem oben mitgeteilten Fortschritt entsprechend stattgefunden habe. Angestellt haben wir die Prüfung dieser Erscheinung mit dem für solche Zwecke von uns konstruierten Instrument (I 254 ff.) durch Beobachtungen der von Fall zu Fall gebotenen Elongationen des Mondes von der Sonne. Wir stellten den einen (d. i. den äußeren) Astrolabring auf den zur Stunde der Beobachtung (durch Elongation und Parallaxe) gegebenen scheinbaren Ort des Mondes ein und drehten den anderen (inneren) auf den anzuvisierenden Fixstern, um Mond und Fixstern gleichzeitig in ihren Positionen in die Visierlinie zu bekommen. Auf diese Weise erhielten wir aus dem Abstand von dem Monde auch für jeden der glänzenden Fixsterne den zurzeit eingenommenen Ort.

So beobachteten wir, um ein Beispiel zu geben, im zweiten Jahre Antonins am 9. ägyptischen Pharmuthi (23. Februar 139 n. Chr.), als in Alexandria die Sonne eben im Begriff war unterzugehen, während der letzte Grad des Stiers (oder $\Pi\,0^0$) kulminierte, d. i. $5\frac{1}{2}$ Äquinoktialstunden nach dem Mittag des $9^{\text{ten}}$, daß der scheinbare Mond von der in $\mathcal{H}\,3^0$ anvisierten Sonne eine Elongation von $92^0\,7'\,30''$ hatte.[a] Als nach einer halben Stunde die Sonne bereits untergegangen war und der vierte Teil der Zwillinge (d. i. $\Pi\,7^0\,30'$)

---

a) Hiernach wäre der scheinbare Ort des Mondes, d. h., weil zurzeit östlich des Meridians, der durch die in der Richtung der Zeichen wirkende Längenparallaxe vermehrte genaue Ort, um $5\frac{1}{2}$ Uhr $92^0\,7'\,30'' - [27^0\,\mathcal{H} + 60^0] = \Pi\,5^0\,7'\,30''$. Aber dieser Ort wird S. 14, 9 noch berichtigt.

kulminierte[a], betrug, als der scheinbare Mond in derselben
Stellung anvisiert wurde[b], der scheinbare Abstand des Sterns
(Regulus) im Herzen des Löwen von dem Monde an dem
anderen (äußeren) Astrolabring wieder in der Richtung der
5 Zeichen $57^1/_6$ Ekliptikgrade.  Nun war zuerst (d. i. bei Beginn der Beobachtung) der genaue Ort der Sonne )( $3^0\,3'$,
so daß der scheinbare Mond bei der Elongation von $92^0\,7'\,30''$
in der Richtung der Zeichen damals (d. i. noch östlich des
Meridians) ohne wesentlichen Fehler[c] in ♈ $5^0\,10'$ stand, wo
10 er auch nach unseren Voraussetzungen (d. i. nach den Mondtafeln) stehen mußte.[3]  Nach Verlauf der halben Stunde
mußte sich aber der Mond ungefähr $1/_4{}^0$ in der Richtung
der Zeichen weiterbewegt haben[d], während seine (Längen-)
Parallaxe gegen die erste Stellung ungefähr $1/_{12}{}^0$ gegen die
15 Richtung der Zeichen[e] betragen mußte.  Mithin stand nach
bei 15 Verlauf der halben Stunde der scheinbare Mond in ♈ $5^0\,20'$
(d. i. in ♈ $5^0\,10' + [15' - 5']$).  Folglich stand der Stern
im Herzen, da sein scheinbarer Abstand von dem Monde in
der Richtung der Zeichen $57^0\,10'$ betrug, in ♌ $2^0\,30'$, d. h.
20 er hatte von dem Sommerwendepunkt eine Entfernung von
$32^0\,30'$.

Nun hatte dieser Stern im $50^{ten}$ Jahre der dritten Kallippischen Periode (129/128 v. Chr.), wie Hipparch als Be-

---

a) Indem während dieser halben Stunde $7^1/_2$ Äquatorgrade
den Meridian passiert hatten, wodurch der Mond etwa $2^0$ westlich des Meridians zu stehen kam.

b) D h. unter Annahme derselben scheinbaren Elongation,
mithin ohne Rücksicht auf die inzwischen vor sich gegangene
Eigenbewegung und Änderung der Parallaxe, wurde der innere
Astrolabring, auf den ersten Ort eingestellt bleibend, von
neuem auf den Mond gedreht.  S. Anm. 3.

c) D. i. infolge des berichtigten Sonnenorts $3'$ weiter östlich,
aber mit Vernachlässigung von $30''$.

d) Bei der stündlichen mittleren Bewegung in Länge von
$0^0\,32'\,56''$ etwas mehr.

e) Weil er nunmehr $2^0$ westlich des Meridians stand, woraus
sich die gegen die Richtung der Zeichen wirkende Längenparallaxe erklärt.

obachter aufzeichnet[a], vom Sommerwendepunkt ab ebenfalls wieder in der Richtung der Zeichen eine Entfernung
von 29° 50′. Folglich ist der Stern im Herzen des Löwen
in der Richtung der Ekliptikzeichen 2° 40′ weitergerückt.
Da die Zwischenzeit seit Hipparchs Beobachtung bis zum
ersten Jahre der Regierung Antonins (137/138 n. Chr.), in
welchem gerade auch wir die Örter der meisten Fixsterne
durch Beobachtung festgestellt haben, ungefähr (128 + 137)
265 Jahre beträgt, so ist auf diesem Wege gefunden worden, daß in rund 100 Jahren ein Fortrücken von einem
Grad in der Richtung der Zeichen stattgefunden hat. Das
ist offenbar auch die mit Vorbehalt hingestellte Annahme
Hipparchs gewesen, der in der Schrift „Über die Länge des
Jahres" also sagt: „Wenn nämlich aus diesem Grunde die
Wenden und die Nachtgleichen in einem Jahre mindestens
$^1/_{100}{}^0$ gegen die Richtung der Zeichen zurückgingen, so
müßten sie in 300 Jahren mindestens 3° zurückgegangen
sein."

Nachdem wir auf dieselbe Weise auch die Spika und die
glänzendsten in der Nähe der Ekliptik stehenden Sterne von
dem Monde aus anvisiert hatten und dann weiter direkt von
diesen Sternen aus bequemer auch die anderen, fanden wir
ihre Abstände voneinander ungefähr wieder gleichgroß wie
die von Hipparch beobachteten, während die Entfernungen
von den Wende- und Nachtgleichenpunkten gegen Hipparchs
Aufzeichnung bei jedem ungefähr um obige 2° 40′ in der
Richtung der Zeichen zugenommen hatten.

---

a) Nach Hipparch (Comment. p. 240, 20) stand er in ♋ 30°.

## Drittes Kapitel.
### Nachweis, daß die in der Richtung der Zeichen vor sich gehende Bewegung der Fixsternsphäre sich um die Pole der Ekliptik vollzieht.

Ha 14    Daß also auch die Fixsternsphäre in der Richtung der Ekliptikzeichen den oben annähernd bestimmten Fortschritt bewerkstelligt, ist uns durch vorstehendes verständlich geworden. Indem es nun die weitere Aufgabe ist, die Art
5 der geschilderten Bewegung zu untersuchen, d. h. ob sie sich um die Pole des Äquators oder um die Pole der Ekliptik vollziehe, so würde die Frage schon mit dem Vorrücken in Länge entschieden sein — denn ebenso wie die durch die
Hei 17 Pole des Äquators gezogenen größten (Deklinations-)Kreise
10 in der Ekliptik ungleiche Bogen abschneiden, schneiden auch die durch die Pole der Ekliptik gezogenen größten (Breiten-) Kreise auf dem Äquator ungleiche Bogen ab[a]) — wenn nicht in der (verhältnismäßig) so kurzen Zeit der Fortschritt in Länge nur ganz unbedeutend wäre und deshalb (bei Be-
15 ziehung desselben auf den Äquator) der aus dem genannten Grunde sich etwa äußernde Unterschied (der Bogen) noch kaum bemerkbar sein könnte. Am besten dürfte diese Frage entschieden werden durch die Positionen der Fixsterne in Breite, wie sie ehemals waren und wie sie heut-
20 zutage sind; denn zu welchem der beiden Kreise, zum Äquator oder zur Ekliptik, die Fixsterne ewig dieselben scheinbaren Abstände in Breite einhalten, um dessen Pole wird sich offenbar auch die Bewegung ihrer Sphäre vollziehen.
Ha 15    Schon Hipparch erklärt sich nun für die Bewegung um
25 die Pole der Ekliptik; er betont nämlich in der Schrift „Über die Veränderung der Wende- und Nachtgleichenpunkte" den Umstand, daß gerade wieder die Spika nach den von Timocharis und von ihm selbst angestellten Be-

---

a) So daß die bei allen Sternen gleichgroß gefundenen Bogen des Vorrückens in Länge nur auf eine parallel zur Ekliptik verlaufende Bewegung hinweisen können.

obachtungen nicht zum Äquator, sondern zur Ekliptik den
Betrag ihres Abstandes in Breite innegehalten habe und
nach wie vor 2⁰ südlich der Ekliptik stehe. Deshalb nimmt
er auch in der Schrift „Von der Länge des Jahres" einzig
und allein die Bewegung an, welche sich um die Pole der
Ekliptik vollzieht, ist aber gleichwohl seiner Sache noch
nicht gewiß, wie er selbst versichert, weil erstens auf die
Beobachtungen der Astronomen aus der Schule des Timocharis wegen ihrer sehr oberflächlichen Fassung kein rechter
Verlaß sei, und weil zweitens der in der Zwischenzeit eingetretene Unterschied noch nicht groß genug sei, um aus
ihm einen sicheren Schluß ziehen zu können. Wir dagegen,
die wir die in Frage stehende Erscheinung sowohl auf Grund
einer noch längeren Vorzeit als auch so ziemlich an allen
Fixsternen beobachtet vorfinden, können natürlich schon mit
größerer Zuversicht an die Bewegung der Fixsterne um die
Pole der Ekliptik glauben. Indem wir nämlich für jeden
Fixstern seinen Abstand von der Ekliptik in Breite auf dem
durch deren Pole gezogenen größten (Breiten-)Kreis durch
Beobachtung feststellten, fanden wir fast genau dieselben
Beträge, wie sie zu Hipparchs Zeit aufgezeichnet und zu-
sammengestellt worden sind, oder wenigstens mit einer ganz
geringen Differenz behaftet, wie eine solche direkt bei den
Beobachtungen schon infolge eines kleinen Versehens eintreten kann. Wenn wir dagegen die Abstände vom Äquator
auf dem durch dessen Pole gezogenen größten (Deklinations-)
Kreis durch Beobachtung feststellten, fanden wir weder die
von uns gewonnenen Beträge in Übereinstimmung mit den
von Hipparch in derselben Hinsicht aufgezeichneten, noch
diese wieder mit den noch früher von den Astronomen aus
der Schule des Timocharis überlieferten. Gerade aus diesen
(älteren) Aufzeichnungen fanden wir nun den sich gleich-
bleibenden Betrag der Breite zur Ekliptik nur noch mehr
bestätigt, wogegen stets nördlicher als der ältere Abstand
vom Äquator die Sterne auf der Halbkugel von der Winter-
wende über den Frühlingspunkt bis zur Sommerwende gefunden wurden, stets südlicher die Sterne auf der entgegen-

gesetzten Halbkugel. Und zwar ergaben sich bei den Sternen
in der Nähe der Nachtgleichenpunkte größere, bei denen in
der Nähe der Wendepunkte geringere Unterschiede (gegen
früher), etwa dem Betrag entsprechend, um welchen die ostwärts liegenden Teile der Ekliptik bei gleichgroßem Fortschritt
in Länge (auf der einen Halbkugel) weiter nördlich oder (auf
der anderen) weiter südlich des Äquators zu liegen kommen.

I. Um an einigen besonders deutlichen Beispielen die ge-
schilderte Bewegung noch besser zu veranschaulichen, werden
wir für jede der näherbezeichneten Halbkugeln die Abstände
der Sterne in Breite vom Äquator (d. i. ihre Deklination),
gemessen auf dem durch dessen Pole gezogenen größten
Kreis, zusammenstellen, wie sie erstens zur Zeit der Astronomen aus der Schule des Timocharis (und Aristyll), zweitens zur Zeit des Hipparch und drittens in derselben Hinsicht von uns gewonnen worden sind.

A. Die Halbkugel mit dem Frühlingspunkt.

| | | | |
|---|---|---|---|
| 1. Der glänzende Stern im Adler (Atair) . . . | Tim.+ 5°48′ | Hipp.+ 5°48′ | Wir+ 5°50′ |
| 2. Die Mitte der Pleias (Alkyone) . . . . . . . | „ +14°30′ | „ +15°10′ | „ +16°15′ |
| 3. Der glänzende der Hyaden (Aldebaran) . . | „ + 8°45′ | „ + 9°45′ | „ +11° 0′ |
| 4. Der glänzendste im Fuhrmann, die sog. Capella. . . . . . . . . . . | Ar. +40° 0′ | „ +40°24′ | „ +41°10′ |
| 5. Der Stern in der vorangehenden Schulter des Orion (Bellatrix) . . . | Tim.+ 1°12′ | „ + 1°48′ | „ + 2°30′ |
| 6. Der Stern in der nachfolgenden Schulter des Orion (Beteigeuze) . . | „ + 3°50′ | „ + 4°20′ | , + 5°15′ |
| 7. Der glänzende Stern am Maule des Hundes (Sirius) . . . . . . . . | „ −16°20′ | „ −16° 0′ | „ −15°45′ |
| 8. Der vorang. von den glänzenden Sternen in den Köpfen der Zwillinge (Kastor) . . . . . | Ar +33° 0′ | „ +33°10′ | „ +33°24′ |
| 9. Der nachfolgende (Pollux) . . . . . . . . . | „ +30° 0′ | +30° 0′ | „ +30°10′ |

Bei allen diesen Sternen, welche hinsichtlich ihrer Lage
in Länge von den oben bezeichneten Halbkugeln der mit
dem Frühlingspunkt angehören, sind die späteren Stellungen
zum Äquator in Breite alle nördlicher geworden als die
zeitlich früheren, und zwar bei den Sternen (wie 1, 8 und 9)
in der Nähe der Wendepunkte selbst um einen ganz geringen
Betrag, dagegen um einen ziemlich beträchtlichen bei den
Sternen (wie 2 und 3) in der Nähe der Nachtgleichenpunkte,
was durchaus dem Fortschritt um die Pole der Ekliptik in
der Richtung der Zeichen entspricht, weil auch die nachfolgenden Abschnitte dieses Halbkreises (der Ekliptik) immer
nördlicher werden als die vorangehenden[a], und zwar die
Abschnitte in der Nähe der Nachtgleichenpunkte wieder mit
größeren Unterschieden (gegen früher), die in der Nähe der
Wendepunkte mit geringeren Unterschieden.

## B. Die entgegengesetzte Halbkugel.

| | | | |
|---|---|---|---|
| 1. Der Stern im Herzen des Löwen (Regulus) | Tim.$+21^\circ20'$ | Hipp $+20^\circ40'$ | Wir$+19^\circ50'$ |
| 2. Die sog. Spika . . . . | „ $+ 1^\circ24'$ | „ $+ 0^\circ36'$ | „ $- 0^\circ30'$ |
| 3. Von den 3 Sternen im Schwanze des Großen Bären der letzte (Benetnasch) . . . . . . . | Ar. $+61^\circ30'$ | „ $+60^\circ45'$ | „ $+59^\circ40'$ |
| 4. Der vorletzte in der Mitte des Schwanzes (Mizar) . . . . . . . | „ $+67^\circ15'$ | „ $+66^\circ30'$ | „ $+65^\circ 0'$ |
| 5. Der drittletzte am Ansatz des Schwanzes (Alioth) . . . . . . . | „ $+68^\circ30'$ | $+67^\circ36'$ | „ $+66^\circ15'$ |
| 6. Der Arktur . . . . . . | Tim. $+31^\circ30'$ | $+31^\circ 0'$ | „ $+29^\circ50'$ |

a) Die vom Widderpunkt in der Richtung der Zeichen verlaufenden Grade (♈ ♉ ♊) erheben sich immer mehr über den
Äquator, die von da gegen die Richtung der Zeichen verlaufenden Grade (♓ ♒ ♐) nähern sich immer mehr dem Äquator
von Süden her und zwar geht die Zunahme der nördlichen oder
die Abnahme der südlichen Deklination anfangs stärker, gegen
die Wendepunkte hin in geringerem Maße vor sich.

|  | Tim. | Hipp. | Wir |
|---|---|---|---|
| 5　7. Von den glänzenden Sternen in den Scheren des Skorpions der am Ende der südlichen Schere (Zuben-el-dschenubi) . . . . . . | — 5° 0′ | — 5°36′ | — 7°10′ |
| Hei 23　8. Der am Ende der nördlichen Schere (Zuben-el-schemali) . . . . . . | „ + 1°12′ | „ + 0°24′ | „ — 1° 0′ |
| 10　9. Der glänzende in der Brust des Skorpions, der sog. Antares . . . | „ —18°20′ | „ —19° 0′ | „ —20°15′ |

Bei allen diesen Sternen sind umgekehrt, der entgegengesetzten Lage entsprechend, die späteren Positionen zum
15 Äquator in Breite verhältnismäßig südlicher geworden als die zeitlich früheren.

II. Auch aus vorstehendem Material läßt sich die Tatsache ableiten, daß der Fortschritt der Fixsternsphäre in Länge in der Richtung der Zeichen in rund 100 Jahren,
20 wie oben (S. 15, 10) bereits bemerkt, einen Grad beträgt, mithin 2° 40′ in den 265 Jahren, die zwischen den Beobachtungen Hipparchs und den unserigen liegen. Ganz besonders deutlich dürfte sich dies aus dem Unterschied in Breite herausstellen, welcher bei den Sternen in der Nähe
25 der Nachtgleichenpunkte gefunden worden ist.

A. Die Halbkugel mit dem Frühlingspunkt.

Ha 20　　1. Die Mitte der Pleias (Alkyone), zu Hipparchs Zeit 15° 10′ nördlich des Äquators gefunden, zu unserer Zeit 16° 15′, ist in der Zwischenzeit um 1° 5′ nördlicher ge-
30 worden. Ebensoviel beträgt nahezu der Unterschied in Breite
Hei 24 zum Äquator zwischen den genannten $2^2/_3$° der Ekliptik am Ende des Widders, die auf den Fortschritt in Länge in der Richtung der Zeichen entfallen, welcher in derselben Zeit stattgefunden hat.[a]

---

a) Angenommen, die Alkyone habe zu Hipparchs Zeit (vgl. Comment. p. 214, 12) auf dem durch ♈ 30° gehenden Deklinationskreis gestanden, mithin zur Zeit des Ptolemäus auf dem durch ♉ 2°40′ gehenden, so gibt die Tabelle der Ekliptikschiefe,

2. Die sog. Capella, zu Hipparchs Zeit $40^0\,24'$ nördlich des Äquators gefunden, zu unserer Zeit $41^0\,10'$, ist $^4/_5^{\,0}$ nördlicher geworden. Ebensoviel beträgt wieder der Unterschied in Breite zum Äquator zwischen den $2^2/_3^{\,0}$ der Ekliptik um die Mitte des Stiers.[a]

3. Der Stern ($\gamma$ Bellatrix) in der vorangehenden Schulter des Orion, zu Hipparchs Zeit $1^0\,48'$ nördlich des Äquators gefunden, zu unserer Zeit $2^0\,30'$, ist ungefähr $^2/_3^{\,0}$ nördlicher geworden. Ebensoviel beträgt ungefähr der Unterschied in Breite zum Äquator zwischen den $2^0\,40'$ der Ekliptik nach dem zweiten Drittel des Stiers.[b]

### B. Die entgegengesetzte Halbkugel.

1. Die Spika, zu Hipparchs Zeit $0^0\,36'$ nördlich des Äquators gefunden, zu unserer Zeit $0^0\,30'$ südlich desselben, ist $1^0\,6'$ südlicher geworden. Ebensoviel beträgt wieder der Unterschied in Breite zum Äquator zwischen den $2^0\,40'$ der Ekliptik am Ende der Jungfrau.[c]

2. Der Stern ($\eta$ Benetnasch) am Ende des Schwanzes des Großen Bären, zu Hipparchs Zeit $60^0\,45'$ nördlich des Äquators gefunden, zu unserer Zeit $59^0\,40'$, ist $1^0\,5'$ südlicher geworden. Ebensoviel beträgt der Unterschied in

selbst wenn man $\bigtriangleup\,3^0$ statt $\bigtriangleup\,2^0\,40'$ annimmt, als Unterschied der Meridianbogen, welche zwischen diesem Ekliptikstück (von $30^0$ bis $33^0$ Länge) und dem Äquator liegen, nur $12^0\,43'\,30'' - 11^0\,40' = 1^0\,3'\,30''$.

a) Der Unterschied der Deklination zwischen dem Ekliptikstück von $\bigtriangleup\,14^0\,30'$ (vgl. Hipp. Comm. p. 248,4) bis $\bigtriangleup\,17^0\,10'$, d. i. zwischen den Längen $44^0\,30'$ bis $47^0\,10'$, beträgt nach der Tabelle der Schiefe $17^0\,15' - 16^0\,27' = 0^0\,48'$.

b) Der Unterschied der Deklination zwischen $\bigtriangleup\,25^0$ (vgl. Hipp. Comm. p. 186,10) und $\bigtriangleup\,27^0\,40'$, d. i. zwischen $55^0$ bis $57^0\,40'$ Länge, beträgt $19^0\,59' - 19^0\,20' = 0^0\,39'$.

c) Der Unterschied der Deklination zwischen $\mathrm{m}\!\!\!/\,24^0$ (vgl. Hipp. Comm. p. 196,19) und $\mathrm{m}\!\!\!/\,26^0\,40'$, d. i. zwischen $3^0\,20'$ und $6^0$ des Ekliptikquadranten **rückwärts** des Herbstpunktes, beträgt $2^0\,25' - 1^0\,20' = 1^0\,5'$.

Breite zum Äquator zwischen den 2°40′ der Ekliptik im ersten Drittel des Zeichens der Scheren.[a]

3. Der Arktur, zu Hipparchs Zeit 31° nördlich des Äquators gefunden, zu unserer Zeit 29° 50′, ist 1° 10′ südlicher geworden. Ebensoviel beträgt ungefähr der Unterschied in Breite zum Äquator zwischen den ebenfalls im ersten Drittel der Scheren gelegenen 2° 40′ der Ekliptik.[b]

III. Noch anschaulicher dürfte uns der Nachweis der Erscheinung, die uns hier beschäftigt, an der Hand folgender Beobachtungen gelingen.

### A. Die Pleias betreffend.

1. Timocharis macht als Beobachter in Alexandria folgende Aufzeichnung. Im 47$^{\text{ten}}$ Jahre der ersten Kallippischen 76jährigen Periode am 8. Anthesterion, d. i. am 29. ägyptischen Athyr (29. Januar 283 v. Chr.), bedeckte am Ende der dritten (Nacht-)Stunde die südliche Hälfte des scheinbaren Mondes[c] genau das nachfolgende Drittel oder die Hälfte der Pleias.

Der Zeitpunkt fällt in das 465$^{\text{te}}$ Jahr seit Nabonassar auf den 29/30. ägyptischen Athyr, 3 bürgerliche Stunden vor Mitternacht, d. s. 3$^{1}/_{3}$ Äquinoktialstunden (8$^{\text{h}}$40$^{\text{m}}$ abends), weil die Sonne in ≏ 7° stand[d]; ungefähr ebensoviel Äquinoktialstunden vor Mitternacht ergibt die Rechnung mit gleichförmigen Sonnentagen. Zu dieser Stunde war nach den früher von uns nachgewiesenen Unterlagen (d. i. nach den Mondtafeln)

---

a) Der Unterschied der Deklination zwischen ≏ 4° (vgl. Hipp. Comm. p. 242, 18) und ≏ 6° 40′ beträgt 2° 41′ − 1° 37′ = 1° 4′.

b) Der Unterschied der Deklination zwischen ≏ 11° (vgl. Hipp. Comm. p. 194, 3) und ≏ 13° 40′ beträgt 5° 29′ − 4° 25′ = 1° 4′, also beträchtlich hinter obiger Angabe zurückbleibend.

c) Weil die östliche Elongation 82° beträgt, so stand der Mond etwas über einen halben Tag vor dem ersten Viertel.

d) Die Aufgabe, aus dem Sonnenort das Verhältnis der bürgerlichen Stunde zur Äquinoktialstunde zu finden, wird I 98,24 gelöst.

der genaue Ort des Mondes      ♉ 0° 20′

d. i. seine Entfernung vom Frühlingspunkt      30° 20′

seine (wahre) nördliche Breite      3° 45′

der scheinbare Ort in Länge für Alexandria[a]      ♈ 29° 20′

seine scheinbare nördliche Breite      3° 35′, 5

    weil ♊ 20° kulminierte.[b]

Folglich war das nachfolgende Ende der Pleias damals vom Frühlingspunkt in der Richtung der Zeichen ungefähr 29° 30′ entfernt, weil das Mondzentrum (in ♈ 29° 20′) noch (10′ westlich) voranging, und stand ungefähr 3° 40′ 10 nördlich der Ekliptik; denn das Ende (der Pleias) war (seinerseits) wieder ein wenig (d. i. 5′) nördlicher als das Mondzentrum.

2. Agrippa macht als Beobachter in Bithynien folgende Hei 27 Aufzeichnung. Im 12$^{\text{ten}}$ Jahre Domitians am 7$^{\text{ten}}$ des landes- 15 üblichen Monats Metroos bedeckte zu Beginn der dritten Nachtstunde der Mond[c] mit dem südlichen Horn den nachfolgenden Teil der Pleias.

Der Zeitpunkt fällt in das 840$^{\text{te}}$ Jahr seit Nabonassar auf den 2/3. ägyptischen Tybi (29. November 92 n. Chr.), 20 4 bürgerliche Stunden vor Mitternacht, d. s. 5 Äquinoktialstunden (7$^{\text{h}}$ abends), weil die Sonne in ♐ 6° stand. Auf den Meridian von Alexandria reduziert, fand folglich die Beobachtung 5$^{1}/_{3}$ Äquinoktialstunden vor Mitternacht (6$^{\text{h}}$ 40$^{\text{m}}$ nachmittags) statt[d], oder nach Rechnung mit gleichförmigen 25 Sonnentagen 5$^{3}/_{4}$. Zu dieser Zeit war

---

a) D. i. der durch die Längenparallaxe verminderte Ort; weil der Mond etwa 3$^{1}/_{2}$ Stunden westlich des Meridians stand, wirkt sie gegen die Richtung der Zeichen.

b) Der kulminierende Grad, aus der Länge der bürgerlichen Stunde nach I 99,17 zu berechnen, läßt die Entfernung des Mondortes vom Meridian erkennen (hier 52 Äquatorgrade).

c) 2$^{1}/_{2}$ Tage vor dem Vollmond, weil die östliche Elongation 147° beträgt. Daß in dieser Phase von dem südlichen Horn die Rede ist, muß auffallen.

d) 20$^{\text{m}}$ früher, weil der Meridian von Bithynien (Heraklea?) 5° östlich von dem Meridian von Alexandria angenommen wird. Vgl. I Anh. Anm. 1.

<table>
<tr><td>der genaue Ort des Mondzentrums</td><td>♉ 3° 7′</td></tr>
<tr><td>die (wahre) nördliche Breite</td><td>4° 50′</td></tr>
<tr><td>der scheinbare Ort in Länge für Bithynien</td><td>♉ 3° 15′</td></tr>
<tr><td>die scheinbare nördliche Breite</td><td>4° 0′,</td></tr>
</table>

Ha 23

5      weil )( 20° kulminierte.[a]

Folglich war der nachfolgende Teil der Pleias damals in Länge vom Frühlingspunkt in der Richtung der Zeichen 33° 15′ entfernt und stand 3° 40′ nördlich der Ekliptik.[b]

Hei 28    Schlußfolgerung. Der nachfolgende Teil der Pleias stand

10 in Breite nördlich der Ekliptik auf dem durch deren Pole gezogenen größten Kreis damals genau wie heutzutage 3° 40′, hat sich aber in Länge vom Frühlingspunkt weg in der Richtung der Zeichen 3° 45′ weiterbewegt — denn nach der ersten Beobachtung stand er 29° 30′, nach der zweiten 33° 15′ von

15 ihm entfernt —, während die zwischen den beiden Beobachtungen liegende Zeit (840 — 465 =) 375 Jahre beträgt. In 100 Jahren hat sich demnach der nachfolgende Teil der Pleias einen Grad in der Richtung der Zeichen weiterbewegt.

B. Die Spika betreffend.

20      1. Timocharis macht als Beobachter in Alexandria folgende Aufzeichnung. Im 36ten Jahre der ersten Kallippischen Periode am 15. Elaphebolion, d. i. am 5. Tybi, erreichte der Mond[c] zu Beginn der dritten (Nacht-) Stunde mit der Mitte seines dem Nachtgleichenaufgang zugewendeten Randes die

25 Spika. Und die Spika ging durch (den Mond), indem sie von seinem Durchmesser genau den dritten Teil nach Norden zu abschnitt.

Der Zeitpunkt fällt in das 454te Jahr seit Nabonassar auf den 5/6. ägyptischen Tybi (9. März 294 v. Chr.), 4 bürger-

---

a) Demnach stand der Mond etwa (40 Äquatorgrade oder) 2²/₃ Stunden östlich des Meridians, woraus sich die in der Richtung der Zeichen wirkende Längenparallaxe erklärt.

b) Somit muß das südliche Horn etwa 20′ tiefer als das Mondzentrum geschätzt werden. S. Anm. 2 a. E.

c) Kurz nach dem Vollmond, da er die diametrale Stellung zur Sonne erst mit 7° überschritten hatte.

liche Stunden, d. s. nahezu auch 4 Äquinoktialstunden vor
Mitternacht ($8^h$ abends), weil die Sonne in $\mathcal{H}$ 15° stand; die
gleiche Zahl von Stunden vor Mitternacht ergibt auch die
genaue Rechnung mit gleichförmigen Sonnentagen. Zu dieser Hei 29
Stunde war wieder     5

der genaue Ort des Mondzentrums in Länge    $\mathfrak{m}$ 21° 21'  IIa 24
d. i. die Entfernung vom Sommerwendepunkt in

     der Richtung der Zeichen                    81° 21'
die (wahre) südliche Breite                         1° 50'
die scheinbare Entf. vom Sommerwendepunkt in Länge 82° 5'  10
die scheinbare südliche Breite nahezu             2° 0',
     weil $\mathfrak{S}$ 15° kulminierte.[a]

Folglich war die Spika damals in Länge von dem Sommerwendepunkt aus dem oben (S. 23, 9) angegebenen Grunde
(weil das Mondzentrum noch 15' westlich voranging) 82° 20'  15
entfernt und stand nahezu 2° südlich der Ekliptik.

    2. Ferner berichtet Timocharis folgendes. Im 48ten Jahre
derselben Periode am 6ten Tage des letzten Drittels des
Pyanepsion, d. i. am 7. Thoth, berührte die Spika, als von
der zehnten (Nacht-)Stunde ungefähr eine halbe Stunde ver-  20
flossen und der Mond[b] aus dem Horizont eben aufgegangen
war, genau das nördliche Horn des scheinbaren Mondes.

    Der Zeitpunkt fällt in das 466te Jahr seit Nabonassar
auf den 7/8. ägyptischen Thoth (9. November 283 v. Chr.),
($9^1/_2 - 6 =$) $3^1/_2$ bürgerliche Stunden nach Mitternacht, wie  25
er selbst angibt; das wären $3^1/_8$ Äquinoktialstunden, weil die
Sonne etwa in der Mitte des Skorpions stand. Allein, wie
eine einfache logische Erörterung zeigt, sind es nur $2^1/_2$ Stun- Hei 30
den nach Mitternacht; denn so viel Äquinoktialstunden nach
Mitternacht ($2^h$ $30^m$ nachts) kulminiert $\Pi$ 22° 30', während  30
nahezu die gleichen Grade der Jungfrau ($\mathfrak{m}$ 22° 5') aufgehen, in denen damals der Mond stand, als er, wie Timocharis
angibt, „eben aufging". Nach der Rechnung mit gleichför-

---

    a) Demnach stand der Mond etwa (64 Äquatorgrade oder)
$4^1/_2$ Stunden östlich des Meridians.
    b) Etwa einen halben Tag vor dem letzten Oktanten, weil die
westliche Elongation 52° beträgt.

migen Sonnentagen finden wir aber nur 2 Äquinoktialstunden nach Mitternacht verflossen. Zu dieser Zeit war wieder für das Mondzentrum

Ha 25 die genaue Entfernung vom Sommerwendepunkt    81° 30′
5 die (wahre) südliche Breite    2° 10′
die scheinbare Entfernung in Länge    82° 30′
die scheinbare südliche Breite[a]    2° 15′.

Folglich stand die Spika auch nach dieser Beobachtung genau wieder nahezu 2° südlich der Ekliptik[b] und war vom 10 Sommerwendepunkt 82° 30′ entfernt.

Schlußfolgerung. In den (466 — 454 =) 12 Jahren, welche zwischen den beiden Beobachtungen liegen, hat sich die Spika ungefähr 10′ in der Richtung der Zeichen weiterbewegt.

15    3. Der Geometer Menelaos berichtet, in Rom folgende Beobachtung gemacht zu haben. Im ersten Jahre Trajans am 15 16. Mechir sei die Spika, als die 10te (Nacht-) Stunde voll war, von dem Monde[c] bedeckt gewesen; denn man habe sie nicht gesehen. Aber gegen das Ende der 11ten Stunde Hei 31 sei beobachtet worden, daß sie dem Zentrum des Mondes 21 weniger als sein Durchmesser bei gleichgroßem Abstand von seinen Hörnern westlich voraus gewesen sei.

Der Zeitpunkt fällt in das 845te Jahr seit Nabonassar auf den 15/16. ägyptischen Mechir (11. Januar 98 n. Chr.), 4 bürger-25 liche Stunden nach Mitternacht, wo das Mondzentrum ungefähr mit der Spika zusammenfiel, oder 5 Äquinoktialstunden (5ʰ früh), weil die Sonne in ♏ 20° stand, auf den Meri-

---

a) Bei nahezu 90° Zenitabstand muß der überwiegend größere Teil der Höhenparallaxe auf die ostwärts wirkende Längenparallaxe entfallen. Den kulminierenden Grad s. S. 25,30.

b) Da das Mondzentrum ungefähr 15′ südlicher als die Spika stand, so beträgt die südliche Breite der letzteren „nahezu" 2°.

c) Etwa 2 Tage vor dem letzten Viertel bei 114° westlicher Elongation. Man vergleiche die drei Tage spätere Beobachtung S. 28,15, bei welcher der Mond einen Tag nach dem letzten Viertel stand.

dian von Alexandria[a] reduziert $6^1/_3$, nach der Rechnung mit gleichförmigen Sonnentagen $6^1/_4$ oder ein wenig mehr. Zu dieser Stunde war für das Mondzentrum

die genaue Entfernung vom Sommerwendepunkt $85^0\,45'$

die (wahre) südliche Breite nahezu $1^0\,20'$ 5

die scheinbare Entfernung in Länge $86^0\,15'$

die scheinbare südliche Breite $2^0\ \ 0'$,

   weil $\triangleq 7^1/_2{}^0$ kulminierte.[b]

Folglich hatte auch die Spika damals dieselbe Position. Ha 26 Schlußfolgerung. Die Spika stand zur Zeit des Timocharis 10 wie zu unserer Zeit wieder um den gleichen Betrag, d. i. $2^0$ südlich der Ekliptik, in Länge dagegen ist sie seit der Beobachtung im $36^{ten}$ Jahre (294 v. Chr.) in der Zwischenzeit von ($845 - 454 =$) 391 Jahren in der Richtung der Zeichen $3^0\,55'$ vorgerückt, und $3^0\,45'$ seit der Beobachtung im $48^{ten}$ 15 Jahre (283 v. Chr.) in der Zwischenzeit von ($845 - 466 =$) Hei 32 379 Jahren. Es ergibt sich demnach auch aus diesen Beobachtungen ein Fortschritt der Spika in der Richtung der Zeichen von ungefähr einem Grade in 100 Jahren.

C. Den Stern ($\beta$) in der Stirn des Skorpions betreffend. 20

1. Timocharis berichtet als Beobachter in Alexandria folgendes. Im $36^{ten}$ Jahre der ersten Kallippischen Periode am 25. Poseideon, d. i. am 16. Phaophi, hatte bei Beginn der $10^{ten}$ (Nacht-) Stunde der scheinbare Mond[c] mit seinem nördlichen Rande ganz genau den nördlichen ($\beta$) von den drei 25 Sternen ($\pi\,\delta\,\beta$) in der Stirn des Skorpions erreicht.

Der Zeitpunkt fällt in das $454^{te}$ Jahr seit Nabonassar auf den 16/17. ägyptischen Phaophi (21. Dezember 295 v. Chr.),

---

   a) Der Meridian von Rom wird somit auf $20^0$ westlich des Meridians von Alexandria geschätzt, was etwa $4^0$ zuviel ist.

   b) Demnach stand der Mond in ♈ $26^0\,15'$ etwa $^2/_3$ Stunde westlich des Meridians. Daß in dieser Stellung die Längenparallaxe den Ort des Mondes in der Richtung der Zeichen vorrückt, kann nicht richtig sein.

   c) Etwa $^3/_4$ Tag vor dem letzten Oktanten, weil die westliche Elongation $54^0$ beträgt.

3 bürgerliche Stunden nach Mitternacht, d. s. $3^2/_5$ Äquinoktialstunden ($3^h 24^m$ nachts), weil die Sonne in ♐ $26^0$ stand, nach
der Rechnung mit gleichförmigen Sonnentagen $3^1/_6$. Zu dieser
Stunde war für das Mondzentrum

5 die genaue Entfernung vom Herbstgleichenpunkt     $31^0\ 15'$
    die (wahre) nördliche Breite                $1^0\ 20'$
    die scheinbare Entfernung in Länge        $32^0\ \ 0'$
    die scheinbare nördliche Breite           $1^0\ \ 5'$,
      weil ♌ $15^0$ kulminierte.[a]

10     Folglich war der nördlichste ($\beta$) von den drei Sternen
($\pi\delta\beta$) in der Stirn des Skorpions in Länge damals vom
Herbstgleichenpunkt gleichfalls $32^0$ entfernt und stand
ungefähr $1^0\ 20'$ nördlich der Ekliptik.[b]

Ha 27]<br>Hei 33]

    2. Menelaos berichtet als Beobachter in Rom folgendes.
15 Im ersten Jahre Trajans am 18/19. Mechir stand gegen Ende
der $11^{ten}$ (Nacht-) Stunde das südliche Horn des scheinbaren
Mondes[c] auf einer Geraden mit dem mittelsten ($\delta$) und dem
südlichen ($\pi$) von den Sternen ($\pi\delta\beta$) in der Stirn des Skorpions, während sein Zentrum hinter dieser Geraden (östlich)
20 zurückblieb und so weit von dem mittelsten Stern ($\delta$) abstand,
wie der mittelste ($\delta$) von dem südlichen ($\pi$). Den nördlichen
($\beta$) von den Sternen in der Stirn schien der Mond zu be-
decken; denn er war nirgends sichtbar.

    Der Zeitpunkt fällt wieder in das $845^{te}$ Jahr seit Nabo-
25 nassar auf den 18/19. ägyptischen Mechir (14. Januar 98 n.
Chr.), 5 bürgerliche Stunden nach Mitternacht, d. s. $6^1/_6$ Äquinoktialstunden ($6^h 10^m$ früh), weil die Sonne in ♑ $23^0$ stand,
auf den Meridian von Alexandria reduziert, $7^1/_2$, ungefähr
ebensoviel nach der Rechnung mit gleichförmigen Sonnen-
30 tagen. Zu dieser Stunde war für das Mondzentrum

---

    a) Demnach stand der Mond in ♏ $2^0$ etwa $4^3/_4$ Stunden östlich
des Meridians nur wenige Grade über dem Horizont, woraus sich
die starke Längenparallaxe erklärt.

    b) D. i. etwa $15'$ oder einen Halbmesser weiter nördlich als
das Mondzentrum.

    c) Einen Tag nach dem letzten Viertel, weil die westliche
Elongation $77^0$ beträgt.

die genaue Entfernung vom Herbstgleichenpunkt  35° 20'
die (wahre) nördliche Breite  2° 10'
die scheinbare Entfernung in Länge  35° 55'
die scheinbare nördliche Breite  1° 20',
  weil ♎ 30° kulminierte.[a]

Folglich hatte der nördlichste ($\beta$) von den Sternen in der Stirn des Skorpions ungefähr dieselbe Position.

Schlußfolgerung. Auch an diesem Stern ist ehemals wie heutzutage derselbe Abstand von der Ekliptik in Breite beobachtet worden, während er in Länge in der zwischen den Beobachtungen verflossenen Zeit, welche (845 — 454 =) 391 Jahre beträgt, vom Herbstgleichenpunkt ab in der Richtung der Zeichen 3° 55' vorgerückt ist. Hieraus folgt wieder, daß der Fortschritt dieses Sterns in der Richtung der Zeichen in 100 Jahren einen Grad beträgt.

## Viertes Kapitel.

### Einrichtung des Fixsternkatalogs.

Aus der vergleichenden Beobachtung dieser Sterne, welche in ähnlicher Weise auch an den übrigen glänzenden Fixsternen vorgenommen wurde, sowie aus dem übereinstimmenden Abstand der übrigen Sterne von den sicher bestimmten haben wir es bestätigt gefunden, daß erstens die Fixsternsphäre den Fortschritt von der festgestellten Größe, soweit der (verhältnismäßig) so kurze Zeitraum es an die Hand zu geben vermag, von den Wende- und Nachtgleichenpunkten aus in der Richtung der Zeichen bewerkstelligt, und daß zweitens die also sich äußernde Bewegung der Sphäre sich um die Pole des durch die Mitte der Tierkreisbilder gehenden schiefen Kreises vollzieht, aber nicht um die Pole des Äquators, d. i. des ersten Umschwungs. Demnach haben wir es für unsere nächste

---

a) Demnach stand der Mond in ♏ 6° wenig über 5° östlich des Meridians, wo der überwiegend größere Teil der Höhenparallaxe auf die Breitenparallaxe entfallen muß.

Aufgabe gehalten, die für jeden der besprochenen und der
übrigen Fixsterne für die Gegenwart beobachteten Positionen
in Länge und Breite zu katalogisieren, nicht die theoretisch
auf den Äquator bezogenen, sondern diejenigen, welche mit
Bezug auf die Ekliptik auf dem durch deren Pole und je
den betreffenden Stern gezogenen größten Kreis gemessen
werden. Denn nur auf diesen Kreisen bleiben bei der vorstehend angenommenen Bewegungsrichtung die auf die Ekliptik bezogenen Positionen der Sterne in Breite für alle Zeiten
notwendigerweise dieselben, während der Fortschritt in Länge
in der Richtung der Zeichen in gleichen Zeiten gleiche Bogenstücke zusetzt.

So haben wir denn wieder mit demselben Instrument —
deshalb hierzu geeignet, weil die an ihm angebrachten Astrolabringe um die Pole der Ekliptik gedreht werden können —
alle Sterne bis zu denen der sechsten Größe beobachtet, soweit
es möglich war letztere anzuvisieren. Wir handhaben das
Instrument in der Weise, daß wir den einen (d. i. den äußeren)
der besagten Astrolabringe stets nach einem mit Hilfe des
Mondes (vgl. I 257,33) schon vorher bestimmten glänzenden
Stern auf den betreffenden Grad des Ekliptikringes einstellten, während wir den zweiten (inneren) Ring, der an seinem
ganzen Umfang eingeteilt ist und auch in Breite nach den
Polen der Ekliptik zu verschoben werden kann, seinerseits
auf den zu bestimmenden Stern einstellten, bis auch dieser,
wie der Grundstern (an dem äußeren Astrolabring), durch
die Absehöffnung des eigens auf ihn eingestellten Ringes in
die Visierlinie kam. War dies geschehen, so wurden uns
sofort beide Örter des zu bestimmenden Sterns durch den
auf ihn eingestellten Astrolabring gleichzeitig angezeigt (vgl.
I 258,17): der Ort in Länge wird durch den gemeinsamen
Schnittpunkt des Astrolabringes mit dem Ekliptikring bestimmt, der Ort in Breite durch den Bogen zwischen dem
vorgenannten Schnittpunkt und der über dem Horizont stehenden Absehöffnung.

Damit uns nun auch in dieser Hinsicht der Sternbestand
des Globus beliebig zur Verfügung stehe, haben wir ihn in

Tabellen zu vier Spalten angeordnet.[a]) In der ersten Spalte
steht für jeden Stern, der einem Sternbild angehört, die ihm Ha 30
der dargestellten Gestalt nach zukommende Bezeichnung, in
der zweiten der Ort in Länge innerhalb der Zeichen, wie
er sich aus den Beobachtungen für den Anfang der Regierung 5
Antonins (137 n. Chr.) ergibt — wobei der Anfang der
Quadranten wieder von den Wende- und Nachtgleichenpunkten aus gerechnet wird —, in der dritten der Abstand von
der Ekliptik in Breite, je nachdem er nördlich (+) oder südlich (—) ist, in der vierten Spalte endlich die Schätzung der 10
Größe.

Während die Abstände in Breite ewig dieselben bleiben,
können die Positionen in Länge auch den Ort für andere
Zeiten sofort an die Hand geben: unter der Annahme, daß
der Zuwachs in 100 Jahren einen Grad beträgt, zieht man 15
die Grade, welche auf die Zwischenzeit zwischen der (hier
gegebenen) Position und dem in Frage gezogenen Zeitpunkt
entfallen, von den Graden der (gegebenen) Position ab, wenn Hei 37
es sich um die (zurückliegende) ältere Zeit handelt, addiert
sie dagegen zu ihnen, sobald die (erst kommende) spätere 20
Zeit in Frage steht.

Was die zur Beschreibung der Gestalt dienenden charakteristischen Bezeichnungen anbelangt, so sind sie einmal der
Annahme entsprechend zu verstehen, welche der bildlichen
Anordnung des Sternbestandes zugrunde liegt, zweitens mit 25
Bezug auf die durch die Pole der Ekliptik gehenden Grenz-
linien: wir bezeichnen Sterne als anderen „vorangehend" oder
„nachfolgend", je nachdem sie die hiermit bezeichnete Stellung
in den (westlich) vorangehenden oder (östlich) nachfolgenden
Graden der Ekliptik innehaben; „südlicher" oder „nördlicher" 30
nennen wir Sterne, je nachdem sie dem die betreffende Bezeichnung führenden Ekliptikpol näher stehen. Was ferner
die charakteristischen Beziehungen der einzelnen Sterne zu
der dargestellten Gestalt an sich betrifft, so haben wir uns Ha 31
nicht durchgängig an die Bezeichnungen gehalten, die unsere 35

---

a) Die Zahl der Spalten ist auf sechs erhöht worden. S. Anm. 4.

Vorgänger gebraucht haben, ebensowenig wie diese ihren einstigen Vorgängern gefolgt sind, sondern wir haben vielfach andere Benennungen eingeführt, je nachdem es die bessere Charakterisierung und gefälligere Abrundung der Umrißlinien
5 forderte. So versetzen wir z. B. die Sterne ($\gamma\delta$ Virg.), welche Hipparch in die „Schultern" der Jungfrau setzt[a], in die „Seiten" derselben, weil ihr Abstand von den Sternen ($\nu\xi o\pi$ Virg.) im Kopf sichtlich größer ist als der Abstand von den Sternen ($\alpha\zeta$ Virg.) vorn in den Händen. Die hiernach be-
10 messene Lage (der Sterne $\gamma$ und $\delta$ zwischen Kopf und Händen) paßt demnach entschieden gut zu den Seiten, ist aber mit den Schultern gänzlich unvereinbar. Bequem dürfte man ohne weiteres auf die abweichend bezeichneten Sterne kommen, wenn man die im Katalog angegebenen Positionen
15 direkt zum Vergleich heranzieht.

Die Anordnung des Katalogs[4] gestaltet sich folgendermaßen.

## Fünftes Kapitel.



### Sternbestand der nördlichen Halbkugel.

#### A. Sternbilder außerhalb des Tierkreises.

| Ambronn | Bayer | Sternbeschreibung | Länge | Breite | Größe |
|---|---|---|---|---|---|
| | | **Kleiner Bär.** | | | |
| 370* | $\alpha$ | 1. Der am Ende des Schwanzes | ♊ 0° 10′ | + 66° | 3 |
| 5780 | $\delta$ | 2. Der nach diesem im Schwanze | ♊ 2° 30′ | + 70° | 4 |
| 5393 | $\varepsilon$ | 3. Der nach diesem vor dem Ansatz des Schwanzes | ♊ 16° | + 74° 20′ | 4 |
| 5019 | $\zeta$ | 4. Der südliche der vorangehenden Seite des Vierecks | ♊ 29° 40′ | + 75° 40′ | 4 |
| 5206 | $\eta$ | 5. Der nördliche derselben Seite | ♋ 3° 40′ | + 77° 40′ | 4 |
| 4725* | $\beta$ | 6. Der südliche von denen in der nachfolgenden Seite | ♋ 17° 30′ | + 72° 50′ | 2 |
| 4872* | $\gamma$ | 7. Der nördliche derselben Seite | ♋ 26° 10′ | + 74° 50′ | 2 |
| | | 7 Sterne: 2 zweiter, 1 dritter, 4 vierter Größe. | | | |
| | | Nicht in das Bild miteinbezogen: | | | |
| 4611 | 5 | 8. Der auf einer Geraden mit den Sternen ($\beta\gamma$) in der nachfolgenden Seite, und zwar südlicher stehende | ♋ 13° | + 71° 10′ | 4 |

a) So im Kommentar p. 242, 5 und 270, 2.

| Ambronn | Bayer | Sternbeschreibung | Länge | Breite | Größe |
|---|---|---|---|---|---|
| | | **Großer Bär.** | | | |
| 2865 | o | 1. Der am Ende der Schnauze | ♊ 25° 20′ | + 39° 50′ | 4 |
| 2890 | A | 2. Der vorangehende von denen in den beiden Augen | ♊ 25° 50′ | + 43° | 5 |
| 2926 | π² | 3. Der nachfolgende derselben | ♊ 26° 20′ | + 43° | 5 |
| 3072 | ϱ | 4. Der vorangehende von den 2 auf der Stirn | ♊ 26° 10′ | + 47° 10′ | 5 |
| 3104* | σ² | 5. Der nachfolgende derselben | ♊ 26° 40′ | + 47° | 5 |
| 3234 | d | 6. Der am Ende des vorangehenden Ohres | ♊ 28° 10′ | + 50° 30′ | 5 |
| 3109 | τ | 7. Der vorangehende von den 2 am Halse | ♋ 0° 30′ | + 43° 50′ | 4 |
| 3219* | h | 8. Der nachfolgende derselben | ♋ 2° 30′ | + 44° 20′ | 4 |
| 3331 | υ | 9. Der nördlichere von den 2 auf der Brust | ♋ 9° | + 42° | 4 |
| 3336* | φ | 10. Der südlichere derselben | ♋ 11° | + 44° | 4.5 |
| 3257 | ϑ . | 11. Der am linken Knie | ♋ 10° 40′ | + 35° | 3 |
| 3066* | ι | 12. Der nördlichere von denen am Ende des linken Vorderfußes | ♋ 5° 30′ | + 29° 20′ | 3 |
| 3086 | ϰ | 13. Der südlichere derselben | ♋ 6° 20′ | + 28° 20′ | 3 |
| 3138 | e | 14. Der oberhalb des rechten Knies | ♋ 5° 40′ | + 36° | 4 |
| 3105 | f | 15. Der unter dem rechten Knie | ♋ 5° 50′ | + 33° | 4 |
| 3675* | α | 16. Von denen im Viereck der auf dem Rücken | ♋ 17° 40′ | + 49° | 2 |
| 3669* | β | 17. Von denselben der in den Weichen | ♋ 22° 10′ | + 44° 30′ | 2 |
| 3971* | δ | 18. Der am Ansatz des Schwanzes | ♌ 3° 10′ | + 51° | 3 |
| 3885* | γ | 19. Der übrige am linken Hinterschenkel | ♌ 3° | + 46° 30′ | 2 |
| 3445 | λ | 20. Der vorangehende von denen am Ende des linken Hinterfußes | ♋ 22° 40′ | + 29° 20′ | 3 |
| 3477 | μ | 21. Der diesem nachfolgende | ♋ 24° 10′ | + 28° 15′ | 3 |
| 3705 | ψ | 22. Der an der linken Kniekehle | ♌ 1° 40′ | + 35° 15′ | 4.3 |
| 3736* | ν | 23. Der nördlichere von denen am Ende des rechten Hinterfußes | ♌ 9° 50′ | + 25° 50′ | 3 |
| 3735* | ξ | 24 Der südlichere derselben | ♌ 10° 20′ | + 25° | 3 |
| 4173* | ε | 25. Von den 3 im Schwanz der erste nach dem Ansatz | ♌ 12° 10′ | + 53° 30′ | 2 |
| 4297* | ζ | 26. Der mittelste derselben | ♌ 18° | + 55° 40′ | 2 |
| 4409* | η | 27. Der dritte, d. i. der am Ende des Schwanzes | ♌ 29° 50′ | + 54° | 2 |
| | | 27 Sterne: 6 zweiter, 8 dritter, 8 vierter, 5 fünfter Größe. | | | |
| | | Unter ihm stehende, nicht in das Bild miteinbezogene Sterne: | | | |
| 4180* | α C. ven. | 28. Der unter dem Schwanz abwärts nach Süden zu | ♌ 27° 50′ | + 39° 45′ | 3 |
| 4076 | 8 C. ven. | 29. Der diesem vorangehende schwächere | ♌ 20° 10′ | + 41° 20′ | 5 |
| 3176 | 40 Linx | 30. Der südlichere von denen zwischen den Vorderfüßen (ιϰ) des Bären und dem Kopf (μϰ) des Löwen | ♋ 15° | + 17° 15′ | 4 |
| 3163 | 38 Linx | 31. Der nördlicher von diesem stehende | ♋ 13° 20′ | + 19° 10′ | 4 |
| 3269 | 44 L.min. | 32. Von den übrigen drei schwachen der nachfolgende | ♋ 16° 10′ | + 20° | schw. |
| 3230 | 8 L.min. | 33. Der diesem vorangehende | ♋ 12° 10′ | + 22° 30′ | schw. |
| 3255 | 10 L.min. | 34. Der weiter noch letzterem vorangehende | ♋ 11° 10′ | + 23° | schw. |
| 2821 | 31 Linx | 35. Der zwischen den Vorderfüßen und den Zwillingen | ♋ 0° 0′ | + 22° 15′ | schw. |
| | | 8 Sterne: 1 dritter, 2 vierter, 1 fünfter Größe, 4 schwache. | | | |

| Ambronn | Bayer | Sternbeschreibung | Länge | Breite | Größe |
|---|---|---|---|---|---|
| | | **Drache.** | | | |
| 5431* | μ | 1. Der an der Zunge | ♎ 26°40′ | + 76°30′ | 4 |
| 5584* | ν | 2. Der im Rachen | ♏ 11°50′ | + 78°30′ | 4.3 |
| 5567 | β | 3. Der oberhalb des Auges | ♏ 13°10′ | + 75°40′ | 3 |
| 5700 | ξ | 4. Der an der Kinnlade. | ♏ 27°20′ | + 80°20′ | 4 |
| 5714* | γ | 5. Der oberhalb des Kopfes | ♏ 29°40′ | + 75°30′ | 3 |
| 5901* | b | 6. Der nördliche von den 3 auf einer Geraden in der ersten Biegung des Nackens | ♐ 24°40′ | + 82°20′ | 4 |
| 5999 | c | 7. Der südliche derselben. | ♑ 2°20′ | + 78°15′ | 4 |
| 5939 | d | 8. Der mittelste derselben. | ♐ 28°50′ | + 80°20′ | 4 |
| 6065* | o | 9. Der letzterem östlich nachfolgende | ♑ 19°30′ | + 81°30′ | 4 |
| 6271 | π | 10. Von dem Viereck in der nächsten Windung der südliche der vorangehenden Seite. | ♓ 8° | + 81°40′ | 4 |
| 6223 | δ | 11. Der nördliche der vorangehenden Seite | ♓ 20°30′ | + 83° | 4 |
| 6434* | e | 12. Der nördliche der nachfolgenden Seite | ♈ 7°40 | + 78°50′ | 4 |
| 6525 | ϱ | 13. Der südliche der nachfolgenden Seite | ♓ 22°50′ | + 77°50′ | 4 |
| 6340 | σ | 14. Von dem Dreieck in der nächsten Biegung der südliche | ♈ 10°40′ | + 80°30′ | 5 |
| 6116 | υ | 15. Der vorangehende von den 2 übrigen des Dreiecks. | ♈ 21°40′ | + 81°20′ | 5 |
| 6257 | τ | 16. Der nachfolgende derselben | ♈ 26°10′ | + 80°15′ | 5 |
| 5654* | ψ | 17*. Der vorang. von den 3 im nächsten vorangehenden Dreieck | Π 13°20′ | + 84°30′ | 4 |
| 5904 | χ | 18. Von den 2 übrigen des Dreiecks der südliche. | ♉ 20°20′ | + 87°30′ | 4 |
| 5898* | φ | 19. Von den 2 übrigen der nördlichere. | ♉ 11°50′ | + 84°50′ | 4 |
| 5592 | f | 20. Von den 2 kleinen westlich des Dreiecks der nachfolgende | ♋ 28°40′ | + 87°30 | 6 |
| 5623 | ω | 21. Der vorangehende derselben | ♋ 21°40′ | + 86°50′ | 6 |
| 5310 | g | 22. Der südlichere von den 3 nächsten auf einer Geraden. | ♍ 9° | + 81°15′ | 5 |
| 5388 | h | 23*. Der mittelste der drei. | ♍ 9°20′ | + 83° | 5 |
| 5450 | ζ | 24. Der nördlichere derselben | ♍ 8°20′ | + 84°50′ | 3 |
| 5221* | η | 25. Der nördlichere von den 2 westwärts folgenden | ♍ 10° | + 78° | 3 |
| 5091 | ϑ | 26. Der südlichere derselben | ♍ 10°20′ | + 74°40′ | 4.3 |
| 4880 | ι | 27. Der westlich von diesen in der Windung am Schwanze. | ♍ 12°40′ | + 70° | 3 |
| 4433 | i | 28. Der vorangehende von den zwei von letzterem ziemlich weit abstehenden. | ♌ 7°20′ | + 64°40′ | 4 |
| 4493 | α | 29. Der nachfolgende derselben | ♌ 11°10′ | + 65°30′ | 3 |
| 4078 | ϰ | 30. Der an diese nach dem Schwanz hin anschließende | ♋ 19°10′ | + 61°15′ | 3 |
| 3782 | λ | 31. Der letzte am Ende des Schwanzes. | ♋ 13°10′ | + 56°15 | 3 |
| | | 31 Sterne: 8 dritter, 16 vierter, 5 fünfter, 2 sechster Größe. | | | |
| | | **Cepheus.** | | | |
| 6578* | ϰ | 1. Der im rechten Fuß. | ♉ 5° | + 75°40′ | 4 |
| 7676 | γ | 2. Der im linken Fuß. | ♉ 3° | + 64°15′ | 4 |
| 7014* | β | 3. Der unter dem Gürtel an der rechten Seite | ♈ 7°20′ | + 71°10′ | 4 |
| 6945* | α | 4. Der über der rechten Schulter berührende | ♓ 16°40′ | + 69° | 3 |

Anm. Zu den mit * bezeichneten Reihenzahlen der dritten Spalte s. Anm. 4.

| Ambronn | Bayer | Sternbeschreibung | Länge | Breite | Größe |
|---|---|---|---|---|---|
| 6754 | η | 5. Der über dem rechten Ellbogen berührende . . . . . . . . . . . . . | ♓ 9° 20' | + 72° | 4 |
| 6660 | ϑ | 6. Der unter demselben Ellbogen gleichfalls berührende . . . . . . . . . . . | ♓ 10° | + 74° | 4 |
| 7182* | ξ | 7. Der auf der Brust . . . . . . . . . . | ♓ 28° 30' | + 65° 30' | 5 |
| 7430 | ι | 8. Der an dem linken Arm . . . . . . . | ♈ 7° 30' | + 62° 30' | 4.3 |
| 7252 | ε | 9. Von den 3 in der Tiara der südliche . | ♓ 16° 20' | + 60° 15' | 5 |
| 7225 | ζ | 10. Der mittelste der drei . . . . . . . . | ♓ 17° 20' | + 61° 15' | 4 |
| 7229 | λ | 11. Der nördlichere der drei . . . . . . . | ♓ 19° | + 61° 20' | 5 |
| • | | 11 Sterne: 1 dritter, 7 vierter, 3 fünfter Größe. | | | |
| | | Nicht in das Bild miteinbezogene Sterne: | | | |
| 7085* | μ | 12. Der der Tiara vorangehende . . . . . | ♓ 13° 40' | + 64° | 5 |
| 7324* | δ | 13. Der der Tiara nachfolgende . . . . . | ♓ 21° 20' | + 59° 30' | 4 |
| | | 2 Sterne: 1 vierter, 1 fünfter Größe. | | | |

| Ambronn | Bayer | **Bootes.** | Länge | Breite | Größe |
|---|---|---|---|---|---|
| 4526* | ϰ | 1. Der vorangehende von den 3 in der linken Hand. . . . . . . . . . . | ♍ 2° 20' | + 58° 40' | 5 |
| 4544* | ι | 2. Der mittelste südlichere der drei . . . | ♍ 4° 10' | + 58° 20' | 5 |
| 4590 | ϑ | 3. Der nachfolgende der drei . . . . . . | ♍ 5° 20 | + 60° 10' | 5 |
| 4543 | λ | 4. Der am linken Ellbogen . . . . . . . | ♍ 9° 40 | + 54° 40' | 5 |
| 4614 | γ | 5. Der an der linken Schulter . . . . . | ♍ 19° 40' | + 49° | 3 |
| 4760* | β | 6. Der im Kopf. . . . . . . . . . . . | ♍ 26° 40' | + 53° 50' | 4.3 |
| 4825* | δ | 7. Der an der rechten Schulter . . . . . | ♎ 5° 40' | + 48° 40' | 4.3 |
| 4869* | μ | 8*. Der nördlichere als letzterer an der Keule . . . . . . . . . . . . . . . . | ♎ 5° 40' | + 53° 15' | 4 |
| 4898 | ν | 9. Der noch nördlichere am Ende der Keule . . . . . . . . . . . . . . . . | ♎ 5° | + 57° 30' | 4 |
| 4820 | χ | 10. Von den 2 unterhalb der Schulter in der Keule der nördlichere . . . . . . | ♎ 7° 40' | + 46° 30' | 4.3 |
| — | — | 11*. Der südlichere derselben . . . . . . | ♏ 8° 30' | + 45° 30' | 5 |
| 4784 | c | 12. Der am Ende der rechten Hand . . . | ♎ 8° 10' | + 41° 20' | 5 |
| 4768 | ψ | 13. Von den 2 an der Handwurzel der vorangehende . . . . . . . . . . . . | ♎ 6° 40' | + 41° 40' | 5 |
| 4788 | b | 14. Der nachfolgende derselben . . . . . | ♎ 7° | + 42° 30' | 5 |
| 4758 | ω | 15. Der am Ende des Griffs der Keule . . | ♎ 7° 20' | + 40° 20' | 5 |
| 4673 | ε | 16. Der am rechten Schenkel im Schurzfell | ♎ 0° 0' | + 40° 15' | 3 |
| 4625 | σ | 17. Von den 2 im Gürtel der nachfolgende | ♍ 25° 40' | + 41° 40' | 4 |
| 4610 | ϱ | 18. Der vorangehende derselben . . . . . | ♍ 25° | + 42° 10' | 4.3 |
| 4648* | ζ | 19. Der an der rechten Ferse . . . . . . | ♎ 5° 20' | + 28° | 3 |
| 4441* | η | 20. Von den 3 in dem linken Schienbein der nördliche . . . . . . . . . . . . | ♍ 21° 20' | + 28° | 3 |
| 4401 | τ | 21. Der mittelste der drei . . . . . . . . | ♍ 20° 30' | + 26° 30' | 4 |
| 4415 | υ | 22. Der südliche derselben. . . . . . . . | ♍ 21° 20' | + 25° | 4 |
| | | 22 Sterne: 4 dritter, 9 vierter, 9 fünfter Größe. | | | |
| | | Nicht in das Bild miteinbezogen: | | | |
| 4534* | α | 23. Der rötliche zwischen den Schenkeln, der sog. A r k t u r . . . . . . . . . . | ♍ 27° | + 31° 30' | 1 |
| | | 1 Stern erster Größe. | | | |

| Ambronn | Bayer | Sternbeschreibung | Länge | Breite | Größe |
|---|---|---|---|---|---|
| | | **Nördliche Krone.** | | | |
| 4920* | α | 1. Der glänzende in der Krone | ♎ 14°40' | + 41°30' | 2.1 |
| 4884* | β | 2. Der allen vorangehende | ♎ 11°40' | + 46°30' | 4.3 |
| 4908 | ϑ | 3. Der diesem nachfolgende nördlichere | ♎ 11°50' | + 48° | 5 |
| 4970 | π | 4. Der weiter diesem nachfolgende nördlichere | ♎ 13°40' | + 50°30' | 6 |
| 4966* | γ | 5. Der dem glänzenden südwärts nachfolgende | ♎ 17°10' | + 44°45' | 4 |
| 5004 | δ | 6. Der weiter diesem nahe nachfolgende | ♎ 19°10' | + 44°50' | 4 |
| 5056 | ε | 7. Der hinter diesen wieder nachfolgende | ♎ 21°20' | + 46°10' | 4 |
| 5078 | ι | 8. Der allen in der Krone nachfolgende | ♎ 21°40' | + 49°20' | 4 |
| | | 8 Sterne: 1 zweiter, 5 vierter, 1 fünfter, 1 sechster Größe. | | | |
| | | **Herkules.** | | | |
| 5460* | α | 1. Der im Kopf | ♏ 17°40' | + 37°30' | 3 |
| 5239* | β | 2. Der an der rechten Schulter neben der Achsel | ♏ 3°40' | + 43° | 3 |
| 5189* | γ | 3. Der am rechten Arm | ♏ 1°40' | + 40°10' | 3 |
| 5111* | κ | 4. Der am rechten Ellbogen | ♎ 28° | + 37°10' | 4 |
| 5462* | δ | 5. Der an der linken Schulter | ♏ 16°40' | + 48° | 3 |
| 5561* | λ | 6. Der am linken Arm | ♏ 22° | + 49°30' | 4.3 |
| 5645* | μ | 7. Der am linken Ellbogen | ♏ 27°40' | + 52° | 4.3 |
| 5770 | o | 8. Von den 3 an der linken Handwurzel der nachfolgende | ♐ 5°30' | + 52°50' | 4.3 |
| 5716 | ν | 9. Von den übrigen 2 der nördliche | ♐ 1°40' | + 54° | 4.3 |
| 5710 | ξ | 10. Der südlichere derselben | ♐ 1°30' | + 53° | 4 |
| 5298* | ζ | 11. Der in der rechten Seite | ♏ 3°50' | + 50°40' | 3 |
| 5394 | s | 12*. Der in der linken Seite | ♏ 10°10' | + 53°30' | 5 |
| 5401 | d | 13. Der nördlichere als dieser am linken Hinterbacken | ♏ 10° | + 56°30' | 5 |
| 5436 | c | 14. Der am Ansatz desselben Schenkels | ♏ 11°10' | + 58°30 | 3 |
| 5471 | π | 15. Von den 3 am linken Schenkel der vorangehende | ♏ 14° | + 59°50' | 4 |
| 5486 | e | 16. Der diesem nachfolgende | ♏ 15°20' | + 60°20' | 4 |
| 5528* | ϱ | 17. Der weiter diesem nachfolgende | ♏ 16°20' | + 61°15' | 4.3 |
| 5705 | ϑ | 18. Der am linken Knie | ♐ 0°50' | + 61° | 4 |
| 5613 | ι | 19. Der am linken Schienbein | ♏ 22°10' | + 69°20' | .4 |
| 5549 | x | 20. Von den 3 am Ende des linken Fußes der vorangehende | ♏ 15°20' | + 70°15' | 6 |
| 5601 | y | 21. Der mittelste der drei | ♏ 16°50' | + 71°15' | 6 |
| 5687 | z | 22. Der nachfolgende derselben | ♏ 19°40' | + 72°15' | 6 |
| 5307 | η | 23. Der am Ansatz des rechten Schenkels | ♏ 0°40' | + 60°15' | 4.3 |
| 5258 | σ | 24. Der nördlichere als dieser an demselben Schenkel | ♎ 25°20' | + 63° | 4 |
| 5185 | τ | 25. Der am rechten Knie | ♎ 15°40' | + 65°30' | 4.3 |
| 5125 | φ | 26. Von den 2 unter dem rechten Knie der südlichere | ♎ 13°40' | + 63°40' | 4 |
| 5090 | υ | 27. Der nördlichere derselben | ♎ 10°10' | + 64°15' | 4 |
| 5029 | χ | 28. Der an der rechten Wade | ♎ 11°10' | + 60° | 4 |
| | | [Der am Ende des rechten Fußes ist derselbe wie der (ν) am Ende der Keule (des Bootes). Ohne diesen] | | | |
| | | 28 Sterne: 6 dritter, 17 vierter, 2 fünfter, 3 sechster Größe. | | | |

| Ambronn | Bayer | Sternbeschreibung | Länge | Breite | Größe |
|---|---|---|---|---|---|
| 5207* | ω | **Nicht in das Bild miteinbezogen:** 29. Der südlicher als der am rechten Arm (γ) stehende . . . . . . . . . . . . . . . | ♏ 2°40′ | + 38°10′ | 5 |
| | | 1 Stern fünfter Größe. | | | |
| | | **Leier..** | | | |
| 5961* | α | 1. Der glänzende an der Muschel, die sog. Leier (Wega) . . . . . . . . . | ♐ 17°20′ | + 62° | 1 |
| 6001* | ε | 2. Von den 2 neben ihm dicht beisammen stehenden der nördliche . . . . . . | ♐ 20°20′ | + 62°40′ | 4.3 |
| 6005* | ζ | 3. Der südlichere derselben . . . . . . . | ♐ 20°20 | + 61° | 4.3 |
| 6078 | δ | 4. Der diesen nachfolgende in der Mitte zw. dem Ansatz der Hörner . . . . . | ♐ 23°40′ | + 60° | 4 |
| 6211* | η | 5. Von den 2 dicht beisammen stehenden auf der östlichen Seite der Muschel der nördliche . . . . . . . . . . . . | ♑ 2° | + 61°20′ | 4 |
| 6226 | ϑ | 6. Der südlichere derselben . . . . . . . | ♑ 1°40′ | + 60°20′ | 4 |
| 6046* | β | 7. Von den 2 vorangehenden am Steg der nördlichere . . . . . . . . . . . | ♐ 21° | + 56°10′ | 3 |
| 6042 | ν | 8. Der südlichere derselben . . . . . . . | ♐ 20°50′ | + 55° | 4.5 |
| 6112* | γ | 9. Von den 2 nachfolgenden am Steg der nördlichere . . . . . . . . . . . . | ♐ 24°10′ | + 55°20′ | 3 |
| 6123 | λ | 10*. Der südlichere derselben . . . . . . | ♐ 24°10′ | + 54°45′ | 4.5 |
| | | 10 Sterne: 1 erster, 2 dritter, 7 vierter Größe. | | | |
| | | **Schwan.** | | | |
| 6308* | β | 1. Der am Schnabel . . . . . . . . . . | ♑ 4°30′ | + 49° | 3 |
| 6352 | φ | 2. Der diesem nachfolgende im Kopf . . | ♑ 9° | + 50°30′ | 5 |
| 6463 | η | 3. Der mitten am Hals . . . . . . . . . | ♑ 16°20′ | + 54°30′ | 4.3 |
| 6615 | γ | 4. Der an der Brust . . . . . . . . . . | ♑ 28°30′ | + 57°20′ | 3 |
| 6726* | α | 5. Der glänzende im Schwanz . . . . . . | ♒ 9°10′ | + 60° | 2 |
| 6393* | δ | 6. Der im Bug des rechten Flügels . . . | ♑ 19°20′ | + 64°40′ | 3 |
| 6344 | ϑ | 7. Von den 3 im rechten Fittig d. südliche | ♑ 22°30′ | + 69°40′ | 4 |
| 6310 | ι | 8. Der mittelste von den drei . . . . . . | ♑ 21°10′ | + 71°30′ | 4.3 |
| 6236 | κ | 9. Der nördliche derselben am Ende des Fittigs. . . . . . . . . . . . . . . . | ♑ 16°40′ | + 74° | 4.3 |
| 6747 | ε | 10. Der im Bug des linken Flügels . . . | ♒ 0°50′ | + 49°30′ | 3 |
| 6759* | λ | 11. Der nördlichere derselben in der Mitte desselben Flügels . . . . . . . . . . | ♒ 3°50′ | + 52°10′ | 4.3 |
| 6899 | ζ | 12. Der am Ende des Fittigs des linken Flügels . . . . . . . . . . . . . . . | ♒ 6°40 | + 44° | 3 |
| 6816 | ν | 13. Der im linken Fuße . . . . . . . . . | ♒ 10° | + 55°10′ | 4.3 |
| 6868 | ξ | 14. Der am linken Knie . . . . . . . . . | ♒ 14°30′ | + 57° | 4.3 |
| 6562 | o¹ | 15. Von den 2 im rechten Fuße der vorangehende . . . . . . . . . . . . . . | ♒ 1°10′ | + 64° | 4 |
| 6564 | o² | 16. Der nachfolgende derselben . . . . . | ♒ 2°40′ | + 64°30′ | 4 |
| 6662 | ω² | 17. Der nebelförmige am rechten Knie . . | ♒ 12°10′ | + 64°45′ | 5 |
| | | 17 Sterne: 1 zweiter, 5 dritter, 9 vierter, 2 fünfter Größe. | | | |
| | | **Nicht in das Bild miteinbezogene Sterne:** | | | |
| 6915* | τ | 18. Von den 2 unter dem linken Flügel der südlichere . . . . . . . .... . . | ♒ 10°40′ | + 49°40′ | 4.3 |
| 6927 | σ | 19. Der nördlichere derselben . . . . . . | ♒ 13°50′ | + 51°40′ | 4.3 |
| | | 2 Sterne vierter Größe. | | | |

| Ambronn | Bayer | Sternbeschreibung | Länge | Breite | Größe |
|---|---|---|---|---|---|
| | | **Kassiopeja.** | | | |
| 131 | ζ | 1. Der im Kopf | ♈ 7° 50′ | + 45° 20′ | 4.3 |
| 144* | α | 2. Der auf der Brust | ♈ 10° 50′ | + 46° 45′ | 3 |
| 191* | η | 3. Der nördlichere als dieser im Gürtel | ♈ 13° | + 47° 50′ | 4 |
| 231 | γ | 4. Der über dem Sessel in der Gegend der Schenkel | ♈ 16° 40′ | + 49° | 3.2 |
| 353 | δ | 5. Der an den Knien | ♈ 20° 40′ | + 45° 30′ | 3 |
| 480 | ε | 6. Der an dem Schienbein | ♈ 27° | + 47° 45′ | 4 |
| 637* | ι | 7. Der am Ende des Fußes | ♉ 1° 40′ | + 47° 20′ | 4 |
| 279 | μ | 8. Der am linken Arm | ♈ 14° 40′ | + 44° 20′ | 4 |
| 302 | ϑ | 9. Der unterhalb des linken Armbugs | ♈ 17° 40′ | + 45° | 5 |
| 7761* | σ | 10. Der am rechten Ellbogen | ♈ 2° 20′ | + 50° | 6 |
| 115 | ϰ | 11. Der oberhalb des Fußes des Throns | ♈ 15° | + 52° 40′ | 4.5 |
| 19 | β | 12. Der in der Mitte der Lehne | ♈ 7° 50′ | + 51° 40′ | 3 |
| 7739 | ϱ | 13. Der am Ende der Lehne | ♈ 3° 40′ | + 51° 40′ | 6 |

13 Sterne: 4 dritter, 6 vierter, 1 fünfter,
2 sechster Größe.

| Ambronn | Bayer | Sternbeschreibung | Länge | Breite | Größe |
|---|---|---|---|---|---|
| | | **Perseus.** | | | |
| 602* | h | 1. Der Nebelfleck am Ende der rechten Hand | ♈ 26° 40′ | + 40° 30′ | neb. |
| 745* | η | 2. Der am rechten Armbug | ♉ 1° 10′ | + 37° 30′ | 4 |
| 822 | γ | 3. Der an der rechten Schulter | ♉ 2° 40′ | + 34° 30′ | 3.4 |
| 716* | ϑ | 4. Der an der linken Schulter | ♈ 27° 30′ | + 32° 20′ | 4 |
| 763 | τ | 5. Der im Kopf | ♉ 0° 40′ | + 34° 30′ | 4 |
| 842 | ι | 6. Der im Raum zwischen den Schultern | ♉ 1° 30′ | + 31° 10′ | 4 |
| 919* | α | 7. Der glänzende in der rechten Seite | ♉ 4° 50′ | + 30° | 2 |
| 947 | σ | 8. Von den drei nach dem in der Seite der vorangebende | ♉ 5° 20′ | + 27° 50′ | 4 |
| 978 | ψ | 9. Der mittelste der drei | ♉ 7° | + 27° 40′ | 4 |
| 1006 | δ | 10. Der nachfolgende derselben | ♉ 7° 40′ | + 27° 20′ | 3 |
| 845 | ϰ | 11. Der am linken Armbug | ♉ 0° 30′ | + 27° | 4 |
| 840* | β | 12. Von denen im Medusenhaupte der glänzende | ♈ 29° 40′ | + 23° | 2 |
| 850 | ω | 13. Der diesem nachfolgende | ♈ 29° 10′ | + 21° | 4 |
| 827* | ϱ | 14. Der dem glänzenden vorangehende | ♈ 27° 40′ | + 21° | 4 |
| 788 | π | 15. Der weiter diesem vorangehende letzte | ♈ 26° 50′ | + 22° 15′ | 4 |
| 1186 | b | 16. Der am rechten Knie | ♉ 14° 50′ | + 28° | 4 |
| 1129 | λ | 17. Der ihm vorangehende über dem Knie | ♉ 13° | + 28° 10′ | 4 |
| 1142 | c | 18. Von den 2 oberhalb der Kniekehle der vorangehende | ♉ 12° 20′ | + 25° | 4 |
| 1169* | μ | 19. Der nachfolgende an der Kniekehle selbst | ♉ 14° | + 26° 15′ | 4 |
| 1209 | d | 20. Der an der rechten Wade | ♉ 14° 10′ | + 24° 30′ | 5 |
| 1303 | e | 21. Der am rechten Fußknöchel | ♉ 16° 20′ | + 18° 45′ | 5 |
| 1019 | ν | 22. Der am linken Schenkel | ♉ 6° 50′ | + 21° 50′ | 4.3 |
| 1096* | ε | 23. Der am linken Knie | ♉ 8° 40′ | + 19° 15′ | 3 |
| 1102 | ξ | 24. Der an der linken Wade | ♉ 8° 20′ | + 14° 45′ | 4 |
| 1016* | o | 25. Der an der linken Ferse | ♉ 4° 10′ | + 12° | 3.4 |
| 1079* | ζ | 26. Der ihm nachfolgende am Ende des linken Fußes | ♉ 6° 20′ | + 11° | 3.2 |

26 Sterne: 2 zweiter, 5 dritter,
16 vierter, 2 fünfter Größe,
1 nebelförmiger.

| Ambronn | Bayer | Sternbeschreibung | Länge | Breite | Größe |
|---|---|---|---|---|---|
| | | **Nicht in das Bild miteinbezogene Sterne:** | | | |
| 1172 | ƒ | 27. Der östlich von dem am linken Knie (ε) | ♉ 11° 50′ | + 18° | 5 |
| 1178 | H34 Cam. | 28. Der nördlich von denen am rechten Knie | ♉ 15° | + 31° | 5 |
| 750 | 16 | 29. Der denen im Medusenhaupt vorangehende . . . . . . . . . . . | ♈ 24° 40′ | + 20° 40′ | schw. |
| | | 3 Sterne: 2 fünfter Größe, 1 schwacher. | | | |
| | | **Fuhrmann.** | | | |
| 1821 | δ | 1. Von den 2 am Kopf der südlichere. . | ♊ 2° 30′ | + 30° | 4 |
| 1785 | ξ | 2. Der nördlichere über dem Kopf . . . | ♊ 2° 20′ | + 31° 50′ | 4 |
| 1518* | α | 3. Der an der linken Schulter, die sog. Capella . . . . . . . . . . . . . . . | ♉ 25° | + 22° 30′ | 1 |
| 1831 | β | 4. Der an der rechten Schulter . . . . . | ♊ 2° 50′ | + 20° | 2 |
| 1773 | ν | 5. Der am rechten Armbug . . . . . . . | ♊ 1° 10′ | + 15° 15′ | 4 |
| 1837* | ϑ | 6. Der an der rechten Handwurzel . . . | ♊ 2° 50′ | + 13° 20′ | 4.3 |
| 1435* | ε | 7. Der am linken Armbug . . . . . . . | ♉ 22° | + 20° 40′ | 4.3 |
| 1461 | η | 8. Von den 2 an der linken Handwurzel, den sog. Zicklein, der nachfolgende | ♉ 22° 10′ | + 18° | 4.3 |
| 1440 | ζ | 9. Der vorangehende derselben . . . . . | ♉ 22° | + 18° | 4 |
| 1409 | ι | 10. Der am linken Fußknöchel . . . . . . | ♉ 19° 50′ | + 10° 10′ | 3.4 |
| 1589* | γ | 11. Der am rechten Fußknöchel, gemeinsam mit dem Horn (β Tauri) . . . . . | ♉ 25° 40′ | + 5° | 3.2 |
| 1629 | χ | 12. Der nördlich des letzteren im Gewandsaum . . . . . . . . . . . . . . . | ♉ 26° | + 8° 30′ | 5 |
| 1600 | φ | 13. Der noch nördlichere als dieser am Hinterbacken . . . . . . . . . . . . | ♉ 26° 20′ | + 12° 10′ | 5 |
| 1387 | 2 | 14. Der kleine über dem linken Fuß . . . | ♉ 20°ᵛ 40′ | + 16° | 6 |
| | | 14 Sterne: 1 erster, 1 zweiter, 2 dritter, 7 vierter, 2 fünfter, 1 sechster Größe. | | | |
| | | **Schlangenträger.** | | | |
| 5585* | α | 1. Der im Kopf . . . . . . . . . . . . . | ♏ 24° 50′ | + 36° | 3.2 |
| 5627 | β | 2. Von den 2 an der rechten Schulter der vorangehende . . . . . . . . . . . . | ♏ 28° | + 27° 15′ | 4.3 |
| 5649 | γ | 3. Der nachfolgende derselben . . . . . . | ♏ 29° | + 26° 30′ | 4 |
| 5357 | ι | 4. Von den 2 an der linken Schulter der vorangehende . . . . . . . . . . . . | ♏ 13° 20′ | + 33° | 4 |
| 5374 | κ | 5. Der nachfolgende derselben . . . . . . | ♏ 14° 40′ | + 31° 50′ | 4 |
| 5238* | λ | 6. Der am linken Armbug . . . . . . . . | ♏ 8° 20′ | + 24° 30′ | 4 |
| 5153* | δ | 7. Von den 2 am Ende der linken Hand der vorangehende . . . . . . . . . . | ♏ 5° | + 17° | 3 |
| 5169 | ε | 8. Der nachfolgende derselben . . . . . . | ♏ 6° | + 16° 30′ | 3 |
| 5594 | μ | 9. Der am rechten Armbug . . . . . . . . | ♏ 26° 40′ | + 15° | 4 |
| 5707 | ν | 10. Von den 2 am Ende der rechten Hand der vorangehende . . . . . . . . . . | ♐ 2° 20′ | + 13° 40′ | 4.5 |
| 5737* | τ | 11. Der nachfolgende derselben . . . . . | ♐ 3° 20′ | + 14° 20′ | 4 |
| 5438* | η | 12. Der am rechten Knie . . . . . . . . . | ♏ 21° 10′ | + 7° 30′ | 3 |
| 5491 | ξ | 13*. Der an dem rechten Schienbein . . . | ♏ 23° 40′ | + 2° 15′ | 4.3 |
| 5455* | A | 14. Von den 4 im rechten Fuß der vorangehende . . . . . . . . . . . . . . . | ♏ 23° | — 2° 15′ | 4 |
| 5499 | ϑ | 15. Der diesem nachfolgende . . . . . . . | ♏ 24° 20′ | — 1° 30′ | 4.3 |
| 5529 | b | 16. Der weiter letzterem nachfolgende . . | ♏ 25° | — 0° 20′ | 4 |

| Ambronn | Bayer | Sternbeschreibung | Länge | Breite | Größe |
|---|---|---|---|---|---|
| 5556 | 51 | 17. Der letzte nachfolgende von den vier. | ♏ 25°50′ | — 0°15′ | 5 |
| 5618 | 58 | 18. Der diesen nachfolgende, der die Ferse berührt . . . . . . . . . . . . . . . . . | ♏ 27°10′ | + 1° | 5 |
| 5265 | ζ | 19. Der am linken Knie . . . . . . . . . | ♏ 12°10′ | + 11°50′ | 3 |
| 5237 | φ | 20. Von den 3 auf einer Geraden an dem linken Schienbein der nördliche . . . | ♏ 11°40′ | + 5°20′ | 5.4 |
| 5208 | χ | 21. Der mittelste derselben. . . . . . . . | ♏ 10°40′ | + 3°10′ | 5 |
| 5197 | ψ | 22. Der südliche der drei . . . . . . . . | ♏ 9°50′ | + 1°40′ | 5.4 |
| 5242 | ω | 23. Der an der linken Ferse . . . . . . . | ♏ 12°20′ | + 0°40′ | 5 |
| 5203* | ϱ | 24. Der die Höhlung des linken Fußes berührende . . . . . . . . . . . . . . . | ♏ 10°40′ | — 0°45′ | 4 |

24 Sterne: 5 dritter, 13 vierter,<br>6 fünfter Größe.

Nicht in das Bild miteinbezogene<br>Sterne:

| Ambronn | Bayer | Sternbeschreibung | Länge | Breite | Größe |
|---|---|---|---|---|---|
| 5721 | 66 | 25. Der nördliche von den 3 östlich der rechten Schulter. . . . . . . . . . . | ♐ 2° | + 28°10′ | 4 |
| 5724* | 67 | 26. Der mittelste der drei . . . . . . . . | ♐ 2°40′ | + 26°20′ | 4 |
| 5730* | 68 | 27. Der südliche derselben. . . . . . . . | ♐ 3° | + 25° | 4 |
| 5752* | 70 | 28. Der den 3 nachfolgende über dem mittelsten . . . . . . . . . . . . | ♐ 3°40′ | + 27° | 4 |
| 5767 | 72 | 29. Der alleinstehende nördlichere als die vier . . . . . . . . . . . . . . . . . | ♐ 4°40′ | + 33° | 4 |

5 Sterne vierter Größe.

### Schlange.

| Ambronn | Bayer | Sternbeschreibung | Länge | Breite | Größe |
|---|---|---|---|---|---|
| 4960 | ι | 1. Von dem Viereck im Kopfe der am Ende der Kinnlade . . . . . . . . . | ♎ 18°50′ | + 38° | 4 |
| 5014 | ϱ | 2. Der die Nüstern berührende . . . . . | ♎ 21°40′ | + 40° | 4 |
| 5045 | γ | 3. Der am Schlaf. . . . . . . . . . . . | ♎ 24°20′ | + 36° | 3 |
| 4984* | β | 4. Der am Ansatz des Nackens . . . . . | ♎ 22° | + 34°15′ | 3 |
| 4995 | κ | 5. Der in der Mitte des Vierecks im Rachen | ♎ 21°20′ | + 37°15′ | 4 |
| 5081 | π | 6. Der außerhalb nördlich des Kopfes . . | ♎ 26°10′ | + 42°30′ | 4 |
| 4918* | δ | 7. Der nach der ersten Krümmung des Nackens . . . . . . . . . . . . . . . | ♎ 21°40′ | + 29°15′ | 3 |
| 4985 | λ | 8. Von den 3 nach diesem der nördliche | ♎ 24°50′ | + 26°30′ | 4 |
| 4969 | α | 9. Der mittelste der drei . . . . . . . . | ♎ 24°20′ | + 25°20′ | 3 |
| 5007 | ε | 10. Der südliche derselben. . . . . . . . | ♎ 26°20′ | + 24° | 3 |
| 4996 | μ | 11. Der nach der folgenden Krümmung der linken Hand (ε δ) des Schlangenträgers vorangehende . . . . . . . . | ♎ 28°50′ | + 16°30′ | 4 |
| 5217 | υ Oph. | 12. Der den Sternen in der Hand nachfolgende. . . . . . . . . . . . . . . | ♏ 8°10′ | + 13°15′ | 5 |
| 5493* | ν | 13. Der nach dem rechten Hinterschenkel des Schlangenträgers. . . . . . . . . | ♏ 23°40′ | + 10°30′ | 4 |
| 5588 | ξ | 14. Von den 2 ihm nachfolgenden der südlichere. . . . . . . . . . . . . . . . | ♏ 27° | + 8°30′ | 4.3 |
| 5606 | o | 15. Der nördlichere derselben . . . . . . | ♏ 27°50′ | + 10°50′ | 4 |
| 5719 | ζ | 16. Der nach der rechten Hand (ν τ) an der Krümmung des Schwanzes . . | ♐ 3°40′ | + 20° | 4 |
| 5854 | η | 17. Der diesem nachfolgende, gleichfalls im Schwanze . . . . . . . . . . . . . | ♐ 8°40′ | + 21°10′ | 4.3 |
| 6081* | ϑ | 18. Der am Ende des Schwanzes. . . . . | ♐ 18°20′ | + 27° | 4 |

18 Sterne: 5 dritter, 12 vierter,<br>1 fünfter Größe.

| Ambronn | Bayer | Sternbeschreibung | Länge | Breite | Größe |
|---|---|---|---|---|---|
| | | **Pfeil.** | | | |
| 6481 | γ | 1. Der einzeln stehende an der Spitze . . | ♑ 10° 10′ | + 39° 20′ | 4 |
| 6407* | ζ | 2. Von den 3 am Schaft der nachfolgende | ♑ 6° 40′ | + 39° 10′ | 6 |
| 6400 | δ | 3. Der mittelste derselben. . . . . . . . | ♑ 5° 50′ | + 39° 30′ | 5 |
| 6354 | α | 4. Der vorangehende von den drei . . . | ♑ 4° 40′ | + 39° | 5 |
| 6360 | β | 5. Der am Ende des Einschnitts am Schaft | ♑ 3° 20′ | + 38° 40′ | 5 |
| | | 5 Sterne: 1 vierter, 3 fünfter, 1 sechster Größe. | | | |
| | | **Adler.** | | | |
| 6512 | τ | 1. Der in der Mitte des Kopfes . . . . . | ♑ 7° 10′ | + 26° 50′ | 4 |
| 6451* | β | 2. Der diesem vorangehende am Halse . | ♑ 4° 50′ | + 27° 10′ | 3 |
| 6411* | α | 3. Der glänzende auf dem Rücken, der sog. Atair . . . . . . . . . . . . . | ♑ 3° 50′ | + 29° 10′ | 2.1 |
| 6415 | o | 4. Der nördlich in der Nähe des letzteren stehende. . . . . . . . . . . . . . | ♑ 4° 40′ | + 30° | 3.4 |
| 6390* | γ | 5. Von den 2 an der linken Schulter der vorangehende . . . . . . . . . . . | ♑ 3° 10′ | + 31° 30′ | 3 |
| 6458 | φ | 6. Der nachfolgende derselben . . . . . | ♑ 6° | + 31° 30′ | 5 |
| 6317 | μ | 7. Von den 2 an der rechten Schulter der vorangehende . . . . . . . . . . . | ♐ 29° 40′ | + 28° 40′ | 5 |
| 6349 | σ | 8. Der nachfolgende derselben . . . . . | ♐ 1° 10′ | + 26° 40′ | 5.4 |
| 6155* | ζ | 9. Der unter dem Schwanze des Adlers weiter ab stehende, der die Milchstraße berührt . . . . . . . . . . . . . . | ♐ 22° 10′ | + 36° 40′ | 3 |
| | | 9 Sterne: 1 zweiter, 4 dritter, 1 vierter, 3 fünfter Größe. | | | |
| | | Sterne bei dem Adler, welche den Antinous bilden. | | | |
| 6423* | η | 10. Von den 2 südlich des Kopfes des Adlers der vorangehende. . . . . . . | ♑ 3° 40′ | + 21° 40′ | 3 |
| 6546 | ϑ | 11. Der nachfolgende derselben . . . . . | ♑ 8° 50′ | + 19° 10′ | 3 |
| 6275 | δ | 12. Der südwestlich von der rechten Schulter des Adlers . . . . . . . . . . . | ♐ 26° | + 25° | 4.3 |
| 6331 | ι | 13. Der südlich von letzterem stehende. . | ♐ 28° 30′ | + 20° | 3 |
| 6330 | ϰ | 14*. Der noch südlichere als dieser . . . | ♐ 29° 40′ | + 15° 30′ | 5 |
| 6156 | λ | 15. Der allen vorangehende . . . . . . . | ♐ 21° 10′ | + 18° 10′ | 3 |
| | | 6 Sterne: 4 dritter, 1 vierter, 1 fünfter Größe. | | | |
| | | **Delphin.** | | | |
| 6664 | ε | 1. Von den 3 im Schwanze der vorangehende . . . . . . . . . . . . . . . | ♑ 17° 40′ | + 29° 10′ | 3.4 |
| 6689 | ι | 2. Von den übrigen 2 der nördlichere. . | ♑ 18° 40′ | + 29° | 4.5 |
| 6703 | ϰ | 3. Der südlichere derselben. . . . . . . | ♑ 18° 40′ | + 27° 45′ | 4 |
| 6688* | β | 4. Von denen im rhombusförmigen Viereck der südliche der vorangeh. Seite . | ♑ 18° 30′ | + 32° | 3.4 |
| 6713 | α | 5. Der nördlichere der vorangehenden Seite | ♑ 20° 10′ | + 33° 50′ | 3.4 |
| 6729 | δ | 6. Von der nachfolgenden Seite des Rhombus der südliche . . . . . . . . . . . | ♑ 21° 20′ | + 32° | 3.4 |
| 6746* | γ | 7. Der nördliche der nachfolgenden Seite | ♑ 23° 10′ | + 33° 10′ | 3.4 |
| 6670 | η | 8. Von den 3 zwischen Schwanz und Rhombus der südliche . . . . . . . . | ♑ 17° 30′ | + 30° 15′ | 6 |

| Ambrona | Bayer | Sternbeschreibung | Länge | Breite | Größe |
|---|---|---|---|---|---|
| 6678 | ζ | 9. Von den übrigen 2 nördlichen der vorangehende . . . . . . . . . . . . . . | ♐ 17° 30′ | + 31° 50′ | 6 |
| 6695 | ϑ | 10. Der übrige nachfolgende derselben . . | ♐ 19° | + 31° 30′ | 6 |
| | | 10 Sterne: 5 dritter, 2 vierter, 3 sechster Größe. | | | |
| | | **Füllen.** | | | |
| 6916 | α | 1. Von den 2 im Kopf der vorangehende | ♐ 26° 20′ | + 20° 30′ | schw. |
| 6958 | β | 2. Der nachfolgende derselben . . . . . | ♐ 28° | + 20° 40′ | schw. |
| 6886* | γ | 3. Von den 2 am Maule der vorangehende | ♐ 26° 20′ | + 25° 30′ | schw. |
| 6908* | δ | 4. Der nachfolgende derselben . . . . . | ♐ 27° 40′ | + 25° | schw. |
| | | 4 schwache Sterne. | | | |
| | | **Pferd.** | | | |
| 14* | α Andr. | 1. Der am Nabel, zugleich im Kopf der Andromeda . . . . . . . . . . . . | ♓ 17° 50′ | + 26° | 2.3 |
| 34 | γ | 2. Der an der Hüfte und am Ende des Flügels . . . . . . . . . . . . . . | ♓ 12° 10′ | + 12° 30′ | 2.3 |
| 7499* | β | 3. Der an der rechten Schulter und am Ansatz des Beins . . . . . . . . . . | ♓ 2° 10′ | + 31° | 2.3 |
| 7503* | α | 4. Der auf dem Rücken und an der Schulter des Flügels . . . . . . . . | ♒ 26° 40′ | + 19° 40′ | 2.3 |
| 7588 | τ | 5. Von den 2 im Rumpf unter dem Flügel der nördlichere . . . . . . . . . . . | ♓ 4° 30′ | + 25° 30′ | 4 |
| 7610 | υ | 6. Der südlichere derselben . . . . . . | ♓ 5° | + 25° | 4 |
| 7393 | η | 7. Von den 2 im rechten Knie der nördlichere. . . . . . . . . . . . . . . | ♒ 29° | + 35° | 3 |
| 7385 | ο | 8. Der südlichere derselben . . . . . . | ♒ 28° 30′ | + 34° 30′ | 5 |
| 7404 | λ | 9. Von den 2 dicht nebeneinander auf der Brust der vorangehende . . . . . | ♒ 26° 10′ | + 29° | 4 |
| 7421 | μ | 10. Der nachfolgende derselben . . . . . | ♒ 27° | + 29° 30′ | 4 |
| 7378 | ζ | 11. Von den 2 dicht nebeneinander am Halse der vorangehende . . . . . . . | ♒ 18° 50′ | + 18° | 3 |
| 7403 | ξ | 12. Der nachfolgende derselben . . . . . | ♒ 20° 30′ | + 19° | 4 |
| 7453 | ϱ | 13. Von den 2 in der Mähne der südlichere | ♒ 21° 20′ | + 15° | 5 |
| 7432 | σ | 14. Der nördlichere derselben . . . . . . | ♒ 20° 30′ | + 16° | 5 |
| 7213 | ϑ | 15. Von den 2 dicht nebeneinander im Kopf der nördlichere . . . . . . . . | ♒ 9° 20′ | + 16° 30′ | 3 |
| 7180 | ν | 16. Der südlichere derselben . . . . . . | ♒ 8° | + 16° | 4 |
| 7077* | ε | 17. Der am Maule . . . . . . . . . . . | ♒ 5° 20′ | + 22° 30′ | 3.2 |
| 7217 | π | 18. Der am rechten Knöchel . . . . . . | ♒ 23° 20′ | + 41° 10′ | 4.3 |
| 7193 | ι | 19. Der am linken Knie . . . . . . . . . | ♒ 17° 20′ | + 34° 15′ | 4.3 |
| 7084* | κ | 20. Der am linken Knöchel . . . . . . | ♒ 12° 20′ | + 36° 50′ | 4.3 |
| | | 20 Sterne: 4 zweiter, 4 dritter, 9 vierter, 3 fünfter Größe. | | | |
| | | **Andromeda.** | | | |
| 141 | δ | 1. Der in dem Raume zwischen den Schultern . . . . . . . . . . . . . . . | ♓ 25° 20′ | + 24° 30′ | 3 |
| 132 | π | 2. Der an der rechten Schulter . . . . . | ♓ 26° 20 | + 27° | 4 |
| 139 | ε | 3. Der an der linken Schulter . . . . . | ♓ 24° 20′ | + 23° | 4 |
| 61 | σ | 4. Von den 3 am rechten Arm der südliche . . . . . . . . . . . . . . . | ♓ 23° 40′ | + 32° | 4 |

| Ambronn | Bayer | Sternbeschreibung | Länge | Breite | Größe |
|---|---|---|---|---|---|
| 55 | $\vartheta$ | 5. Der nördliche derselben . . . . . . . . | ♓ 24°40′ | + 33°30′ | 4 |
| 73 | $\varrho$ | 6. Der mittelste der drei . . . . . . . | ♓ 25° | + 32°20′ | 5 |
| 7668 | $\iota$ | 7. Von den 3 am Ende der rechten Hand der südliche. . . . . . . . . . . | ♓ 19°40′ | + 41° | 4 |
| 7678 | $\varkappa$ | 8. Der mittelste derselben. . . . . . . | ♓ 20°40′ | + 42° | 4 |
| 7666 | $\lambda$ | 9. Der nördliche der drei . . . . . . . . | ♓ 22°10′ | + 44° | 4 |
| 188 | $\zeta$ | 10. Der am linken Arm . . . . . . . . | ♓ 24°10′ | + 17°30′ | 4 |
| 238 | $\eta$ | 11. Der am linken Armbug . . . . . . . | ♓ 2.°40′ | + 15°50′ | 4 |
| 295* | $\beta$ | 12. Von den 3 über dem Gürtel der südliche. . . . . . . . . . . . . . | ♈ 3°50′ | + 26°20′ | 3 |
| 236 | $\mu$ | 13*. Der mittelste derselben . . . . . . . | ♈ 2° | + 30° | 4 |
| 198 | $\nu$ | 14. Der nördliche der drei . . . . . . . | ♈ 1°50′ | + 32°30′ | 4 |
| 544* | $\gamma$ | 15. Der über dem linken Fuß . . . . . . | ♈ 16°50′ | + 28° | 3 |
| 438 | $\varphi$ Pers. | 16. Der im rechten Fuß . . . . . . . . . | ♈ 17°10′ | + 37°20′ | 4.5 |
| 410 | $\upsilon$ Pers. | 17. Der südlichere als dies r. . . . . . . | ♈ 15°10′ | + 35°40′ | 4.3 |
| 404 | $\upsilon$ | 18. Von den 2 in der linken Kniekehle der nördlichere . . . . . . . . . . | ♈ 12°20′ | + 29° | 4 |
| 423 | $\tau$ | 19. Der südlichere derselben . . . . . . | ♈ 12° | + 28° | 4 |
| 293 | $\varphi$ | 20. Der am rechten Knie . . . . . . . | ♈ 10°10′ | + 35°30′ | 5 |
| 341 | $\xi$ | 21. Von den 2 in der Schleppe der nördlichere . . . . . . . . . . . . . . | ♈ 12°40′ | + 34°30′ | 5 |
| 368 | $\omega$ | 22. Der südlichere derselben . . . . . . . | ♈ 14°10′ | + 32°30′ | 5 |
| 7489 | $o$ | 23. Der den 3 am Ende der rechten Hand außerhalb vorangehende . . . . . . . | ♓ 11°40′ | + 44° | 3 |

23 Sterne: 4 dritter, 15 vierter,
4 fünfter Größe.

### Triangel.

| Ambronn | Bayer | Sternbeschreibung | Länge | Breite | Größe |
|---|---|---|---|---|---|
| 432 | $\alpha$ | 1. Der an der Spitze des Dreiecks . . . | ♈ 11° | + 16°30′ | 3 |
| 564 | $\beta$ | 2. Von den 3 an der Grundlinie der vorangehende . . . . . . . . . . . . . | ♈ 16° | + 20°40′ | 3 |
| 598 | $\delta$ | 3. Der mittelste derselben. . . . . . . | ♈ 16°20′ | + 19°40′ | 4 |
| 600 | $\gamma$ | 4. Der nachfolgende der drei . . . . . . | ♈ 16°50′ | + 19° | 3 |

4 Sterne: 3 dritter, 1 vierter Größe.

In nördlichen Sternbildern in Summa 360 Sterne:
3 erster, 18 zweiter, 81 dritter, 177 vierter, 58 fünfter,
13 sechster Größe; 9 schwache, 1 nebelförmiger.

### B. Sternbilder des Tierkreises.

### Widder.

| Ambronn | Bayer | Sternbeschreibung | Länge | Breite | Größe |
|---|---|---|---|---|---|
| 483* | $\gamma$ | 1. Von den 2 im Horn der vorangehende | ♈ 6°40′ | + 7°20′ | 3.4 |
| 492 | $\beta$ | 2. Der nachfolgende derselben . . . . . | ♈ 7°40′ | + 8°20′ | 3 |
| 584 | $\eta$ | 3. Von den 2 an der Schnauze der nördlichere. . . . . . . . . . . . . . . | ♈ 11° | + 7°40′ | 5 |
| 604 | $\vartheta$ | 4. Der südlichere derselben . . . . . . . | ♈ 11°30′ | + 6° | 5 |
| 502 | $\iota$ | 5*. Der am Halse . . . . . . . . . . . | ♈ 6°50′ | + 5°50′ | 5 |
| 693 | $\nu$ | 6. Der an der Hüfte . . . . . . . . . . | ♈ 17°40′ | + 6° | 6 |
| 797* | $\varepsilon$ | 7. Der am Ansatz des Schwanzes . . . . | ♈ 21°20′ | + 4°50′ | 5 |

| Ambronn | Bayer | Sternbeschreibung | Länge | Breite | Größe |
|---|---|---|---|---|---|
| 855 | δ | 8. Von den 3 im Schwanze der vorangehende | ♈ 23° 50′ | + 1° 40′ | 4 |
| 874 | ζ | 9. Der mittelste der drei | ♈ 25° 20′ | + 2° 30′ | 4 |
| 908 | τ | 10. Der nachfolgende derselben | ♈ 27° | + 1° 50′ | 4 |
| 776 | ϱ | 11. Der am Hinterschenkel | ♈ 19° 40′ | + 1° 30′ | 5 |
| 756 | σ | 12. Der unter der Kniekehle | ♈ 18° | — 1° 30′ | 5 |
| 729 | 38 | 13*. Der am Ende des Hinterbeins | ♈ 15° | — 5° 15′ | 4.3 |
| | | 13 Sterne: 2 dritter, 4 vierter, 6 fünfter, 1 sechster Größe. | | | |
| | | Nicht in das Bild miteinbezogene Sterne: | | | |
| 559 | α | 14. Der über dem Kopf, den Hipparch an die Schnauze setzt | ♈ 10° 40′ | + 10° 30′ | 3.2 |
| 749* | c | 15. Von den 4 über der Hüfte der nachfolgende glänzendere | ♈ 21° 40′ | + 10° 10′ | 4 |
| 737 | 39 | 16. Von den übrigen 3 schwächeren der nördliche | ♈ 21° 20′ | + 12° 40′ | 5 |
| 720 | 35 | 17. Der mittelste der drei | ♈ 19° 40′ | + 11° 10′ | 5 |
| 702* | 33 | 18. Der südliche derselben | ♈ 19° 10′ | + 10° 40′ | 5 |
| | | 5 Sterne: 1 dritter, 1 vierter, 3 fünfter Größe. | | | |

### Stier.

| Ambronn | Bayer | Sternbeschreibung | Länge | Breite | Größe |
|---|---|---|---|---|---|
| 959 | f | 1. Von den 4 am Abschnitt der nördliche | ♈ 26° 20′ | — 6° | 4 |
| 955 | s | 2. Der an ihn anschließende | ♈ 26° | — 7° 15′ | 4 |
| 935 | ξ | 3. Der weiter an diesen anschließende | ♈ 24° 20′ | — 8° 30′ | 4 |
| 929 | o | 4. Der südlichste der vier | ♈ 24° 20′ | — 9° 15′ | 4 |
| 1053* | e | 5. Der diesen nachfolgende am rechten Schulterblatt | ♈ 29° 40′ | — 9° 30′ | 5 |
| 1109* | λ | 6. Der an der Brust | ♉ 3° 40′ | — 8° | 3 |
| 1182 | μ | 7. Der am rechten Knie | ♉ 6° 40′ | — 12° 40′ | 4 |
| 1120 | ν | 8. Der am rechten Knöchel | ♉ 3° | — 14° 50′ | 4 |
| 1320 | c¹ | 9. Der am linken Knie | ♉ 12° 10′ | — 10° | 4 |
| 1305* | d | 10*. Der am linken Ellbug | ♉ 10° 20′ | — 13° | 4 |
| 1205 | γ | 11. Von den sog. Hyaden in der Stirn der an den Nüstern | ♉ 9° | — 5° 45′ | 3.4 |
| 1230 | δ¹ | 12. Der zwischen diesem und dem nördlichen Auge (ε) | ♉ 10° 20′ | — 4° 15′ | 3.4 |
| 1264* | ϑ¹ | 13. Der zwischen ihm (γ) und dem südlichen Auge (α) | ♉ 10° 50′ | — 5° 50′ | 3.4 |
| 1306* | α | 14. Der rötliche glänzende der Hyaden im südlichen Auge | ♉ 12° 40′ | — 5° 10′ | 1 |
| 1263 | ε | 15. Der übrige (der Hyaden) im nördlichen Auge | ♉ 11° 50′ | — 3° | 3.4 |
| 1383 | i | 16. Der am Ansatz des südlichen Horns und des Ohres | ♉ 17° 30′ | — 4° | 4 |
| 1473 | m | 17. Von den 2 am südlichen Horn der südlichere | ♉ 20° 20′ | — 5° | 5 |
| 1475 | l | 18. Der nördlichere derselben | ♉ 20° | — 3° 30′ | 5 |
| 1681 | ζ | 19. Der an der Spitze des südlichen Horns | ♉ 27° 40′ | — 2° 30′ | 3 |
| 1342* | τ | 20*. Der am Ansatz des nördlichen Horns | ♉ 15° 40′ | — 0° 15′ | 4 |
| 1589* | β | 21. Der an der Spitze des nördlichen Horns, derselbe wie der am rechten Fuße (γ) des Fuhrmanns | ♉ 25° 40′ | + 5° | 3 |

| Ambronn | Bayer | Sternbeschreibung | Länge | Breite | Größe |
|---|---|---|---|---|---|
| 1248 | $v^2$ | 22. Von den 2 nahe beisammen stehenden am nördlichen Ohr der nördlichere . . | ♉ 12° | + 0° 30′ | 5 |
| 1242 | ϰ | 23. Der südlichere derselben . . . . . . . | ♉ 11° 40 | + 0° 15′ | 5 |
| 1124 | Α | 24. Von den 2 kleinen am Halse der vorangehende . . . . . . . . . . . . . | ♉ 7° | + 0° 40′ | 5 |
| 1189 | ω | 25. Der nachfolgende derselben . . . . . | ♉ 9° | — 1° | 6 |
| 1154 | ρ | 26. Von der vorangehenden Seite des Vierecks im Nacken der südlichere . . . . | ♉ 8° 30′ | + 5° | 5 |
| 1137 | ψ | 27*. Der nördlichere der vorangehend. Seite | ♉ 8° | + 7° 20′ | 5 |
| 1226* | χ | 28. Der südlichere der nachfolgenden Seite | ♉ 12° | + 3° | 5 |
| 1208* | φ | 29. Der nördlichere der nachfolgenden Seite | ♉ 11° 40′ | + 5° | 5 |
| 1023 | 16 | 30. Von der Pleias das nördlichere Ende der vorangehenden Seite . . . . . . . | ♉ 2° 10′ | + 4° 30′ | 5 |
| 1024 | 17 | 31. Das südliche Ende der vorangehenden Seite . . . . . . . . . . . . . . . . . | ♉ 2° 30′ | + 3° 40′ | 5 |
| 1044* | η | 32*. Das nachfolgende dichteste Ende der Pleias (mit dem Hauptstern) . . . . . | ♉ 3° 40′ | + 3° 20′ | 5 |
| 1067* | H 38 | 33*. Der außerhalb stehende kleine nördlich der Pleias. . . . . . . . . . . . | ♉ 3° 40′ | + 5° | 4 |

32 Sterne: 1 erster, 6 dritter,<br>11 vierter, 13 fünfter,<br>1 sechster Größe.

Nicht in das Bild miteinbezogene<br>Sterne:

| Ambronn | Bayer | Sternbeschreibung | Länge | Breite | Größe |
|---|---|---|---|---|---|
| 989 | 10 | 34. Der unter dem rechten Fuß und dem Schulterblatt . . . . . . . . . . . . . | ♈ 25° | — 17° 30′ | 4 |
| 1447 | ι | 35. Von den 3 über dem südlichen Horn der vorangehende . . . . . . . . . . . | ♉ 20° | — 2° | 5 |
| 1544 | n | 36*. Der mittelste der drei . . . . . . . . | ♉ 24° | — 1° 45′ | 5 |
| 1605 | o | 37. Der nachfolgende derselben . . . . . | ♉ 26° | — 2° | 5 |
| 1751 | 130 | 38. Von den 2 unter der Spitze des südlichen Horns der nördlichere. . . . . | ♉ 29° | — 6° 20′ | 5 |
| 1746 | 129 | 39. Der südlichere derselben . . . . . . . | ♉ 29° | — 7° 40′ | 5 |
| 1612* | 118 | 40. Von den 5 nachfolgenden unter dem nördlichen Horn der vorangehende . . | ♉ 27° | + 0° 40′ | 5 |
| 1697 | 125 | 41. Der diesem nachfolgende . . . . . . . | ♉ 29° | + 1° | 5 |
| 1762 | 132 | 42. Der weiter diesem nachfolgende . . . | ♊ 1° | + 1° 20′ | 5 |
| 1791 | 136 | 43. Von den übrigen 2 nachfolgenden der nördlichere . . . . . . . . . . . . . | ♊ 2° 20′ | + 3° 20′ | 5 |
| 1826 | 139 | 44. Der südlichere derselben . . . . . . . | ♊ 3° 20′ | + 1° 15′ | 5 |

11 Sterne: 1 vierter, 10 fünfter Größe.

Zwillinge.

| Ambronn | Bayer | Sternbeschreibung | Länge | Breite | Größe |
|---|---|---|---|---|---|
| 2508* | α | 1. Der im Kopf d. vorangehenden Zwillings | ♊ 23° 20′ | + 9° 30′ | 2 |
| 2590* | β | 2. Der rötliche im Kopf des nachfolgenden Zwillings . . . . . . . . . . . . | ♊ 26° 40′ | + 6° 15′ | 2 |
| 2213 | ϑ | 3. Der am linken Ellbogen des vorangehenden Zwillings . . . . . . . . . | ♊ 16° 40′ | + 10° | 4 |
| 2342 | τ | 4. Der an demselben Arm . . . . . . . . | ♊ 18° 40′ | + 7° 20′ | 4 |
| 2445 | ι | 5. Der ihm nachfolgende in dem Raume zwischen den Schultern . . . . . . . | ♊ 22° | + 5° 30′ | 4 |
| 2518 | υ | 6. Der diesem nachfolgende an der rechten Schulter desselben Zwillings . . . | ♊ 24° | + 4° 50′ | 4 |
| 2586* | ϰ | 7. Der an der nachfolgenden Schulter des nachfolgenden Zwillings . . . . . . . | ♊ 26° 40′ | + 2° 40′ | 4 |

| Ambros | Bayer | Sternbeschreibung | Länge | Breite | Größe |
|---|---|---|---|---|---|
| 2436 | *A* | 8. Der in der rechten Seite des vorangehenden Zwillings . . . . . . . . . | ♊ 21° 40′ | + 2° 40 | 5 |
| 2464 | 63 | 9. Der in der linken Seite des nachfolgenden Zwillings. . . . . . . . . . | ♊ 23° 10′ | + 0° 20′ | 5 |
| 2150* | *e* | 10. Der am linken Knie des vorang. Zw. . | ♊ 13° | + 1° 30′ | 3 |
| 2302* | ζ | 11. Der unter dem linken Knie des nachfolgenden Zwillings . . . . . . . . | ♊ 18° 15′ | — 2° 30′ | 3 |
| 2413* | δ | 12. Der am linken Schoß des nachf. Zw. . | ♊ 21° 40′ | — 0° 30′ | 3 |
| 2399* | λ | 13. Der über dem rechten Armbug desselben Zwillings . . . . . . . . . . | ♊ 21° 40′ | — 6° | 3 |
| 1941* | η | 14. Der am vorgesetzten Fuß des vorangehenden Zwillings . . . . . . . . . | ♊ 6° 30′ | — 1° 30′ | 4.3 |
| 1997 | μ | 15. Der diesem nachfolgende in demselben Fuße . . . . . . . . . . . | ♊ 8° 30′ | — 1° 15′ | 4.3 |
| 2046* | ν | 16. Der am Ende des rechten Fußes des vorangehenden Zwillings . . . . . . . | ♊ 10° 10′ | — 3° 30′ | 4.3 |
| 2108* | γ | 17. Der am Ende des linken Fußes des nachfolgenden Zwillings . . . . . . | ♊ 12° | — 7° 30′ | 3 |
| 2161 | ξ | 18. Der am Ende des rechten Fußes des nachfolgenden Zwillings . . . . . . . | ♊ 14° 40′ | — 10° 30′ | 4 |
| | | 18 Sterne: 2 zweiter, 5 dritter, 9 vierter, 2 fünfter Größe. | | | |
| | | Nicht in das Bild miteinbezogene Sterne: | | | |
| 1871 | 1 | 19. Der dem vorgesetzten Fuß (η) des vorangehenden Zwillings vorangehende . | ♊ 4° 10′ | — 0° 40′ | 4 |
| 1944 | *x* Aur. | 20. Der dem vorangehenden Knie (*e*) vorangehende glänzende. . . . . . . . | ♊ 6° 30′ | + 5° 50′ | 4.3 |
| 2201 | *d* | 21. Der dem linken Knie (ζ) des nachfolgenden Zwillings vorangehende. . . . | ♊ 15° 10′ | — 2° 15′ | 5 |
| 2600 | *g* | 22. Von den 3 auf einer Geraden, die dem rechten Arm (λ) des nachf. Zw. nachfolgen, der nördliche. . . . . . . . . | ♊ 28° 20′ | — 1° 20′ | 5 |
| 2546 | *f* | 23. Der mittelste der drei . . . . . . . . | ♊ 26° 20′ | — 3° 20′ | 5 |
| 2505 | 68 | 24. Der südliche derselben neben dem Ellbogen (λ) des Armes . . . . . . . . . | ♊ 26° | — 4° 30′ | 5 |
| 2765* | ζ Canc. | 25*. Der den 3 vorgenannten nachfolgende glänzende . . . . . . . . . . . . . . | ♋ 3° | — 2° 40′ | 4 |
| | | 7 Sterne: 3 vierter, 4 fünfter Größe. | | | |
| | | **Krebs.** | | | |
| 2949* | *ε* | 1. Die Mitte des auf dem Bruststück stehenden Nebelflecks, der sog. Krippe | ♋ 10° 20′ | + 0° 20′ | neb. |
| 2898 | η | 2. Von den 2 vorangehenden des Vierecks um den Nebelfleck der nördlichere | ♋ 7° 40′ | + 1° 15′ | 4.5 |
| 2892 | ϑ | 3. Von den 2 vorangeh. der südlichere . | ♋ 8° | — 1° 10′ | 4.5 |
| 2969* | γ | 4. Von den 2 nachfolgenden des Vierecks, den sog. Eseln, der nördliche . . . . | ♋ 10° 20′ | + 2° 40′ | 4.3 |
| 2977* | δ | 5. Der südliche der 2 vorgenannten . . . | ♋ 11° 20′ | — 0° 10′ | 4.3 |
| 3050* | α | 6. Der an der südlichen Schere . . . . . | ♋ 16° 30′ | — 5° 30′ | 4 |
| 2989* | ι | 7. Der an der nördlichen Schere . . . . | ♋ 8° 20′ | + 11° 50′ | 4 |
| 2739 | μ² | 8. Der am nördlichen Hinterfuß . . . . . | ♋ 2° 40′ | + 1° | 5 |
| 2799 | β | 9. Der am südlichen Hinterfuß . . . . . | ♋ 7° 10′ | — 7° 30′ | 4.3 |
| | | 9 Sterne: 7 vierter, 1 fünfter Größe, 1 nebelförmiger. | | | |

| Ambronn | Bayer | Sternbeschreibung | Länge | Breite | Größe |
|---|---|---|---|---|---|
| | | **Nicht in das Bild miteinbezogene Sterne:** | | | |
| 3144 | π | 10. Der über dem Bug der südlichen Schere | ♋ 19° 40′ | — 2° 20′ | 4.5 |
| 3108 | ϰ | 11. Der dem Ende der südlichen Schere nachfolgende. | ♋ 21° 10′ | — 5° 40′ | 4.5 |
| 3089 | ν | 12. Von den 2 nachfolgenden über dem Nebelfleck der vorangehende | ♋ 14° | + 7° 15′ | 5 |
| 3112 | ξ | 13. Der nachfolgende derselben | ♋ 17° | + 4° 50′ | 5 |
| | | 4 Sterne: 2 vierter, 2 fünfter Größe. | | | |
| | | **Löwe.** | | | |
| 3196 | ϰ | 1. Der am Ende der Nüster | ♋ 18° 20′ | + 10° | 4 |
| 3235 | λ | 2. Der im Rachen | ♋ 21° 10′ | + 7° 30′ | 4 |
| 3348 | μ | 3. Von den 2 im Kopf der nördlichere | ♋ 24° 20′ | + 12° | 3 |
| 3319 | ε | 4. Der südlichere derselben | ♋ 24° 10′ | + 9° 30′ | 3.2 |
| 3447 | ζ | 5. Von den 3 am Halse der nördliche | ♌ 0° 10′ | + 11° | 3 |
| 3467* | γ | 6. Der anschließende mittelste der drei | ♌ 2° 10′ | + 8° 30′ | 2 |
| 3401 | η | 7. Der südliche derselben | ♌ 0° 40′ | + 4° 30′ | 3 |
| 3407* | α | 8. Der im Herzen, der sog. Regulus | ♌ 2° 30′ | + 0° 10′ | 1 |
| 3405 | Λ | 9. Der südlichere als dieser, etwa auf der Brust | ♌ 3° 30′ | — 1° 50′ | 4 |
| 3375 | ν | 10. Der ein wenig dem im Herzen vorangehende | ♌ 0° 0′ | — 0° 15′ | 5 |
| 3313 | ψ | 11. Der am rechten Knie | ♋ 27° 20′ | 0° 0′ | 5 |
| 3240 | ξ | 12. Der an der rechten Vorderklaue | ♋ 24° 10′ | — 3° 40′ | 5 |
| 3302* | o | 13. Der an der linken Vorderklaue | ♋ 27° 20′ | — 4° 10′ | 4 |
| 3384 | π | 14. Der am linken Knie | ♌ 2° 30′ | — 4° 15′ | 4 |
| 3532 | ϱ | 15. Der an der linken Achsel | ♌ 9° 10′ | ·· 0° 10′ | 4 |
| 3528 | i | 16. Von den 3 am Bauch der vorangehende | ♌ 7° | + 4° | 6 |
| 3597 | k | 17. Von den übrigen 2 nachfolgenden der nördliche | ♌ 10° 20′ | + 5° 20′ | 6 |
| 3613 | l | 18. Der südlichere derselben | ♌ 12° 10′ | + 2° 20′ | 6 |
| 3674 | b | 19. Von den 2 an der Hüfte der vorangehende | ♌ 11° 20′ | + 12° 15′ | 6 |
| 3721* | δ | 20. Der nachfolgende derselben | ♌ 14° 10′ | + 13° 40 | 2.3 |
| 3723 | ϑ | 21. Von den 2 an den Hinterbacken der nördlichere | ♌ 14° 20′ | + 11° 10′ | 5 |
| 3727 | n | 22. Der südlichere derselben | ♌ 16° 20′ | + 9° 40′ | 3 |
| 3750* | ι | 23. Der an den Hinterschenkeln | ♌ 20° 20′ | + 5° 50′ | 3 |
| 3742 | σ | 24. Der an den hinteren Kniekehlen | ♌ 21° 40′ | + 1° 15′ | 4 |
| 3768* | τ | 25. Der südlichere als dieser, etwa an den Ellbogen | ♌ 24° 40′ | — 0° 50′ | 4 |
| 3813 | υ | 26*. Der an den Hinterklauen | ♌ 27° 30′ | — 3° 10′ | 5 |
| 3867* | β | 27. Der am Ende des Schwanzes | ♌ 24° 30′ | + 11° 50′ | 1.2 |
| | | 27 Sterne: 2 erster, 2 zweiter, 6 dritter, 8 vierter, 5 fünfter, 4 sechster Größe. | | | |
| | | **Nicht in das Bild miteinbezogene Sterne:** | | | |
| 3582 | 44 L.mln. | 28. Von den 2 über dem Rücken der vorangehende | ♌ 6° | + 13° 20′ | 5 |
| 3641* | 54 | 29. Der nachfolgende derselben | ♌ 8° 10′ | + 15° 30′ | 5 |
| 3683 | χ | 30. Von den 3 unter den Weichen der nördliche | ♌ 17° 30′ | + 1° 10′ | 4.5 |
| 3666 | c | 31. Der mittelste derselben | ♌ 17° 10′ | — 0° 30′ | 5 |

| Ambronn | Bayer | Sternbeschreibung | Länge | Breite | Größe |
|---|---|---|---|---|---|
| 3664 | *d* | 32. Der südliche derselben . . . . . . . . . | ♌ 18° | — 2° 40′ | 5 |
| 4037 | 15 Com. | 33. Der nördlichste Teil der zwischen den äußersten Sternen von Löwe und Bär gelegenen nebelförmigen Gruppe, des sog. Haupthaares . . . . . . . . . . | ♌ 24° 50′ | + 30° | schw. |
| 3979 | 7 Com. | 34. Von den südlichen Ausläufern des Haupthaares der vorangehende . . . . | ♌ 24° 20′ | + 25° | schw. |
| 4080 | 23 Com. | 35. Der nachfolgende derselben in einer Figur von der Form eines Efeublattes | ♌ 28° 30′ | + 25° 30′ | schw. |
|  |  | 5 Sterne: 1 vierter, 4 fünfter Größe und das Haupthaar. |  |  |  |
|  |  | **Jungfrau.** |  |  |  |
| 3850 | *v* | 1. Von den 2 oben am Schädel der südliche . . . . . . . . . . . . | ♌ 26° 20′ | + 4° 15′ | 5 |
| 3849 | *ξ* | 2*. Der nördlichere derselben . . . . . . | ♌ 26° | + 5° 40′ | 5 |
| 3928 | *o* | 3. Von den 2 ihnen nachfolgenden im Antlitz der nördlichere . . . . . . . | ♍ 0° 40′ | + 8° | 5 |
| 3910 | *π* | 4. Der südlichere derselben . . . . . . . | ♍ 0° 30′ | + 5° 30′ | 5 |
| 3873* | *β* | 5. Der am Ende des südlichen, d. i. linken Flügels . . . . . . . . . . . . . | ♌ 29° | + 0° 20′ | 3 |
| 3997 | *η* | 6. Von den 4 im linken Flügel der vorangehende . . . . . . . . . . . . | ♍ 8° 15′ | + 1° 30′ | 3 |
| 4109* | *γ* | 7. Der diesem nachfolgende . . . . . . . | ♍ 13° 10′ | + 2° 50′ | 3 |
| 4187 | *k* | 8. Der weiter diesem nachfolgende . . | ♍ 17° 30′ | + 2° 30′ | 5 |
| 4224* | *ϑ* | 9. Der letzte nachfolgende von den vier . | ♍ 21° | + 1° 40′ | 4 |
| 4177 | *δ* | 10. Der in der rechten Seite unter dem Gürtel . . . . . . . . . . . . . . | ♍ 14° 20′ | + 8° 30′ | 3 |
| 4111 | *ϱ* | 11. Von den 3 im rechten, d. i. nördlichen Flügel der vorangehende . . . . . . . | ♍ 8° 10′ | + 13° 30′ | 5 |
| 4126 | *d²* | 12. Von den übrigen 2 der südliche . . . | ♍ 10° 10′ | + 11° 40′ | 6 |
| 4198 | *ε* | 13. Der nördliche derselben, die sog. Vindemiatrix . . . . . . . . . . . . . | ♍ 12° 10′ | + 15° 10′ | 3.2 |
| 4298* | *α* | 14. Der am Ende der linken Hand, die sog. Spika . . . . . . . . . . . | ♍ 26° 40′ | — 2° | 1 |
| 4337 | *ζ* | 15. Der unter dem Gürtel, etwa am rechten Hinterbacken . . . . . . . . . . | ♍ 24° 50′ | + 8° 40′ | 3 |
| 4326 | *l²* | 16. Von der vorang. Seite des Vierecks am linken Schenkel der nördliche . . . . | ♍ 26° 20′ | + 3° 20′ | 5 |
| 4331 | *h* | 17*. Der südliche der vorangehenden Seite | ♍ 27° 15′ | + 0° 10′ | 6 |
| 4370 | *m* | 18. Von den 2 der nachfolgenden Seite der nördlichere . . . . . . . . . . . . | ♎ 0° 0′ | + 1° 30′ | 4.5 |
| 4305 | *i* | 19*. Der südlichere der nachfolgenden Seite | ♍ 28° | — 3° | 5 |
| 4391* | 86 | 20. Der am linken Knie . . . . . . . . . | ♎ 1° 40′ | — 1° 30′ | 5 |
| 4439 | *p* | 21. Der am rechten Hinterschenkel . . . . | ♍ 28° | + 8° 30′ | 5 |
| 4532 | *ι* | 22. Von den 3 in der Schleppe um die Füße der mittelste . . . . . . . . . . | ♎ 6° 40′ | + 7° 10′ | 4 |
| 4512 | *x* | 23. Der südliche derselben . . . . . . . . | ♎ 7° 20′ | + 2° 40′ | 4 |
| 4595* | *φ* | 24. Der nördliche der drei . . . . . . . . | ♎ 8° 20′ | + 11° 40′ | 4 |
| 4552 | *λ* | 25. Der am Ende des linken, d. i. südlichen Fußes . . . . . . . . . . . . . . | ♎ 10° | + 0° 30′ | 4 |
| 4656 | *μ* | 26. Der am Ende des rechten, d. i. nördlichen Fußes . . . . . . . . . . . . | ♎ 12° 40′ | + 9° 50′ | 4 |
|  |  | 26 Sterne: 1 erster, 6 dritter, 7 vierter, 10 fünfter, 2 sechster Größe. |  |  |  |

| Ambronn | Bayer | Sternbeschreibung | Länge | Breite | Größe |
|---|---|---|---|---|---|
| | | **Nicht in das Bild miteinbezogene Sterne:** | | | |
| 4100 | $\chi$ | 27. Von den 3 auf einer Geraden unter dem linken Ellbogen der vorangehende | ♍ 14° 40′ | — 3° 30′ | 5 |
| 4170 | $\psi$ | 28. Der mittelste derselben . . . . . . . | ♍ 19° | — 3° 30′ | 5 |
| 4217 | 49 | 29. Der nachfolgende der drei . . . . . | ♍ 22° 15′ | — 3° 20′ | 5 |
| 4239 | 53 | 30. Von den 3 etwa auf einer Geraden unter der Spika der vorangehende . . | ♍ 27° 10′ | — 7° 10′ | 6 |
| 4271 | 61 | 31*. Der mittelste derselben, ein Doppelstern . . . . . . . . . . . | ♍ 28° 10′ | — 8° 20′ | 5 |
| 4413 | 89 | 32. Der nachfolgende der drei . . . . . . | ♎ 5° | — 7° 50′ | 6 |
| | | 6 Sterne: 4 fünfter, 2 sechster Größe. | | | |

# Achtes Buch.

## Erstes Kapitel.
### Sternbestand der südlichen Halbkugel.
### A. Sternbilder des Tierkreises.
#### Scheren.

| Ambronn | Bayer | Sternbeschreibung | Länge | Breite | Größe |
|---|---|---|---|---|---|
| 4696* | $\alpha^2$ | 1. Von denen am Ende der südlichen Schere der glänzende . . . . . . . . | ♎ 18° | + 0° 40′ | 2 |
| 4688* | $\mu$ | 2. Der nördlichere als dieser u. schwächere | ♎ 17° | + 2° 30′ | 5 |
| 4827* | $\beta$ | 3. Von denen am Ende der nördlichen Schere der glänzende. . . . . . . . | ♎ 22° 10′ | + 8° 50′ | 2 |
| 4746* | $\delta$ | 4. Der ihm vorangehende schwache . . . | ♎ 17° 40′ | + 8° 30′ | 5 |
| 4799 | $\iota$ | 5. Der in der Mitte der südlichen Schere | ♎ 24° | — 1° 40′ | 4 |
| 4774* | $\nu$ | 6. Der diesem vorangehende an derselben Schere. . . . . . . . . . . . . . . . | ♎ 21° 20′ | + 1° 15′ | 4 |
| 4917* | $\gamma$ | 7. Der in der Mitte der nördlichen Schere | ♎ 27° 50′ | + 4° 45′ | 4 |
| 5023 | $\vartheta$ | 8. Der ihm nachf. in derselben Schere . | ♏ 3° | + 3° 30′ | 4.5 |
| | | 8 Sterne: 2 zweiter, 4 vierter, 2 fünfter Größe. | | | |
| | | **Nicht in das Bild miteinbezogene Sterne:** | | | |
| 4907 | 37 | 9. Von den 3 nördlicheren als die nördliche Schere der vorangehende . . . . | ♎ 26° 10′ | + 9° | 5 |
| 5051 | 48 | 10. Von den 2 nachfolgenden der südlichere | ♏ 3° 40′ | + 6° 40′ | 4.5 |
| 5084* | ξ Sc. | 11. Der nördliche derselben . . . . . . . | ♏ 4° 20′ | + 9° 15′ | 4.5 |
| 5017 | $\lambda$ | 12. Von den 3 zwischen den Scheren der nachfolgende. . . . . . . . . . . . . | ♏ 3° 30′ | + 0° 30′ | 6 |
| 4940 | 41 | 13. Von den übrigen 2 vorangehenden der nördliche . . . . . . . . . . . . . | ♏ 0° 40′ | + 0° 20′ | 5 |
| 4955 | $\varkappa$ | 14*. Der südliche derselben . . . . . . . | ♏ 1° 10′ | — 1° 30′ | 4 |
| 4761 | γ Sc. | 15. Von den 3 südlicheren als die südliche Schere der vorangehende . . . . . . | ♎ 23° | — 7° 30′ | 3 |
| 4921* | 2H Sc. | 16. Von den übrigen 2 nachfolgenden der nördlichere . . . . . . . . . . . . . | ♏ 1° 10′ | — 8° 30′ | 4 |
| 4938* | o Sc. | 17. Der südlichere derselben. . . . . . . | ♏ 2° | — 9° 40′ | 4 |
| | | 9 Sterne: 1 dritter, 5 vierter, 2 fünfter, 1 sechster Größe. | | | |

| Ambronn | Bayer | Sternbeschreibung | Länge | Breite | Größe |
|---|---|---|---|---|---|
| | | **Skorpion.** | | | |
| 5087* | β | 1. Von den 3 glänzenden in der Stirn der nördliche | ♏ 6° 20′ | + 1° 20′ | 3 |
| 5061 | δ | 2. Der mittelste derselben | ♏ 5° 40′ | — 1° 40′ | 3 |
| 5054 | π | 3. Der südlichere der drei | ♏ 5° 40′ | — 5° | 3 |
| 5040 | ϱ | 4. Der noch südlichere als dieser an einem der Füße | ♏ 6° | — 7° 50′ | 3 |
| 5129* | ν | 5. Von den 2 Begleitern des nördlichsten (β) der glänzenden der nördliche | ♏ 7° | + 1° 40′ | 4 |
| 5097 | ω¹ | 6. Der südliche derselben (ein doppelter) | ♏ 6° 20′ | + 0° 30′ | 4 |
| 5178* | σ | 7. Von den 3 glänzenden im Körper der vorangehende | ♏ 10° 40′ | — 3° 45′ | 3 |
| 5223* | α | 8. Der rötliche mittelste derselben, der sog. Antares | ♏ 12° 40′ | — 4° | 2 |
| 5254 | τ | 9. Der nachfolgende der drei | ♏ 14° 30′ | — 5° 30′ | 3 |
| 5128 | c² | 10. Von den 2 unter ihnen etwa am äußersten Fuße der vorangehende | ♏ 9° 20′ | — 6° 30′ | 5 |
| 5164 | d | 11. Der nachfolgende derselben | ♏ 10° 40′ | — 6° 40′ | 5 |
| 5326 | e | 12. Der im 1. Schwanzgelenk vom Körper ab | ♏ 18° 30′ | — 11° | 3 |
| 5333 | μ | 13. Der nach diesem im 2. Schwanzgelenk | ♏ 18° 50′ | — 15° | 3 |
| 5348 | ζ² | 14*. Der nördliche des Doppelsterns im 3. Schwanzgelenk | ♏ 20° | — 18° | 4 |
| 5343 | ζ¹ | 15. Der südlichere des Doppelsterns | ♏ 20° 10′ | — 18° 40′ | 4 |
| 5440 | η | 16. Der folgende im 4. Schwanzgelenk | ♏ 23° 10′ | — 19° 30′ | 3 |
| 5563 | ϑ | 17. Der nach ihm im 5. Schwanzgelenk | ♏ 28° 10′ | — 18° 50′ | 3 |
| 5637 | ι¹ | 18. Der weiter folgende im 6. Schwanzgelenk | ♐ 0° 30′ | — 16° 40′ | 3 |
| 5403 | ϰ | 19. Der im 7. Schwanzgelenk neben dem Stachel | ♏ 29° | — 15° 10′ | 3 |
| 5562* | λ | 20. Von den 2 im Stachel der nachfolgende | ♏ 27° 30′ | — 13° 20′ | 3 |
| 5548 | υ | 21. Der vorangehende derselben | ♏ 27° | — 13° 30′ | 4 |
| | | 21 Sterne: 1 zweiter, 13 dritter, 5 vierter, 2 fünfter Größe. | | | |
| | | **Nicht in das Bild miteinbezogene Sterne:** | | | |
| 5650 | G | 22*. Der dem Stachel nachfolgende nebelförmige | ♐ 1° 10′ | — 13° 15′ | neb. |
| 5533 | d Oph. | 23. Von den 2 nördlich des Stachels der vorangehende | ♏ 25° 30′ | — 6° 10′ | 5 |
| 5509 | 43 Oph. | 24*. Der nachfolgende derselben | ♏ 25° 30′ | — 4° 10′ | 5 |
| | | 3 Sterne: 2 fünfter Größe, 1 nebelförmiger. | | | |
| | | **Schütze.** | | | |
| 5746 | γ | 1. Der an der Pfeilspitze | ♐ 4° 30′ | — 6° 30′ | 3 |
| 5841 | δ | 2. Der an der von der linken Hand erfaßten Stelle (des Bogens) | ♐ 7° 40′ | — 6° 30′ | 3 |
| 5862 | ε | 3. Der im südlichen Teile des Bogens | ♐ 8° | — 10° 50′ | 3 |
| 5892 | λ | 4. Von denen im nördlichen Teile des Bogens der südlichere | ♐ 9° | — 1° 30′ | 3 |
| 5798* | μ | 5. Der nördlichere derselben am Ende des Bogens | ♐ 6° 40′ | + 2° 50′ | 4 |
| 6060 | σ | 6. Der an der linken Schulter | ♐ 15° 20′ | — 3° 10′ | 3 |

| Ambronn | Bayer | Sternbeschreibung | Länge | Breite | Größe |
|---|---|---|---|---|---|
| 5990 | φ | 7. Der diesem vorangehende am Pfeil . . | ♐ 13° | — 3°30' | 4 |
| 6055<br>6061 | ν¹<br>ν² } | 8. Der nebelförmige Doppelstern im Auge | ♐ 15°10' | + 0°45' | neb. |
| 6087 | ξ² | 9. Von den 3 im Kopf der vorangehende | ♐ 15°40' | + 2°10' | 4 |
| 6142 | o | 10. Der mittelste derselben . . . . . . . | ♐ 17°40' | + 1°30' | 4 |
| 6182 | π | 11. Der nachfolgende der drei . . . . . . | ♐ 19°10' | + 2° | 4 |
| 6217 | d | 12. Von den 3 im nördlichen Oberkleid der südliche .. . . . . . . . . . . | ♐ 21°20' | + 2°50' | 5 |
| 6246 | ϱ | 13. Der mittelste derselben . . . . . . . . | ♐ 22°20' | + 4°30' | 4 |
| 6249 | υ | 14. Der nördliche der drei . . . . . . . . | ♐ 22°50' | + 6°30' | 4 |
| 6361 | e² | 15. Der den 3 nachfolgende schwache . . | ♐ 25°40' | + 5°30' | 6 |
| 6461 | g | 16. Von den 2 im südlichen Oberkleid der nördlichere . . . . . . . . . . . | ♐ 29°30' | + 5°50' | 5 |
| 6416 | 57 | 17. Der südlichere derselben . . . . . . . | ♐ 27°40' | + 2° | 6 |
| 6265 | χ | 18. Der an der rechten Schulter . . . . . | ♐ 22°40' | — 1°50' | 5 |
| 6325 | h² | 19. Der am rechten Armbug . . . . . . . | ♐ 24°50' | — 2°20' | 4 |
| 6207 | ψ | 20. Von den 3 auf dem Rücken der im Raum zwischen den Schultern . . . | ♐ 26° | — 2°30' | 5 |
| 6154 | τ | 21. Der mittelste derselben am Schulterblatt . . . . . . . . . . . . . . . | ♐ 17°40' | — 4°30' | 4.3 |
| 6124* | ζ | 22. Der übrige unter der Achsel . . . . . | ♐ 16°20' | — 6°45' | 3 |
| 6243* | β¹ | 23. Der am vorderen linken Knöchel . . . | ♐ 17°40' | — 23° | 2 |
| 6254* | α | 24. Der am Knie desselben Fußes . . . . | ♐ 17° | — 18° | 2.3 |
| 5819* | η | 25. Der am vorderen rechten Knöchel . . | ♐ 6°40' | — 13° | 3 |
| 6470 | ϑ¹ | 26. Der am linken Schenkel . . . . . . . | ♐ 27°20' | — 13°30' | 3 |
| 6433 | ι | 27. Der am hinteren rechten Ellbogen . . | ♐ 23°50' | — 20°10' | 3 |
| 6447 | ω | 28. Von den 4 im Ansatz des Schwanzes der vorangehende der nördlichen Seite | ♐ 27°40' | — 4°50' | 5 |
| 6465 | A | 29. Der nachfolgende der nördlichen Seite | ♐ 28°50' | — 4°50' | 5 |
| 6453 | b | 30. Der vorangehende der südlichen Seite | ♐ 28°50' | — 5°50' | 5 |
| 6494 | c | 31. Der nachfolgende der südlichen Seite | ♐ 29°40' | — 6°30' | 5 |

31 Sterne: 2 zweiter, 9 dritter,<br>9 vierter, 8 fünfter, 2 sechster Größe,<br>1 nebelförmiger.

### Steinbock.

| Ambronn | Bayer | Sternbeschreibung | Länge | Breite | Größe |
|---|---|---|---|---|---|
| 6581 | α² | 1. Von den 3 im nachfolgenden Horn der nördliche . . . . . . . . . . . . . | ♑ 7°20' | + 7°20' | 3 |
| 6595 | ν | 2. Der mittelste derselben . . . . . . . | ♑ 7°40' | + 6°40' | 6 |
| 6598* | β | 3. Der südliche der drei . . . . . . . . . | ♑ 7°20' | + 5° | 3 |
| 6551 | ξ | 4. Der an der Spitze des vorangehenden Horns . . . . . . . . . . . . . . . . | ♑ 5° | + 8° | 6 |
| 6644* | o | 5. Von den 3 an der Schnauze der südliche . . . . . . . . . . . . . . . . . . | ♑ 9° | + 0°45' | 6 |
| 6633* | π | 6. Von den übrigen 2 der vorangehende . | ♑ 8°40' | + 1°45' | 6 |
| 6637* | ϱ | 7. Der nachfolgende derselben . . . . . | ♑ 8°50' | + 1°30' | 6 |
| 6585* | σ | 8. Der den 3 vorangehende unter dem rechten Auge . . . . . . . . . . . . | ♑ 6°10' | + 0°40' | 5 |
| 6694 | τ | 9*. Von den 2 am Halse der nördlichere | ♑ 11°40' | + 3°50' | 6 |
| 6705 | υ | 10. Der südlichere derselben . . . . . . | ♑ 11°50' | + 0°50' | 5 |
| 6775 | ω | 11. Der am linken gebeugten Knie . . . . | ♑ 11°40' | — 8°40' | 4 |
| 6736 | ψ | 12. Der unter dem rechten Knie . . . . | ♑ 10°50' | — 6°30' | 4 |
| 6867 | A | 13. Der an der linken Schulter . . . . . | ♑ 16°40' | — 7°40' | 4 |
| 6979 | ς | 14. Von 2 dicht nebeneinander stehenden unter dem Bauch der vorangehende . | ♑ 20°10' | — 6°50' | 4 |

| Ambronn | Bayer | Sternbeschreibung | Länge | Breite | Größe |
|---|---|---|---|---|---|
| 6987 | b | 15. Der nachfolgende derselben | ♑ 20°20' | — 6° | 5 |
| 6911 | φ | 16. Von den 3 in der Mitte des Leibes der nachfolgende | ♑ 18°30' | — 4°15' | 5 |
| 6875 | χ | 17. Von den übrigen 2 vorangehenden der südlichere | ♑ 16°40' | — 4° | 5 |
| 6848 | η | 18. Der nördlichere derselben | ♑ 16°40' | — 2°50' | 5 |
| 6862 | ϑ | 19. Von den 2 auf dem Rücken der vorangehende | ♑ 16°40' | 0°0' | 4 |
| 6948 | ι | 20. Der nachfolgende derselben | ♑ 21° | — 0°50' | 4 |
| 7034 | ε | 21*. Von den 2 am Steißbein des Rückgrats der vorangehende | ♑ 23°20' | — 4°45' | 4 |
| 7062 | ϰ | 22. Der nachfolgende derselben | ♑ 25° | — 4°30' | 4 |
| 7051* | γ | 23. Von den 2 in der Gegend des Schwanzes der vorangehende | ♑ 24°50' | — 2°10' | 3 |
| 7091* | δ | 24. Der nachfolgende derselben | ♑ 26°20' | — 2° | 3 |
| 7056 | 42 | 25. Von den 4 im nördlichen Teil des Schwanzes der vorangehende | ♑ 26°50' | + 0°20' | 4 |
| 7123 | μ | 26. Von den übrigen 3 der südliche | ♑ 28°40' | 0°0' | 5 |
| 7088 | λ | 27. Der mittelste derselben | ♑ 27°40' | + 2°50' | 5 |
| 7080 | c¹ | 28. Der nördliche derselben am Ende des Schwanzes | ♑ 28°40' | + 4°20' | 5 |

28 Sterne: 4 dritter, 9 vierter,<br>
9 fünfter, 6 sechster Größe.

### Wassermann.

| Ambronn | Bayer | Sternbeschreibung | Länge | Breite | Größe |
|---|---|---|---|---|---|
| 7050 | d | 1. Der im Kopf des Wassermanns | ♒ 0°20' | + 15°45' | 5 |
| 7179* | α | 2. Von den 2 an der rechten Schulter der glänzendere | ♒ 6°20' | + 11° | 3 |
| 7167 | o | 3. Der unter ihm stehende schwächere | ♒ 5°10' | + 9°40' | 5 |
| 7007* | β | 4. Der an der linken Schulter | ♑ 26°30' | + 8°50' | 3 |
| 7036 | ξ | 5. Der unter ihm auf dem Rücken, etwa unter der Achsel | ♑ 27°20' | + 6°15' | 5 |
| 6883 | ν | 6. Von den 3 in der linken Hand am Mantel der nachfolgende | ♑ 17°40' | + 5°30' | 3 |
| 6784 | μ | 7. Der mittelste derselben | ♑ 16°10' | + 8° | 4 |
| 6748 | ε | 8. Der vorangehende der drei | ♑ 14°40' | + 8°40' | 3 |
| 7275* | γ | 9. Der am rechten Ellbogen | ♒ 9°30' | + 8°45' | 3 |
| 7295 | π | 10. Von den 3 am Ende der rechten Hand der nördliche | ♒ 11°40' | + 10°45' | 3 |
| 7310* | ζ | 11. Von den übrigen 2 nördlichen der vorangehende | ♒ 12° | + 9° | 3 |
| 7345 | η | 12. Der nachfolgende derselben | ♒ 13°20' | + 8°30' | 3 |
| 7256* | ϑ | 13. Von den 2 dicht beieinander stehenden an d. Vertief. d. rechten Hüfte d. vorang. | ♒ 6°10' | + 3°10' | 4 |
| 7269 | ϱ | 14*. Der nachfolgende derselben | ♒ 7° | + 3° | 5 |
| 7321 | σ | 15. Der auf dem rechten Hinterbacken | ♒ 8°40' | — 0°50' | 4 |
| 7183 | ι | 16. Von den 2 auf dem linken Hinterbacken der südliche | ♒ 1°40' | — 1°40' | 4 |
| 7214 | ε | 17*. Der nördlichere derselben | ♒ 3°10' | — 0°15' | 6 |
| 7444* | δ | 18. Von den 2 an der rechten Wade der südlichere | ♒ 11°40' | — 7°30' | 3 |
| 7417 | τ | 19. Der nördlichere derselben unter der Kniekehle | ♒ 11°20' | — 5° | 4 |
| 7300* | f | 20. Der am linken Hinterschenkel | ♒ 4°40' | — 5°40' | 5 |
| 7410 | g² | 21. Von den 2 an der linken Wade der südlichere | ♒ 8°20' | — 10° | 5 |

| Ambronn | Bayer | Sternbeschreibung | Länge | Breite | Größe |
|---|---|---|---|---|---|
| 7391 | $g^1$ | 22. Der nördlichere derselben unter dem Knie | ♒ 7°50′ | — 9° | 5 |
| 7356* | $\varkappa$ | 23*. Von denen im Wasserguß von d. Hand ab der vorangehende | ♒ 15° | + 2° | 4 |
| 7433 | $\lambda$ | 24*. Der anschließende südlich des vorgenannten | ♒ 14°50′ | + 0°10′ | 4 |
| 7505 | $h$ | 25. Der an diesen anschließende nach der Krümmung | ♒ 17°40′ | — 1°10′ | 4 |
| 7550 | $\varphi$ | 26. Der weiter diesem nachfolgende | ♒ 20° | — 0°30′ | 4 |
| 7562 | $\chi$ | 27. Der in der Krümmung südlich von diesem | ♒ 20°30′ | — 1°40′ | 4 |
| 7556* | $\psi^1$ | 28. Von den 2 südlich des letzteren der nördlichere | ♒ 19° | — 3°30′ | 4 |
| 7574 | $\psi^3$ | 29*. Der südlichere der zwei | ♒ 19°50′ | — 4°10′ | 4 |
| 7621 | 131 H | 30. Der von diesen nach Süden abstehende einzelne | ♒ 20°50′ | — 8°15′ | 5 |
| 7671 | $\omega^1$ | 31. Von den 2 nach letzterem dicht beieinander stehenden der vorangehende | ♒ 22°40′ | — 11° | 5 |
| 7690* | $\omega^2$ | 32*. Der nachfolgende derselben | ♒ 23°10′ | — 10°50′ | 5 |
| 7684 | $A^2$ | 33. Von den 3 in der anschließenden Gruppe der nördliche | ♒ 21°40′ | — 14° | 5 |
| 7699 | $\iota^1$ | 34. Der mittelste der drei | ♒ 22°10′ | — 14°45′ | 5 |
| 7702* | $\iota^2$ | 35*. Der nachfolgende derselben | ♒ 23°10′ | — 15°40′ | 5 |
| 7599 | $b^1$ | 36. Desgleichen von den folgenden 3 der nördliche | ♒ 17° | — 14°10′ | 4 |
| 7645 | $b^3$ | 37. Der südliche der drei | ♒ 18°20′ | — 15°45′ | 4 |
| 7612 | $b^2$ | 38. Der mittelste derselben | ♒ 17°30′ | — 15° | 4 |
| 7508 | $c^1$ | 39*. Von den 3 in der noch übrigen Gruppe der vorangehende | ♒ 11°50′ | — 15°20′ | 4 |
| 7533 | $c^3$ | 40. Von den 2 übrigen der südlichere | ♒ 12°20′ | — 14°45′ | 4 |
| 7528 | $c^2$ | 41. Der nördlichere derselben | ♒ 13°10′ | — 14° | 4 |
| 7463* | $\alpha$ P. a. | 42. Der letzte im Wasserguß an der Schnauze des Südl. Fisches | ♒ 7° | — 20°20′ | 1 |
|  |  | 42 Sterne: 1 erster, 9 dritter, 18 vierter, 13 fünfter, 1 sechster Größe. |  |  |  |
|  |  | **Nicht in das Bild miteinbezogene Sterne:** |  |  |  |
| 7784 | 2 Ceti | 43. Von den 3 der Krümmung des Wassergusses nachf. der vorangehende | ♒ 26°40′ | — 15°30′ | 4.3 |
| 29 | 6 „ | 44. Von den 2 übrigen der nördlichere | ♒ 29°40′ | — 14°40′ | 4.3 |
| 43 | 7 „ | 45. Der südlichere derselben | ♒ 29° | — 18°15′ | 4.3 |
|  |  | 3 Sterne vierter Größe. |  |  |  |
|  |  | **Fische.** |  |  |  |
| 7498 | $\beta$ | 1. Der an dem Maule des vorangehenden Fisches | ♒ 21°40′ | + 9°15′ | 4 |
| 7564 | $\gamma$ | 2. Von den 2 am Schädel desselben der südlichere | ♒ 24°10′ | + 7°30′ | 4 |
| 7586 | $b$ | 3. Der nördlichere derselben | ♒ 26° | + 9°20′ | 4 |
| 7622 | $\vartheta$ | 4. Von den 2 auf dem Rücken der vorangehende | ♒ 28°10′ | + 9°30′ | 4 |
| 7672 | $\iota$ | 5. Der nachfolgende derselben | ♓ 0°40′ | + 7°30′ | 4 |
| 7616 | $\varkappa$ | 6. Von den 2 am Bauche der vorangehende | ♒ 26° | + 4°30′ | 4 |
| 7686 | $\lambda$ | 7. Der nachfolgende derselben | ♒ 29°40′ | + 3°30′ | 4 |
| 7763 | $\omega$ | 8. Der im Schwanze desselben Fisches | ♓ 6° | + 6°20′ | 4 |

| Ambronn | Bayer | Sternbeschreibung | Länge | Breite | Größe |
|---|---|---|---|---|---|
| 71 | d | 9. Von denen im Band desselben der erste vom Schwanz ab . . . . . . . . | ♓ 11° | + 5° 45′ | 6 |
| 114* | 51 | 10. Der nachfolgende derselben . . . . . | ♓ 13° | + 3° 45′ | 6 |
| 196 | δ | 11. Von den folgenden 3 glänzenden der vorangehende . . . . . . . . . . | ♓ 17° 10′ | + 2° 15′ | 4 |
| 255 | ε | 12. Der mittelste derselben . . . . . . . | ♓ 20° 30′ | + 1° 10′ | 4 |
| 316* | ζ | 13. Der nachfolgende der drei . . . . . . | ♓ 23° | — 0° 10′ | 4 |
| 288 | e | 14. Von den 2 kleinen unter letzteren in d. Krümmung d. nördlichere . . . . | ♓ 22° 20′ | — 2° | 6 |
| 331 | f | 15. Der südlichere derselben . . . . . . | ♓ 23° | — 5° | 6 |
| 380 | μ | 16. Von den 3 nach der Krümmung der vorangehende . . . . . . . . . . | ♓ 26° 30′ | — 2° 20′ | 4 |
| 431 | ν | 17. Der mittelste derselben. . . . . . . | ♓ 28° 40′ | — 4° 40′ | 4 |
| 486 | ξ | 18. Der nachfolgende der drei . . . . . | ♈ 0° 40′ | — 7° 45′ | 4 |
| 538* | α | 19. Der im Knoten der beiden Bänder . . | ♈ 2° 30′ | — 8° 30′ | 3 |
| 450 | o | 20. Von denen im nördl. Bande der vorangehende vom Knoten ab . . . . . . | ♈ 0° 30′ | — 1° 40′ | 4 |
| 409 | π | 21. Von den 3 nach ihm folgenden der südliche . . . . . . . . . . . . | ♈ 0° 10′ | + 1° 50′ | 5 |
| 383 | η | 22. Der mittelste derselben . . . . . . | ♈ 0° 40′ | + 5° 20′ | 3 |
| 363 | ϱ | 23. Der nördliche von den 3 am Ende des Schwanzes . . . . . | ♈ 0° 30′ | + 9° | 4 |
| 306* | g | 24. Von den 2 am Maule des nachfolgenden Fisches der nördlichere . . . . . | ♈ 2° | + 21° 45′ | 5 |
| 308 | τ | 25. Der südliche derselben . . . . . . | ♈ 1° 40′ | + 21° 40′ | 5 |
| 241 | h | 26. Von den 3 kleinen im Kopf der nachfolgende . . . . . . . . . . | ♓ 28° 40′ | + 20° | 6 |
| 229 | k | 27. Der mittelste derselben. . . . . . . | ♓ 27° 40′ | + 19° 50′ | 6 |
| 202* | i | 28. Der vorangehende der drei . . . . . | ♓ 27° | + 20° 20′ | 6 |
| 268* | ψ¹ | 29. Von den 3 in der Rückenflosse nach dem am Ellbogen (η) der Andromeda der vorangehende . . . . . . . . | ♓ 25° 40′ | + 14° 20′ | 4 |
| 286 | ψ² | 30. Der mittelste derselben. . . . . . . | ♓ 26° 20′ | + 13° 15′ | 4 |
| 307 | χ | 31. Der nachfolgende der drei . . . . . | ♓ 27° 40′ | + 12° | 4 |
| 334 | υ | 32. Von den 2 am Bauch der nördlichere | ♈ 2° 10′ | + 17° | 4 |
| 315* | φ | 33. Der südlichere derselben . . . . . . | ♓ 29° 50′ | + 15° 20′ | 4 |
| 349 | 99 H | 34. Der in der nachfolgenden Rückenflosse am Schwanze . . . . . . . . | ♈ 0° 0′ | + 11° 45′ | 4 |
|  |  | 34 Sterne: 2 dritter, 22 vierter, 3 fünfter, 7 sechster Größe. |  |  |  |
|  |  | **Nicht in das Bild miteinbezogene Sterne:** |  |  |  |
| 7759 | 27 | 35. Von dem Viereck unter dem vorangehenden Fisch der vorangehende der 2 nördlichen . . . . . . . . . . | ♓ 1° 10′ | — 2° 40′ | 4 |
| 7775 | 29 | 36. Der nachfolgende derselben . . . . . | ♓ 2° 15′ | — 2° 30′ | 4 |
| 7776 | 30 | 37. Von der südlichen Seite der vorangehende . . . . . . . . . . . . . | ♓ 0° 40′ | — 5° 30′ | 4 |
| 1 | 33 | 38. Der nachfolgende der südlichen Seite. | ♓ 2° 20′ | — 5° 30′ | 4 |
|  |  | 4 Sterne vierter Größe. |  |  |  |

In Bildern des Tierkreises in Summa 346 Sterne:
5 erster, 9 zweiter, 64 dritter, 133 vierter, 105 fünfter,
27 sechster Größe, 3 nebelförmige und das Haupthaar.

## B. Sternbilder außerhalb des Tierkreises.

| Ambronn | Bayer | Sternbeschreibung | Länge | Breite | Größe |
|---|---|---|---|---|---|
| | | **Walfisch.** | | | |
| 804 | λ | 1. Der am Ende der Nüster . . . . . . . | ♈ 17° 40′ | — 7° 45′ | 4 |
| 817* | α | 2. Von den 3 au der Schnauze der nachfolgende am Ende der Kiefer . . . . | ♈ 17° 40′ | — 12° 20′ | 3 |
| 722* | γ | 3. Der mittelste derselben mitten im Maule | ♈ 12° 40′ | — 11° 30′ | 3 |
| 699 | δ | 4. Der vorangehende der 3 am Kinnbacken | ♈ 10° 30′ | — 14° | 3 |
| 681* | ν | 5. Der an der Augenbraue und dem Auge | ♈ 10° 10′ | — 8° 10′ | 4 |
| 730 | μ | 6. Der nördlichere als dieser, etwa am (Stirn-) Haar . . . . . . . . . . . . | ♈ 12° 40′ | — 6° 20′ | 4 |
| 632 | ξ Ar. | 7. Der diesen vorangehende, etwa in der Mähne . . . . . . . . . . . . . . . | ♈ 7° 40′ | — 4° 10′ | 4 |
| 638 | ϱ | 8. Von dem Viereck auf der Brust der nördliche der vorangehenden Seite . . | ♈ 3° | — 24° 30′ | 4 |
| 667 | σ | 9. Der südliche der vorangehenden Seite | ♈ 3° 20′ | — 28° | 4 |
| 701 | ε | 10. Der nördliche der nachfolgenden Seite | ♈ 6° 40′ | — 25° 10′ | 4 |
| 727 | π | 11. Der südliche der nachfolgenden Seite | ♈ 7° | — 27° 30′ | 3 |
| 448 | τ | 12. Von den 3 im Leibe der mittelste . . | ♓ 22° | — 25° 20′ | 3 |
| 528 | υ | 13. Der südliche derselben . . . . . . . . | ♓ 23° | — 30° 50′ | 4 |
| 478* | ζ | 14. Der nördliche der drei . . . . . . . . | ♓ 25° | — 20° | 3 |
| :52 | ϑ | 15. Von den 2 nahe der Schwanzgegend der nachfolgende . . . . . . . | ♓ 19° 40′ | — 15° 40′ | 3 |
| 291 | η | 16. Der vorangehende derselben . . . . . | ♓ 15° | — 15° 40′ | 3 |
| 244 | φ⁴ | 17*. Von dem Viereck in der Schwanzgegend der nördl. der nachf. Seite . . | ♓ 11° | — 13° 40′ | 5 |
| 234 | φ³ | 18. Der südliche der nachfolgenden Seite | ♓ 10° 40′ | — 14° 40′ | 5 |
| 206 | φ² | 19. Der nördliche der vorangehenden Seite | ♓ 9° 20′ | — 13° | 5.4 |
| 169 | φ¹ | 20. Der südliche der vorangehenden Seite | ♓ 9° | — 14° | 5.4 |
| 67 | ι | 21. Von den 2 an den Schwanzenden der am nördlichen Ende . . . . . . . . | ♓ 4° 20′ | — 9° 40′ | 3.4 |
| 164* | β | 22. Der am südlichen Schwanzende . . . | ♓ 5° 40′ | — 20° 20′ | 3 |
| | | 22 Sterne: 10 dritter, 8 vierter, 4 fünfter Größe. | | | |
| | | **Orion.** | | | |
| 1658* | λ | 1. Der nebelförmige im Kopf des Orion. | ♉ 27° | — 13° 30′ | neb. |
| 1811* | α | 2. Der glänzende rötliche an der rechten Schulter . . . . . . . . . . . . . . | ♊ 2° | — 17° | 1.2 |
| 1588* | γ | 3. Der au der linken Schulter . . . . . | ♉ 24° | — 17° 30′ | 2 |
| 1626* | A | 4. Der unter diesem nachfolgende. . . | ♉ 25° | — 18° | 4.5 |
| 1861 | μ | 5. Der am rechten Armbug . . . . . . | ♊ 4° 20′ | — 14° 30′ | 4 |
| 1960 | k | 6. Der am rechten Ellbogen . . . . . . . | ♊ 6° 20′ | — 11° 50′ | 6 |
| 1923 | ξ | 7*. Von dem Viereck am Ende der rechten Hand der nachfolgende der südlichen Seite, ein Doppelstern . . . . . . . . | ♊ 6° 30′ | — 10° | 4 |
| 1890 | ν | 8. Der vorangehende der südlichen Seite | ♊ 6° | — 9° 45′ | 4 |
| 1948 | f² | 9. Der nachfolgende der nördlichen Seite | ♊ 7° 20′ | — 8° 15′ | 6 |
| 1925 | f¹ | 10. Der vorangehende der nördlichen Seite | ♊ 6° 40′ | — 8° 15′ | 6 |
| 1799 | χ¹ | 11. Von den 2 in der Keule der vorangehende . . . . . . . . . . . . . . . | ♊ 1° 40′ | — 3° 45′ | 5 |
| 1869 | χ² | 12. Der nachfolgende derselben . . . . . | ♊ 4° 40′ | — 4° 15′ | 5 |
| 1702 | ω | 13. Von den 4 auf dem Rücken, ungef. auf einer Geraden, der nachfolgende . | ♉ 27° 50′ | — 19° 40′ | 4 |
| 1653 | n² | 14. Der diesem vorangehende . . . . . . | ♉ 26° 20′ | — 20° | 6 |

| Ambronn | Bayer | Sternbeschreibung | Länge | Breite | Größe |
|---|---|---|---|---|---|
| 1628* | $n^1$ | 15. Der weiter letzterem vorangehende . . | ♉ 25° 20′ | — 20° 10′ | 6 |
| 1604 | $\psi$ | 16. Der übrige vorangehende der vier . . | ♉ 24° 10′ | — 20° 40′ | 5 |
| 1492 | 15 | 17. Von denen im Fell der linken Hand der nördliche . . . . . . . . . . . | ♉ 20° 30′ | — 8° | 4 |
| 1459 | 11 | 18. Der zweite vom nördlichsten ab . . . | ♉ 19° 20′ | — 8° 10′ | 4 |
| 1411 | $o^2$ | 19. Der dritte vom nördlichsten ab. . . . | ♉ 18° | — 10° 15′ | 4 |
| 1404 | $\pi^1$ | 20. Der vierte vom nördlichsten ab . . . | ♉ 16° 20′ | — 12° 50′ | 4 |
| 1382 | $\pi^2$ | 21. Der fünfte vom nördlichsten ab . . . | ♉ 15° 10′ | — 14° 15′ | 4 |
| 1380 | $\pi^3$ | 22. Der sechste vom nördlichsten ab . . . | ♉ 14° 50′ | — 15° 50′ | 3 |
| 1386 | $\pi^4$ | 23. Der siebente vom nördlichsten ab . . | ♉ 14° 50′ | — 17° 10′ | 3 |
| 1400 | $\pi^5$ | 24. Der achte vom nördlichsten ab. . . | ♉ 15° 20′ | — 20° 20′ | 3 |
| 1429* | $\pi^6$ | 25. Der letzte und südlichste von denen im Fell . . . . . . . . . . . | ♉ 16° 20′ | — 21° 30′ | 3 |
| 1635* | $\delta$ | 26. Von den 3 im Gürtel der vorangehende | ♉ 25° 20′ | — 24° 10′ | 2 |
| 1674 | $\varepsilon$ | 27. Der mittelste derselben . . . . . . . | ♉ 27° 20′ | — 24° 50′ | 2 |
| 1715* | $\zeta$ | 28. Der nachfolgende der drei . . . . . | ♉ 28° 10′ | — 25° 40′ | 2 |
| 1586* | $\eta$ | 29. Der am Schwertgriff . . . . . . . . | ♉ 23° 50′ | — 25° 50′ | 3 |
| 1667* | $c$ | 30. Von den 3 dichtgedrängten am Ende des Schwertes der nördliche . . . . | ♉ 26° 30′ | — 28° 20′ | 4 |
| 1665* | $\vartheta$ | 31. Der mittlste derselben. . . . . . . | ♉ 26° 40′ | — 29° 10′ | 3.4 |
| 1669* | $\iota$ | 32. Der südliche der drei . . . . . . . . | ♉ 27° | — 29° 50′ | 3 |
| 1703 | $d$ | 33. Von den 2 unter der Spitze des Schwertes der nachfolgende . . . . . . . . | ♉ 27° 40′ | — 30° 40′ | 4 |
| 1637 | $v$ | 34. Der vorangehende derselben . . . . . | ♉ 26° 30′ | — 30° 50′ | 4 |
| 1523* | $\beta$ | 35. Der glänzende am Ende des linken Fußes mit dem Fluß gemeinsame . . | ♉ 19° 50′ | — 31° 30′ | 1 |
| 1540 | $\tau$ | 36*.Der nördlichere als dieser über dem Knöchel an der linken Wade. . . . . | ♉ 21° | — 30° 15′ | 4.3 |
| 1583 | $e$ | 37. Der unter der linken Ferse außerhalb | ♉ 23° 20′ | — 31° 10′ | 4 |
| 1764 | $\varkappa$ | 38. Der unter dem rechten, d. i. nachfolgenden Knie. . . . . . . . . . . . . . | ♊ 0° 10′ | — 33° 30′ | 3.2 |

38 Sterne: 2 erster, 4 zweiter, 8 dritter,<br>15 vierter, 3 fünfter, 5 sechster Größe,<br>1 nebelförmiger.

Fluß (Eridanus).

| Ambronn | Bayer | Sternbeschreibung | Länge | Breite | Größe |
|---|---|---|---|---|---|
| 1494 | $\lambda$ | 1. Der nach dem ($\beta$) am Ende des Fußes des Orion am Anfange des Flusses. . | ♉ 18° 20′ | — 31° 50′ | 4.3 |
| 1483 | $\beta$ | 2. Der nördlichere als dieser in der Krümmung bei der Wade ($\tau$) des Orion . . | ♉ 18° 30′ | — 28° 15′ | 4 |
| 1444 | $\psi$ | 3. Von den nach diesem folgenden 2 der nachfolgende. . . . . . . . . . . . . | ♉ 18° | — 29° 50′ | 4 |
| 1396 | $\omega$ | 4. Der vorangehende derselben . . . . . | ♉ 14° 40′ | — 28° 15′ | 4 |
| 1359 | $\mu$ | 5. Von den weiter folgenden 2 der nachfolgende. . . . . . . . . . . . . . . | ♉ 13° 10′ | — 25° 50′ | 4 |
| 1311 | $v$ | 6. Der vorangehende derselben . . . . . | ♉ 10° 10′ | — 25° 20′ | 4 |
| 1238 | $\xi$ | 7. Von den 3 nach diesem der nachfolgende . . . . . . . . . . . . . . . | ♉ 6° 20′ | — 26° | 5 |
| 1184* | $o^2$ | 8. Der mittelste derselben. . . . . . . . | ♉ 5° 30′ | — 27° | 4 |
| 1164 | $o^1$ | 9. Der vorangehende der drei. . . . . | ♉ 2° 50′ | — 27° 50′ | 4 |
| 1104 | $\gamma$ | 10. Von den 4 im folgenden Abstand der nachfolgende . . . . . . . . . . | ♈ 27° | — 32° 50′ | 3 |
| 1043 | $\pi$ | 11. Der diesem vorangehende . . . . . . | ♈ 24° 20′ | — 31° | 4 |
| 1020 | $\delta$ | 12. Der weiter letzterem vorangehende . | ♈ 24° 10′ | — 28° 50′ | 3 |
| 974 | $\varepsilon$ | 13. Der vorangehende der vier. . . . . . | ♈ 22° | — 28° | 3 |

| Ambronn | Bayer | Sternbeschreibung | Länge | Breite | Größe |
|---|---|---|---|---|---|
| 884 | ζ | 14. Desgl. von den 4 im folgenden Abstand der nachfolgende. . . . . | ♈ 17° 10′ | — 25 30′ | 3 |
| 823* | ϱ² | 15. Der diesem vorangehende . . . . | ♈ 14° 30′ | — 23° 50′ | 4 |
| 830 | ϱ³ | 16. Der weiter letzterem vorangehende . . | ♈ 12° 10′ | — 23° 20′ | 3 |
| 783 | η | 17. Der vorangehende von den vier . . | ♈ 10° 30′ | — 23° 15′ | 4 |
| 733 | τ¹ | 18. Der erste in der Windung des Fl., der d. Brust des Walfisches berührt . | ♈ 5° 10′ | — 32° 10′ | 4 |
| 758 | τ² | 19. Der diesem nachfolgende. . . . . | ♈ 5° 50′ | — 34° 50′ | 4 |
| 824 | τ³ | 20. Von den folgenden 3 der vorangehende | ♈ 8° 50′ | — 38° 30′ | 4 |
| 906* | τ⁴ | 21. Der mittelste derselben. . . . . . | ♈ 13° 50′ | — 38° 10′ | 4 |
| 977 | τ⁵ | 22. Der nachfolgende der drei . . . | ♈ 17° 30′ | — 39° | 4 |
| 1052 | τ⁶ | 23. Von den folg. etwa ein Trapez bildenden vier der nördl. der vorang. Seite | ♈ 21° 20′ | — 41° 20′ | 4 |
| 1060 | τ⁷ | 24. Der südlichere der vorangehenden Seite . . . . . . . . . . . | ♈ 21° 30′ | — 42° 30′ | 5 |
| 1088 | τ⁸ | 25. Der vorangehende der nachfolgenden Seite. . . . . . . . . . . . | ♈ 22° 10′ | — 43° 15′ | 4 |
| 1110 | τ⁹ | 26. Der diesem vorangehende letzte der vier | ♈ 24° 40′ | — 43° 20′ | 4 |
| 1302 | υ¹ | 27. Von den ostwärts abstehenden dicht beieinander stehenden 2 d. nördliche | ♉ 4° 10′ | — 50° 20′ | 4 |
| 1312 | υ² | 28. Der südlichere derselben. . . . | ♉ 5° | — 51° 45′ | 4 |
| 1247 | d | 29. Von den 2 folgenden nach der Krümmung der nachfolgende . . . . | ♈ 28° 10′ | — 53° 50′ | 4 |
| 1206 | υ⁴ | 30. Der vorangehende derselben . . | ♈ 25° 50′ | — 53° 10′ | 4 |
| 1089 | υ⁵ | 31. Von den 3 im folgenden Abstand der nachfolgende. . . . . . . . | ♈ 17° 50′ | — 53° | 4 |
| 1072 | g | 32. Der mittelste derselben . . . . . . | ♈ 14° 50′ | — 53° 30′ | 4 |
| 1065 | h | 33. Der vorangehende der drei . . . . . | ♈ 11° 50′ | — 52° 30′ | 4 |
| 805* | ϑ | 34. Der äußerste glänzende des Flusses . | ♈ 0° 10′ | — 53° 30′ | 1 |
| | | 34 Sterne : 1 erster, 5 dritter, 26 vierter, 2 fünfter Größe. | | | |

| Ambronn | Bayer | Sternbeschreibung | Länge | Breite | Größe |
|---|---|---|---|---|---|
| | | **Hase.** | | | |
| 1508* | ι | 1. Von dem Viereck an den Ohren der nördliche der vorangehenden Seite . | ♉ 19° 40′ | — 35° | 5 |
| 1513* | ϰ | 2. Der südliche der vorangehenden Seite | ♉ 19° 50′ | — 36° 30′ | 5 |
| 1560 | ν | 3. Der nördliche der nachfolgenden Seite | ♉ 21° 20′ | — 35° 40′ | 5 |
| 1558 | λ | 4. Der südliche der nachfolgenden Seite | ♉ 21° 20′ | — 36° 40′ | 5 |
| 1512 | μ | 5. Der am Kinn . . . . . . . . . . . | ♉ 19° 10′ | — 39° 15′ | 4.3 |
| 1472 | e | 6. Der am Ende der linken Vorderpfote | ♉ 16° 10′ | — 45° 15′ | 4.3. |
| 1646* | α | 7. Der in der Mitte des Leibes . . . . : | ♉ 25° 50′ | — 41° 30′ | 3 |
| 1617* | β | 8. Der unter dem Bauch . . . . . . . | ♉ 24° 50′ | — 44° 20′ | 3 |
| 1790 | δ | 9. Von den 2 in den Hinterpfoten der nördlichere . . . . . . . . . . | ♊ 1° | — 44° 10′ | 4.3 |
| 1745* | γ | 10. Der südlichere derselben . . . . . . | ♉ 29° | — 45° 50′ | 4.3 |
| 1758 | ζ | 11. Der an der Hüfte . . . . . . . . . | ♊ 0° 0′ | — 38° 20′ | 4.3 |
| 1827 | η | 12. Der am Ende des Schwanzes . . . | ♊ 2° 40′ | — 38° 10′ | 4.3 |
| | | 12 Sterne : 2 dritter, 6 vierter, 4 fünfter Größe. | | | |

| Ambronn | Bayer | Sternbeschreibung | Länge | Breite | Größe |
|---|---|---|---|---|---|
| | | **Großer Hund.** | | | |
| 2167* | α | 1. Der glänzendste rötliche am Maule, d. sog. Hundsstern (Sirius). . . . . . | ♊ 17° 40′ | — 39° 10′ | 1 |
| 2243 | ϑ | 2. Der an den Ohren . . . . . . . . | ♊ 19° 40′ | — 35° | 4 |
| 2257* | μ | 3. Der am Kopf . . . . . . . . . . . | ♊ 21° 20′ | — 36° 30′ | 5 |

| Ambronn | Bayer | Sternbeschreibung | Länge | Breite | Größe |
|---|---|---|---|---|---|
| 2309* | $\gamma$ | 4. Von den 2 am Halse der nördliche . . | ♏ 23° 20′ | — 37° 45′ | 4 |
| 2260 | $\iota$ | 5*. Der südliche derselben . . . . | ♏ 21° 20′ | — 40° | 4 |
| 2255 | $\pi$ | 6. Der an der Brust . . . . . . | ♏ 20° 30′ | — 42° 40′ | 5 |
| 2127 | $\nu^1$ | 7. Von 2 am rechten Knie der nördliche | ♏ 16° 10′ | — 41° 15′ | 5 |
| 2115 | $\nu^2$ | 8. Der südlichere derselben . . | ♏ 16° | — 42° 30′ | 5 |
| 2003 | $\beta$ | 9. Der am Ende der Vorderpfote . . | ♏ 11° | — 41° 20′ | 3 |
| 2077 | $\xi^1$ | 10. Von den 2 am linken Knie die vorangehende . . . . . . . . . . | ♏ 14° 40′ | — 46° 30′ | 5 |
| 2101 | $\xi^2$ | 11. Der nachfolgende derselben . . . | ♏ 16° 10′ | — 45° 50′ | 5 |
| 2306 | $o^2$ | 12. Von den 2 an der linken Schulter der nachfolgende . . . . . . | ♏ 24° 40′ | — 46° 10′ | 4 |
| 2248 | $o^1$ | 13. Der vorangehende derselben . . . . . | ♏ 21° 40′ | — 47° | 5 |
| 2339* | $\delta$ | 14. Der am Ansatz des linken Schenkels | ♏ 26° 40′ | — 48° 45′ | 3.4 |
| 2277* | $e$ | 15. Der unter dem Bauch im Raume zw. den Schenkeln . . . . . . . | ♏ 23° 40′ | — 51° 30′ | 3 |
| 2211 | $\varkappa$ | 16. Der am Bug der rechten Pfote . . . | ♏ 23° | — 55° 10′ | 4 |
| 1993* | $\zeta$ | 17. Der am Ende der rechten Pfote . . | ♏ 9° 40′ | — 53° 45′ | 3 |
| 2449 | $\eta$ | 18. Der am Schwanz . . . . . . | ♋ 2° 10′ | — 50° 40′ | 3.4 |

18 Sterne: 1 erster, 5 dritter, 5 vierter, 7 fünfter Größe.

**Nicht in das Bild miteinbezogene Sterne:**

| Ambronn | Bayer | Sternbeschreibung | Länge | Breite | Größe |
|---|---|---|---|---|---|
| 2300 | 19 Mon. | 19. Der nördlich vom Kopf des Hundes . | ♏ 19° 30′ | — 25° 15′ | 4 |
| 1905 | $\vartheta$ Col. | 20. Von den 4 unter den Hinterpfoten etwa auf einer Geraden stehenden der südlichste. . . . . . . . . | ♏ 10° | — 61° 30′ | 4 |
| 1971 | $\varkappa$ „ | 21. Der nördlichere als dieser . . | ♏ 11° 20′ | — 58° 45′ | 4 |
| 2005 | $\delta$ „ | 22*. Der noch nördliche e als letzterer . | ♏ 13° | — 57° | 4 |
| 2054* | $\lambda$ „ | 23. Der noch übrige nördlichere der vier . | ♏ 14° 10′ | — 56° | 4 |
| 1756 | $\mu$ Col. | 24*. Von den 3 westlich dieser vier etwa auf einer Geraden stehenden der vorangehende . . . . . . . . . | ♊ 28° | — 55° 30′ | 4 |
| 1807 | $\lambda$ „ | 25. Der mittelste derselben. . . . . . . | ♏ 0° 20′ | — 57° 40′ | 4 |
| 1845 | $\gamma$ „ | 26. Der nachfolgende der drei . . . . . | ♏ 2° 20′ | — 59° 50′ | 4 |
| 1796 | $\beta$ „ | 27. Von den 2 glänzenden unter letzteren der nachfolgende. . . . . . . . | ♊ 29° | — 59° 40′ | 2 |
| 1721* | $\alpha$ „ | 28. Der vorangehende derselben . . . . . | ♊ 26° | — 57° 40′ | 2 |
| 1642 | $e$ „ | 29. Der übrige südlichere als die vorgenannten . . . . . . . . . . . . . | ♊ 22° 10′ | — 59° 30′ | 4 |

11 Sterne: 2 zweiter, 9 vierter Größe.

| Ambronn | Bayer | Sternbeschreibung | Länge | Breite | Größe |
|---|---|---|---|---|---|
|  |  | **Kleiner Hund (Procyon).** |  |  |  |
| 2463 | $\beta$ | Der im Nacken . . . . . . . . . . . . | ♏ 25° | — 14° | 4 |
| 2549* | $\alpha$ | Der glänzende an den Hinterpfoten, der sog. Procyon. . . . . . . . . . . | ♏ 29° 10′ | — 16° 10′ | 1 |

2 Sterne: 1 erster, 1 vierter Größe.

| Ambronn | Bayer | Sternbeschreibung | Länge | Breite | Größe |
|---|---|---|---|---|---|
|  |  | **Argo.** |  |  |  |
| 2683 | $e$ Pupp. | 1. Von den 2 am Galjon der vorangeh. . | ♋ 10° 20′ | — 42° 30′ | 5 |
| 2748 | $\iota$ „ | 2. Der nachfolgende derselben . . . . . | ♋ 14° 20′ | — 43° 20′ | 3 |
| 2634 | $\xi$ „ | 3. Von den 2 dicht beieinander stehenden über dem kleinen Schild am Hinterteil der nördlichere . . . . . . . . . | ♋ 8° 50′ | — 45° | 4 |
| 2628 | $o$ „ | 4. Der südlichere derselben. . . . . . . | ♋ 8° 40′ | — 46° 10′ | 4 |

| Ambronn | Bayer | Sternbeschreibung | Länge | Breite | Größe |
|---|---|---|---|---|---|
| 2550 | m Pupp. | 5*.Der diesen vorangehende | ♋ 5° 20′ | — 45° 30′ | 4 |
| 2554* | ϰ „ | 6. Der glänzende in der Mitte des kleinen Schildes | ♋ 6° 20′ | — 47° 15′ | 3 |
| 2530 | ϱ „ | 7. Von den 3 unter dem kleinen Schild der vorangehende | ♋ 5° 20′ | — 49° 45′ | 4 |
| 2595 | τ „ | 8. Der nachfolgende derselben | ♋ 9° 20′ | — 49° 30′ | 4 |
| 2562 | H 47 Arg. | 9. Der mittelste der drei | ♋ 8° 30′ | — 49° 15′ | 4 |
| 2682 | γ Pupp. | 10*. Der an der kleinen Gans | ♋ 14° | — 49° 50′ | 4 |
| 2446 | H 3 Arg. | 11*.Von den 2 am Kiel des Hinterteils der nördlichere | ♋ 4° | — 53° | 4 |
| 2408* | π Pupp. | 12. Der südlichere derselben | ♋ 4° | — 58° 40′ | 3 |
| 2545 | f „ | 13. Von denen am Verdeck des Hinterteils der nördlichere | ♋ 10° 10′ | — 55° 30′ | 5 |
| 2567 | d¹ „ | 14. Von den 3 folgenden der vorangehende | ♋ 12° 10′ | — 58° 40′ | 5 |
| 2611 | c „ | 15. Der mittelste derselben | ♋ 13° 40′ | — 57° 15′ | 4 |
| 2667 | b „ | 16. Der nachfolgende der drei | ♋ 16° 30′ | — 57° 50′ | 4 |
| 2730 | ζ „ | 17. Der diesen nachfolgende glänzende am Verdeck | ♋ 21° 10′ | — 58° 40′ | 2 |
| | | 18. Von den 2 schwachen unter dem glänzenden der vorangehende | ♋ 18° 10′ | — 60° | 5 |
| | | 19. Der nachfolgende derselben | ♋ 21° | — 59° 20′ | 5 |
| 2777 | h¹ „ | 20. Von den 2 über dem genannten glänzenden der vorangehende | ♋ 23° 10′ | — 56° 40′ | 5 |
| 2794 | h² „ | 21. Der nachfolgende derselben | ♋ 24° 20′ | — 57° 40′ | 5 |
| 2990 | d Vel. | 22. Von den 3 an den Schildchen etwa am Mastbehälter der nördliche | ♌ 5° 40′ | — 51° 30′ | 4.3 |
| 3001 | α „ | 23. Der mittelste derselben | ♌ 6° 10′ | — 55° 40′ | 4.3 |
| 2965 | b „ | 24. Der südliche der drei | ♌ 4° | — 57° 10′ | 4.3 |
| 2988 | D „ | 25. Von den 2 unter letzteren dicht beieinander stehenden der nördlichere | ♌ 9° 10′ | — 60° | 4.3 |
| 2929 | C „ | 26. Der südlichere derselben | ♌ 9° | — 61° 15′ | 4.3 |
| 2958 | β Pyx. | 27. Von den 2 in der Mitte des Mastes der südliche | ♌ 0° 10′ | — 51° 50′ | 3 |
| 2983* | α „ | 28. Der nördlichere derselben | ♋ 29° 20′ | — 49° | 3 |
| 3025 | γ „ | 29. Von den 2 an der Spitze des Mastes der vorangehende | ♋ 28° | — 43° 20′ | 4 |
| 3055 | δ „ | 30. Der nachfolgende derselben | ♋ 29° | — 43° 30′ | 4 |
| 3115 | λ Vel. | 31. Der unterhalb des nachfolgenden dritten Schildchens | ♌ 14° 10′ | — 54° 30′ | 2 |
| 3244 | ψ „ | 32. Der an der Schnittlinie des Verdecks | ♌ 17° 30′ | — 51° 15′ | 2.3 |
| | | 33. Der zwischen den Steuerrudern am Kiel | ♋ 11° 10′ | — 63° | 4 |
| | | 34. Der diesem nachfolgende schwache | ♋ 19° | — 64° 30′ | 6 |
| 2764* | γ „ | 35. Der diesem nachfolgende glänzende unter dem Verdeck | ♌ 0° 0′ | — 63° 50′ | 2 |
| 2851 | ε Car. | 36. Der von diesem südlich stehende glänzende am untern Kiel | ♌ 8° 30′ | — 69° 40′ | 2 |
| 2998* | δ Vel. | 37. Von den 3 letzterem nachfolgenden der vorangehende | ♌ 15° 10′ | — 65° 40′ | 3 |
| 3198 | ϰ „ | 38. Der mittelste derselben | ♌ 21° 20′ | — 65° 50′ | 3 |
| 3377 | φ „ | 39. Der nachfolgende der drei | ♌ 26° | — 67° 20′ | 2 |
| 3333* | υ Car. | 40. Von den 2 diesen nachfolgenden der vorangehende dicht an der Schnittlinie | ♍ 1° | — 62° 50′ | 3 |
| 3589 | ϑ „ | 41. Der nachfolgende derselben | ♍ 8° | — 62° 15′ | 3 |
| 2134 | ν Pupp. | 42. Von den 2 am nördlichen, d. i. vorangehend. Steuerruder der vorangehende | ♊ 4° | — 65° 50′ | 4.3 |
| 2498* | σ „ | 43. Der nachfolgende derselben | ♊ 20° 10′ | — 65° 40′ | 3.2 |

| Ambronn | Bayer | Sternbeschreibung | Länge | Breite | Größe |
|---|---|---|---|---|---|
| 2030* | α Arg. | 44. Von den 2 am andern Steuerruder der vorangehende, der sog. Kanobus . . | ♊ 17°10′ | — 75° | 1 |
| 2223 | τ Pupp. | 45*. Der noch übrige nachfolgende derselben | ♊ 29° | — 71°45′ | 3.2 |
| | | 45 Sterne: 1 erster, 6 zweiter, 11 dritter, 19 vierter, 7 fünfter, 1 sechster Größe. | | | |
| | | **Wasserschlange.** | | | |
| 2941 | σ | 1. Von den 5 im Kopf der südlichere der 2 vorangehenden an den Nüstern . . . | ♋ 14° | — 15° | 4 |
| 2933 | δ | 2. Der nördlichere derselben oberhalb des Auges . . . . . . . . . . . . . . . | ♋ 13°20′ | — 13°10′ | 4 |
| 2995* | ε | 3. Von den 2 ihnen nachfolgenden der nördliche, etwa am Schädel . . . . . | ♋ 15°20′ | — 11°30′ | 4 |
| 2972 | η | 4. Der südlichere derselben am Rachen . | ♋ 15°30′ | — 14°15′ | 4 |
| 3049 | ζ | 5. Der allen nachfolgende, etwa am Kinnbacken. . . . . . . . . . . . . . . | ♋ 17°30′ | — 12°15′ | 4 |
| 3102 | ω | 6. Von den 2 im Ansatz des Nackens der vorangehende . . . . . . . . . . . . | ♋ 20°20′ | — 11°50′ | 5 |
| 3142 | ϑ | 7. Der nachfolgende derselben . . . . . | ♋ 23°20′ | — 13°40′ | 4 |
| 3246 | τ² | 8. Von den 3 folgenden in der Krümmung des Nackens der mittelste . . . . . . | ♋ 28°50′ | — 15°20′ | 4 |
| 3296 | ι | 9. Der nachfolgende der drei . . . . . . | ♌ 0°40′ | — 14°50′ | 4 |
| 3221* | τ¹ | 10. Der südlichste derselben . . . . . . . | ♋ 28°30′ | — 17°10′ | 4 |
| 3208 | 29 | 11. Von den 2 südlich dicht beieinander stehenden der schwache nördliche . . | ♋ 29°10′ | — 19°45′ | 6 |
| 3210* | α | 12. Von den 2 dicht beieinander stehenden der glänzende . . . . . . . . . . . . | ♌ 0° 0′ | — 20°30′ | 2 |
| 3300 | κ | 13. Von den 3 nachfolgenden nach der Krümmung der vorangehende . . . . | ♌ 6° | — 26°30′ | 4 |
| 3344 | υ¹ | 14. Der mittelste derselben. . . . . . . . | ♌ 8°40′ | — 26° | 4 |
| 3419 | λ² | 15. Der nachfolgende der drei . . . . . . | ♌ 11°10′ | — 23°15′ | 4 |
| 3500 | μ | 16. Von den drei folgenden auf einer Geraden der vorangehende . . . . . . . | ♌ 18° | — 24°40′ | 3 |
| 3563 | φ | 17. Der mittelste derselben. . . . . . . . | ♌ 20° | — 23°15′ | 4 |
| 3617 | ν | 18. Der nachfolgende der drei . . . . . . | ♌ 23° | — 22°10′ | 3 |
| 3711 | β Crat. | 19. Von den 2 nach dem Fuß des Bechers der nördlichere . . . . . . . . . . . | ♍ 1°30′ | — 25°45′ | 4.3 |
| 3687 | χ¹ | 20. Der südlichere derselben . . . . . . . | ♍ 2°20′ | — 30°10′ | 4 |
| 3793 | ξ | 21. Von den 3 nach diesen ein Dreieck bildenden der vorangehende . . . . . | ♍ 12°10′ | — 31°20′ | 4 |
| 3832 | o | 22. Der mittelste südlichere derselben . . | ♍ 14°30′ | — 33°10′ | 4 |
| 3883* | β | 23. Der nachfolgende der drei . . . . . . | ♍ 16°10′ | — 31°20′ | 3 |
| 4272 | γ | 24. Der nach dem Raben in der Schwanzgegend. . . . . . . . . . . . . . | ♎ 0° 0′ | — 13°40′ | 4.3 |
| 4490 | π | 25*. Der am Ende des Schwanzes . . . . . | ♎ 13°30′ | — 13°40′ | 4.3 |
| | | 25 Sterne: 1 zweiter, 3 dritter, 19 vierter, 1 fünfter, 1 sechster Größe. | | | |
| | | Nicht in das Bild miteinbezogene Sterne: | | | |
| — | 30 Mon. | 26. Der südlich des Kopfes . . . . . . . | ♋ 12°30′ | — 23°15′ | 3 |
| 3518 | δ Sxt. | 27. Der in einiger Entfernung den Sternen (τ² ι τ¹) im Nacken nachfolgende . . . | ♌ 11° | — 16°20′ | 3 |
| | | 2 Sterne dritter Größe. | | | |

| Ambronn | Bayer | Sternbeschreibung | Länge | Breite | Größe |
|---|---|---|---|---|---|
| | | **Becher.** | | | |
| 3661* | α | 1. Der am Fuße des Bechers mit der Wasserschlange gemeinsame . . . . . | ♌ 26°20′ | — 23° | 4 |
| 3756* | γ | 2. Von den 2 in der Mitte des Bechers der südlichere . . . . . . . . . . . . | ♍ 2°30′ | — 19°20′ | 4 |
| 3739 | δ | 3. Der nördlichere derselben . . . . . . | ♍ 0° 0′ | — 18° | 4 |
| 3848 | ζ | 4. Der am südlichen Rande der Mündung | ♍ 7° | — 18°30′ | 4.3 |
| 3753 | ε | 5. Der am nördlichen Rande . . . . . . | ♌ 29°20′ | — 13°40′ | 4 |
| 3894 | η | 6. Der am südlichen Henkel . . . . . . | ♍ 9°10′ | — 16°10′ | 4.5 |
| 3809 | ϑ | 7. Der am nördlichen Henkel. . . . . . | ♍ 1°40′ | — 11°30′ | 4 |
| | | 7 Sterne vierter Größe. | | | |
| | | **Rabe.** | | | |
| 3941* | α | 1. Der am Schnabel mit der Wasserschlange gemeinsame. . . . . . . . . | ♍ 15°20′ | — 21°40′ | 3 |
| 3948 | ε | 2. Der am Halse beim Kopf . . . . . . | ♍ 14°20′ | — 19°40′ | 3 |
| 4004 | ζ | 3. Der auf der Brust . . . . . . . . . . | ♍ 16°40′ | — 18°10′ | 5 |
| 3973 | γ | 4. Der im vorangehenden, d. i. rechten Flügel . . . . . . . . . . . . . . . . | ♍ 13°20′ | — 14°50′ | 3 |
| 4051* | δ | 5. Von den 2 im nachfolgenden Flügel der vorangehende . . . . . . . . . . | ♍ 16°40′ | — 12°30′ | 3 |
| 4068 | η | 6. Der nachfolgende derselben . . . . . | ♍ 17° | — 11°40′ | 4 |
| 4077 | β | 7. Der am Ende des Fußes mit der Wasserschlange gemeinsame . . . . . | ♍ 20°30′ | — 18°10′ | 3 |
| | | 7 Sterne: 5 dritter, 1 vierter, 1 fünfter Größe. | | | |
| | | **Zentaur.** | | | |
| 4410 | g | 1. Von den 4 im Kopf der südlichste . . | ♎ 10°30 | — 21°40′ | 5.4 |
| 4429* | h | 2. Der nördlichste derselben . . . . . . | ♎ 10° | — 18°50′ | 5.4 |
| 4386 | i | 3. Von den noch übrigen 2 mittelsten der vorangehende . . . . . . . . . . . . . | ♎ 9°10′ | — 20°30′ | 4.3 |
| 4423* | k | 4. Der nachfolgende noch übrige der vier | ♎ 10° | — 20° | 5.4 |
| 4278 | ι | 5. Der an der linken, d. i. vorangehenden Schulter . . . . . . . . . . . . . . . | ♎ 6°10′ | — 25°40′ | 3 |
| 4491 | ϑ | 6. Der an der rechten Schulter . . . . . | ♎ 15°40′ | — 22°30′ | 3 |
| 4320* | d | 7. Der am linken Schulterblatt . . . . . | ♎ 9°10′ | — 27°30′ | 4 |
| 4560 | ψ | 8. Von den 4 im Thyrsusstabe der nördlichere der 2 vorangehenden . . . . . . | ♎ 18°10′ | — 22°20′ | 4 |
| 4569 | a | 9. Der südlichere derselben . . . . . . | ♎ 19°10′ | — 23°45′ | 4 |
| 4655 | c¹ | 10. Von den noch übrigen 2 der am Ende des Thyrsusstabes . . . . . . . . . . | ♎ 22° | — 18°15′ | 4 |
| 4658 | c² | 11. Der noch übrige südlichere als der letztere . . . . . . . . . . . . . . . | ♎ 22°30′ | — 20°50′ | 4 |
| 4407 | ν | 12. Von den 3 in der rechten Seite der vorangehende . . . . . . . . . . . . . | ♎ 13°20′ | — 28°20′ | 4.3 |
| 4408 | μ | 13. Der mittelste derselben. . . . . . . | ♎ 14° | — 29°20′ | 4.3 |
| 4451 | φ | 14. Der nachfolgende der drei . . . . . | ♎ 15°10′ | — 28° | 4.3 |
| 4489 | χ | 15. Der am rechten Arm. . . . . . . . . | ♎ 16°20′ | — 26°30′ | 4.3 |
| 4617 | η | 16. Der am rechten Ellbogen. . . . . . . | ♎ 22°50′ | — 25°15′ | 3 |
| 4736 | ϰ | 17. Der am Ende der rechten Hand . . . | ♎ 27°30′ | — 24°15′ | 4 |
| 4438 | ζ | 18. Der glänzende am Ansatz des Menschenleibes. . . . . . . . . . . . . . . | ♎ 18° | — 33°30′ | 3.2 |

| Ambrona | Bayer | Sternbeschreibung | Länge | Breite | Größe |
|---|---|---|---|---|---|
| 4453 | $v^1$ | 19. Von den 2 schwachen nördlicheren als letzterer der nachfolgende ...... | ♎ 17° 40′ | — 31° | 5 |
| 4464 | $v^2$ | 20. Der vorangehende derselben ..... | ♎ 16° 50′ | — 33° | 5 |
| 4301* | ω | 21. Der am Ansatz des Rückens ..... | ♎ 12° 10′ | — 34° 50′ | 5 |
| 4204 | f | 22. Der diesem vorangehende auf dem Pferderücken............... | ♎ 9° | — 37° 40′ | 5 |
| 4105* | γ | 23. Von den 3 an der Hüfte der nachfolgende ....... | ♎ 5° 50′ | — 40° | 3 |
| 3954 | ϱ | 24. Der mittelste derselben........ | ♎ 5° | — 43° | 4 |
| 3939 | δ | 25. Der vorangehende der drei...... | ♎ 2° 40′ | — 41° | 5 |
| | | 26. Von den 2 am rechten Schenkel dicht beieinander stehenden der vorangehende | ♎ 2° 40′ | — 46° 10′ | 3 |
| | | 27. Der nachfolgende derselben ..... | ♎ 3° 20′ | — 46° 45′ | 4 |
| 4355* | e | 28. Der auf der Brust unter der Achsel des Pferdes | ♎ 18° 20′ | — 40° 45′ | 4 |
| 4058 | γ Cr. | 29. Von den 2 unter dem Bauche der vorangehende............... | ♎ 16° 20′ | — 43° | 2 |
| 3967 | δ „ | 30. Der nachfolgende derselben ..... | ♎ 17° 40′ | — 43° 45′ | 3 |
| 4131* | ρ „ | 31*. Der am Bug des rechten (Hinter-) Fußes............. | ♎ 10° | — 51° 10′ | 2 |
| 4033* | α „ | 32. Der am Knöchel desselben Fußes... | ♎ 15° 20′ | — 51° 40′ | 2 |
| 3808 | λ „ | 33*. Der unter dem Bug des linken (Hinter-) Fußes............. | ♎ 6° 20′ | — 55° 10′ | 4 |
| | | 34*. Der an der Höhlung des Hufs desselben Fußes............. | ♎ 11° 10′ | — 55° 20′ | 2 |
| 4634* | α | 35. Der am Ende des rechten Vorderfußes | ♏ 8° 20′ | — 41° 10′ | 1 |
| 4470 | β | 36*. Der am Knie des linken (Vorder-) Fußes............. | ♎ 24° 10′ | — 45° 20′ | 2 |
| | | 37. Der außerhalb unter dem rechten Hinterfuß ............. | ♎ 14° 40′ | — 49° 10′ | 4 |

37 Sterne: 1 erster, 5 zweiter,<br>7 dritter, 16 vierter, 8 fünfter Größe.

## Wolf.

| Ambrona | Bayer | Sternbeschreibung | Länge | Breite | Größe |
|---|---|---|---|---|---|
| 4732 | β | 1. Der am Ende des Hinterfußes bei der Hand (x) des Zentauren ........ | ♎ 28° | — 24° 50′ | 3 |
| 4693 | o | 2. Der am Bug desselben Fußes...... | ♎ 25° 50′ | — 29° 10′ | 3 |
| 4905* | γ | 3. Von den 2 am Schulterblatt der vorangehende ............. | ♏ 1° | — 21° 15′ | 4 |
| 4836 | δ | 4. Der nachfolgende derselben ..... | ♏ 4° 10′ | — 21° | 4 |
| 4848* | e | 5. Der in der Mitte des Leibes des Wolfes | ♏ 3° | — 25° 10′ | 4 |
| 4762* | π | 6. Der am Bauch unter den Weichen .. | ♏ 0° 10′ | — 27° | 5 |
| 4794* | x | 7. Der am Schenkel ......... | ♏ 0° 30′ | — 29° | 5 |
| 4826* | μ | 8. Von den 2 am Ansatz des Schenkels der nördlichere ......... | ♏ 4° 40′ | — 28° 30′ | 5 |
| 4841 | v | 9. Der südlichere derselben ...... | ♏ 3° 40′ | — 30° 10′ | 5 |
| 4796 | ζ | 10. Der am Ende der Hüfte ....... | ♏ 5° 40′ | — 33° 10′ | 5 |
| 4606 | σ | 11. Von den 3 am Ende des Schwanzes der südliche ............. | ♎ 22° | — 31° 20′ | 5 |
| 4629 | ϱ | 12. Der mittelste der drei ........ | ♎ 21° 50′ | — 30° 30′ | 4 |
| 4628* | a | 13. Der nördliche derselben ....... | ♎ 23° | — 29° 20′ | 4.3 |
| 5057* | η | 14. Von den 2 im Nacken der südlichere. | ♏ 8° 50′ | — 17° | 4 |
| 5092 | ϑ | 15. Der nördlichere derselben ...... | ♏ 9° 20′ | — 15° 20′ | 4.3 |
| 4942 | ψ | 16. Von den 2 an der Schnauze der vorangehende ............. | ♏ 5° 40′ | — 13° 20′ | 4 |

| Ambronn | Bayer | Sternbeschreibung | Länge | Breite | Größe |
|---|---|---|---|---|---|
| 4999 | χ | 17. Der nachfolgende derselben . . . . . . | ♏ 6°40′ | — 11°50′ | 4 |
| 4806 | i | 18. Von den 2 im Vorderfuß der südlichere | ♎ 27°10′ | — 11°50′ | 4.3 |
| 4828 | f | 19*. Der nördlichere derselben. . . . . . | ♎ 26°30′ | — 10° | 4.3 |
|  |  | 19 Sterne: 2 dritter, 11 vierter, 6 fünfter Größe. |  |  |  |
|  |  | **Räucheraltar.** |  |  |  |
| 5569 | σ | 1. Von den 2 an der Basis der nördlichere | ♏ 27°40′ | — 22°40′ | 5 |
| 5744 | ϑ | 2. Der südlichere derselben. . . . . . . | ♐ 3° | — 25°45′ | 4 |
| 5550 | α | 3. Der in der Mitte des kleinen Altars . | ♏ 26°20′ | — 26°30′ | 4.3 |
| 5369 | ε | 4. Von den 3 an der Brandstelle der nördliche. . . . . . . . . . . . . . . | ♏ 20°40′ | — 30°20′ | 5 |
| 5507 | γ | 5. Von den übrigen 2 dicht beieinander stehenden der südlichere. . . . . . . | ♏ 25°10′ | — 34°10′ | 4.3 |
| 5508 | β | 6. Der nördlichere derselben . . . . . . | ♏ 25° | — 33°20′ | 4 |
| 5360 | ζ | 7. Der am Ende der Brennröhre . . . . | ♏ 20°50′ | — 34°15′ | 4 |
|  |  | 7 Sterne: 5 vierter, 2 fünfter Größe. |  |  |  |
|  |  | **Südliche Krone.** |  |  |  |
| 5879 | α Tel. | 1. Der außerhalb des südlichen Bogens vorangehende . . . . . . . . . . . . | ♐ 9°10′ | — 21°30′ | 4 |
| 6008 | η | 2. Der nachfolgende in der Krone selbst | ♐ 11°40′ | — 21° | 5 |
| 6062 | — | 3. Der diesem nachfolgende. . . . . . . | ♐ 13°10′ | — 23° | 5 |
| 6121 | ι | 4. Der weiter letzterem nachfolgende . . | ♐ 14°50′ | — 20° | 4 |
| 6162 | δ | 5. Der nach diesem vor dem Knie (α) des Schützen . . . . . . . . . . . . . . . | ♐ 16°10′ | — 18°30′ | 5 |
| 6177 | β | 6. Der nach diesem nördlichere als der glänzende (α) am Knie. . . . . . . . | ♐ 17° | — 17°10′ | 4 |
| 6170 | α | 7. Der nördlichere als dieser . . . . . . | ♐ 16°50′ | — 16° | 4 |
| 6147* | γ | 8. Der noch nördlichere als letzterer . . | ♐ 16°30′ | — 15°10′ | 4 |
| 6089 | ε | 9. Von den 2 vorangehenden nach diesem im nördlichen Bogen der nachfolgende | ♐ 15°10′ | - 15°20′ | 6 |
| 6094 | — | 10. Der vorangehende von den 2 schwachen | ♐ 14°40′ | — 14°50′ | 6 |
| 5974 | λ | 11. Der letzterem eine geraume Strecke vorangehende . . . . . . . . . . . . | ♐ 11°50′ | - 14°40′ | 5 |
| 5926* | ϰ | 12. Der weiter letzterem vorangehende . . | ♐ 9°40′ | — 15°50′ | 5 |
| 5925 | ϑ | 13. Der letzte südlichere als der vorgenannte. . . . . . . . . . . . . . . . | ♐ 9°10′ | — 18°30′ | 5 |
|  |  | 13 Sterne: 5 vierter, 6 fünfter, 2 sechster Größe. |  |  |  |
|  |  | **Südlicher Fisch.** |  |  |  |
| 7463* | α | 0. Der am Maule, derselbe wie am Anfang des Wassergusses. . . . . . . . | ♒ 7° | — 20°20′ | 1 |
| 7325* | β | 1. Von den 3 im südlichen Bogen des Kopfes der vorangehende . . . . . . | ♒ 0°40′ | - 20°20′ | 4 |
| 7431* | γ | 2. Der mittelste derselben. . . . . . . . | ♒ 4°10′ | - 22°15′ | 4 |
| 7456* | δ | 3. Der nachfolgende der drei . . . . . . | ♒ 5°20′ | — 22°30′ | 4 |
| 7372 | ε | 4. Der am Kiemen . . . . . . . . . . . | ♒ 4°20′ | - 16°15′ | 4.3 |
| 7194 | μ | 5. Der an der südlichen Rückenflosse . . | ♑ 25°10′ | — 19°30′ | 5 |
| 7320 | ζ | 6. Von den 2 am Bauch der nachfolgende | ♒ 1°10′ | - 15°10′ | 5 |
| 7236 | λ | 7. Der vorangehende derselben . . . . . | ♑ 28°50′ | — 14°40′ | 4 |

| Ambronn | Bayer | Sternbeschreibung | Länge | Breite | Größe |
|---|---|---|---|---|---|
| 7155* | η | 8. Von den 3 in der nördlichen Flosse der nachfolgende . . . . . . . . . . | ♒ 25° 10′ | — 15° | 4 |
| 7096* | ϑ | 9. Der mittelste derselben . . . . . . . | ♒ 21° 50′ | — 16° 30′ | 4 |
| 7074 | ι | 10. Der vorangehende der drei . . . . . | ♒ 21° | — 18° 10′ | 4 |
| 7124 | γ Gr. | 11. Der am Ende des Schwanzes . . . . | ♒ 20° 10′ | — 22° 15′ | 4 |
| | | 11 Sterne: 9 vierter, 2 fünfter Größe. | | | |
| | | **Nicht in das Bild miteinbezogene Sterne:** | | | |
| 6761* | α Micr. | 12. Von den dem Fisch vorangehenden 3 glänzenden der vorangehende . . . | ♒ 8° | — 22° 20′ | 3.4 |
| — | γ „ | 13. Der mittelste derselben . . . . . . . | ♒ 11° 10′ | — 22° 10′ | 3.4 |
| — | ε „ | 14*. Der nachfolgende der drei . . . . . . | ♒ 14° | — 21° 10′ | 3.4 |
| 6858 | δ „ | 15. Der diesem vorangehende schwache . | ♒ 12° | — 20° 50′ | 5 |
| | | 16. Von den noch übrigen 2 nach Norden der südlichere . . . . . . . . . . . | ♒ 13° 50′ | — 17° | 4 |
| | | 17. Der nördlichere derselben . . . . . . | ♒ 13° 50′ | — 14° 50′ | 4 |
| | | 6 Sterne: 3 dritter, 2 vierter, 1 fünfter Größe. | | | |

In südlichen Sternbildern in Summa 316 Sterne:

7 erster, 18 zweiter, 63 dritter, 164 vierter,
54 fünfter, 9 sechster Größe, 1 nebelförmiger.

Gesamtsumme 1022 Sterne:

15 erster, 45 zweiter, 208 dritter, 474 vierter,
217 fünfter, 49 sechster Größe, 9 schwache,
5 nebelförmige, hierüber das Haupthaar.

## Zweites Kapitel.

### Die Lage der Milchstraße.

Ha 84]
Hei 170]

Der Fixsternkatalog ist hiermit zum Abschluß gebracht.
Wie es die logische Reihenfolge fordert, werden wir im Anschluß daran die Lage der Milchstraße schildern, so gut dies
möglich ist und wie es uns die Beobachtung ihrer einzelnen
5 Teile an die Hand gegeben hat. Gleichzeitig wollen wir
den Versuch machen, der scheinbaren Formlosigkeit, welche
sie hier und da zeigt, bestimmten Umriß zu verleihen.

Daß der Kreis der Milchstraße nicht ein Kreis schlechthin, sondern ein Gürtel ist, der allenthalben sozusagen die

Farbe der Milch zeigt — daher auch die Benennung —, aber auch nicht ein gleichförmiger und regelrechter Gürtel, sondern ein nach Breite, Färbung, Dichtigkeit und Lage verschiedengearteter, sowie daß er an einer Stelle doppelt ist: diese Wahrnehmung dürfte sich wohl schon bei oberflächlicher 5 Betrachtung dem Auge aufdrängen. Geht man aber auf Einzelheiten ein, die einer aufmerksameren Beobachtung bedürfen, so finden wir folgendes zu berichten.

Der doppelte Teil des Gürtels hat sozusagen zwei Zusammenschlußstellen, die eine bei dem Räucheraltar, die andere 10 bei dem Schwan, jedoch nur in dem Sinne, daß der vorangehende (westliche) Gürtel mit dem andern (östlichen) in keinerlei Zusammenhang steht — denn er läßt an beiden Zusammenschlußstellen, sowohl an der bei dem Räucheraltar als auch an der bei dem Schwan, (freie) Zwischen- 15 räume —, während der nachfolgende (östliche) Gürtel mit dem übrigen Teile der Milchstraße allenthalben zusammen- Hei 171 hängt und mit ihm einen Gürtel bildet, durch welchen wohl auch ein genau die Mitte einhaltender größter Kreis gehen könnte. Diesen Gürtel wollen wir zuerst besprechen, wobei Ha 85 wir mit seinen südlichsten Teilen beginnen. 21

Diese Teile gehen durch die Füße des Zentauren, sind aber wesentlich dünner und lichtärmer. Der Stern ($\beta$ Crucis) am Bug des rechten Hinterfußes (Kat. 31) ist ein wenig südlicher als die nördliche Grenzlinie der Milchstraße, gleicher- 25 weise der Stern ($\beta$) am Knie des linken Vorderfußes (Kat. 36) und der ($\alpha$ Crucis) unter dem Knöchel des rechten Hinterfußes (Kat. 32). Dagegen liegt der Stern ($\lambda$) am Bug des linken Hinterfußes (Kat. 33) mitten in der Milchstraße, während der (?) am Knöchel desselben Fußes (Kat. 34) und 30 der ($\alpha$) am Knöchel des rechten Vorderfußes (Kat. 35) von dem südlichen Rande ungefähr 2°, wie der größte Kreis 360" hat, nach Norden zu entfernt liegen. Die Teile in der Gegend der Hinterbeine sind ein wenig dichter.

Im weiteren Verlauf ist der nördliche Rand der Milch- 35 straße von dem Stern ($\zeta$) an der Hüfte des Wolfes (Kat. 10) ungefähr $1^1/_2$° entfernt, während der südliche Rand den Stern ($\zeta$)

an der Brennröhre des Räucheraltars (Kat. 7) innerhalb liegen läßt, aber von den beiden dicht nebeneinander
stehenden ($\gamma\beta$) an der Brandstelle (Kat. 5. 6) den nördlicheren
($\beta$) und von den beiden ($\sigma\vartheta$) an der Basis (Kat. 1. 2.) den
5 südlicheren ($\vartheta$) noch berührt. Der Stern ($\varepsilon$) im nördlichen
Teile der Brandstelle (Kat. 4) und der Stern ($\alpha$) in der Mitte
Hei 172 derselben (Kat. 3) liegen in der Milchstraße selbst. Diese
Teile sind wesentlich dünner.

    Weiterhin schließt der nördliche Teil der Milchstraße die
10 drei Schwanzgelenke ($\vartheta\iota\varkappa$) vor dem Stachel ($\lambda\upsilon$) des Skorpions (Kat. 17—21) und den dem Stachel nachfolgenden
Nebelfleck (Kat. 22) ein, während der südliche Rand den
Stern ($\eta$) am vorderen rechten Knöchel des Schützen (Kat. 25)
berührt und den ($\delta$) an der linken Hand (Kat. 2) in sich
15 schließt. Der Stern ($\varepsilon$) im südlichen Teil des Bogens (Kat. 3)
Ha 86 steht außerhalb der Milchstraße, der Stern ($\gamma$) an der Pfeilspitze (Kat. 1) mitten darin; auch die Sterne ($\lambda\mu$) im nördlichen Teil des Bogens (Kat. 4. 5) liegen in der Milchstraße,
jeder von beiden etwas mehr als $1^0$ von dem ihm nahen
20 Rande entfernt, der südliche ($\lambda$) vom südlichen, der nördliche
($\mu$) vom entgegengesetzten. Die Teile in der Gegend der
drei Schwanzgelenke ($\vartheta\iota\varkappa$) sind ein wenig dichter, die um
die Pfeilspitze ($\gamma$) sind stark verdichtet und erscheinen rauch-
artig.

25     Die weiterhin sich anschließenden Teile sind ein wenig
dünner und erstrecken sich unter Einhaltung nahezu derselben
Breite längs des Adlers hin. Der Stern ($\vartheta$) am Ende des
Schwanzes der Schlange (Kat. 18), welche der Schlangenträger hält, liegt im reinen Himmelsblau und ist ein wenig
Hei 173 mehr als $1^0$ von dem vorangehenden (westlichen) Rande der
31 Milchstraße entfernt. Von den unter dem Adler liegenden
glänzenden Sternen liegen die beiden vorangehenden (Kat. 12.
15) in der Milchstraße selbst, der südlichere ($\lambda$ Ant.) $1^0$ entfernt von dem nachfolgenden (östlichen) Rande, der nörd-
35 lichere ($\delta$ Ant.) $2^0$. Der nachfolgende ($\sigma$) von den Sternen
($\mu\sigma$) in der rechten Schulter des Adlers (Kat. 7. 8) berührt
den nämlichen Rand, der vorangehende ($\mu$) wird innerhalb

eingeschlossen, ebenso auch der vorangehende glänzende $(\gamma)$
von den Sternen $(\gamma\varphi)$ im linken Flügel (Kat. 5. 6.) Der
glänzende Stern $(\alpha)$ auf dem Rücken (Kat. 3) und die beiden
$(\beta o)$ mit ihm auf einer Geraden (?) stehenden (Kat. 2. 4)
berühren nahezu gleichfalls den nämlichen Rand. Alsdann 5
liegt der ganze Pfeil in der Milchstraße eingeschlossen, und
zwar ist der Stern $(\gamma)$ an der Spitze (Kat. 1) $1^0$ von dem
östlichen Rande entfernt, der $(\beta)$ am Ende des Einschnitts
am Schaft (Kat. 5) $2^0$ von dem westlichen. Die beiderseits
des Adlers liegenden Teile sind ein wenig dichter, die übrigen 10
ein wenig dünner.

Weiterhin tritt die Milchstraße an den Schwan heran,
und zwar wird der nordwestliche Rand in einer hakenför- Ha 87
migen Abzweigung von dem Stern $(\lambda)$ in der südlichen
Schulter des Schwans (Kat. 11) begrenzt, ferner von dem 15
unter ihm in dem nämlichen Flügel (Kat. 10) stehenden
Stern $(\varepsilon)$ und von den beiden Sternen $(\nu\xi)$ in dem südlichen
Fuße (Kat. 13. 14), während der südöstliche Rand von dem
Stern $(\zeta)$ am Ende des südlichen Fittigs (Kat. 12) begrenzt
wird und die nicht in das Bild miteinbezogenen zwei Sterne 20
$(\tau\sigma)$ unter demselben Flügel (Kat. 18. 19) so einschließt,
daß sie von diesem Rande ungefähr $2^0$ entfernt bleiben.
Die um den Flügel gelegenen Teile sind ein wenig dichter. Hei 174

Die weiterhin folgenden Teile hängen zwar mit diesem
Gürtel zusammen, sind aber bedeutend dichter und gehen 25
wie von einem anderen Anfangspunkte aus; denn sie neigen
sich den äußersten Teilen des anderen Gürtels zu und schließen
sich, indem sie eine Lücke nach diesem hin lassen, von der
südlichen Seite her an den Gürtel an, mit dessen Beschreibung wir zunächst beschäftigt sind. Dieser ist an der Zu- 30
sammenschlußstelle zwar sehr dünn, fängt aber hinter der
nach dem anderen Gürtel zu gelassenen Lücke an dichter
zu werden, und zwar von dem glänzenden Stern $(\alpha)$ am Sterz
des Schwanes (Kat. 5) und der im nördlichen Knie (Kat. 17)
stehenden nebelförmigen Gruppe $(\omega^2$ mit $\omega^1$ und $\omega^3)$ ab. 35
Dann beschreiben diese Teile einen leichten Bogen bis zu
dem Stern $(\xi)$ im südlichen Knie (Kat. 14) und erstrecken

ihre allmählich abnehmende Dichtigkeit bis zur Tiara des
Cepheus. Begrenzt werden sie an der nördlichen Seite
durch den südlichen ($\varepsilon$) von den drei Sternen ($\varepsilon\zeta\lambda$) in der
Tiara (Kat. 9. 10. 11) und dem ($\delta$) diesen nachfolgenden
5 (Kat. 13). Hier bilden diese Teile zwei Ausläufer; der eine
verläuft in nordöstlicher, der andere in südwestlicher Richtung.

Alsdann umschließt die Milchstraße die Kassiopeja ganz
mit Ausschluß des Sterns ($\iota$) am Ende des Fußes (Kat. 7).
Ha 88 Der südliche Rand wird begrenzt von dem Stern ($\zeta$) im Kopf
10 der Kassiopeja (Kat. 1), der nördliche von dem Stern ($\varkappa$)
am Fuße des Throns (Kat. 11) und von dem Stern ($\varepsilon$) an
dem Schienbein der Kassiopeja (Kat. 6); die übrigen Sterne
dieses Bildes und seiner Umgebung liegen alle innerhalb der
Hei 175 Milchstraße. Die Teile an den Rändern verlaufen in dünnerem
15 Erguß, während die in der Mitte der Kassiopeja gelegenen
eine in der Längsrichtung sich erstreckende Dichtigkeit zeigen.

Weiterhin liegt die rechte Seite des Perseus innerhalb der
Milchstraße. Ihre nördliche Seite, welche sehr dünn ist, begrenzt
der vereinzelte Stern (H 34 Cam.) außerhalb des rechten Knies
20 des Perseus (Kat. 28), die südliche Seite, welche sehr dicht
ist, der glänzende Stern ($\alpha$) in der rechten Seite (Kat. 7) und
von den drei ($\sigma\psi\delta$) südlich davon stehenden (Kat. 8. 9. 10)
die beiden nachfolgenden ($\psi\delta$). In ihr umschlossen liegt
auch der Nebelfleck ($h$) am Griff (Kat. 1), ferner die Sterne
25 ($\tau$) im Kopf (Kat. 5), ($\gamma$) an der rechten Schulter (Kat. 3)
und ($\eta$) am rechten Armbug (Kat. 2), mitten in der Milchstraße das Viereck ($A\lambda\mu c$) im rechten Knie (Kat. 17. 18. 19),
ferner der Stern ($d$) an der rechten Wade (Kat. 20), endlich
gleichfalls noch ein wenig innerhalb der südlichen Seite der
Stern ($e$) an der rechten Ferse (Kat. 21).

30     Hierauf läuft der Gürtel, indem er den Eindruck merklich
dünneren Ergusses macht, durch den Fuhrmann. Der
Stern ($\alpha$) an der linken Schulter, die sogenannte Capella
(Kat. 3), und die beiden Sterne ($\nu\tau$) am rechten Ellbogen
35 (Kat. 5) berühren nahezu den nordöstlichen Rand der Milchstraße, der kleine Stern (2) über dem linken Fuß (Kat. 14)
im Gewandsaum grenzt die südwestliche Seite ab, der Stern

($\chi$) über dem rechten Fuß (Kat. 12) liegt $\frac{1}{2}^0$ innerhalb derselben Seite, während die beiden dicht nebeneinander stehen- Hei 176
den Sterne ($\eta\zeta$) am linken Ellbogen, die sogenannten Zicklein (Kat. 8. 9), in der Mitte des Gürtels liegen. Ha 89

Weiterhin geht die Milchstraße durch die Füße der Zwil- 5
linge, indem sie gerade bei den Sternen an den Enden der
Füße eine gewisse in der Längsrichtung sich erstreckende
Dichtigkeit entwickelt. Der nachfolgende (1) von den drei
auf einer Geraden stehenden Sternen (136,139,1) unter dem
rechten Fuße ($\beta$ Tauri) des Fuhrmanns (Kat. Zw. 19), von 10
den beiden ($\chi^1\chi^2$) in der Keule des Orion (Kat. 11. 12) der
nachfolgende ($\chi^2$) und von den vier Sternen ($\xi\nu f^2 f^1$) am
Ende seiner Hand (Kat. 7—10) die beiden nördlichen ($f^2 f^1$)
begrenzen den vorangehenden (westlichen) Rand der Milch-
straße, der helle Stern ($\varkappa$ Aur.) unter der rechten Hand ($\vartheta$) 15
des Fuhrmanns (Kat. Zw. 20) und der Stern ($\xi$) am Ende
des nachfolgenden Fußes des nachfolgenden Zwillings (Kat. 18)
liegen ungefähr $1^0$ innerhalb der nachfolgenden (östlichen)
Seite, während die Sterne ($\eta\mu\nu\gamma$) an den Enden der übrigen
Füße (Kat. 14—17) mitten in der Milchstraße liegen. 20

Von dort geht der Gürtel an dem Kleinen und dem
Großen Hund vorbei, indem er den Kleinen Hund nach
Osten zu abtrennt, so daß das ganze Bild nicht unbeträchtlich außerhalb der Milchstraße liegt, während er den Großen
Hund nach Westen zu abtrennt, so daß er gleichfalls fast 25
ganz außerhalb liegt. Denn es trifft den Stern ($o^2$) auf seinem
Rücken (Kat. 12) ein wolkenähnlicher Ausläufer, der auch
nahezu die letzterem hintereinander folgenden drei Sterne
(65, 67, 68 H) im Nacken (?) des Großen Hundes berührt, wogegen der Stern (19 Mon.) über dem Kopf des Großen Hundes 30
(Kat. 19), der außerhalb und weiter weg vereinzelt steht, ungefähr $2\frac{1}{2}^0$ innerhalb des östlichen Randes liegt. Es ist diese
Strömung in ihrer ganzen Ausdehnung merklich dünner.

Hierauf geht die Milchstraße durch die Argo. Der nörd- Hei 177
liche und vorangehende ($m$) von den Sternen in dem kleinen 35
Schild des Hinterteils (Kat. 5) begrenzt den westlichen Rand
des Gürtels, der Stern ($\varkappa$) in der Mitte des Schildes (Kat. 6),

die beiden $(\varrho\tau)$ unter letzterem dicht nebeneinander stehenden (Kat. 7. 8), der glänzende $(\zeta)$ am Anfang des Verdecks
Ha 90 bei dem Steuerruder (Kat. 17) und von den drei Sternen
$(\delta\varkappa\varphi)$ am Kiel (Kat. 37. 38. 39) der mittelste $(\varkappa)$ berühren
5 nahezu die nämliche (westliche) Seite.  Den östlichen Rand
begrenzt der nördliche $(d)$ von den drei Sternen $(dab)$ am
Mastbehälter (Kat. 22. 23. 24), während der glänzende Stern
$(\iota)$ am Galjon (Kat. 2) $1^0$ innerhalb derselben Seite und der
helle Stern $(\lambda)$ unter dem nachfolgenden kleinen Schild am
10 Verdeck (Kat. 31) um den nämlichen Betrag eines Grades
außerhalb derselben Seite liegt.  Der südliche $(\beta)$ von den
zwei hellen Sternen $(\beta\alpha)$ in der Mitte des Mastes (Kat. 27.
28) berührt dieselbe (östliche) Seite; die beiden glänzenden
Sterne $(\gamma\varepsilon)$ an derselben Schnittlinie des Kiels (Kat. 35. 36)
15 stehen ungefähr $2^0$ innerhalb des vorangehenden (westlichen)
Randes.  Von hier aus schließt sich nunmehr die Milchstraße
an den durch die Füße des Zentauren gehenden Gürtel an.
Diese durch die Argo gehende Strömung ist ziemlich dünn;
wesentlich dichter sind die Teile derselben, welche um den
20 kleinen Schild, um den Mastbehälter und um die Schnittlinie des Kiels herum liegen.

Nachdem der eingangs erwähnte Gürtel, wie (S. 65,14)
gesagt, einen (freien) Zwischenraum nach dem bisher beschriebenen Gürtel hin bei dem Räucheraltar gelassen und
25 von dort seinen Anfang genommen hat, schließt er die vom
Hei 178 Körper des Skorpions ab (Kat. 12. 13. 14) gezählten drei
Schwanzgelenke $(\varepsilon\mu\zeta)$ ein und läßt den nachfolgenden $(\tau)$
von den drei Sternen $(\sigma\alpha\tau)$ im Körper (Kat. 7. 8. 9) $1^0$
außerhalb des westlichen Randes liegen, während der Stern
30 $(\eta)$ im vierten Schwanzgelenk (Kat. 16) im reinen Himmelsblau zwischen den beiden Gürteln liegt, von jedem ungefähr
gleichweit, d. i. wenig mehr als einen Grad entfernt.  Hierauf
beschreibt der vorangehende (westliche) Gürtel eine kreis-
bogenförmige Biegung nach Osten und wird an der west-
35 lichen Seite der Milchstraße begrenzt von dem Stern $(\eta)$ am
Ha 91 rechten Knie des Schlangenträgers (Kat. 12), an der
östlichen von dem Stern $(\xi)$ an demselben Schienbein (Kat. 13),

während der vorangehende $(A)$ von den Sternen $(A\,\vartheta\,b\,51)$ am Ende des nämlichen Fußes (Kat. 14—17) dieselbe Seite berührt. Dann begrenzt weiterhin den westlichen Rand der Stern $(\mu)$ unter dem rechten Armbug des Schlangenträgers (Kat. 9), den östlichen der vorangehende $(v)$ von den beiden Sternen $(v\tau)$ am Ende der nämlichen Hand (Kat. 10. 11). Von dort ab erstreckt sich ein ziemlich großer Zwischenraum von reinem Himmelsblau, in welchem die beiden Sterne $(\zeta\eta)$ im Schwanze der S c h l a n g e (Kat. 16. 17) nach dem Stern $(\tau)$ am Ende (der Hand) liegen. Der gesamte (bisher) beschriebene Teil dieses Gürtels besteht aus einer ganz dünnen, fast luftartigen Strömung mit Ausnahme des Teiles, welcher die drei Schwanzgelenke $(\varepsilon\,\mu\,\zeta)$ einschließt, der merklich dichter ist.

Nach dem Zwischenraum beginnt die Milchstraße wieder Hei 179 von neuem bei den vier Sternen (Kat. 25—28), die der rechten Schulter $(\beta\gamma)$ des S c h l a n g e n t r ä g e r s (Kat. 2. 3) nachfolgen. Den östlichen Rand dieses Gürtels begrenzt Berührung haltend der vereinzelt stehende helle Stern $(\zeta)$ unter dem Schwanze des A d l e r s (Kat. 9), den entgegengesetzten der von den obengenannten vier Sternen weiter weg nördlich stehende (Kat. 29). 20

Von da ab zieht sich dieser Gürtel, dünn wie er ist, auch noch zu einem schmalen Streifen in den Teilen zusammen, welche dem Stern $(\beta)$ am Schnabel des S c h w a n s (Kat. 1) vorangehen, so daß scheinbar der Eindruck einer Lücke hervorgerufen wird. Der übrige Teil desselben von dem Stern 25 $(\beta)$ am Schnabel bis zu dem Stern $(\gamma)$ an der Brust des Schwans (Kat. 4) ist indessen sowohl breiter als auch bedeutend dichter  Der Stern $(\eta)$ am Halse des Schwans (Kat. 3) liegt in der Mitte dieses dichten Teils. Es zweigt sich aber von dem Stern $(\gamma)$ an der Brust ein dünner Teil nach Norden 30 ab bis zu dem Stern $(\delta)$ an der Schulter des rechten Flügels Ha 92 (Kat. 6) und den beiden dicht nebeneinander stehenden $(o^1 o^2)$ am Ende des rechten Fußes (Kat. 15. 16), wodurch, wie (S. 67,28) gesagt, nach dem anderen Gürtel hin eine reine Lücke entsteht, welche von den genannten Sternen $(\beta\,\eta\,\gamma)$ des 35 Schwans bis zu dem glänzenden Stern $(\alpha)$ am Sterz (Kat. 5) reicht.

## Drittes Kapitel.
### Anfertigung eines Himmelsglobus.

Die in der Milchstraße beachtenswerten Erscheinungen sind hiermit ihrer Lage nach beschrieben. Nun wollen wir aber das Bild, welches der Himmelsglobus darbieten soll, auch mit den für die Fixsternsphäre nachgewiesenen Hypothesen in Einklang bringen; wurde doch nach ihnen auch diese Sphäre ähnlich wie die Sphären der Wandelsterne von dem ersten Umschwung scheinbar von Osten nach Westen um die Pole des Äquators herumbewegt, aber auch von einer in entgegengesetzter Richtung fortschreitenden Bewegung um die Pole der Ekliptik geleitet. So werden wir denn zur Anfertigung dieses Globus und zur Auftragung des Sternbestandes folgenden Weg einschlagen.

Für die Farbe der den Untergrund bildenden Kugel werden wir einen etwas dunkleren Ton wählen, wie er nicht der Luftfärbung des Tages, sondern mehr dem Dunkel der Nacht entspricht, bei welchem die Sterne sichtbar werden. Nachdem wir auf der Kugel genau diametral gegenüber zwei Punkte bestimmt haben, werden wir um diese als Pole einen größten Kreis beschreiben, welcher jederzeit in der Ebene der Ekliptik liegen soll, worauf wir unter rechten Winkeln zu ihm einen zweiten Kreis durch seine Pole ziehen. Von einem der Schnittpunkte ausgehend, welche dieser Kreis mit ersterem bildet, werden wir dann den Ekliptikkreis unter Beisetzung der Zahlen zu praktisch gewählten Abschnitten in die üblichen 360 Grade teilen. Hierauf werden wir aus hartem Holz, welches sich nicht mehr verzieht, zwei allseitig so genau abgeschärfte Ringe herstellen, daß ihre Oberflächen in vier Kanten zusammenstoßen[a]; der kleinere muß an seiner ganzen konkaven Fläche mit dem Globus Berührung halten, während der andere nur wenig größer sein darf. In der Mitte der konvexen (Rund-)Fläche beider Ringe werden wir

---

a) D. h. daß die Querschnitte dieser Ringe Quadrate darstellen. Vgl. I 41, 26 und Procli Hypotyp. p. 43,6.

ihre Dicke genau halbierende Linien einritzen.[a] Nachdem
wir durch diese Linien hindurch in die eine der durch sie
geschiedenen Seitenflächen Einschnitte bis zu der Hälfte
des Kreisumfangs gemacht[b], werden wir auch die durch
diese Einschnitte abgegrenzten Halbkreise (beider Ringe) in 5
die (auf sie entfallenden) 180 Grade teilen. Ist dies geschehen, so treffen wir die Bestimmung, daß der kleinere
Ring mit der (Mittellinie der) Fläche des bezeichneten (Ring-)
Abschnitts jederzeit durch die beiden Pole des Äquators und
der Ekliptik und weiter durch die Wendepunkte gehen (d. i. 10
als Breitenkreis dienen) soll. Nachdem wir ihn diametral
gegenüber an den Enden des durch die Einschnitte gekenn-
zeichneten Abschnitts mit bis zur Mitte reichenden Bohr
löchern versehen haben, werden wir ihn vermittelst kleiner
Stifte auf die Pole (der Ekliptik) aufsetzen, welche wir auf 15
dem Globus festgelegt hatten, so daß er über die ganze
Kugeloberfläche herumbewegt werden kann.

Um einen bleibenden Ausgangspunkt für die Auftragung
des Fixsternbestandes zu erhalten, weil es keine Gewähr
bietet, direkt an der Ekliptik des Globus die Wende- und 20
Nachtgleichenpunkte zu kennzeichnen, wenn die Entfernung
der aufzutragenden Sterne, auf diese Punkte bezogen, nicht
dieselbe bleibt, so werden wir (als Fundamentalstern) den
glänzendsten Fixstern — ich meine den (Sirius) am Maule H* 94
des Großen Hundes — auf dem die Ekliptik (des Globus) 25
unter rechten Winkeln schneidenden (Breiten-)Kreis durch
einen Punkt bezeichnen: dies geschieht auf der Höhe des

---

a) Diese Linien sollen die genaue Einstellung der Mitte der
Ringe auf die durch die Sterne gehenden Breitenkreise bzw.
auf den Kolur der Wenden vermitteln.

b) Der Umfang beider Ringe wird hierdurch halbiert, weil
nur die eine Hälfte des Umfangs eingeteilt werden soll, bei
dem kleineren Ring als Breitenkreis die von Ekliptikpol zu
Ekliptikpol reichende, bei dem größeren als Meridiankreis die
vom Nordpol bis zum Südpol reichende. Diese Gradteilung ist
natürlich auf der einen Seitenfläche der Ringe an dem inneren
Rande vorzunehmen, welcher der Oberfläche des Globus am
nächsten liegt.

Grades, der den Anfang der Einteilung (der Ekliptik) bildet,
Hei 182 und zwar in demjenigen Abstand von der Ekliptik nach
ihrem südlichen Pole hin, wie ihn die (im Katalog) ver-
zeichneten ($39^1/_6$) Grade in Breite an die Hand geben. Bei
5 allen anderen Fixsternen werden wir weiterhin die bezeich-
nenden Punkte in der Reihenfolge des Katalogs machen.
Hierzu wird der (Kolur-)Ring, welcher an dem durch die
Einschnitte begrenzten Abschnitt (von Ekliptikpol zu Ekliptikpol) eingeteilt ist, um die Pole der Ekliptik gedreht.
10 Zunächst legen wir nämlich stets die Fläche seiner durch
die Einschnitte abgegrenzten Seite an denjenigen Punkt der
Ekliptik an, welcher von dem Anfangspunkt der Zählung,
der an dem durch den Hundsstern gehenden Gradabschnitt
liegt, ebensoviele Grade in Länge entfernt ist, wie nach dem
15 Katalog der Stern, um den es sich handelt, vom Hundsstern
absteht. An dem Punkte der (bis hierher in Länge) weiter-
geschobenen eingeteilten Seite angelangt, welcher wieder
ebensoviele Grade von der Ekliptik absteht, wie dem betreffenden Stern im Katalog nach dem nördlichen oder nach
20 dem südlichen Ekliptikpol hin Abstand zukommt, werden
wir an dieser Stelle den Ort des Sterns durch einen Punkt
kenntlich machen. Schließlich setzen wir der Reihe nach
die gelbe oder die für einige (z. B. die roten) Sterne besonders charakteristische Farbe in dem Maße auf, wie es zu
25 dem für jeden Stern eingeschätzten Größenbetrag im richtigen Verhältnis steht.
Die Umrißzeichnungen der einzelnen Sternbilder werden
Ha 95 wir so einfach als möglich ausführen, indem wir die unter
dasselbe Bild fallenden Sterne nur durch Linien umreißen,
30 und zwar durch Linien, die sich von der Farbe, in welcher der ganze Globus gehalten ist, nicht allzusehr abheben,
damit weder der praktische Zweck, der sich aus dieser
charakteristischen Linienführung ergeben soll, verfehlt werde,
Hei 183 noch die Aufsetzung bunter Farben die Ähnlichkeit des Bil-
35 des mit der Wirklichkeit beeinträchtige. Dadurch erreichen
wir, daß der auf den ersten Blick in das Auge fallende Vergleich uns leicht werde und unschwer im Gedächtnis zu be-

halten sei, sobald wir uns schon bei dem Bilde, welches der
Globus bietet, daran gewöhnen, in den Konstellationen bloße
Phantasiegebilde zu erblicken.

Nachdem wir nun auch die Lage der Milchstraße nach
den oben dargelegten Positionen und Alignements und nicht 5
minder den Dichtigkeitsverhältnissen oder Lücken entsprechend aufgetragen haben, werden wir auch den größeren
Ring, welcher dauernd Meridian sein soll, mit dem kleineren,
der den Globus umschließt, in Verbindung bringen, und zwar
um Pole, welche mit denen des Äquators identisch sind. Zu 10
diesem Zweck werden wir zunächst diese Punkte auf dem
größeren, d. i. dem (feststehenden) Meridianring, wieder an
den Enden der durch die Einschnitte abgegrenzten und eingeteilten Seite, welche (bei Sphaera recta ganz) über dem
Horizont liegen wird, diametral gegenüber mit (nach innen 15
gerichteten) Polstiften versehen. Für diese sind auf dem
kleineren Ring, der durch beide Pole (sowohl den der Ekliptik als den des Äquators) geht, an den Enden der Bogen,
welche beiderseits diametral gegenüber von den Ekliptikpolen die 23° 51′ der Schiefe Abstand haben, an den Ein- 20
schnittstellen des Ringes[a] kleine Erhöhungen gelassen, in
denen sich die Lager für die Polstifte (des Meridianringes)
befinden sollen.

Die durch Einschnitte (an den Ekliptikpolen) abgegrenzte
Seite des kleineren Ringes, welche natürlich jederzeit[b] mit Ha 96
dem durch die Wendepunkte gehenden Meridian (d. i. mit 26
dem Kolur des Globus) zusammenfallen muß, werden wir
nun für jeden gegebenen Fall (dauernd) auf denjenigen Punkt Hei 184
der Ekliptikteilung (des Globus) einstellen, welcher so viel
Grade von dem durch den Hundsstern gehenden Anfang (der 30

a) Der Plural τῶν κύκλων ist sicher falsch: nur der kleinere
Ring, der Kolur, welcher sich mit dem Globus unter dem festbleibenden größeren Ring um die Pole des Äquators drehen soll,
kann Lager für die Polstifte des Meridianringes haben.

b) Sobald dieser Ring auf die beschriebene Weise unter den
feststehenden Meridianring eingesetzt ist; als um den Globus
drehbarer Breitenkreis war er ja nur zur Auftragung der Sterne
verwendet worden.

Zählung) entfernt ist, als der Hundsstern zu der in Frage
kommenden Zeit vom Sommerwendepunkt absteht. Diese
(Länge des Hundssterns) beträgt z. B. zu Anfang der Regie-
rung Antonins (137 n. Chr.) $12^0\,20'$ gegen die Richtung der
Zeichen.[a] Den Meridianring aber werden wir unter rechten
Winkeln mit dem vom Gestell (des Globus) dargestellten
Horizont in feste Verbindung bringen, so daß er von der
scheinbaren Fläche des letzteren halbiert wird, aber in der
eigenen Ebene gedreht werden kann, damit wir von Fall zu
Fall den nördlichen Pol an der Meridianteilung um den
Bogen der zugrunde gelegten geographischen Breite über
den Horizont erheben können.

Kein großer Nachteil wird uns daraus erwachsen, daß es
nicht möglich gewesen ist, auf dem Globus selbst den Äquator und die Wendekreise anzubringen. Es wird nämlich der
an der eingeteilten Seite des Meridianringes in der Mitte
zwischen den Polen des Äquators liegende Punkt, welcher
von jedem dieser Pole die 90 Grade des Quadranten Abstand hat, dieselbe Geltung haben wie die Punkte des
Äquators, während diejenigen Punkte (der Meridianteilung),
welche von diesem Punkt einen nördlichen oder südlichen
Abstand von $23^0\,51'$ haben, als die Punkte des betreffenden
Wendekreises gelten werden, d. h. durch den nördlich so
weit abstehenden Punkt werden die Punkte des Sommer-
wendekreises gehen, durch den südlich so weit abstehenden
die Punkte des Winterwendekreises. Werden also die Sterne,
die in Frage kommen, vermittelst der ersten, d. i. der von
Osten nach Westen vor sich gehenden Umdrehung an die
eingeteilte Seite des Meridianringes gebracht, so können auch
ihre Abstände vom Äquator oder von den Wendekreisen in
jedem einzelnen Falle wieder an derselben Einteilung (dieses
Ringes) abgelesen werden, weil er eben einen durch die Pole
des Äquators gehenden (Deklinations-)Kreis darstellt.

---

a) D. h. der Ort des Sirius liegt für 137 n. Chr. in Länge $12^0\,20'$
rückwärts des Wendepunktes ♋ $0^0$, d. i. in ♊ $17^0\,40'$.  Zum Anfang der Regierung Antonins vgl. S. 15,6 u. I Anh. Anm. 30.

## Viertes Kapitel.
### Die besonderen Stellungen, in welche die Fixsterne gelangen.

Nachdem das eigenartige Verfahren der Auftragung des Fixsternbestandes dargelegt ist, bleibt noch übrig, das Kapitel von den Stellungen der Fixsterne zu behandeln.

Abgesehen von den Stellungen, welche die Fixsterne lediglich zueinander einnehmen, wie z. B. wenn gewisse Sterne 5 auf einer Geraden stehen, ein Dreieck oder andere mathematische Figuren bilden, werden drei Klassen von Stellungen, in welche die Fixsterne gelangen, von der Theorie in Betracht gezogen: erstens die Stellungen, in welche sie ausschließlich zu den Wandelsternen, zur Sonne und zum Monde 10 oder zu den Teilen der Ekliptik gelangen; zweitens die Stellungen, in welche sie ausschließlich zu der Erde gelangen; drittens die Stellungen, in welche sie gleichzeitig sowohl zu der Erde als auch zu den Wandelsternen, zu der Sonne und zu dem Monde oder zu den Teilen der Ekliptik 15 gelangen.

I. Die Stellungen, in welche die Fixsterne ausschließlich zu den Wandelsternen und zu den Teilen der Ekliptik gelangen, sind zwiefach aufzufassen:

A. In einem allgemeinen Sinne: die Fixsterne und die 20 Wandelsterne kommen entweder auf ein und denselben durch die Pole der Ekliptik gehenden (Breiten-)Kreis zu stehen oder halten zueinander, auf verschiedenen (Breiten-)Kreisen Hei 186 stehend, die Abstände der Seiten des (gleichseitigen) Dreiecks, des Quadrats oder des (regelmäßigen) Sechsecks ein, 25 d. h. Abstände von 120°, 90° oder 30°.

B. In einem besonderen Sinne: es kann einer der Wandelsterne unter einem Fixstern weggehen. In Betracht kommen diejenigen Fixsterne, deren Örter in dem dreikantigen Ausschnitt[a]) des Tierkreises liegen, welcher den Lauf der Wandel- Ha 98 sterne in Breite umfaßt. Derart sind                          31

---

a) Zwei nördlich und südlich der Ekliptik verlaufende Kanten des Prismas werden von den durch die Örter der größten nörd-

a) die Stellungen zu den fünf Wandelsternen bei den scheinbaren Konjunktionen[a] oder Bedeckungen;

b) die Stellungen zur Sonne und zum Monde bei den heliakischen oder lunaren Untergängen, bei den Konjunktionen und bei den heliakischen oder lunaren Aufgängen. Heliakischen oder lunaren Untergang nennen wir den Zeitpunkt, zu welchem ein Stern, in die Strahlen der Lichtkörper gelangend, anfängt unsichtbar zu werden, Konjunktion den Zeitpunkt, zu welchem die Bedeckung des Sterns zentral ist, heliakischen oder lunaren Aufgang den Zeitpunkt, zu welchem er, den Strahlen der Lichtkörper entronnen, wieder anfängt sichtbar zu werden.

II. Die ausschließlich zur Erde eintretenden Stellungen der Fixsterne, vier an der Zahl, werden von einigen Astronomen mit einem gemeinsamen Namen „Kardinalstellungen" genannt; die besonderen Namen sind Aufgang, obere Kulmination, Untergang und untere Kulmination.

A. Sphaera recta. Wo der Äquator in den Zenit zu liegen kommt, gehen alle Fixsterne auf und unter und kulminieren bei jeder Umdrehung einmal über und einmal unter dem Horizont, weil die Pole des Äquators alsdann den Horizont berühren und keinen Parallelkreis weder zum immersichtbaren noch zum immerunsichtbaren machen.

B. Sphaera parallela. Wo der Pol in den Zenit zu liegen kommt, geht kein Fixstern weder auf noch unter, weil alsdann der Äquator die Lage des Horizonts einnimmt und die eine der durch ihn geschiedenen Halbkugeln sich dauernd über, die andere dauernd unter dem Horizont

---

lichen und südlichen Breite gehenden Parallelen zur Ekliptik gebildet, die dritte Kante verläuft bei dem täglichen Umschwung parallel zur Ekliptik durch das Auge des Beobachters.

a) Unter dieser Art von Konjunktionen ($\varkappa o\lambda\lambda\eta\sigma\epsilon\iota\varsigma$) versteht man nicht nur diejenigen Annäherungen von Planeten an Fixsterne, bei denen die beiden Sterne wie aneinander geklebt erscheinen, sondern auch noch die Annäherung bis auf einige Grade.

dreht, so daß jeder Stern im Verlauf einer Umdrehung
zweimal kulminiert, der eine Teil der Sterne zweimal
über, der andere Teil zweimal unter dem Horizont.

    C. Sphaera obliqua. Da bei den anderen Stellungen
der Sphäre, welche (bei Neigung der Achse) zwischen den
beschriebenen liegen, einige Kreise immersichtbar und andere
immerunsichtbar werden, so haben die von diesen Kreisen
nach den Polen hin eingeschlossenen Sterne weder Aufgang
noch Untergang, aber bei jeder Umdrehung zwei Kulminationen: die in dem immersichtbaren Kreise liegenden
Sterne über dem Horizont, die in dem immerunsichtbaren
liegenden unter dem Horizont. Die übrigen auf den größeren Parallelkreisen stehenden Sterne gehen sowohl auf
als unter und kulminieren bei jeder Umdrehung einmal
über und einmal unter dem Horizont.

    Die von einer Kardinalstellung bis wieder zu der näm-
lichen verstreichende Zeit ist überall dieselbe; denn sie umfaßt für die sinnliche Wahrnehmung eine Umdrehung. Auch
die von einer Kardinalstellung bis zur diametral gegenübergelegenen verstreichende Zeit ist, theoretisch auf den Meridian bezogen, überall dieselbe; denn sie umfaßt die Hälfte
einer Umdrehung. Wird sie aber theoretisch auf den Horizont bezogen, so ist sie wieder dieselbe (nur dann), wenn
der Äquator im Zenit liegt; denn alsdann umfaßt sie ebenfalls wieder die Hälfte einer Umdrehung, weil in diesem
Fall sämtliche Parallelkreise nicht nur von dem Meridian,
sondern auch von dem Horizont halbiert werden. Bei den
anderen Stellungen (der Sphäre bei geneigter Achse) ist aber
weder die über dem Horizont noch die unter dem Horizont
(zwischen Auf- und Untergang bzw. Untergang und Wiederauf-
gang) verstreichende Zeit an sich bei allen Sternen die gleiche;
ebensowenig ist bei jedem Stern die über dem Horizont
(d. i. zwischen Aufgang und Untergang) verstreichende Zeit
gleich der unter dem Horizont (nach Untergang bis Wieder-
aufgang) verstreichenden; dies ist nur der Fall bei denjenigen Sternen, welche im Äquator selbst stehen, weil dieser
allein auch bei Sphaera obliqua von dem Horizont halbiert

wird, während alle anderen Parallelkreise in unähnliche und
ungleiche Bogen zerschnitten werden.

Dementsprechend ist auch die Zeit vom Aufgang bis zur
oberen Kulmination für jeden Stern gleich der Zeit von der
5 oberen Kulmination bis zum Untergang, und ebenso die Zeit
Ha 100 vom Untergang bis zur unteren Kulmination gleich der Zeit
von der unteren Kulmination bis zum Aufgang, weil der
Meridian sowohl die über dem Horizont als auch die unter
dem Horizont liegenden Bogen der Parallelkreise halbiert.
10 Dagegen ist die Zeit vom Aufgang bis zur oberen Kulmination ungleich der Zeit vom Untergang bis zur unteren
Kulmination bei Sphaera obliqua, gleich bei Sphaera recta,
weil nur bei letzterer durchweg die über dem Horizont liegenden Bogen (der Parallelkreise) gleich sind den unter dem
15 Horizont liegenden. Infolgedessen gehen bei Sphaera recta
die gleichzeitig kulminierenden Sterne stets sowohl gleichzeitig auf als auch gleichzeitig unter, insoweit wenigstens
Hei 189 ihr Fortschritt um die Pole der Ekliptik nicht wahrnehmbar
ist. Dagegen gehen bei Sphaera obliqua die gleichzeitig
20 kulminierenden Sterne weder gleichzeitig auf noch gleichzeitig unter, sondern die südlicheren gehen stets später auf
als die nördlicheren und gehen auch eher wieder unter.

III. Die von der Theorie in Betracht gezogenen Stellungen
der Fixsterne, welche gleichzeitig zur Erde und zu den
25 Wandelsternen oder zu den Teilen der Ekliptik eintreten,
faßt man wieder im allgemeinen nach den Aufgängen, Kulminationen und Untergängen ins Auge, die gleichzeitig mit
einem Planeten oder einem Teile der Ekliptik erfolgen. Die
speziell zur Sonne (in dieser Hinsicht) eintretenden Stellungen
30 werden von der Theorie in neun Klassen geschieden.

1. Der sog. Früh-Oststand findet statt, wenn der Stern
mit der Sonne in den östlichen Horizont tritt. Zu unterscheiden sind

a) der nichtsichtbare Morgen-Nachaufgang, wenn der
Ha 101 Stern selbst, im Anfangsstadium seines heliakischen Unter-
36 gangs begriffen, gleich nach der Sonne aufgeht;

b) der wahre Morgen-Mitaufgang, wenn der Stern gleichzeitig und zusammen mit der Sonne in den östlichen Horizont tritt;

c) der sichtbare Morgen-Voraufgang, wenn der Stern, im Anfangsstadium seines heliakischen Aufgangs begriffen, vor der Sonne aufgeht.

2. Die sog. Früh-Kulmination findet statt, wenn der Stern selbst, während die Sonne im östlichen Horizont steht, entweder über oder unter dem Horizont kulminiert. Zu unterscheiden sind wieder

a) die nichtsichtbare Morgen-Nachkulmination, wenn der Stern gleich nach Sonnenaufgang kulminiert;

b) die wahre Morgen-Mitkulmination, wenn der Stern gleichzeitig mit Sonnenaufgang kulminiert;

c) die Morgen-Vorkulmination, wenn die Sonne gleich nach Kulmination des Sterns aufgeht. Findet die Kulmination über dem Horizont statt, so ist sie sichtbar.

3. Der sog. Früh-Weststand findet statt, wenn der Stern im westlichen Horizont steht, während die Sonne im östlichen steht. Zu unterscheiden sind wieder

a) der nichtsichtbare Morgen-Nachuntergang, wenn der Stern gleich nach Sonnenaufgang untergeht;

b) der wahre Morgen-Mituntergang, wenn der Stern gleichzeitig mit Sonnenaufgang untergeht;

c) der sichtbare Morgen-Voruntergang, wenn die Sonne gleich nach dem Untergang des Sterns aufgeht.

4. Der sog. Meridian-Oststand findet statt, wenn der Stern im Osthorizont steht, während die Sonne kulminiert. Zu unterscheiden sind wieder

a) der nichtsichtbare Tages-Meridian-Oststand, wenn der Stern aufgeht, während die Sonne über dem Horizont kulminiert;

b) der sichtbare Nacht-Meridian-Oststand, wenn der Stern aufgeht, während die Sonne unter dem Horizont kulminiert.

5. Die sog. Mittag-Kulmination findet statt, wenn die Sonne und der Stern gleichzeitig in den Meridian treten. Auch hier sind zu unterscheiden

a) zwei nichtsichtbare Tages-Kulminationen, wenn bei Kulmination der Sonne über dem Horizont der Stern

α) gleichzeitig mit ihr über dem Horizont,

β) ihr diametral gegenüber unter dem Horizont kulminiert;

b) zwei Nacht-Kulminationen, wenn die Sonne unter dem Horizont kulminiert, und zwar

α) die nichtsichtbare, wenn der Stern mit der Sonne gleichfalls unter dem Horizont kulminiert;

β) die sichtbare, wenn der Stern der Sonne diametral gegenüber über dem Horizont kulminiert.

6. Der sog. Meridian-Weststand findet statt, wenn der Stern im westlichen Horizont steht, während die Sonne kulminiert. Zu unterscheiden sind wieder

a) der nichtsichtbare Tages-Meridian-Weststand, wenn der Stern untergeht, während die Sonne über dem Horizont kulminiert;

b) der sichtbare Nacht-Meridian-Weststand, wenn der Stern untergeht, während die Sonne unter dem Horizont kulminiert.

7. Der sog. Spät-Oststand findet statt, wenn der Stern im östlichen Horizont steht, während die Sonne im westlichen steht. Zu unterscheiden sind wieder

a) der sichtbare Abend-Nachaufgang, wenn der Stern gleich nach Sonnenuntergang aufgeht;

b) der wahre Abend-Mitaufgang, wenn der Stern gleichzeitig mit Sonnenuntergang aufgeht;

c) der nichtsichtbare Abend-Voraufgang, wenn die Sonne gleich nach dem Aufgang des Sterns untergeht.

8. Die sog. Spät-Kulmination findet statt, wenn der Stern, während die Sonne im westlichen Horizont steht, entweder über oder unter dem Horizont kulminiert. Zu unterscheiden sind wieder

a) die sichtbare Abend-Nachkulmination, wenn der Stern gleich nach Sonnenuntergang kulminiert;

b) die wahre Abend-Mitkulmination, wenn der Stern gleichzeitig mit Sonnenuntergang kulminiert;

c) die nichtsichtbare Abend-Vorkulmination, wenn gleich nach Kulmination des Sterns die Sonne untergeht.

9. Der sog. Spät-Weststand findet statt, wenn der Stern gleichzeitig mit der Sonne in den westlichen Horizont tritt. Zu unterscheiden sind wieder

a) der sichtbare Abend-Nachuntergang, wenn der Stern selbst, im Anfangsstadium seines heliakischen Untergangs begriffen, gleich nach der Sonne untergeht;

b) der wahre Abend-Mituntergang, wenn der Stern zusammen und gleichzeitig mit der Sonne untergeht; .

c) der nichtsichtbare Abend-Voruntergang, wenn der Stern, im Anfangsstadium seines heliakischen Aufgangs begriffen, vor der Sonne untergeht.

## Fünftes Kapitel.
### Mitaufgänge, Mitkulminationen und Mituntergänge der Fixsterne.

Unter den vorstehend beschriebenen Verhältnissen können die Zeiten (d. s. die Kalenderdaten) der wahren, theoretisch auf das Zentrum der Sonne bezogenen Mitaufgänge, Mit- kulminationen und Mituntergänge ohne weiteres lediglich auf dem Wege geometrischer Konstruktion aus der nach dem Sternenstand gegebenen Lage von uns bestimmt wer- den, weil auch die Punkte der Ekliptik, mit denen jeder Fixstern kulminiert und auf- oder untergeht, mit Hilfe der zu Gebote stehenden Lehrsätze auf dem Wege geometrischer Konstruktion nachweisbar sind.

### I. Mitkulminationen.

Es sei $AB\Gamma\Delta$ der durch die beiden Pole des Äquators und der Ekliptik gehende (Kolur-)Kreis, $AE\Gamma$ sei der Halb- kreis des Äquators um den Pol $Z$, $BE\Delta$ der Halbkreis der

Ekliptik um den Pol H. Durch die Pole der Ekliptik sei

Ha 105 als Bogen eines größten Kreises HΘKΛ gezogen, auf dem

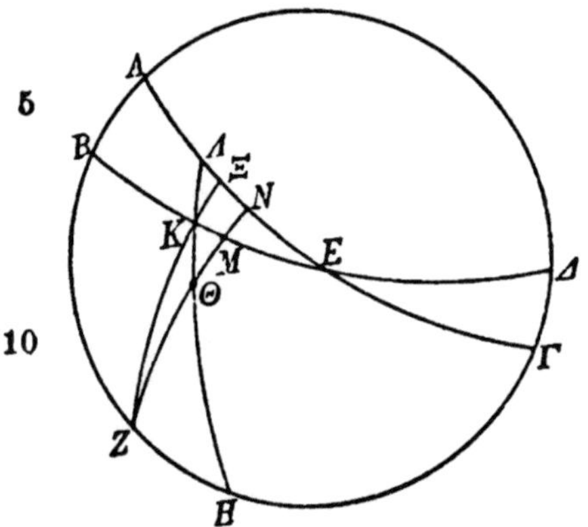

man sich den Fixstern, um welchen es sich handelt, in Punkt Θ zu denken hat. Mit Bezug auf die so gezogenen (Breiten-)Kreise sind ja die Positionen der Fixsterne von uns beobachtet und katalogisiert worden. Nun ziehe man auch durch die Pole des Äquators ZΘMN als Bogen eines größten Kreises.

Daß der in Θ angenom-

15 mene Stern gleichzeitig mit den Punkten M der Ekliptik und N des Äquators kulminiert, ist klar[a], daß aber diese

Hel 195 Punkte bestimmbar sind, und somit auch der Bogen ΘN (auf welchem in Punkt M die Sonne steht), wird auf folgendem Wege ersichtlich werden.

20    Da in Bogen zweier größter Kreise, d. i. in die Bogen AH und AN, die (in Punkt Θ sich schneidenden) Bogen größter Kreise HΛ und NZ hineingezogen sind, so gilt nach dem im ersten Bande des Handbuchs (S. 51,1) bewiesenen Satz

$$\frac{2sb\,HA}{2sb\,AZ} = \frac{2sb\,H\Lambda}{2sb\,\Lambda\Theta} \cdot \frac{2sb\,\Theta N}{2sb\,NZ}.$$

25    Nun sind AZ, NZ und HK ohne weiteres als Quadranten gegeben; ferner ist

KΘ als Breite ⎱ des Sterns dem Katalog zu
KB als Länge[b] ⎰        entnehmen,
ZH und KΛ der Tabelle der Ekliptikschiefe.[c]

---

a) Weil alle drei Punkte auf demselben Deklinationskreis ZN liegen.

b) Weil B der Winterwendepunkt ist.

c) ZH als die Schiefe der Ekliptik, KΛ allerdings nur unter der Voraussetzung, daß KΛ als Normale zur Ekliptik unwesentlich verschieden ist von dem Meridianbogen KΞ, den Ptolemäus verschweigt, obgleich auch an der unförmlichen Figur des Originals der Meridianquadrant ZΞ, aber falsch, gezogen ist.

Es ist also klar, daß von den in obiger Gleichung stehenden Bogen gegeben sein werden $HA$ (als $AZ + ZH$), $AZ$, $H\Lambda$ (als $HK + K\Lambda$), $\Lambda\Theta$ (als $K\Lambda + K\Theta$) und $NZ$; folglich wird sich auch der (in der Gleichung) noch übrige Bogen $\Theta N$ (d. i. die südliche Deklination des Sterns) be- 5 stimmen lassen. Nun gilt ferner der Satz (I 49, 31)

$$\frac{2sbZH}{2sbHA} = \frac{2sbZ\Theta}{2sb\Theta N} \cdot \frac{2sbN\Lambda}{2sb\Lambda A}.$$

{Ha 106<br>{Hei 196

Nach vorstehendem sind von den in der Gleichung stehenden Bogen gegeben $ZH$, $HA$, $Z\Theta$ (als $NZ - \Theta N$) und $\Theta N$; mit $KB$ ist ferner gegeben durch die gleichzeitigen Aufgänge 10 des Äquators und der Ekliptik bei Sphaera recta der (Äquator-)Bogen $\Lambda A^{a)}$; folglich wird auch der (in der Gleichung) noch übrige Bogen $N\Lambda$ sich bestimmen lassen.

Schließlich wird demnach mit dem ganzen (Äquator-)Bogen $NA (= N\Lambda + \Lambda A)$ auch der Ekliptikbogen $MB$ ge- 15 geben sein (und damit der Grad der Sonne und der Kalendertag der Kulmination).

## II. Mitauf- und Mituntergänge.

Auch die mit den Fixsternen gleichzeitig auf- oder untergehenden Punkte des Äquators und der Ekliptik werden 20 mit Hilfe der Mitkulminationen leicht auf folgende Weise gewonnen.

1. Es sei $AB\Gamma\Delta$ der Meridian, ein Halbkreis des Äquators sei $AE\Gamma$ um den (südlichen) Pol $Z$, und $BE\Delta$ ein Halbkreis des Horizonts. Der Stern soll in dem Punkte $H$ des Horizonts aufgehen. Durch 30

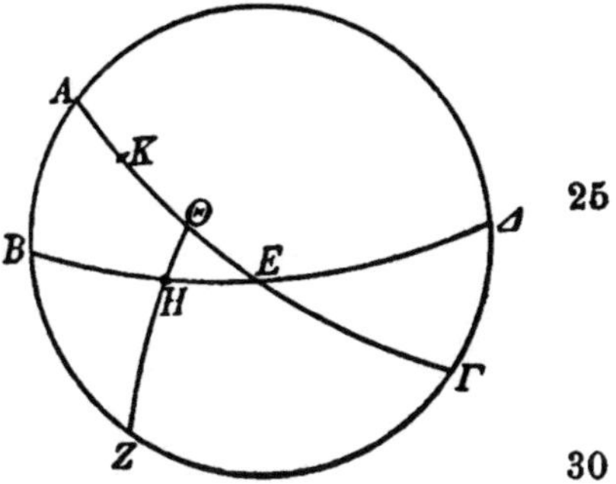

---



a) Indem man mit dem von $\sim\!\!\!\times\ 0^{\circ}$ ab gegebenen Ekliptikbogen $KB$ in die Tabelle für Sphaera recta (I 94) eingeht und der zweiten Spalte den Äquatorbogen $\Xi A$ entnimmt, welcher nur unter der Anm. c) hingestellten Voraussetzung dem Bogen $\Lambda A$ gleich ist.

die Punkte Z und H ziehe man ZHΘ als Quadranten eines größten Kreises.

    Da nun wieder die (in Punkt H sich schneidenden) Bogen ZΘ und BE in Bogen zweier größter Kreise, d. i. in die Bogen AZ und AE, hineingezogen sind, so gilt wieder (vgl. I 49, 31)

$$\frac{2sb\,ZB}{2sb\,BA} = \frac{2sb\,ZH}{2sb\,HΘ} \cdot \frac{2sb\,ΘE}{2sb\,EA}.$$

    Von den in der Gleichung stehenden Bogen sind (ZB + BA =) ZA, (ZH + HΘ =) ZΘ und EA als Quadranten gegeben; es ist ferner ZB als die Polhöhe gegeben (somit BA als die Äquatorhöhe), bestimmbar mit Hilfe (der Berechnung) der Mitkulmination sind der Punkt Θ des Äquators[a] und der Bogen HΘ (somit ZH als ZΘ — HΘ); folglich wird auch der (in der Gleichung) noch übrige Bogen ΘE sich bestimmen lassen.

    2. Es ist leicht einzusehen, daß bei den Mituntergängen, wenn wir einen ΘE gleichen Bogen westlich von Θ aus abtragen, wie z. B. ΘK, der (in H mit dem Punkt E aufgehende) Stern gleichzeitig mit dem Punkt K des Äquators untergehen wird, weil sich alsdann erstens der Untergang (von der Mitkulmination des Äquatorpunktes Θ ab) auf einem dem Bogen BH gleichen Bogen (des Horizonts) vollzieht[b], und weil zweitens westlich des Meridians ein gleichgroßer (Stunden-) Winkel gebildet wird, wie der ($\angle$AZΘ) ist, welcher an der vorliegenden Figur östlich des Meridians von den Bogen AZ und ZΘ gebildet wird.

    3. Ohne weiteres wird sich nun aus den für jede geographische Breite nachgewiesenen gleichzeitigen Auf- und Untergängen (von Teilen) des Äquators und der Ekliptik (I 94—97) einerseits der mit dem Punkt E des Äquators und dem Stern gleichzeitig aufgehende, anderseits der mit dem Punkt K und dem Stern gleichzeitig untergehende

---

    a) Der Bogen HΘ entspricht an der vorigen Figur (s. S. 85, 5) dem Bogen ΘN, d. i. der südlichen Deklination des Fixsterns.

    b) Die Untergangsweite des Sterns wird gleich der Aufgangsweite BH sein.

Grad der Ekliptik bestimmen lassen.[5] Ferner ist klar,
daß die theoretisch auf das Zentrum der Sonne bezogenen
Aufgänge, Kulminationen und Untergänge der Fixsterne,
d. h. ihre sog. wahren gleichzeitigen Kardinalstellungen,
zu den Zeiten stattfinden werden, zu denen sich in den be-  5
treffenden Punkten der Ekliptik der genaue Ort der Sonne
befindet.

## Sechstes Kapitel.
### Heliakische Auf- und Untergänge der Fixsterne.

Für die heliakischen Auf- oder Untergänge finden wir  Ha 108
die Methode der geometrischen Konstruktion, bei welcher
lediglich von der Position der Fixsterne (ohne Rücksicht  10
auf ihre Stellung zur Sonne) ausgegangen wurde, nicht mehr
ausreichend. Läßt sich nämlich auf diesem Wege z. B. auch
nachweisen, mit welchem Ekliptikgrad dieser oder jener
Stern aufgeht, so ist es doch nicht möglich, auf dem gleichen
Wege die Größe des (Ekliptik-)Bogens zu bestimmen, wel-  15
chen die Sonne noch unter dem Horizont stehen muß, damit
der Stern erstmalig sichtbar oder unsichtbar werde. Denn
dieser Bogen kann weder bei allen Sternen derselbe sein,
noch bei denselben Sternen unter allen Umständen der gleiche.
Er muß vielmehr verschieden sein  20
    erstens im Verhältnis zur Größe der Sterne,
    zweitens im Verhältnis zu ihrem Breitenabstand von
        der Sonne,
    drittens im Verhältnis zur Änderung der Neigung der
        Ekliptik.  25

Denken wir uns den Kreis ΑΒΓΔ
als Meridian, ΑΕΖΓ als einen
Halbkreis der Ekliptik und ΒΕΔ
als einen Halbkreis des Horizonts
um den Pol Η, so ist folgendes
klar.

1. Wenn von den Sternen, welche mit dem Ekliptikpunkt Ε aufgehen, der größere erstmalig sicht-

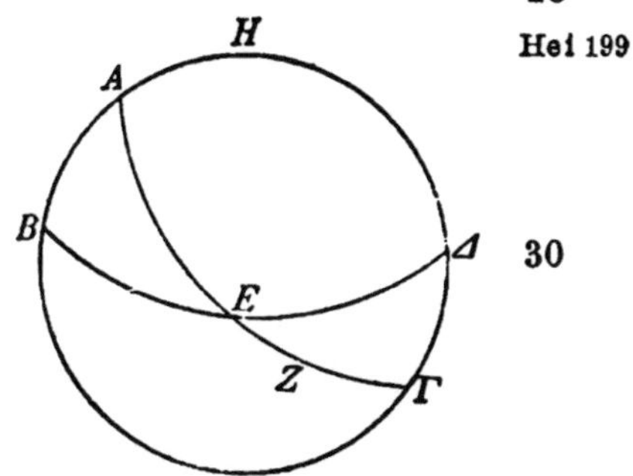


Hei 199

30

bar zu werden beginnt, während die Sonne beispielshalber
den Bogen $EZ$ unter dem Horizont entfernt steht, wird der
kleinere Stern, auch wenn er den gleichgroßen Breiten-
abstand von der Sonne hat, erstmalig sichtbar werden, wenn
5 die Sonne einen größeren Bogen als $EZ$ entfernt steht
und somit geringeren lichten Schein entwickelt.

Ha 109    2. Wenn bei gleicher Größe der Sterne derjenige, welcher in Breite annähernd in Punkt $E$ steht, bei der Entfernung $EZ$ erstmalig sichtbar wird, muß der Stern, welcher
10 weiter als ersterer (von $E$ in Breite) entfernt steht, schon
bei geringerer Entfernung (der Sonne) sichtbar werden,
weil selbst bei derselben Entfernung der Sonne unter dem
Horizont der in der Ekliptik selbst und (näher) an der
Sonne entwickelte lichte Schein stärker ist als derjenige,
15 welcher sich in weiterer Entfernung (wo der Stern steht)
geltend macht.

3. Je mehr bei gleicher Größe derjenigen Sterne, welche
Hei 200 mit dem gleichgroßen Abstand in Breite aufgehen, die Ekliptik gegen den Horizont geneigt ist und dadurch den $\angle \Delta EZ$
20 kleiner macht, um so größer als $EZ$ muß die Entfernung (der Sonne) sein, bei welcher der Stern erstmalig
sichtbar wird.

Wenn wir, wie dies an der folgenden Figur geschieht,
durch die Pole des Horizonts
und die in Punkt $Z$ stehende
25 Sonne den Halbkreis $H\Theta ZK$
legen[a], welcher natürlich (als
Höhenkreis) den Horizont unter
rechten Winkeln schneiden wird,
30 so bleibt die Entfernung der
Sonne unter dem Horizont für
dieselben Sterne unter allen Umständen dem (Sehungs-)Bogen
$Z\Theta$ gleich, weil bei dem in die-

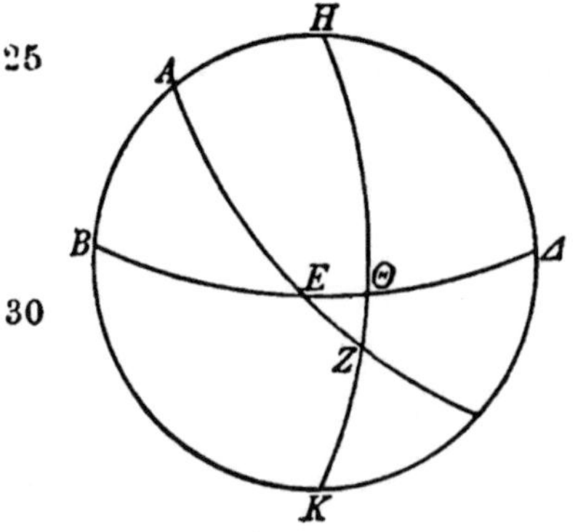


a) Da es sich um einen Halbkreis handelt, so ist die Bezeichnung $H\Theta ZK$, welche Cod. D unter Einschub von $\Theta$ durch zweite
Hand bietet, der Bezeichnung $\Theta ZK$ des Textes vorzuziehen.

ser Hinsicht gleichgroß bleibenden Abstand (der Sonne) auch
der über den Horizont sich erstreckende lichte Schein gleichstark ist; dagegen muß der Bogen EZ, während der Bogen ZΘ,
wie gesagt, derselbe bleibt, um so kleiner werden, je steiler
die Ekliptik steht, und um so größer, je mehr sie geneigt ist. 5
Es bedarf mithin für jeden einzelnen Stern zur Feststellung der Entfernung der Sonne unter dem Horizont in
der Ekliptik der Beobachtung. Und wenn die auf dem zum
Horizont senkrechten (Höhen-)Kreis gemessene Entfernung,
wie an der vorliegenden Figur der (Sehungs-)Bogen ZΘ, 10
nicht einmal an allen Orten des bewohnten Gebietes der
Erde für dieselben Sterne die nämliche bleibt, weil die an Ha 110
sich gleichstarke Leuchtkraft (der Sonne) in der dichteren Hei 201
Atmosphäre der nördlichen Breiten nicht den gleichen lichten Schein verbreitet, so werden wir nicht mit den Beobach- 15
tungen einer einzigen geographischen Breite auskommen,
sondern solche auch für alle übrigen Breiten anstellen müssen.
Wenn dagegen für dieselben Sterne der ZΘ entsprechende
(Sehungs-)Bogen allerorten als der nämliche gewahrt bleibt,
wofür allerdings die Wahrscheinlichkeit spricht — denn 20
auch die Leuchtkraft der Sterne muß in derselben Weise
(wie die der Sonne) von dem Unterschied der Atmosphäre
abhängig sein —; so werden uns bereits die für eine einzige
geographische Breite beobachteten Entfernungen (d. s. die
Ekliptikbogen EZ) ausreichen, um auch die übrigen auf 25
dem Wege geometrischer Konstruktion daraus abzuleiten,
mag sich die Neigung der Ekliptik ändern je nach dem Be-
obachtungsort oder infolge des nachgewiesenen Fortschritts
der Fixsternsphäre in der Richtung der Zeichen.
Es sei an der (S. 88, 23) erklärten Figur aus der Beobach- 30
tung einer beliebigen geographischen Breite die Entfernung
EZ gegeben. Da wieder die (in Punkt E sich schneidenden)
Bogen BΘ und ZA in Bogen zweier größter Kreise, d. i. in
die Bogen HB und HZ, hineingezogen sind, so gilt die
Gleichung (wie S. 85, 7)	35

$$\frac{2sb\,\mathsf{AB}}{2sb\,\mathsf{BH}} = \frac{2sb\,\mathsf{AE}}{2sb\,\mathsf{EZ}} \cdot \frac{2sb\,\mathsf{Z\Theta}}{2sb\,\mathsf{\Theta H}}.$$

Von den in der Gleichung stehenden Bogen sind BH und ΘH ohne weiteres als Quadranten gegeben. Da ferner E als der Punkt, mit welchem der Stern aufgeht, als gegeben angenommen wird, so ist auch A als der kulminierende Punkt (der Ekliptik) nach den mit Hilfe der Aufgangstafeln zu lösenden Aufgaben (I 99, 26) bestimmbar, d. h. hierdurch ist der Bogen AE gegeben, und der Bogen EZ aus der Beobachtung. Auch der Bogen AH ist bestimmbar, indem er sich zusammensetzt[a] aus dem Äquatorabstand (d. i. der Deklination) des (kulminierenden Ekliptik-) Punktes A, welcher der Tabelle der Schiefe zu entnehmen ist, und dem auf demselben Meridian (BH) gemessenen Zenitabstand des Äquators, welcher der Polhöhe gleich ist.[b] Folglich wird auch der (in der Gleichung) noch übrige Bogen ZΘ sich bestimmen lassen.

Ist dieser (Sehungs-)Bogen gefunden und bleibt er allerorten (vgl. S. 89, 19) der nämliche, so werden wir mit Hilfe desselben auch die zahlenmäßigen Beträge des (Aufgangs-) Bogens EZ, wie sie bei den anderen Neigungen (der Ekliptik) eintreten, aus denselben Bogen (wie oben) gewinnen. Denn es gilt wieder die Gleichung[c]

$$\frac{2sb\,\mathsf{BH}}{2sb\,\mathsf{AB}} = \frac{2sb\,\Theta\mathsf{H}}{2sb\,\mathsf{Z}\Theta} \cdot \frac{2sb\,\mathsf{EZ}}{2sb\,\mathsf{AE}}.$$

Von den in der Gleichung stehenden Bogen ist jetzt (der Sehungsbogen) ZΘ gegeben (sowie als Quadranten, wie oben, BH und ΘH); ferner läßt sich mit Hilfe des oben (S. 86, 14) gelieferten Nachweises der Punkt E bestimmen, welcher in der geographischen Breite, der die Untersuchung gilt, gleich-

---

a) Als Summe von Zenitabstand des Äquators und Deklination des Punktes A, wenn die Deklination südlich ist, als Differenz von Zenitabstand und Deklination, wenn letztere nördlich ist. Vgl. I Anh. Anm. 6.

b) Der noch fehlende Bogen AB, d. i. die Äquatorhöhe, ist der Komplementbogen zu dem durch die Polhöhe gegebenen Zenitabstand des Äquators.

c) Es ist dieselbe wie S. 89, 35, nur daß die Zähler mit den Nennern vertauscht sind.

zeitig mit dem Stern aufgeht, endlich werden ebenso wieder die Bogen AE und AB gewonnen.[a] Folglich ist auch der (in der Gleichung) noch übrige Bogen EZ der Ekliptik bestimmbar.

Dasselbe methodische Verfahren wird von uns auch für die im Westhorizont stattfindenden heliakischen Untergänge wahrgenommen werden, nur mit dem Unterschied, daß an der sonst gleichen Figur die Lage der Ekliptik ihrer Neigung entsprechend nach der anderen (d. i. niedersteigenden) Seite gezeichnet zu verstehen ist, weil der Horizontbogen BΔ als der westliche angenommen wird.

Um auch dieses Kapitel nicht übergangen zu haben, halten wir vorstehende Ausführungen zur Erläuterung der Aufgaben, welche auf diesem theoretischen Gebiete der Lösung harren, für ausreichend. Weil aber der Beobachter, welcher auf diesem Gebiete derartige Voraussagungen sammelt, mit einer Fülle von Faktoren zu rechnen hat, nicht nur wegen der unzähligen Differenzen, welche die verschiedenen Beobachtungsorte und Neigungen der Ekliptik verursachen, sondern auch wegen der unendlichen Zahl der Sterne an sich, weil ferner das Beobachtungsgeschäft gerade hinsichtlich der heliakischen Auf- und Untergänge überaus mühevoll und nicht leicht wahrzunehmen ist, da sowohl das Auge des Beobachters selbst, als auch die Beschaffenheit der Atmosphäre, die an den ins Auge gefaßten Stellen herrscht, den Zeitpunkt des ersten mutmaßlichen Sehens ungleichmäßig und unsicher machen kann, wie mir persönlich aus eigener Erfahrung bei den Differenzen, die sich bei derartigen Beobachtungen ergeben, zur Genüge klar geworden ist, weil zu alledem auch infolge des Fortschritts der Fixsternsphäre die Mitaufgänge, Mitkulminationen und Mituntergänge für jede geographische Breite nicht einmal ewig dieselben bleiben können, wie wir

---

a) Bogen AE durch Berechnung des kulminierenden Grades aus dem aufgehenden, worauf sich dann aus der Deklination des kulminierenden Grades und dem Zenitabstand des Äquators der Bogen AB ergibt. Vgl. S. 90, 4—13.

sie für die Gegenwart mit Aufgebot einer Unsumme von
Hei 204 Zahlen und Nachweisen ausklügeln würden, so haben wir
eine derartige Zeitverschwendung gemieden und begnügen
uns für den vorliegenden Zweck mit den Ergebnissen, welche
5 annäherungsweise entweder direkt aus den früheren Aufzeichnungen oder aus der Handhabung des Globus von Fall
zu Fall gewonnen werden können. Sehen wir ja doch, daß
auch den an die heliakischen Auf- und Untergänge ge-
knüpften Witterungsanzeichen, falls man diesen Vorgängen
10 und nicht vielmehr den Stellen der Ekliptik die Ursache zu-
Ha 113 schreibt, immer nur der Wert einer ungefähr annähernden
Voraussage, keineswegs die Geltung einer festen Regel oder
gar der Unabänderlichkeit zukommt; denn die Ursache (des
Witterungswechsels) tritt im allgemeinen wohl ein, ist aber
15 in ihrer Wirkung nicht direkt von dem ersten Zeitpunkt der
heliakischen Auf- und Untergänge abhängig, sondern vielmehr von den Stellungen, die in Opposition zur Sonne stattfinden und von den hierbei von Fall zu Fall eintretenden
Positionswinkeln des Mondes.

# Neuntes Buch.

## Erstes Kapitel.

### Die Reihenfolge der Sphären der Sonne, des Mondes und der fünf Wandelsterne.

Ha 114
Hei 206 } Was man über die Fixsternwelt in der Hauptsache in
21 einem wissenschaftlichen Kommentar zur Sprache bringen
kann, soweit die bisher festgestellten Himmelserscheinungen
diesem Vorhaben förderlich sind, dürfte hiermit ungefähr er-
schöpft sein. Da für das vorliegende Handbuch die Theo-
25 rien der fünf Wandelsterne noch ausstehen, so werden wir,
um unnötige Wiederholungen zu vermeiden, die Mitteilungen
über dieselben, soweit dies angängig ist, unter einen gemeinsamen Gesichtspunkt zusammenfassen und die jeden einzelnen

betreffenden Beweisführungen erst im Anschluß daran behandeln.

Was zunächst die Reihenfolge der Planetensphären anbelangt, denen gleichfalls die Lagerung um die Pole des schiefen Kreises der Ekliptik eigen ist, so finden wir so ziemlich bei allen ersten Astronomen volle Übereinstimmung über folgende zwei Punkte:

1. Alle Planetensphären befinden sich in größerer Erdnähe als die Fixsternsphäre, aber in größerer Erdferne als die Sphäre des Mondes.

2. Dié drei Sphären des Saturn, des Jupiter und des Mars, von denen die Sphäre des Saturn die größte und die des Jupiter nach der größeren Erdnähe hin die zweite ist, während die des Mars unter der des Jupiter liegt, befinden sich in größerer Erdferne als die übrigen Planetensphären und die Sphäre der Sonne.

Dagegen sehen wir, daß die Sphären der Venus und des Merkur bei den älteren Astronomen u n t e r die Sphäre der Sonne gesetzt, aber bei einigen späteren gleichfalls ü b e r dieselbe verlegt werden, weil niemals ein Vorübergang dieser Planeten vor der Sonne stattgefunden hat. Uns scheint dieser angeblich entscheidende Grund deshalb nicht stichhaltig zu sein, weil es Planeten u n t e r der Sonne geben kann, ohne daß dieselben durchaus in einer durch die Sonne und unser Auge gehenden Ebene zu liegen brauchen; sie können vielmehr in einer anderen Ebene liegen und aus d i e s e m Grunde k e i n e n scheinbaren Vorübergang an der Sonne bewerkstelligen, wie ja auch bei Passierung der unterhalb der Sonne verlaufenden Bahnstrecke des Mondes zur Zeit der Konjunktionen meistens k e i n e Finsternisse eintreten.

Da aber auch sonst diese Frage nicht entschieden werden kann, weil keiner der Planeten eine wahrnehmbare Parallaxe zeigt, eine Erscheinung, nach welcher allein die Entfernungen sich bestimmen lassen, so scheint größere Glaubwürdigkeit die Anordnung der älteren Astronomen zu verdienen, welche der Mittellage der Sonne natürlicher entsprechend die zur Opposition gelangenden Planeten von denen scheidet, welche

diese Stellung **nicht** erreichen, sondern immer in der Nähe
der Sonne verweilen. Wenigstens darf diese Anordnung
letztere Planeten von der Sonne weg nicht in so große Erdnähe versetzen, daß die Annäherung eine bemerkenswerte
5 Parallaxe zur Folge haben könnte.


## Zweites Kapitel.
### Schwierigkeiten des Vorhabens, eine
### Theorie der Planeten aufzustellen.

Ha 116)
Hei 208)   Die Frage nach der Reihenfolge der Sphären dürfte hiermit erledigt sein. Wenn wir uns die Aufgabe gestellt haben,
auch für die fünf Wandelsterne, wie für die Sonne und für
den Mond, den Nachweis zu führen, daß ihre scheinbaren
10 Anomalien alle vermöge **gleichförmiger Bewegungen**
**auf Kreisen** zum Ausdruck gelangen, weil nur diese Bewegungen der Natur der göttlichen Wesen entsprechen, während Regellosigkeit und Ungleichförmigkeit ihnen fremd
sind, so darf man wohl das glückliche Vollbringen eines
15 solchen Vorhabens als eine Großtat bezeichnen, ja in Wahrheit als das Endziel der auf philosophischer Grundlage be-
ruhenden mathematischen Wissenschaft. Freilich ist dieses
Unternehmen aus vielen Gründen mit großen Schwierigkeiten
verbunden und begreiflicherweise noch von niemand vorher
20 mit Erfolg in Angriff genommen worden.

Betrachten wir nämlich zunächst einmal die Feststellung
der periodischen Bewegungen eines jeden Planeten, für welche
ein Versehen, das bei der noch so genauen Vergleichung
von Beobachtungen von dem Auge in Bezug auf minimale
25 Teile gemacht worden sein kann, **schneller** eine wahrnehmbare Differenz im Verlauf der Zeit verursacht, wenn die
Prüfung auf einer **kürzeren** Zwischenzeit beruht, **lang-**
**samer**, wenn sie auf einer **längeren** beruht, so ist die
Zeit, seit welcher wir Aufzeichnungen von Planetenbeobach-
30 tungen besitzen, für ein so weitblickendes Unternehmen verhältnismäßig kurz und läßt für eine unvergleichlich längere
Zeit nur eine recht unsichere Voraussage zu.

Was zweitens die Feststellung der Anomalien anbelangt,
so bringt keine geringe Erschwerung die Wahrnehmung mit
sich, daß an jedem Planeten zwei scheinbare Anomalien sich IIa 117
geltend machen, die nach Größe und Wiederkehrzeit un- Hei 209
gleich sind; die eine wird theoretisch in ursächliche Be- 5
ziehung zur Sonne gesetzt, die andere in Beziehung zu den
Teilen der Ekliptik; doch sind beide durchweg miteinander
vermischt, so daß es infolgedessen schwer hält, die jeder
einzelnen anhaftende Eigentümlichkeit auszuscheiden. Ein
weiterer Übelstand ist der, daß die Aufzeichnungen der 10
alten Beobachtungen größtenteils recht verständnislos und
oberflächlich gehalten sind. Die mehr zusammenhängenden
Beobachtungsreihen betreffen nämlich Stillstände und
heliakische Auf- und Untergänge; aber bei keiner
dieser eigenartigen Erscheinungen ist die Feststellung abso- 15
lut zuverlässig: die Stillstände können für den genauen
Zeitpunkt durchaus keinen sicheren Anhalt bieten, weil viele
Tage vor wie nach dem eigentlichen Stillstand der örtliche
Fortschritt ganz unmerklich ist, während die heliakischen
Auf- und Untergänge nicht nur die Örter sofort mit der 20
erstmaligen oder der letztmaligen Sichtbarkeit der Planeten
dem Auge wieder entschwinden lassen, sondern auch hinsichtlich der Zeiten mit Fehlern behaftet sein können, sowohl wegen des verschiedenen Zustandes der Atmosphäre, als
auch infolge des Unterschieds der Sehkraft der Beobachter. 25
Überhaupt ergeben die Beobachtungen, welche mit Bezug auf einen Fixstern bei größerem Abstand (des Planeten)
angestellt werden, wenn man sich dabei nicht in jeder Beziehung als geschickter und erfahrener Beobachter anstellt,
einen durch Rechnung schwer festzustellenden und daher 30
nur annähernd richtigen zahlenmäßigen Betrag der Messung
nicht allein deshalb, weil die zwischen den beobachteten
Sternen gezogenen Linien verschiedene und nicht durchweg
rechte Winkel mit der Ekliptik bilden, was natürlich bei
dem mannigfachen Wechsel der Neigung der Ekliptik für Hei 210
die zahlenmäßige Berechnung (des Planeten-) Ortes in Länge 35
und Breite mancherlei Irrungen im Gefolge hat, sondern auch Ha 118

deshalb, weil die nämlichen Abstände in der Nähe des Horizontes dem Auge größer und bei den Kulminationen kleiner erscheinen, weshalb selbstverständlich die Messungen bald größer bald kleiner ausfallen können, als der vorliegende
5 Abstand wirklich beträgt.

Daher glaube ich auch, daß Hipparch, dieser größte Freund der Wahrheit, sowohl aus allen hier mitgeteilten Gründen als auch ganz besonders deshalb, weil er von seinen Vorgängern noch kein so bedeutendes Material an genauen Be-
10 obachtungen erhalten hatte, als er selbst uns geliefert hat, sich zwar gründlich mit der Theorie der Sonne und des Mondes beschäftigt und auch, soweit es möglich war, mit allen ihm zu Gebote stehenden Mitteln den Nachweis geliefert hat, daß man dabei mit der Annahme gleichförmiger Bewegungen
15 auf Kreisen zum Ziel gelange, daß er dagegen zu einer Theorie der fünf Wandelsterne in den auf uns gekommenen Kommentaren überhaupt gar nicht erst den Grund gelegt, sondern lediglich die Beobachtungen derselben zu ersprießlicherer Verwendung geordnet und an ihnen den Beweis geführt hat, daß
20 die Erscheinungen mit den Hypothesen der damaligen Astronomen nicht in Einklang zu bringen seien. Denn allem Anscheine nach glaubte er nicht lediglich die Erklärung abgeben zu dürfen, daß jeder Planet eine doppelte Anomalie zeige, oder daß bei jedem ungleiche Rückläufigkeitsstrecken
25 von so und so großer Länge einträten, während die übrigen Astronomen ihre Beweise auf dem Wege geometrischer Konstruktion unter Annahme einundderselben Anomalie und Rückläufigkeitsstrecke führten; auch beschränkte er sich nicht auf die Erklärung, daß diese Erscheinungen bei Annahme
30 von Exzentern oder mit der Ekliptik konzentrischen Kreisen,
Hei 211 welche Epizyklen in Umlauf versetzen, oder wohl gar unter Kombination beider Kreisarten zum Ausdruck gelangen, wobei so und so groß die auf die Ekliptik bezogene Anomalie, so und so groß die im Verhältnis zur Sonne eintretende Ano-
Ha 119 malie ausfalle; denn darauf haben sich so ziemlich alle ver-
35 legt, die an der Hand der sogenannten „Tafeln für ewige Zeiten“ die gleichförmige Bewegung auf Kreisen nachweisen

wollten, es aber grundfalsch anstellten und den Beweis dafür
schuldig blieben, so daß die einen das gesteckte Ziel überhaupt nicht, die anderen wenigstens einigermaßen erreichten.
Vielmehr hat er in Erwägung gezogen, daß es einem Manne,
der es auf allen Gebieten mathematischen Wissens zu solcher ₅
Gründlichkeit und zu so starkem Wahrheitssinn gebracht,
nicht genügen könne bei den angedeuteten Zielen stehen
zu bleiben, worauf es den anderen nicht ankam, sondern daß
es, wenn man seine eigene Überzeugung auch seinen zukünftigen Interessenten beibringen wolle, unbedingt geboten sei, ₁₀
an der Hand klarer und einwandfreier Erscheinungen den
zahlenmäßigen Betrag beider Anomalien und den periodischen
Lauf nachzuweisen und dann wieder, ohne beides zu scheiden,
Lage und Reihenfolge der Kreise ausfindig zu machen, auf
denen Anomalie und periodischer Lauf vor sich geht, sowie ₁₅
die Art ihrer Bewegung, kurz und gut so ziemlich die gesamten Erscheinungen mit der Eigenart der Kreishypothese
in Einklang zu bringen: diese Aufgabe, meine ich, ist auch
ihm mit unüberwindlichen Schwierigkeiten verknüpft erschienen.                                                          ₂₀
   Nicht um unser Vorhaben in das rechte Licht zu setzen,
haben wir diese Erklärungen abgegeben, sondern um einige
Erleichterungen zu rechtfertigen. Wenn wir von der Sache
an sich irgendwo genötigt werden, ein mit der Logik nicht
ganz in Einklang zu bringendes Mittelchen anzuwenden, wie
z. B. wenn wir unsere Beweise unter der Annahme führen, ₂₅
daß die von der Bewegung an ihren Sphären beschriebenen
Kreise feine Linien seien und in derselben Ebene mit der Hoi 212
Ekliptik liegen, weil diese Annahme zur Erleichterung des
Beweisverfahrens dient, oder wenn wir uns genötigt sehen, ₃₀
gewisse Axiome vorauszusetzen, welche ihre Feststellung
nicht von einem vor Augen liegenden Anfang aus, sondern
auf dem Wege zusammenhängender Erprobung und Anpassung erlangt haben, oder genötigt sind, nicht für alle Ha 120
Planeten dieselbe unterschiedslos gleiche Art der Bewegung ₃₅
oder der Neigung ihrer Kreise anzunehmen, so machen wir
diese Konzessionen mit dem guten Gewissen, daß erstens

die nicht ganz zu billigende Anwendung eines derartigen
Mittelchens, insofern sich keine wesentliche Differenz infolgedessen einzustellen droht, der Lösung unserer Aufgabe keinen
Eintrag tun wird, daß zweitens die ohne Beweis herangezo-
5 genen Axiome, wenn sie einmal mit den Erscheinungen in
Übereinstimmung befunden werden, nicht ohne eine gewisse
methodische Erwägung gefunden sein können, wenn auch
die Art und Weise ihrer Feststellung schwer auseinander-
zusetzen ist, sintemal es überhaupt für die ersten Anfänge
10 entweder gar keine oder nur eine ihrer Natur nach schwer
zu definierende Urheberschaft gibt, und daß drittens wohl
niemand die Möglichkeit eines Unterschiedes in der Art der
Kreishypothese für verwunderlich und unlogisch halten dürfte,
da auch die an den Planeten selbst festgestellten Erschei-
15 nungen ungleichartig gefunden werden, wofern nur Hand
in Hand mit dem Prinzip, für alle Planeten schlechthin die
gleichförmige Bewegung auf Kreisen aufrecht zu erhalten, auch alle Erscheinungen von dem höheren und all-
gemeineren Gesichtspunkt der Gleichartigkeit der Hypothesen
20 aus ihre Erklärung finden.

Hei 213 Was die Beobachtungen anbelangt, so haben wir zu den
für jeden Planeten zu führenden Beweisen nur solche zur
Mitbenutzung herangezogen, welche in hervorragender Weise
die Gewähr der Zuverlässigkeit zu bieten vermochten, d. h.
25 erstens diejenigen, welche bei Konjunktion oder wenigstens
bei großer Annäherung an Fixsterne oder auch an den Mond
gemacht sind, zweitens ganz besonders diejenigen, welche
an den astrolabischen Instrumenten angestellt worden sind.
Wird doch das Auge vermittelst der an den (Astrolab-)
Ha 121 Ringen diametral gegenüber angebrachten Absehöffnungen[a]
31 gewissermaßen auf eine Gerade (mit den Objekten) versetzt,
sieht die gleichgroßen Abstände allenthalben auf ähnlichen
Bogen verlaufen und vermag die auf die Ekliptik bezogenen
Örter eines jeden Objekts in Länge und Breite mit aller
35 Schärfe wahrzunehmen, in Länge dadurch, daß der am Astrolab

a) Sogenannte Diopter trägt nur der unter dem inneren Astrolabring angebrachte schmale bewegliche Ring. S. I 256, 27.

der Ekliptik entsprechende Ring auf die Beobachtungsobjekte
eingestellt wird, in Breite dadurch, daß die Absehöffnungen,
welche an den durch die Ekliptikpole gehenden (Astrolab-)
Ringen diametral gegenüber angebracht sind, auf diese Ob-
jekte gerichtet werden.                                         5

## Drittes Kapitel.
### Die periodischen Wiederkehren der fünf Wandelsterne.

Nachdem diese Vorbemerkungen erledigt sind, werden wir
zunächst die von Hipparch berechneten periodischen kleinsten Wiederkehren mitteilen, die einen jeden der fünf Wandelsterne zu dem Ausgangspunkt (seiner mittleren Bewegung)
zurückführen.  Dieselben haben zwar unserseits eine Kor-    10
rektion erfahren, als nach Gelingen des Nachweises der
Anomalien die genaue Vergleichung der Epochen (der periodischen Bewegungen), wie wir seinerzeit erklären werden[a],
sich möglich machte, indessen werden sie von uns vorangestellt, um zur Berechnung der Anomalien die Einzelbeträge Hei 214
der mittleren Bewegung eines jeden Planeten in Länge und  16
Anomalie als gegebene Größen zur Verfügung zu haben,
obgleich eine wesentliche Differenz ja nicht eintreten würde,
wenn man hier den mittleren Lauf auch nur mit dem annähernd richtigen Werte zur Benutzung heranziehen wollte. 20
Im allgemeinen ist unter Bewegung in Länge die des Epizykelmittelpunktes auf dem Exzenter, unter Bewegung in
Anomalie die des Planeten auf dem Epizykel zu verstehen.
Die 57 Wiederkehren in Anomalie des Saturn fanden
wir sich vollziehen in 59 Sonnenjahren, wie sie zu unserer Ha 122
Zeit üblich sind — d. h. in Jahren, welche von Wende oder 26
Nachtgleiche bis wieder zu demselben Punkte laufen — und
hierüber $1^3/_4{}^d$, zusammenfallend mit 2 Umläufen[b] des Pla-

---

a) Diese Erklärung wird für jeden Planeten am Schluß des
Kapitels gegeben, welches die Korrektion seiner periodischen
Bewegungen behandelt: IX. 10, X. 4. 9, XI. 3. 7.

b) Es sind die sogenannten tropischen Umläufe der Planeten.  Für Saturn z. B. beträgt ein tropischer Umlauf (u) hiernach $(59^a + 1^3/_4{}^d) : (2^u + 1^0 43') = 29^a 182^d$.

neten (von einer Wende bis wieder zu derselben) und hierüber $1^0 43'$. Was nämlich die drei Planeten anbelangt,
welche von der Sonne immer wieder überholt werden, so
durchläuft die Sonne in der Wiederkehrperiode des betreffenden Planeten stets ebensoviele (Jahres-)Kreise (a), als
die Summe der Umläufe (u) des Planeten in Länge und der
Wiederkehren (w) in Anomalie beträgt ($59^a + 1^d 45' = 2^u$
$+ 1^0 43' + 57^w$).[a]

Die 65 Wiederkehren in Anomalie des Jupiter fanden
wir sich vollziehen in 71 Sonnenjahren gleichen Sinnes weniger $4^d 54'$, zusammenfallend mit 6 Umläufen des Planeten
von einer Wende bis wieder zu derselben weniger $4^0 50'$
($71^a - 4^d 54' = 6^u - 4^0 50' + 65^w$).

Die 37 Wiederkehren in Anomalie des Mars fanden wir
sich vollziehen in 79 heutzutage üblichen Sonnenjahren und
hierüber $3^d 13'$, zusammenfallend mit 42 Umläufen des Planeten von einer Wende bis wieder zu derselben und hierüber $3^0 10'$ ($79^a + 3^d 13' = 42^u + 3^0 10' + 37^w$).

Die 5 Wiederkehren in Anomalie der Venus fanden wir
sich vollziehen in 8 heutzutage üblichen Sonnenjahren weniger $2^d 18'$, zusammenfallend mit 8 Umläufen des Planeten,
welche ebensovielen der Sonne gleich sind, weniger $2^0 15'$
($8^a - 2^d 18' = 8^u - 2^0 15' = 5^w$).

Die 145 Wiederkehren in Anomalie des Merkur fanden
wir sich vollziehen in 46 ebensolchen Jahren und hierüber
$1^d 2'$, zusammenfallend mit 46 Umläufen des Planeten,
welche wieder ebensovielen der Sonne gleich sind, und hierüber $1^0$ ($46^a + 1^d 2' = 46^u + 1^0 = 145^w$).

Verwandeln wir für jeden Planeten die Zeit der Wiederkehr nach der von uns (I 146, 14) nachgewiesenen Länge
des Jahres (von $365^d 14' 48''$) in Tage und die Anzahl der
Wiederkehren in Anomalie in Grade, deren auf einen Kreis
360 entfallen, so werden wir haben für

---

a) Länge (a) der Sonne = Länge (u) + Anomalie (w) des Planeten nach dem später (Buch X, Kap. 6) bewiesenen Satz.

Saturn    $21\,551^{d}\,18' = 20\,520°$ der Anomalie
Jupiter    $25\,927^{d}\,37' = 23\,400°$  ,,     ,,           Hei 216
Mars    $28\,857^{d}\,53' = 13\,320°$  ,,     ,,
Venus    $2919^{d}\,40' = 1\,800°$  ,,     ,,
Merkur    $16\,802^{d}\,24' = 52\,200°$  ,,     ,,           5

Dividieren wir nun Planet für Planet mit der Zahl der Tage in die zugehörige Zahl der Grade der Anomalie, so erhalten wir als **tägliche** mittlere Bewegung in Anomalie für

Saturn    $0°\,57'\ 7''\,43'''\,41^{IV}\,43^{V}\,40^{VI}$
Jupiter    $0°\,54'\ 9''\ 2'''\,46^{IV}\,26^{V}\ 0^{VI}$         10
Mars    $0°\,27'\,41''\,40'''\,19^{IV}\,20^{V}\,58^{VI}$
Venus    $0°\,36'\,59''\,25'''\,53^{IV}\,11^{V}\,28^{VI}$
Merkur    $3°\ 6'\,24''\,6'''\,59^{IV}\,35^{V}\,50^{VI}.$

Nehmen wir hiervon Planet für Planet den 24^ten Teil, so   Hei 217 erhalten wir als **stündliche** mittlere Bewegung in Ano-   15 malie für

Saturn    $0°\,2'\,22''\,49'''\,19^{IV}\,14^{V}\,19^{VI}\,10^{VII}$
Jupiter    $0°\,2'\,15''\,22'''\,36^{IV}\,56^{V}\ 5^{VI}$
Mars    $0°\,1'\ 9''\,14'''\,10^{IV}\,48^{V}\,22^{VI}\,25^{VII}$
Venus    $0°\,1'\,32''\,28'''\,34^{IV}\,42^{V}\,58^{VI}\,40^{VII}$       20
Merkur    $0°\,7'\,46''\ 0'''\,17^{IV}\,28^{V}\,59^{VI}\,35^{VII}.$

Multiplizieren wir ferner die täglichen Beträge jedes Planeten mit 30, so erhalten wir als die **monatliche** mittlere Bewegung in Anomalie für

Saturn    $28°\,33'\,51''\,50'''\,51^{IV}\,50^{V}\,0^{VI}$       25
Jupiter    $27°\ 4'\,31''\,23'''\,13^{IV}\ 0^{V}\,0^{VI}$
Mars    $13°\,50'\,50''\ 9'''\,40^{IV}\,29^{V}\,0^{VI}$
Venus    $18°\,29'\,42''\,56'''\,35^{IV}\,44^{V}\,0^{VI}$
Merkur    $93°\,12'\ 3''\,29'''\,47^{IV}\,55^{V}\,0^{VI}.$      Ha 121

Multiplizieren wir desgleichen die täglichen Beträge mit   30 den 365 Tagen des ägyptischen Jahres, so erhalten wir als die **jährliche** mittlere Bewegung in Anomalie für

Saturn    $347°\,32'\ 0''\,48'''\,50^{IV}\,38^{V}\,20^{VI}$
Jupiter    $329°\,25'\ 1''\,52'''\,28^{IV}\,10^{V}\ 0^{VI}$
Mars    $168°\,28'\,30''\,17'''\,42^{IV}\,32^{V}\,50^{VI}$       35

Venus      225° 1′ 32″ 28‴ 34$^{IV}$ 39$^{V}$ 15$^{VI}$
Merkur     53° 56′ 42″ 32‴ 32$^{IV}$ 59$^{V}$ 10$^{VI}$ Überschuß.

Multiplizieren wir ebenso jeden jährlichen Betrag mit 18, so erhalten wir, gerade wie bei der Aufstellung der Tafeln für die Lichtkörper, als mittleren Überschuß der Anomalie der Periode von 18 ägyptischen Jahren für

Saturn     135° 36′ 14″ 39‴ 11$^{IV}$ 30$^{V}$ 0$^{VI}$
Jupiter    169° 30′ 33″ 44‴ 27$^{IV}$ 0$^{V}$ 0$^{VI}$
Mars       152° 33′ 5″ 18‴ 45$^{IV}$ 51$^{V}$ 0$^{VI}$
Venus      90° 27′ 44″ 34‴ 23$^{IV}$ 46$^{V}$ 30$^{VI}$
Merkur     251° 0′ 45″ 45‴ 53$^{IV}$ 45$^{V}$ 0$^{VI}$.

Im weiteren Anschluß hieran werden wir auch die Beträge der mittleren Bewegung in Länge erhalten. Doch können wir es uns hierbei ersparen, die Anzahl der Umläufe (in Länge) in Grade zu verwandeln und in die Zahl der Grade mit der für jeden Planeten gegebenen Zahl der Zeit zu dividieren. Denn für die Venus und den Merkur werden wir selbstverständlich dieselben Beträge erhalten, wie sie früher (I 147) für die Sonne festgesetzt worden sind[a], während wir für die drei übrigen Planeten nur die Differenzen zwischen den betreffenden Zahlen (der Länge) für die Sonne und den (oben gefundenen) Beträgen der Anomalie für jeden Planeten zu bilden haben.[b] Auf diesem Wege erhalten wir als die tägliche mittlere Bewegung in Länge für

Saturn     0° 2′ 0″ 33‴ 31$^{IV}$ 28$^{V}$ 51$^{VI}$
Jupiter    0° 4′ 59″ 14‴ 26$^{IV}$ 46$^{V}$ 31$^{VI}$
Mars       0° 31′ 26″ 36‴ 53$^{IV}$ 51$^{V}$ 33$^{VI}$,

als die stündliche für

Saturn     0° 0′ 5″ 1‴ 23$^{IV}$ 48$^{V}$ 42$^{VI}$ 7$^{VII}$ 30$^{VIII}$
Jupiter    0° 0′ 12″ 28‴ 6$^{IV}$ 6$^{V}$ 56$^{VI}$ 17$^{VII}$ 30$^{VIII}$
Mars       0° 1′ 18″ 36‴ 32$^{IV}$ 14$^{V}$ 39$^{VI}$,

---

a) Weil die Mittelpunkte der Epizyklen dieser Planeten mit dem mittleren Ort der Sonne zusammenfallen.

b) Nach dem Buch X, Kap. 6 bewiesenen Satz (vgl. S. 100, Anm. a)): Länge der Sonne abzüglich der Anomalie des Planeten = Länge des Planeten.

als die monatliche für

$$\text{Saturn} \quad 1^\circ\ 0'\ 16''\ 45'''\ 44^{IV}\ 25^V\ 30^{VI}$$
$$\text{Jupiter} \quad 2^\circ\ 29'\ 37''\ 13'''\ 23^{IV}\ 15^V\ 30^{VI}$$
$$\text{Mars} \quad 15^\circ\ 43'\ 18''\ 26'''\ 55^{IV}\ 46^V\ 30^{VI},$$

als die jährliche für                                           5

$$\text{Saturn} \quad 12^\circ\ 13'\ 23''\ 56'''\ 30^{IV}\ 30^V\ 15^{VI}$$
$$\text{Jupiter} \quad 30^\circ\ 20'\ 22''\ 52'''\ 52^{IV}\ 58^V\ 35^{VI}$$
$$\text{Mars} \quad 191^\circ\ 16'\ 54''\ 27'''\ 38^{IV}\ 35^V\ 45^{VI},$$

als die mittlere Bewegung in 18 Jahren bzw. (bei Jupiter
und Mars) als Überschuß derselben für                          10

$$\text{Saturn} \quad 220^\circ\ 1'\ 10''\ 57'''\ \ 9^{IV}\ \ 4^V\ 30^{VI}$$
$$\text{Jupiter} \quad 186^\circ\ 6'\ 51''\ 51'''\ 53^{IV}\ 34^V\ 30^{VI}$$
$$\text{Mars} \quad 203^\circ\ 4'\ 20''\ 17'''\ 34^{IV}\ 43^V\ 30^{VI}.$$

Wir werden nun wieder zum praktischen Handgebrauch
für alle Planeten der Reihe nach Tafeln der Summierung 15
vorstehend mitgeteilter Bewegungsstrecken aufstellen, und
zwar wieder, wie sonst, jede zu 45 Zeilen in je 3 Teilen.[a]
Die erste Tafel wird die Summierungen der 18 jährigen
Perioden, die zweite die der Jahre und der Stunden (zu
18 + 24 Zeilen), die dritte die der Monate und der Tage 20
(zu 12 + 30 Zeilen) enthalten.


## Viertes Kapitel.
### Tafeln der mittleren Bewegungen der fünf Planeten in Länge und Anomalie.

{H a 126<br>Hei 220

Die Tafeln gestalten sich folgendermaßen.

———————

a) Der erste Teil enthält die Argumentzahlen der betreffenden Zeitabschnitte, der zweite die Ansätze der Gradzahlen für
die Länge, der dritte den Ansatz der Gradzahlen für die Anomalie. Vgl. I 147,31.

## I. Tafel für Perioden zu 18 Jahren.

| Jahre | Länge<br>Mittlerer Ort ♐ 26°43'<br>Apogeum ♏ 14°10' | | | | | | | Anomalie<br>Mittlerer Ort 34ⁿ2' | | | | | | |
|---|---|---|---|---|---|---|---|---|---|---|---|---|---|---|
| 18 | 220° | 1' | 10" | 57''' | 9IV | 4V | 30VI | 135° | 36' | 14" | 39''' | 11IV | 30V | 0VI |
| 36 | 80 | 2 | 21 | 54 | 18 | 9 | 0 | 271 | 12 | 29 | 18 | 23 | 0 | 0 |
| 54 | 300 | 3 | 32 | 51 | 27 | 13 | 30 | 46 | 48 | 43 | 57 | 34 | 30 | 0 |
| 72 | 160 | 4 | 43 | 48 | 36 | 18 | 0 | 182 | 24 | 58 | 36 | 46 | 0 | 0 |
| 90 | 20 | 5 | 54 | 45 | 45 | 22 | 30 | 318 | 1 | 13 | 15 | 57 | 30 | 0 |
| 108 | 240 | 7 | 5 | 42 | 54 | 27 | 0 | 93 | 37 | 27 | 55 | 9 | 0 | 0 |
| 126 | 100 | 8 | 16 | 40 | 3 | 31 | 30 | 229 | 13 | 42 | 34 | 20 | 30 | 0 |
| 144 | 320 | 9 | 27 | 37 | 12 | 36 | 0 | 4 | 49 | 57 | 13 | 32 | 0 | 0 |
| 162 | 180 | 10 | 38 | 34 | 21 | 40 | 30 | 140 | 26 | 11 | 52 | 43 | 30 | 0 |
| 180 | 40 | 11 | 49 | 31 | 30 | 45 | 0 | 276 | 2 | 26 | 31 | 55 | 0 | 0 |
| 198 | 260 | 13 | 0 | 28 | 39 | 49 | 30 | 51 | 38 | 41 | 11 | 6 | 30 | 0 |
| 216 | 120 | 14 | 11 | 25 | 48 | 54 | 0 | 187 | 14 | 55 | 50 | 18 | 0 | 0 |
| 234 | 340 | 15 | 22 | 22 | 57 | 58 | 30 | 322 | 51 | 10 | 29 | 29 | 30 | 0 |
| 252 | 200 | 16 | 33 | 20 | 7 | 3 | 0 | 98 | 27 | 25 | 8 | 41 | 0 | 0 |
| 270 | 60 | 17 | 44 | 17 | 16 | 7 | 30 | 234 | 3 | 39 | 47 | 52 | 30 | 0 |
| 288 | 280 | 18 | 55 | 14 | 25 | 12 | 0 | 9 | 39 | 54 | 27 | 4 | 0 | 0 |
| 306 | 140 | 20 | 6 | 11 | 34 | 16 | 30 | 145 | 16 | 9 | 6 | 15 | 30 | 0 |
| 324 | 0 | 21 | 17 | 8 | 43 | 21 | 0 | 280 | 52 | 23 | 45 | 27 | 0 | 0 |
| 342 | 220 | 22 | 28 | 5 | 52 | 25 | 30 | 56 | 28 | 38 | 24 | 38 | 30 | 0 |
| 360 | 80 | 23 | 39 | 3 | 1 | 30 | 0 | 192 | 4 | 53 | 3 | 50 | 0 | 0 |
| 378 | 300 | 24 | 50 | 0 | 10 | 34 | 30 | 327 | 41 | 7 | 43 | 1 | 30 | 0 |
| 396 | 160 | 26 | 0 | 57 | 19 | 39 | 0 | 103 | 17 | 22 | 22 | 13 | 0 | 0 |
| 414 | 20 | 27 | 11 | 54 | 28 | 43 | 30 | 238 | 53 | 37 | 1 | 24 | 30 | 0 |
| 432 | 240 | 28 | 22 | 51 | 37 | 48 | 0 | 14 | 29 | 51 | 40 | 36 | 0 | 0 |
| 450 | 100 | 29 | 33 | 48 | 46 | 52 | 30 | 150 | 6 | 6 | 19 | 47 | 30 | 0 |
| 468 | 320 | 30 | 44 | 45 | 55 | 57 | 0 | 285 | 42 | 20 | 58 | 59 | 0 | 0 |
| 486 | 180 | 31 | 55 | 43 | 5 | 1 | 30 | 61 | 18 | 35 | 38 | 10 | 30 | 0 |
| 504 | 40 | 33 | 6 | 40 | 14 | 6 | 0 | 196 | 54 | 50 | 17 | 22 | 0 | 0 |
| 522 | 260 | 34 | 17 | 37 | 23 | 10 | 30 | 332 | 31 | 4 | 56 | 33 | 30 | 0 |
| 540 | 120 | 35 | 28 | 34 | 32 | 15 | 0 | 108 | 7 | 19 | 35 | 45 | 0 | 0 |
| 558 | 340 | 36 | 39 | 31 | 41 | 19 | 30 | 243 | 43 | 34 | 14 | 56 | 30 | 0 |
| 576 | 200 | 37 | 50 | 28 | 50 | 24 | 0 | 19 | 19 | 48 | 54 | 8 | 0 | 0 |
| 594 | 60 | 39 | 1 | 25 | 59 | 28 | 30 | 154 | 56 | 3 | 33 | 19 | 30 | 0 |
| 612 | 280 | 40 | 12 | 23 | 8 | 33 | 0 | 290 | 32 | 18 | 12 | 31 | 0 | 0 |
| 630 | 140 | 41 | 23 | 20 | 17 | 37 | 30 | 66 | 8 | 32 | 51 | 42 | 30 | 0 |
| 648 | 0 | 42 | 34 | 17 | 26 | 42 | 0 | 201 | 44 | 47 | 30 | 54 | 0 | 0 |
| 666 | 220 | 43 | 45 | 14 | 35 | 46 | 30 | 337 | 21 | 2 | 10 | 5 | 30 | 0 |
| 684 | 80 | 44 | 56 | 11 | 44 | 51 | 0 | 112 | 57 | 16 | 49 | 17 | 0 | 0 |
| 702 | 300 | 46 | 7 | 8 | 53 | 55 | 30 | 248 | 33 | 31 | 28 | 28 | 30 | 0 |
| 720 | 160 | 47 | 18 | 6 | 3 | 0 | 0 | 24 | 9 | 46 | 7 | 40 | 0 | 0 |
| 738 | 20 | 48 | 29 | 8 | 12 | 4 | 30 | 159 | 46 | 0 | 46 | 51 | 30 | 0 |
| 756 | 240 | 49 | 40 | 0 | 21 | 9 | 0 | 295 | 22 | 15 | 26 | 3 | 0 | 0 |
| 774 | 100 | 50 | 50 | 57 | 30 | 13 | 30 | 70 | 58 | 30 | 5 | 14 | 30 | 0 |
| 792 | 320 | 52 | 1 | 54 | 39 | 18 | 0 | 206 | 34 | 44 | 44 | 26 | 0 | 0 |
| 810 | 180 | 53 | 12 | 51 | 48 | 22 | 30 | 342 | 10 | 59 | 23 | 37 | 30 | 0 |

## II$^a$. Tafel für Jahre.

| Anzahl | Länge | | | | | | | Anomalie | | | | | | |
|---|---|---|---|---|---|---|---|---|---|---|---|---|---|---|
| | 12° | 13′ | 23″ | 56‴ | 30$^{IV}$ | 30$^V$ | 15$^{VI}$ | 347° | 32′ | 0″ | 48‴ | 50$^{IV}$ | 38$^V$ | 20$^{VI}$ |
| 1 | 12 | 13 | 23 | 56 | 30 | 30 | 15 | 347 | 32 | 0 | 48 | 50 | 38 | 20 |
| 2 | 24 | 26 | 47 | 53 | 1 | 0 | 30 | 335 | 4 | 1 | 37 | 41 | 16 | 40 |
| 3 | 36 | 40 | 11 | 49 | 31 | 30 | 45 | 322 | 36 | 2 | 26 | 31 | 55 | 0 |
| 4 | 48 | 53 | 35 | 46 | 2 | 1 | 0 | 310 | 8 | 3 | 15 | 22 | 33 | 20 |
| 5 | 61 | 6 | 59 | 42 | 32 | 31 | 15 | 297 | 40 | 4 | 4 | 13 | 11 | 40 |
| 6 | 73 | 20 | 23 | 39 | 3 | 1 | 30 | 285 | 12 | 4 | 53 | 3 | 50 | 0 |
| 7 | 85 | 33 | 47 | 35 | 33 | 31 | 45 | 272 | 44 | 5 | 41 | 54 | 28 | 20 |
| 8 | 97 | 47 | 11 | 32 | 4 | 2 | 0 | 260 | 16 | 6 | 30 | 45 | 6 | 40 |
| 9 | 110 | 0 | 35 | 28 | 34 | 32 | 15 | 247 | 48 | 7 | 19 | 35 | 45 | 0 |
| 10 | 122 | 13 | 59 | 25 | 5 | 2 | 30 | 235 | 20 | 8 | 8 | 26 | 23 | 20 |
| 11 | 134 | 27 | 23 | 21 | 35 | 32 | 45 | 222 | 52 | 8 | 57 | 17 | 1 | 40 |
| 12 | 146 | 40 | 47 | 18 | 6 | 3 | 0 | 210 | 24 | 9 | 46 | 7 | 40 | 0 |
| 13 | 158 | 54 | 11 | 14 | 36 | 33 | 15 | 197 | 56 | 10 | 34 | 58 | 18 | 20 |
| 14 | 171 | 7 | 35 | 11 | 7 | 3 | 30 | 185 | 28 | 11 | 23 | 48 | 56 | 40 |
| 15 | 183 | 20 | 59 | 7 | 37 | 33 | 45 | 173 | 0 | 12 | 12 | 39 | 35 | 0 |
| 16 | 195 | 34 | 23 | 4 | 8 | 4 | 0 | 160 | 32 | 13 | 1 | 30 | 13 | 20 |
| 17 | 207 | 47 | 47 | 0 | 38 | 34 | 15 | 148 | 4 | 13 | 50 | 20 | 51 | 40 |
| 18 | 220 | 1 | 10 | 57 | 9 | 4 | 30 | 135 | 36 | 14 | 39 | 11 | 30 | 0 |

## II$^b$. Tafel für Stunden.

| Anzahl | Länge | | | | | | | Anomalie | | | | | | |
|---|---|---|---|---|---|---|---|---|---|---|---|---|---|---|
| | 0° | 0′ | 5″ | 1‴ | 23$^{IV}$ | 48$^V$ | 42$^{VI}$ | 0° | 2′ | 22″ | 49‴ | 19$^{IV}$ | 14$^V$ | 19$^{VI}$ |
| 1 | 0 | 0 | 5 | 1 | 23 | 48 | 42 | 0 | 2 | 22 | 49 | 19 | 14 | 19 |
| 2 | 0 | 0 | 10 | 2 | 47 | 37 | 24 | 0 | 4 | 45 | 38 | 38 | 28 | 38 |
| 3 | 0 | 0 | 15 | 4 | 11 | 26 | 6 | 0 | 7 | 8 | 27 | 57 | 42 | 57 |
| 4 | 0 | 0 | 20 | 5 | 35 | 14 | 48 | 0 | 9 | 31 | 17 | 16 | 57 | 17 |
| 5 | 0 | 0 | 25 | 6 | 59 | 3 | 31 | 0 | 11 | 54 | 6 | 36 | 11 | 36 |
| 6 | 0 | 0 | 30 | 8 | 22 | 52 | 13 | 0 | 14 | 16 | 55 | 55 | 25 | 55 |
| 7 | 0 | 0 | 35 | 9 | 46 | 40 | 55 | 0 | 16 | 39 | 45 | 14 | 40 | 14 |
| 8 | 0 | 0 | 40 | 11 | 10 | 29 | 37 | 0 | 19 | 2 | 34 | 33 | 54 | 33 |
| 9 | 0 | 0 | 45 | 12 | 34 | 18 | 19 | 0 | 21 | 25 | 23 | 53 | 8 | 52 |
| 10 | 0 | 0 | 50 | 13 | 58 | 7 | 1 | 0 | 23 | 48 | 13 | 12 | 23 | 12 |
| 11 | 0 | 0 | 55 | 15 | 21 | 55 | 43 | 0 | 26 | 11 | 2 | 31 | 37 | 31 |
| 12 | 0 | 1 | 0 | 16 | 45 | 44 | 25 | 0 | 28 | 33 | 51 | 50 | 51 | 50 |
| 13 | 0 | 1 | 5 | 18 | 9 | 33 | 8 | 0 | 30 | 56 | 41 | 10 | 6 | 9 |
| 14 | 0 | 1 | 10 | 19 | 33 | 21 | 50 | 0 | 33 | 19 | 30 | 29 | 20 | 28 |
| 15 | 0 | 1 | 15 | 20 | 57 | 10 | 32 | 0 | 35 | 42 | 19 | 48 | 34 | 47 |
| 16 | 0 | 1 | 20 | 22 | 20 | 59 | 14 | 0 | 38 | 5 | 9 | 7 | 49 | 7 |
| 17 | 0 | 1 | 25 | 23 | 44 | 47 | 56 | 0 | 40 | 27 | 58 | 27 | 3 | 26 |
| 18 | 0 | 1 | 30 | 25 | 8 | 36 | 38 | 0 | 42 | 50 | 47 | 46 | 17 | 45 |
| 19 | 0 | 1 | 35 | 26 | 32 | 25 | 20 | 0 | 45 | 13 | 37 | 5 | 32 | 4 |
| 20 | 0 | 1 | 40 | 27 | 56 | 14 | 2 | 0 | 47 | 36 | 26 | 24 | 46 | 23 |
| 21 | 0 | 1 | 45 | 29 | 20 | 2 | 45 | 0 | 49 | 59 | 15 | 44 | 0 | 42 |
| 22 | 0 | 1 | 50 | 30 | 43 | 51 | 27 | 0 | 52 | 22 | 5 | 3 | 15 | 2 |
| 23 | 0 | 1 | 55 | 32 | 7 | 40 | 9 | 0 | 54 | 44 | 54 | 22 | 29 | 21 |
| 24 | 0 | 2 | 0 | 33 | 31 | 28 | 51 | 0 | 57 | 7 | 43 | 41 | 43 | 40 |

### IIIᵃ. Tafel für Monate.

| Tage | Länge | | | | | | | Anomalie | | | | | | |
|---|---|---|---|---|---|---|---|---|---|---|---|---|---|---|
| | ° | ' | " | ‴ | IV | V | VI | ° | ' | " | ‴ | IV | V | VI |
| 30 | 1 | 0 | 16 | 45 | 44 | 25 | 30 | 28 | 33 | 51 | 50 | 51 | 50 | 0 |
| 60 | 2 | 0 | 33 | 31 | 28 | 51 | 0 | 57 | 7 | 43 | 41 | 43 | 40 | 0 |
| 90 | 3 | 0 | 50 | 17 | 13 | 16 | 30 | 85 | 41 | 35 | 32 | 35 | 30 | 0 |
| 120 | 4 | 1 | 7 | 2 | 57 | 42 | 0 | 114 | 15 | 27 | 23 | 27 | 20 | 0 |
| 150 | 5 | 1 | 23 | 48 | 42 | 7 | 30 | 142 | 49 | 19 | 14 | 19 | 10 | 0 |
| 180 | 6 | 1 | 40 | 34 | 26 | 33 | 0 | 171 | 23 | 11 | 5 | 11 | 0 | 0 |
| 210 | 7 | 1 | 57 | 20 | 10 | 58 | 30 | 199 | 57 | 2 | 56 | 2 | 50 | 0 |
| 240 | 8 | 2 | 14 | 5 | 55 | 24 | 0 | 228 | 30 | 54 | 46 | 54 | 40 | 0 |
| 270 | 9 | 2 | 30 | 51 | 39 | 49 | 30 | 257 | 4 | 46 | 37 | 46 | 30 | 0 |
| 300 | 10 | 2 | 47 | 37 | 24 | 15 | 0 | 285 | 38 | 38 | 28 | 38 | 20 | 0 |
| 330 | 11 | 3 | 4 | 23 | 8 | 40 | 30 | 314 | 12 | 30 | 19 | 30 | 10 | 0 |
| 360 | 12 | 3 | 21 | 8 | 53 | 6 | 0 | 342 | 46 | 22 | 10 | 22 | 0 | 0 |

### IIIᵇ. Tafel für Tage.

| Anzahl | Länge | | | | | | | Anomalie | | | | | | |
|---|---|---|---|---|---|---|---|---|---|---|---|---|---|---|
| | ° | ' | " | ‴ | IV | V | VI | ° | ' | " | ‴ | IV | V | VI |
| 1 | 0 | 2 | 0 | 33 | 31 | 28 | 51 | 0 | 57 | 7 | 43 | 41 | 43 | 40 |
| 2 | 0 | 4 | 1 | 7 | 2 | 57 | 42 | 1 | 54 | 15 | 27 | 23 | 27 | 20 |
| 3 | 0 | 6 | 1 | 40 | 34 | 26 | 33 | 2 | 51 | 23 | 11 | 5 | 11 | 0 |
| 4 | 0 | 8 | 2 | 14 | 5 | 55 | 24 | 3 | 48 | 30 | 54 | 46 | 54 | 40 |
| 5 | 0 | 10 | 2 | 47 | 37 | 24 | 15 | 4 | 45 | 38 | 38 | 28 | 38 | 20 |
| 6 | 0 | 12 | 3 | 21 | 8 | 53 | 6 | 5 | 42 | 46 | 22 | 10 | 22 | 0 |
| 7 | 0 | 14 | 3 | 54 | 40 | 21 | 57 | 6 | 39 | 54 | 5 | 52 | 5 | 40 |
| 8 | 0 | 16 | 4 | 28 | 11 | 50 | 48 | 7 | 37 | 1 | 49 | 33 | 49 | 20 |
| 9 | 0 | 18 | 5 | 1 | 43 | 19 | 39 | 8 | 34 | 9 | 33 | 15 | 33 | 0 |
| 10 | 0 | 20 | 5 | 35 | 14 | 48 | 30 | 9 | 31 | 17 | 16 | 57 | 16 | 40 |
| 11 | 0 | 22 | 6 | 8 | 46 | 17 | 21 | 10 | 28 | 25 | 0 | 39 | 0 | 20 |
| 12 | 0 | 24 | 6 | 42 | 17 | 46 | 12 | 11 | 25 | 32 | 44 | 20 | 44 | 0 |
| 13 | 0 | 26 | 7 | 15 | 49 | 15 | 3 | 12 | 22 | 40 | 28 | 2 | 27 | 40 |
| 14 | 0 | 28 | 7 | 49 | 20 | 43 | 54 | 13 | 19 | 48 | 11 | 44 | 11 | 20 |
| 15 | 0 | 30 | 8 | 22 | 52 | 12 | 45 | 14 | 16 | 55 | 55 | 25 | 55 | 0 |
| 16 | 0 | 32 | 8 | 56 | 23 | 41 | 36 | 15 | 14 | 3 | 39 | 7 | 38 | 40 |
| 17 | 0 | 34 | 9 | 29 | 55 | 10 | 27 | 16 | 11 | 11 | 22 | 49 | 22 | 20 |
| 18 | 0 | 36 | 10 | 3 | 26 | 39 | 18 | 17 | 8 | 19 | 6 | 31 | 6 | 0 |
| 19 | 0 | 38 | 10 | 36 | 58 | 8 | 9 | 18 | 5 | 26 | 50 | 12 | 49 | 40 |
| 20 | 0 | 40 | 11 | 10 | 29 | 37 | 0 | 19 | 2 | 34 | 33 | 54 | 33 | 20 |
| 21 | 0 | 42 | 11 | 44 | 1 | 5 | 51 | 19 | 59 | 42 | 17 | 36 | 17 | 0 |
| 22 | 0 | 44 | 12 | 17 | 32 | 34 | 42 | 20 | 56 | 50 | 1 | 18 | 0 | 40 |
| 23 | 0 | 46 | 12 | 51 | 4 | 3 | 33 | 21 | 53 | 57 | 44 | 59 | 44 | 20 |
| 24 | 0 | 48 | 13 | 24 | 35 | 32 | 24 | 22 | 51 | 5 | 28 | 41 | 28 | 0 |
| 25 | 0 | 50 | 13 | 58 | 7 | 1 | 15 | 23 | 48 | 13 | 12 | 23 | 11 | 40 |
| 26 | 0 | 52 | 14 | 31 | 38 | 30 | 6 | 24 | 45 | 20 | 56 | 4 | 55 | 20 |
| 27 | 0 | 54 | 15 | 5 | 9 | 58 | 57 | 25 | 42 | 28 | 39 | 46 | 39 | 0 |
| 28 | 0 | 56 | 15 | 38 | 41 | 27 | 48 | 26 | 39 | 36 | 23 | 28 | 22 | 40 |
| 29 | 0 | 58 | 16 | 12 | 12 | 56 | 39 | 27 | 36 | 44 | 7 | 10 | 6 | 20 |
| 30 | 1 | 0 | 16 | 45 | 44 | 25 | 30 | 28 | 33 | 51 | 50 | 51 | 50 | 0 |

## I. Tafel für Perioden zu 18 Jahren.

| Jahre | Länge Mittlerer Ort ♎ 4° 41' Apogeum ♍ 2° 9' | | | | | | | Anomalie Mittlerer Ort 146° 4' | | | | | | |
|---|---|---|---|---|---|---|---|---|---|---|---|---|---|---|
| | ° | ' | '' | ''' | IV | V | VI | ° | ' | '' | ''' | IV | V | VI |
| 18 | 186° | 6' | 51'' | 51''' | 53 | 34 | 30 | 169° | 30' | 33'' | 44''' | 27 | 0 | 0 |
| 36 | 12 | 13 | 43 | 43 | 47 | 9 | 0 | 339 | 1 | 7 | 28 | 54 | 0 | 0 |
| 54 | 198 | 20 | 35 | 35 | 40 | 43 | 30 | 148 | 31 | 41 | 13 | 21 | 0 | 0 |
| 72 | 24 | 27 | 27 | 27 | 34 | 18 | 0 | 318 | 2 | 14 | 57 | 48 | 0 | 0 |
| 90 | 210 | 34 | 19 | 19 | 27 | 52 | 30 | 127 | 32 | 48 | 42 | 15 | 0 | 0 |
| 108 | 36 | 41 | 11 | 11 | 21 | 27 | 0 | 297 | 3 | 22 | 26 | 42 | 0 | 0 |
| 126 | 222 | 48 | 3 | 3 | 15 | 1 | 30 | 106 | 33 | 56 | 11 | 9 | 0 | 0 |
| 144 | 48 | 54 | 54 | 55 | 8 | 36 | 0 | 276 | 4 | 29 | 55 | 36 | 0 | 0 |
| 162 | 235 | 1 | 46 | 47 | 2 | 10 | 30 | 85 | 35 | 3 | 40 | 3 | 0 | 0 |
| 180 | 61 | 8 | 38 | 38 | 55 | 45 | 0 | 255 | 5 | 37 | 24 | 30 | 0 | 0 |
| 198 | 247 | 15 | 30 | 30 | 49 | 19 | 30 | 64 | 36 | 11 | 8 | 57 | 0 | 0 |
| 216 | 73 | 22 | 22 | 22 | 42 | 54 | 0 | 234 | 6 | 44 | 53 | 24 | 0 | 0 |
| 234 | 259 | 29 | 14 | 14 | 36 | 28 | 30 | 43 | 37 | 18 | 37 | 51 | 0 | 0 |
| 252 | 85 | 36 | 6 | 6 | 30 | 3 | 0 | 213 | 7 | 52 | 22 | 18 | 0 | 0 |
| 270 | 271 | 42 | 57 | 58 | 23 | 37 | 30 | 22 | 38 | 26 | 6 | 45 | 0 | 0 |
| 288 | 97 | 49 | 49 | 50 | 17 | 12 | 0 | 192 | 8 | 59 | 51 | 12 | 0 | 0 |
| 306 | 283 | 56 | 41 | 42 | 10 | 46 | 30 | 1 | 39 | 33 | 35 | 39 | 0 | 0 |
| 324 | 110 | 3 | 33 | 34 | 4 | 21 | 0 | 171 | 10 | 7 | 20 | 6 | 0 | 0 |
| 342 | 296 | 10 | 25 | 25 | 57 | 55 | 30 | 340 | 40 | 41 | 4 | 33 | 0 | 0 |
| 360 | 122 | 17 | 17 | 17 | 51 | 30 | 0 | 150 | 11 | 14 | 49 | 0 | 0 | 0 |
| 378 | 308 | 24 | 9 | 9 | 45 | 4 | 30 | 319 | 41 | 48 | 33 | 27 | 0 | 0 |
| 396 | 134 | 31 | 1 | 1 | 38 | 39 | 0 | 129 | 12 | 22 | 17 | 54 | 0 | 0 |
| 414 | 320 | 37 | 52 | 53 | 32 | 13 | 30 | 298 | 42 | 56 | 2 | 21 | 0 | 0 |
| 432 | 146 | 44 | 44 | 45 | 25 | 48 | 0 | 108 | 13 | 29 | 46 | 48 | 0 | 0 |
| 450 | 332 | 51 | 36 | 37 | 19 | 22 | 30 | 277 | 44 | 3 | 31 | 15 | 0 | 0 |
| 468 | 158 | 58 | 28 | 29 | 12 | 57 | 0 | 87 | 14 | 37 | 15 | 42 | 0 | 0 |
| 486 | 345 | 5 | 20 | 21 | 6 | 31 | 30 | 256 | 45 | 11 | 0 | 9 | 0 | 0 |
| 504 | 171 | 12 | 12 | 13 | 0 | 6 | 0 | 66 | 15 | 44 | 44 | 36 | 0 | 0 |
| 522 | 357 | 19 | 4 | 4 | 53 | 40 | 30 | 235 | 46 | 18 | 29 | 3 | 0 | 0 |
| 540 | 183 | 25 | 55 | 56 | 47 | 15 | 0 | 45 | 16 | 52 | 13 | 30 | 0 | 0 |
| 558 | 9 | 32 | 47 | 48 | 40 | 49 | 30 | 214 | 47 | 25 | 57 | 57 | 0 | 0 |
| 576 | 195 | 39 | 39 | 40 | 34 | 24 | 0 | 24 | 17 | 59 | 42 | 24 | 0 | 0 |
| 594 | 21 | 46 | 31 | 32 | 27 | 58 | 30 | 193 | 48 | 33 | 26 | 51 | 0 | 0 |
| 612 | 207 | 53 | 23 | 24 | 21 | 33 | 0 | 3 | 19 | 7 | 11 | 18 | 0 | 0 |
| 630 | 34 | 0 | 15 | 16 | 15 | 7 | 30 | 172 | 49 | 40 | 55 | 45 | 0 | 0 |
| 648 | 220 | 7 | 7 | 8 | 8 | 42 | 0 | 342 | 20 | 14 | 40 | 12 | 0 | 0 |
| 666 | 46 | 13 | 59 | 0 | 2 | 16 | 30 | 151 | 50 | 48 | 24 | 39 | 0 | 0 |
| 684 | 232 | 20 | 50 | 51 | 55 | 51 | 0 | 321 | 21 | 22 | 9 | 6 | 0 | 0 |
| 702 | 58 | 27 | 42 | 43 | 49 | 25 | 30 | 130 | 51 | 55 | 53 | 33 | 0 | 0 |
| 720 | 244 | 34 | 34 | 35 | 43 | 0 | 0 | 300 | 22 | 29 | 38 | 0 | 0 | 0 |
| 738 | 70 | 41 | 26 | 27 | 36 | 34 | 30 | 109 | 53 | 3 | 22 | 27 | 0 | 0 |
| 756 | 256 | 48 | 18 | 19 | 30 | 9 | 0 | 279 | 23 | 37 | 6 | 54 | 0 | 0 |
| 774 | 82 | 55 | 10 | 11 | 23 | 43 | 30 | 88 | 54 | 10 | 51 | 21 | 0 | 0 |
| 792 | 269 | 2 | 2 | 3 | 17 | 18 | 0 | 258 | 24 | 44 | 35 | 48 | 0 | 0 |
| 810 | 95 | 8 | 53 | 55 | 10 | 52 | 30 | 67 | 55 | 18 | 20 | 15 | 0 | 0 |

## II<sup>a</sup> Tafel für Jahre.

| Anzahl | Länge | | | | | | | Anomalie | | | | | | |
|---|---|---|---|---|---|---|---|---|---|---|---|---|---|---|
| | ° | ′ | ″ | ‴ | $^{IV}$ | $^{V}$ | $^{VI}$ | ° | ′ | ″ | ‴ | $^{IV}$ | $^{V}$ | $^{VI}$ |
| 1 | 30 | 20 | 22 | 52 | 52 | 58 | 35 | 329 | 25 | 1 | 52 | 28 | 10 | 0 |
| 2 | 60 | 40 | 45 | 45 | 45 | 57 | 10 | 298 | 50 | 3 | 44 | 56 | 20 | 0 |
| 3 | 91 | 1 | 8 | 38 | 38 | 55 | 45 | 268 | 15 | 5 | 37 | 24 | 30 | 0 |
| 4 | 121 | 21 | 31 | 31 | 31 | 54 | 20 | 237 | 40 | 7 | 29 | 52 | 40 | 0 |
| 5 | 151 | 41 | 54 | 24 | 24 | 52 | 55 | 207 | 5 | 9 | 22 | 20 | 50 | 0 |
| 6 | 182 | 2 | 17 | 17 | 17 | 51 | 30 | 176 | 30 | 11 | 14 | 49 | 0 | 0 |
| 7 | 212 | 22 | 40 | 10 | 10 | 50 | 5 | 145 | 55 | 13 | 7 | 17 | 10 | 0 |
| 8 | 242 | 43 | 3 | 3 | 3 | 48 | 40 | 115 | 20 | 14 | 59 | 45 | 20 | 0 |
| 9 | 273 | 3 | 25 | 55 | 56 | 47 | 15 | 84 | 45 | 16 | 52 | 13 | 30 | 0 |
| 10 | 303 | 23 | 48 | 48 | 49 | 45 | 50 | 54 | 10 | 18 | 44 | 41 | 40 | 0 |
| 11 | 333 | 44 | 11 | 41 | 42 | 44 | 25 | 23 | 35 | 20 | 37 | 9 | 50 | 0 |
| 12 | 4 | 4 | 34 | 34 | 35 | 43 | 0 | 353 | 0 | 22 | 29 | 38 | 0 | 0 |
| 13 | 34 | 24 | 57 | 27 | 28 | 41 | 35 | 322 | 25 | 24 | 22 | 6 | 10 | 0 |
| 14 | 64 | 45 | 20 | 20 | 21 | 40 | 10 | 291 | 50 | 26 | 14 | 34 | 20 | 0 |
| 15 | 95 | 5 | 43 | 13 | 14 | 38 | 45 | 261 | 15 | 28 | 7 | 2 | 30 | 0 |
| 16 | 125 | 26 | 6 | 6 | 7 | 37 | 20 | 230 | 40 | 29 | 59 | 30 | 40 | 0 |
| 17 | 155 | 46 | 28 | 59 | 0 | 35 | 55 | 200 | 5 | 31 | 51 | 58 | 50 | 0 |
| 18 | 186 | 6 | 51 | 51 | 53 | 34 | 30 | 169 | 30 | 33 | 44 | 27 | 0 | 0 |

## II<sup>b</sup>. Tafel für Stunden.

| Anzahl | Länge | | | | | | | Anomalie | | | | | | |
|---|---|---|---|---|---|---|---|---|---|---|---|---|---|---|
| | ° | ′ | ″ | ‴ | $^{IV}$ | $^{V}$ | $^{VI}$ | ° | ′ | ″ | ‴ | $^{IV}$ | $^{V}$ | $^{VI}$ |
| 1 | 0 | 0 | 12 | 28 | 6 | 6 | 56 | 0 | 2 | 15 | 22 | 36 | 56 | 5 |
| 2 | 0 | 0 | 24 | 56 | 12 | 13 | 52 | 0 | 4 | 30 | 45 | 13 | 52 | 10 |
| 3 | 0 | 0 | 37 | 24 | 18 | 20 | 48 | 0 | 6 | 46 | 7 | 50 | 48 | 15 |
| 4 | 0 | 0 | 49 | 52 | 24 | 27 | 45 | 0 | 9 | 1 | 30 | 27 | 44 | 20 |
| 5 | 0 | 1 | 2 | 20 | 30 | 34 | 41 | 0 | 11 | 16 | 53 | 4 | 40 | 25 |
| 6 | 0 | 1 | 14 | 48 | 36 | 41 | 37 | 0 | 13 | 32 | 15 | 41 | 36 | 30 |
| 7 | 0 | 1 | 27 | 16 | 42 | 48 | 34 | 0 | 15 | 47 | 38 | 18 | 32 | 35 |
| 8 | 0 | 1 | 39 | 44 | 48 | 55 | 30 | 0 | 18 | 3 | 0 | 55 | 28 | 40 |
| 9 | 0 | 1 | 52 | 12 | 55 | 2 | 26 | 0 | 20 | 18 | 23 | 32 | 24 | 45 |
| 10 | 0 | 2 | 4 | 41 | 1 | 9 | 22 | 0 | 22 | 33 | 46 | 9 | 20 | 50 |
| 11 | 0 | 2 | 17 | 9 | 7 | 16 | 19 | 0 | 24 | 49 | 8 | 46 | 16 | 55 |
| 12 | 0 | 2 | 29 | 37 | 13 | 23 | 15 | 0 | 27 | 4 | 31 | 23 | 13 | 0 |
| 13 | 0 | 2 | 42 | 5 | 19 | 30 | 11 | 0 | 29 | 19 | 54 | 0 | 9 | 5 |
| 14 | 0 | 2 | 54 | 33 | 25 | 37 | 8 | 0 | 31 | 35 | 16 | 37 | 5 | 10 |
| 15 | 0 | 3 | 7 | 1 | 31 | 44 | 4 | 0 | 33 | 50 | 39 | 14 | 1 | 15 |
| 16 | 0 | 3 | 19 | 29 | 37 | 51 | 0 | 0 | 36 | 6 | 1 | 50 | 57 | 20 |
| 17 | 0 | 3 | 31 | 57 | 43 | 57 | 56 | 0 | 38 | 21 | 24 | 27 | 53 | 25 |
| 18 | 0 | 3 | 44 | 25 | 50 | 4 | 53 | 0 | 40 | 36 | 47 | 4 | 49 | 30 |
| 19 | 0 | 3 | 56 | 53 | 56 | 11 | 49 | 0 | 42 | 52 | 9 | 41 | 45 | 35 |
| 20 | 0 | 4 | 9 | 22 | 2 | 18 | 45 | 0 | 45 | 7 | 32 | 18 | 41 | 40 |
| 21 | 0 | 4 | 21 | 50 | 8 | 25 | 42 | 0 | 47 | 22 | 54 | 55 | 37 | 45 |
| 22 | 0 | 4 | 34 | 18 | 14 | 32 | 38 | 0 | 49 | 38 | 17 | 32 | 33 | 50 |
| 23 | 0 | 4 | 46 | 46 | 20 | 39 | 34 | 0 | 51 | 53 | 40 | 9 | 29 | 55 |
| 24 | 0 | 4 | 59 | 14 | 26 | 46 | 31 | 0 | 54 | 9 | 2 | 46 | 26 | 0 |

## III a. Tafel für Monate.

| Tage | Länge | | | | | | | Anomalie | | | | | | |
|---|---|---|---|---|---|---|---|---|---|---|---|---|---|---|
| 30 | 2° | 29' | 37" | 13''' | 23$^{IV}$ | 15$^{V}$ | 30$^{VI}$ | 27° | 4' | 31" | 23''' | 13$^{IV}$ | 0$^{V}$ | 0$^{VI}$ |
| 60 | 4 | 59 | 14 | 26 | 46 | 31 | 0 | 54 | 9 | 2 | 46 | 26 | 0 | 0 |
| 90 | 7 | 28 | 51 | 40 | 9 | 46 | 30 | 81 | 13 | 34 | 9 | 39 | 0 | 0 |
| 120 | 9 | 58 | 28 | 53 | 33 | 2 | 0 | 108 | 18 | 5 | 32 | 52 | 0 | 0 |
| 150 | 12 | 28 | 6 | 6 | 56 | 17 | 30 | 135 | 22 | 36 | 56 | 5 | 0 | 0 |
| 180 | 14 | 57 | 43 | 20 | 19 | 33 | 0 | 162 | 27 | 8 | 19 | 18 | 0 | 0 |
| 210 | 17 | 27 | 20 | 33 | 42 | 48 | 30 | 189 | 31 | 39 | 42 | 31 | 0 | 0 |
| 240 | 19 | 56 | 57 | 47 | 6 | 4 | 0 | 216 | 36 | 11 | 5 | 44 | 0 | 0 |
| 270 | 22 | 26 | 35 | 0 | 29 | 19 | 30 | 243 | 40 | 42 | 28 | 57 | 0 | 0 |
| 300 | 24 | 56 | 12 | 13 | 52 | 35 | 0 | 270 | 45 | 13 | 52 | 10 | 0 | 0 |
| 330 | 27 | 25 | 49 | 27 | 15 | 50 | 30 | 297 | 49 | 45 | 15 | 23 | 0 | 0 |
| 360 | 29 | 55 | 26 | 40 | 39 | 6 | 0 | 324 | 54 | 16 | 38 | 36 | 0 | 0 |

## III b. Tafel für Tage.

| Anzahl | Länge | | | | | | | Anomalie | | | | | | |
|---|---|---|---|---|---|---|---|---|---|---|---|---|---|---|
| 1 | 0° | 4' | 59" | 14''' | 26$^{IV}$ | 46$^{V}$ | 31$^{VI}$ | 0° | 54' | 9" | 2''' | 46$^{IV}$ | 26$^{V}$ | 0$^{VI}$ |
| 2 | 0 | 9 | 58 | 28 | 53 | 33 | 2 | 1 | 48 | 18 | 5 | 32 | 52 | 0 |
| 3 | 0 | 14 | 57 | 43 | 20 | 19 | 33 | 2 | 42 | 27 | 8 | 19 | 18 | 0 |
| 4 | 0 | 19 | 56 | 57 | 47 | 6 | 4 | 3 | 36 | 36 | 11 | 5 | 44 | 0 |
| 5 | 0 | 24 | 56 | 12 | 13 | 52 | 35 | 4 | 30 | 45 | 13 | 52 | 10 | 0 |
| 6 | 0 | 29 | 55 | 26 | 40 | 39 | 6 | 5 | 24 | 54 | 16 | 38 | 36 | 0 |
| 7 | 0 | 34 | 54 | 41 | 7 | 25 | 37 | 6 | 19 | 3 | 19 | 25 | 2 | 0 |
| 8 | 0 | 39 | 53 | 55 | 34 | 12 | 8 | 7 | 13 | 12 | 22 | 11 | 28 | 0 |
| 9 | 0 | 44 | 53 | 10 | 0 | 58 | 39 | 8 | 7 | 21 | 24 | 57 | 54 | 0 |
| 10 | 0 | 49 | 52 | 24 | 27 | 45 | 10 | 9 | 1 | 30 | 27 | 44 | 20 | 0 |
| 11 | 0 | 54 | 51 | 38 | 54 | 31 | 41 | 9 | 55 | 39 | 30 | 30 | 46 | 0 |
| 12 | 0 | 59 | 50 | 53 | 21 | 18 | 12 | 10 | 49 | 48 | 33 | 17 | 12 | 0 |
| 13 | 1 | 4 | 50 | 7 | 48 | 4 | 43 | 11 | 43 | 57 | 36 | 3 | 38 | 0 |
| 14 | 1 | 9 | 49 | 22 | 14 | 51 | 14 | 12 | 38 | 6 | 38 | 50 | 4 | 0 |
| 15 | 1 | 14 | 48 | 36 | 41 | 37 | 45 | 13 | 32 | 15 | 41 | 36 | 30 | 0 |
| 16 | 1 | 19 | 47 | 51 | 8 | 24 | 16 | 14 | 26 | 24 | 44 | 22 | 56 | 0 |
| 17 | 1 | 24 | 47 | 5 | 35 | 10 | 47 | 15 | 20 | 33 | 47 | 9 | 22 | 0 |
| 18 | 1 | 29 | 46 | 20 | 1 | 57 | 18 | 16 | 14 | 42 | 49 | 55 | 48 | 0 |
| 19 | 1 | 34 | 45 | 34 | 28 | 43 | 49 | 17 | 8 | 51 | 52 | 42 | 14 | 0 |
| 20 | 1 | 39 | 44 | 48 | 55 | 30 | 20 | 18 | 3 | 0 | 55 | 28 | 40 | 0 |
| 21 | 1 | 44 | 44 | 3 | 22 | 16 | 51 | 18 | 57 | 9 | 58 | 15 | 6 | 0 |
| 22 | 1 | 49 | 43 | 17 | 49 | 3 | 22 | 19 | 51 | 19 | 1 | 1 | 32 | 0 |
| 23 | 1 | 54 | 42 | 32 | 15 | 49 | 53 | 20 | 45 | 28 | 3 | 47 | 58 | 0 |
| 24 | 1 | 59 | 41 | 46 | 42 | 36 | 24 | 21 | 39 | 37 | 6 | 34 | 24 | 0 |
| 25 | 2 | 4 | 41 | 1 | 9 | 22 | 55 | 22 | 33 | 46 | 9 | 20 | 50 | 0 |
| 26 | 2 | 9 | 40 | 15 | 36 | 9 | 26 | 23 | 27 | 55 | 12 | 7 | 16 | 0 |
| 27 | 2 | 14 | 39 | 30 | 2 | 55 | 57 | 24 | 22 | 4 | 14 | 53 | 42 | 0 |
| 28 | 2 | 19 | 38 | 44 | 29 | 42 | 28 | 25 | 16 | 13 | 17 | 40 | 8 | 0 |
| 29 | 2 | 24 | 37 | 58 | 56 | 28 | 59 | 26 | 10 | 22 | 20 | 26 | 34 | 0 |
| 30 | 2 | 29 | 37 | 13 | 23 | 15 | 30 | 27 | 4 | 31 | 23 | 13 | 0 | 0 |

## I. Tafel für Perioden zu 18 Jahren.

| Jahre | Länge — Mittlerer Ort ♈ 3°32', Apogeum ♋ 16°40' | | | | | | | Anomalie — Mittlerer Ort 327°13' | | | | | | |
|---|---|---|---|---|---|---|---|---|---|---|---|---|---|---|
| | ° | ' | '' | ''' | IV | V | VI | ° | ' | '' | ''' | IV | V | VI |
| 18 | 203 | 4 | 20 | 17 | 34 | 43 | 30 | 152 | 33 | 5 | 18 | 45 | 51 | 0 |
| 36 | 46 | 8 | 40 | 35 | 9 | 27 | 0 | 305 | 6 | 10 | 37 | 31 | 42 | 0 |
| 54 | 249 | 13 | 0 | 52 | 44 | 10 | 30 | 97 | 39 | 15 | 56 | 17 | 33 | 0 |
| 72 | 92 | 17 | 21 | 10 | 18 | 54 | 0 | 250 | 12 | 21 | 15 | 3 | 24 | 0 |
| 90 | 295 | 21 | 41 | 27 | 53 | 37 | 30 | 42 | 45 | 26 | 33 | 49 | 15 | 0 |
| 108 | 138 | 26 | 1 | 45 | 28 | 21 | 0 | 195 | 18 | 31 | 52 | 35 | 6 | 0 |
| 126 | 341 | 30 | 22 | 3 | 3 | 4 | 30 | 347 | 51 | 37 | 11 | 20 | 57 | 0 |
| 144 | 184 | 34 | 42 | 20 | 37 | 48 | 0 | 140 | 24 | 42 | 30 | 6 | 48 | 0 |
| 162 | 27 | 39 | 2 | 38 | 12 | 31 | 30 | 292 | 57 | 47 | 48 | 52 | 39 | 0 |
| 180 | 230 | 43 | 22 | 55 | 47 | 15 | 0 | 85 | 30 | 53 | 7 | 38 | 30 | 0 |
| 198 | 73 | 47 | 43 | 13 | 21 | 58 | 30 | 238 | 3 | 58 | 26 | 24 | 21 | 0 |
| 216 | 276 | 52 | 3 | 30 | 56 | 42 | 0 | 30 | 37 | 3 | 45 | 10 | 12 | 0 |
| 234 | 119 | 56 | 23 | 48 | 31 | 25 | 30 | 183 | 10 | 9 | 3 | 56 | 3 | 0 |
| 252 | 323 | 0 | 44 | 6 | 6 | 9 | 0 | 335 | 43 | 14 | 22 | 41 | 54 | 0 |
| 270 | 166 | 5 | 4 | 23 | 40 | 52 | 30 | 128 | 16 | 19 | 41 | 27 | 45 | 0 |
| 288 | 9 | 9 | 24 | 41 | 15 | 36 | 0 | 280 | 49 | 25 | 0 | 13 | 36 | 0 |
| 306 | 212 | 13 | 44 | 58 | 50 | 19 | 30 | 73 | 22 | 30 | 18 | 59 | 27 | 0 |
| 324 | 55 | 18 | 5 | 16 | 25 | 3 | 0 | 225 | 55 | 35 | 37 | 45 | 18 | 0 |
| 342 | 258 | 22 | 25 | 33 | 59 | 46 | 30 | 18 | 28 | 40 | 56 | 31 | 9 | 0 |
| 360 | 101 | 26 | 45 | 51 | 34 | 30 | 0 | 171 | 1 | 46 | 15 | 17 | 0 | 0 |
| 378 | 304 | 31 | 6 | 9 | 9 | 13 | 30 | 323 | 34 | 51 | 34 | 2 | 51 | 0 |
| 396 | 147 | 35 | 26 | 26 | 43 | 57 | 0 | 116 | 7 | 56 | 52 | 48 | 42 | 0 |
| 414 | 350 | 39 | 46 | 44 | 18 | 40 | 30 | 268 | 41 | 2 | 11 | 34 | 33 | 0 |
| 432 | 193 | 44 | 7 | 1 | 53 | 24 | 0 | 61 | 14 | 7 | 30 | 20 | 24 | 0 |
| 450 | 86 | 48 | 27 | 19 | 28 | 7 | 30 | 213 | 47 | 12 | 49 | 6 | 15 | 0 |
| 468 | 239 | 52 | 47 | 37 | 2 | 51 | 0 | 6 | 20 | 18 | 7 | 52 | 6 | 0 |
| 486 | 82 | 57 | 7 | 54 | 37 | 34 | 30 | 158 | 53 | 23 | 26 | 37 | 57 | 0 |
| 504 | 286 | 1 | 28 | 12 | 12 | 18 | 0 | 311 | 26 | 28 | 45 | 28 | 48 | 0 |
| 522 | 129 | 5 | 48 | 29 | 47 | 1 | 30 | 103 | 59 | 34 | 4 | 9 | 39 | 0 |
| 540 | 332 | 10 | 8 | 47 | 21 | 45 | 0 | 256 | 32 | 39 | 22 | 55 | 30 | 0 |
| 558 | 175 | 14 | 29 | 4 | 56 | 28 | 30 | 49 | 5 | 44 | 41 | 41 | 21 | 0 |
| 576 | 18 | 18 | 49 | 22 | 31 | 12 | 0 | 201 | 38 | 50 | 0 | 27 | 12 | 0 |
| 594 | 221 | 23 | 9 | 40 | 5 | 55 | 30 | 354 | 11 | 55 | 19 | 13 | 3 | 0 |
| 612 | 64 | 27 | 29 | 57 | 40 | 39 | 0 | 146 | 45 | 0 | 37 | 58 | 54 | 0 |
| 630 | 267 | 31 | 50 | 15 | 15 | 22 | 30 | 299 | 18 | 5 | 56 | 44 | 45 | 0 |
| 648 | 110 | 36 | 10 | 32 | 50 | 6 | 0 | 91 | 51 | 11 | 15 | 30 | 36 | 0 |
| 666 | 313 | 40 | 30 | 50 | 24 | 49 | 30 | 244 | 24 | 16 | 34 | 16 | 27 | 0 |
| 684 | 156 | 44 | 51 | 7 | 59 | 33 | 0 | 36 | 57 | 21 | 53 | 2 | 18 | 0 |
| 702 | 359 | 49 | 11 | 25 | 34 | 16 | 30 | 189 | 30 | 27 | 11 | 48 | 9 | 0 |
| 720 | 202 | 53 | 31 | 43 | 9 | 0 | 0 | 342 | 3 | 32 | 30 | 34 | 0 | 0 |
| 738 | 45 | 57 | 52 | 0 | 43 | 43 | 30 | 134 | 36 | 37 | 49 | 19 | 51 | 0 |
| 756 | 249 | 2 | 12 | 18 | 18 | 27 | 0 | 287 | 9 | 43 | 8 | 5 | 42 | 0 |
| 774 | 92 | 6 | 32 | 35 | 53 | 10 | 30 | 79 | 42 | 48 | 26 | 51 | 33 | 0 |
| 792 | 295 | 10 | 52 | 53 | 27 | 54 | 0 | 232 | 15 | 53 | 45 | 37 | 24 | 0 |
| 810 | 138 | 15 | 13 | 11 | 2 | 37 | 30 | 24 | 48 | 59 | 4 | 23 | 15 | 0 |

## II^a. Tafel für Jahre.

| Anzahl | Länge | | | | | | | Anomalie | | | | | | |
|---|---|---|---|---|---|---|---|---|---|---|---|---|---|---|
| | ° | ′ | ″ | ‴ | IV | V | VI | ° | ′ | ″ | ⁗ | IV | V | VI |
| 1 | 191 | 16 | 54 | 27 | 38 | 35 | 45 | 168 | 28 | 30 | 17 | 42 | 32 | 50 |
| 2 | 22 | 33 | 48 | 55 | 17 | 11 | 30 | 336 | 57 | 0 | 35 | 25 | 5 | 40 |
| 3 | 213 | 50 | 48 | 22 | 55 | 47 | 15 | 145 | 25 | 30 | 53 | 7 | 38 | 30 |
| 4 | 45 | 7 | 37 | 50 | 34 | 23 | 0 | 313 | 54 | 1 | 10 | 50 | 11 | 20 |
| 5 | 236 | 24 | 32 | 18 | 12 | 58 | 45 | 122 | 22 | 31 | 28 | 32 | 44 | 10 |
| 6 | 67 | 41 | 26 | 45 | 51 | 34 | 30 | 290 | 51 | 1 | 46 | 15 | 17 | 0 |
| 7 | 258 | 58 | 21 | 13 | 30 | 10 | 15 | 99 | 19 | 32 | 3 | 57 | 49 | 50 |
| 8 | 90 | 15 | 15 | 41 | 8 | 46 | 0 | 267 | 48 | 2 | 21 | 40 | 22 | 40 |
| 9 | 281 | 32 | 10 | 8 | 47 | 21 | 45 | 76 | 16 | 32 | 39 | 22 | 55 | 30 |
| 10 | 112 | 49 | 4 | 36 | 25 | 57 | 30 | 244 | 45 | 2 | 57 | 5 | 28 | 20 |
| 11 | 304 | 5 | 59 | 4 | 4 | 33 | 15 | 53 | 13 | 33 | 14 | 48 | 1 | 10 |
| 12 | 135 | 22 | 53 | 31 | 43 | 9 | 0 | 221 | 42 | 3 | 32 | 30 | 34 | 0 |
| 13 | 326 | 39 | 47 | 59 | 21 | 44 | 45 | 30 | 10 | 33 | 50 | 13 | 6 | 50 |
| 14 | 157 | 56 | 42 | 27 | 0 | 20 | 30 | 198 | 39 | 4 | 7 | 55 | 39 | 40 |
| 15 | 349 | 13 | 36 | 54 | 38 | 56 | 15 | 7 | 7 | 34 | 25 | 38 | 12 | 30 |
| 16 | 180 | 30 | 31 | 22 | 17 | 32 | 0 | 175 | 36 | 4 | 43 | 20 | 45 | 20 |
| 17 | 11 | 47 | 25 | 49 | 56 | 7 | 45 | 344 | 4 | 35 | 1 | 3 | 18 | 10 |
| 18 | 203 | 4 | 20 | 17 | 34 | 43 | 30 | 152 | 33 | 5 | 18 | 45 | 51 | 0 |

## II^b. Tafel für Stunden.

| Anzahl | Länge | | | | | | | Anomalie | | | | | | |
|---|---|---|---|---|---|---|---|---|---|---|---|---|---|---|
| | ° | ′ | ″ | ‴ | IV | V | VI | | ′ | ″ | ‴ | IV | V | VI |
| 1 | 0 | 1 | 18 | 36 | 32 | 14 | 39 | 0 | 1 | 9 | 14 | 10 | 48 | 22 |
| 2 | 0 | 2 | 37 | 13 | 4 | 29 | 18 | 0 | 2 | 18 | 28 | 21 | 36 | 44 |
| 3 | 0 | 3 | 55 | 49 | 36 | 43 | 6 | 0 | 3 | 27 | 42 | 32 | 25 | 7 |
| 4 | 0 | 5 | 14 | 26 | 8 | 58 | 35 | 0 | 4 | 36 | 56 | 43 | 13 | 29 |
| 5 | 0 | 6 | 33 | 2 | 41 | 13 | 14 | 0 | 5 | 46 | 10 | 54 | 1 | 52 |
| 6 | 0 | 7 | 51 | 39 | 13 | 27 | 53 | 0 | 6 | 55 | 25 | 4 | 50 | 14 |
| 7 | 0 | 9 | 10 | 15 | 45 | 42 | 32 | 0 | 8 | 4 | 39 | 15 | 38 | 36 |
| 8 | 0 | 10 | 28 | 52 | 17 | 57 | 11 | 0 | 9 | 13 | 53 | 26 | 26 | 59 |
| 9 | 0 | 11 | 47 | 28 | 50 | 11 | 49 | 0 | 10 | 23 | 7 | 37 | 15 | 27 |
| 10 | 0 | 13 | 6 | 5 | 22 | 26 | 28 | 0 | 11 | 32 | 21 | 48 | 3 | 44 |
| 11 | 0 | 14 | 24 | 41 | 54 | 41 | 7 | 0 | 12 | 41 | 35 | 58 | 52 | 6 |
| 12 | 0 | 15 | 43 | 18 | 26 | 55 | 46 | 0 | 13 | 50 | 50 | 9 | 40 | 29 |
| 13 | 0 | 17 | 1 | 54 | 59 | 10 | 25 | 0 | 15 | 0 | 4 | 20 | 28 | 51 |
| 14 | 0 | 18 | 20 | 31 | 31 | 25 | 4 | 0 | 16 | 9 | 18 | 31 | 17 | 13 |
| 15 | 0 | 19 | 39 | 8 | 3 | 39 | 43 | 0 | 17 | 18 | 32 | 42 | 5 | 36 |
| 16 | 0 | 20 | 57 | 44 | 35 | 54 | 22 | 0 | 18 | 27 | 46 | 52 | 53 | 58 |
| 17 | 0 | 22 | 16 | 21 | 8 | 9 | 0 | 0 | 19 | 37 | 1 | 3 | 42 | 21 |
| 18 | 0 | 23 | 34 | 57 | 40 | 23 | 39 | 0 | 20 | 46 | 15 | 14 | 30 | 43 |
| 19 | 0 | 24 | 53 | 34 | 12 | 38 | 18 | 0 | 21 | 55 | 29 | 25 | 19 | 5 |
| 20 | 0 | 26 | 12 | 10 | 44 | 52 | 57 | 0 | 23 | 4 | 43 | 36 | 7 | 28 |
| 21 | 0 | 27 | 30 | 47 | 17 | 7 | 36 | 0 | 24 | 13 | 57 | 46 | 55 | 50 |
| 22 | 0 | 28 | 49 | 23 | 49 | 22 | 15 | 0 | 25 | 23 | 11 | 57 | 44 | 13 |
| 23 | 0 | 30 | 8 | 0 | 21 | 36 | 54 | 0 | 26 | 32 | 26 | 8 | 32 | 35 |
| 24 | 0 | 31 | 26 | 36 | 53 | 51 | 33 | 0 | 27 | 41 | 40 | 19 | 20 | 58 |

## IIIa. Tafel für Monate.

| Tage | Länge | | | | | | | Anomalie | | | | | | |
|---|---|---|---|---|---|---|---|---|---|---|---|---|---|---|
| 30 | 15° | 43′ | 18″ | 26‴ | 55IV | 46V | 30VI | 13° | 50′ | 50″ | 9‴ | 40IV | 29V | 0VI |
| 60 | 31 | 26 | 36 | 53 | 51 | 33 | 0 | 27 | 41 | 40 | 19 | 20 | 58 | 0 |
| 90 | 47 | 9 | 55 | 20 | 47 | 19 | 30 | 41 | 32 | 30 | 29 | 1 | 27 | 0 |
| 120 | 62 | 53 | 13 | 47 | 43 | 6 | 0 | 5 ‚ | 23 | 20 | 38 | 41 | 56 | 0 |
| 150 | 78 | 36 | 32 | 14 | 38 | 52 | 30 | 69 | 14 | 10 | 48 | 22 | 25 | 0 |
| 180 | 94 | 19 | 50 | 41 | 34 | 39 | 0 | 83 | 5 | 0 | 58 | 2 | 54 | 0 |
| 210 | 110 | 3 | 9 | 8 | 30 | 25 | 30 | 96 | 53 | 51 | 7 | 43 | 23 | 0 |
| 240 | 125 | 46 | 27 | 35 | 26 | 12 | 0 | 110 | 46 | 41 | 17 | 23 | 52 | 0 |
| 270 | 141 | 29 | 46 | 2 | 21 | 58 | 30 | 124 | 37 | 31 | 27 | 4 | 21 | 0 |
| 300 | 157 | 13 | 4 | 29 | 17 | 45 | 0 | 138 | 28 | 21 | 36 | 44 | 50 | 0 |
| 330 | 172 | 56 | 22 | 56 | 13 | 31 | 30 | 152 | 19 | 11 | 46 | 25 | 19 | 0 |
| 360 | 188 | 39 | 41 | 23 | 9 | 18 | 0 | 166 | 10 | 1 | 56 | 5 | 48 | 0 |

## IIIb. Tafel für Tage.

| Anzahl | Länge | | | | | | | Anomalie | | | | | | |
|---|---|---|---|---|---|---|---|---|---|---|---|---|---|---|
| 1 | 0° | 31′ | 26″ | 36‴ | 53IV | 51V | 33VI | 0° | 27 | 41″ | 40‴ | 19IV | 20V | 58VI |
| 2 | 1 | 2 | 53 | 13 | 47 | 43 | 6 | 0 | 55 | 23 | 20 | 38 | 41 | 56 |
| 3 | 1 | 34 | 19 | 50 | 41 | 34 | 39 | 1 | 23 | 5 | 0 | 58 | 2 | 54 |
| 4 | 2 | 5 | 46 | 27 | 35 | 26 | 12 | 1 | 50 | 46 | 41 | 17 | 23 | 52 |
| 5 | 2 | 37 | 13 | 4 | 29 | 17 | 45 | 2 | 18 | 28 | 21 | 36 | 44 | 50 |
| 6 | 3 | 8 | 39 | 41 | 23 | 9 | 18 | 2 | 46 | 10 | 1 | 56 | 5 | 48 |
| 7 | 3 | 40 | 6 | 18 | 17 | 0 | 51 | 3 | 13 | 51 | 42 | 15 | 26 | 46 |
| 8 | 4 | 11 | 32 | 55 | 10 | 52 | 24 | 3 | 41 | 33 | 22 | 34 | 47 | 44 |
| 9 | 4 | 42 | 59 | 32 | 4 | 43 | 57 | 4 | 9 | 15 | 2 | 54 | 8 | 42 |
| 10 | 5 | 14 | 26 | 8 | 58 | 35 | 30 | 4 | 36 | 56 | 43 | 13 | 29 | 40 |
| 11 | 5 | 45 | 52 | 45 | 52 | 27 | 3 | 5 | 4 | 38 | 23 | 32 | 50 | 38 |
| 12 | 6 | 17 | 19 | 22 | 46 | 18 | 36 | 5 | 32 | 20 | 3 | 52 | 11 | 36 |
| 13 | 6 | 48 | 45 | 59 | 40 | 10 | 9 | 6 | 0 | 1 | 44 | 11 | 32 | 34 |
| 14 | 7 | 20 | 12 | 36 | 34 | 1 | 42 | 6 | 27 | 43 | 24 | 30 | 53 | 32 |
| 15 | 7 | 51 | 39 | 13 | 27 | 53 | 15 | 6 | 55 | 25 | 4 | 50 | 14 | 30 |
| 16 | 8 | 23 | 5 | 50 | 21 | 44 | 48 | 7 | 23 | 6 | 45 | 9 | 35 | 28 |
| 17 | 8 | 54 | 32 | 27 | 15 | 36 | 21 | 7 | 50 | 48 | 25 | 28 | 56 | 26 |
| 18 | 9 | 25 | 59 | 4 | 9 | 27 | 54 | 8 | 18 | 30 | 5 | 48 | 17 | 24 |
| 19 | 9 | 57 | 25 | 41 | 3 | 19 | 27 | 8 | 46 | 11 | 46 | 7 | 38 | 22 |
| 20 | 10 | 28 | 52 | 17 | 57 | 11 | 0 | 9 | 13 | 53 | 26 | 26 | 59 | 20 |
| 21 | 11 | 0 | 18 | 54 | 51 | 2 | 33 | 9 | 41 | 35 | 6 | 46 | 20 | 18 |
| 22 | 11 | 31 | 45 | 31 | 44 | 54 | 6 | 10 | 9 | 16 | 47 | 5 | 41 | 16 |
| 23 | 12 | 3 | 12 | 8 | 38 | 45 | 39 | 10 | 36 | 58 | 27 | 25 | 2 | 14 |
| 24 | 12 | 34 | 38 | 45 | 32 | 37 | 12 | 11 | 4 | 40 | 7 | 44 | 23 | 12 |
| 25 | 13 | 6 | 5 | 22 | 26 | 28 | 45 | 11 | 32 | 21 | 48 | 3 | 44 | 10 |
| 26 | 13 | 37 | 31 | 59 | 20 | 20 | 18 | 12 | 0 | 3 | 28 | 23 | 5 | 8 |
| 27 | 14 | 8 | 58 | 36 | 14 | 11 | 51 | 12 | 27 | 45 | 8 | 42 | 26 | 6 |
| 28 | 14 | 40 | 25 | 13 | 8 | 3 | 24 | 12 | 55 | 26 | 49 | 1 | 47 | 4 |
| 29 | 15 | 11 | 51 | 50 | 1 | 54 | 57 | 13 | 23 | 8 | 29 | 21 | 8 | 2 |
| 30 | 15 | 43 | 18 | 26 | 55 | 46 | 30 | 13 | 50 | 50 | 9 | 40 | 29 | 0 |

# I. Tafel für Perioden zu 18 Jahren.

| Jahre | Länge Mittlerer Ort ♓ 0° 45′ Apogeum ♉ 16° 10′ | | | | | | | Anomalie Mittlerer Ort 71° 7′ | | | | | | |
|---|---|---|---|---|---|---|---|---|---|---|---|---|---|---|
| | $355°$ | $37'$ | $25''$ | $36''''$ | $20^{IV}$ | $34^{V}$ | $30^{VI}$ | $90°$ | $27'$ | $44''$ | $34''''$ | $23^{IV}$ | $46^{V}$ | $30^{VI}$ |
| 18 | 355 | 37 | 25 | 36 | 20 | 34 | 30 | 90 | 27 | 44 | 34 | 23 | 46 | 30 |
| 36 | 351 | 14 | 51 | 12 | 41 | 9 | 0 | 180 | 55 | 29 | 8 | 47 | 33 | 0 |
| 54 | 346 | 52 | 16 | 49 | 1 | 43 | 30 | 271 | 23 | 13 | 43 | 11 | 19 | 30 |
| 72 | 342 | 29 | 42 | 25 | 22 | 18 | 0 | 1 | 50 | 58 | 17 | 35 | 6 | 0 |
| 90 | 338 | 7 | 8 | 1 | 42 | 52 | 30 | 92 | 18 | 42 | 51 | 58 | 52 | 30 |
| 108 | 333 | 44 | 33 | 38 | 3 | 27 | 0 | 182 | 46 | 27 | 26 | 22 | 39 | 0 |
| 126 | 329 | 21 | 59 | 14 | 24 | 1 | 30 | 273 | 14 | 12 | 0 | 46 | 25 | 30 |
| 144 | 324 | 59 | 24 | 50 | 44 | 36 | 0 | 3 | 41 | 56 | 35 | 10 | 12 | 0 |
| 162 | 320 | 36 | 50 | 27 | 5 | 10 | 30 | 94 | 9 | 41 | 9 | 33 | 58 | 30 |
| 180 | 316 | 14 | 16 | 3 | 25 | 45 | 0 | 184 | 37 | 25 | 43 | 57 | 45 | 0 |
| 198 | 311 | 51 | 41 | 39 | 46 | 19 | 30 | 275 | 5 | 10 | 18 | 21 | 31 | 30 |
| 216 | 307 | 29 | 7 | 16 | 6 | 54 | 0 | 5 | 32 | 54 | 52 | 45 | 18 | 0 |
| 234 | 303 | 6 | 32 | 52 | 27 | 28 | 30 | 96 | 0 | 39 | 27 | 9 | 4 | 30 |
| 252 | 298 | 43 | 58 | 28 | 48 | 3 | 0 | 186 | 28 | 24 | 1 | 32 | 51 | 0 |
| 270 | 294 | 21 | 24 | 5 | 8 | 37 | 30 | 276 | 56 | 8 | 35 | 56 | 37 | 30 |
| 288 | 289 | 58 | 49 | 41 | 29 | 12 | 0 | 7 | 23 | 53 | 10 | 20 | 24 | 0 |
| 306 | 285 | 36 | 15 | 17 | 49 | 46 | 30 | 97 | 51 | 37 | 44 | 44 | 10 | 30 |
| 324 | 281 | 13 | 40 | 54 | 10 | 21 | 0 | 188 | 19 | 22 | 19 | 7 | 57 | 0 |
| 342 | 276 | 51 | 6 | 30 | 30 | 55 | 30 | 278 | 47 | 6 | 53 | 31 | 43 | 30 |
| 360 | 272 | 28 | 32 | 6 | 51 | 30 | 0 | 9 | 14 | 51 | 27 | 55 | 30 | 0 |
| 378 | 268 | 5 | 57 | 43 | 12 | 4 | 30 | 99 | 42 | 36 | 2 | 19 | 16 | 30 |
| 396 | 263 | 43 | 23 | 19 | 32 | 39 | 0 | 109 | 10 | 20 | 36 | 43 | 3 | 0 |
| 414 | 259 | 20 | 48 | 55 | 53 | 13 | 30 | 280 | 38 | 5 | 11 | 6 | 49 | 30 |
| 432 | 254 | 58 | 14 | 32 | 13 | 48 | 0 | 11 | 5 | 49 | 45 | 30 | 36 | 0 |
| 450 | 250 | 35 | 40 | 8 | 34 | 22 | 30 | 101 | 33 | 34 | 19 | 54 | 22 | 30 |
| 468 | 246 | 13 | 5 | 44 | 54 | 57 | 0 | 192 | 1 | 18 | 54 | 18 | 9 | 0 |
| 486 | 241 | 50 | 31 | 21 | 15 | 31 | 30 | 282 | 29 | 3 | 28 | 41 | 55 | 30 |
| 504 | 237 | 27 | 56 | 57 | 36 | 6 | 0 | 12 | 56 | 48 | 3 | 5 | 42 | 0 |
| 522 | 233 | 5 | 22 | 33 | 56 | 40 | 30 | 103 | 24 | 32 | 37 | 29 | 28 | 30 |
| 540 | 228 | 42 | 48 | 10 | 17 | 15 | 0 | 193 | 52 | 17 | 11 | 53 | 15 | 0 |
| 558 | 224 | 20 | 13 | 46 | 37 | 49 | 30 | 284 | 20 | 1 | 46 | 17 | 1 | 30 |
| 576 | 219 | 57 | 39 | 22 | 58 | 24 | 0 | 14 | 47 | 46 | 20 | 40 | 48 | 0 |
| 594 | 215 | 35 | 4 | 59 | 18 | 58 | 30 | 105 | 15 | 30 | 55 | 4 | 34 | 30 |
| 612 | 211 | 12 | 30 | 35 | 39 | 33 | 0 | 195 | 43 | 15 | 29 | 28 | 21 | 0 |
| 630 | 206 | 49 | 56 | 12 | 0 | 7 | 30 | 286 | 11 | 0 | 3 | 52 | 7 | 30 |
| 648 | 202 | 27 | 21 | 48 | 20 | 42 | 0 | 16 | 38 | 44 | 38 | 15 | 54 | 0 |
| 666 | 198 | 4 | 47 | 24 | 41 | 16 | 30 | 107 | 6 | 29 | 12 | 39 | 40 | 30 |
| 684 | 193 | 42 | 13 | 1 | 1 | 51 | 0 | 197 | 34 | 13 | 47 | 3 | 27 | 0 |
| 702 | 189 | 19 | 38 | 37 | 22 | 25 | 30 | 288 | 1 | 58 | 21 | 27 | 13 | 30 |
| 720 | 184 | 57 | 4 | 13 | 43 | 0 | 0 | 18 | 29 | 42 | 55 | 51 | 0 | 0 |
| 738 | 180 | 34 | 29 | 50 | 3 | 34 | 30 | 108 | 57 | 27 | 30 | 14 | 46 | 30 |
| 756 | 176 | 11 | 55 | 26 | 24 | 9 | 0 | 199 | 25 | 12 | 4 | 38 | 33 | 0 |
| 774 | 171 | 49 | 21 | 2 | 44 | 43 | 30 | 289 | 52 | 56 | 39 | 2 | 19 | 30 |
| 792 | 167 | 26 | 46 | 39 | 5 | 18 | 0 | 20 | 20 | 41 | 13 | 26 | 6 | 0 |
| 810 | 163 | 4 | 12 | 15 | 25 | 52 | 30 | 110 | 48 | 25 | 47 | 49 | 52 | 30 |

Ptolemäus, übers. v. Manitius. II.

## II<sup>a</sup>. Tafel für Jahre.

| Anzahl | Länge | | | | | | | Anomalie | | | | | | |
|---|---|---|---|---|---|---|---|---|---|---|---|---|---|---|
| | $°$ | $'$ | $''$ | $'''$ | $^{IV}$ | $^V$ | $^{VI}$ | $°$ | $'$ | $''$ | $'''$ | $^{IV}$ | $^V$ | $^{VI}$ |
| 1 | 359 | 45 | 24 | 45 | 21 | 8 | 35 | 225 | 1 | 32 | 28 | 34 | 39 | 15 |
| 2 | 359 | 30 | 49 | 30 | 42 | 17 | 10 | 90 | 3 | 4 | 57 | 9 | 18 | 30 |
| 3 | 359 | 16 | 14 | 16 | 3 | 25 | 45 | 315 | 4 | 37 | 25 | 43 | 57 | 45 |
| 4 | 359 | 1 | 39 | 1 | 24 | 34 | 20 | 180 | 6 | 9 | 54 | 18 | 37 | 0 |
| 5 | 358 | 47 | 3 | 46 | 45 | 42 | 55 | 45 | 7 | 42 | 22 | 53 | 16 | 15 |
| 6 | 358 | 32 | 28 | 32 | 6 | 51 | 30 | 270 | 9 | 14 | 51 | 27 | 55 | 30 |
| 7 | 358 | 17 | 53 | 17 | 28 | 0 | 5 | 135 | 10 | 47 | 20 | 2 | 34 | 45 |
| 8 | 358 | 3 | 18 | 2 | 49 | 8 | 40 | 0 | 12 | 19 | 48 | 37 | 14 | 0 |
| 9 | 357 | 48 | 42 | 48 | 10 | 17 | 15 | 225 | 13 | 52 | 17 | 11 | 53 | 15 |
| 10 | 357 | 34 | 7 | 33 | 31 | 25 | 50 | 90 | 15 | 24 | 45 | 46 | 32 | 30 |
| 11 | 357 | 19 | 32 | 18 | 52 | 34 | 25 | 315 | 16 | 57 | 14 | 21 | 11 | 45 |
| 12 | 357 | 4 | 57 | 4 | 13 | 43 | 0 | 180 | 18 | 29 | 42 | 55 | 51 | 0 |
| 13 | 356 | 50 | 21 | 49 | 34 | 51 | 35 | 45 | 20 | 2 | 11 | 30 | 30 | 15 |
| 14 | 356 | 35 | 46 | 34 | 56 | 0 | 10 | 270 | 21 | 34 | 40 | 5 | 9 | 30 |
| 15 | 356 | 21 | 11 | 20 | 17 | 8 | 45 | 135 | 23 | 7 | 8 | 39 | 48 | 45 |
| 16 | 356 | 6 | 36 | 5 | 38 | 17 | 20 | 0 | 24 | 39 | 37 | 14 | 28 | 0 |
| 17 | 355 | 52 | 0 | 50 | 59 | 25 | 55 | 225 | 26 | 12 | 5 | 49 | 7 | 15 |
| 18 | 355 | 37 | 25 | 36 | 20 | 34 | 30 | 90 | 27 | 44 | 34 | 23 | 46 | 30 |

## II<sup>b</sup>. Tafel für Stunden.

| Anzahl | Länge | | | | | | | Anomalie | | | | | | |
|---|---|---|---|---|---|---|---|---|---|---|---|---|---|---|
| | $°$ | $'$ | $''$ | $'''$ | $^{IV}$ | $^V$ | $^{VI}$ | $°$ | $'$ | $''$ | $'''$ | $^{IV}$ | $^V$ | $^{VI}$ |
| 1 | 0 | 2 | 27 | 50 | 43 | 3 | 1 | 0 | 1 | 32 | 28 | 34 | 42 | 58 |
| 2 | 0 | 4 | 55 | 41 | 26 | 6 | 2 | 0 | 3 | 4 | 57 | 9 | 25 | 57 |
| 3 | 0 | 7 | 23 | 32 | 9 | 9 | 3 | 0 | 4 | 37 | 25 | 44 | 8 | 56 |
| 4 | 0 | 9 | 51 | 22 | 52 | 12 | 5 | 0 | 6 | 9 | 54 | 18 | 51 | 54 |
| 5 | 0 | 12 | 19 | 13 | 35 | 15 | 6 | 0 | 7 | 42 | 22 | 53 | 34 | 53 |
| 6 | 0 | 14 | 47 | 4 | 18 | 18 | 7 | 0 | 9 | 14 | 51 | 28 | 17 | 52 |
| 7 | 0 | 17 | 14 | 55 | 1 | 21 | 9 | 0 | 10 | 47 | 20 | 3 | 0 | 50 |
| 8 | 0 | 19 | 42 | 45 | 44 | 24 | 10 | 0 | 12 | 19 | 48 | 37 | 43 | 49 |
| 9 | 0 | 22 | 10 | 36 | 27 | 27 | 11 | 0 | 13 | 52 | 17 | 12 | 26 | 48 |
| 10 | 0 | 24 | 38 | 27 | 10 | 30 | 12 | 0 | 15 | 24 | 45 | 47 | 9 | 46 |
| 11 | 0 | 27 | 6 | 17 | 53 | 33 | 14 | 0 | 16 | 57 | 14 | 21 | 52 | 45 |
| 12 | 0 | 29 | 34 | 8 | 36 | 36 | 15 | 0 | 18 | 29 | 42 | 56 | 35 | 44 |
| 13 | 0 | 32 | 1 | 59 | 19 | 39 | 16 | 0 | 20 | 2 | 11 | 31 | 18 | 42 |
| 14 | 0 | 34 | 29 | 50 | 2 | 42 | 18 | 0 | 21 | 34 | 40 | 6 | 1 | 41 |
| 15 | 0 | 36 | 57 | 40 | 45 | 45 | 19 | 0 | 23 | 7 | 8 | 40 | 44 | 40 |
| 16 | 0 | 39 | 25 | 31 | 28 | 48 | 20 | 0 | 24 | 39 | 37 | 15 | 27 | 38 |
| 17 | 0 | 41 | 53 | 22 | 11 | 51 | 21 | 0 | 26 | 12 | 5 | 50 | 10 | 37 |
| 18 | 0 | 44 | 21 | 12 | 54 | 54 | 23 | 0 | 27 | 44 | 34 | 24 | 53 | 36 |
| 19 | 0 | 46 | 49 | 3 | 37 | 57 | 24 | 0 | 29 | 17 | 2 | 59 | 36 | 34 |
| 20 | 0 | 49 | 16 | 54 | 21 | 0 | 25 | 0 | 30 | 49 | 31 | 34 | 19 | 33 |
| 21 | 0 | 51 | 44 | 45 | 4 | 3 | 27 | 0 | 32 | 22 | 0 | 9 | 2 | 32 |
| 22 | 0 | 54 | 12 | 35 | 47 | 6 | 28 | 0 | 33 | 54 | 28 | 43 | 45 | 30 |
| 23 | 0 | 56 | 40 | 26 | 30 | 9 | 29 | 0 | 35 | 26 | 57 | 18 | 28 | 29 |
| 24 | 0 | 59 | 8 | 17 | 13 | 12 | 31 | 0 | 36 | 59 | 25 | 53 | 11 | 28 |

## III#a#. Tafel für Monate.

| Tage | Länge ° | ′ | ″ | ‴ | IV | V | VI | Anomalie ° | ′ | ″ | ⁗ | IV | V | VI |
|---|---|---|---|---|---|---|---|---|---|---|---|---|---|---|
| 30 | 29° | 34′ | 8″ | 36‴ | 36#IV# | 15#V# | 30#VI# | 18° | 29′ | 42″ | 56⁗ | 35#IV# | 44#V# | 0#VI# |
| 60 | 59 | 8 | 17 | 13 | 12 | 31 | 0 | 36 | 59 | 25 | 53 | 11 | 28 | 0 |
| 90 | 88 | 42 | 25 | 49 | 48 | 46 | 30 | 55 | 29 | 8 | 49 | 47 | 12 | 0 |
| 120 | 118 | 16 | 34 | 26 | 25 | 2 | 0 | 73 | 58 | 51 | 46 | 22 | 56 | 0 |
| 150 | 147 | 50 | 43 | 3 | 1 | 17 | 30 | 92 | 28 | 34 | 42 | 58 | 40 | 0 |
| 180 | 177 | 24 | 51 | 39 | 37 | 33 | 0 | 110 | 58 | 17 | 39 | 34 | 24 | 0 |
| 210 | 206 | 59 | 0 | 16 | 13 | 48 | 30 | 129 | 28 | 0 | 36 | 10 | 8 | 0 |
| 240 | 236 | 33 | 8 | 52 | 50 | 4 | 0 | 147 | 57 | 43 | 32 | 45 | 52 | 0 |
| 270 | 266 | 7 | 17 | 29 | 26 | 19 | 30 | 166 | 27 | 26 | 29 | 21 | 36 | 0 |
| 300 | 295 | 41 | 26 | 6 | 2 | 35 | 0 | 184 | 57 | 9 | 25 | 57 | 20 | 0 |
| 330 | 325 | 15 | 34 | 42 | 38 | 50 | 30 | 203 | 26 | 52 | 22 | 33 | 4 | 0 |
| 360 | 354 | 49 | 43 | 19 | 15 | 6 | 0 | 221 | 56 | 35 | 19 | 8 | 48 | 0 |

## III#b#. Tafel für Tage.

| Anzahl | Länge ° | ′ | ″ | ‴ | IV | V | VI | Anomalie ° | ′ | ″ | ‴ | IV | V | VI |
|---|---|---|---|---|---|---|---|---|---|---|---|---|---|---|
| 1 | 0° | 59′ | 8″ | 17‴ | 13#IV# | 12#V# | 31#VI# | 0° | 36′ | 59″ | 25‴ | 53#IV# | 11#V# | 28#VI# |
| 2 | 1 | 58 | 16 | 34 | 26 | 25 | 2 | 1 | 13 | 58 | 51 | 46 | 22 | 56 |
| 3 | 2 | 57 | 24 | 51 | 39 | 37 | 33 | 1 | 50 | 58 | 17 | 39 | 34 | 24 |
| 4 | 3 | 56 | 33 | 8 | 52 | 50 | 4 | 2 | 27 | 57 | 43 | 32 | 45 | 52 |
| 5 | 4 | 55 | 41 | 26 | 6 | 2 | 35 | 3 | 4 | 57 | 9 | 25 | 57 | 20 |
| 6 | 5 | 54 | 49 | 43 | 19 | 15 | 6 | 3 | 41 | 56 | 35 | 19 | 8 | 48 |
| 7 | 6 | 53 | 58 | 0 | 32 | 27 | 37 | 4 | 18 | 56 | 1 | 12 | 20 | 16 |
| 8 | 7 | 53 | 6 | 17 | 45 | 40 | 8 | 4 | 55 | 55 | 27 | 5 | 31 | 44 |
| 9 | 8 | 52 | 14 | 34 | 58 | 52 | 39 | 5 | 32 | 54 | 52 | 58 | 43 | 12 |
| 10 | 9 | 51 | 22 | 52 | 12 | 5 | 10 | 6 | 9 | 54 | 18 | 51 | 54 | 40 |
| 11 | 10 | 50 | 31 | 9 | 25 | 17 | 41 | 6 | 46 | 53 | 44 | 45 | 6 | 8 |
| 12 | 11 | 49 | 39 | 26 | 38 | 30 | 12 | 7 | 23 | 53 | 10 | 38 | 17 | 36 |
| 13 | 12 | 48 | 47 | 43 | 51 | 42 | 43 | 8 | 0 | 52 | 36 | 31 | 29 | 4 |
| 14 | 13 | 47 | 56 | 1 | 4 | 55 | 14 | 8 | 37 | 52 | 2 | 24 | 40 | 32 |
| 15 | 14 | 47 | 4 | 18 | 18 | 7 | 45 | 9 | 14 | 51 | 28 | 17 | 52 | 0 |
| 16 | 15 | 46 | 12 | 35 | 31 | 20 | 16 | 9 | 51 | 50 | 54 | 11 | 3 | 28 |
| 17 | 16 | 45 | 20 | 52 | 44 | 32 | 47 | 10 | 28 | 50 | 20 | 4 | 14 | 56 |
| 18 | 17 | 44 | 29 | 9 | 57 | 45 | 18 | 11 | 5 | 49 | 45 | 57 | 26 | 24 |
| 19 | 18 | 43 | 37 | 27 | 10 | 57 | 49 | 11 | 42 | 49 | 11 | 50 | 37 | 52 |
| 20 | 19 | 42 | 45 | 44 | 24 | 10 | 20 | 12 | 19 | 48 | 37 | 43 | 49 | 20 |
| 21 | 20 | 41 | 54 | 1 | 37 | 22 | 51 | 12 | 56 | 48 | 3 | 37 | 0 | 48 |
| 22 | 21 | 41 | 2 | 18 | 50 | 35 | 22 | 13 | 33 | 47 | 29 | 30 | 12 | 16 |
| 23 | 22 | 40 | 10 | 36 | 3 | 47 | 53 | 14 | 10 | 46 | 55 | 23 | 23 | 44 |
| 24 | 23 | 39 | 18 | 53 | 17 | 0 | 24 | 14 | 47 | 46 | 21 | 16 | 35 | 12 |
| 25 | 24 | 38 | 27 | 10 | 30 | 12 | 55 | 15 | 24 | 45 | 47 | 9 | 46 | 40 |
| 26 | 25 | 37 | 35 | 27 | 43 | 25 | 26 | 16 | 1 | 45 | 13 | 2 | 58 | 8 |
| 27 | 26 | 36 | 43 | 44 | 56 | 37 | 57 | 16 | 38 | 44 | 38 | 56 | 9 | 36 |
| 28 | 27 | 35 | 52 | 2 | 9 | 50 | 28 | 17 | 15 | 44 | 4 | 49 | 21 | 4 |
| 29 | 28 | 35 | 0 | 19 | 23 | 2 | 59 | 17 | 52 | 43 | 30 | 42 | 32 | 32 |
| 30 | 29 | 34 | 8 | 36 | 36 | 15 | 30 | 18 | 29 | 42 | 56 | 35 | 44 | 0 |

## I. Tafel für Perioden zu 18 Jahren.

| Jahre | Länge Mittlerer Ort ♓ 0° 45' Apogeum ♎ 1° 10' | | | | | | | Anomalie Mittlerer Ort 21° 55' | | | | | | |
|---|---|---|---|---|---|---|---|---|---|---|---|---|---|---|
| | ° | ' | '' | ''' | IV | V | VI | ° | ' | '' | ''' | IV | V | VI |
| 18 | 355 | 37 | 25 | 36 | 20 | 34 | 30 | 251 | 0 | 45 | 45 | 53 | 45 | 0 |
| 36 | 351 | 14 | 51 | 12 | 41 | 9 | 0 | 142 | 1 | 31 | 31 | 47 | 30 | 0 |
| 54 | 346 | 52 | 16 | 49 | 1 | 43 | 30 | 33 | 2 | 17 | 17 | 41 | 15 | 0 |
| 72 | 342 | 29 | 42 | 25 | 22 | 18 | 0 | 284 | 3 | 3 | 3 | 35 | 0 | 0 |
| 90 | 338 | 7 | 8 | 1 | 42 | 52 | 30 | 175 | 3 | 48 | 49 | 28 | 45 | 0 |
| 108 | 333 | 44 | 33 | 38 | 3 | 27 | 0 | 66 | 4 | 34 | 35 | 22 | 30 | 0 |
| 126 | 329 | 21 | 59 | 14 | 24 | 1 | 30 | 317 | 5 | 20 | 21 | 16 | 15 | 0 |
| 144 | 324 | 59 | 24 | 50 | 44 | 36 | 0 | 208 | 6 | 6 | 7 | 10 | 0 | 0 |
| 162 | 320 | 36 | 50 | 27 | 5 | 10 | 30 | 99 | 6 | 51 | 53 | 3 | 45 | 0 |
| 180 | 316 | 14 | 16 | 3 | 25 | 45 | 0 | 350 | 7 | 37 | 38 | 57 | 30 | 0 |
| 198 | 311 | 51 | 41 | 39 | 46 | 19 | 30 | 241 | 8 | 23 | 24 | 51 | 15 | 0 |
| 216 | 307 | 29 | 7 | 16 | 6 | 54 | 0 | 132 | 9 | 9 | 10 | 45 | 0 | 0 |
| 234 | 303 | 6 | 32 | 52 | 27 | 28 | 30 | 23 | 9 | 54 | 56 | 38 | 45 | 0 |
| 252 | 298 | 43 | 58 | 28 | 48 | 3 | 0 | 274 | 10 | 40 | 42 | 32 | 30 | 0 |
| 270 | 294 | 21 | 24 | 5 | 8 | 37 | 30 | 165 | 11 | 26 | 28 | 26 | 15 | 0 |
| 288 | 289 | 58 | 49 | 41 | 29 | 12 | 0 | 56 | 12 | 12 | 14 | 20 | 0 | 0 |
| 306 | 285 | 36 | 15 | 17 | 49 | 46 | 30 | 307 | 12 | 58 | 0 | 13 | 45 | 0 |
| 324 | 281 | 13 | 40 | 54 | 10 | 21 | 0 | 198 | 13 | 43 | 46 | 7 | 30 | 0 |
| 342 | 276 | 51 | 6 | 30 | 30 | 55 | 30 | 89 | 14 | 29 | 32 | 1 | 15 | 0 |
| 360 | 272 | 28 | 32 | 6 | 51 | 30 | 0 | 340 | 15 | 15 | 17 | 55 | 0 | 0 |
| 378 | 268 | 5 | 57 | 43 | 12 | 4 | 30 | 231 | 16 | 1 | 3 | 48 | 45 | 0 |
| 396 | 263 | 43 | 23 | 19 | 32 | 39 | 0 | 122 | 16 | 46 | 49 | 42 | 30 | 0 |
| 414 | 259 | 20 | 48 | 55 | 53 | 13 | 30 | 13 | 17 | 32 | 35 | 36 | 15 | 0 |
| 432 | 254 | 58 | 14 | 32 | 13 | 48 | 0 | 264 | 18 | 18 | 21 | 30 | 0 | 0 |
| 450 | 250 | 35 | 40 | 8 | 34 | 22 | 30 | 155 | 19 | 4 | 7 | 23 | 45 | 0 |
| 468 | 246 | 13 | 5 | 44 | 54 | 57 | 0 | 46 | 19 | 49 | 53 | 17 | 30 | 0 |
| 486 | 241 | 50 | 31 | 21 | 15 | 31 | 30 | 297 | 20 | 35 | 39 | 11 | 15 | 0 |
| 504 | 237 | 27 | 56 | 57 | 36 | 6 | 0 | 188 | 21 | 21 | 25 | 5 | 0 | 0 |
| 522 | 233 | 5 | 22 | 33 | 56 | 40 | 30 | 79 | 22 | 7 | 10 | 58 | 45 | 0 |
| 540 | 228 | 42 | 48 | 10 | 17 | 15 | 0 | 330 | 22 | 52 | 56 | 52 | 30 | 0 |
| 558 | 224 | 20 | 13 | 46 | 37 | 49 | 30 | 221 | 23 | 38 | 42 | 46 | 15 | 0 |
| 576 | 219 | 57 | 39 | 22 | 58 | 24 | 0 | 112 | 24 | 24 | 28 | 40 | 0 | 0 |
| 594 | 215 | 35 | 4 | 59 | 18 | 58 | 30 | 3 | 25 | 10 | 14 | 33 | 45 | 0 |
| 612 | 211 | 12 | 30 | 35 | 39 | 33 | 0 | 254 | 25 | 56 | 0 | 27 | 30 | 0 |
| 630 | 206 | 49 | 56 | 12 | 0 | 7 | 30 | 145 | 26 | 41 | 46 | 21 | 15 | 0 |
| 648 | 202 | 27 | 21 | 48 | 20 | 42 | 0 | 36 | 27 | 27 | 32 | 15 | 0 | 0 |
| 666 | 198 | 4 | 47 | 24 | 41 | 16 | 30 | 287 | 28 | 13 | 18 | 8 | 45 | 0 |
| 684 | 193 | 42 | 13 | 1 | 1 | 51 | 0 | 178 | 28 | 59 | 4 | 2 | 30 | 0 |
| 702 | 189 | 19 | 38 | 37 | 22 | 25 | 30 | 69 | 29 | 44 | 49 | 56 | 15 | 0 |
| 720 | 184 | 57 | 4 | 13 | 43 | 0 | 0 | 320 | 30 | 30 | 35 | 50 | 0 | 0 |
| 738 | 180 | 34 | 29 | 50 | 3 | 34 | 30 | 211 | 31 | 16 | 21 | 43 | 45 | 0 |
| 756 | 176 | 11 | 55 | 26 | 24 | 9 | 0 | 102 | 32 | 2 | 7 | 37 | 30 | 0 |
| 774 | 171 | 49 | 21 | 2 | 44 | 43 | 30 | 353 | 32 | 47 | 53 | 31 | 15 | 0 |
| 792 | 167 | 26 | 46 | 39 | 5 | 18 | 0 | 244 | 33 | 33 | 39 | 25 | 0 | 0 |
| 810 | 163 | 4 | 12 | 15 | 25 | 52 | 30 | 135 | 34 | 19 | 25 | 18 | 45 | 0 |

## II<sup>a</sup>. Tafel für Jahre.

| Anzahl | Länge | | | | | | | Anomalie | | | | | | |
|---|---|---|---|---|---|---|---|---|---|---|---|---|---|---|
| | ° | ′ | ″ | ‴ | $^{IV}$ | $^{V}$ | $^{VI}$ | ° | ′ | ″ | ‴ | $^{IV}$ | $^{V}$ | $^{VI}$ |
| 1 | 359 | 45 | 24 | 45 | 21 | 8 | 35 | 53 | 56 | 42 | 32 | 32 | 59 | 10 |
| 2 | 359 | 30 | 49 | 30 | 43 | 17 | 10 | 107 | 53 | 25 | 5 | 5 | 58 | 20 |
| 3 | 359 | 16 | 14 | 16 | 3 | 25 | 45 | 161 | 50 | 7 | 37 | 38 | 57 | 30 |
| 4 | 359 | 1 | 39 | 1 | 24 | 34 | 20 | 215 | 46 | 50 | 10 | 11 | 56 | 40 |
| 5 | 358 | 47 | 3 | 46 | 45 | 42 | 55 | 269 | 43 | 32 | 42 | 44 | 55 | 50 |
| 6 | 358 | 32 | 28 | 32 | 6 | 51 | 30 | 323 | 40 | 15 | 15 | 17 | 55 | 0 |
| 7 | 358 | 17 | 53 | 17 | 28 | 0 | 5 | 17 | 36 | 57 | 47 | 50 | 54 | 10 |
| 8 | 358 | 3 | 18 | 2 | 49 | 8 | 40 | 71 | 33 | 40 | 20 | 23 | 53 | 20 |
| 9 | 357 | 48 | 42 | 48 | 10 | 17 | 15 | 125 | 30 | 22 | 52 | 56 | 52 | 30 |
| 10 | 357 | 34 | 7 | 33 | 31 | 25 | 50 | 179 | 27 | 5 | 25 | 29 | 51 | 40 |
| 11 | 357 | 19 | 32 | 18 | 52 | 34 | 25 | 233 | 23 | 47 | 58 | 2 | 50 | 50 |
| 12 | 357 | 4 | 57 | 4 | 13 | 43 | 0 | 287 | 20 | 30 | 30 | 35 | 50 | 0 |
| 13 | 356 | 50 | 21 | 49 | 34 | 51 | 35 | 341 | 17 | 13 | 3 | 8 | 49 | 10 |
| 14 | 356 | 35 | 46 | 34 | 56 | 0 | 10 | 35 | 13 | 55 | 35 | 41 | 48 | 20 |
| 15 | 356 | 21 | 11 | 20 | 17 | 8 | 45 | 89 | 10 | 38 | 8 | 14 | 47 | 30 |
| 16 | 356 | 6 | 36 | 5 | 38 | 17 | 20 | 143 | 7 | 20 | 40 | 47 | 46 | 40 |
| 17 | 355 | 52 | 0 | 50 | 59 | 25 | 55 | 197 | 4 | 3 | 13 | 20 | 45 | 50 |
| 18 | 355 | 37 | 25 | 36 | 20 | 34 | 30 | 251 | 0 | 45 | 45 | 53 | 45 | 0 |

## II<sup>b</sup>. Tafel für Stunden.

| Anzahl | Länge | | | | | | | Anomalie | | | | | | |
|---|---|---|---|---|---|---|---|---|---|---|---|---|---|---|
| | ° | ′ | ″ | ‴ | $^{IV}$ | $^{V}$ | $^{VI}$ | ° | ′ | ″ | ‴ | $^{IV}$ | $^{V}$ | $^{VI}$ |
| 1 | 0 | 2 | 27 | 50 | 43 | 3 | 1 | 0 | 7 | 46 | 0 | 17 | 28 | 59 |
| 2 | 0 | 4 | 55 | 41 | 26 | 6 | 2 | 0 | 15 | 32 | 0 | 34 | 57 | 59 |
| 3 | 0 | 7 | 23 | 32 | 9 | 9 | 3 | 0 | 23 | 18 | 0 | 52 | 26 | 58 |
| 4 | 0 | 9 | 51 | 22 | 52 | 12 | 5 | 0 | 31 | 4 | 1 | 9 | 55 | 58 |
| 5 | 0 | 12 | 19 | 13 | 35 | 15 | 6 | 0 | 38 | 50 | 1 | 27 | 24 | 57 |
| 6 | 0 | 14 | 47 | 4 | 18 | 18 | 7 | 0 | 46 | 36 | 1 | 44 | 53 | 57 |
| 7 | 0 | 17 | 14 | 55 | 1 | 21 | 9 | 0 | 54 | 22 | 2 | 2 | 22 | 57 |
| 8 | 0 | 19 | 42 | 45 | 44 | 24 | 10 | 1 | 2 | 8 | 2 | 19 | 51 | 56 |
| 9 | 0 | 22 | 10 | 36 | 27 | 27 | 11 | 1 | 9 | 54 | 2 | 37 | 20 | 56 |
| 10 | 0 | 24 | 38 | 27 | 10 | 30 | 12 | 1 | 17 | 40 | 2 | 54 | 49 | 55 |
| 11 | 0 | 27 | 6 | 17 | 53 | 33 | 14 | 1 | 25 | 26 | 3 | 12 | 18 | 55 |
| 12 | 0 | 29 | 34 | 8 | 36 | 36 | 15 | 1 | 33 | 12 | 3 | 29 | 47 | 55 |
| 13 | 0 | 32 | 1 | 59 | 19 | 39 | 16 | 1 | 40 | 58 | 3 | 47 | 16 | 54 |
| 14 | 0 | 34 | 29 | 50 | 2 | 42 | 18 | 1 | 48 | 44 | 4 | 4 | 45 | 54 |
| 15 | 0 | 36 | 57 | 40 | 45 | 45 | 19 | 1 | 56 | 30 | 4 | 22 | 14 | 53 |
| 16 | 0 | 39 | 25 | 31 | 28 | 48 | 20 | 2 | 4 | 16 | 4 | 39 | 43 | 53 |
| 17 | 0 | 41 | 53 | 22 | 11 | 51 | 21 | 2 | 12 | 2 | 4 | 57 | 12 | 52 |
| 18 | 0 | 44 | 21 | 12 | 54 | 54 | 23 | 2 | 19 | 48 | 5 | 14 | 41 | 52 |
| 19 | 0 | 46 | 49 | 3 | 37 | 57 | 24 | 2 | 27 | 34 | 5 | 32 | 10 | 52 |
| 20 | 0 | 49 | 16 | 54 | 21 | 0 | 25 | 2 | 35 | 20 | 5 | 49 | 39 | 51 |
| 21 | 0 | 51 | 44 | 45 | 4 | 3 | 27 | 2 | 43 | 6 | 6 | 7 | 8 | 51 |
| 22 | 0 | 54 | 12 | 35 | 47 | 6 | 28 | 2 | 50 | 52 | 6 | 24 | 37 | 50 |
| 23 | 0 | 56 | 40 | 26 | 30 | 9 | 29 | 2 | 58 | 38 | 6 | 42 | 6 | 50 |
| 24 | 0 | 59 | 8 | 17 | 13 | 12 | 31 | 3 | 6 | 24 | 6 | 59 | 35 | 50 |

## IIIª. Tafel für Monate.

| Tage | Länge | | | | | | | Anomalie | | | | | | |
|---|---|---|---|---|---|---|---|---|---|---|---|---|---|---|
| 30 | 29° | 34′ | 8″ | 36‴ | 36$^{IV}$ | 15$^{V}$ | 30$^{VI}$ | 93° | 12′ | 3″ | 29‴ | 47$^{IV}$ | 55$^{V}$ | 0$^{VI}$ |
| 60 | 59 | 8 | 17 | 13 | 12 | 31 | 0 | 186 | 24 | 6 | 59 | 35 | 50 | 0 |
| 90 | 88 | 42 | 25 | 49 | 48 | 46 | 30 | 279 | 36 | 10 | 29 | 23 | 45 | 0 |
| 120 | 118 | 16 | 34 | 26 | 25 | 2 | 0 | 12 | 48 | 13 | 59 | 11 | 40 | 0 |
| 150 | 147 | 50 | 43 | 3 | 1 | 17 | 30 | 106 | 0 | 17 | 28 | 59 | 35 | 0 |
| 180 | 177 | 24 | 51 | 39 | 37 | 33 | 0 | 199 | 12 | 20 | 58 | 47 | 30 | 0 |
| 210 | 206 | 59 | 0 | 16 | 13 | 48 | 30 | 292 | 24 | 24 | 28 | 35 | 25 | 0 |
| 240 | 236 | 33 | 8 | 52 | 50 | 4 | 0 | 25 | 36 | 27 | 58 | 23 | 20 | 0 |
| 270 | 266 | 7 | 17 | 29 | 26 | 19 | 30 | 118 | 48 | 31 | 28 | 11 | 15 | 0 |
| 300 | 295 | 41 | 26 | 6 | 2 | 35 | 0 | 212 | 0 | 34 | 57 | 59 | 10 | 0 |
| 330 | 325 | 15 | 34 | 42 | 38 | 50 | 30 | 305 | 12 | 38 | 27 | 47 | 5 | 0 |
| 360 | 354 | 49 | 43 | 19 | 15 | 6 | 0 | 38 | 24 | 41 | 57 | 35 | 0 | 0 |

## IIIᵇ. Tafel für Tage.

| Anzahl | Länge | | | | | | | Anomalie | | | | | | |
|---|---|---|---|---|---|---|---|---|---|---|---|---|---|---|
| 1 | 0° | 59′ | 8″ | 17‴ | 13$^{IV}$ | 12$^{V}$ | 31$^{VI}$ | 3° | 6′ | 24″ | 6‴ | 59$^{IV}$ | 35$^{V}$ | 50$^{VI}$ |
| 2 | 1 | 58 | 16 | 34 | 26 | 25 | 2 | 6 | 12 | 48 | 13 | 59 | 11 | 40 |
| 3 | 2 | 57 | 24 | 51 | 39 | 37 | 33 | 9 | 19 | 12 | 20 | 58 | 47 | 30 |
| 4 | 3 | 56 | 33 | 8 | 52 | 50 | 4 | 12 | 25 | 36 | 27 | 58 | 23 | 20 |
| 5 | 4 | 55 | 41 | 26 | 6 | 2 | 35 | 15 | 32 | 0 | 34 | 57 | 59 | 10 |
| 6 | 5 | 54 | 49 | 43 | 19 | 15 | 6 | 18 | 38 | 24 | 41 | 57 | 35 | 0 |
| 7 | 6 | 53 | 58 | 0 | 32 | 27 | 37 | 21 | 44 | 48 | 48 | 57 | 10 | 50 |
| 8 | 7 | 53 | 6 | 17 | 45 | 40 | 8 | 24 | 51 | 12 | 55 | 56 | 46 | 40 |
| 9 | 8 | 52 | 14 | 34 | 58 | 52 | 39 | 27 | 57 | 37 | 2 | 56 | 22 | 30 |
| 10 | 9 | 51 | 22 | 52 | 12 | 5 | 10 | 31 | 4 | 1 | 9 | 55 | 58 | 20 |
| 11 | 10 | 50 | 31 | 9 | 25 | 17 | 41 | 34 | 10 | 25 | 16 | 55 | 34 | 10 |
| 12 | 11 | 49 | 39 | 26 | 38 | 30 | 12 | 37 | 16 | 49 | 23 | 55 | 10 | 0 |
| 13 | 12 | 48 | 47 | 43 | 51 | 42 | 43 | 40 | 23 | 13 | 30 | 54 | 45 | 50 |
| 14 | 13 | 47 | 56 | 1 | 4 | 55 | 14 | 43 | 29 | 37 | 37 | 54 | 21 | 40 |
| 15 | 14 | 47 | 4 | 18 | 18 | 7 | 45 | 46 | 36 | 1 | 44 | 53 | 57 | 30 |
| 16 | 15 | 46 | 12 | 35 | 31 | 20 | 16 | 49 | 42 | 25 | 51 | 53 | 33 | 20 |
| 17 | 16 | 45 | 20 | 52 | 44 | 32 | 47 | 52 | 48 | 49 | 58 | 53 | 9 | 10 |
| 18 | 17 | 44 | 29 | 9 | 57 | 45 | 18 | 55 | 55 | 14 | 5 | 52 | 45 | 0 |
| 19 | 18 | 43 | 37 | 27 | 10 | 57 | 49 | 59 | 1 | 38 | 12 | 52 | 20 | 50 |
| 20 | 19 | 42 | 45 | 44 | 24 | 10 | 20 | 62 | 8 | 2 | 19 | 51 | 56 | 40 |
| 21 | 20 | 41 | 54 | 1 | 37 | 22 | 51 | 65 | 14 | 26 | 26 | 51 | 32 | 30 |
| 22 | 21 | 41 | 2 | 18 | 50 | 35 | 22 | 68 | 20 | 50 | 33 | 51 | 8 | 20 |
| 23 | 22 | 40 | 10 | 36 | 3 | 47 | 53 | 71 | 27 | 14 | 40 | 50 | 44 | 10 |
| 24 | 23 | 39 | 18 | 53 | 17 | 0 | 24 | 74 | 33 | 38 | 47 | 50 | 20 | 0 |
| 25 | 24 | 38 | 27 | 10 | 30 | 12 | 55 | 77 | 40 | 2 | 54 | 49 | 55 | 50 |
| 26 | 25 | 37 | 35 | 27 | 43 | 25 | 26 | 80 | 46 | 27 | 1 | 49 | 31 | 40 |
| 27 | 26 | 36 | 43 | 44 | 56 | 37 | 57 | 83 | 52 | 51 | 8 | 49 | 7 | 30 |
| 28 | 27 | 35 | 52 | 2 | 9 | 50 | 28 | 86 | 59 | 15 | 15 | 48 | 43 | 20 |
| 29 | 28 | 35 | 0 | 19 | 23 | 2 | 59 | 90 | 5 | 39 | 22 | 48 | 19 | 10 |
| 30 | 29 | 34 | 8 | 36 | 36 | 15 | 30 | 93 | 12 | 3 | 29 | 47 | 55 | 0 |

## Fünftes Kapitel.
### Vorbemerkungen zu den Hypothesen der fünf Wandelsterne.

Da sich an die Aufstellung vorstehender Tafeln zunächst{Ha 156 / Hei 250
das Kapitel von den Anomalien anzuschließen hat, welche
bei dem Lauf in Länge der fünf Wandelsterne eintreten, so
haben wir zunächst zur allgemeinen Orientierung folgendes
zu bemerken. 5
Der einfachsten Bewegungen, die zugleich zur Lösung
des vorliegenden Problems ausreichen, gibt es wie (S. 96,30)
gesagt zwei: die eine geht auf Kreisen vor sich, welche zur
Ekliptik exzentrisch liegen, die andere auf Kreisen, welche
mit der Ekliptik konzentrisch sind und Epizyklen in Um- 10
lauf versetzen. Nun gibt es gleicherweise für jeden Planeten
auch zwei scheinbare Anomalien: die eine wird theoretisch auf die Teile der Ekliptik bezogen, die andere auf
die Stellungen zur Sonne.
Was zunächst die letztere Anomalie anbelangt, so er- 15
hielten wir aus der Beobachtung verschiedener unmittelbar
aufeinander folgender Stellungen (zur Sonne) in denselben
Teilen der Ekliptik das Ergebnis, daß bei den fünf Wandelsternen die Zeit von der größten Bewegung bis zur mittleren jederzeit größer ist als die von der mittleren bis zur 20
kleinsten Bewegung[a], eine charakteristische Erscheinung,
welche bei der exzentrischen Hypothese nicht eintreten kann,
da bei ihr das Gegenteil stattfinden muß (vgl. I 153, 22).
Denn erstens geht bei dieser Hypothese der größte Lauf
jederzeit in der größten Erdnähe vor sich, zweitens ist — 25
und das gilt für beide Hypothesen — der Bogen (des Exzenters oder des Epizykels) von dem Perigeum bis zu dem{Ha 157 / Hei 251

---

a) Weil die Planeten in der Zeit von der größten zur mittleren Bewegung rückläufig und stationär werden, während
sie in der Zeit von der mittleren zur kleinsten Bewegung durchgängig rechtläufig sind.

Punkte der mittleren Bewegung k l e i n e r als der Bogen von
diesem Punkte bis zu dem Apogeum.[a] Nun kann allerdings
bei der epizyklischen Hypothese diese Erscheinung in dem
Fall eintreten, wenn der größte Lauf nicht im Perigeum
5 (des Epizykels), wie bei dem Monde, sondern im Apogeum
vor sich geht, d. h. wenn der Planet von dem Apogeum aus
nicht g e g e n die Richtung der Zeichen, wie der Mond
(I 219, 6), sondern in der Richtung der Zeichen seinen
Fortschritt (auf dem Epizykel) bewerkstelligt. Daher legen
10 wir die Annahme zugrunde, daß d i e s e Art der Anomalie
vermittelst der Epizyklen zum Ausdruck gelangt.

Was zweitens die theoretisch auf die Teile der Ekliptik
bezogene Anomalie anbelangt, so erhielten wir vermittelst
der Ekliptikbogen, welche sich bis zu denselben heliakischen
15 Aufgängen oder denselben Stellungen erstrecken, das gegen-
teilige Ergebnis, daß die Zeit von der kleinsten Bewegung
bis zur mittleren immer g r ö ß e r ist als die von der mittleren bis zur größten Bewegung[b], wieder eine charakteristische
Erscheinung, welche zwar bei jeder der beiden Hypothesen
20 eintreten kann — wir haben diesen Punkt bei der Würdi-
gung der Gleichartigkeit beider Hypothesen im Anfang
des Abschnitts von der Sonne (I 153, 22) ausführlich
besprochen — aber doch eigentlich mehr eine Begleit-
erscheinung der exzentrischen Hypothese ist. So legen wir
25 denn die Annahme zugrunde, daß d i e s e Art der Anomalie
nach der exzentrischen Hypothese zum Ausdruck gelange,
weil die andere Anomalie ausschließlich als eine Eigentümlichkeit der epizyklischen Hypothese erfunden worden ist.

Nun fanden wir aber weiter bei fortgesetzter genauer An-
30 passung und Vergleichung des von Fall zu Fall durch die
Beobachtung festgestellten Laufs mit den aus der Kombination beider Hypothesen sich ergebenden Leitpunkten, daß

---

a) Vgl. die Figuren zu Anm. 24 u. 35 im Anhang zu Band I.
b) Weil auch bei den Planeten, wie bei der Sonne und dem
Monde, der s c h e i n b a r e Lauf in der Erdferne kleiner ist als
der g l e i c h f ö r m i g e, größer dagegen in der Erdnähe.

der Verlauf der Bewegung nicht so ganz einfach sein könne. {Ha 158 / Hei 252}
Erstens können die Ebenen, in denen wir die Exzenter beschreiben, nicht unbeweglich sein, weil dann die durch beide
Mittelpunkte — durch den des betreffenden Exzenters und
den der Ekliptik — gehende Gerade, auf welche die Theorie
die Apogeen und die Perigeen verlegt, ewig in derselben
Entfernung von den Wende- oder den Nachtgleichenpunkten
verharren müßte. Zweitens können die Epizyklen wieder
ihre Mittelpunkte nicht auf diesen Exzentern zum Umlauf
gelangen lassen, deren Zentren es sind, an denen bei gleichförmiger Herumleitung der Bewegung in der Richtung der
Zeichen die Epizyklen in den gleichen Zeiten die gleichen
Winkel bilden müssen. Wir fanden vielmehr, daß erstens
auch die Apogeen der Exzenter einen ganz geringen von den
Wendepunkten aus in der Richtung der Zeichen vor sich
gehenden Fortschritt bewerkstelligen, welcher wieder gleichförmig um den Mittelpunkt der Ekliptik verläuft und für
alle Planeten ungefähr ebensogroß ist, wie er an der Fixsternsphäre wahrgenommen worden ist — d. h. in 100 Jahren
vom Betrage eines Grades —, soweit es wenigstens möglich ist, aus dem vorliegenden Material einen Einblick zu
gewinnen. Zweitens fanden wir, daß die Mittelpunkte der
Epizyklen auf Kreisen umlaufen, die zwar
gleichgroß sind, wie die (ersten) Exzenter,
welche die Anomalie bewirken, aber nicht um
dieselben Zentren beschrieben werden. Vielmehr liegen bei den anderen (vier) Planeten
diese Zentren in den Halbierungspunkten (Z)
der Strecke (ΔE), welche zwischen den Mittelpunkten (Δ) jener (die Anomalie bewirkenden) Exzenter und dem Mittelpunkt (E) der
Ekliptik liegt. Nur bei dem Merkur läuft dieser (den Epizykel tragende) Kreis um ein Zentrum (H), welches ebensogroßen Abstand von dem es (H) herumleitenden Mittelpunkt
(Z) hat, wie dieser (Z) von dem Zentrum (Δ) des die Anomalie bewirkenden Exzenters nach dem Apogeum zu absteht,
und letzteres Zentrum (Δ) wieder von dem für das Auge

angenommenen Mittelpunkt (E).[a]) Denn nur bei diesem
Planeten fanden wir, wie schon bei dem Monde, daß der
(den Epizykel tragende) Exzenter von dem obenbezeichneten
Zentrum (Z) in der dem Epizykellauf entgegengesetzten
Richtung, d. i. wieder gegen die Richtung der Zeichen,
eine Umdrehung im Jahre herumgeleitet wird, da auch der
Merkur zweimal bei dem einen Umlauf scheinbar in die
größte Erdnähe gelangt, wie dies bei dem Monde zweimal
in einem Monate geschieht.

## Sechstes Kapitel.
### Art und Unterschied der Hypothesen.

Die aus den vorstehend erklärten Gründen vorgenommene
Kombination der Hypothesen dürfte auf folgendem Wege
dem Verständnis nähergebracht werden.

I. Was zunächst die Hypothese der anderen (vier) Planeten anbelangt, so denke man sich als den (die Anomalie
bewirkenden) Exzenter den Kreis ABΓ um das Zentrum Δ; der
durch Δ und den Mittelpunkt der Ekliptik gehende Durchmesser sei AΔΓ, auf welchem der Mittelpunkt E der Ekliptik,
d. i. das Auge des Beobachters, den Punkt A zum Apogeum und
den Punkt Γ zum Perigeum machen soll. Nachdem man die
Strecke ΔE in Punkt Z halbiert hat, beschreibe man um Z als
Zentrum mit der Strecke ΔA den Kreis HΘK, welcher demnach natürlich dem Kreise ABΓ gleich ist, und um Θ als
Zentrum den Epizykel ΛM. Alsdann ziehe man die Verbindungslinie ΛΘMΔ.

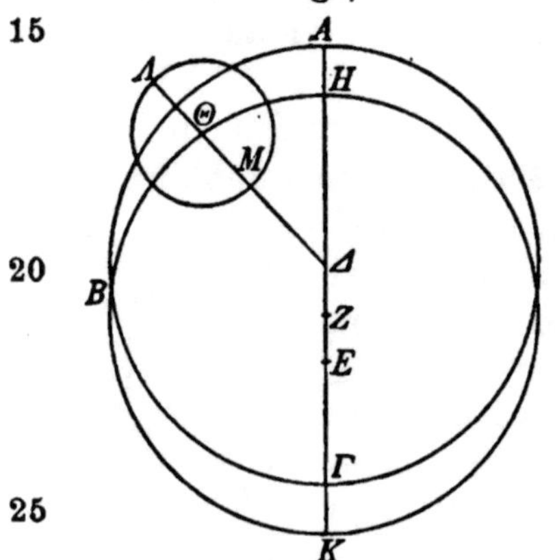

---

a) So daß die drei Strecken HZ, ZΔ und ΔE einander gleich
sind. Infolgedessen wird das Zentrum H des beweglichen Exzenters bei jedem Umlauf einmal mit dem Zentrum Δ des die Anomalie bewirkenden Exzenters zusammenfallen.

Die erste Annahme, welche wir zu machen haben, ist die,
daß die Ebene der Exzenter schiefgestellt sei gegen die
Ebene der Ekliptik, und ebenso die Ebene der Epizyklen
schiefgestellt gegen die Ebene der Exzenter. Das ist
notwendig wegen des Laufs der Planeten in Breite nach
den später (Buch XIII) von uns hierüber zu führenden Beweisen. Was indessen den Lauf in Länge anbelangt, so
können wir uns der Erleichterung halber sämtliche Kreise
in der Ebene der Ekliptik liegend denken, weil bei so kleinen
Neigungswinkeln, wie sie sich bei jedem Planeten durchgängig herausstellen werden, keine nennenswerte Differenz
(für den Lauf) in Länge eintreten wird.

Weiter legen wir folgende Annahmen zugrunde. Erstens
bewegt sich die ganze Ebene (in der wir sämtliche Kreise
annehmen) gleichförmig in der Richtung der Zeichen um
den Mittelpunkt E herum: hierdurch trägt sie die Apogeen
und Perigeen (der Exzenter) in 100 Jahren einen Grad
weiter. Zweitens wird der Epizykeldurchmesser ΛΘM von
dem Zentrum Δ[a]) wieder gleichförmig in der Richtung der
Zeichen, wie es der Wiederkehr des Planeten in Länge
entspricht, herumgeleitet: hierdurch führt er die Epizykel-
punkte Λ und M sowie den jederzeit auf dem Exzenter HΘK
liegenden Mittelpunkt Θ mit herum. Drittens bewegt sich
der Planet selbst wieder gleichförmig auf dem Epizykel ΛM:
hierdurch vollzieht er seine Wiederkehren mit Bezug auf
den jederzeit nach dem Zentrum Δ gerichteten Durchmesser
(des Epizykels) entsprechend dem mittleren Lauf in Anomalie zur Sonne[b]) und unter der Voraussetzung, daß sein
Fortschritt im Apogeum Λ in der Richtung der Zeichen vor
sich gehe.

II. Die bei dem Merkur sich einstellende Besonderheit der
Hypothese dürften wir auf folgende Weise veranschaulichen.

---

a) D. h. von einer Leitlinie (radius vector), die von diesem
Zentrum aus durch den Mittelpunkt des Epizykels geht und mit
dem Durchmesser ΛΘM stets zusammenfällt.

b) D. h. den Beträgen entsprechend, wie sie S. 101 f. festgestellt
worden sind.

Der Exzenter der Anomalie sei der Kreis A B Γ um das Zentrum Δ, der durch Δ und den Ekliptikmittelpunkt E durch das Apogeum A gehende Durchmesser sei A Δ E Γ. Auf letzterem trage man nach dem Apogeum A zu die Strecke Δ Z gleich Δ E ab.

Die übrigen Annahmen bleiben dieselben, d. h. erstens trägt die ganze Ebene das Apogeum in der Richtung der Zeichen um den Mittelpunkt E um ebensoviel weiter, wie bei den anderen Planeten; zweitens wird der Epizykel gleichförmig in der Richtung der Zeichen von der Leitlinie Δ B um das Zentrum Δ herumgeleitet; drittens bewegt sich der Planet auf dem Epizykel ebenso wie die anderen. Dagegen

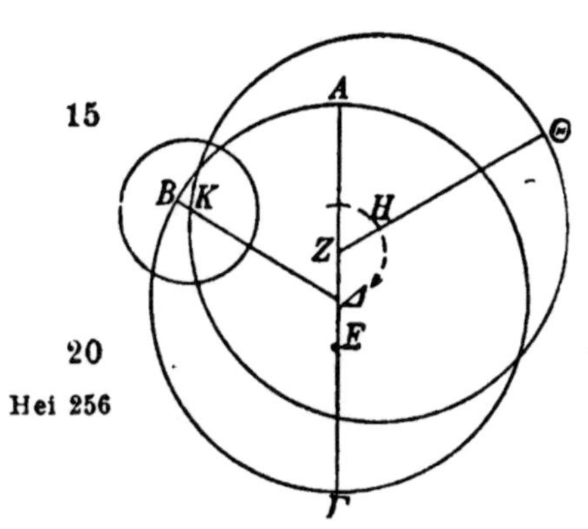

wird hier das Zentrum (H) des anderen dem ersten wieder gleichen Exzenters, auf welchem jederzeit der Mittelpunkt (K) des Epizykels liegen wird, von der Leitlinie Z H Θ gleichförmig und gleichschnell wie der Epizykel um das Zentrum Z herumgeführt werden, aber in der entgegengesetzten Richtung wie der Epizykel (läuft), d. h. gegen die Richtung der Zeichen. Die Folge davon wird sein, daß die beiden Leitlinien Δ K B und Z H Θ einmal im Jahre eine Wiederkehr mit Bezug auf die Punkte der Ekliptik bewerkstelligen (d. h. in die Ausgangslage zurückkehren), mit Bezug aufeinander aber selbstverständlich zweimal (auf die Gerade A Γ zu liegen kommen). Hierbei wird das Zentrum (H) von dem Punkte Z stets die Strecke Z H, die ihrerseits jeder der beiden Strecken Δ E und Δ Z gleich ist, Abstand haben. Die Folge wird sein, daß erstens der kleine Kreis, welcher von der gegen die Richtung der Zeichen verlaufenden Bewegung dieses Punktes (H) mit dem Abstand Z H um das Zentrum Z beschrieben wird, durchaus auch durch das Zentrum Δ des ersten unbeweglichen Exzenters geht, daß zweitens der bewegliche Exzenter, an der Figur

ΘK, in jedem gegebenen Fall um das Zentrum H mit dem
Abstand HΘ, der gleich ist dem Abstand ΔA, verläuft, und
daß drittens der Epizykel jederzeit seinen Mittelpunkt auf
diesem (beweglichen Exzenter) hat, wie z. B. an der Figur
in Punkt K.　　　　5

Die hier mitgeteilten Annahmen werden dem Verständnis
noch geläufiger werden bei den Nachweisen, die wir weiter- Hu 162
hin bezüglich der zahlenmäßigen Beträge, mit denen wir
für jeden einzelnen Planeten zu rechnen haben, noch führen
müssen. Bei dieser Gelegenheit werden auch die Gründe in 10
schärferen Umrissen zutage treten, welche die Aufstellung Hei 257
der Hypothesen veranlaßt haben.

Vorausgeschickt muß noch folgende Bemerkung werden.
Die Wiederkehren des Laufs in Länge sind nicht an die
Punkte der Ekliptik gebunden, in denen die Apogeen oder 15
Perigeen der Exzenter liegen, weil wir die Veränderlichkeit
dieser Punkte (infolge der Präzession) als erwiesen annehmen.
Daher entsprechen die von uns auf dem oben (S. 102, 12)
dargelegten Wege ermittelten Bewegungen in Länge nicht
den theoretisch auf die Apogeen der Exzenter bezogenen 20
Wiederkehren, sondern denjenigen Bewegungen, welche sich
mit Bezug auf die Wende- und Nachtgleichenpunkte innerhalb der zurzeit feststehenden Jahreslänge vollziehen.[a] Der
erste Beweis, den wir demnach zu führen haben, ist der,
daß auch nach den hier aufgestellten Hypothesen[b] folgen- 25
der Satz gilt:

Wenn der mittlere Ort des Planeten in Länge beiderseits
von den Apogeen oder den Perigeen gleichweit entfernt
liegt, so stellt sich in jeder dieser beiden Entfernungen die
gleichgroße Differenz der auf die Ekliptik bezogenen Ano- 30
malie ein und es tritt (somit) auf dem Epizykel nach der-

---

a) Dieselbe Bemerkung war oben (S. 99, 26) zu den Wiederkehren in Anomalie gemacht worden.

b) Gerade wie dies für die Sonne und den Mond nachgewiesen
worden ist.　　Vgl. I 163, 15.

selben Seite[a]) die größtmögliche Elongation (des Planeten) von dem mittleren Ort ein.

I. Beweis für die Hypothesen der vier ersten Planeten.
Es sei der Exzenter, auf dem sich der Mittelpunkt des Epizykels bewegt, der Kreis ABΓΔ um das Zentrum E und den
Durchmesser AEΓ, auf welchem der Mittelpunkt der Ekliptik in Punkt Z angenommen sei. Das Zentrum des die
Anomalie bewirkenden Exzen-
ters, d. i. das Zentrum, um welches wir den mittleren Lauf
des Epizykels in gleichförmiger
Bewegung vor sich gehen lassen, sei H. Man ziehe die (in
Punkt H) sich schneidenden
Sehnen BHΘ und ΔHK, von
denen jede gleichweit von
dem Apogeum A entfernt sei,
so daß die Winkel AHB und
AHΔ einander gleich seien,
und beschreibe um die Punkte B und Δ gleichgroße Epizyklen. Alsdann ziehe man die Verbindungslinien BZ und
ΔZ und von Punkt Z, d. i. von dem Auge, nach derselben
Seite[b]) an die Epizyklen die Tangenten ZΛ und ZM.

Ich behaupte, daß erstens die Winkel der auf die Ekliptik bezogenen Anomalie einander gleich seien, d. h. daß
∠ HBZ = ∠ HΔZ, und daß zweitens die Winkel der auf
dem Epizykel eintretenden größten Elongation einander gleich

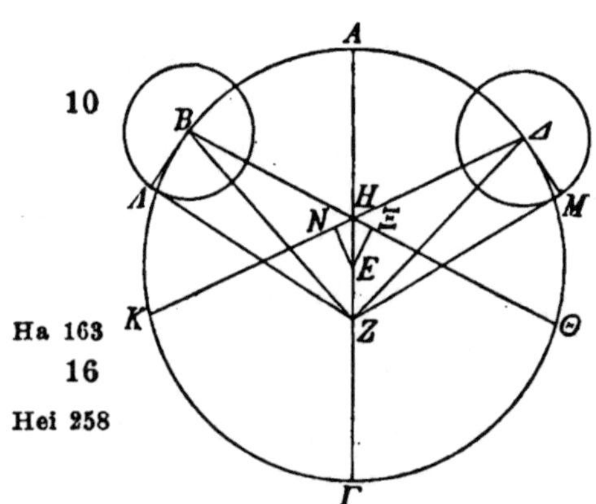



a) Es kann nur diejenige Seite des Epizykels gemeint sein,
welche von dem Apogeum des Exzenters, mag der Epizykel vor
oder nach demselben stehen, gleichweit entfernt ist. Was die
Elongationen der Venus anbelangt, so zeigt die Figur links des
Apogeums in Punkt Λ eine größte Elongation als Abendstern,
rechts in Punkt M eine solche als Morgenstern.

b) Auch hier ist *ἐπὶ τὰ αὐτὰ μέρη* in demselben Sinne wie
oben zu verstehen, obgleich links die Abendseite und rechts die
Morgenseite des Epizykels von der Tangente berührt wird. Diese
Bezeichnung kehrt auch S. 128,19 u. S. 156,5 wieder. Man erwartet
vielmehr *ἐπὶ τὰ ἐναντία* wie Buch X, Kap. 3 i. A.

seien, d. h. daß $\angle\,\mathsf{BZ\Lambda} = \angle\,\mathsf{\Delta ZM}$. Ist dies der Fall, so werden auch die zahlenmäßigen Beträge der aus der Vereinigung (mit der Anomaliedifferenz) gewonnenen (scheinbaren) größten Elongationen von dem mittleren Ort gleichgroß sein. 5

Man fälle von den Punkten $\mathsf{B}$ und $\mathsf{\Delta}$ auf die Tangenten $\mathsf{Z\Lambda}$ und $\mathsf{ZM}$ die Lote $\mathsf{B\Lambda}$ und $\mathsf{\Delta M}$, und von $\mathsf{E}$ auf die Sehnen $\mathsf{B\Theta}$ und $\mathsf{\Delta K}$ die Lote $\mathsf{EN}$ und $\mathsf{E\Xi}$. Dann ist (in den rechtwinkligen Dreiecken $\mathsf{HNE}$ und $\mathsf{H\Xi E}$)

$$\angle\,\mathsf{NHE} = \angle\,\mathsf{\Xi HE}\ \text{(als Scheitelwinkel gleicher Winkel)},\quad 10$$
$$\angle\,\mathsf{HNE} = \angle\,\mathsf{H\Xi E}\ \text{als Rechte,}$$
$$\mathsf{HE} = \mathsf{HE}\ \text{als gemeins. Seite der gleichw. Dreiecke,}$$

(mithin $\triangle\,\mathsf{HNE} \cong \triangle\,\mathsf{H\Xi E}$) (Eukl. I. 26).

Demnach sind einander gleich einerseits die Katheten $\mathsf{NH}$ und $\mathsf{\Xi H}$, anderseits der Katheten $\mathsf{EN}$ und $\mathsf{E\Xi}$. Mithin sind Hei 259 die Sehnen $\mathsf{B\Theta}$ und $\mathsf{\Delta K}$ (nach Eukl. III. 14) von dem Mittel- 16 punkt $\mathsf{E}$ gleichweit entfernt, demnach einander gleich. Folglich sind auch ihre Hälften (nach Eukl. III. 3) gleichgroß, so daß auch

$$\mathsf{BH} = \mathsf{\Delta H}\ \text{als Differenzen (gleichgroßer Linien),}\quad 20$$

ferner ist $\begin{cases} \mathsf{HZ} = \mathsf{HZ}\ \text{als gemeinsame Seite,} \\ \angle\,\mathsf{BHZ} = \angle\,\mathsf{\Delta HZ}\ \text{von gleich. Seiten eingeschlossen,} \end{cases}$

(mithin $\triangle\,\mathsf{BHZ} \cong \triangle\,\mathsf{\Delta HZ}$) (Eukl. I. 4)

folglich $\begin{cases} grl\ \mathsf{BZ} = grl\ \mathsf{\Delta Z}, \\ \angle\,\mathsf{HBZ} = \angle\,\mathsf{H\Delta Z}.\ \text{(Erstes Ziel des Beweises.)} \end{cases}$ 25

Ferner ist $\begin{cases} \mathsf{B\Lambda} = \mathsf{\Delta M}\ \text{als } ephm, \\ \angle\,\mathsf{B\Lambda Z} = \angle\,\mathsf{\Delta MZ}\ \text{als Rechte,} \end{cases}$

(mithin $\triangle\,\mathsf{B\Lambda Z} \cong \triangle\,\mathsf{\Delta MZ}$) (Eukl. I. 26)

folglich $\angle\,\mathsf{BZ\Lambda} = \angle\,\mathsf{\Delta ZM}$, was zu beweisen war.

II. Beweis für den Merkur. Der durch die Zentren und Ha 164 das Apogeum der Kreise gehende Durchmesser sei $\mathsf{AB\Gamma}$; 31 als Mittelpunkt der Ekliptik sei $\mathsf{A}$ angenommen, $\mathsf{B}$ als Zentrum des die Anomalie bewirkenden Exzenters, und $\mathsf{\Gamma}$ als der Punkt, um welchen sich das Zentrum des den Epizykel tragenden Exzenters bewegt. Man ziehe wieder nach beiden 35 Seiten (des Apogeums von $\mathsf{B}$ aus) die Geraden $\mathsf{B\Delta}$ und $\mathsf{BE}$

als Leitlinien der gleichförmigen in der Richtung der Zeichen vor sich gehenden Bewegung des Epizykels und (von Γ aus) die Geraden ΓZ und ΓH als Leitlinien[a] der gleichschnell gegen die Richtung der Zeichen verlaufenden Herumführung des (den Epizykel tragenden) Exzenters, so daß selbstverständlich (infolge Gleichheit der Bewegung) die bei Γ und B gebildeten Winkel gleichgroß sind und (deshalb) BΔ parallel zu ΓZ und BE parallel zu ΓH verläuft. Nun bestimme man auf den Geraden ΓZ und ΓH die Mittelpunkte der Exzenter[b]: es seien dies die Punkte Θ und K. Die um dieselben beschriebenen Exzenter, auf denen die Epizyklen stehen, sollen durch die Punkte Δ und E gehen.[c] Nachdem man nun wieder um Δ und E gleichgroße Epizyklen beschrieben hat, ziehe man die Verbindungslinien AΔ und AE, und nach derselben Seite an die Epizyklen die Tangenten AΛ und AM.

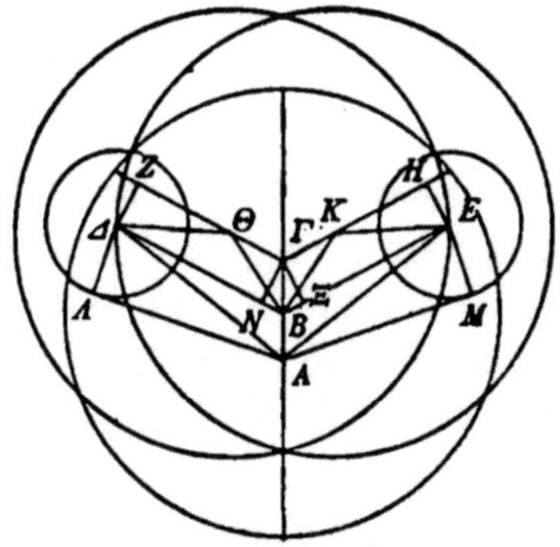

Es soll also der Beweis geführt werden, daß auch in diesem Fall erstens die Winkel der auf die Ekliptik bezogenen Anomaliedifferenz einander gleich sind, d. h. daß $\angle$ AΔB = $\angle$ AEB, und daß zweitens ebenfalls einander gleich sind die Winkel der auf dem Epizykel eintretenden größten Elongationen, d. h. daß $\angle$ ΔAΛ = $\angle$ EAM.

Man ziehe die Verbindungslinien BΘ, BK und ΘΔ, KE und fälle von Γ auf die Geraden BΔ und BE die Lote ΓN

---

a) Insofern als Leitlinien zu bezeichnen, als der auf ihnen liegende Mittelpunkt (einerseits K, andererseits Θ) des beweglichen Exzenters durch sie herumgeleitet wird.

b) D h. die jeweilige Lage des an der Fig. S. 124 mit H bezeichneten Mittelpunktes des beweglichen Exzenters.

c) Durch Δ der um K beschriebene Kreis, durch E der um Θ beschriebene, wie an der von mir beigegebenen Figur deutlicher ist, als an der in fehlerhaften Verhältnissen gezeichneten Skelettfigur des Originals.

und ΓΞ, von den Punkten Δ und E auf die Geraden ΓΖ
und ΓΗ die Lote ΔΖ und ΕΗ, endlich auf die Geraden ΑΛ
und ΑΜ die Lote ΔΛ und ΕΜ. Dann ist (in den rechtwinkligen Dreiecken ΓΝΒ und ΓΞΒ)

∠ΓΒΝ = ∠ΓΒΞ (nach Annahme),     5

∠ΓΝΒ = ∠ΓΞΒ als Rechte,     Hei 261

ΓΒ = ΓΒ als gemeinsame Seite,

(mithin Δ ΓΝΒ ≅ Δ ΓΞΒ) (Eukl. I. 26)

folglich { ΓΝ = ΓΞ,

ΔΖ = ΕΗ. (im Parallelogramm)     10

Ferner ist { ΘΔ = ΚΕ,[a]

∠ΘΖΔ = ∠ΚΗΕ als Rechte,

(mithin Δ ΘΖΔ ≅ Δ ΚΗΕ) (als rechtwinklig)

folglich ∠ ΔΘΖ = ∠ΕΚΗ.

Ferner ist { ΘΓ = ΓΚ nach Annahme,     15

ΓΒ = ΓΒ als gemeinsame Seite,

∠ΘΓΒ = ∠ΚΓΒ,

(mithin Δ ΘΓΒ ≅ Δ ΚΓΒ) (Eukl. I. 4)

folglich ∠ΓΘΒ = ∠ΓΚΒ.

(Nun war ∠ΔΘΖ = ∠ΕΚΗ)

folglich ∠ΒΘΔ = ∠ΒΚΕ. (als Erg. vorst. W. zu 180°)     20

(Ferner ist { $grl$ ΔΘ = $grl$ ΕΚ } in kongr. Dreiecken,)

{ $grl$ ΘΒ = $grl$ ΒΚ }

(mithin Δ ΒΘΔ ≅ Δ ΒΚΕ) (Eukl. I. 4)

folglich $grl$ ΒΔ = $grl$ ΒΕ.     25

Ferner ist { ΒΑ = ΒΑ als gemeinsame Seite,

∠ΔΒΑ = ∠ΕΒΑ,

(mithin Δ ΔΒΑ ≅ Δ ΕΒΑ) (Eukl. I. 4)

folglich { ∠ΑΔΒ = ∠ΑΕΒ, (Erstes Ziel des Beweises.)

{ $grl$ ΑΔ = $grl$ ΑΕ.     30

--------

a) Weil die Punkte Δ und E nach Annahme vom Apogeum
gleichweit entfernt sind, so liegen die Halbmesser ΚΔ und ΘΕ
auf e i n e r Geraden; werden beide um das gemeinsame Stück ΘΚ
verkürzt, so erhält man ΘΔ = ΚΕ.

$$\text{Ferner ist}\begin{cases} \triangle\wedge = \mathsf{EM}, \text{ (als } ephm) \\ \angle\triangle\wedge\mathsf{A} = \angle\mathsf{EMA}, \text{ (als Rechte)} \end{cases}$$
(mithin $\triangle\;\triangle\wedge\mathsf{A} \simeq \triangle\mathsf{EMA}$) (als rechtwinklig)

folglich  $\angle\triangle\mathsf{A}\wedge = \angle\mathsf{EAM}$, was zu beweisen war.

## Siebentes Kapitel.
### Nachweis des Apogeums des Merkur und der Weiterbewegung desselben.

Ha 166    Nach Feststellung dieser theoretischen Sätze erledigten
6 wir zunächst die Frage, in welchen Teilen der Ekliptik das
Hei 262 Apogeum des Planeten Merkur liegt, auf folgendem Wege.
Wir suchten Beobachtungen der größten Elongationen, bei
denen die Position (des Planeten) als Morgenstern von dem
10 mittleren Ort der Sonne, welcher zugleich der mittlere Ort
des Planeten ist, gleichweit entfernt war wie die Position
als Abendstern. Ist diese (beiderseitige) Entfernung gefunden, so muß nach dem soeben von uns geführten Beweis
das Apogeum des (festbleibenden) Exzenters den zwischen
15 den beiden Positionen in der Mitte liegenden Punkt einnehmen.

Wir fanden nun für diesen Zweck nur wenige Beobachtungen geeignet, weil die betreffende Syzygie[a] nur selten
mit der erforderlichen Schärfe der Beobachtung zugänglich
20 ist. Indessen können sie wenigstens die vorliegende Aufgabe veranschaulichen. Derartige Beobachtungen jüngeren
Datums sind folgende.

Im 16$^{\text{ten}}$ Jahre Hadrians am 16/17. ägyptischen Phamenoth abends (2. Februar 132 n. Chr.) beobachteten wir
25 vermittelst der Einrichtung des Astrolabs den Merkur in
seiner größten Elongation von dem mittleren Orte der Sonne.
Als er damals mit Bezug auf den glänzenden Stern (Alde-

---

a) Unter Syzygie sind die paarweise zusammengehörigen
größten Elongationen zu verstehen, in denen der Planet, von
dem mittleren Ort der Sonne auf entgegengesetzten Seiten des
Apogeums gleichweit entfernt, einerseits als Abendstern, anderseits als Morgenstern erscheint.

baran) der Hyaden anvisiert wurde, ergab sich als sein scheinbarer Ort in Länge )( 1⁰. Nun war zur genannten Zeit[a] der mittlere Ort der Sonne $\approx$ 9⁰45'; folglich betrug die größte Elongation vom mittleren Ort als Abendstern 21⁰15'.

Im 18$^{\text{ten}}$ Jahre Hadrians am 18/19. ägyptischen Epiphi früh morgens (4. Juni 134 n. Chr.) ergab sich für den Merkur in seiner größten Elongation, als er bei recht schwachem Glanze mit Bezug auf den glänzenden Stern (Aldebaran) der Hyaden anvisiert wurde, als scheinbarer Ort ♉ 18⁰45'. Nun war zu dieser Zeit[b] der mittlere Ort der Sonne ♊ 10⁰. Folglich betrug auch in diesem Fall die größte Elongation vom mittleren Ort als Morgenstern 21⁰15'.

Da also nach der ersten Beobachtung der mittlere Ort des Planeten $\approx$ 9⁰45', nach der zweiten ♊ 10⁰ war und der in der Mitte zwischen diesen Positionen liegende Punkt der Ekliptik in ♈ 9⁰52'30" fällt, so dürfte für die damalige Zeit der durch das Apogeum gehende Durchmesser in dieser Lage anzunehmen sein.

Wiederum beobachteten wir am Astrolab im ersten Jahre Antonins am 20/21. ägyptischen Epiphi (4. Juni 138 n. Chr.) abends den Merkur in seiner größten Elongation von dem mittleren Ort der Sonne. Als er damals mit Bezug auf den Stern (Regulus) im Herzen des Löwen anvisiert wurde, ergab sich als sein scheinbarer Ort ♋ 7⁰. Nun war zu der genannten Zeit[c] der mittlere Ort der Sonne ♊ 10⁰30'; folglich betrug die größte Elongation vom mittleren Ort als Abendstern 26⁰30'.

Desgleichen ergab sich im 4$^{\text{ten}}$ Jahre Antonins am 18/19. ägyptischen Phamenoth (2. Februar 141 n. Chr.) frühmorgens wieder in der größten Elongation unter Anvisierung mit Bezug auf den sog. Antares als sein scheinbarer Ort ♐ 13⁰30', während der mittlere Ort der Sonne $\approx$ 10⁰ war.[d]

Ha 167

6

Hel 263

10

15

20

25

31

Hel 264

---

a) Für die Zeit 878ᵃ195ᵈ7ʰ berechnet sich nach den Sonnentafeln der mittlere Ort mit $\approx$ 9⁰44'23".

b) Für die Zeit 880ᵃ317ᵈ17ʰ ergibt die Nachprüfung ♊ 9⁰56'42".

c) Für die Zeit 884ᵃ319ᵈ8ʰ ergibt die Nachprüfung ♊ 10⁰33'28".

d) Für die Zeit 887ᵃ197ᵈ18ʰ ergibt die Nachprüfung $\approx$ 10⁰0'29".

Folglich betrug auch in diesem Fall die größte Elongation vom mittleren Ort als Morgenstern genau wieder $26^0 30'$.

Da nach der ersten Beobachtung der mittlere Ort des Planeten ♏ $10^0 30'$, nach der zweiten ♒ $10^0$ war und der in der Mitte dazwischen liegende Punkt der Ekliptik in ♎ $10^0 15'$ fällt, so dürfte für die damalige Zeit der durch das Apogeum gehende Durchmesser in dieser Lage anzunehmen sein.

An der Hand dieser Beobachtungen fanden wir demnach, daß das Apogeum ohne wesentlichen Fehler in den 10ten Grad des Widders oder der Scheren fällt, während es nach den älteren Beobachtungen, die bei den größten Elongationen angestellt worden sind, im 6ten Grade der nämlichen Zeichen lag, wie sich aus den erhaltenen Mitteilungen berechnen läßt.

Im 23ten Jahre der Zeitrechnung des Dionysius[6], am Morgen des 21. Hydron[a], stand nämlich „Stilbon" von dem glänzendsten Stern ($\delta$) im Schwanze des Steinbocks (Deneb Algedi) drei Mondbreiten[2] nach Norden zu ab. Es stand aber dazumal besagter Fixstern nach unseren Anfangspunkten, d. h. nach denjenigen, welche von den Wende- und Nachtgleichenpunkten ab gerechnet werden, in ♑ $22^0 20'$,[b] und ebenda selbstverständlich[c] auch der Planet Merkur, während der mittlere Ort der Sonne gegebenermaßen ♒$18^0 10'$ war.[d] Denn der Zeitpunkt fiel in das 486te Jahr seit Nabonassar auf den 17/18. ägyptischen Choiak frühmorgens (12. Februar 262 v. Chr.). Folglich betrug die größte Elongation vom mittleren Ort als Morgenstern $25^0 50'$.

Hel 265

---

a) Der Zahl $\varkappa\vartheta'$ des griechischen Textes habe ich die Lesart $\varkappa\alpha'$ des Cod. G vorgezogen, die von zweiter Hand auch im Cod. D über $\varkappa\delta'$ steht, eine Verbesserung, welche schon Böckh (Sonnenkr. d. Alten, S. 295) der Übersetzung des Gerhard von Cremona (vigesimo primo die transacto mensis ydros) entnommen hat.

b) Nach dem Sternkatalog steht $\delta$ Capricorni in ♐ $26^0 20'$ mit $2^0$ südl. Breite, folglich genau 4 Jahrhunderte früher $4^0$ rückwärts dieses Ortes.

c) Da er 3 Mondbreiten $= 1\frac{1}{2}^0$ nördlich stand, so war sein Ort in Länge ♐ $22^0 20'$ bei $\frac{1}{2}^0$ südl. Breite.

d) Für $485^a 106^d 20^h$ ergibt die Nachprüfung ♒ $18^0 8' 2''$.

Eine dieser größten Elongation genau gleichkommende als Abendstern haben wir unter den auf uns gekommenen Beobachtungen freilich nicht gefunden, aber mit Hilfe von zwei am nächsten kommenden Elongationen haben wir die gleichgroße auf folgendem Wege berechnet. 5

Im nämlichen 23ten Jahre der Zeitrechnung des Dionysius Ha 169 blieb am Abend des 4. Tauron der Merkur hinter der Verbindungslinie der Hörner ($\beta\zeta$) des Stiers drei Mondbreiten östlich zurück, während sein Vorübergang an dem (mit dem Fuhrmann) gemeinsamen Stern ($\beta$) in einem Abstand von mehr als drei Mondbreiten nach Süden zu erwarten stand, so daß sein Ort (in Länge) wieder nach unseren Anfangspunkten (4° zurück) ♉ 23° 40′ (d. i. gleich der damaligen Länge von $\zeta$) war. Der Zeitpunkt fällt wieder in das 486te Jahr seit Nabonassar auf den 30.

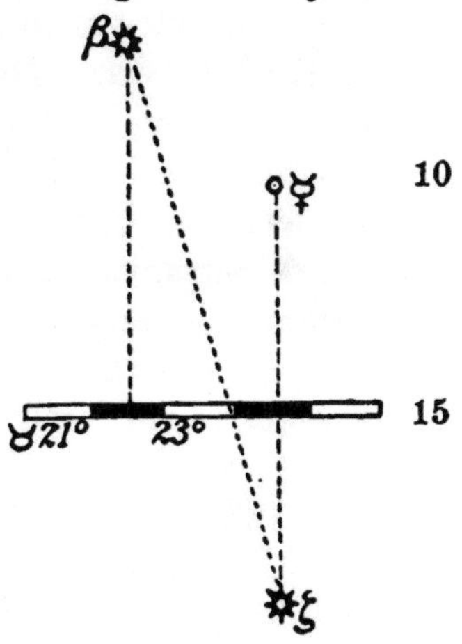


ägyptischen Mechir[a] zum 1. Phamenoth (25. April 262 v. Chr.) 20 abends, während der mittlere Ort der Sonne ♈ 29° 30′ war.[b] Folglich betrug die größte Elongation von dem mittleren Ort als Abendstern 24° 10′.

Im 28ten Jahre der Zeitrechnung des Dionysius stand er am Abend des 7. Didymon ungefähr auf einer Geraden mit den Köpfen ($\alpha\beta$) der Zwillinge, war aber von dem südlichen um ⅓ Mondbreite weniger als den doppelten Abstand der Köpfe nach Süden entfernt.

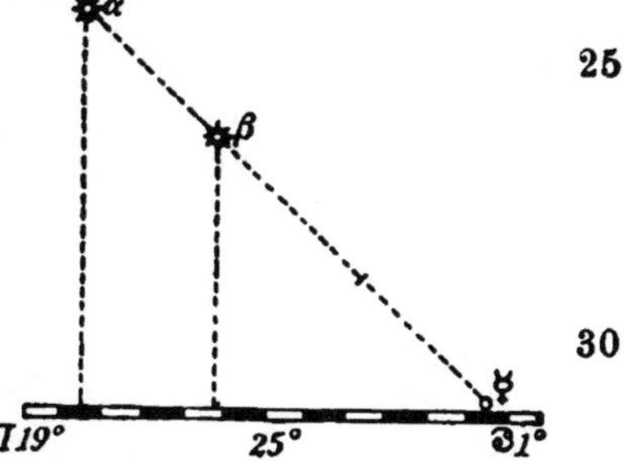


Folglich war der Ort des Merkur (in Länge) wieder nach Hei 266

a) Die von Petau und Ideler gegebene Verbesserung $M\varepsilon\chi\iota\varrho$ $\tau\varrho\iota\alpha$-$\varkappa o\sigma\tau\tilde{\eta}$ $\varepsilon i\varsigma$ $\tau\dot{\eta}\nu$ $\alpha'$ $\Phi\alpha\mu\varepsilon\nu\dot\omega\vartheta$ erscheint Böckh (a. a. O. S. 296) gewaltsam, aber absolut gewiß. Ich halte die von Halma (Chron. de Ptol. p. 39) vorgeschlagene Umstellung $\lambda'$ $\varepsilon i\varsigma$ $\tau\dot{\eta}\nu$ $\alpha'$ $\Phi\alpha\mu\varepsilon\nu\dot\omega\vartheta$ für ausreichend. b) Für 485a 179d 7h ergibt die Nachprüfung ♈ 29° 33′ 3″.

unseren Anfangspunkten $\pi$ 29⁰20′. Es fällt dieser Zeitpunkt in das 491$^{te}$ Jahr seit Nabonassar auf den 5/6. ägyptischen Pharmuthi (28. Mai 257 v. Chr.) abends, zu welcher
Stunde der mittlere Ort der Sonne $\pi$ 2⁰50′ war.[a] Folglich
5 betrug diese Elongation 26⁰30′.

Es betrug demnach, als der mittlere Ort $\gamma$ 29⁰30′ war,
die größte Elongation 24⁰10′, aber 26⁰30′, als der mittlere
Ort $\pi$ 2⁰50′ war. Da nun die Elongation als Morgenstern,
zu welcher wir die entsprechende gleichgroße als Abend-
10 stern suchten, 25⁰50′ betrug, so fanden wir den mittleren
Ort, von welchem die Elongation als Abendstern wieder
25⁰50′ betragen wird, aus der Differenz der beiden zur Berechnung herangezogenen Beobachtungen. Es beträgt die
Ha 170 Differenz zwischen den nach diesen beiden Beobachtungen
15 gegebenen mittleren Örtern (von $\gamma$ 29⁰30′ bis $\pi$ 2⁰50′)
33⁰20′, die der (beiden) größten Elongationen (als Abendstern 26⁰30′ — 24⁰10′ =) 2⁰20′. Somit entfallen auf 1⁰40′,
was die Differenz von 25⁰50′ und 24⁰10′ (d. i. zwischen
der Elongation als Morgenstern und der nicht genügenden
20 Elongation als Abendstern) ist, ungefähr 24⁰.[b] Addieren
wir nun letzteren Betrag zu $\gamma$ 29⁰30′, so werden wir als
mittleren Ort, von dem die größte Elongation als Abendstern ebenfalls wieder 25⁰50′ wie die als Morgenstern betragen wird, $\upsilon$ 23⁰30′ erhalten. Folglich liegt der in die
Hel 267 Mitte zwischen $\approx$ 18⁰10′ (S. 132, 23) und $\upsilon$ 23⁰30′ fallende
26 Punkt (des gesuchten Apogeums) in $\gamma$ 5⁰50′.

Wieder im 24$^{ten}$ Jahre der Zeitrechnung des Dionysius
stand am Abend des 28. Leonton der Merkur nach den Berechnungen Hipparchs ein wenig mehr als 3⁰ westlich von
30 der Spika, so daß damals nach unseren Anfangspunkten sein
Ort (in Länge 4⁰ + 3⁰10′ zurück) $m$ 19⁰30′ war. Der
Zeitpunkt fällt in das 486$^{te}$ Jahr seit Nabonassar auf den
30. ägyptischen Payni (23. August 262 v. Chr.) abends, zu

----

a) Für 490$^a$ 214$^d$ 8$^h$ ergibt die Nachprüfung $\pi$ 2⁰52′25″.

b) Die Differenzen der Elongationsstrecken werden sich verhalten wie die Differenzen der mittleren Sonnenörter, d. i.
2⁰20′ : 1⁰40′ = 33⁰20′ : 24⁰.

welcher Stunde[a] der mittlere Ort der Sonne ♌ 27°50′ war.
Folglich betrug die größte Elongation von dem mittleren Ort
als Abendstern 21°40′, wozu wir wieder die genau entsprechende gleichgroße als Morgenstern mit Hilfe von zwei
zu Gebote stehenden Beobachtungen berechnet haben.

Im 75ten Jahre der chaldäischen Zeitrechnung stand am
Morgen des 14. Dios der Merkur „eine halbe Elle“[2] oberhalb der südlichen Wage (α Zuben-el-dschenubi), so daß für
die damalige Zeit nach unseren Anfangspunkten (3°50′ zurück) sein Ort ♎ 14°10′ war. Der Zeitpunkt fällt in das
512te Jahr seit Nabonassar auf den 9/10. ägyptischen Thoth
(30. Oktober 236 v. Chr.) frühmorgens, zu welcher Stunde[b]
der mittlere Ort der Sonne ♏ 5°10′ war. Folglich betrug die
größte Elongation als Morgenstern 21°.

Im 67ten Jahre der chaldäischen Zeitrechnung stand am
Morgen des 5. Apellaios der Merkur „eine halbe Elle“ oberhalb des nördlichen Sterns (β) in der Stirn des Skorpions, so daß
für die damalige Zeit nach unserer Zählung (4° zurück) sein
Ort ♏ 2°20′ war. Es fällt dieser Zeitpunkt in das 504te Jahr
seit Nabonassar auf den 27/28. Thoth (19. November 244 v.
Chr.) frühmorgens, zu welcher Stunde[c] der mittlere Ort der
Sonne ♏ 24°50′ war. Folglich betrug diese (größte) Elongation 22°30′.

Bei diesen beiden Beobachtungen beträgt nun wieder die
Differenz der mittleren Örter (von ♏ 5°10′ bis ♏ 24°50′)
19°40′, die der größten Elongationen (22°30′ — 21° =) 1°30′.
Somit entfallen auf 40′, was die Differenz zwischen der zur
Untersuchung herangezogenen Elongation von 21°40′ und
der kleineren (der beiden letztbesprochenen) im Betrage
von 21° ist, ungefähr 9°.[d] Addieren wir diese 9° zu ♏ 5°10′,
so werden wir als mittleren Ort, bei welchem die größte
Elongation als Morgenstern den 21°40′ der größten als
Abendstern genau gleichkommt, ♏ 14°10′ erhalten. Es

{ Ha 171<br>{ Hei 268

---

a) Für 485ᵃ 299ᵈ 8ʰ ergibt die Nachprüfung ♌ 27°52′5″.
b) Für 511ᵃ 8ᵈ 18ʰ ergibt die Nachprüfung ♏ 5°8′16″.
c) Für 503ᵃ 26ᵈ 18ʰ ergibt die Nachprüfung ♏ 24°49′28″.
d) Nach dem Verhältnis der Differenzen 1°30′ : 40′ = 19°40′ : 9°.

liegt also wieder der in der Mitte zwischen ♌ 27°50′ (S. 135,1)
*Hei 269* und ♏ 14°10′ fallende Punkt (des gesuchten Apogeums)
gerade in ♎ 6°.

Aus diesen Beobachtungen und aus der genauen Anpassung
des Verlaufs der Erscheinungen bei den übrigen Planeten
fanden wir schließlich das übereinstimmende Ergebnis, daß
erstens die durch die Apogeen und die Perigeen gehenden
Durchmesser bei den fünf Wandelsternen einen Fortschritt
um den Mittelpunkt der Ekliptik in der Richtung der Zeichen
bewerkstelligen, und daß zweitens zeitlich dieser Fortschritt
gleichgroß ist wie der der Fixsternsphäre. Denn wie letztere
*Ha 172* nach den von uns geführten Beweisen in 100 Jahren ungefähr einen Grad weiterschreitet, so läßt sich auch hier
seit der durch die alten Beobachtungen gewährleisteten Zeit,
zu welcher das Apogeum des Merkur in den sechsten Graden
(von Widder und Scheren) lag, bis zu der Zeit der unserseits angestellten Beobachtungen, zu welcher seine Weiter-
bewegung, weil es in den zehnten Graden (derselben Zeichen)
liegt, ungefähr 4 Grade beträgt, eine Zwischenzeit von ungefähr 400 Jahren feststellen.


## Achtes Kapitel.
### Nachweis, daß der Merkur während eines Kreislaufs zweimal in die größte Erdnähe gelangt.

Im weiteren Anschluß an diese Ergebnisse suchten wir
die Beträge der größten Elongationen festzustellen, welche
eintreten, wenn der mittlere Ort der Sonne im Apogeum
selbst liegt, und dann wieder, wenn er sich an der diame-
*Hei 270* tral gegenübergelegenen Stelle befindet. Hierzu geeignetes
Material fanden wir unter den alten Beobachtungen nicht
vor; es wurde lediglich aus den von uns selbst am Astrolab
angestellten Beobachtungen gewonnen. Für diesen Zweck
dürfte sich nämlich ganz besonders der praktische Wert der
mit diesem Instrument möglichen Anvisierung zu erkennen
geben. Auch wenn keine von den Fixsternen, deren Posi-

tionen nach vorausgegangener Bestimmung bekannt sind, in der unmittelbaren Nähe der zu beobachtenden Planeten sichtbar sind, was, wenn es sich um den Merkur handelt, meistens der Fall ist, weil der größte Teil der Fixsterne nur selten in dem gleichen Abstande von der Sonne wie der Merkur sichtbar sein kann, so ist doch durch die Anvisierung auch weitabstehender Sterne die Möglichkeit geboten, die Positionen der in Frage kommenden Planeten in Länge und Breite genau zu bestimmen.

Im 19ten Jahre Hadrians stand am Morgen des 14/15. ägyptischen Athyr (3. Oktober 134 n. Chr.) der Merkur in seiner größten Elongation bei Anvisierung mit Bezug auf den Stern (Regulus) im Herzen des Löwen in dem scheinbaren Ort ♍ 20⁰ 12′, während der mittlere Ort der Sonne ♎ 9⁰ 15′ war[a], so daß die größte Elongation 19⁰ 3′ betrug.

In demselben Jahre, am Abend des 19. Pachon (5. April 135 n. Chr.), als er wieder in der größten Elongation stand und mit Bezug auf den glänzenden Stern (Aldebaran) der Hyaden anvisiert wurde, ergab sich als sein scheinbarer Ort ♉ 4⁰ 20′, während der mittlere Ort der Sonne ♈ 11⁰ 5′ war[b], so daß hier die größte Elongation 23⁰ 15′ betrug, woraus ohne weiteres klar hervorging, daß das Apogeum des Exzenters in den Scheren lag, nicht im Widder.[c]

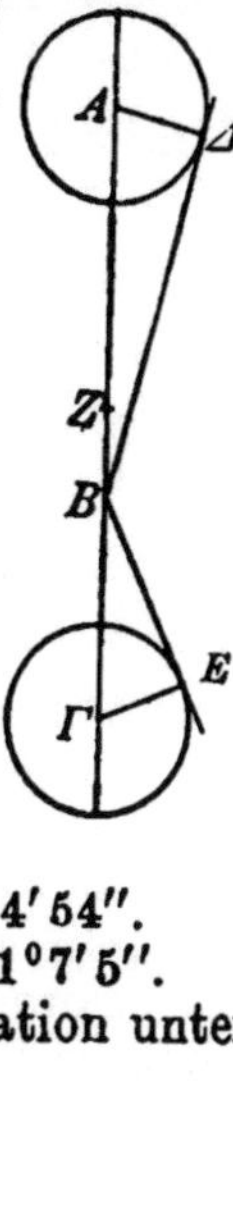

Diese Punkte sollen gegeben sein. Der durch das Apogeum gehende Durchmesser sei ΑΒΓ; als Mittelpunkt der Ekliptik, wo sich das Auge befindet, sei Β angenommen, Α als der Punkt unter ♎ 10⁰, Γ als der Punkt unter ♈ 10⁰. Um Α und Γ beschreibe man gleichgroße Epizyklen; auf dem einen soll Δ (d. i. der Punkt der größten Elongation als Morgenstern) liegen, auf dem anderen Ε (d. i. der Punkt der größten Elongation als Abend-

---

a) Für 881ᵃ 73ᵈ 18ʰ ergibt die Nachprüfung ♎ 9⁰ 14′ 54″.
b) Für 881ᵃ 258ᵈ 6½ʰ ergibt die Nachprüfung ♈ 11⁰ 7′ 5″.
c) Das Apogeum liegt dort, wo die größte Elongation unter dem kleineren Winkel erscheint.

stern). Alsdann ziehe man von B aus an diese Epizyklen die Tangenten BΔ und BE und fälle von den Mittelpunkten aus auf die Berührungspunkte die Lote AΔ und ΓE.

Da also in den Scheren die größte Elongation vom mitt-
5 leren Ort als Morgenstern mit $19°3'$ beobachtet wurde, so ist (als Zentriwinkel am Mittelpunkt der Ekliptik)

$$\angle \text{ABΔ} = 19°3' \text{ wie } 4\,R = 360°,$$
$$= 38°6' \text{ wie } 2\,R = 360°,$$

                mithin   $b\,\text{AΔ} = 38°6'$ wie $\ominus \text{AΔB} = 360°$,
               also   $s\,\text{AΔ} = 39^P9'$ wie   $h\,\text{AB} = 120^P$.

11     Da ferner im Widder die größte Elongation vom mittleren Ort als Abendstern mit $23°15'$ beobachtet wurde, so ist

$$\angle \text{ΓBE} = 23°15' \text{ wie } 4\,R = 360°,$$
$$= 46°30' \text{ wie } 2\,R = 360°,$$

15            mithin   $b\,\text{ΓE} = 46°30'$ wie $\ominus \text{ΓEB} = 360°$,
            also   $s\,\text{ΓE} = 47^P22'$ wie   $h\,\text{BΓ} = 120^P$.

Weil nun AΔ und ΓE als Halbmesser des Epizykels einander gleich sind, so ist auch $\text{ΓE} = 39^P9'$ wie $\text{AB} = 120^P$, und in demselben Maße (nach dem Verhältnis $39^P9' : 47^P22' = x : 120^P$)
20 $\text{BΓ} = 99^P9'$, mithin die Strecke AΓ als Summe $(\text{AB} + \text{BΓ} =) 219^P9'$. Halbiert man nun diese Strecke in Punkt Z, so wird in demselben Maße $\text{AZ} (= \text{ZΓ})$ gleich $109^P34'$ sein, und die Verbindungslinie zwischen den Punkten B und Z (als $\text{AB} - \text{AZ}$) gleich $10^P25'$.

25     Hieraus wird zunächst zweierlei klar: Punkt Z ist entweder das Zentrum des Exzenters, auf welchem jederzeit der Mittelpunkt des Epizykels liegt, oder es ist der Punkt, um welchen sich das Zentrum des besagten Exzenters bewegt[a]; denn einzig und allein unter einer dieser beiden Voraussetzun-
30 gen kann der Mittelpunkt des Epizykels in jeder der beiden gegebenen diametral gegenübergelegenen Stellungen (A und Γ) gleichweit, wie (mit $\text{AZ} = \text{ZΓ}$) bewiesen wurde, von Punkt Z entfernt sein.

a) In der Epizykelstellung A würde das bewegliche Zentrum ebensoweit oberhalb Z liegen, wie es bei der Epizykelstellung Γ unterhalb Z zu liegen kommen würde.

Allein wenn Z direkt das Zentrum des Exzenters wäre, auf welchem jederzeit der Mittelpunkt des Epizykels liegt, so wäre erstens dieser Exzenter ein festbleibender, und zweitens würde von allen Stellungen (des Epizykels auf einem festbleibenden Exzenter) die im Widder (d. i. in Γ) die erdnächste sein, weil von allen Linien, welche sich von B (dem Auge) aus nach dem um Z beschriebenen Kreis ziehen lassen, die Gerade BΓ (nach Eukl. III. 7) die kürzeste ist. Nun wird aber die Stellung im Widder nicht ausschließlich als die erdnächste gefunden, sondern noch näher als diese und einander nahezu gleich sind die Erdnähen in den Zwillingen und im Wassermann. Hieraus geht klar hervor, daß sich das Zentrum des besagten (den Epizykel tragenden) Exzenters um den Punkt Z in einer der Herumleitung des Epizykels entgegengesetzten Richtung, d. i. gegen die Richtung der Zeichen, während eines (Epizykel-)Umlaufs gleichfalls einmal herumbewegt. Auf diese Weise wird nämlich während dieses Umlaufs der Mittelpunkt des Epizykels zweimal in die größte Erdnähe gelangen.

Daß aber in den Zwillingen und im Wassermann der Epizykel in größere Erdnähe gelangt als bei der Stellung im Widder, geht ohne weiteres aus den oben mitgeteilten Beobachtungen klar hervor. Bei der Beobachtung im 16$^{ten}$ Jahre Hadrians am 16. Phamenoth (2. Februar 132 n. Chr.) betrug nämlich die größte Elongation vom mittleren Ort als Abendstern (S. 131, 4) $21^0 15'$, bei der im 4$^{ten}$ Jahre Antonins am 18. Phamenoth (2. Februar 141 n. Chr.) die größte Elongation vom mittleren Ort als Morgenstern (S. 132, 2) $26^0 30'$, während bei beiden Beobachtungen der mittlere Ort der Sonne ≈ $10^0$ war.

Ferner betrug bei der Beobachtung im 18$^{ten}$ Jahre Hadrians am 19. Epiphi (4. Juni 134 n. Chr.) die größte Elongation vom mittleren Ort als Morgenstern (S. 131, 12) $21^0 15'$, bei der im ersten Jahre Antonins am 20. Epiphi (4. Juni 138 n. Chr.) die größte Elongation vom mittleren Ort als Abendstern (S. 131, 27) $26^0 30'$, während bei diesen beiden Beobachtungen der mittlere Ort der Sonne Π $10^0$ war.

Ha 175
Hei 273
6
10
15
20
25
30
Hei 274
35
Ha 176

Folglich beträgt sowohl im Wassermann wie in den Zwillingen die Summe der nach entgegengesetzter Richtung eingetretenen größten Elongationen $(21^0 15' + 26^0 30' =) 47^0 45'$, während die Summe der beiden Elongationen im Widder
5 nur $(2 \times 23^0 15' =) 46^0 30'$ ausmacht; denn die Elongation (im Widder) als Abendstern, welche (nach dem S. 127,30 geführten Beweis) gleich ist der Elongation als Morgenstern, ist (S. 137,21) mit nur $23^0 15'$ beobachtet worden.

## Neuntes Kapitel.
### Das Verhältnis der Exzentrizität und die zahlenmäßige Größe des Epizykels des Merkur.[a]

Nachdem diese einleitenden Erörterungen erledigt sind,
10 bleibt noch der Nachweis zu führen, erstens, um welchen Punkt der Strecke AB die jährliche Wiederkehr des Epizykels in gleichförmiger Bewegung in der Richtung der Zeichen vor sich geht, und zweitens, welchen Abstand von Punkt Z das Zentrum des (beweglichen) Exzenters hat,
15 welcher die (mit dem Epizykelumlauf) gleichzeitige Wiederkehr gegen die Richtung der Zeichen bewerkstelligt.

Zur Feststellung dieser beiden Punkte haben wir wieder zwei Beobachtungen von größten Elongationen als Morgenstern und als Abendstern zur Benutzung mit herangezogen;
20 allein bei beiden war der mittlere Ort vom Apogeum beiderHei 275 seits gleichweit $90^0$ entfernt, was die Stelle ist, in welcher das Maximum der Differenz der auf die Ekliptik bezogenen Anomalie eintritt (I 155, 11).

Im 14^ten Jahre Hadrians hatte der Merkur am Abend
25 des 18. ägyptischen Mesore (4. Juli 130 n. Chr.), wie wir in den von Theon entnommenen Beobachtungen gefunden haben, nach Theons Angabe seine größte Elongation von der Sonne, während er hinter dem Stern (Regulus) im Her-

---

a) Die Kapitelüberschrift des Originals: *Περὶ τοῦ λόγου καὶ τῆς πηλικότητος τῶν τοῦ τοῦ Ἑρμοῦ ἀνωμαλιῶν* steht weder im Einklang mit dem Inhalt dieses Kapitels noch mit den entsprechenden Kapitelüberschriften bei den anderen Planeten.

zen des Löwen $3^0 50'$ östlich zurückblieb. Folglich stand er nach unseren Anfangspunkten ohne wesentlichen Fehler in ($\mathcal{R}$ $2^0 30' + 3^0 50' =$) $\mathcal{R}$ $6^0 20'$, während der mittlere Ort der Sonne damals[a] $\mathfrak{S}$ $10^0 5'$ (d. i. $90^0$ von $\Upsilon$ $10^0$ entfernt) war, so daß die größte Elongation als Abendstern 26$^0$15' betrug.

Im 2$^{ten}$ Jahre Antonins fanden wir in der Morgendämmerung zum 24. ägyptischen Mesore (8. Juli 139 n. Chr.), als wir am Astrolab die größte Elongation des Merkur beobachteten und ihn mit Bezug auf den glänzenden Stern (Aldebaran) der Hyaden anvisierten, als (scheinbaren) Ort $\Pi$ $20^0 5'$, während der mittlere Ort der Sonne wieder $\mathfrak{S}$ $10^0 20'$ war[b], so daß die größte Elongation als Morgenstern $20^0 15'$ betrug.

Diese Punkte sollen gegeben sein. Es sei $\mathsf{AZB\Gamma}$ wieder der durch $\underline{\Omega}$ $10^0$ und $\Upsilon$ $10^0$ gehende Durchmesser (des festbleibenden Exzenters). Angenommen sei, wie an der vorigen Figur, A als der Punkt, in welchem sich der Mittelpunkt des Epizykels befindet, wenn er unter $\underline{\Omega}$ $10^0$ steht, und $\Gamma$ als der Punkt, in welchem er sich befindet, wenn er unter $\Upsilon$ $10^0$ steht. Der Mittelpunkt der Ekliptik sei B und Z der Punkt, um welchen das Zentrum des (beweglichen) Exzenters seinen Fortschritt gegen die Richtung der Zeichen bewerkstelligt.[c]

I. Zunächst sei die Aufgabe gestellt, den Abstand zu finden, welchen von Punkt B das Zentrum (H) (des festbleibenden Exzenters) hat, um welches wir die gleichförmige Bewegung des Epizykels in der Richtung der Zeichen vor sich gehen lassen.

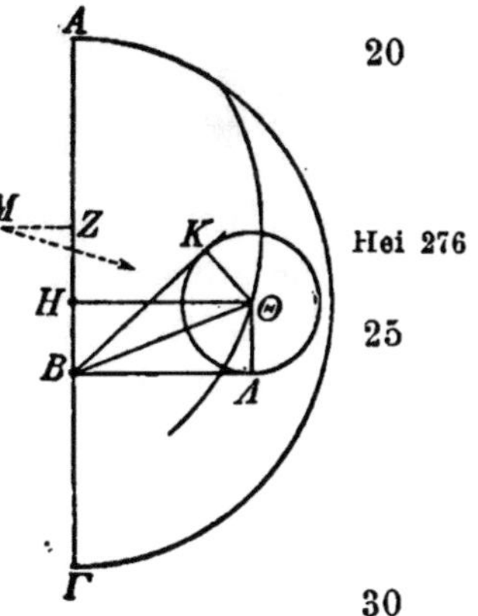




Hei 276

---

a) Für 876$^a$ 347$^d$ 8$^h$ ergibt die Nachprüfung $\mathfrak{S}$ $10^0 7' 2''$.
b) Für 885$^a$ 352$^d$ 16$^h$ ergibt die Nachprüfung $\mathfrak{S}$ $13^0 11' 9''$.
c) Zum Verständnis der Lage des Epizykels auf der Peripherie A$\Theta$ des beweglichen Exzenters ist das derzeitige Zentrum M dieses Exzenters angedeutet. Vgl. die nächste Figur.

A. Es sei also dieses Zentrum der Punkt H. Man ziehe durch H unter rechtem Winkel zu AΓ eine Leitlinie, damit sie (in ihrem Endpunkt) vom Apogeum ($\underline{\simeq}$ 10⁰ bis ♋ 10⁰) einen Abstand von 90⁰ habe, und nehme auf ihr den nach den vorgelegten Beobachtungen (der Lage nach) gegebenen Epizykelmittelpunkt in Θ an, weil nach ihnen auch der mittlere Ort der Sonne in ♋ 10⁰ von dem Apogeum ($\underline{\simeq}$ 10⁰) 90⁰ entfernt ist. Nachdem man um Θ den Epizykel KΛ beschrieben, ziehe man an ihn von B aus die Tangenten BK und BΛ und hierauf noch die Verbindungslinien ΘΛ und ΘK.

Da bei dem gegebenen mittleren Ort die größte Elongation von demselben als Morgenstern mit 20⁰15′, und die größte als Abendstern mit 26⁰15′ vorliegt, so ist

$$\angle \, KB\Lambda = 46^0\,30' \text{ wie } 4R = 360^0,$$

mithin $\quad\angle \, KB\Theta = 46^0\,30'$ wie $2R = 360^0$, weil halbsogroß[a];

folglich $\quad b\,\Theta K = 46^0\,30'$ wie $\bigcirc BK\Theta = 360^0$,

also $\qquad s\,\Theta K = 47^P\,22'$ wie $\quad h\,B\Theta = 120^P.$

Setzt man $ephm\,\Theta K = 39^P\,9'$ wie $BZ = 10^P\,25'$, (s. S. 138, 18. 24)

so wird $\qquad B\Theta = 99^P\,9'.$

Nun beträgt die Differenz der vorgelegten größten Elongationen (26⁰15′ — 20⁰15′ =) 6⁰, d i. (in der vorliegenden Entfernung vom Apogeum) das Doppelte von der Differenz der auf die Ekliptik bezogenen Anomalie.[7] Gemessen wird diese Differenz von dem $\angle \, B\Theta H$, wofür der Beweis von uns oben (S. 128, 22) erbracht worden ist. Demnach ist

$$\angle \, B\Theta H = 3^0 \quad \text{ wie } 4R = 360^0,$$

$$= 6^0 \quad \text{ wie } 2R = 360^0,$$

folglich $\quad b\,BH = 6^0 \quad$ wie $\bigcirc BH\Theta = 360^0$,

also $\qquad s\,BH = 6^P\,17'$ wie $\quad h\,B\Theta = 120^P.$

Setzt man $\quad B\Theta = 99^P\,9'$ wie $BZ = 10^P\,25'$,

so wird $\qquad BH = 5^P\,12'$ in diesem Maße.

---

a) Die beiden in Punkt B gebildeten Winkel sind einander gleich, also Hälften des ganzen $\angle \, KB\Lambda$, weil sie in kongruenten rechtwinkligen Dreiecken liegen.

Folglich ist BH ohne wesentlichen Fehler halbsogroß wie
BZ, mithin jede der beiden Strecken BH und HZ gleich Hei 278
5ᴾ12′ in dem Maße, in welchem der Halbmesser des Epizykels 39ᴾ9′ beträgt.

B. Weiter ziehe man an derselben Figur durch Z nach
der der Geraden HΘ entgegengesetzten Richtung rechtwinklig
zu AΓ die Gerade ZMN, auf welcher zu dem damaligen
Zeitpunkt selbstverständlich das Zentrum (M) des Exzenters
liegen muß, auf dem sich
der Epizykelmittelpunkt
Θ befindet, weil die ent-
gegengesetzt verlaufende
Bewegung der Leitlinien
HΘ und ZN gleichzeitig
zu dem gemeinsamen Aus-
gangspunkt (A) zurück-
kehrt. Man trage der
Strecke ZΓ[a] gleich die
Strecke ZN ab, so daß
ZN ebensogut wie ZΓ
gleich sei der Summe des

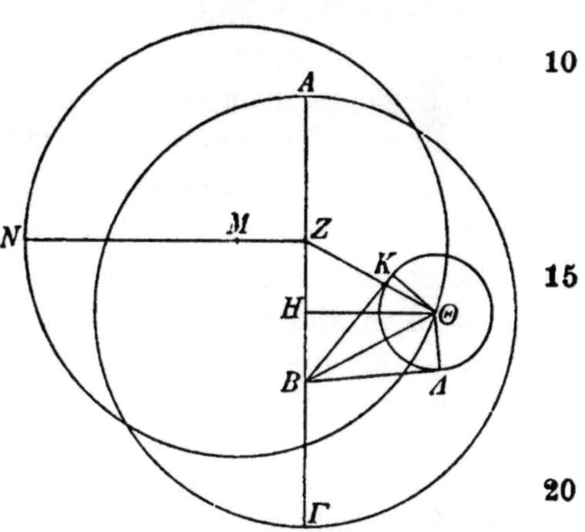

Halbmessers (HΓ) des Exzenters und der Verbindungslinie
(HZ) zwischen den (wechselnden) Zentren des (beweglichen)
Exzenters und Punkt Z. Nun setze man auf ZN das Zen-
trum des (beweglichen) Exzenters fest — dasselbe sei der Punkt Hei 279
M — und ziehe die Verbindungslinie ZΘ.

Da ∠MZH (nach Konstruktion) ein Rechter und auch
∠ΘZH ohne wesentlichen Fehler[b] gleich einem Rechten
anzunehmen ist, so daß die Strecke NZΘ von einer Geraden
ganz unwesentlich abweicht, da ferner (S.138,23 u. S.142,19)
nachgewiesen ist, daß

---

a) Der griechische Text bietet ZA hier und nochmals weiter
unten, was unmöglich richtig ist, weil ZA nicht die Summe
(HΓ + HZ), sondern die Differenz (HA − HZ) der in Betracht
kommenden Strecken ist.

b) Wegen der verhältnismäßigen Kleinheit der Kathete HZ
des rechtwinkligen △ ZHΘ.

$$\left.\begin{array}{l} \mathsf{ZN} = \mathsf{Z\Gamma} = 109^P\,34' \\ \mathsf{Z\Theta} = \mathsf{B\Theta} = \ \ 99^P\ \ 9' \end{array}\right\} \text{wie } \textit{ephm } (\mathsf{\Theta K}) = 39^P\,9',$$

so ist        $\mathsf{NZ\Theta} = 208^P\,43'$ als Summe,

mithin        $\tfrac{1}{2}\mathsf{N\Theta} = 104^P\,22'$.

5    Die Hälfte von $\mathsf{N\Theta}$ ist aber der Exzenterhalbmesser $\mathsf{MN}\ (= \mathsf{MZ\Theta})$, so daß für die Strecke $\mathsf{ZM}\ (= \mathsf{MZ\Theta} - \mathsf{Z\Theta})$ zwischen den Zentren als Rest $(104^P\,22' - 99^P\,9' =)\ 5^P\,12'$ verbleibt.

In demselben Maße war (S. 143,2) auch $\mathsf{BH}$ und $\mathsf{HZ}$
Ha 180 gleich $5^P\,12'$ nachgewiesen worden.  Folglich sind wir zu
11 dem Ergebnis gelangt, daß in dem Maße, in welchem der Halbmesser des Exzenters $104^P\,22'$ beträgt, jede Verbindungslinie zwischen den Zentren gleich $5^P\,12'$ und der Halbmesser des Epizykels gleich $39^P\,9'$ ist.

15    Setzt man schließlich den Exzenterhalbmesser gleich $60^P$, so wird in diesem Maße jede Verbindungslinie zwischen den Zentren $3^P$ und der Epizykelhalbmesser $22^P\,30'$ betragen, was nachzuweisen war.

II. Wenn wir diese Größen als gegeben annehmen, so
20 müssen auch die in den (beiden) größten Erdnähen eintretenden größten Elongationen mit den durch die Beobachtung (S. 140,3) festgestellten Beträgen übereinstimmen, d. h. wenn der mittlere Ort in $\approx 10^0$ oder $\Pi\ 10^0$ liegt und
Hei 280 somit die Entfernung von dem Apogeum die Seite des (um-
25 schriebenen) Dreiecks (d. i. $120''$) beträgt, muß der Winkel am Auge, welcher den Epizykel unterspannt, ohne wesentlichen Fehler $47^0\,45'$ betragen.  Daß diese Übereinstimmung vorhanden ist, dürften wir auf folgendem Wege in Erfahrung bringen.

30    Es sei $\mathsf{AB\Gamma\Delta E}$ der durch das Apogeum gehende Durchmesser, auf welchem $\mathsf{A}$ als der am Apogeum liegende Punkt angenommen sei, $\mathsf{B}$ als der Punkt, um welchen das Zentrum des (beweglichen) Exzenters den Fortschritt gegen die Richtung der Zeichen vollzieht, $\mathsf{\Gamma}$ als der Punkt, um welchen der
35 Mittelpunkt des Epizykels den Fortschritt in der Richtung

der Zeichen vollzieht, endlich $\Delta$ als der Mittelpunkt der
Ekliptik. Es sollen beide Bewegungen um die ihnen eigenen
Zentren gleichförmig und gleichzeitig
von dem Apogeum aus nach entgegengesetzter Richtung die Seite des (umschriebenen) Dreiecks (d. h. einen Zentriwinkel von 120°) zurückgelegt haben;
$\Gamma Z$ sei die Leitlinie des Epizykels, BH
die Leitlinie des Zentrums des (beweglichen) Exzenters, H sei das Zentrum
des letzteren, Z der Mittelpunkt des
Epizykels. Nachdem man um Z den
Epizykel beschrieben, ziehe man an den
letzteren die Tangenten $\Delta\Theta$ und $\Delta K$,
hierauf die Verbindungslinien $\Gamma H$ und
$\Delta Z$, $Z\Theta$ und $ZK$, und fälle von $\Delta$ auf $\Gamma Z$ das Lot $\Delta\Lambda$.
Es soll bewiesen werden, daß

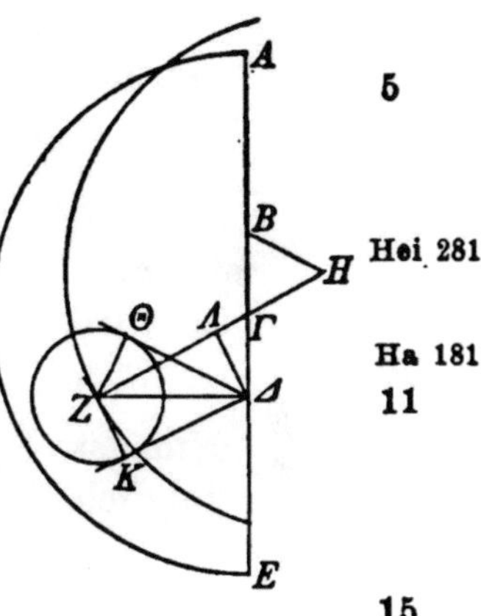


$$\angle\,\Theta\Delta K = 47^{\circ}\,45' \text{ wie } 4R = 360^{\circ}.$$

1. Da jeder der beiden Winkel ABH und $A\Gamma\Lambda$ die Seite
des (umschriebenen) Dreiecks unterspannt, so ist

$$\left.\begin{array}{l}\angle\,ABH = \angle\,A\Gamma\Lambda = 120^{\circ}\\ \angle\,\Gamma BH = \angle\,\Delta\Gamma\Lambda = 60^{\circ}\end{array}\right\} \text{ wie } 2R = 180^{\circ},$$

mithin $\angle\,BH\Gamma + \angle\,B\Gamma H = 120^{\circ}$ als Ergänzung zu 180°.[a]

Nun ist $\angle\,BH\Gamma = \angle\,B\Gamma H$, weil $B\Gamma = BH$ nach Annahme,
demnach $\angle\,BH\Gamma = \angle\,B\Gamma H = 60^{\circ}$ wie $2R = 180^{\circ}$,
folglich $\triangle\,B\Gamma H$ gleichwinklig und gleichseitig.

2. Da ferner (weil auch $= 60^{\circ}$) $\angle\,\Delta\Gamma\Lambda = \angle\,B\Gamma H$, so
liegen die Punkte H, $\Gamma$ und Z auf einer Geraden (HZ).

Nun ist $exhm$ $HZ = 60^{\mathrm{P}}$ wie $vbl$ $\Gamma H$ u. $\Gamma\Delta = 3^{\mathrm{P}}$, (S. **144**, 15)
mithin        $\Gamma Z = HZ - \Gamma H = 57^{\mathrm{P}}$ in demselben Maße.

---

a) D. i. zur Erfüllung der Gradsumme der drei Winkel des
Dreiecks $B\Gamma H$.

3. Es ist weiter (s. S. 145, 22)

$$\angle \Delta\Gamma\Lambda = 60° \qquad \text{wie } 4R = 360°,$$
$$= 120° \qquad \text{wie } 2R = 360°;$$



mithin $\left\{ \begin{array}{l} b\,\Delta\Lambda = 120° \\ ,b\,\Gamma\Lambda = 60° \end{array} \right\}$ wie $\ominus\,\Gamma\Lambda\Delta = 360°,$

also $\left\{ \begin{array}{l} s\,\Delta\Lambda = 103^P 55' \\ ,s\,\Gamma\Lambda = 60^P \end{array} \right\}$ wie $h\,\Gamma\Delta = 120^P.$



Setzt man $\quad \Gamma\Delta = 3^P \qquad$ wie $\Gamma Z = 57^P,$

so wird $\quad \Delta\Lambda = 2^P 36'$ und $\Gamma\Lambda = 1^P 30';$

mithin $\quad \Lambda Z = \Gamma Z - \Gamma\Lambda = 55^P 30'$ in demselben Maße.

Nun ist $\quad \Lambda Z^2 + \Delta\Lambda^2 = \Delta Z^2,$

folglich $\quad h\,\Delta Z = 55^P 34'$ wie *ephm* $Z\Theta$ u. $ZK = 22^P 30'.$
$$\text{(S. 144, 17)}$$

Setzt man $\quad h\,\Delta Z = 120^P,$

so wird $\quad s Z\Theta\,\text{u.}\,s ZK = 48^P 35'$ in diesem Maße,

mithin[a)] $\left\{ \begin{array}{l} \angle Z\Delta\Theta \\ \angle Z\Delta K \end{array} \right\} = 47° 46'$ wie $2R = 360°,$

folglich $\quad \angle \Theta\Delta K = 47° 46'$ wie $4R = 360°$ als Summe,

was zu beweisen war.

## Zehntes Kapitel.

### Korrektion der periodischen Bewegungen des Merkur.



Im Anschluß an diese Beweisführungen handelt es sich weiter darum, die periodischen Bewegungen des Merkur und seine Epochen (Kap. 11) festzustellen. Was die Bewegungen in Länge anbelangt, d. s. diejenigen, welche den Epizykel gleichförmig um das Zentrum $\Gamma$ herumtragen, so sind dieselben ohne weiteres als mit denen der Sonne identisch gegeben. Dahingegen haben wir die Bewegungen in Anomalie, d. s. diejenigen, welche den Planeten auf dem Epizykel um den Mittelpunkt desselben herumtragen, aus zwei durchaus

---

a) Mit Überspringung der den Sehnentafeln zu entnehmenden Bogen, von denen die Winkel als Peripheriewinkel der um die rechtwinkligen Dreiecke gezogenen Kreise überspannt werden.

sicheren Beobachtungen gewonnen. Die eine ist den zu unserer Ha 183
Zeit aufgezeichneten entnommen, die andere aus der Zahl
der alten ausgewählt.

I. Im 2$^{ten}$ Jahre Antonins, welches in das 886$^{te}$ Jahr seit
Nabonassar fiel, haben wir am 2/3. ägyptischen Epiphi 5
(17. Mai 139 n. Chr ) den Merkur am Astrolab beobachtet,
als er noch nicht zur größten Elongation als Abendstern
gelangt war. Bei der Anvisierung mit Bezug auf den Stern
(Regulus) im Herzen des Löwen ergab sich als sein eigener
scheinbarer Ort ♊ 17° 30′; zu gleicher Zeit blieb er hinter 10
dem Zentrum des Mondes 1° 10′ östlich zurück. Der Zeitpunkt fällt für Alexandria 4¹/₂ Äquinoktialstunden vor der
Mitternacht auf den dritten (d. i. 7$^h$ 30$^m$ abends), da am
Astrolab ♍ 0° 5′ kulminierte, während die Sonne in ♑ 23°
stand. Für diese Stunde$^{a)}$ war nach den von uns bewiesenen Hel 284
Unterlagen (d. i. nach den Sonnen- und Mondtafeln) 16
der mittlere Ort der Sonne        ♑ 22° 34′
der mittlere Ort des Mondes      ♊ 12° 14′
die Entfernung in Anomalie von dem Apogeum
   des Epizykels         281° 20′ 20
somit der genaue Ort des Mondzentrums$^{x)}$   ♊ 17° 10′
der scheinbare Ort$^{b)}$  „    „   ♊ 16° 20′.
Folglich war der Ort des Merkur auch hiernach, weil er
1° 10′ hinter dem Mondzentrum östlich zurückblieb, ♊ 17° 30′.

Dieses Ergebnis sei zugrunde gelegt. Der durch das 25
Apogeum und das Perigeum gehende Durchmesser sei ΑΒΓΔΕ;
auf demselben sei Α als der am Apogeum liegende Punkt
angenommen, Β als der Punkt, um welchen das Zentrum
des (beweglichen) Exzenters den Fortschritt gegen die Richtung der Zeichen vollzieht, Γ als der Punkt, um welchen 30
der Mittelpunkt des Epizykels den Fortschritt in der Rich- Ha 184
tung der Zeichen vollzieht, endlich Δ als der Mittelpunkt

---

a) Für 885$^a$ 301$^d$ 7¹/₂$^h$ ergibt die Nachprüfung: ♑ 22° 34′ 9″,
♊ 12° 26′ 21″, 281° 32′ 48″. Die Differenz hinsichtlich der Mondörter in Länge und Anomalie entzieht sich einer Erklärung.

b) Durch die Längenparallaxe vermindert, weil der Mond
westlich des Meridians stand.

der Ekliptik. Der Mittelpunkt Z des Epizykels soll unter
der Leitlinie ΓZ um den Punkt Γ den (überstumpfen) ∠AΓZ
zurückgelegt haben, das Zentrum H des (beweglichen)
Exzenters unter der Leitlinie BH um den Punkt B den
(überstumpfen) ∠ABH, der natürlich infolge der in gleich-
langer Zeit vor sich gehen-
den Bewegungen stets dem
∠AΓZ gleich ist. Nachdem
man um Z den Epizykel ΘΚΛ
beschrieben, sei der Planet in
Punkt Λ angenommen. Nun
ziehe man die Verbindungs-
linien ΓH, HZ, ΔZ, ZΛ, ΔΛ und fälle von den Punkten H
und Δ aus auf die Verlängerung der Geraden ΓZΘ die Lote
HM und ΔN, und auf die Gerade ΔΛ von Z aus das Lot ZΞ.

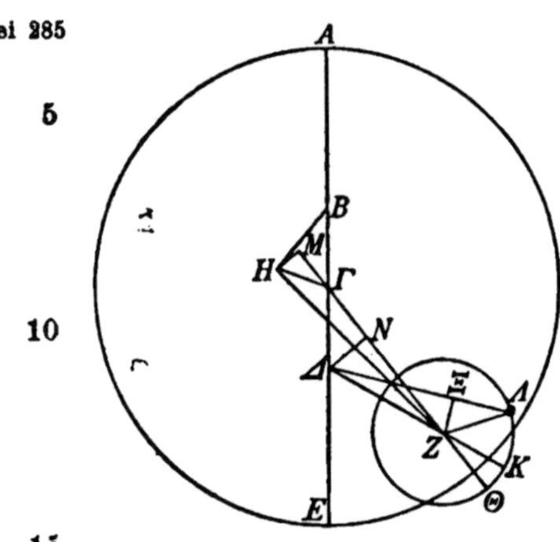

Es sei die Aufgabe gestellt, den Epizykelbogen zu finden,
welcher sich von dem Apogeum Θ bis zu dem Planeten in
Punkt Λ erstreckt.

1. Da der mittlere Ort der Sonne damals ♉ 22⁰ 34′ war
und das Perigeum des Planeten nahezu in ♈ 10⁰ liegt, so
daß sein mittlerer Ort in Länge von dem Perigeum selbst
42⁰ 34′ entfernt war, so ist (ebenso wie der ∠ΔΓN)

$$\angle ΓBH = 42^0 34' \quad \text{wie } 4R = 360^0,$$
$$= 85^0\ 8' \quad \text{wie } 2R = 360^0.$$

Nun ist ∠BHΓ = ∠BΓH, weil jederzeit BΓ = BH;
folglich ∠BHΓ = 137⁰ 26′ wie $2R = 360^0$,[a]

$$\text{mithin} \begin{cases} b\,ΓH = \ \ 85^0\ 8' \\ b\,BΓ = 137^0 26' \end{cases} \text{wie } \bigcirc ΓBH = 360^0,$$

$$\text{also} \begin{cases} s\,ΓH = \ \ 81^P 10' \\ s\,BΓ = 111^P 49' \end{cases} \text{wie } dm = 120^P.$$



---

a) Da ∠ΓBH an der Spitze des gleichschenkligen Dreiecks
mit 42⁰ 34′ wie $4R = 360^0$ gegeben ist, so entfällt auf jeden der
beiden Winkel an der Grundlinie ½ (180⁰ − 42⁰ 34′) = 68⁰ 43′
oder 137⁰ 26′ wie $2R = 360^0$.

Setzt man $\quad B\Gamma = 3^P \quad$ (wie *exhm* $HZ = 60^P$),
so wird $\quad \Gamma H = 2^P 11'$ in demselben Maße.

2. Es ist weiter (weil dem $\angle BH\Gamma$ gleich)

$$\angle B\Gamma H = 137°26' \quad \text{wie } 2R = 360°,$$
ferner $\quad \angle B\Gamma M = \ 85° \ 8' \quad$ wie $2R = 360°,$[a]
folglich $\quad \angle H\Gamma M = \ 52°18' \quad$ als Differenz,

mithin $\begin{cases} b\,HM = \ \ 52°18' \\ ,b\,\Gamma M = 127°42' \end{cases}$ wie $\ominus \Gamma MH = 360°,$

also $\begin{cases} s\,HM = \ \ 52^P 53' \\ ,s\,\Gamma M = 107^P 43' \end{cases}$ wie $h\,\Gamma H = 120^P.$

Setzt man $\quad h\,\Gamma H = \ \ 2^P 11' \quad$ wie *exhm* $HZ = 60^P$, (s. Z. 2)
so wird $\quad HM = \ \ 0^P 58' \quad$ und $\Gamma M = 1^P 58'.$

(Nun ist $\quad HZ^2 - HM^2 = MZ^2$)
mithin $\quad MZ = 60^P$, weil unbeträchtlich $< h\,HZ,$
folglich $\quad \Gamma Z = MZ - \Gamma M = 58^P 2'.$

3. Ferner ist (als mittlere Entfernung vom Perigeum
S. 148, 25 gegeben)

$$\angle \Delta\Gamma N = 85° \ 8' \quad \text{wie } 2R = 360°,$$

mithin $\begin{cases} b\,\Delta N = 85° \ 8' \\ ,b\,\Gamma N = 94°52' \end{cases}$ wie $\ominus \Gamma N\Delta = 360°,$

also $\begin{cases} s\,\Delta N = 81^P 10' \\ ,s\,\Gamma N = 88^P 23' \end{cases}$ wie $h\,\Gamma\Delta = 120^P.$

Setzt man $\quad \Gamma\Delta = \ 3^P \quad$ wie $\Gamma Z = 58^P \ 2',$[b]
so wird $\quad \Delta N = \ 2^P \ 2' \quad$ und $\Gamma N = \ 2^P 13',$
folglich $\quad ZN = \Gamma Z - \Gamma N = 55^P 49'.$

(Nun ist $\quad ZN^2 + \Delta N^2 = \Delta Z^2$)
mithin $\quad h\,\Delta Z = \ \ 55^P 51' \quad$ wie *ephm* $= 22^P 30'.$

Setzt man $\quad h\,\Delta Z = 120^P,$
so wird $\quad s\,\Delta N = \ \ 4^P 22' \quad$ in diesem Maße,

---

a) Weil als Scheitelwinkel gleich $\angle \Delta\Gamma N$.  S. S. 148, 25.
b) Daß $\Gamma\Delta = 3^P$ wie der Halbmesser $HZ$ des den Epizykel
tragenden Exzenters $= 60^P$, in dessen Maße $\Gamma Z = 58^P 2'$, ist
S. 144, 15 nachgewiesen worden.

$$\text{mithin} \quad b\,\triangle N = 4^0\,11' \quad \text{wie} \quad \ominus \triangle NZ = 360^0,$$
$$\text{also} \quad \angle \triangle ZN = 4^0\,11' \quad \text{wie} \quad 2R = 360^0.$$
$$(\text{Nun war} \quad \angle \triangle \Gamma N = 85^0\,8' \quad \text{wie} \quad 2R = 360^0)$$
$$\text{folglich} \quad \angle E\triangle Z = 89^0\,19' \quad \text{als Summe.} \quad (\text{Eukl. I. 32})$$

5   4. Weil damals die scheinbare Entfernung des Planeten vom Perigeum ($\Upsilon$ 10$^0$ bis $\Pi$ 17$^0$ 30$'$) 67$^0$ 30$'$ (wie $4R = 360^0$) betrug, so ist

$$\angle E\triangle \Lambda = 135^0 \quad \text{wie} \quad 2R = 360^0.$$
$$(\text{Nun war} \quad \angle E\triangle Z = 89^0\,19' \quad \text{wie} \quad 2R = 360^0)$$
10 $$\text{folglich} \quad \angle Z\triangle \Lambda = 45^0\,41' \quad \text{als Differenz,}$$
$$\text{mithin} \quad b\,Z\Xi = 45^0\,41' \quad \text{wie} \quad \ominus Z\Xi\triangle = 360^0,$$
$$\text{also} \quad s\,Z\Xi = 46^P\,35' \quad \text{wie} \quad h\,\triangle Z = 120^P.$$

$$\text{Setzt man} \quad h\,\triangle Z = 55^P\,51' \quad \text{wie } ephm\ Z\Lambda = 22^P\,30',$$
$$\text{so wird} \quad s\,Z\Xi = 21^P\,41' \quad \text{in demselben Maße.}$$

15 $$\text{Setzt man} \quad h\,Z\Lambda = 120^P,$$
$$\text{so wird} \quad s\,Z\Xi = 115^P\,39' \quad \text{in diesem Maße,}$$
$$\text{mithin} \quad b\,Z\Xi = 149^0\,2' \quad \text{wie} \quad \ominus Z\Xi\Lambda = 360^0,$$
Hei 288 $$\text{also} \quad \angle Z\Lambda\Xi = 149^0\,2' \quad \text{wie} \quad 2R = 360^0.$$

$$\text{Nun war} \quad \angle Z\triangle \Lambda = 45^0\,41' \quad \text{wie} \quad 2R = 360^0,$$
20 $$(\text{mithin} \quad \angle \Lambda ZK = 194^0\,43' \quad \text{als Summe.}) \quad (\text{Eukl. I. 32})$$

$$\text{Ferner war} \quad \angle \Theta ZK = 4^c\,11' \quad \text{wie} \quad 2R = 360^0,\text{[a]}$$
$$\text{folglich} \quad \angle \Theta Z\Lambda = 198^0\,54' \quad \text{als Summe,}$$
Ha 187 $$= 99^0\,27' \quad \text{wie} \quad 4R = 360^0.$$

Mithin betrug auch der Epizykelbogen $\Theta K\Lambda$, welchen
25 der Merkur nach der Beobachtung von dem Apogeum $\Theta$ entfernt stand, 99$^0$27$'$, was nachzuweisen war.

II. Im 21$^{\text{ten}}$ Jahre der Zeitrechnung des Dionysius, welches in das 484$^{\text{te}}$ Jahr seit Nabonassar fiel, stand am Morgen des 22. Skorpion, d. i. des 18/19. ägyptischen Thoth
30 (15. November 264 v. Chr.), „Stilbon" von der Geraden durch den nördlichen Stern ($\beta$) in der Stirn des Skorpions und

---

a) Weil als Scheitelwinkel gleich dem Winkel $\triangle ZN$, dessen Größe oben Z. 2 nachgewiesen wurde.

den mittelsten ($\delta$) eine Mondbreite östlich und hatte zwei
Mondbreiten Abstand nach Norden von dem nördlichen ($\beta$)
in der Stirn. Nun stand der mittelste ($\delta$) von den Sternen
in der Stirn des Skorpions nach un-
seren Anfangspunkten damals ($4^0$ zurück) in ♏ $1^0 40'$, und zwar um den
gleichen Betrag südlich der Ekliptik,
während der nördlichste ($\beta$) in ♏ $2^0 20'$
stand, und zwar $1^0 20'$ nördlich der
Ekliptik. Folglich stand der Merkur
ohne wesentlichen Fehler in ♏ $3^0 20'$.[a]
Daß er noch nicht zu der größten Elongation als Morgenstern gelangt war,
wird aus einer Aufzeichnung ersichtlich, nach welcher er vier
Tage später, am 26. Skorpion, von der nämlichen Geraden in
der Richtung der Zeichen (also immer noch östlich) $1\frac{1}{2}$ Mondbreiten entfernt war: die Elongation ist größer geworden, weil
die Sonne sich (in vier Tagen) ungefähr $4^0$ (nach Osten) und der
Planet eine halbe Mondbreite (nach Westen) weiterbewegt hat.

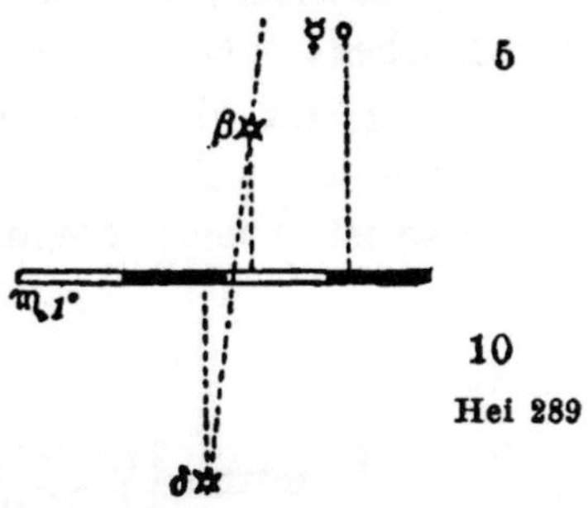


Der mittlere Ort der Sonne war nach unseren Tafeln[b]
am 19. Thoth ($6^h$) in der Morgendämmerung ♏ $20^0 50'$, während das Apogeum des Pla-
neten in ♎ $6^0$ lag, weil die
400 Jahre, die rund zwischen
den Beobachtungen liegen,
einen Fortschritt des Apogeums im Betrage von etwa
$4^0$ bewirken.

Diese beiden Punkte sollen
gegeben sein. Es sei wieder
die ähnliche Figur vorgelegt
wie oben. Indessen seien wegen der Unähnlichkeit der
Laufstrecken die Winkel

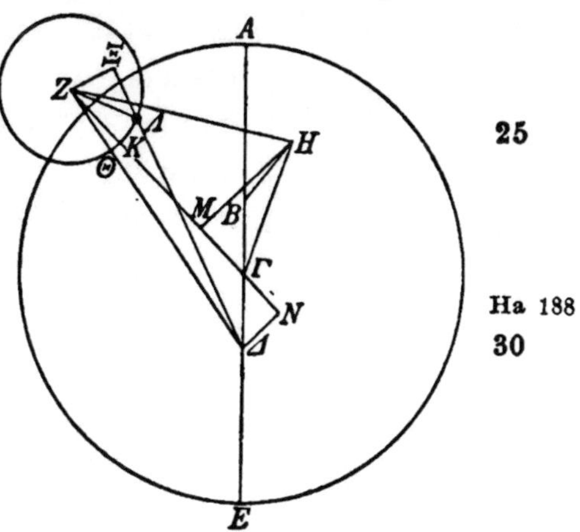


---

a) Somit entfällt auf die zwei Mondbreiten, die der Merkur
weiter östlich stand, rund $1^0$. S. Anm. 2.

b) Für $483^a 17^d 18^h$ ergibt die Nachprüfung ♏ $20^0 48' 57''$.

(AΓZ und ABH) am Apogeum A als spitze gezeichnet, die
nach dem Planeten gezogenen Verbindungslinien (ZΛ und
ΔΛ) seien nach den weiter vorwärts gelegenen Teilen des
Epizykels gezogen, und das Lot ZΞ komme (von Δ aus ge-
5 sehen) oberhalb des Epizykelhalbmessers ZΛ zu liegen.[a]

1. Da die Entfernung des mittleren Ortes des Planeten
von dem Apogeum (♎ 6° bis ♏ 20° 50′) 44° 50′ betrug,
so ist (ebenso wie der ∠ AΓZ)

$$\angle ABH = 44° 50′ \quad \text{wie } 4R = 360°,$$
10
$$= 89° 40′ \quad \text{wie } 2R = 360°,$$

mithin $\begin{cases} \angle ΓBH = 270° 20′ & \text{als Supplementwinkel,} \\ \angle BΓH = 44° 50′ & \text{wie } 2R = 360°,\text{[b]} \end{cases}$

Hei 290

also $\begin{cases} s\,ΓH = 84^{P} 36′\,^{9)} \\ s\,BΓ = 45^{P} 46′ \end{cases}$ wie $dm \oslash ΓBH = 120^{P}$.

15  Setzt man    $BΓ = 3^{P}$    (wie $exhm\ HZ = 60^{P}$),
so wird    $ΓH = 5^{P} 33′$    in demselben Maße.

2. Ferner ist durch die Annahme (Z. 8) gegeben

$$\angle AΓZ = 89° 40′ \quad \text{wie } 2R = 360°.$$

Nun war $\angle BΓH = 44° 50′$   wie $2R = 360°,$
20  folglich $\angle ZΓH = 134° 30′$   als Summe;

mithin $\begin{cases} b\,HM = 134° 30′ \\ ,b\,ΓM = 45° 30′ \end{cases}$ wie $\ominus ΓMH = 360°,$

also $\begin{cases} s\,HM = 110^{P} 40′ \\ ,s\,ΓM = 46^{P} 24′ \end{cases}$ wie $h\,ΓH = 120^{P}$.

Ha 189\
Hei 291/

25  Setzt man    $ΓH = 5^{P} 33′$   wie $exhm\ HZ = 60^{P},$
so wird    $HM = 5^{P} 7′$ und $ΓM = 2^{P} 10′.$

---

a) Außerdem ist zu bemerken, daß die Buchstaben Θ und K
vertauscht sind: K liegt hier auf der Geraden ΓZ, Θ auf der Geraden ΔZ.

b) In dem gleichschenkligen △ ΓBH entfällt auf jeden der
beiden Winkel an der Grundlinie die Hälfte des Außenwinkels
ABH. Von den beiden gleichen Seiten BΓ = BH habe ich, abweichend vom Original, nur ein e in Rechnung gezogen.

(Nun ist　　$HZ^2 - HM^2 = MZ^2$)
mithin　　$MZ = 59^P\,47'$ in demselben Maße,
folglich　　$\Gamma Z = MZ + \Gamma M = 61^P\,57'$.

3. Ferner ist (als Scheitelwinkel des $\angle A\Gamma Z$)

$$\angle\,\Delta\Gamma N = 89^\circ 40' \quad \text{wie } 2R = 360^\circ, \quad \text{(S. 152, 8)}$$ 5

mithin $\begin{cases} b\,\Delta N = 89^\circ 40' \\ {,}b\,\Gamma N = 90^\circ 20' \end{cases}$ wie $\ominus\,\Gamma N\Delta = 360^\circ,$

also $\begin{cases} s\,\Delta N = 84^P\,36' \\ {,}s\,\Gamma N = 85^P\ \ 6' \end{cases}$ wie $h\,\Gamma\Delta = 120^P.$

Setzt man　　$\Gamma\Delta = \ \ 3^P$　wie $\Gamma Z = 61^P\,57'$,[a]　　　10
so wird　　$\Delta N = \ \ 2^P\,7'$ und $\Gamma N = 2^P\,8'$,
folglich　　$ZN = \Gamma Z + \Gamma N = 64^P\,5'$.

(Nun ist　　$ZN^2 + \Delta N^2 = \Delta Z^2$)
mithin　　$h\,\Delta Z = \ \ 64^P\ \ 7'$　in demselben Maße.

Setzt man　　$h\,\Delta Z = 120^P$,　　　　　　　15
so wird　　$s\,\Delta N = \ \ \ 3^P\,58'$　in diesem Maße,
mithin　　$b\,\Delta N = \ \ \ 3^\circ 48'$　wie $\ominus\,\Delta N Z = 360^\circ,$
also $\angle\,\Delta Z N = \ \ \ 3^\circ 48'$　wie $2R = 360^\circ.$
(Nun war $\angle A\Gamma Z = \ \ 89^\circ 40'$　wie $2R = 360^\circ$)
folglich $\angle A\Delta Z = \ \ 85^\circ 52'$　als Differenz.　(Eukl. I. 32)　　20

4. Weil der Planet nach der Beobachtung von dem Apogeum ($\triangleq 6^\circ$ bis $\text{♏}\,3^\circ 20'$) $27^\circ 20'$ (wie $4R = 360^\circ$) entfernt war, so ist

$$\angle A\Delta\Lambda = \ \ 54^\circ 40' \quad \text{wie } 2R = 360^\circ.$$

(Nun war $\angle A\Delta Z = \ \ 85^\circ 52'$　wie $2R = 360^\circ$)　　　25
folglich $\angle Z\Delta\Lambda = \ \ 31^\circ 12'$　als Differenz,
mithin　　$b\,Z\Xi = \ \ 31^\circ 12'$　wie $\ominus\,Z\Xi\Delta = 360^\circ,$　　Hei 292
also　　$s\,Z\Xi = \ \ 32^P\,16'$　wie $h\,\Delta Z = 120^P.$　　Ha 190

Setzt man　　$\Delta Z = \ \ 64^P\ \ 7'$　wie $ephm'\,Z\Lambda = 22^P\,30'$,
so wird　　$Z\Xi = \ \ 17^P\,15'$　in demselben Maße.　　　30

---

a) $\Gamma Z$ ist in dem Maße des Exzenterhalbmessers nach Z. 3 gleich $61^P\,57'$; daß in demselben Maße $\Gamma\Delta = 3^P$, ist S. 144, 15 nachgewiesen.

Setzt man $h\, Z\Lambda = 120^{\mathrm{p}}$,
so wird $s\, Z\Xi = 92^{\mathrm{p}}$ in diesem Maße,
mithin $b\, Z\Xi = 100^{0}\ 8'$ wie $\ominus\, Z\Xi\Lambda = 360^{0}$,
also $\angle\, Z\Lambda\Xi = 100^{0}\ 8'$ wie $2R = 360^{0}$.

5 Nun war $\angle\, Z\Delta\Lambda = 31^{0}12'$ wie $2R = 360^{0}$,
(mithin $\angle\, \Delta Z\Lambda = 68^{0}56'$ als Differenz.) (Eukl. I. 32)
Ferner war $\angle\, \Theta ZK = 3^{0}48'$ wie $2R = 360^{0}$, (S. 153, 18)
folglich $\angle\, KZ\Lambda = 65^{0}\ 8'$ als Differenz,
$= 32^{0}34'$ wie $4R = 360^{0}$.

10 Mithin war nach dieser Beobachtung der Planet von dem Perigeum K des Epizykels $32^{0}34'$ entfernt, von dem Apogeum natürlich $212^{0}34'$. Es war aber die Entfernung zur Zeit unserer Beobachtung gleichfalls von dem Apogeum des Epizykels mit $99^{0}27'$ nachgewiesen worden.

Hei 293
Die zwischen den beiden Beobachtungen (vom 19. Thoth
16 $6^{\mathrm{h}}$ früh 484 Nab. bis zum 2. Epiphi $7^{\mathrm{h}}$ $30^{\mathrm{m}}$ abends 886 Nab.) verflossene Zeit beträgt 402 ägyptische Jahre, $(12 + 270 + 1 =)$ 283 Tage und $13^{1}/_{2}$ Stunden ohne wesentlichen Fehler. Dieser Zeitraum umfaßt 1268 ganze Wiederkehren
20 der Anomalie des Planeten; denn da 20 ägyptische Jahre ohne merklichen Fehler 63 Umläufe ausmachen[10], so bringen 400 Jahre 1260 und die übrigen 2 Jahre mit Einschluß
Ha 191
der überschießenden Tage weitere 8 ganze Umläufe. Demnach haben wir das klare Ergebnis gewonnen, daß in 402
25 ägyptischen Jahren, 283 Tagen und $13^{1}/_{2}$ Stunden der Merkur nach ganzen Wiederkehren der Anomalie $246^{0}53'$ darüber zurückgelegt hat: um so viel Grade war ja der zu unserer Zeit festgestellte Ort $(99^{0}27')$ dem früheren $(212^{0}34')$ voraus.[a] Ebensoviel Grade des Überschusses ergibt die
30 Rechnung[b] nach den von uns oben (S. 116—18) vorgelegten Tafeln, weil wir direkt unter Benutzung des vorliegend behandelten Materials die Korrektion der periodischen Bewe-

---

a) Zu einer ganzen Wiederkehr fehlten dem früheren Orte $360^{0} - 212^{0}34' = 147^{0}26'$, wozu noch $99^{0}27'$ der späteren Beobachtung hinzukommen.
b) Die Nachprüfung ergibt für obige Zeit $246^{0}53'36''$.

gungen des Merkur vorgenommen haben, indem wir die
obengenannte Zeit in Tage verwandelten und die (1268)
Kreise der Anomalie unter Hinzufügung des Überschusses
in Grade. Dividiert man nämlich mit der Anzahl der Tage
in die Zahl der Grade, so ergibt sich die tägliche mittlere  5
Bewegung in Anomalie, wie sie von uns für den Merkur
oben (S. 101, 13) mitgeteilt worden ist.

## Elftes Kapitel.
### Epoche der periodischen Bewegungen des Merkur.

Um nun auch für die fünf Wandelsterne, wie dies für
die Sonne und den Mond geschehen ist, die Epochen an den
Mittag des 1. ägyptischen Thoth des ersten Jahres der Re- Hei 294
gierung Nabonassars zu knüpfen, haben wir wieder die 11
Zwischenzeit festgestellt, welche zwischen diesem Datum und
dem Zeitpunkt der älteren Beobachtung (am 19. Thoth $6^h$
früh 484 Nab.) verflossen ist. Sie beträgt 483 ägyptische
Jahre, 17 Tage und 18 Stunden. Für diese Zeit ergibt die 15
Rechnung (nach den Tafeln S. 116 ff.) einen Überschuß der
mittleren Bewegung in Anomalie von $190^0\,39'$.[a) Wenn wir
diesen Betrag von den $212^0\,34'$ abziehen, welche nach der Ha 192
(älteren) Beobachtung über das Apogeum zurückgelegt waren,
so werden wir für den Mittag des 1. ägyptischen Thoth des 20
ersten Jahres Nabonassars als Epoche erhalten:

1. vom Apogeum des Epizykels in Anomalie   $21^0\,55'$,
2. in Länge dieselbe wie die der Sonne, d. i.   )( $0^0\,45'$,
3. für das Apogeum der Exzentrizität   ♎ $1^0\,10'$.

Für letzteres macht nämlich $1/_{100}^0$ (Präzession) in den vor- 25
liegenden (483) Jahren $4^0\,50'$ aus, was genau die Differenz
zwischen ♎ $1^0\,10'$ und ♎ $6^0$ ist, wo zur Zeit der (zugrunde
gelegten) Beobachtung (S. 151, 23) das Apogeum festgestellt
wurde.

---

a) Die Nachprüfung ergibt $190^0\,39'\,4''$. Hieraus geht hervor,
daß die Stundenangabe ιη γ′ ἔγγιστα des griechischen Textes
fehlerhaft ist. Diese $20^m$ würden einen Zuschlag von $2'\,35''$ ausmachen. Folglich ist γ′ zu streichen oder γ′ ἔγγιστα zu schreiben.

# Zehntes Buch.

## Erstes Kapitel.
### Nachweis des Apogeums der Venus.

Ha 193) Hei 296) Die Hypothesen des Planeten Merkur und der zahlenmäßige Betrag seiner Anomalien, ferner der Betrag seiner periodischen Bewegungen und ihre Epochen sind vorstehend endgültig von uns festgestellt worden. Für die Venus suchten wir zunächst wieder mit Hilfe der gleichgroßen nach derselben Seite eintretenden größten Elongationen zu ermitteln, in welchen Teilen der Ekliptik das Apogeum und das Perigeum der Exzentrizität liegt. Für diesen Zweck haben uns alte paarweise genau sich entsprechende Beobachtungen nicht zur Verfügung gestanden; dagegen haben wir nach den zu unserer Zeit angestellten Beobachtungen die Sache folgendermaßen in Angriff genommen.

Unter den von dem Mathematiker Theon uns überlassenen Aufzeichnungen fanden wir eine Beobachtung, die im 16$^{ten}$ Jahre Hadrians am 21/22. ägyptischen Pharmuthi (7. März 132 n. Chr. 7$^h$ abends) angestellt war. Nach dieser hatte die Venus als Abendstern die größte Elongation von der Sonne, indem sie nach seiner Angabe der Mitte der Pleias um die Länge der Pleias westlich voranging, während ihr Vorübergang an derselben etwas südlicher zu erwarten stand. Da nun die Mitte der Pleias damals nach unseren Anfangspunkten in ♉ 3$^0$ stand, während ihre Länge ungefähr 1$^0$30′ beträgt, so stand die Venus damals natürlich in ♉ 1$^0$30′. Folglich betrug, da der mittlere Ort der Sonne zurzeit ♓ 14$^0$15′ war$^a$), die größte Elongation von dem mittleren Ort als Abendstern 47$^0$15′.

Wir selbst beobachteten im 4$^{ten}$ Jahre Antonins[11]) am 11/12. ägyptischen Thoth (30. Juli 140 n. Chr. 1/2 5$^h$ früh), die Venus in der größten Elongation als Morgenstern. Sie

---

a) Für 878$^a$ 230$^d$ 7$^h$ ergibt die Nachprüfung ♓ 14$^0$14′13″.

stand von dem mittelsten Knie ($\xi$) der Zwillinge eine halbe Vollmondbreite[a] nordöstlich entfernt. Der Ort des Fixsterns war zurzeit nach unseren Anfangspunkten $\Pi\,18^0\,15'$, so daß die Venus ohne wesentlichen Fehler in $\Pi\,18^0\,30'$ stand, während der mittlere Ort der Sonne $\Omega\,5^0\,45'$ war. Folglich betrug die größte Elongation als Morgenstern ebenfalls wieder $47^0\,15'$.

Da nach der früheren Beobachtung der mittlere Ort $\mathcal{H}\,14^0\,15'$ und nach der zweiten $\Omega\,5^0\,45'$ war, somit der in der Mitte dazwischengelegene Punkt der Ekliptik einerseits in $\mathrm{\forall}\,25^0$, anderseits in $\mathrm{m}\,25^0$ fällt, so dürfte in diesen Graden der durch Apogeum und Perigeum gehende Durchmesser (des Exzenters) liegen.

Desgleichen fanden wir unter den von Theon überlassenen Beobachtungen, daß im $12^{\text{ten}}$ Jahre Hadrians am 21/22. ägyptischen Athyr (11. Oktober 127 n. Chr. $^1/_2\,7^{\text{h}}$ früh) die Venus als Morgenstern in der größten Elongation von der Sonne stand, indem sie die Länge der Pleias (d. i. $1^0\,30'$) oder höchstens um ihre eigene Größe (d. i. $5'$) weniger (also $1^0\,25'$) hinter dem Stern ($\beta$) an dem Ende des linken Flügels der Jungfrau östlich zurückblieb, während ihr Vorübergang an dem Stern eine Mondbreite weiter nördlich zu erwarten stand. Da nun der Ort des Fixsterns nach unseren Anfangspunkten damals in $\Omega\,28^0\,55'$ lag[b], so daß die Venus ($1^0\,25'$ östlich) ohne wesentlichen Fehler in $\mathrm{m}\!y\,0^0\,20'$ stand, während der mittlere Ort der Sonne $\Omega\!\!-\!\!17^0\,52'$ war[c], so betrug die größte Elongation vom mittleren Ort als Morgenstern $47^0\,32'$.

Ha 195

Hei 298

---

a) $\Sigma\varepsilon\lambda\dot\eta\nu\eta\ \delta\iota\chi\acute o\mu\eta\nu o\varsigma$ ist hier und S. 158, 4 mit „Vollmond" übersetzt, weil ja nach dem griechischen Kalender diese Phase stets zur „Monatsmitte" eintrat. Für die Mitte der Monate des ägyptischen Wandeljahres stimmt diese Bezeichnung des Mondes natürlich nicht.

b) Der zeitliche Unterschied zwischen den beiden Beobachtungen beträgt rund $887 - 874 = 13$ Jahre, auf welche genau genommen $0^0\,7'\,30''$ Präzession entfallen. Der Sternkatalog gibt die Länge von $\beta$ Virg. nur $5'$ weiter östlich mit $\Omega\,29^0$ an.

c) Für $874^{\text{a}}\,80^{\text{d}}\,18^1/_2{}^{\text{h}}$ ergibt die Nachprüfung $\Omega\!\!-\!\!17^0\,52'\,12''$.

Wir selbst beobachteten im 21^ten Jahre Hadrians am
9/10. ägyptischen Mechir (25. Dezember 136 n. Chr. $^1/_2 7^h$
abends) die Venus in der größten Elongation von der Sonne.
Sie stand etwa $^2/_3$ von der Breite des Vollmondes (d. i. $^2/_3$
von 36′) westlich von dem nördlichsten ($\varphi$) der vier ein
Viereck[a]) bildenden Sterne ($\varphi \chi \psi^1 \psi^3$) hinter dem nachfolgenden ($\lambda$), welcher mit (den zwei Sternen $\iota$ und $\sigma$ in) der
Schamgegend des Wassermanns auf einer Geraden steht,
und schien den Fixstern ($\varphi$) zu überstrahlen. Da der Ort
des Fixsterns ($\varphi$) zurzeit nach unseren Anfangspunkten in
♒ 20⁰ lag und deshalb die Venus (24′ westlich) in ♒ 19⁰ 36′
stand, während der mittlere Ort der Sonne ♑ 2⁰ 4′ war[b]),
so betrug auch hier wieder die größte Elongation als Abendstern 47⁰ 32′.

Die Punkte der Ekliptik, welche zwischen den nach der
ersten Beobachtung in ♎ 17⁰ 52′ und nach der zweiten in
♑ 2⁰ 4′ festgestellten Örtern in der Mitte liegen, fallen ohne
wesentlichen Fehler wieder einerseits in ♉ 25⁰, anderseits
in ♏ 25⁰.

## Zweites Kapitel.
### Zahlenmäßige Größe des Epizykels der Venus.

Daß zu unseren Zeiten das Apogeum des Exzenters in
♉ 25⁰ und das Perigeum in ♏ 25⁰ liegt, ist von uns hiermit festgestellt worden. Im weiteren Verfolg suchten wir
wieder (wie S. 136, 21) die größten Elongationen zu den
Zeiten, wo der mittlere Ort der Sonne in ♉ 25⁰ und ♏ 25⁰
lag.

Unter den von Theon uns überlassenen Beobachtungen
fanden wir, daß im 13^ten Jahre Hadrians am 2/3. ägyptischen Epiphi (20. Mai 129 n. Chr. 5^h früh) die Venus als
Morgenstern die größte Elongation von der Sonne hatte, in-

---

a) Ein Viereck bilden diese 4 Sterne des Wassermanns heutzutage nicht mehr, da sie nahezu auf einer Geraden unterein-
ander stehen. Neben $\psi^1$, einem trennbaren Doppelstern, steht
übrigens noch ein fünfter Stern $\psi^2$.

b) Für 883^a 158^d 6$^1/_2$^h ergibt die Nachprüfung ♑ 2⁰ 3′ 54″.

dem sie der Geraden durch den vorangehenden ($\gamma$) von den
drei Sternen ($\alpha\beta\gamma$) im Kopfe des Widders und den Stern (38)
im Hinterbein $1^0 24'$ westlich
voranging, wobei sie von dem
vorangehenden Stern ($\gamma$) im Kopf
ungefähr den doppelten Abstand
hatte wie von dem Stern (38)
im Hinterbein. Nun stand nach
unseren Anfangspunkten der
vorangehende ($\gamma$) von den drei
Sternen im Kopfe des Widders
damals[a] ($4'$ zurück) in $\gamma\ 6^0 36'$
mit $7^0 20'$ nördlicher Breite, und

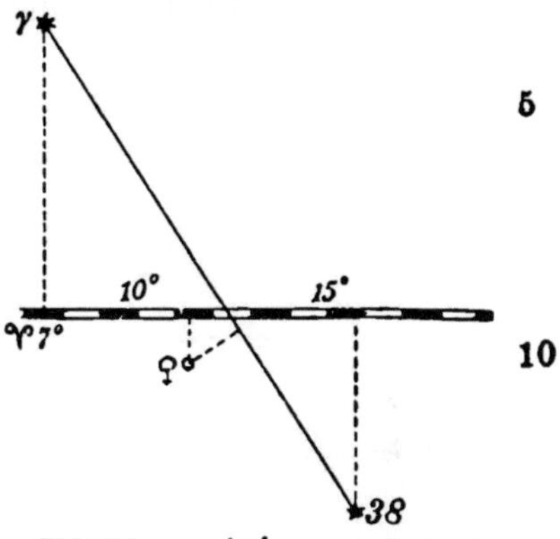

der Stern (38) im Hinterbein des Widders ($5'$ zurück!) in
$\gamma\ 14^0 55'$ mit $5^0 15'$ südlicher Breite. Folglich stand die
Venus in $\gamma\ 10^0 36'$ mit $1^0 30'$ südlicher Breite. Da der
mittlere Ort der Sonne damals $\vartheta\ 25^0 24'$ war[b], so beträgt
die größte Elongation vom mittleren Ort $44^0 48'$.

Wir selbst beobachteten im $21^{ten}$ Jahre Hadrians am
2/3. ägyptischen Tybi (18. November 136 n. Chr. $5^h$) abends
die Venus in der größten Elongation von der Sonne. Bei
Anvisierung mit Bezug auf die Sterne ($\alpha\nu\beta$) in den Hörnern
des Steinbocks ergab sich als ihr scheinbarer Ort $\times 12^0 50'$,
während der mittlere Ort der Sonne $\mathrm{m}\ 25^0 30'$ war[c], so daß
hier die größte Elongation vom mittleren Ort $47^0 20'$ betrug.

Daraus (daß letzterer Winkel der größere ist) geht deut-
lich hervor, daß in $\vartheta\ 25^0$ das Apogeum und in $\mathrm{m}\ 25^0$ das
Perigeum liegt. Ferner ist uns ersichtlich geworden, daß
der Exzenter, welcher den Epizykel der Venus trägt, ein
festbleibender ist, weil an keiner Stelle der Ekliptik die
Summe der beiderseits eintretenden größten Elongationen
vom mittleren Ort weder kleiner gefunden wird als die

---

a) Bei der Zwischenzeit von 7 Jahren beträgt die Präzession
$0^0 4' 12''$, rund $4'$ oder $5'$. Hiernach ist im griechischen Text $\iota\delta$
$\Gamma^{\zeta}\delta'$zu schreiben, weil der Sternkatalog die Länge mit $\gamma\ 15^0$ angibt.

b) Für $875^a\ 301^d\ 17^h$ ergibt die Nachprüfung $\vartheta\ 25^0 23' 27''$.

c) Für $883^a\ 121^d\ 5^h$ ergibt die Nachprüfung $\mathrm{m}\ 25^0 32' 19''$.

Summe $(2 \times 44^0\,48' = 89^0\,36')$ der beiden Elongationen (vom mittleren Ort) im Stier, noch größer als die Summe $(2 \times 47^0\,20' = 94^0\,40')$ der beiden (Elongationen vom mittleren Ort) im Skorpion.

Die vorstehend festgestellten Punkte sollen gegeben sein. Der Exzenter, auf welchem sich jederzeit der Epizykel der Venus bewegt, sei der Kreis ABΓ um den Durchmesser AΓ, auf welchem als Zentrum des Exzenters Δ angenommen sei, E als der Mittelpunkt der Ekliptik: A sei der unter ♉ 25⁰ und Γ der unter ♏ 25⁰ gelegene Punkt.[a] Um die Punkte A und Γ beschreibe man gleichgroße Epizyklen, auf denen die Punkte Z und H liegen. Hierauf ziehe man die Tangenten EZ, EH und die Verbindungslinien AZ, ΓH.

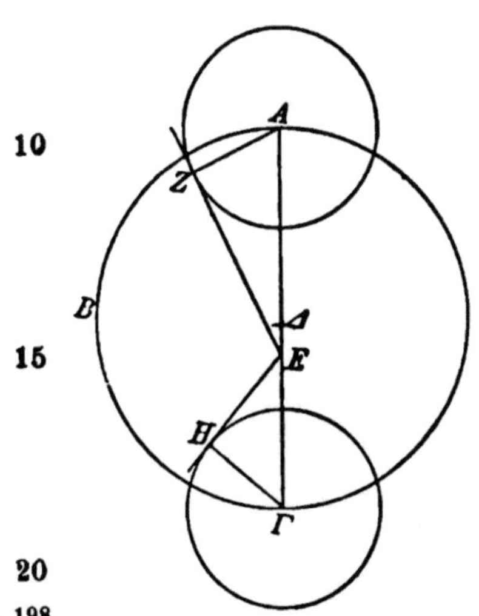

1. Da ∠ AEZ als Zentriwinkel der Ekliptik die im Apogeum eintretende größte Elongation des Planeten unterspannt, welche mit $44^0\,48'$ gegeben ist, so ist

$$\angle AEZ = 44^0\,48' \quad \text{wie } 4R = 360^0,$$
$$= 89^0\,36' \quad \text{wie } 2R = 360^0,$$
$$\text{mithin} \quad b\,AZ = 89^0\,36' \quad \text{wie } \ominus AZE = 360^0,$$
$$\text{also} \quad s\,AZ = 84^P\,33' \quad \text{wie } h\,AE = 120^P.$$

2. Da desgleichen ∠ ΓEH die im Perigeum eintretende größte Elongation unterspannt, welche mit $47^0\,20'$ ebenfalls gegeben ist, so ist

$$\angle \Gamma EH = 47^0\,20' \quad \text{wie } 4R = 360^0,$$
$$= 94^0\,40' \quad \text{wie } 2R = 360^0,$$
$$\text{mithin} \quad b\,\Gamma H = 94^0\,40' \quad \text{wie } \ominus \Gamma HE = 360^0,$$
$$\text{also} \quad s\,\Gamma H = 88^P\,13' \quad \text{wie } h\,\Gamma E = 120^P.$$

---

a) Die Bezeichnung der Lage des Punktes Γ, welche im griechischen Text fehlt, ist nach Cod. G ergänzt worden.

3. Setzt man, da die Epizykelhalbmesser $\Gamma H$ und $AZ$ einander gleich sind, auch

$$\Gamma H = 84^P 33' \quad \text{wie } AE = 120^P, \quad (\text{S. } 160,27)$$

so wird $\quad \Gamma E = 115^P\ 1'$ in demselben Maße,

mithin $\left\{ \begin{array}{l} A\Gamma = AE + \Gamma E = 235^P\ 1', \\ A\Delta = \Gamma\Delta = \frac{1}{2} A\Gamma = 117^P 30', \\ \Delta E = \Gamma\Delta - \Gamma E = \ \ 2^P 29'. \end{array} \right.$   5

Setzt man $\quad A\Delta = 60^P$ als *exhm*,

so wird $\left\{ \begin{array}{l} \Delta E = \ \ 1^P 15'\,^{a)} \\ AZ = 43^P 10'\,^{b)} \end{array} \right\}$ in demselben Maße.   10

Somit ist die Verbindungslinie $\Delta E$ zwischen den Mittelpunkten (der Ekliptik und des Exzenters) mit $1^P 15'$, und ler Halbmesser $AZ$ des Epizykels mit $43^P 10'$ gefunden.

## Drittes Kapitel.
### Das Verhältnis der Exzentrizität der Venus.

Da es noch unbewiesen ist, ob die gleichförmige Bewe- Ha 199
jung des Epizykels um den Punkt $\Delta$ vor sich geht, so 15
stellten wir auch hier zwei größte Elongationen nach den Hei 303
)ntgegengesetzten Seiten (d. i. eine westliche und eine östiche) fest, während der mittlere Ort der Sonne bei jeder dieser Elongationen)[c)] $90^0$ von dem Apogeum entfernt lag.

Die erste dieser Beobachtungen stellten wir im $18^{\text{ten}}$ Jahre 20
Iadrians am 2/3. ägyptischen Pharmuthi (18. Februar 134 l. Chr. früh $6^h$) an, nach welcher die Venus als Morgenstern lie größte Elongation von der Sonne hatte und bei der Anisierung mit Bezug auf den sog. Antares in $\text{♏} 11^0 55'$ stand,

---

a) Nach dem Verhältnis $(\Delta E)\,2^P 29' : (A\Delta)\,117^P 30' = 1^P 15' : 60^P$.

b) Das nach Z. 3 bestehende Verhältnis $(AZ)\,84^P 33' : (AE)\,120^P$ st in dem Maße von $A\Delta = 60^P$ gleich dem Verhältnis $(AZ)\,43^P 10'$ $(A\Delta + \Delta E)\,61^P 15'$.

c) Statt ἐφ' ἑκάτερα ist die Lesart des Cod. D ἐφ' ἑκατέρας orgezogen worden. Mit ἐπὶ τὰ ἐναντία werden hier auf das eutlichste die beiden Seiten des Epizykels, die Morgen- und ie Abendseite, bezeichnet. Vgl. S. 126 Anm. b).

während der mittlere Ort der Sonne damals $\approx 25^0\,30'$ war.[a]
Folglich betrug die größte Elongation vom mittleren Ort
als Morgenstern $43^0\,35'$.

Die zweite Beobachtung stellten wir im 3ten Jahre Antonins am 4/5. ägyptischen Pharmuthi (18. Februar 140
n. Chr. $\frac{1}{2}6^h$) abends an, nach welcher die Venus die größte
Elongation von der Sonne hatte und bei der Anvisierung
mit Bezug auf den glänzenden Stern (Aldebaran) der Hyaden
in ♈ $13^0\,50'$ stand, während der mittlere Ort der Sonne
wieder $\approx 25^0\,30'$ war.[b] Folglich betrug in diesem Falle
die größte Elongation vom mittleren Ort als Abendstern
$48^0\,20'$.

Diese Punkte sollen gegeben sein. Der durch das Apogeum und das Perigeum des Exzenters gehende Durchmesser
sei AB$\Gamma$; A sei angenommen als der unter ♑ $25^0$ liegende
Punkt, und B als der Mittelpunkt der Ekliptik.

Es sei die Aufgabe gestellt, das Zentrum zu finden, um
welches wir die gleichförmige Bewegung des Epizykels vor
sich gehen lassen.

Angenommen, Punkt $\Delta$ sei dieses Zentrum. Man ziehe
durch dasselbe unter rechten Winkeln zu A$\Gamma$ die Gerade

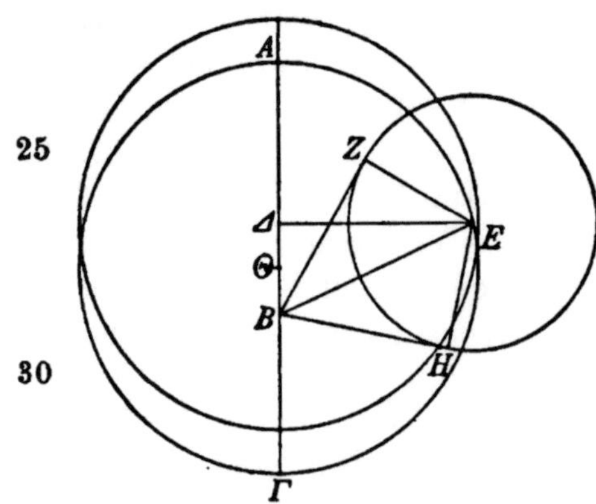

$\Delta$E, damit der mittlere
Ort des Epizykels den Beobachtungen entsprechend
$90^0$ von dem Apogeum
entfernt sei, und setze auf
ihr den nach den vorgelegten Beobachtungen (als
mittleren Sonnenort) gegebenen Mittelpunkt des
Epizykels in E an. Nachdem man um letzteren den
Epizykel ZH beschrieben,
ziehe man an denselben von B aus die Tangenten BZ

---

a) Für $880^a\,211^d\,18^h$ ergibt die Nachprüfung $\approx 25^0\,30'\,34''$.
b) Für $886^a\,213^d\,5\frac{1}{2}^h$ ergibt die Nachprüfung $\approx 25^0\,29'\,30''$.

und BH und schließlich die Verbindungslinien BE, EZ, EH.[a)]

1. Da nach dem gegebenen mittleren Ort (in ♎ 25°) die größte Elongation von demselben als Morgenstern mit 43° 35' und die größte als Abendstern mit 48° 20' gegeben ist, so ist folglich als Summe beider Winkel

$\llcorner$ ZBH = 91° 55'   wie 4$R$ = 360°,

demnach $\llcorner$ ZBE = 91° 55'   wie 2$R$ = 360°, weil halbsogroß;

mithin   $b$ EZ = 91° 55'   wie ⊖ EZB = 360°,   Hei 305

also   $s$ EZ = 86$^P$ 16'   wie $h$ BE = 120$^P$.   10

Setzt man   EZ = 43$^P$ 10'   als *ephm*,

so wird   BE = 60$^P$ 3'   in diesem Maße.

2. Da die Differenz der vorgelegten größten Elongationen im Betrage von (48° 20' — 43° 35' =) 4° 45' das Doppelte der derzeitigen Differenz der auf die Ekliptik bezogenen Anomalie ist, welche von dem $\llcorner$ BEΔ gemessen wird[7)], so ist

$\llcorner$ BEΔ = 2° 22' 30''   wie 4$R$ = 360°,   Ha 201

= 4° 45'   wie 2$R$ = 360°,

mithin   $b$ BΔ = 4° 45'   wie ⊖ BΔE = 360°,

also   $s$ BΔ = 4$^P$ 59'   wie $h$ BE = 120$^P$.   20

Setzt man   BE = 60$^P$ 3'   wie *ephm* = 43$^P$ 10',

so wird   BΔ = 2$^P$ 30'   in demselben Maße.

3. Nun wurde die Verbindungslinie zwischen dem Mittelpunkt B der Ekliptik und dem Zentrum (⊖) des Exzenters, auf welchem jederzeit der Mittelpunkt des Epizykels liegt, in demselben Maße (S. 161, 9) gleich 1$^P$ 15' nachgewiesen; folglich ist sie halbsogroß wie BΔ. Wenn wir also BΔ in Punkt ⊖ halbieren, so werden wir den Beweis geliefert haben, daß in dem Maße, in welchem der Halbmesser ⊖A des den Epizykel tragenden Exzenters gleich 60$^P$ ist, jede Hei 306 der beiden zwischen den Zentren liegenden Strecken B⊖ 31 und ⊖Δ 1$^P$ 15' und der Halbmesser des Epizykels 43$^P$ 10' beträgt, was nachzuweisen war.

a) Die Figur des Originals ist durch Zeichnung der beiden Exzenter ergänzt worden; nur so kann ⊖A (Zeile 29) als Halbmesser des den Epizykel tragenden Exzenters erkannt werden.

## Viertes Kapitel.
### Korrektion der periodischen Bewegungen der Venus.

Die Art der Hypothese und die Verhältnisse der Anomalien sind von uns vorstehend endgültig festgestellt worden. Zur Ermittelung der periodischen Bewegungen des Planeten und ihrer Epochen wählten wir nun wieder zwei durchaus sichere Beobachtungen, die eine aus den zu unserer Zeit angestellten, die andere aus der Zahl der alten.

I. Wir selbst beobachteten im $2^{\text{ten}}$ Jahre Antonins am 29/30. ägyptischen Tybi (16. Dezember 138 n. Chr. $^3/_4 5^{\mathrm{h}}$ früh) am Astrolab die Venus nach der größten Elongation als Morgenstern mit Bezug auf die Spika, wobei sich als ihr scheinbarer Ort ♏ $6^0 30'$ ergab. Sie stand damals mitteninne auf einer Geraden zwischen dem nördlichsten $(\beta)$ von den Sternen $(\pi\,\delta\,\beta)$ in der Stirn des Skorpions und dem scheinbaren Zentrum des Mondes, und zwar so inmitten, daß sie dem Zentrum des Mondes das Anderthalbfache derjenigen Strecke westlich voranging, um welche sie östlich hinter dem nördlichsten $(\beta)$ von den Sternen in der Stirn zurückblieb. Nun stand der Fixstern $(\beta)$ damals nach unseren Anfangspunkten in ♏ $6^0 20'$ mit $1^0 20'$ nördlicher Breite, und der Zeitpunkt (der Beobachtung) war $4^3/_4$ Äquinoktialstunden nach Mitternacht, da am Astrolab, während die Sonne in ♐ $23^0$ stand, ♍ $2^0$ kulminierte. Zu diesem Zeitpunkt war[a]

| | |
|---|---:|
| der mittlere Ort der Sonne | ♐ $22^0\ 9'$ |
| der mittlere Ort des Mondes | ♏ $11^0 24'$ |
| seine Entfernung vom Apogeum in Anomalie | $87^0 30'$ |
|    „      „     vom nördl. Grenzpunkt in Breite | $12^0 22'$ |
| mithin der genaue Ort des Mondzentrums | ♏ $5^0 45'$ |

---

a) Die Nachprüfung ergibt für $885^{\mathrm{a}}\,148^{\mathrm{d}}\,16^3/_4{}^{\mathrm{h}}$ als mittlerer Ort der Sonne ♐ $22^0 8' 49''$, als mittleren des Mondes ♏ $11^0 31' 53''$

seine (wahre) nördliche Breite  5⁰ 0′

der scheinbare Ort in Länge für Alexandria[a)]  ♏ 6⁰45′

die scheinbare nördl. Breite „ „ 4⁰40′.

Folglich ergab sich auch auf Grund dieser Zahlen als (scheinbarer) Ort der Venus ♏ 6⁰30′ und ihre nördliche Breite mit 2⁰40′.

Diese Punkte sollen gegeben sein. Der durch das Apogeum gehende Durchmesser sei ΑΒΓΔΕ; der Punkt Α sei in ♉ 25⁰ angenommen, Β sei der Punkt, um welchen der Epizykel (von der Leitlinie ΒΖ) gleichförmig herumbewegt wird, Γ das Zentrum des Exzenters, auf welchem der Mittelpunkt des Epizykels umläuft, endlich Δ der Mittelpunkt der Ekliptik. Da der mittlere Ort der Sonne bei der Beobachtung ♐ 22⁰9′ war, so daß auch der mittlere Ort des Epizykels in der Richtung der Zeichen vom Perigeum Ε (von ♏ 25⁰ bis ♐ 22⁰9′) 27⁰9′ entfernt lag, so mag sein Mittelpunkt in Ζ angenommen sein. Nachdem man um Ζ den Epizykel ΗΘΚ beschrieben, ziehe man die Verbindungslinien ΔΖΗ, ΓΖ, ΒΖΘ und fälle von Γ und Δ auf die Gerade ΒΖ die Lote ΓΛ, ΔΜ. Den Planeten nehme man in Punkt Κ an und ziehe die Verbindungslinien ΔΚ, ΖΚ; endlich fälle man (auf die Gerade ΔΚ) das Lot ΖΝ.

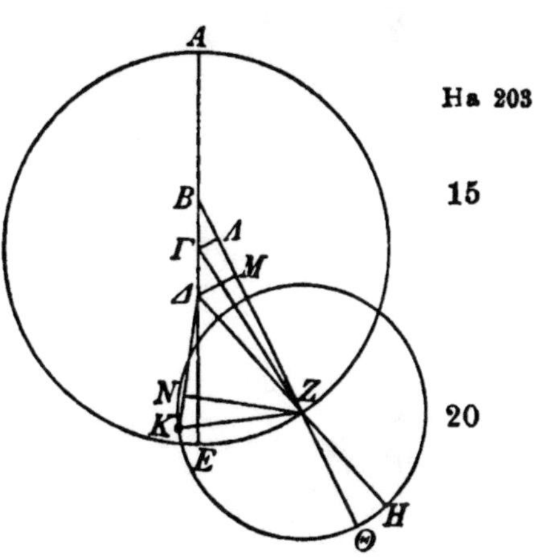

Es sei die Aufgabe gestellt, den Bogen ΘΚ zu finden, welchen der Planet von dem Apogeum Θ des Epizykels[b)] entfernt war.

a) Da der Mond östlich des Meridians stand, so wirkte die Längenparallaxe in der Richtung der Zeichen.

b) Es ist das sog. mittlere, auf der Leitlinie ΒΖ liegende Apogeum, von welchem aus die Bewegung des Planeten auf dem Epizykel in Anomalie gezählt wird.

1. Es ist (als Entfernung des Epizykels vom Perigeum)

$$\angle EBZ = 27^\circ 9' \quad \text{wie } 4R = 360^\circ,$$
$$= 54^\circ 18' \quad \text{wie } 2R = 360^\circ,$$

mithin $\left\{ \begin{array}{l} b\,\Gamma\Lambda = 54^\circ 18' \\ {}_{,}b\,B\Lambda = 125^\circ 42' \end{array} \right\}$ wie $\ominus\,\Gamma\Lambda B = 360^\circ,$

also $\left\{ \begin{array}{l} s\,\Gamma\Lambda = 54^P 46' \\ {}_{,}s\,B\Lambda = 106^P 47' \end{array} \right\}$ wie $h\,\Gamma B = 120^P.$

Setzt man $\quad \Gamma B = \quad 1^P 15' \quad$ wie $exhm\ \overline{\Gamma Z} = 60^P,$

so wird $\quad \Gamma\Lambda = \quad 0^P 34' \quad$ und $B\Lambda = 1^P 7'.$

Nun ist $\quad \Gamma Z^2 - \Gamma\Lambda^2 = Z\Lambda^2,$

mithin $\quad Z\Lambda = $ rund $60^P$ in demselben Maße.

2. Weil $B\Gamma = \Gamma\Delta$ (S. 163, 31), so ist ferner

$\left. \begin{array}{l} M\Lambda = B\Lambda \\ \Delta M = 2\,\Gamma\Lambda \end{array} \right\}$ (Eukl. VI. 2. 4)

mithin $\left\{ \begin{array}{l} ZM = Z\Lambda - M\Lambda = 58^P 53' \\ \Delta M\,(= 2\,\Gamma\Lambda) \qquad = 1^P 8' \end{array} \right\}$ (wie $\Gamma Z = 60^P$).

(Nun ist $\quad ZM^2 + \Delta M^2 = Z\Delta^2$)

mithin $\quad h\,Z\Delta = \quad 58^P 54' \quad$ in demselben Maße.

Setzt man $\quad h\,Z\Delta = 120^P,$

so wird $\quad s\,\Delta M = \quad 2^P 18' \quad$ in diesem Maße,

mithin $\quad b\,\Delta M = \quad 2^\circ 12' \quad$ wie $\ominus\,\Delta MZ = 360^\circ,$

also $\quad \angle BZ\Delta = \quad 2^\circ 12' \quad$ wie $2R = 360^\circ.$

(Nun war $\angle EBZ = 54^\circ 18' \quad$ wie $2R = 360^\circ$)

folglich $\angle E\Delta Z = 56^\circ 30' \quad$ als Summe. (Eukl. I. 32)

3. Es ist ferner, weil der Planet nach der Beobachtung (von ♍ $6^\circ 30'$ bis ♍ $25^\circ$) $18^\circ 30'$ vor dem Perigeum E, d. i. vor ♍ $25^\circ$, stand,

$$\angle E\Delta K = 18^\circ 30' \quad \text{wie } 4R = 360^\circ,$$
$$= 37^\circ \quad \text{wie } 2R = 360^\circ.$$

(Nun war $\angle E\Delta Z = 56^\circ 30' \quad$ wie $2R = 360^\circ$)

folglich $\angle K\Delta Z = 93^\circ 30' \quad$ als Summe,

mithin $\quad b\,ZN = 93^\circ 30' \quad$ wie $\ominus\,ZN\Delta = 360^\circ,$

also $\quad s\,ZN = 87^P 25' \quad$ wie $Z\Delta = 120^P.$

Setzt man $Z\Delta = 58^P 54'$ wie *ephm* $ZK = 43^P 10'$,
so wird $ZN = 42^P 54'$ in diesem Maße.

Setzt man $h\,ZK = 120^P$,
so wird $s\,ZN = 119^P 18'$ in diesem Maße,
mithin $b\,ZN = 167^0 38'$ wie $\ominus ZNK = 360^0$,    5
also $\angle ZK\Delta = 167^0 38'$ wie $2R = 360^0$.

Nun war $\angle K\Delta Z = 93^0 30'$ wie $2R = 360^0$,
folglich $\angle KZH = 261^0\ 8'$ als Summe. (Eukl. I. 32)    Ha 205

Es war $\angle BZ\Delta = 2^0 12'$ wie $2R = 360^0$;
ebenso $\angle HZ\Theta = 2^0 12'$, (als Scheitelwinkel)    10
folglich $\angle KZ\Theta = 258^0 56'$ als Differenz,
$= 129^0 28'$ wie $4R = 360^0$.

Mithin war die Venus zu dem gegebenen Zeitpunkt von dem Apogeum $\Theta$ des Epizykels gegen die Richtung der Zeichen vorstehende $129^0 28'$ entfernt, und in der Richtung 15 der Zeichen, d. i. in der nach der Hypothese (auf dem Epizykel) angenommenen Bewegung(srichtung), die am ganzen Kreis fehlenden $230^0 32'$, was gefunden werden sollte.

II. Von den alten Beobachtungen haben wir eine gewählt, über welche Timocharis folgende Aufzeichnung macht. Im 20 $13^{\text{ten}}$ Jahre des Philadelphus[a] am 17/18. ägyptischen Mesore in der $12^{\text{ten}}$ (Nacht-)Stunde (12. Oktober 272 v. Chr. $6^h$ früh), stand der scheinbare Ort der Venus in genauer Konjunktion mit dem der Vindemiatrix ($\varepsilon$ Virg.) gegenüberstehenden Stern ($\eta$ Virg.). Es ist der Stern, welcher nach 25 unseren Anfangspunkten hinter dem Stern ($\beta$) am Ende des   Hei 311 südlichen Flügels der Jungfrau steht; sein Ort war im ersten Jahre Antonins $\mathrm{m}\!\!\!/\ 8^0 15'$. Da das Jahr der Beobachtung seit Nabonassar das $476^{\text{te}}$ und das bis zum Regierungsantritt Antonins verflossene Jahr[b] das $884^{\text{te}}$ ist, mithin auf 30 die 408 Jahre betragende Zwischenzeit etwa $4^0 5'$ Bewegung der Fixsterne und der Apogeen entfallen, so ist ersichtlich,

---

a) Ptolemäus Philadelphus regierte von 285—247 v. Chr.
b) Es ist das letzte Jahr Hadrians gemeint. Vgl. I Anh. Anm. 30 a. E.

daß der Ort der Venus ♍ $4^0 10'$ war und das Perigeum des Exzenters in ♍ $20^0 55'$ lag.

Auch hier hatte die Venus die größte Elongation als Morgenstern hinter sich; denn vier Tage nach der vorgelegten Beobachtung, am 21/22. Mesore, stand sie nach den Angaben des Timocharis nach unseren Anfängen in ♍ $8^0 50'$ (d. i. $4^0 40'$ weiter östlich). Nach der ersten Beobachtung war der mittlere Ort der Sonne ♎ $17^0 3'$,[a] und nach der (vier Tage) späteren ♎ $20^0 59'$. Demnach hatte die Elongation bei der ersten Beobachtung (von ♍ $4^0 10'$ bis ♎ $17^0 3'$) $42^0 53'$ betragen, während sie bei der späteren (von ♍ $8^0 50'$ bis ♎ $20^0 59'$) nur noch $42^0 9'$ betrug.

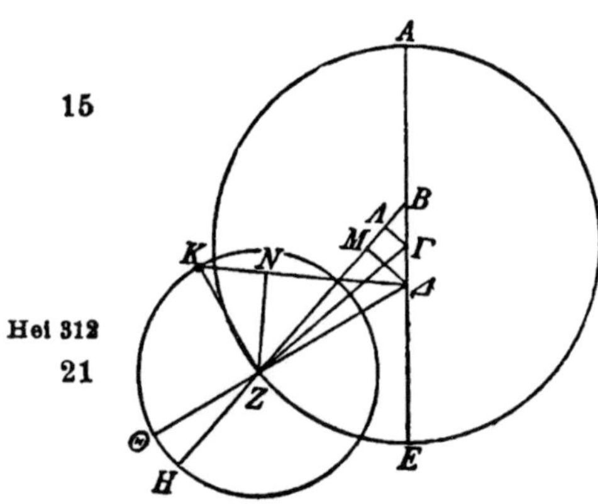


Diese Punkte sollen gegeben sein. Es sei wieder die ähnliche Figur vorgelegt. Indessen muß sie den Epizykel auf der vor dem Perigeum liegenden Seite zeigen, weil der mittlere Ort des Epizykels in ♎ $17^0 3'$, das Perigeum aber (weiter vorwärts) in ♏ $20^0 55'$ liegt.

1. Es ist demnach (von ♎ $17^0 3'$ bis ♏ $20^0 55'$)

$$\angle\, EBZ = 33^0 52' \quad \text{wie } 4R = 360^0,$$
$$= 67^0 44' \quad \text{wie } 2R = 360^0;$$

mithin
$$\left\{ \begin{array}{l} b\,\Gamma\Lambda = 67^0 44' \\ ,b\,B\Lambda = 112^0 16' \end{array} \right\} \quad \text{wie } \ominus \Gamma\Lambda B = 360^0,$$

also
$$\left\{ \begin{array}{l} s\,\Gamma\Lambda = 66^P 52' \\ ,s\,B\Lambda = 99^P 38' \end{array} \right\} \quad \text{wie } h\,\Gamma B = 120^P,$$

Setzt man     $\Gamma B = 1^P 15'$    wie $exhm\,\Gamma Z = 60^P$,

so wird     $\Gamma\Lambda = 0^P 42'$ und $B\Lambda = 1^P 2'$.

Nun ist     $\Gamma Z^2 - \Gamma\Lambda^2 = Z\Lambda^2$,

mithin     $Z\Lambda = $ rund $60^P$ in demselben Maße.

---

a) Für $475^a\,346^d\,18^h$ ergibt die Nachprüfung ♎ $17^0 2' 5''$; vier Tage später ist der mittlere Ort ♎ $20^0 58' 38''$.

2. Es ist ferner wieder (weil $B\Gamma = \Gamma\Delta$)

$$\left.\begin{array}{l} M\Lambda = B\Lambda \\ \Delta M = 2\Gamma\Lambda \end{array}\right\} \text{(Eukl. VI. 2. 4)}$$

Hei 313

$$\text{mithin}\left\{\begin{array}{ll} ZM = Z\Lambda - M\Lambda = 58^P\,58' \\ \Delta M\,(= 2\Gamma\Lambda) \qquad = \ 1^P\,24' \end{array}\right\} \ (\text{wie } \Gamma Z = 60^P).$$

Ha 207

5

(Nun ist $\quad ZM^2 + \Delta M^2 = Z\Delta^2$)

mithin $\quad h\,Z\Delta = \ 58^P\,59'\ $ in demselben Maße.

Setzt man $\quad h\,Z\Delta = 120^P$,

so wird $\quad s\,\Delta M = \quad 2^P\,51'\ $ in diesem Maße,

mithin $\quad b\,\Delta M = \quad 2^0\,44'\ $ wie $\ominus\,\Delta MZ = 360^0$,

also $\quad \angle\,BZ\Delta = \quad 2^0\,44'\ $ wie $2R = 360^0$.

10

(Nun war $\quad \angle\,EBZ = \ 67^0\,44'\ $ wie $2R = 360^0$)

folglich $\quad \angle\,EAZ = \ 70^0\,28'\ $ als Summe.  (Eukl. I. 32)

3. Es beträgt ferner $\angle\,E\Delta K$, welchen der Planet gegen die Richtung der Zeichen vor dem Perigeum stand, (von ♍ $4^0\,10'$ bis ♏ $20^0\,55'$) $76^0\,45'$. Demnach ist

15

$$\angle\,E\Delta K = \ 76^0\,45' \quad \text{wie } 4R = 360^0,$$
$$\qquad\qquad = 153^0\,30' \quad \text{wie } 2R = 360^0.$$

(Nun war $\quad \angle\,E\Delta Z = \quad 70^0\,28'\ $ wie $2R = 360^0$)

folglich $\quad \angle\,K\Delta Z = \quad 83^0\ 2'\ $ als Differenz,

20

mithin $\quad b\,ZN = \quad 83^0\ 2'\ $ wie $\ominus\,ZN\Delta = 360^0$,

also $\quad s\,ZN = \quad 79^P\,33'\ $ wie $h\,Z\Delta = 120^P$.

Setzt man $\quad Z\Delta = \quad 58^P\,59'\ $ wie $ephm\ ZK = 43^P\,10'$,

so wird $\quad ZN = \quad 39^P\ 7'\ $ in demselben Maße.

Setzt man $\quad h\,ZK = 120^P$,

25

so wird $\quad s\,ZN = 108^P\,45'\ $ in diesem Maße,

mithin $\quad b\,ZN = 130^0\quad\ $ wie $\ominus\,ZNK = 360^0$,

also $\quad \angle\,ZK\Delta = 130^0\quad\ $ wie $2R = 360^0$.

Hei 314

Nun war $\quad \angle\,K\Delta Z = \quad 83^0\ 2'\ $ wie $2R = 360^0$,

folglich $\quad \angle\,KZ\Theta = 213^0\ 2'\ $ als Summe.  (Eukl. I. 32)

30

Es war $\quad \angle\,BZ\Delta = \quad 2^0\,44'\ $ wie $2R = 360^0$,

ebenso $\quad \angle\,HZ\Theta = \quad 2^0\,44'\ $ (als Scheitelwinkel),

folglich $\quad \angle\,KZH = 215^0\,46'\ $ als Summe,

$$\qquad\qquad = 107^0\,53' \quad \text{wie } 4R = 360^0.$$

Mithin war die Venus zu dem gegebenen Zeitpunkt von
Ha 208 dem Apogeum H des Epizykels in der Richtung der Zeichen
(d. i. von H über das Perigeum bis K) die am ganzen Kreis
fehlenden 252⁰7′ entfernt, was nachgewiesen werden sollte.

5     Nun war zum Zeitpunkt unserer Beobachtung die Venus
ebenfalls von dem Apogeum des Epizykels 230⁰ 32′ entfernt.
Die zwischen den beiden Beobachtungen (vom 17/18. Mesore 6ʰ früh 476 Nab. bis zum 29/30. Tybi ³/₄5ʰ früh 886
Nab.) verflossene Zeit beträgt 409 ägyptische Jahre und
10   (13 + 5 + 129 =) 167 Tage ohne wesentlichen Fehler und
umfaßt 255 ganze Wiederkehren der Anomalie; denn da
8 ägyptische Jahre ohne merklichen Fehler 5 Umläufe aus-
machen¹⁰), so bringen (8 × 51 =) 408 Jahre (5 × 51 =) 255
Umläufe, während das übrige Jahr mit Einschluß der über-
15   schießenden (167) Tage die Zeit einer weiteren Wiederkehr
nicht erfüllt.ᵃ⁾   Hieraus ist uns ersichtlich geworden, daß
die Venus in 409 ägyptischen Jahren und 167 Tagen nach
255 ganzen Wiederkehren der Anomalie auf dem Epizykel
einen Überschuß von 338⁰ 25′ gewinnt: um so viel Grade
Hei 315 war ja der zu unserer Zeit festgestellte Ort (230⁰ 32′) dem
21   früheren (252⁰ 7′) voraus.ᵇ⁾   Ebensoviel Grade des Überschusses ergibt die Rechnungᶜ⁾ nach den von uns oben (S. 113 ff.)
vorgelegten Tafeln der mittleren Bewegungen, weil die Korrektion der Bewegungen auf Grund des (vorliegend) gefun-
25   denen Überschusses des Laufs in der Weise vorgenommen
worden ist, daß die Zeit in Tage und die Wiederkehren mit
Einschluß des Überschusses in Grade verwandelt wurden.
Dividiert man nämlich mit der Anzahl der Tage in die Zahl

---

a) Weil (nach der Anomalietabelle S. 114 f.) in 1ᵃ 167ᵈ nur 328⁰
zurückgelegt werden.

b) Zu einer ganzen Wiederkehr fehlten dem früheren Ort
die oben (S. 169,₃₄) gefundenen 107⁰53′; hierzu kommen die 230⁰32′
Überschuß über ganze Wiederkehren, welche S. 167, ₁₈ aus der
späteren Beobachtung abgeleitet wurden.

c) Für 409ᵃ 167ᵈ ergibt die Nachprüfung 338⁰27′46″.

der Grade, so ergibt sich die tägliche mittlere Bewegung in
Anomalie, wie sie von uns für die Venus oben (S. 101, 12)
mitgeteilt worden ist.


## Fünftes Kapitel.
### Epoche der periodischen Bewegungen der Venus.

Da auch hier die Aufgabe übrig bleibt, die Epochen der Ha 209
periodischen Bewegungen an den Mittag des 1. ägyptischen
Thoth des ersten Jahres der Regierung Nabonassars zu
knüpfen, so stellten wir wieder die Zwischenzeit zwischen
diesem Zeitpunkt und dem der älteren Beobachtung (am 5
17/18. Mesore 6$^h$ früh 476 Nab.) fest.  Sie beträgt 475
ägyptische Jahre, 346$^3/_4$ Tage.  Für diesen Zeitraum ergibt
die Rechnung nach den Spalten der Anomalie (S. 113 ff.) einen
Überschuß der mittleren Bewegung von rund 181⁰.[a)]  Wenn
wir diesen Betrag von den (S. 170, 4) nach der Beobach- Hei 316
tung festgestellten 252⁰ 7′ abziehen, so werden wir für den 11
Mittag des 1. ägyptischen Thoth des ersten Jahres Nabonassars als Epoche erhalten:

1. vom Apogeum des Epizykels in Anomalie    71⁰  7′
2. in mittlerer Länge dieselbe wie die der                15
   Sonne, d. i.                               )( 0⁰ 45′
3. für das Apogeum (der Exzentrizität)        ♉ 16⁰ 10′.

Daß letzteres zu dem angenommenen Zeitpunkt der Epoche
dort liegen muß, ist klar, weil es nach der (zugrunde gelegten) Beobachtung (vgl. S. 168, 2) in ♉ 20⁰ 55′ lag, wäh- 20
rend auf die Zwischenzeit von rund 476 Jahren 4⁰ 45′ (Präzession) entfallen.

---

a) Für 475$^a$ 346$^d$ 18$^h$ ergibt die Nachprüfung 180⁰ 58′ 31″.

## Sechstes Kapitel.
### Vorbemerkungen zu den Nachweisen für die übrigen Planeten.

Ha 210 Bei diesen beiden Planeten, dem Merkur und der Venus konnten wir auf dem vorstehend erörterten Wege zur Aufstellung der Hypothesen und zum Nachweis der Anomalien gelangen. Was aber die drei übrigen, den Mars, den Jupiter 5 und den Saturn anbelangt, so finden wir, daß nur die Bewegungshypothese ein und dieselbe ist, wie sie für die Venus angenommen wurde, insofern der Exzenter, auf welchem sich jederzeit der Mittelpunkt des Epizykels bewegt, um ein Zentrum beschrieben wird, welches in dem Halbierungspunkt Hei 317 der Verbindungslinie der Mittelpunkte der Ekliptik und des 11 Exzenters liegt, der die gleichförmige Herumleitung des Epizykels bewirkt. Denn auch bei diesen Planeten wird (wie bei der Venus) die Exzentrizität $(ZE)$, welche aus der größten Differenz der auf die Ekliptik bezogenen Anomalie erschlossen 15 wird, im allgemeinen doppeltsogroß befunden als die Exzentrizität $(Z\Delta)$, welche sich aus dem zahlenmäßigen Betrag der Rückläufigkeitsstrecken [a] in den größten und den kleinsten Entfernungen des Epizykels ergibt.

Dagegen können die Nachweise, durch welche wir die 20 zahlenmäßigen Beträge einer jeden der beiden Anomalien und die Apogeen feststellen, bei diesen Planeten nicht mehr nach derselben Methode wie bei jenen beiden geführt werden, weil diese (drei Planeten) in Opposition zur Sonne gelangen und weil aus Beobachtungen nicht, wie bei den größten Ha 211 Elongationen des Merkur und der Venus, ersichtlich wird, 26 wann der Planet in den Berührungspunkt der Tangente tritt, welche von unserem Auge an den Epizykel gezogen wird. Da also ein dementsprechendes Verfahren nicht mit Erfolg anwendbar ist, so haben wir die der Beobachtung 30 zugänglichen diametralen Stellungen dieser Planeten zu dem mittleren Ort der Sonne zur Benutzung herangezogen. Al

---

a) Insofern diese in Erdnähe kürzer sind als in Erdferne.

der Hand derartiger Beobachtungen weisen wir zunächst die
Verhältnisse der Exzentrizität und die Apogeen nach.
Denn einzig und allein in den von diesem theoretischen
Gesichtspunkt aus betrachteten Positionen finden wir die
auf die Ekliptik bezogene Anomalie für sich getrennt, weil 5
alsdann keinerlei Differenz infolge der im Verhältnis zur
Sonne eintretenden Anomalie sich geltend macht.

Der Exzenter des Planeten,
auf welchem sich der Mittelpunkt des Epizykels bewegt,
sei der Kreis ΑΒΓ um das
Zentrum Δ, ΑΓ der durch
das Apogeum gehende Durchmesser; auf diesem sei Ε der
Mittelpunkt der Ekliptik und
Ζ das Zentrum des Exzenters,
auf welchen der mittlere Lauf
des Epizykels in Länge theo-
retisch bezogen wird. Nachdem man um Β den Epizykel
ΗΘΚΛ beschrieben, ziehe man die Verbindungslinien ΖΛΒΘ 20
und ΗΒΚΕΜ.

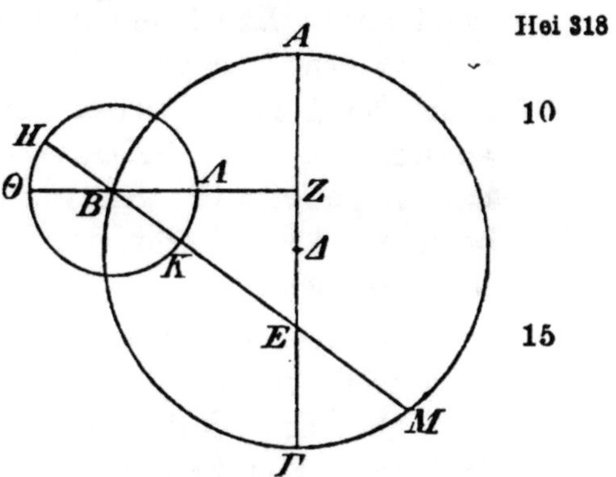

Ich behaupte zunächst, daß, wenn der scheinbare Ort des
Planeten auf der durch den Epizykelmittelpunkt Β gehenden Geraden ΕΗ liegt, jederzeit auch der mittlere Ort der
Sonne auf derselben Geraden liegen wird: in Punkt Η an- 25
gelangt, steht der Planet mit dem mittleren Ort der Sonne,
welcher gleichfalls bei Η der Theorie nach anzusetzen ist, in
Konjunktion, während er in Κ dem mittleren Ort (der
Sonne), welcher alsdann der Theorie nach bei Μ liegt, diametral gegenüber (d. i. in Opposition) stehen wird. 30

Bei jedem dieser Planeten bilden die mittleren Entfernungen von den Apogeen (Α und Θ) in Länge (∠ ΑΖΒ)
und in Anomalie (∠ ΘΒΗ) zusammen[a] den von demselben

---

a) Unter Zusatz der zahlenmäßigen Winkelgrößen der vorliegenden Figur lauten die beiden Gleichungen:

$$\angle\,\mathrm{AZB}\,(90°) + \angle\,\Theta\mathrm{BH}\,(360° - 30°) = \angle\,\mathrm{AEH}\,(360° + 60°),$$
$$\angle\,\mathrm{AZB}\,(90°) - \angle\,\mathrm{AEH}\,(60°) = \angle\,\Theta\mathrm{BH}\,(30°).$$

Anfangspunkt (A) aus gerechneten mittleren Ort der Sonne
($\angle$ AEH), während die Differenz zwischen dem Winkel
(AZB) am Zentrum Z, welcher die gleichförmige Bewegung des Planeten in Länge mißt, und dem Winkel
5 (AEH) bei E, welcher die scheinbare Bewegung mißt
jederzeit gleich ist dem Winkel ($\Lambda$BK $=$ $\Theta$BH) bei B
welcher den gleichförmigen Lauf des Planeten auf dem Epizykel mißt. Es ist demnach klar, daß, wenn der Planet in
H (vor dem Apogeum) steht, an der Wiederkehr zum Apo-
10 geum der $\angle$ $\Theta$BH fehlen wird, welcher (wie oben gesagt)
zusammen mit $\angle$ AZB, d. h. (im vorliegenden Fall) vor
ihm abgezogen[a], den von dem mittleren Sonnenort (H)
bedingten $\angle$ AEH gibt, der dem scheinbaren Orte des Planeten entspricht.

15    Steht aber der Planet in K (nach dem Apogeum), so
wird er wieder auf dem Epizykel (von dem mittleren Apo-
geum $\Theta$ ab) den $\angle$ $\Theta$BK zurückgelegt haben, welcher zusammen
(d. i. in diesem Fall zu ihm addiert) mit dem $\angle$ AZB der
von dem Apogeum A aus gerechneten mittleren Ort (M) der
20 Sonne geben wird[b], der einen Halbkreis (AB$\Gamma$) und darüber
die Differenz von $\angle$ AZB $-$ $\angle$ $\Lambda$BK $=$ $\angle$ $\Gamma$EM beträgt und
dem scheinbaren Ort des Planeten diametral gegenüberliegt.

Deshalb fallen auch in den besprochenen Stellungen (bei
Konjunktion und Opposition) die beiden Geraden, deren eine
25 von dem Epizykelmittelpunkt B nach dem Planeten, die
andere von E, d. i. von dem Punkte, in welchem sich unser
Auge befindet, nach dem mittleren Ort der Sonne gezogen
wird, auf ein und dieselbe Gerade zusammen.[c]

---

a) Insofern der spitze Winkel $\Theta$BH, welcher den die Bewegung
in Anomalie messenden überstumpfen Winkel $\Theta$BH zu 360° ergänzt, in Betracht kommt, so daß die erste obige Gleichung lautet
$\angle$ AZB (90°) $-$ $\angle$ $\Theta$BH (30°) $=$ $\angle$ AEH (60°).

b) Die Gleichung wird in diesem Falle wieder lauten:
$\angle$ AZB (90°) $+$ $\angle$ $\Theta$BK (180° $-$ 30°) $=$ $\angle$ A$\Gamma$M (180° $+$ 60°).

c) Weil es sich um Addition und Subtraktion von Winkeln
handelt, wobei Voraussetzung ist, daß die betreffenden Winkel
in derselben Ebene liegen.

Bei allen anderen Elongationen halten dagegen diese Ver- Hei 320
bindungslinien verschiedene Richtungen ein, die jedoch jeder- Ha 213
zeit parallel zueinander verlaufen.

Beweis. Wenn wir in irgend-
einer beliebigen Stellung (des
Epizykels zur mittleren Sonne)
in der vorliegenden Figur von
B nach dem Planeten eine
Gerade ziehen, z. B. BN, und
eine ebensolche von E nach
dem Ort der mittleren Sonne,
z. B. EΞ, so ist nach den oben
besprochenen Sätzen

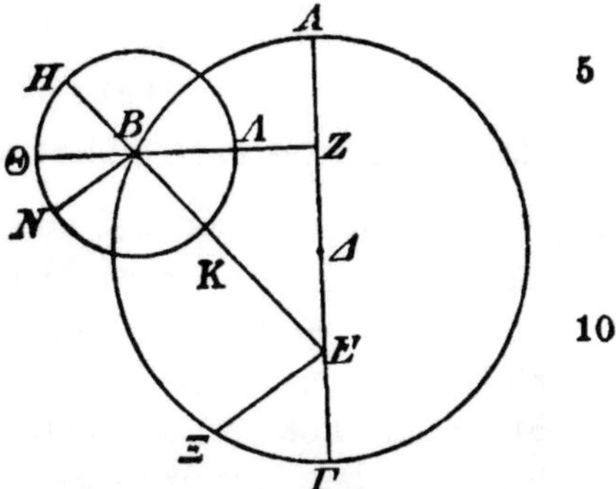

$$\angle AE\Xi = \angle AZ\Theta + \angle NB\Theta \quad \text{(nach S. 173,31)}$$
$$\angle AZ\Theta = \angle AEH + \angle HB\Theta \quad \text{(Eukl. I. 15. 32)}$$
$$(\angle AE\Xi = \angle AEH + \angle HB\Theta + \angle NB\Theta)$$
$$\angle AE\Xi - \angle AEH = \angle HB\Theta + \angle NB\Theta$$
$$\angle HE\Xi = \angle HBN$$
$$E\Xi \parallel BN. \quad \text{(Eukl. I. 28)}$$

Wir finden demnach in den besprochenen Stellungen, d. i.
sowohl bei den Konjunktionen als auch bei den Oppositionen[a], Hei 321
welche beide theoretisch auf den mittleren Ort der Sonne
bezogen werden, den Planeten in einer Lage, in welcher er
theoretisch durch den Mittelpunkt des Epizykels erschaut
wird, als ob er sich überhaupt gar nicht auf einem Epizykel
bewegte, sondern für sein Teil die Lage auf dem Kreis ABΓ
inhaltend von der Leitlinie ZB gleichförmig auf dieselbe
Weise wie der Epizykelmittelpunkt (auf diesem Kreise)
herumgeleitet würde. Folglich ist klar, daß es möglich
sein wird, mit Hilfe derartig gewählter Örter die infolge der
Exzentrizität eintretenden Verhältnisse der auf die Ekliptik
bezogenenen Anomalie (d. i. den Betrag des $\angle ZBE$) für

---

[a] Σχηματισμοὶ ἀκρόννκτοι, d. s. von Beginn bis Ende der
acht über dem Horizont sichtbare Planetenstellungen, habe ich
durchgehends mit „Oppositionen" wiedergegeben.

sich[a] nachzuweisen. Da jedoch die Konjunktionen nicht sichtbar sind, so bleibt nur übrig, den methodischen Gang der Beweisführung an die Oppositionen anzuknüpfen.

## Siebentes Kapitel.
### Nachweis der Exzentrizität des Mars und seines Apogeums.

Ähnlich wie wir bei dem Monde (Buch IV, Kap. 6) die 5 Örter und Zeiten dreier Mondfinsternisse festgelegt und daraus auf dem Wege geometrischer Konstruktion das Verhältnis seiner Anomalie und die Stelle des Apogeums nachgewiesen haben, so beobachteten wir auf dieselbe Weise auch hier an den astrolabischen Instrumenten mit möglichster 10 Genauigkeit für jeden der drei Planeten je drei dem mittleren Ort der Sonne diametral gegenüber eintretende Oppositionen und berechneten nach den zur Stunde der Beobachtung gefundenen mittleren Örtern der Sonne bis auf die Minuten genau Zwischenzeit und Ort, um an der Hand des so gewon15 nenen Materials das Verhältnis der Exzentrizität und das Apogeum nachzuweisen.

So stellten wir denn zuerst für den Mars drei Oppositionen fest. Wir beobachteten

die erste im 15$^{ten}$ Jahre Hadrians am 26/27. ägyptischen 20 Tybi eine Äquinoktialstunde nach Mitternacht (15. Dezember 130 n. Chr. 1$^h$ nachts) in $\Pi$ 21°;

die zweite im 19$^{ten}$ Jahre Hadrians am 6/7. ägyptischen Pharmuthi drei Äquinoktialstunden vor Mitternacht (21. Februar 135 n. Chr. 9$^h$ abends) in $\Omega$ 28°50′;

25 die dritte im 2$^{ten}$ Jahre Antonins am 12/13. ägyptischen Epiphi zwei Äquinoktialstunden vor Mitternacht (27. Mai 139 n. Chr. 10$^h$ abends) in $\nearrow$ 2°34′.[b]

---

a) D. i. getrennt von der in Bezug auf die Sonne eintretenden Anomalie, welche durch den Lauf des Planeten auf dem Epizykel zum Ausdruck gelangt.

b) Die Nachprüfung ergibt als mittleren Ort der Sonne für 877$^a$ 145$^d$ 13$^h$ : $\nearrow$ 20°58′52″, für 881$^a$ 215$^d$ 9$^h$ : $\approx$ 28°50′19″, für 885$^a$ 311$^d$ 10$^h$ : $\Pi$ 2°31′43″.

Die Zwischenzeiten betragen

zwischen erster und zweiter: $4^a 69^d 20^h$;

zwischen zweiter und dritter: $4^a 96^d 1^h$.

Nach Abzug ganzer Kreise ergibt die Rechnung (nach den
Spalten der Länge des Mars S. 111 f.)

ür die erste Zwischenzeit: Bewegung in Länge $81^0 44'$,
ür die zweite Zwischenzeit:       „      „    „    $95^0 28'$.[a]

Wenn wir die mittleren Bewegungen nach den nur an-
äher nd angesetzten periodischen Wiederkehren in Rechnung
iehen[b], so wird dies bei der verhältnismäßig kurzen Zeit,
.ie in Frage kommt, keinen beträchtlichen Unterschied aus-
nachen.

Endlich ist klar, daß nach Abzug ganzer Kreise der schein-
are Planet sich bewegt hat in der

rsten Zwischenzeit (von $\Pi\ 21^0$ bis $\Omega\ 28^0 50'$)     $67^0 50'$,
weiten Zwischenzeit (von $\Omega\ 28^0 50'$ bis $\ 2^0 34'$) $93^0 44'$.

Es seien also in der Ebene der
kliptik drei gleichgroße Kreise
eschrieben. Derjenige, welcher den
[littelpunkt des Epizykels des Mars
ägt, sei der Kreis $AB\Gamma$ um das
entrum $\Delta$, der Exzenter der gleich-
örmigen Bewegung sei der Kreis
ZH um das Zentrum $\Theta$, der mit
er Ekliptik konzentrische Kreis
i $K\Lambda M$ um den Mittelpunkt N,
.$O\Pi P$ der durch alle drei Zen-
·en gehende Durchmesser. A sei
ls der Punkt angenommen, in
elchem der Mittelpunkt des Epi-
ykels bei der ersten Opposition
and, B als der Punkt, in welchem er bei der zweiten stand,
als der Punkt, in welchem er bei der dritten stand. Man

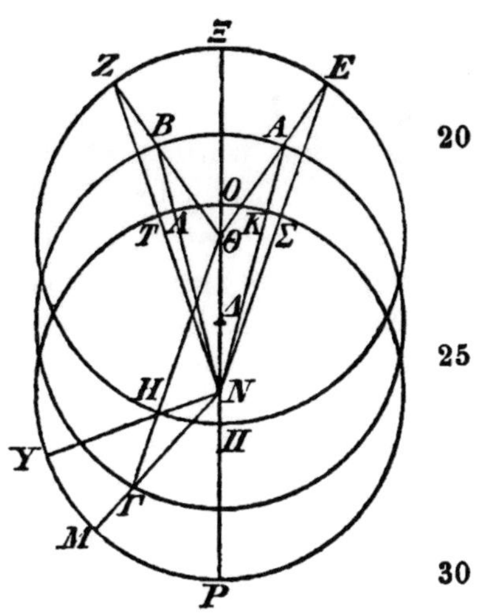



a) Die Nachprüfung ergibt $81^0 43' 24''$ und $95^0 27' 29''$.
b) D. h. ohne die Zahlen bis auf die Sexten genau anzugeben.
gl. I 221, 6.

ziehe die Verbindungslinien $\Theta A E$, $\Theta B Z$, $\Theta H \Gamma$ und $N K A$, $N \Lambda B$, $N \Gamma M$; dann ist

Hei 324     $exb$ $EZ = 81^0 44'$ des ersten periodischen Intervalls,

„  $ZH = 95^0 28'$  „ zweiten        „          „      ,

Ha 216     $eklb$ $K \Lambda = 67^0 50'$ des ersten scheinbaren Intervalls,

6          „  $\Lambda M = 93^0 44'$  „ zweiten        „          „    .

Wenn die Exzenterbogen $EZ$ und $ZH$ von den Ekliptikbogen $K \Lambda$ und $\Lambda M$ unterspannt würden, so bedürfte es zum
Nachweis der Exzentrizität keiner weiteren Untersuchung.[a]
10 Da aber letztere ihrerseits die Bogen $AB$ und $B\Gamma$ des mittleren Exzenters (auf welchem der Epizykel umläuft) unterspannen, welche nicht gegeben sind[b], da ferner, wenn wir
die Verbindungslinien $N\Sigma E$, $NTZ$, $NH\Upsilon$ ziehen, die Exzenterbogen $EZ$ und $ZH$ wieder von den Ekliptikbogen $\Sigma T$
15 und $T\Upsilon$ unterspannt werden, die natürlich gleichfalls nicht
gegeben sind, so werden erst die Differenzbogen $K\Sigma$, $\Lambda T$, $M\Upsilon$
gegeben sein müssen[c], damit aus den (in der Ekliptik) sich
deckenden Bogen $EZH$ und $\Sigma T\Upsilon$ das Verhältnis der Exzentrizität mit absoluter Genauigkeit nachgewiesen werde.  Nun
20 können aber auch diese (Differenz-) Bogen unmöglich genau
bestimmt werden, ohne daß man vorher das Verhältnis der
Exzentrizität (des Exzenters um das Zentrum $\Theta$) und das
Apogeum feststellt.  Indessen werden sie sich (zunächst)
wenigstens annähernd bestimmen lassen, auch ohne daß diese
25 Punkte mit voller Genauigkeit vorher gegeben sind, weil die
Differenzen jener Bogen nicht groß ausfallen können.  So

a) Dann wären die Winkel $\Theta EN$, $\Theta ZN$, $\Theta HN$ der Anomaliedifferenz und mit ihnen die Exzentrizität $\Theta N$ ohne weiteres gegeben.

b) D. h. nicht gegeben in Graden des mittleren Exzenters, sondern nur als in der Ekliptik gemessene Bogen der scheinbaren
Intervalle.

c) Es sind die in der vierten Spalte der Anomalietabelle (Heib.
S. 440) angesetzten Differenzen der Prosthaphäresis der Länge,
welche zu den Beträgen der dritten Spalte auf dem erdfernen
Halbkreis des Exzenters $E\Xi Z$ der gleichförmigen Bewegung
zu addieren, auf dem erdnahen von ihnen zu subtrahieren sind.
Vgl. Anm. 12.

werden wir denn die Berechnung vorläufig unter der Annahme durchführen, daß die Differenz (zwischen den Bogen EZH und KΛM) nicht wesentlich größer sei als die Differenz zwischen den Bogen KΛM und ΣTY.

## I. Vorläufiger Nachweis der Exzentrizität und des Apogeums.

Der Exzenter des gleichförmigen Laufes[a] des Mars sei der Kreis ABΓ; A sei angenommen als der Punkt der ersten Opposition, B als der Punkt der zweiten, Γ als der Punkt der dritten. Innerhalb des Kreises sei als der Mittelpunkt der Ekliptik, in welchem sich unser Auge befindet, Δ angenommen. Nun ziehe man durchweg von den drei Punkten der Oppositionen Verbindungslinien nach dem Punkte des Auges

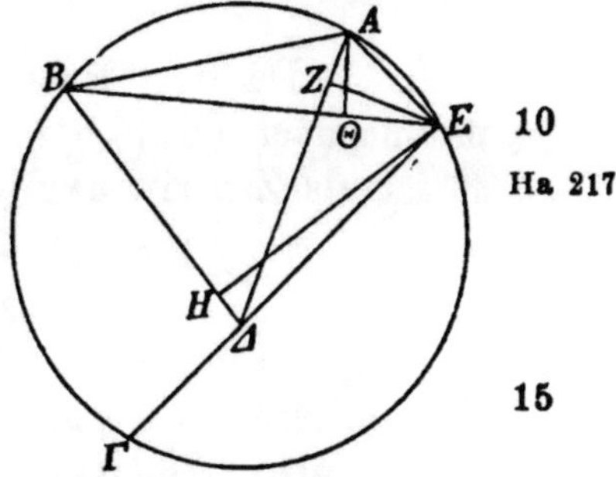


— im vorliegenden Fall die Geraden AΔ, BΔ, ΓΔ. Dann verlängere man ausschließlich eine dieser drei Verbindungslinien bis an die gegenüberliegende Peripherie des Exzenters — hier ΓΔ bis E. Zwischen den übrigen zwei Punkten der Oppositionen ziehe man eine Verbindungslinie — in diesem Fall AB. Alsdann ziehe man von dem Schnittpunkte, in welchem der Exzenter von der verlängerten Geraden geschnitten wird — hier von E — Verbindungslinien nach den übrigen zwei Punkten der Oppositionen — hier EA und EB — und fälle auf die von den genannten zwei Punkten nach dem Mittelpunkt der Ekliptik gezogenen Verbindungslinien Lote — hier auf AΔ das Lot EZ, und auf BΔ das Lot EH. Endlich fälle man noch von dem einen der genannten zwei Punkte ein Lot auf die Verbindungslinie, welche von dem andern dieser Punkte nach dem auf dem Exzenter

---

a) Es ist zu beachten, daß dieser Exzenter an der vorigen Figur mit EZH und der Mittelpunkt der Ekliptik mit N bezeichnet wurde. Es entsprechen daher die Punkte A, B, Γ den Punkten E, Z, H der vorigen Figur.

liegenden überzähligen Punkt gezogen worden war — hier
von A aus auf BE das Lot AΘ.

Wenn wir an der Figur dieser Art die gegebenen Vor-
schriften immer einhalten, so werden wir finden, wir mögen
5 sie auf diese oder jene Weise erfüllen, daß bei Einsetzung
der Zahlen dieselben Verhältnisse herauskommen. Der weitere
Gang des Beweises wird sich, von den für den Mars als bekannt vorausgesetzten Bogen ausgehend, folgendermaßen gestalten.

10      A. 1. Da der Exzenterbogen BΓ der (vorläufigen) An-
Ha 218 nahme nach (S. 178, 6) $93^0 44'$ der Ekliptik unterspannt,
so ist als Zentriwinkel der Ekliptik

$$\angle\, B\Delta\Gamma = \;\; 93^0\,44' \;\text{ wie } 4R = 360^0,$$
$$= 187^0\,28' \;\text{ wie } 2R = 360^0,$$

15      folglich $\angle\, E\Delta H = 172^0\,32'$  als Nebenwinkel,
        mithin   $b\, EH = 172^0\,32'$  wie $\ominus\, EH\Delta = 360^0$,
        also     $s\, EH = 119^P\,45'$  wie $h\, \Delta E = 120^P$.

Da ferner der (Exzenter-) Bogen BΓ (an sich S. 178, 4)
$95^0 28'$ beträgt, so ist als Peripheriewinkel

20            $\angle\, BE\Gamma = \;\; 95^0\,28' \;$ wie $2R = 360^0$.
    Nun war $\angle\, B\Delta E = 172^0\,32' \;$ wie $2R = 360^0$,   (s. Z. 15)
    folglich $\angle\, EBH = \;\; 92^0 \;\;\;\;\;$ als Erg. zu $360^0$ (im Dreieck),
Hei 327    mithin   $b\, EH = \;\; 92^0 \;\;\;\;\;$ wie $\ominus\, BHE = 360^0$,
        also     $s\, EH = \;\; 96^P\,19' \;$ wie $h\, BE = 120^P$.

25  Setzt man      $EH = 119^P\,45' \;$ wie $h\, \Delta E = 120^P$,
    so wird        $BE = 166^P\,29' \;$ in demselben Maße.

2. Da der ganze Exzenterbogen ABΓ der Annahme nach
(S. 178, 5. 6) $161^0 34'$ der Ekliptik, d. i. die Summe der beiden
(scheinbaren) Intervalle unterspannt, so ist (als Zentriwinkel
30 der Ekliptik)

$$\angle\, A\Delta\Gamma = 161^0\,34' \;\text{ wie } 4R = 360^0,$$
    folglich $\angle\, A\Delta E = \;\; 18^0\,26' \;$ als Nebenwinkel,
$$= \;\; 36^0\,52' \;\text{ wie } 2R = 360^0,$$
    mithin   $b\, EZ = \;\; 36^0\,52' \;$ wie $\ominus\, \Delta ZE = 360^0$,
35      also     $s\, EZ = \;\; 37^P\,57' \;$ wie $h\, \Delta E = 120^P$.

Da ferner der Exzenterbogen $AB\Gamma$ (an sich S. 178, 3. 4)
in Summa $177^0 12'$ beträgt, so ist (als Peripheriewinkel)  Ha 219

$$\angle\, A E \Gamma = 177^0 12' \quad \text{wie } 2R = 360^0.$$

Nun war $\angle\, A\Delta E = \phantom{0}36^0 52'$  wie $2R = 360^0$,

folglich $\angle\, \Delta A E = 145^0 56'$  als Erg. zu $360^0$ (im Dreieck), 5

mithin $\phantom{.}b\, E Z = 145^0 56'$  wie $\ominus E Z A = 360^0$,

also $\phantom{..}s\, E Z = 114^P 44'$  wie $h\, A E - 120^P.$

Setzt man $\quad E Z = \phantom{0}37^P 57'$  wie $h\, \Delta E = 120^P,$  Hei 328

so wird $\qquad A E = \phantom{0}39^P 42'$  in demselben Maße.

3. Da der Exzenterbogen $AB$ (an sich S. 178, 3) $81^0 44'$ 10
beträgt, so ist (als Peripheriewinkel)

$$\angle\, A E B = \phantom{0}81^0 44' \quad \text{wie } 2R = 360^0;$$

mithin $\left\{ \begin{array}{l} b\, A\Theta = \phantom{0}81^0 44' \\ ,b\, E\Theta = \phantom{0}98^0 16' \end{array} \right\}$ wie $\ominus A\Theta E = 360^0,$

also $\left\{ \begin{array}{l} s\, A\Theta = \phantom{0}78^P 31' \\ ,s\, E\Theta = \phantom{0}90^P 45' \end{array} \right\}$ wie $h\, A E = 120^P.$  15

Setzt man $\quad A E = \phantom{0}39^P 42'$  wie $h\, \Delta E = 120^P,$

so wird $\qquad A\Theta = \phantom{0}25^P 58'$  und $E\Theta = 30^P 2'.$

Nun war $\qquad B E = 166^P 29'$  in demselben Maße,

folglich $\qquad \Theta B = B E - E\Theta = 136^P 27'$  wie $A\Theta = 25^P 58'.$ 20

Ferner ist $\quad \Theta B^2 = 18615^{P^2} 16'$  und $A\Theta^2 = 674^{P^2} 16',$

folglich $\qquad A B^2 = 19289^{P^2} 32'$  als Summe,

mithin $\qquad A B = \phantom{00}138^P 53'$  wie $\left\{ \begin{array}{l} \Delta E = 120^P \\ A E = \phantom{0}39^P 42'. \end{array} \right.$  Hei 329

4. Setzt man nun als Sehne, die den Bogen von $81^0 44'$ Ha 220
unterspannt, 26

$$s\, A B = 78^P 31' \quad \text{wie } exdm = 120^P,$$

so wird $\left\{ \begin{array}{l} \Delta E = 67^P 50' \\ A E = 22^P 44' \end{array} \right\}$ in demselben Maße,

also $exb\, A E = 21^0 41'$  (wie $\bigcirc A B \Gamma = 360^0$),  30

mithin $\phantom{.}b\, A E + b\, A B \Gamma = 198^0 53',$  (s. Z. 1)

folglich $\phantom{..}b\, \Gamma E = 161^0 \phantom{0}7'$  als Supplementbogen,

also $\phantom{...}s\, \Gamma E = 118^P 22'$  wie $exdm = 120^P.$

B. Wäre die Sehne $\Gamma$E gleichgroß wie der Durchmesser des Exzenters gefunden worden, so ist klar, daß auf ihr das Zentrum des Exzenters liegen müßte, und daß sich ohne weiteres das Verhältnis der Exzentrizität herausstellen würde. Da $\Gamma$E aber nicht gleichgroß ausgefallen ist, sondern das Segment EAB$\Gamma$ größer als einen Halbkreis gemacht hat, so wird offenbar das Zentrum des Exzenters innerhalb[a)] dieses Segments zu liegen kommen.

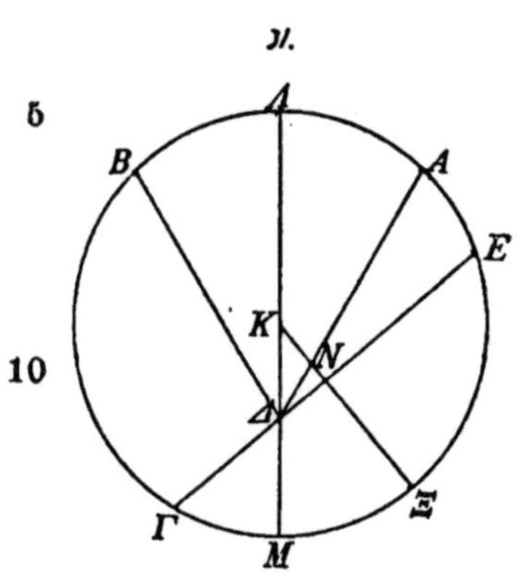

Es sei demnach als dieses Zentrum der Punkt K angenommen.

15 Man ziehe durch K und $\Delta$ den durch beide Zentren gehenden Durchmesser $\Lambda$K$\Delta$M und fälle von K auf $\Gamma$E das Lot KN$\Xi$.  Nach dem eben geführten Beweis war

Hei 330

$$s\,\Gamma E = 118^{P}\,22' \atop \Delta E = \ \ 67^{P}\,50'} \ \text{wie } dm\,\Lambda M = 120^{P};$$

20        mithin        $\Gamma\Delta = \ \ 50^{P}\,32'$  als Differenz.

Nun ist (nach Eukl. III. 35) das aus den Geraden $\Delta$E und $\Gamma\Delta$ gebildete Rechteck gleich dem Rechteck, welches aus den Geraden $\Lambda\Delta$ und $\Delta$M gebildet wird, also

$$\Delta E \cdot \Gamma\Delta = \Lambda\Delta \cdot \Delta M,$$

25        mithin  $\Lambda\Delta \cdot \Delta M = 3427^{P^2}\,51'.$

Es ist ferner (nach Eukl. II. 5) die Summe des aus $\Lambda\Delta$ und $\Delta$M gebildeten Rechtecks und des Quadrats von $\Delta$K gleich dem Quadrat des halben Durchmessers, d. i. gleich dem Quadrat von $\Lambda$K (d. i. $= 3600^{P^2}$), also

Ha 221

30        $\Lambda\Delta \cdot \Delta M + \Delta K^2 = \Lambda K^2.$

Nun ist  $\Delta K^2 = 3600^{P^2} - 3427^{P^2}\,51' = 172^{P^2}\,9',$
folglich  $\Delta K = \ \ 13^{P}\,7'$  wie $exhm\ \Lambda K = 60^{P}.$

---

a) Hier habe ich die Lesart des Cod. D wiedergegeben. Vgl. Heib. S. 365, 5.

Hiermit ist die Verbindungslinie zwischen den Zentren (der Ekliptik und des Exzenters) gefunden.

C. Es war nachgewiesen worden, daß ($\Gamma$E gleich $118^P 22'$, also) die Hälfte von $\Gamma$E, d. i. (nach Eukl. III. 5)

$$\left.\begin{array}{l} \Gamma\mathsf{N} = 59^P 11' \\ \Gamma\Delta = 50^P 32' \end{array}\right\} \text{ wie } dm\, \wedge\mathsf{M} = 120^P, \qquad 5$$

Hei 331

folglich　　　$\Delta\mathsf{N} = \Gamma\mathsf{N} - \Gamma\Delta = 8^P 39'$　　wie $\Delta\mathsf{K} = 13^P 7'$.

$$\begin{array}{lll} \text{Setzt man} & h\,\Delta\mathsf{K} = 120^P, & \\ \text{so wird} & s\,\Delta\mathsf{N} = 79^P\, 8' & \text{in diesem Maße,} \\ \text{also} & b\,\Delta\mathsf{N} = 82^\circ 30' & \text{wie } \oplus \Delta\mathsf{NK} = 360^\circ, \quad 10 \\ \text{mithin} & \angle\,\Delta\mathsf{KN} = 82^\circ 30' & \text{wie } 2R = 360^\circ, \\ & \phantom{\angle\,\Delta\mathsf{KN}} = 41^\circ 15' & \text{wie } 4R = 360^\circ, \\ \text{folglich} & b\,\mathsf{M}\Xi = 41^\circ 15', & \text{weil } \Delta\mathsf{KN} \text{ Zentriwinkel.} \end{array}$$

Nun ist　$b\,\Gamma\mathsf{M}\Xi = 80^\circ 34'$　als $\tfrac{1}{2}\,b\,\Gamma\Xi\mathsf{E}$, (S. 181,32)

folglich　$b\,\Gamma\mathsf{M} = 39^\circ 19'$　als Differenz.　　　　15

Hiermit ist zunächst der (Exzenter-)Bogen gefunden, welcher

a) die Entfernung des Ortes der dritten Opposition ($\nearrow 2^\circ 34'$) bis zu dem Perigeum (M) mißt. Weiter ergibt sich　　　20

b) die Entfernung des Ortes der zweiten Opposition ($\Omega\, 28^\circ 50'$) bis zu dem Apogeum ($\Lambda$). Da (S. 178, 4) der Annahme nach

$$b\,\mathsf{B}\Gamma = \overset{\bullet}{\phantom{.}} 95^\circ 28' \text{ (und } b\,\Gamma\mathsf{M} = 39^\circ 19'),$$

so ist　$b\,\mathsf{B}\Lambda = 180^\circ - [b\,\mathsf{B}\Gamma + b\,\Gamma\mathsf{M}],$　　　25

$$\phantom{\text{so ist } b\,\mathsf{B}\Lambda} = 45^\circ 13'.$$

c) die Entfernung des Ortes der ersten Opposition ($\Pi\, 21^\circ$) bis zu dem Apogeum. Da (S. 178, 3) der Annahme nach

$$b\,\mathsf{AB} = 81^\circ 44' \text{ (und } b\,\mathsf{B}\Lambda = 45^\circ 13'),$$

so ist　$b\,\mathsf{A}\Lambda = b\,\mathsf{AB} - b\,\mathsf{B}\Lambda,$　　　30

$$\phantom{\text{so ist } b\,\mathsf{A}\Lambda} = 36^\circ 31'.$$

## II. Nachweis der Differenzbogen.

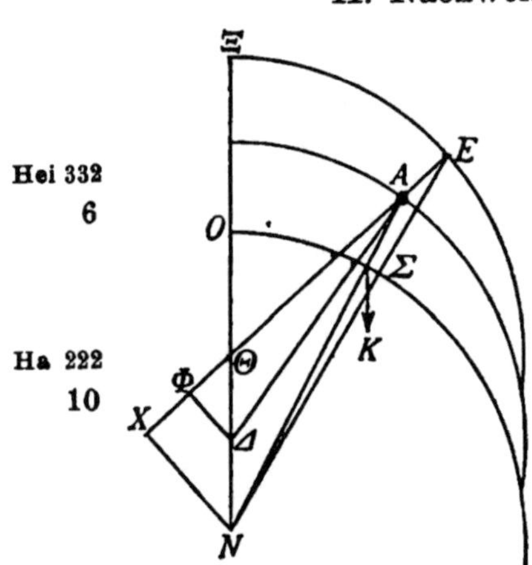


Die vorstehend gefundenen Bogen sollen gegeben sein. Die aus ihnen sich ergebenden Differenzen mit den für jede Opposition gesuchten Ekliptikbogen wollen wir nun auf folgendem Wege zu ermitteln suchen.

A. Es sei aus der oben vorgelegten Figur der drei Oppositionen die Zeichnung der ersten Opposition für sich allein herausgehoben. Nachdem man noch die Verbindungslinie AΔ gezogen, fälle man von den Punkten Δ und N auf die Verlängerung von AΘ die Lote ΔΦ und NX.

$$1. \quad b\,\Xi E = 36°31', \quad \text{(s. S. 183, 31 } b\,A\Lambda)$$
$$\text{folglich} \quad \angle\, E\Theta\Xi = 36°31' \quad \text{wie } 4R = 360°,$$
$$= 73°\ 2' \quad \text{wie } 2R = 360°,$$
$$20 \text{ folglich auch} \quad \angle\Delta\,\Theta\Phi = 73°\ 2' \quad \text{als Scheitelwinkel,}$$

$$\text{mithin} \begin{cases} b\,\Delta\Phi = 73°\ 2' \\ ,b\,\Phi\Theta = 106°58' \end{cases} \text{wie } \ominus\,\Delta\Phi\Theta = 360°.$$

$$\text{also} \begin{cases} s\,\Delta\Phi = 71^P 25' \\ ,s\,\Phi\Theta = 96^P 27' \end{cases} \text{wie } h\,\Delta\Theta = 120^P.$$

Hei 333  Setzt man
$$\Delta\Theta = 6^P 33' 30'' \quad \text{wie } exhm\ \Delta A = 60^P,$$
$$\text{(als } \tfrac{1}{2}\,\Theta N, \text{ vgl. S. 182, 32)}$$

26  so wird
$$\Delta\Phi = 3^P 54' \quad \text{und } \Phi\Theta = 5^P 16'.$$

Nun ist
$$\Delta A^2 - \Delta\Phi^2 = A\Phi^2,$$
$$\text{mithin} \quad A\Phi = 59^P 52' \quad \text{in demselben Maße.}$$

2. Es ist ferner (weil $\Theta\Delta = \Delta N$)

$$30 \quad \begin{cases} \Phi X = \Phi\Theta \\ NX = 2\Delta\Phi \end{cases} \text{(Eukl. VI. 2. 4)}$$

$$\text{mithin} \begin{cases} AX = A\Phi + \Phi X = 65^P\ 8' \\ NX\ (= 2\Delta\Phi) = 7^P 48' \end{cases} \text{(wie } \Delta A = 60^P).$$

(Nun ist $\quad AX^2 + NX^2 = AN^2$)

mithin $\quad h\,AN = 65^P\,36'$ in demselben Maße.

Setzt man $\quad h\,AN = 120^P$,

so wird $\quad s\,NX = 14^P\,16'$ in diesem Maße,

also $\quad b\,NX = 13°\,40'$ wie $\ominus NXA = 360°$,      5

folglich $\angle\,NAX = 13°\,40'$ wie $2R = 360°$.

3. Setzt man nun, wie oben (in dem Maße von $\Delta A = \Theta E$) Ha 223
nachgewiesen,

$$NX = 7^P\,48' \quad \text{wie } exhm\ \Theta E = 60^P,$$

so wird $\left\{\begin{array}{l} X\Theta = 2\Phi\Theta \quad\ = 10^P\,32' \\ XE = X\Theta + \Theta E = 70^P\,32' \end{array}\right\}$ in diesem Maße.    10

(Nun ist $\quad XE^2 + NX^2 = NE^2$)

mithin $\quad h\,NE = 71^P$ in demselben Maße.

Setzt man $\quad h\,NE = 120^P$,

so wird $\quad s\,NX = 13^P\,10'$ in diesem Maße,      15

mithin $\quad b\,NX = 12°\,36'$ wie $\ominus NXE = 360°$,

also $\angle\,NEX = 12°\,36'$ wie $2R = 360°$.

Nun war $\angle\,NAX = 13°\,40'$ wie $2R = 360°$,      Hei 334

folglich $\angle\,ANE = \quad 1°\ 4'$ als Differenz, (Eukl. I. 32)

$$= \quad 0°\,32' \quad \text{wie } 4R = 360°.$$     20

So groß ist also auch der Ekliptikbogen $K\Sigma$.

B. Es sei die ähnliche Figur
mit der Zeichnung der zweiten
Opposition vorgelegt.

1. $\quad b\,\Xi Z = 45°\,13'$,

$\qquad$ (s. S. 183, 26 $b\,B\Lambda$)      25

mithin $\angle\,Z\Theta\Xi = 45°\,13'$

$\qquad\qquad$ wie $4R = 360°$,

$\qquad\qquad = 90°\,26'$

$\qquad\qquad$ wie $2R = 360°$;

folglich $\angle\,\Delta\Theta\Phi = 90°\,26'$

$\qquad\qquad$ als Scheitelwinkel,

mithin $\left\{\begin{array}{l} b\,\Delta\Phi = 90°\,26' \\ b\,\Phi\Theta = 89°\,34' \end{array}\right\}$      30

$\qquad\qquad$ wie $\ominus\,\Delta\Phi\Theta = 360°$,

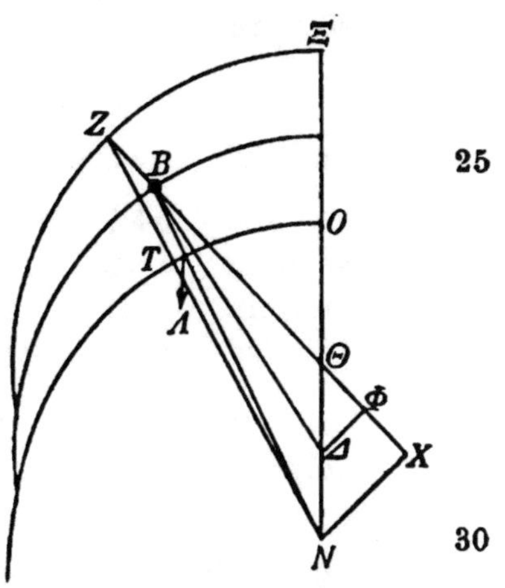

$$\text{also} \left\{ \begin{array}{l} s\,\Delta\Phi = 85^{\mathrm{P}}10' \\ {,}s\,\Phi\Theta = 84^{\mathrm{P}}32' \end{array} \right\} \text{ wie } h\,\Delta\Theta = 120^{\mathrm{P}}.$$

Setzt man $\quad \Delta\Theta = \ 6^{\mathrm{P}}33'30''\ $ wie $exhm\ \Delta\mathrm{B} = 60^{\mathrm{P}}$,

so wird $\quad \Delta\Phi = \ 4^{\mathrm{P}}39'$ und $\Phi\Theta = 4^{\mathrm{P}}38'$.

Nun ist $\quad \Delta\mathrm{B}^2 - \Delta\Phi^2 = \mathrm{B}\Phi^2$,

mithin $\quad \mathrm{B}\Phi = 59^{\mathrm{P}}49'\ $ in demselben Maße.

2. Es ist ferner (weil $\Theta\Delta = \Delta\mathrm{N}$)

$$\left. \begin{array}{l} \Phi\mathrm{X} = \Phi\Theta \\ \mathrm{NX} = 2\Delta\Phi \end{array} \right\} \text{ (Eukl. VI. 2. 4)}$$

mithin $\left\{ \begin{array}{l} \mathrm{BX} = \mathrm{B}\Phi + \Phi\mathrm{X} = 64^{\mathrm{P}}27' \\ \mathrm{NX}\,(=2\Delta\Phi)\ \cdot\ = \ 9^{\mathrm{P}}18' \end{array} \right\}$ (wie $\Delta\mathrm{B} = 60^{\mathrm{P}}$).

(Nun ist $\quad \mathrm{BX}^2 + \mathrm{NX}^2 = \mathrm{BN}^2$)

mithin $\quad h\,\mathrm{BN} = \ 69^{\mathrm{P}}\ 6'\ $ in demselben Maße.

Setzt man $\quad h\,\mathrm{BN} = 120^{\mathrm{P}}$,

so wird $\quad s\,\mathrm{NX} = \ 17^{\mathrm{P}}\ 9'\ $ in diesem Maße,

mithin $\quad b\,\mathrm{NX} = \ 16^{\circ}26'\ $ wie $\ominus\,\mathrm{NXB} = 360^{\circ}$,

folglich $\angle\,\mathrm{NBX} = \ 16^{\circ}26'\ $ wie $2R = 360^{\circ}$.

3. Setzt man, wie oben (in dem Maße von $\Delta\mathrm{B} = \Theta\mathrm{Z}$) nachgewiesen,

$$\mathrm{NX} = 9^{\mathrm{P}}18'\ \text{ wie } exhm\ \Theta\mathrm{Z} = 60^{\mathrm{P}},$$

so wird $\left\{ \begin{array}{l} \mathrm{X}\Theta = 2\Phi\Theta\ \ \ = \ 9^{\mathrm{P}}16' \\ \mathrm{XZ} = \mathrm{X}\Theta + \Theta\mathrm{Z} = 69^{\mathrm{P}}16' \end{array} \right\}$ in diesem Maße.

(Nun ist $\quad \mathrm{XZ}^2 + \mathrm{NX}^2 = \mathrm{NZ}^2$)

mithin $\quad h\,\mathrm{NZ} = \ 69^{\mathrm{P}}52'\ $ in demselben Maße.

Setzt man $\quad h\,\mathrm{NZ} = 120^{\mathrm{P}}$,

so wird $\quad s\,\mathrm{NX} = \ 16^{\mathrm{P}}\quad$ in diesem Maße,

mithin $\quad b\,\mathrm{NX} = \ 15^{\circ}20'\ $ wie $\ominus\,\mathrm{NXZ} = 360^{\circ}$,

also $\angle\,\mathrm{NZX} = \ 15^{\circ}20'\ $ wie $2R = 360^{\circ}$.

Nun war $\angle\,\mathrm{NBX} = \ 16^{\circ}26'\ $ wie $2R = 360^{\circ}$,

folglich $\angle\,\mathrm{BNZ} = \ 1^{\circ}\ 6'\ $ als Differenz, (Eukl. I. 32)

$\qquad = \ 0^{\circ}33'\ $ wie $4R = 360^{\circ}$.

So groß ist also auch der Ekliptikbogen $\Lambda\mathrm{T}$.

Hei 335
Ha 224

5

10

15

20

25

Hei 336

30

Bei der ersten Opposition hatten wir den Bogen $K\Sigma$ mit $0^0 32'$ gefunden. Es ist demnach klar, daß das theoretisch Ha 225 auf den Exzenter bezogene erste Intervall $(EZ)$ um die beiden Bogenstücke $(K\Sigma + \Lambda T)$, d. i. um $1^0 5'$, größer sein muß als das scheinbare $(K\Lambda = 67^0 50')$ und somit $68^0 55'$ 5 betragen wird.[a]

C. Es sei nun auch die Figur der dritten Opposition vorgelegt.

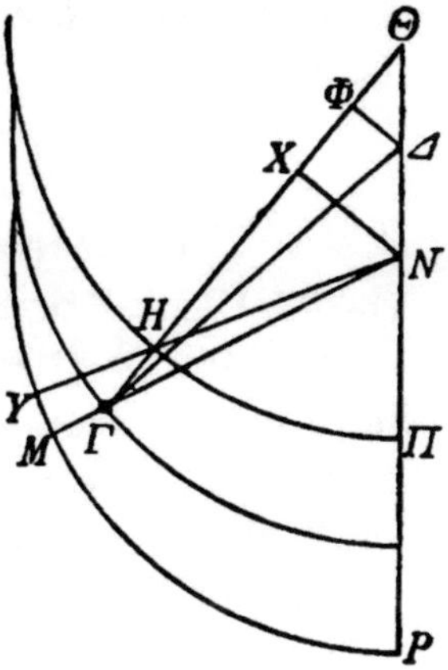

1.    $b\, \Pi H = 39^0 19'$,
    (s. S. 183, 15 $b\, \Gamma M$)

folglich $\angle\, \Pi\Theta H = 39^0 19'$
     wie $4R = 360^0$,
     $= 78^0 38'$
     wie $2R = 360^0$,

mithin $\begin{cases} b\,\Delta\Phi = 78^0 38' \\ ,b\,\Phi\Theta = 101^0 22' \end{cases}$
     wie $\ominus\,\Delta\Phi\Theta = 360^0$,

also $\begin{cases} s\,\Delta\Phi = 76^P 2' \\ ,s\,\Phi\Theta = 92^P 50' \end{cases}$
     wie $h\,\Delta\Theta = 120^P$.

Setzt man   $vbl\,\Delta\Theta = 6^P 33' 30''$   wie $exhm\,\Delta\Gamma = 60^P$,     Hei 337
so wird    $\Delta\Phi = 4^P 9'$ und $\Phi\Theta = 5^P 4'$.

Nun ist    $\Delta\Gamma^2 - \Delta\Phi^2 = \Gamma\Phi^2$,
mithin    $\Gamma\Phi = 59^P 51'$   in demselben Maße.

2. Es ist ferner (weil $\Theta\Delta = \Delta N$)     20

$\left. \begin{array}{l} \Phi X = \Phi\Theta \\ N X = 2\Delta\Phi \end{array} \right\}$ (Eukl. VI. 2. 4)

mithin $\left\{ \begin{array}{ll} \Gamma X = \Gamma\Phi - \Phi X = 54^P 47' \\ N X = 2\Delta\Phi \quad\quad = 8^P 18' \end{array} \right\}$ $\left(\text{wie } \Delta\Gamma = 60^P\right).$

---

a) Der Exzenterbogen $EZ$ des mittleren Laufs (s. Fig. S. 177), velcher in der Ekliptik gemessen unter dem $\angle\,\Sigma NT$ erscheint, auß um die beiderseitigen Differenzbogen $K\Sigma$ und $\Lambda T$ größer rscheinen als das unter dem $\angle\, KN\Lambda$ erscheinende erste Interall $AB$.

$$(\text{Nun ist} \quad \Gamma X^2 + N X^2 = \Gamma N^2)$$

mithin     $h\,\Gamma N = 55^P 25'$ in demselben Maße.

Setzt man    $h\,\Gamma N = 120^P$,

so wird     $s\,NX = 17^P 59'$ in diesem Maße,

5      also      $b\,NX = 17^0 14'$ wie $\ominus\,NX\Gamma = 360^0$,

folglich   $\angle\,N\Gamma X = 17^0 14'$ wie $2R = 360^0$.

Ha 226    3. Setzt man, wie oben (in dem Maße von $\Delta\Gamma = \Theta H$) nachgewiesen,

$$NX = 8^P 18' \quad \text{wie } exhm \; \Theta H = 60^P,$$

10   so wird $\left\{ \begin{array}{l} X\Theta = 2\Phi\Theta \qquad = 10^P \, 8' \\ XH = \Theta H - X\Theta = 49^P 52' \end{array} \right\}$ in diesem Maße.

(Nun ist     $XH^2 + NX^2 = NH^2$)

Hei 338   mithin    $h\,NH = 50^P 33'$ in demselben Maße.

Setzt man   $h\,NH = 120^P$,

15    so wird    $s\,NX = 19^P 42'$ in diesem Maße,

also      $b\,NX = 18^0 54'$ wie $\ominus\,NXH = 360^0$,

mithin $\angle\,NHX = 18^0 54'$ wie $2R = 360^0$.

Nun war $\angle\,N\Gamma X = 17^0 14'$ wie $2R = 360^0$,

folglich $\angle\,\Gamma NH = \phantom{0}1^0 40'$ als Differenz, (Eukl. I. 32)

20             $= \phantom{0}0^0 50'$ wie $4R = 360^0$.

So groß ist also auch der Ekliptikbogen $M\Upsilon$.

Bei der zweiten Opposition hatten wir den Bogen $\Lambda\mathsf{T}$ mit $0^0 33'$ gefunden. Es ist demnach klar, daß das theoretisch auf den Exzenter bezogene zweite Intervall (ZH)

25 um die beiden Bogenstücke $(\Lambda\mathsf{T} + M\Upsilon)$, d. i. um $1^0 23'$ kleiner sein muß als das scheinbare $(\Lambda M = 93^0 44')$ und somit $92^0 21'$ betragen wird.[a]

### III. Wiederaufnahme des Beweisverfahrens.

A. Unter Einsetzung der für die beiden (scheinbaren)

30 Intervalle gewonnenen Ekliptikbogen ($\Sigma\mathsf{T}$ und $\mathsf{T}\Upsilon$) und de

---

[a] Der Exzenterbogen des mittleren Laufs ZH (s. Fig. S. 177, in der Ekliptik von dem $\angle\,\mathsf{TN}\Upsilon$ gemessen, muß um die beiderseitigen Differenzbogen $\Lambda\mathsf{T}$ und $M\Upsilon$ kleiner erscheinen als da unter dem $\angle\,\Lambda NM$ erscheinende zweite Intervall $B\Gamma$.

auf dem Exzenter (für die beiden periodischen Intervalle) natürlich wieder von vornherein gegebenen Bogen (EZ und ZH) nahmen wir das oben (S. 179) erklärte Verfahren (I), mit welchem wir das Apogeum und das Verhältnis der Exzentrizität nachweisen, wieder auf und fanden folgende Endergebnisse, auf deren Mitteilung wir uns beschränken, um nicht durch Wiederholung derselben Beweisgänge den Kommentar zu stark zu belasten. Wir erhielten

1. Die Verbindungslinie zwischen den Zentren

$$\Delta K = 11^P 50' \text{ wie } exhm = 60^P \text{ (statt } 13^P 7' \text{ S. } 182,\text{\tiny 32}\text{)};$$

2. die Entfernung von dem Orte der dritten Opposition bis zum Perigeum, d. i.

$$exb\,\Gamma M = 45^0 33' \text{ (statt } 39^0 19' \text{ S. } 183,\text{\tiny 15}\text{)}.$$

Hieraus ergibt sich weiter

3. $exb\,B\Lambda = 38^0 59'$ (statt $45^0 13'$ S. 183,26),
4. $exb\,A\Lambda = 42^0 45'$ (statt $36^0 31'$ S. 183,31).

B. Dadurch, daß wir nun wieder diese Werte bei den Nachweisen (II ABC) für jede Opposition einsetzten, fanden wir schließlich die genauen Größenbeträge eines jeden der gesuchten (Differenz-)Bogen, und zwar

1. $b\,K\Sigma = 0^0 28'$ (statt $0^0 32'$ S. 185,20),
2. $b\,\Lambda T = 0^0 28'$ (statt $0^0 33'$ S. 186,31),
3. $b\,MY = 0^0 40'$ (statt $0^0 50'$ S. 188,20).

Nun addierten wir die Beträge für die erste und die zweite Opposition und fügten die erhaltene Summe $0^0 56'$ zu den $67^0 50'$ des Ekliptikbogens (KΛ) des ersten (scheinbaren) Intervalls. Somit erhielten wir das theoretisch auf den Exzenter bezogene Intervall (EZ) genau mit $68^0 46'$ (statt $68^0 55'$ S. 187, 5).

Ebenso addierten wir die Beträge für die zweite und die dritte Opposition und zogen den erhaltenen Betrag $1^0 8'$ ab von den scheinbaren $93^0 44'$ des Ekliptikbogens (ΛM) des zweiten Intervalls. Somit fanden wir wieder das theoretisch auf den Exzenter bezogene Intervall (ZH) genau mit $92^0 36'$ (statt $92^0 21'$ S. 188, 27).

C. Von diesen Werten ausgehend, schritten wir schließlich unter nochmaliger Anwendung desselben Beweisverfahrens (I) zu der endgültig genauen Bestimmung des Verhältnisses der Exzentrizität und des Apogeums und fanden

**Hei 340**

1. *vbl* $\triangle$ K $= 12^P$ wie *exhm* $\wedge$ K $= 60^P$ (statt $11^P 50'$ S. 189, 10),

**6**

2. *exb* $\Gamma$ M $= 44^\circ 21'$ (statt $45^\circ 33'$ S. 189, 13),

3. *exb* B $\wedge = 40^\circ 11'$ (statt $38^\circ 59'$ S. 189, 15), (s. Fig. S. 182)

4. *exb* A $\wedge = 41^\circ 33'$ (statt $42^\circ 45'$ S. 189, 16).

IV. Probe der Endergebnisse.

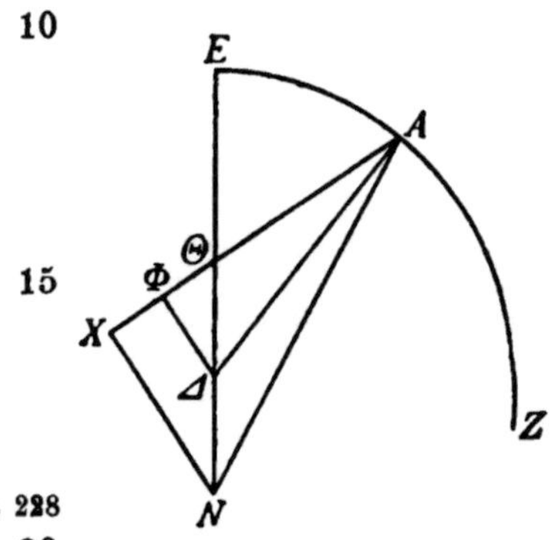


Auf demselben Wege werden wir schließlich klarlegen, daß die durch die Beobachtung gewonnenen **scheinbaren Intervalle** mit den vorstehend ermittelten zahlenmäßigen Beträgen in Einklang gefunden werden.

A. Es sei die Figur der ersten Opposition vorgelegt, beschränkt auf den Exzenter EZ, auf welchem sich jederzeit der Mittelpunkt des Epizykels bewegt.[a]

1. Es ist (s. oben Z. 8 *b* A$\wedge$)

$$\angle \text{A} \Theta \text{E} = 41^\circ 33' \quad \text{wie} \quad 4R = 360^\circ,$$
$$= 83^\circ\ 6' \quad \text{wie} \quad 2R = 360^\circ;$$

folglich auch $\angle \Delta \Theta \Phi = 83^\circ\ 6'$ als Scheitelwinkel,

mithin $\begin{cases} b \,\Delta \Phi = 83^\circ\ 6' \\ ,b \,\Phi \Theta = 96^\circ 54' \end{cases}$ wie $\ominus \Delta \Phi \Theta = 360^\circ,$

also $\begin{cases} s \,\Delta \Phi = 79^P 35' \\ ,s \,\Phi \Theta = 89^P 50' \end{cases}$ wie $h \,\Delta \Theta = 120^P.$

Setzt man $\Delta \Theta = 6^P$ wie *hm* $\Delta$ A $= 60^P$, (s. Z. 5)

**Hel 341** so wird $\Delta \Phi = 3^P 58' 30''$ und $\Phi \Theta = 4^P 30'.$

---

a) Der hier mit EZ bezeichnete Exzenter ist an der Hauptfigur S. 177 der mittelste Kreis, an dem die scheinbaren Örter der drei Oppositionen mit A, B und $\Gamma$ bezeichnet sind.

Nun ist     $\Delta A^2 - \Delta \Phi^2 = A\Phi^2$,

mithin     $A\Phi = 59^P 50'$  in demselben Maße.

2. Es ist ferner (weil $\Theta\Delta = \Delta N$)

$$\left.\begin{array}{l} \Phi\Theta = \Phi X \\ NX = 2\Delta\Phi \end{array}\right\} \text{(Eukl. VI. 2. 4)}$$   5

$$\text{mithin}\left\{\begin{array}{l} AX = A\Phi + \Phi X = 64^P 20' \\ NX\,(= 2\Delta\Phi) \qquad = \ \ 7^P 57' \end{array}\right\} \left(\text{wie } \Delta A = 60^P\right).$$

(Nun ist     $AX^2 + NX^2 = NA^2$)

mithin     $h\,NA = \ 62^P 52'$ in demselben Maße.

Setzt man     $h\,NA = 120^P$,          10

so wird     $s\,NX = \ 14^P 44'$  in diesem Maße,

mithin     $b\,NX = \ 14^\bullet \ 6'$  wie $\ominus NXA = 360^0$, •

also     $\angle NAX = \ 14^0 \ 6'$  wie $2R = 360^0$,

          $= \ \ 7^0 \ 3'$  wie $4R = 360^0$.

Nun war $\angle A\Theta E = \ 41^0 33'$  wie $4R = 360^0$,          15

folglich $\angle ANE = \ 34^0 30'$  als Differenz.          Ha 229

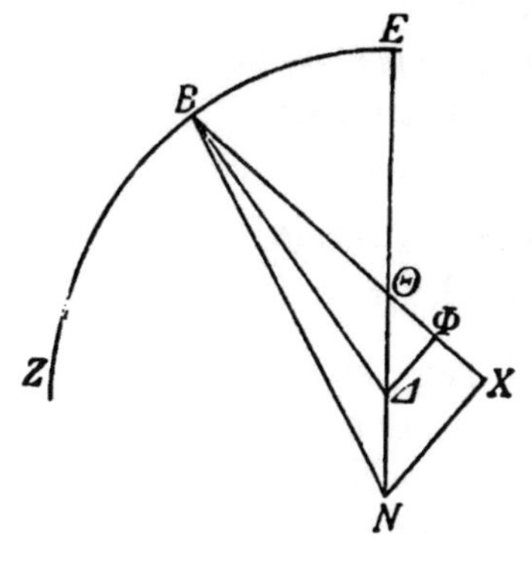

Das ist der Winkel des scheinbaren Ortes, um welchen der Planet bei der ersten Opposition vor dem Apogeum stand.          20

B. Es sei die entsprechende Hei 342 Figur der zweiten Opposition vorgelegt.

1. Es ist (s. S. 190, 7 $b\,B\Lambda$) der Winkel des mittleren Laufs 25 des Epizykels[a]

$\angle B\Theta E = 40^0 11'$  wie $4R = 360^0$,

          $= 80^0 22'$  wie $2R = 360^0$,

folglich auch $\angle N\Theta X = 80^0 22'$  als Scheitelwinkel,

---

a) Insofern der Epizykelmittelpunkt von der Leitlinie $\Theta B$ auf dem die Anomalie bewirkenden Exzenter gleichförmig herumgeführt wird.

$$\text{mithin} \left\{ \begin{array}{l} b\,\Delta\Phi = 80^{\circ}\,22' \\ ,b\,\Phi\Theta = 99^{\circ}\,38' \end{array} \right\} \text{ wie } \ominus\,\Delta\Phi\Theta = 360^{\circ},$$

$$\text{also} \left\{ \begin{array}{l} s\,\Delta\Phi = 77^{P}\,26' \\ ,s\,\Phi\Theta = 91^{P}\,41' \end{array} \right\} \text{ wie } h\,\Delta\Theta = 120^{P}.$$

5  Setzt man        $\Delta\Theta = 6^{P}$        wie $hm\,\Delta B = 60^{P}$,
  so wird        $\Delta\Phi = 3^{P}\,52'$  und $\mathbb{C}\Theta = 4^{P}\,35'$.

  Nun ist        $\Delta B^{2} - \Delta\Phi^{2} = B\Phi^{2}$,
  mithin        $B\Phi = 59^{P}\,53'$  in demselben Maße.

2. Es ist ferner (weil $\Theta\Delta = \Delta N$)

Hei 343              $\Phi\Theta = \Phi X$
11                $NX = 2\,\Delta\Phi$     (Eukl. VI. 2. 4)

$$\text{mithin} \left\{ \begin{array}{l} BX = B\Phi + \Phi X = 64^{P}\,28' \\ NX\,(= 2\,\Delta\Phi)\qquad = 7^{P}\,44' \end{array} \right\} \left(\text{wie } \Delta B = 60^{P}\right).$$

(Nun ist        $BX^{2} + NX^{2} = NB^{2}$)
15  mithin        $h\,NB = 64^{P}\,56'$  in demselben Maße.

  Setzt man  $h\,NB = 120^{P}$,
  so wird  $s\,NX = 14^{P}\,19'$  in diesem Maße,
  mithin  $b\,NX = 13^{\circ}\,42'$  wie $\ominus NXB = 360^{\circ}$,
  also $\angle NBX = 13^{\circ}\,42'$  wie $2R = 360^{\circ}$,
20              $= 6^{\circ}\,51'$  wie $4R = 360^{\circ}$.

Ha 230  Nun war $\angle B\Theta E = 40^{\circ}\,11'$  wie $4R = 360^{\circ}$,
  folglich $\angle BNE = 33^{\circ}\,20'$  als Differenz.

Das ist der Winkel des scheinbaren Ortes. Demnach lag
der scheinbare Ort des Planeten bei der zweiten Opposition
25 ebensoviel Grade hinter dem Apogeum. Nun war (S. 191,16)
nachgewiesen, daß der Planet bei der ersten Opposition
$34^{\circ}\,30'$ vor dem Apogeum stand. Folglich beläuft sich das
Intervall von der ersten Opposition bis zur zweiten in Übereinstimmung mit den durch die Beobachtung (S. 177,15)
30 festgestellten Graden in Summa auf $67^{\circ}\,50'$.

C. Es sei nun ebenso die Figur der dritten Opposition
vorgelegt.

1. Hier ist (s. S. 190, 6 $b\,\Gamma M$) der Winkel des gleichförmigen Laufs des Epizykels[a]

$$\angle\,\Gamma\Theta Z = 44^0\,21'$$
$$\text{wie } 4R = 360^0,$$
$$= 88^0\,42'$$
$$\text{wie } 4R = 360^0;$$

$$\text{mithin}\begin{cases} b\,\Delta\Phi = 88^0\,42' \\ ,b\,\Phi\Theta = 91^0\,18' \end{cases}$$
$$\text{wie } \ominus\,\Delta\Phi\Theta = 360^0,$$

$$\text{also}\begin{cases} s\,\Delta\Phi = 83^P\,53' \\ ,s\,\Phi\Theta = 85^P\,49' \end{cases} \text{wie } h\,\Delta\Theta = 120^P.$$

Setzt man $\quad \Delta\Theta = 6^P \quad$ wie $exhm\ \Delta\Gamma = 60^P$,

so wird $\quad \Delta\Phi = 4^P\,11'\,30''$ und $\Phi\Theta = 4^P\,17'$.

Nun ist $\quad \Delta\Gamma^2 - \Delta\Phi^2 = \Gamma\Phi^2$,

mithin $\quad \Gamma\Phi = 59^P\,51'$ in demselben Maße.

2. Es ist ferner (weil $\Theta\Delta = \Delta N$)

$$\begin{cases} \Phi\Theta = \Phi X \\ N X = 2\Delta\Phi \end{cases} \text{(Eukl. VI. 2. 4)}$$

$$\text{mithin}\begin{cases} \Gamma X = \Gamma\Phi - \Phi X = 55^P\,34' \\ N X\,(= 2\Delta\Phi) \quad = 8^P\,23' \end{cases} \left(\text{wie } \Delta\Gamma = 60^P\right).$$

(Nun ist $\quad \Gamma X^2 + N X^2 = \Gamma N^2$)

mithin $\quad h\,\Gamma N = 56^P\,12'$ in demselben Maße.

Setzt man $\quad h\,\Gamma N = 120^P$,

so wird $\quad s\,N X = 17^P\,55'$ in diesem Maße,

mithin $\quad b\,N X = 17^0\,10'$ wie $\ominus\,N X\Gamma = 360^0$,

also $\angle\,\Theta\Gamma N = 17^0\,10'$ wie $2R = 360^0$,

$$= 8^0\,35' \text{ wie } 4R = 360^0.$$

Nun war $\angle\,\Gamma\Theta Z = 44^0\,21'$ wie $4R = 360^0$,

folglich $\angle\,\Gamma N Z = 52^0\,56'$ als Summe.

So viel Grade lag demnach der scheinbare Ort des Pla-
ᴣten bei der dritten Opposition vor dem Perigeum. Nun

---

a) D. i. der Zentriwinkel des die Anomalie bewirkenden Ex-
ᴣnters um das Zentrum $\Theta$.

war (S. 192, 22) nachgewiesen, daß er bei der zweiten Opposition das Apogeum $33^0 20'$ hinter sich hatte. Folglich wurde die hieraus sich ergebende Differenz von $(180^0 - [52^0 56' + 33^0 20'] =) 93^0 44'$, d. i. der Betrag, welcher auf das Intervall von der zweiten Opposition bis zur dritten entfällt, mit den für das zweite Intervall durch die Beobachtung (S. 177, 16) festgestellten Graden wieder in Einklang gefunden.

### V. Lage des Apogeums.

Der Planet hatte, der Theorie nach auf der Geraden NΓ stehend, bei der dritten Opposition den durch die Beobachtung (S. 176, 27) festgestellten Ort ♐ $2^0 34'$ inne. Nun wurde als Zentriwinkel der Ekliptik $\angle \Gamma N Z = 52^0 56'$ wie $4R = 360^0$ nachgewiesen; folglich ist klar[a], daß das Perigeum der Exzentrizität, Punkt Z, in ♑ $25^0 30'$ lag und das Apogeum diametral gegenüber in ♋ $25^0 30'$.

### VI. Feststellung der mittleren Länge und der Anomalie.

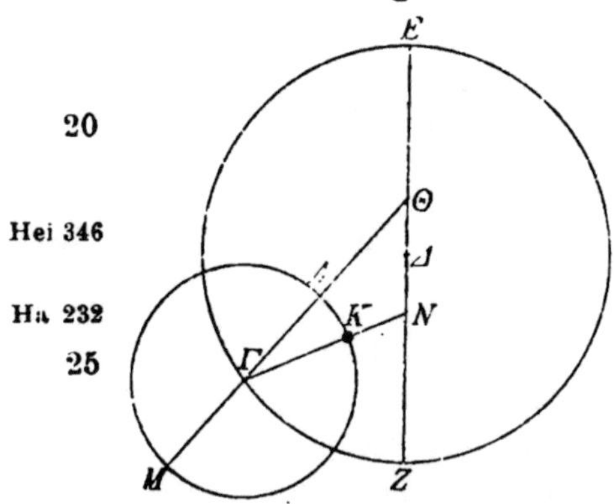


Wenn wir um den Mittelpunkt Γ den Epizykel KΛM des Mars beschreiben und die Gerade ΘΓ (bis M) verlängern, so ergibt sich zur Zeit der dritten Opposition

1. die Entfernung des mittleren Ortes des Epizykels von dem Apogeum des Exzenters (um Θ) mit $(180^0 - 44^0 21' =) 135^0 39'$, weil $\angle \Gamma \Theta Z$, welcher (bis zum Perigeum) die Ergänzung zu $180^0$ bildet, (S. 190, 6) mit $44^0 21'$ nachgewiesen worden ist;

2. die Entfernung des mittleren Ortes des Planeten von dem Apogeum M des Epizykels, d. i. der Bogen MK, mit $(180^0 - 8^0 35' =) 171^0 25'$, weil (S. 193, 25) $\angle \Theta \Gamma N = 8^0 35'$

---

a) Weil $52^0 56' - 27^0 26'$ des Schützen $= $ ♑ $25^0 30'$.

wie $4R = 360^0$ nachgewiesen worden ist. Da dies ein Zentriwinkel des Epizykels ist, so muß auch der Bogen KΛ, d. i.
der Bogen von dem Planeten in K bis zu dem Perigeum Λ,
gleich $8^0 35'$ in demselben Maße werden; folglich beträgt
der Bogen von dem Apogeum M bis zu dem Planeten als   5
Ergänzung zu $180^0$, wie oben gesagt, $171^0 25'$.

So ist uns denn einschließlich der anderen Ergebnisse klar
geworden, daß zur Zeit der dritten Opposition, d. i. im
zweiten Jahre Antonins am 12/13. ägyptischen Epiphi 2 Äquinoktialstunden vor Mitternacht (27. Mai 139 n. Chr. $10^h$   10
abends), der Planet Mars in sog. mittlerer Länge von Hei 347
dem Apogeum (♋ $25^0 30'$) des Exzenters $135^0 39'$ entfernt
stand[a)], während er in Anomalie von dem Apogeum des
Epizykels $171^0 25'$ entfernt war, was nachzuweisen war.


## Achtes Kapitel.
### Nachweis der zahlenmäßigen Größe des Epizykels des Mars.

Da es unsere nächste Aufgabe ist, das zahlenmäßige Größen- Ha 233
verhältnis des Epizykels nachzuweisen, so wählten wir für   16
diesen Zweck eine Beobachtung, welche wir ungefähr drei
Tage nach der dritten Opposition, d. i. im zweiten Jahre
Antonins am 15/16. ägyptischen Epiphi 3 Äquinoktialstunden vor Mitternacht (30. Mai 139 n. Chr. $9^h$ abends)   20
im Diopter angestellt haben: nach Maßgabe des Astrolabs
kulminierte ♎ $20^0$, während der mittlere Ort der Sonne damals[b)] ♊ $5^0 27'$ war. Als der Stern in der Kornähre (Spika)
mit Bezug auf seinen eigenen Ort (♍ $26^0 40'$) anvisiert
wurde, ergab sich als der scheinbare Ort des Mars ♐ $1^0 36'$.   25
Gleichzeitig hatte der Planet von dem Zentrum des Mondes
in der Richtung der Zeichen einen scheinbaren (östlichen)

---

a) Der mittlere Ort war demnach der scheinbare Ort (S. 176
) ♐ $2^0 34' + \angle$ ΘΓN, d. i. ♐ $11^0 9'$.

b) Für $885^a 314^d 9^h$ ergibt die Nachprüfung ♊ $5^0 27' 31''$, d. i.
Apogeum, wo die Anomaliedifferenz $= 0$.

Abstand von ebenfalls $1°36'$. Es war damals[a] (nach den Mondtafeln berechnet)

| | |
|---|---:|
| der mittlere Ort des Mondes | ♐ 4°20' |
| seine Entfernung in Anomalie vom Apogeum des Epizykels | 92° 0' |
| demnach der genaue Ort | ♏ 29°20' |
| der scheinbare Ort[b] | ♐ 0° 0'. |

Mithin stand auch von dieser (rechnerischen) Seite betrachtet damals der Mars im Einklang mit der durch die Anvisierung gefundenen Stelle in ♐ $1°36'$, so daß natürlich seine Entfernung von dem Perigeum gegen die Richtung der Zeichen (von ♎ $25°30'$ bis ♐ $1°36'$) $53°54'$ betrug.

Nun beträgt in der Zwischenzeit (von $2^d 23^h$) zwischen der dritten Opposition (27. Mai $10^h$ abends) und dieser Beobachtung seine Bewegung in Länge $1°32'$, in Anomalie etwa $1°21'$.[c] Wenn wir diese Beträge zu den Örtern, welche wir für die zugrunde gelegte Opposition (S. 194, 28.33) nachgewiesen hatten, addieren, so werden wir zur Zeit dieser (späteren) Beobachtung die Entfernung des Mars von dem Apogeum des Exzenters in Länge mit ($135°39' + 1°32' =$) $137°11'$ und die Entfernung von dem Apogeum des Epizykels in Anomalie mit ($171°25' + 1°21' =$) $172°46'$ erhalten.

Diese Zahlen sollen gegeben sein. Der den Mittelpunkt des Epizykels tragende Exzenter sei der Kreis ΑΒΓ um das Zentrum Δ und den Durchmesser ΑΔΓ, auf welchem als der Mittelpunkt der Ekliptik der Punkt Ε und als das Zentrum der größeren Exzentrizität der Punkt Ζ angenommen

---

a) Die Nachprüfung ergibt als den mittleren Ort in Länge ♐ $4°33'21''$, in Anomalie $92°12'30''$ (vgl. S. 147 Anm. a)). Der Mond stand bei der mittleren Elongation von $178°55'$ kurz vor der Phase des Vollmondes. Da die Differenz der einfachen Anomalie bei $92°$ Entfernung vom Apogeum ihrem negativen Maximum nahekommt, so ist sie mit rund $-5°$ angenommen.

b) Da der Mond östlich des Meridians stand, so wirkte die Längenparallaxe in der Richtung der Zeichen.

c) Die Nachprüfung ergibt für $2^d 23^h$ in Länge $1°33'1''$, in Anomalie $1°21'55''$.

sei. Nachdem man um B den Epizykel HΘK beschrieben,
ziehe man die Geraden ZKBH, EΘB, ΔB und fälle auf
die Gerade ZB die
Lote EΛ, ΔM. Der
Planet soll in Punkt
N des Epizykels
angenommen sein.
Nun ziehe man noch
die Verbindungs-
linien EN, BN und
fälle auf die Ver-
längerung von EN
von B aus das Lot
BΞ.

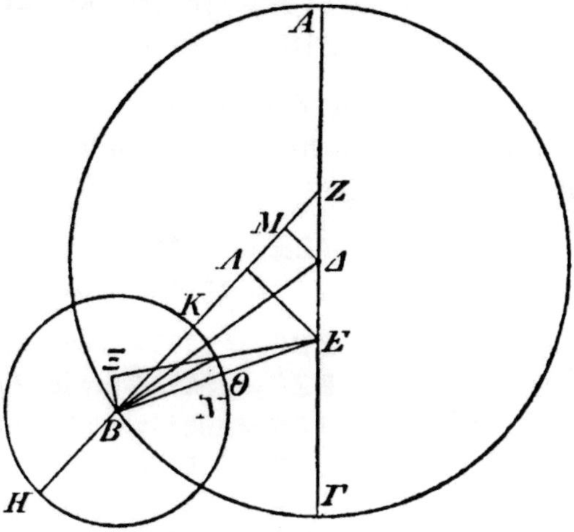

1. Da die (mitt-
ere)Entfernung des
Planeten von dem Apogeum des Exzenters $137^0\,11'$ beträgt,
so ist als die Ergänzung zu $180^0$



$$\angle\,BZΓ = 42^0\,49' \quad \text{wie } 4R = 360^0,$$
$$= 85^0\,38' \quad \text{wie } 2R = 360^0;$$

$$\text{mithin}\begin{cases} b\,ΔM = 85^0\,38' \\ ,b\,MZ = 94^0\,22' \end{cases} \text{wie } \ominus\,ΔMZ = 360^0,$$

$$\text{also}\begin{cases} s\,ΔM = 81^\mathrm{P}\,34' \\ ,s\,MZ = 88^\mathrm{P}\ \ 1' \end{cases} \text{wie } h\,ΔZ = 120^\mathrm{P}.$$

Setzt man $\quad vbl\ ΔZ = \ \ 6^\mathrm{P} \quad$ wie $exhm\ ΔB = 60^\mathrm{P},$
so wird $\qquad ΔM = \ \ 4^\mathrm{P}\,5' \quad$ und $MZ = 4^\mathrm{P}\,24'.$

Nun ist $\qquad ΔB^2 - ΔM^2 = BM^2,$
mithin $\qquad BM = 59^\mathrm{P}\,52' \quad$ in demselben Maße.

2. Es ist ferner (weil $ZΔ = ΔE$)

$$\begin{rcases} MZ = MΛ \\ EΛ = 2\,ΔM \end{rcases} \text{(Eukl. VI. 2. 4)}$$

$$\text{mithin}\begin{cases} BΛ = BM - MΛ = 55^\mathrm{P}\,28' \\ EΛ\,(= 2\,ΔM) \qquad = \ \ 8^\mathrm{P}\,10' \end{cases} \left(\text{wie } ΔB = 60^\mathrm{P}\right).$$

(Nun ist $\qquad BΛ^2 + EΛ^2 = BE^2$)
mithin $\qquad h\,BE = \ 56^\mathrm{P}\ 4' \quad$ in demselben Maße.

Setzt man      $h$BE $= 120^P$,

so wird      $s$EΛ $=$  $17^P 28'$  in diesem Maße,

also      $b$EΛ $=$  $16^0 44'$  wie ⊖EΛB $= 360^0$,

folglich  ∠ZBE $=$  $16^0 44'$  wie $2R = 360^0$.

5    3. Es beträgt der Annahme (S. 196, 12) nach als der Winkel, um welchen der scheinbare Ort des Mars vor dem Perigeum Γ lag,

∠ΓEΞ $=$   $53^0 54'$  wie $4R = 360^0$,

$= 107^0 48'$  wie $2R = 360^0$.

10    Nun war  ∠ZBE $=$  $16^0 44'$  wie $2R = 360^0$,

ferner  ∠BZΓ $=$  $85^0 38'$  wie $2R = 360^0$ nach Annahme,

mithin  ∠ΓEB $= 102^0 22'$  als Summe,

folglich  ∠BEΞ $=$   $5^0 26'$  als Differenz, $(∠ΓEΞ - ∠ΓEB)$

  mithin  $b$BΞ $=$   $5^0 26'$  wie ⊖BΞE $= 360^0$,

15    also  $s$BΞ $=$   $5^P 41'$  wie $h$BE $= 120^P$.

Setzt man      BE $=$  $56^P 4'$  wie $exhm = 60^P$, (s. S. 197, 35)

so wird      BΞ $=$   $2^P 39'$  in diesem Maße.

    4. Da der Punkt N von dem Apogeum H des Epizykels $172^0 46'$, mithin von dem Perigeum K $7^0 14'$ entfernt lag,

20 so ist

∠KBN $=$   $7^0 14'$  wie $4R = 360^0$,

$= 14^0 28'$  wie $2R = 360^0$.

Nun war  ∠KBΘ $= 16^0 44'$  wie $2R = 360^0$;  (s. Z. 10)

mithin ∠NBΘ $=$  $2^0 16'$  als Differenz.

25 (Es war ferner ∠BEΞ $=$  $5^0 26'$  wie $2R = 360^0$)

folglich  ∠ΞNB $=$  $7^0 42'$  als Summe,

mithin  $b$BΞ $=$  $7^0 42'$  wie ⊖BΞN $= 360^0$,

also  $s$BΞ $=$  $8^P 3'$  wie $h$BN $= 120^P$.

Setzt man      BΞ $=$  $2^P 39'$  wie $exhm = 60^P$,

30    so wird      BN $= 39^P 30'$  als $ephm$.

Folglich beträgt das Verhältnis des Exzenterhalbmessers zu dem Epizykelhalbmesser $60^P : 39^P 30'$, was zu finden als Aufgabe gestellt war.

## Neuntes Kapitel.
### Korrektion der periodischen Bewegungen des Mars.

Zum Zweck der Korrektion der mittleren periodischen Hei 352
Bewegungen wählten wir aus der Zahl der alten Beobachtungen eine, nach welcher zuverlässig versichert wird, daß
im 13$^{\text{ten}}$ Jahre der Zeitrechnung des Dionysius, am 26. Ägon[a]
früh, der Mars den nördlichen Stern ($\beta$) in der Stirn des  5
Skorpions scheinbar bedeckte.

Die Zeit der Beobachtung fällt in das 52$^{\text{te}}$ Jahr seit dem
Tode Alexanders, d. i. in das 476$^{\text{te}}$ Jahr seit Nabonassar, Ha 237
auf den 20/21. ägyptischen Athyr frühmorgens (18. Januar
272 v. Chr. 6$^{\text{h}}$ früh). Zu diesem Zeitpunkt[b] finden wir die 10
Sonne nach mittlerem Lauf in ♎ 23°54′, während der Ort
des nördlichen Sterns ($\beta$) in der Stirn des Skorpions nach
unseren Anfangspunkten in ♏ 6°20′ durch die Beobachtung
festgestellt worden ist.  Da die 409 Jahre von der Beobachtung bis zum Regierungsantritt Antonins (476 bis 885 15
Nab.) einen Fortschritt der Fixsternsphäre von ungefähr 4°5′
bedingen, so mußte zur Zeit der mitgeteilten Beobachtung
der (bezeichnete) Fixstern ($\beta$), und somit natürlich auch der
Mars, in ♏ 2°15′ (d. i. 4°5′ zurück) stehen.  Da ferner zu
unserer Zeit, d. i. bei dem Regierungsantritt Antonins, das Hei 353
Apogeum des Mars in ♋ 25°30′ lag, so mußte es zur Zeit 21
der Beobachtung in ♋ 21°25′ liegen.  Somit ist klar, daß
der scheinbare Planet damals von dem Apogeum eine Entfernung (♋ 21°25′ bis ♏ 2°15′) von 100°50′ hatte, während die mittlere Sonne von demselben Apogeum (♋ 21°25′ 25
bis ♎ 23°54′) 182°29′, mithin von dem Perigeum natürlich
2°29′ entfernt war.

Diese Zahlen sollen gegeben sein.  Der den Mittelpunkt
des Epizykels tragende Exzenter sei der Kreis ΑΒΓ um das

---

a) So mit Böckh statt 25. Ägon; s. Anm. 6.

b) Für 475$^{\text{a}}$ 79$^{\text{d}}$ 18$^{\text{h}}$ ergibt die Nachprüfung nur ♐ 23°52′13″.
Aber die Stunde 6$^{\text{h}}$ früh wird nicht nur S. 202,32 durch die
Zwischenzeit bis zur dritten Opposition bedingt, sondern auch
S. 203,12 durch die seit der Epoche verflossene Zeit.

Zentrum $\Delta$ und den Durchmesser A$\Delta\Gamma$, auf welchem als der Mittelpunkt der Ekliptik der Punkt E und als das Zen-

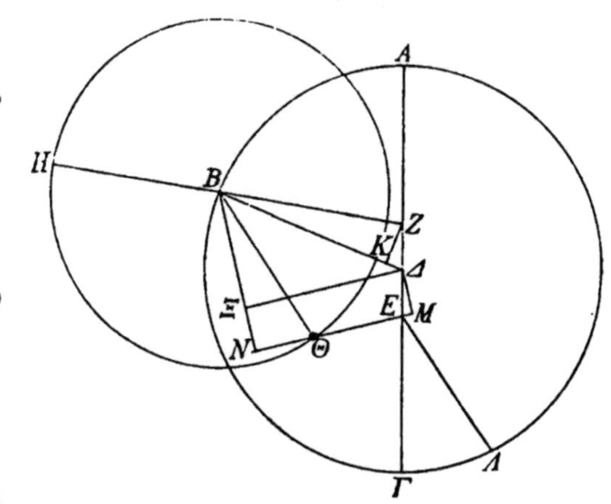

trum der größeren Exzentrizität der Punkt Z angenommen sei. Nachdem man um B den Epizykel H$\Theta$ beschrieben, ziehe man die Verbindungslinien ZBH, $\Delta$B und fälle von Z auf $\Delta$B das Lot ZK. Der Planet soll in dem Punkt $\Theta$ des Epizykels angenommen sein. Nun ziehe man die Verbindungslinie B$\Theta$ und parallel zu ihr von E aus die Gerade E$\Lambda$, auf welcher natürlich nach den früher (S. 175, 1) gegebenen Erläuterungen der Theorie nach der mittlere Ort der Sonne liegen wird. Nachdem man noch die Verbindungslinie E$\Theta$ gezogen, fälle man auf dieselbe (bzw. auf ihre Verlängerung) von $\Delta$ und B aus die Lote $\Delta$M und BN, sowie endlich von $\Delta$ aus auf BN das Lot $\Delta\Xi$, so daß die Figur $\Delta$MN$\Xi$ ein rechtwinkliges Parallelogramm wird.[a]

25    1. Als der Winkel des scheinbaren Ortes des Planeten von dem Apogeum aus, sowie (Zeile 29) als der Winkel des mittleren Ortes der Sonne ist (s. S. 199, 24. 27)

$$\angle\,\text{AE}\Theta = 100^\circ 50' \text{ wie } 4R = 360^\circ,$$
$$\angle\,\Gamma\text{E}\Lambda = \phantom{0}2^\circ 29' \text{ wie } 4R = 360^\circ;$$
$$\text{mithin } \angle\,\Theta\text{E}\Lambda = \phantom{0}81^\circ 39' \text{ wie } 4R = 360^\circ,\text{[b]}$$
$$= 163^\circ 18' \text{ wie } 2R = 360^\circ,$$

---

a) Damit bei M ein rechter Winkel möglich werde, muß der Epizykel an der Figur das gegebene Maß überschreiten. Die Figur des Originals zeigt, daß dies bei einem kleineren Epizykel nicht möglich ist  Zur Fig. s. Anm. 9.

b) $\angle\,\Theta\text{E}\Lambda = (180^\circ - \angle\,\text{AE}\Theta) + \angle\,\Gamma\text{E}\Lambda$, d. i. $79^\circ 10' + 2^\circ 29'$.

folglich auch $\angle\,\mathrm{B\Theta E} = 163°18'$,　(Eukl. I. 29)

mithin　　$b\,\mathrm{BN} = 163°18'$ wie $\ominus\,\mathrm{BN\Theta} = 360°$,

also　　$s\,\mathrm{BN} = 118^{\mathrm{P}}43'$ wie $h\,\mathrm{B\Theta} = 120^{\mathrm{P}}$.[9]

Setzt man *ephm* $\mathrm{B\Theta} = 39^{\mathrm{P}}30'$ wie *vbl* $\triangle\mathrm{E} = 6^{\mathrm{P}}$,

so wird　　$\mathrm{BN} = 39^{\mathrm{P}}\,3'$ in demselben Maße.　　　5

2. Es ist ferner (wie oben)

$$\angle\,\mathrm{AE\Theta} = 100°50' \text{ wie } 4R = 360°,$$
$$= 201°40' \text{ wie } 2R = 360°;$$

folglich $\angle\,\triangle\mathrm{EM} = 158°20'$　als Nebenwinkel,　　Hei 355

mithin　$b\,\triangle\mathrm{M} = 158°20'$ wie $\ominus\,\triangle\mathrm{ME} = 360°$,　　10

also　　$s\,\triangle\mathrm{M} = 117^{\mathrm{P}}52'$ wie $h\,\triangle\mathrm{E} = 120^{\mathrm{P}}$.

Setzt man　　$\triangle\mathrm{E} = 6^{\mathrm{P}}$ wie $\mathrm{BN} = 39^{\mathrm{P}}3'$,　(s. Z. 5)　　Ha 239

so wird　　$\triangle\mathrm{M} = 5^{\mathrm{P}}54'$ in demselben Maße.

Nun ist　　$\triangle\mathrm{M} = \mathrm{N\Xi}$,　(Eukl. I. 34)

mithin　　$\mathrm{B\Xi} = \mathrm{BN} - \mathrm{N\Xi} = 33^{\mathrm{P}}9'$ wie *exhm* $\triangle\mathrm{B} = 60^{\mathrm{P}}$.　　15

Setzt man　$h\,\triangle\mathrm{B} = 120^{\mathrm{P}}$,

so wird　　$s\,\mathrm{B\Xi} = 66^{\mathrm{P}}18'$ in diesem Maße,

mithin　　$b\,\mathrm{B\Xi} = 67°\,4'$ wie $\ominus\,\mathrm{B\Xi\triangle} = 360°$,

also $\angle\,\mathrm{B\triangle\Xi} = 67°\,4'$ wie $2R = 360°$.

(Nun ist $\angle\,\Xi\triangle\mathrm{M} = 180°$　　wie $2R = 360°$)　　20

mithin $\angle\,\mathrm{B\triangle M} = 247°\,4'$ als Summe.

Nun war $\angle\,\triangle\mathrm{EM} = 158°20'$ wie $2R = 360°$,

mithin $\angle\,\mathrm{M\triangle E} = 21°40'$ als Komplementwinkel,

demnach $\angle\,\mathrm{B\triangle E} = 225°24'$ als Differenz, $(\angle\,\mathrm{B\triangle M} - \angle\,\mathrm{M\triangle E})$

folglich $\angle\,\mathrm{B\triangle A} = 134°36'$ als Nebenwinkel,　　25

mithin $\left\{\begin{array}{l} b\,\mathrm{ZK} = 134°36' \\ ,b\,\triangle\mathrm{K} = 45°24' \end{array}\right\}$ wie $\ominus\,\mathrm{ZK\triangle} = 360°$,

also $\left\{\begin{array}{l} s\,\mathrm{ZK} = 110^{\mathrm{P}}42' \\ ,s\,\triangle\mathrm{K} = 46^{\mathrm{P}}18' \end{array}\right\}$ wie $h\,\triangle\mathrm{Z} = 120^{\mathrm{P}}$.　　Hei 356

Setzt man　　$\triangle\mathrm{Z} = 6^{\mathrm{P}}$ wie *exhm* $\triangle\mathrm{B} = 60^{\mathrm{P}}$,　　30

so wird　　$\mathrm{ZK} = 5^{\mathrm{P}}32'$ und $\triangle\mathrm{K} = 2^{\mathrm{P}}19'$;

mithin　　$\mathrm{KB} = \triangle\mathrm{B} - \triangle\mathrm{K} = 57^{\mathrm{P}}41'$.

(Nun ist        $KB^2 + ZK^2 = ZB^2$)
mithin        $h\,ZB = 57^P\,57'$ in demselben Maße.

Setzt man        $h\,ZB = 120^P$,
so wird        $s\,ZK = 11^P\,28'$ in diesem Maße,
5        also        $b\,ZK = 10^0\,58'$ wie $\ominus\,ZKB = 360^0$,
mithin        $\angle\,ZB\Delta = 10^0\,58'$ wie $2R = 360^0$. ·

**Ha 240**        Nun war $\angle\,B\Delta A = 134^0\,36'$ wie $2R = 360^0$,
mithin $\angle\,BZA = 145^0\,34'$ als Summe,
$= 72^0\,47'$ wie $4R = 360^0$.

10        Folglich war zur Zeit der mitgeteilten Beobachtung der
mittlere Ort des Planeten in Länge, d. i. der Mittelpunkt E
des Epizykels, von dem Apogeum ($\mathfrak{S}$ $21^0\,25'$) $72^0\,47'$ entfernt und befand sich somit in $\underline{\simeq}$ $4^0\,12'$.

Nun ist in demselben Maße der Annahme nach (S. 199, 27)
15 mit $2^0\,29'$ der $\angle\,\Gamma E\Lambda$ gegeben, welcher zusammen mit der
$2R$ des Halbkreises $AB\Gamma$ (als mittlerer Ort der Sonne nach
S. 174, 15) gleich wird der Summe des $\angle\,BZA$ der mittleren Länge und des $\angle\,HB\Theta$ der Anomalie, d. i. der Bewegung des Planeten auf dem Epizykel.  Wir erhalten

20        ($b\,AB\Gamma + \angle\,\Gamma E\Lambda = \angle\,BZA + \angle\,HB\Theta$
$180^0 + 2^0\,29' = 72^0\,47' + \angle\,HB\Theta$)

**Hei 357**        somit $\angle\,HB\Theta = 109^0\,42'$ als Differenz.

Folglich war zu derselben Zeit der Beobachtung der Planet
in Anomalie vorstehende $109^0\,42'$ von dem Apogeum des
25 Epizykels entfernt, was zu finden als Aufgabe gestellt war.

Nun war von uns (S. 194, 33) der Nachweis geführt
worden, daß zur Zeit der dritten Opposition der Planet in
Anomalie von dem Apogeum des Epizykels $171^0\,25'$ entfernt war.  Er hat demnach in der zwischen den beiden Be-
30 obachtungen (vom 20/21. Athyr 476 Nab. $6^h$ früh bis zum
12/13. Epiphi 886 Nab. $10^h$ abends) verflossenen Zeit, welche
410 ägyptische Jahre und ($10^d + 210^d + 11^d + 16^h =$)
$231^2/_3$ Tage ohne merklichen Fehler beträgt, nach Abzug

ganzer Kreise 61°43′ zugesetzt.[a] Das ist rund[b] der Überschuß,
welchen wir in den von uns bearbeiteten Tafeln der mittleren
Bewegungen des Mars finden, weil der tägliche Betrag der Bewegung auf Grund des vorliegenden Materials von uns dadurch
festgestellt worden ist, daß mit der Anzahl der aus der Zwischen-  5
zeit gewonnenen Tage dividiert wurde in die aus der Zahl
der Kreise und dem Überschuß gewonnenen Grade.

## Zehntes Kapitel.
### Epoche der periodischen Bewegungen des Mars.

Es beträgt wieder die seit dem Mittag des 1. ägyptischen Ha 241
Thoth des ersten Jahres Nabonassars bis zu der (S. 199, 7) Hei 358
mitgeteilten Beobachtung (20/21. Athyr 476 Nab. 6$^h$ früh) 10
verflossene Zeit ohne merklichen Fehler 475 ägyptische Jahre
und (60$^d$ + 19$^d$ + 18$^h$ =) 79$^3$/$_4$ Tage. Diese Zeit umfaßt
an Überschuß 180°40′ in Länge und 1.12″29′ in Anomalie.[c]
Wenn wir diese Beträge von den beiden Örtern, welche nach
der Beobachtung (S. 202, 13. 24) festgestellt worden sind, 15
d. i. von der Länge ♎ 4°12′ und von den 109″42′ in Anomalie zugehöriger Weise abziehen, so werden wir für den
Mittag des 1. ägyptischen Thoth des ersten Jahres Nabonassars als Epoche der periodischen Bewegungen des Mars
erhalten:                                                        20
1. in Länge (180°40′ rückwärts von ♎ 4°12′) ♈ 3°32′
2. von dem Apogeum des Epizykels in Anomalie[d] 327°13′
3. für das Apogeum (der Exzentrizität)        ♋ 16°40′.

-----

a) Zum ganzen Kreis fehlten dem früheren Ort 360° − 109°42′
= 250°18′; kommen hierzu 171°25′, so ist von der Summe 421°43′
wieder ein ganzer Kreis abzuziehen, was 61°43′ gibt.

b) Für 410$^a$ 231$^d$ 16$^h$ ergibt die Nachprüfung in Länge 61°42′6″.
Zur Stunde 6$^h$ früh der ersten Beobachtung vgl. S. 199, Anm. b).

c) Für 475$^a$ 79$^d$ 18$^h$ ergibt die Nachprüfung in Länge 180°38′43″
und in Anomalie 142°28′27″, für 19$^h$ in Länge genau 180°40′,
in Anomalie 142°29′36″.

d) Addiert man zu der späteren Anomaliezahl 109°42′ einen
ganzen Umlauf, um von der Summe 469°42′ die von der Epoche bis
zur Beobachtung zurückgelegten 142°29′ abziehen, d. i. rückwärts zählen zu können, so erhält man 327°13′.

An dieser Stelle wird letzteres natürlich liegen, weil der Fortschritt der Apogeen in 475 Jahren $4^0 45'$ beträgt, und weil (S. 199, 22) das Apogeum des Mars der (zugrunde gelegten) Beobachtung gemäß in ♋ $21^0 25'$ lag.

# Elftes Buch.

## Erstes Kapitel.

### Nachweis der Exzentrizität und des Apogeums des Jupiter.

Ha 243)
Hei 360) Nachdem die periodischen Bewegungen und Anomalien
6 des Planeten Mars und ihre Epochen nachgewiesen sind, werden wir der Reihe nach für den Planeten Jupiter auf die nämliche Weise dieselben Aufgaben in Angriff nehmen. Zuerst stellten wir wieder zum Nachweis des Apogeums und
10 der Exzentrizität drei dem mittleren Ort der Sonne diametral gegenüber eingetretene Oppositionen fest.　Wir beobachteten an den astrolabischen Instrumenten

die erste im $17^{ten}$ Jahre Hadrians am 1/2. ägyptischen Epiphi 1 Stunde vor Mitternacht (17. Mai 133 n. Chr.
15 $11^h$ abends) in ♏ $23^0 11'^{a)}$;

die zweite im $21^{ten}$ Jahre am 13/14. Phaophi 2 Stunden vor Mitternacht (31. August 136 n. Chr. $10^h$ abends) in ♓ $7^0 54'^{b)}$;

Ha 244　die dritte im $1^{ten}$ Jahre Antonins am 20/21. Athyr 5 Stun-
20 den nach Mitternacht (8. Oktober 137 n. Chr. $5^h$ früh) in ♈ $14^0 23'^{c)}$.

Die Zwischenzeiten betragen
zwischen erster und zweiter: $3^a 106^d 23^h$;
zwischen zweiter und dritter: $1^a\ 37^d\ 7^h$.

------

a) Für $879^a 300^d 11^h$ ergibt die Nachprüfung als mittleren Ort der Sonne ♉ $23^0 12' 11''$.

b) Für $883^a 42^d 10^h$ ergibt die Nachprüfung als mittleren Ort der Sonne ♍ $7^0 52' 43''$.

c) Für $884^a 79^d 17^h$ ergibt die Nachprüfung als mittleren Ort der Sonne ♎ $14^0 23' 30''$.

Der scheinbare Lauf des Planeten beträgt in der
ersten Zwischenzeit (von ♏ 23°11′ bis )( 7°54′) 104°43′;
zweiten Zwischenzeit (von )( 7°54′ bis ♈ 14°23′) 36°29′.

Endlich beträgt der mittlere Lauf in Länge
für die erste Zwischenzeit[a]        99°55′;
für die zweite Zwischenzeit[b]        33°26′.

Von diesen Intervallen ausgehend, haben wir nach der
für den Mars von uns entwickelten Methode zuerst den Nachweis der Verhältnisse geliefert, welche zu finden als Aufgabe
vorliegt, (zunächst) wieder unter der Annahme, als ob es sich nur
um den einen Exzenter (des gleichförmigen Laufs) handelte.

## I. Vorläufiger Nachweis der Exzentrizität und des Apogeums.

Der Exzenter sei der Kreis ABΓ;
A sei als der Punkt angenommen,
in welchem der Mittelpunkt des
Epizykels bei der ersten Opposition
stand, B als der Punkt der zweiten
und Γ als der Punkt der dritten
Opposition. Nachdem man innerhalb des Exzenters ABΓ den Mittelpunkt Δ der Ekliptik angesetzt,
ziehe man die Verbindungslinien

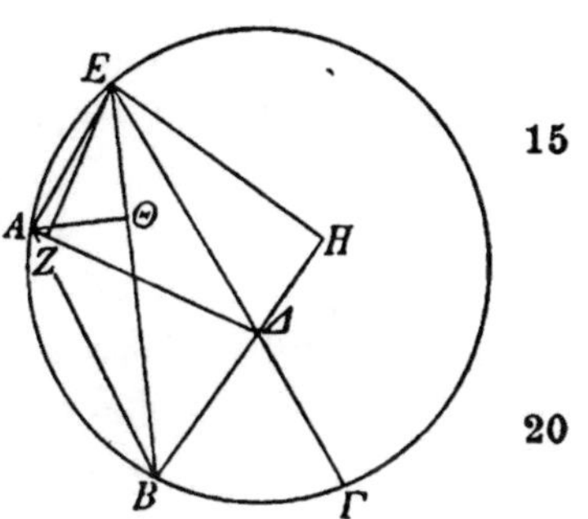

AΔ, BΔ, ΓΔ. Nach Verlängerung von ΓΔ bis E ziehe man
die Verbindungslinien AE, EB, BA und fälle von E aus
auf AΔ und BΔ (bzw. die Verlängerung) die Lote EZ und
ΞH, von A aus auf EB das Lot AΘ.

A. 1. Da der Exzenterbogen BΓ der (vorläufigen) Annahme nach (oben Z. 3) 36°29′ der Ekliptik unterspannt,
so ist als Zentriwinkel der Ekliptik

$$\angle\,\mathsf{B\Delta\Gamma} = 36°29′ \text{ wie } 2R = 360°,$$
$$= 72°58′ \text{ wie } 4R = 360°,$$

a) Für 3ᵃ 106ᵈ 23ʰ ergibt die Nachprüfung 99°54′32″.
b) Für 1ᵃ 37ᵈ 7ʰ ergibt die Nachprüfung 33°26′20″.

folglich auch $\angle$ E$\triangle$H $= 72^0\,58'$ (als Scheitelwinkel),

mithin    $b$ EH $= 72^0\,58'$ wie $\ominus$ EH$\triangle = 360^0$,

also    $s$ EH $= 71^P\,21'$ wie $h\,\triangle$E $= 120^P$.

Da ferner der (Exzenter-) Bogen B$\Gamma$ (S. 205, 6) $33^0\,26'$
5 beträgt, so ist als Peripheriewinkel

$\angle$ BE$\Gamma = \quad 33^0\,26'$ wie $2R = 360^0$.

(Nun war $\angle$ B$\triangle\Gamma = \quad 72^0\,58'$ wie $2R = 360^0$)

folglich $\angle$ EBH $= \quad 39^0\,32'$ als Differenz,

mithin    $b$ EH $= \quad 39^0\,32'$ wie $\ominus$ EHB $= 360^0$,

10    also    $s$ EH $= \quad 40^P\,35'$ wie $h$ BE $= 120^P$.

Setzt man    EH $= \quad 71^P\,21'$ wie $h\,\triangle$E $= 120^P$, (Z. 3)

so wird    BE $= 210^P\,58'$ in demselben Maße.

2. Da der ganze Exzenterbogen AB$\Gamma$ (S. 205, 2. 3) der
Annahme nach $141^0\,12'$ der Ekliptik unterspannt, d. i. die
15 Summe der beiden (scheinbaren) Intervalle, so ist als Zentriwinkel der Ekliptik

$\angle$ A$\triangle\Gamma = 141^0\,12'$ wie $4R = 360^0$,

    $= 282^0\,24'$ wie $2R = 360^0$,

folglich $\angle$ A$\triangle$E $= \quad 77^0\,36'$ als Nebenwinkel,

20    mithin    $b$ EZ $= \quad 77^0\,36'$ wie $\ominus$ EZ$\triangle = 360^0$,

also    $s$ EZ $= \quad 75^P\,12'$ wie $h\,\triangle$E $= 120^P$.

Da ferner der Exzenterbogen AB$\Gamma$ (S. 205, 5. 6) in Summa
$133^0\,21'$ beträgt, so ist als Peripheriewinkel

    $\angle$ AE$\Gamma = 133^0\,21'$ wie $2R = 360^0$.

25    Nun war $\angle$ A$\triangle$E $= \quad 77^0\,36'$ wie $2R = 360^0$,

folglich $\angle$ EAZ $= 149^0\quad 3'$ als Ergänzung zu $360^0$ (im Dreieck),

mithin    $b$ EZ $= 149^0\quad 3'$ wie $\ominus$ EZA $= 360^0$,

also    $s$ EZ $= 115^P\,39'$ wie $h$ AE $= 120^P$.

Setzt man    EZ $= \quad 75^P\,12'$ wie $h\,\triangle$E $= 120^P$, (Z. 21)

30    so wird    AE $= \quad 78^P\quad 2'$ in demselben Maße.

3. Da der Exzenterbogen AB (S. 205, 5) $99^0\,55'$ beträgt,
so ist als Peripheriewinkel

$\angle$ AEB $= 99^0\,55'$ wie $2R = 360^0$,

mithin $\left\{ \begin{array}{l} b\,\text{A}\Theta = 99^0\,55' \\ ,b\,\text{E}\Theta = 80^0\quad 5' \end{array} \right\}$ wie $\ominus$ A$\Theta$E $= 360^0$,

35

also $\begin{cases} s\,A\Theta = 91^P\,52' \\ ,s\,E\Theta = 77^P\,12' \end{cases}$ wie $h\,AE = 120^P$.     Hei 364

Setzt man     $AE = 78^P\ 2'$ wie $h\,\Delta E = 120^P$, (S. 206, 30)

so wird     $A\Theta = 58^P\,44'$ und $E\Theta = 50^P\,12'$.

Nun war     $BE = 210^P\,58'$ in demselben Maße,     5

folglich     $\Theta B = BE - E\Theta = 160^P\,46'$ wie $A\Theta = 59^P\,44'$.

Ferner ist     $\Theta B^2 = 25845^{P^2}\,55'$ und $A\Theta^2 = 3568^{P^2}\,4'$,

folglich     $AB^2 = 29413^{P^2}\,59'$ als Summe,

mithin     $AB = 171^P\ 30'$ wie $\begin{cases} \Delta E = 120^P \\ AE = 78^P\,2'. \end{cases}$     10

4. Setzt man als Sehne, die den Bogen $(AB)$ von $99^0\,55'$ unterspannt,

$$s\,AB = 91^P\,52' \text{ wie } exdm = 120^P,$$     Ha 247

so wird $\begin{cases} \Delta E = 64^P\,17' \\ AE = 41^P\,47' \end{cases}$ in demselben Maße,     15

also $exb\,AE = 40^0\,45'$ (wie $\bigcirc AB\Gamma = 360^0$),

mithin     $b\,AE + b\,AB\Gamma = 174^0\,6'$, (s. S. 206, 22)     Hei 365

also     $s\,\Gamma E = 119^P\,50'$ wie $exdm = 120^P$.

B. Da das Segment $EAB\Gamma$ kleiner als ein Halbkreis ist und deshalb das Zentrum des Exzenters außerhalb dieses Segments liegen muß, so sei Punkt K als dieses Zentrum angenommen. Durch K und $\Lambda$ ziehe man den durch die beiden Zentren gehenden Durchmesser $\Lambda K\Delta M$, fälle von K aus auf die Sehne $\Gamma E$ das Lot KN und verlängere es bis $\Xi$. Nach dem eben-geführten Beweise war     20 ... 25 ... 30

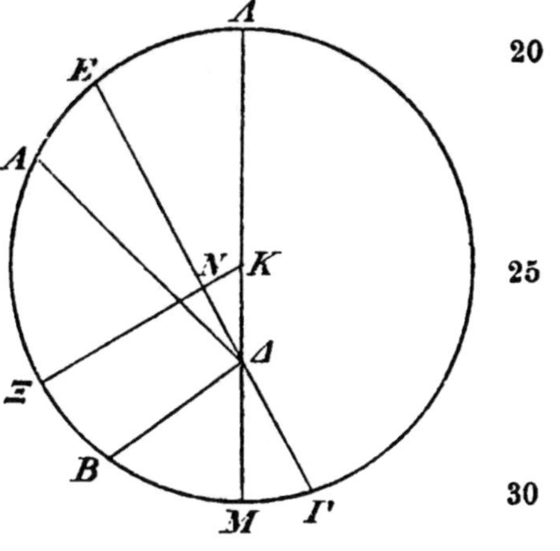


$$\begin{cases} s\,\Gamma E = 119^P\,50' \\ \Delta E = 64^P\,17' \end{cases} \text{ wie } dm\,\Lambda M = 120^P,$$

mithin $\Gamma\Delta = 55^P\,33'$ als Differenz.     35

Nun ist (nach Eukl. III. 35) das aus den Geraden $\Delta$E und $\Gamma\Delta$ gebildete Rechteck gleich dem Rechteck, welches aus den Geraden $\Lambda\Delta$ und $\Delta$M gebildet wird, also

$$\Delta E \cdot \Gamma\Delta = \Lambda\Delta \cdot \Delta M,$$

5    mithin $\Lambda\Delta \cdot \Delta M = 3570^{P^2}56'$ wie $dm\ \Lambda M = 120^P$.

Hei 366    Es ist ferner (nach Eukl. II. 5) die Summe des aus $\Lambda\Delta$ und $\Delta$M gebildeten Rechtecks und des Quadrats von $\Delta$K gleich dem Quadrat des halben Durchmessers, d. i gleich dem Quadrat von $\Lambda$K (d. i. $= 3600^{P^2}$), also

10    $$\Lambda\Delta \cdot \Delta M + \Delta K^2 = \Lambda K^2.$$

Ha 248    Nun ist $\Delta K^2 = 3600^{P^2} - 3570^{P^2}56' = 29^{P^2}4'$, folglich $\Delta K = 5^P23'$ wie $exhm\ \Lambda K = 60^P$.

Hiermit ist die Verbindungslinie zwischen den Zentren (der Ekliptik und des Exzenters) gefunden.

15    C. Es war nachgewiesen worden, daß ($\Gamma$E gleich $119^P50'$. also) die Hälfte von $\Gamma$E, d. i. (nach Eukl. III. 5)

$$\left.\begin{array}{l}\Gamma N = 59^P55' \\ \Gamma\Delta = 55^P33'\end{array}\right\} \text{ wie } dm\ \Lambda M = 120^P,$$

folglich    $\Delta N = \Gamma N - \Gamma\Delta = 4^P22'$ wie $\Delta K = 5^P23'$.

20    Setzt man    $h\ \Delta K = 120^P$,
so wird    $s\ \Delta N = 97^P20'$ in diesem Maße,
also    $b\ \Delta N = 108°24'$ wie $\ominus\ \Delta NK = 360°$,
mithin    $\angle\ \Delta KN = 108°24'$ wie $2R = 360°$,
$= 54°12'$ wie $4R = 360°$,

Hei 367    folglich    $b\ M\Xi = 54°12'$, weil $\Delta KN$ Zentriwinkel.

26    Nun ist $b\ \Gamma M\Xi = 87°3'$ als $\frac{1}{2}b\ \Gamma\Xi E$, (S. 207, 17)
folglich    $b\ \Gamma M = 32°51'$ als Differenz.

Hiermit ist zunächst der (Exzenter-)Bogen gefunden, welcher

a) die Entfernung von dem Perigeum bis zu dem Ort der
30 dritten Opposition ($\Upsilon$ 14°23'$) mißt. Weiter ergibt sich

b) die Entfernung des Ortes der zweiten Opposition ($\cancel{)}$ 7°54' bis zu dem Perigeum. Da (S. 205, 6) der Annahme nach das Intervall

$$b\,\mathsf{B}\Gamma = 33^{0}26'\ (\text{und } b\,\Gamma\mathsf{M} = 32^{0}51'),$$
$$\text{so ist } b\,\mathsf{BM} = b\,\mathsf{B}\Gamma - b\,\Gamma\mathsf{M},$$
$$= 0^{0}35';$$

c) die Entfernung von dem Apogeum bis zu dem Ort der ersten Opposition ($\text{♏}\ 23^{0}11'$). Da (S. 205,5) der Annahme nach das Intervall

$$b\,\mathsf{AB} = \ 99^{0}55'\ (\text{und } b\,\mathsf{BM} = 0^{0}35'),$$
$$\text{so ist } b\,\mathsf{A}\Lambda = 180^{0} - [b\,\mathsf{AB} + b\,\mathsf{BM}],$$
$$= \ 79^{0}30'.$$

## II. Nachweis der Differenzbogen.

Wenn der Mittelpunkt des Epizykels sich auf diesem Exzenter bewegte, so würde es ausreichend sein, die gefundenen zahlenmäßigen Beträge als zweifellos richtige Werte (zur weiteren Berechnung) zu benutzen. Da er sich aber der Hypothese gemäß auf einem anderen Kreise bewegt, d. h. auf demjenigen, welcher um den Halbierungspunkt der Strecke $\Delta\mathsf{K}$ als Zentrum mit dem Abstand $\mathsf{K}\Lambda$ beschrieben wird, so wird es, wie bei dem Mars, zuerst wieder nötig sein, die sich ergebenden Differenzen der scheinbaren Intervalle zu berechnen, d. h. nachzuweisen, was der zahlenmäßige Betrag dieser Intervalle sein würde, wenn man die bisher gefundenen Verhältnisse der Exzentrizität (vorläufig) als ohne wesentlichen Fehler richtig annimmt, wenn sich der Mittelpunkt des Epizykels nicht auf dem zweiten Exzenter, sondern auf dem ersten, d. i. auf dem um Punkt $\mathsf{K}$ beschriebenen bewegte, welcher die auf die Ekliptik bezogene Anomalie bewirkt.

Es sei demnach der den Mittelpunkt des Epizykels tragende Exzenter der Kreis $\Lambda\mathsf{M}$ um das Zentrum $\Delta$ und der Exzenter der gleichförmigen Bewegung (des

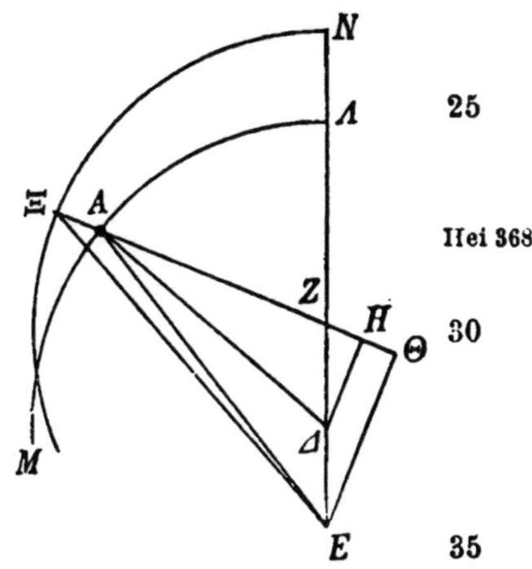

Epizykelmittelpunktes) der mit $\Lambda M$ gleichgroße Kreis $N\Xi$ um das Zentrum $Z$. Nachdem man den durch die Zentren gehenden Durchmesser $N\Lambda E$ gezogen[a], sei auf demselben $E$ als der Mittelpunkt der Ekliptik angesetzt.

5   A. Zuerst sei bei der ersten Opposition der Mittelpunkt des Epizykels in Punkt $A$ angenommen. Man ziehe die Verbindungslinien $\Delta A$, $EA$, $ZA\Xi$, $E\Xi$ und fälle von den Punkten $\Delta$ und $E$ aus auf die Verlängerung von $AZ$ die Lote $\Delta H$ und $E\Theta$.

10   1. Nachgewiesen wurde (s. S. 209, 9 $b$ $A\Lambda$) als der Winkel des gleichförmigen Laufs in Länge

$$\angle NZ\Xi = \ 79°30' \quad \text{wie } 4R = 360°;$$

folglich auch $\quad \angle \Delta ZH = \ 79°30' \quad$ als Scheitelwinkel,

$$= 159° \quad \text{wie } 2R = 360°;$$

Hei 369

Ha 250

$$\text{mithin} \begin{cases} b\,\Delta H = 159° \\ ,b\,ZH = \ 21° \end{cases} \quad \text{wie } \ominus \Delta HZ = 360°,$$

17

$$\text{also} \begin{cases} s\,\Delta H = 117^P 59' \\ ,s\,ZH = \ 21^P 52' \end{cases} \quad \text{wie } h\,\Delta Z = 120^P.$$

Setzt man $\quad \Delta Z = \quad 2^P 42' \quad$ wie $exhm$ $\Delta A = 60^P$ als $\frac{1}{2}\,EZ$

$$\text{(vgl. } \tfrac{1}{2}\,\Delta K \text{ S. 208, 12)}$$

20   so wird $\quad \Delta H = \quad 2^P 39' \quad$ und $ZH = 0^P 30'$.

Nun ist $\quad \Delta A^2 - \Delta H^2 = AH^2$,

mithin $\quad AH = 59^P 56' \quad$ in demselben Maße.

2. Es ist ferner (weil $Z\Delta = \Delta E$)

$$\begin{cases} H\Theta = ZH \\ E\Theta = 2\Delta H \end{cases} \text{(Eukl. VI. 2. 4)}$$

25

$$\text{mithin} \begin{cases} A\Theta = AH + H\Theta = 60^P 26' \\ E\Theta\ (= 2\Delta'H) \quad = \ \ 5^P 18' \end{cases} \left(\text{wie } \Delta A = 60^P\right).$$

(Nun ist $\quad A\Theta^2 + E\Theta^2 = AE^2$)

mithin $\quad h\,AE = \ 60^P 40' \quad$ in demselben Maße.

---

a) Der Durchmesser war mit $N\Lambda E$ statt wie im Original mit $N\Lambda M$ zu bezeichnen, weil nach dem Beispiel der herausgehobenen Zeichnung der Marsfiguren S. 184 ff. auch hier und weiterhin die Zeichnung der Exzenter auf die herausgehobene Opposition beschränkt worden ist, so daß Punkt $M$ wegfällt.

Setzt man $h\,AE = 120^P$,

    so wird   $s\,E\Theta = 10^P\,29'$  in diesem Maße,

    also    $b\,E\Theta = 10^\circ\ 1'$  wie $\ominus\,E\Theta A = 360^\circ$,

    folglich $\angle\,EA\Theta = 10^\circ\ 1'$  wie $2R = 360^\circ$.

3. Setzt man (wie oben in dem Maße von $\triangle A = Z\Xi$  Hei 370
nachgewiesen)

                                                 6

$E\Theta = 5^P\,18'$  wie $exhm\ Z\Xi = 60^P$,

  so wird $\Big\{ \begin{array}{l} Z\Theta\,(=2ZH) \quad\ = 1^P \\ \Xi\Theta\ = Z\Xi + Z\Theta = 61^P \end{array} \Big\}$ in diesem Maße.

(Nun ist   $\Xi\Theta^2 + E\Theta^2 = \Xi E^2$)                       10

  mithin   $h\,\Xi E = 61^P\,14'$  in demselben Maße.

Setzt man  $h\,\Xi E = 120^P$,

    so wird   $s\,E\Theta = 10^P\,23'$  in diesem Maße,

    mithin   $b\,E\Theta = 9^\circ\,55'$  wie $\ominus\,E\Theta\Xi = 360^\circ$,

    also    $\angle\,E\Xi\Theta = 9^\circ\,55'$  wie $2R = 360^\circ$.     15

Nun war $\angle\,EA\Theta = 10^\circ\ 1'$  wie $2R = 360^\circ$,

    folglich $\angle\,AE\Xi = 0^\circ\ 6'$  als Differenz,     Ha 251

                 $= 0^\circ\ 3'$  wie $4R = 360^\circ$.

Das ist der Winkel der gesuchten Differenz. Nun hatte
der Planet bei der ersten Opposition, der Theorie nach auf  20
der Geraden $EA$ stehend, als scheinbaren Ort ♏ $23^\circ 11'$
ine. Hieraus ergibt sich folgendes. Wenn der Mittelpunkt
des Epizykels sich nicht auf dem Exzenter $\Lambda M$, sondern
auf dem Exzenter $N\Xi$ bewegte, so würde
er sich in Punkt $\Xi$ des letzteren befinden, mithin würde der scheinbare Ort
des Planeten (nicht in ♏ $23^\circ 11'$, sondern) mit dem Unterschied von $0^\circ 3'$ auf
der Geraden $E\Xi$ (weiter vorwärts) in
♏ $23^\circ 14'$ liegen.

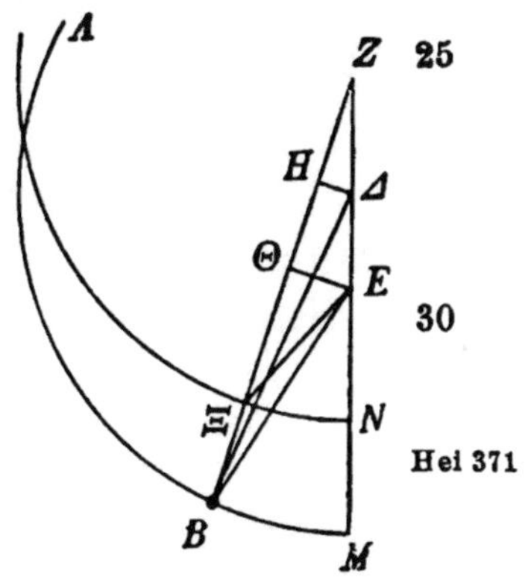


B. Ferner sei an der (sonst) gleichen
Figur auch die Zeichnung der zweiten
Opposition vorgelegt, und zwar soll sie
gegen die Richtung der Zeichen ein wenig vor dem Perigeum eingezeichnet sein.

25
30
Hei 371
35

1. Nachgewiesen wurde (s. S. 209, 3 $b$ BM) der Bogen des Exzenters (des gleichförmigen Laufs)

$$b\,\Xi\mathsf{N} = \quad 0^0\,35',$$

folglich $\llcorner \Xi\mathsf{ZN} = \quad 0^0\,35'$ wie $4R = 360^0,$

$= \quad 1^0\,10'$ wie $2R = 360^0,$

mithin $\left\{ \begin{array}{l} b\,\Delta\mathsf{H} = \quad 1^0\,10' \\ ,b\,\mathsf{ZH} = 178^0\,50' \end{array} \right\}$ wie $\ominus\,\Delta\mathsf{HZ} = 360^0,$

also $\left\{ \begin{array}{l} s\,\Delta\mathsf{H} = \quad 1^P\,13' \\ ,s\,\mathsf{ZH} = \text{rund } 120^P \end{array} \right\}$ wie $h\,\Delta\mathsf{Z} = 120^P.$

Setzt man $\quad \Delta\mathsf{Z} = \quad 2^P\,42'$ wie *exhm* $\Delta\mathsf{B} = 60^P,$

so wird $\quad \Delta\mathsf{H} = \quad 0^P\,2'$ und $\mathsf{ZH} = 2^P\,42',$

mithin auch $\quad \mathsf{BH} = \quad 60^P,$ weil unbetr. versch. von $h\,\Delta\mathsf{B}.$

2. Es ist ferner (weil $\mathsf{Z}\Delta = \Delta\mathsf{E}$)

Ha 252
$$\mathsf{H}\Theta = \mathsf{ZH}$$
Hei 372
$$\left. \begin{array}{l} \mathsf{H}\Theta = \mathsf{ZH} \\ \mathsf{E}\Theta = 2\,\Delta\mathsf{H} \end{array} \right\} \text{(Eukl. VI. 2. 4)}$$

mithin $\left\{ \begin{array}{l} \mathsf{B}\Theta = \mathsf{BH} - \mathsf{H}\Theta = 57^P\,18' \\ \mathsf{E}\Theta\,(= 2\,\Delta\mathsf{H}) \qquad = \quad 0^P\,4' \end{array} \right\}$ $\left( \text{wie } \Delta\mathsf{B} = 60^P \right),$

folglich auch $\quad h\,\mathsf{BE} = \quad 57^P\,18'$ (weil unbetr. $> \mathsf{B}\Theta$).

Setzt man $\quad h\,\mathsf{BE} = 120^P,$

so wird $\quad s\,\mathsf{E}\Theta = \quad 0^P\,8'$ in diesem Maße,

also $\quad b\,\mathsf{E}\Theta = \quad 0^0\,8'$ wie $\ominus\,\mathsf{E}\Theta\mathsf{B} = 360^0,$

folglich $\llcorner \mathsf{EB}\Theta = \quad 0^0\,8'$ wie $2R = 360^0.$

3. Setzt man, wie oben (in dem Maße von $\Delta\mathsf{B} = \mathsf{Z}\Xi$ nachgewiesen, .

$$\mathsf{E}\Theta = 0^P\,4' \text{ wie } exhm \text{ } \mathsf{Z}\Xi = 60^P,$$

so wird $\left\{ \begin{array}{l} \mathsf{Z}\Theta\,(= 2\,\mathsf{ZH}) \qquad = \quad 5^P\,24' \\ \Xi\Theta = \mathsf{Z}\Xi - \mathsf{Z}\Theta = 54^P\,36' \end{array} \right\}$ in diesem Maße,

mithin auch $\quad h\,\Xi\mathsf{E} = \quad 54^P\,36'$ (weil unbetr. $> \Xi\Theta$).

Setzt man $\quad h\,\Xi\mathsf{E} = 120^P,$

so wird $\quad s\,\mathsf{E}\Theta = \quad 0^P\,10'$ in diesem Maße,

mithin $\quad b\,\mathsf{E}\Theta = \quad 0^0\,10'$ wie $\ominus\,\mathsf{E}\Theta\Xi = 360^0,$

also $\llcorner \mathsf{E}\Xi\Theta = \quad 0^0\,10'$ wie $2R = 360^0.$

(Nun war $\llcorner \mathsf{EB}\Theta = \quad 0^0\,8'$ wie $2R = 360^0$)

folglich $\llcorner \mathsf{BE}\Xi = \quad 0^0\,2'$ als Differenz,

$= \quad 0^0\,1'$ wie $4R = 360^0.$

Der scheinbare Planet hatte bei der zweiten Opposition auf der Geraden $EB$ in $)( 7^0 54'$ gestanden. Wenn sein schein- Hei 373 barer Ort wieder auf der Geraden $E\Xi$ läge, so ist auch hier klar, daß der Planet $(0^0 1'$ zurück$)$ in $)( 7^0 53'$ stehen würde.

C. Es sei nun auch die Zeichnung der dritten Opposition vorgelegt, und zwar in der Richtung der Zeichen jenseits des Perigeums eingezeichnet.

1. Der Annahme nach (s. S. 208, 27 $b\,\Gamma M$) ist der Bogen des Exzenters (des gleichförmigen Laufs)

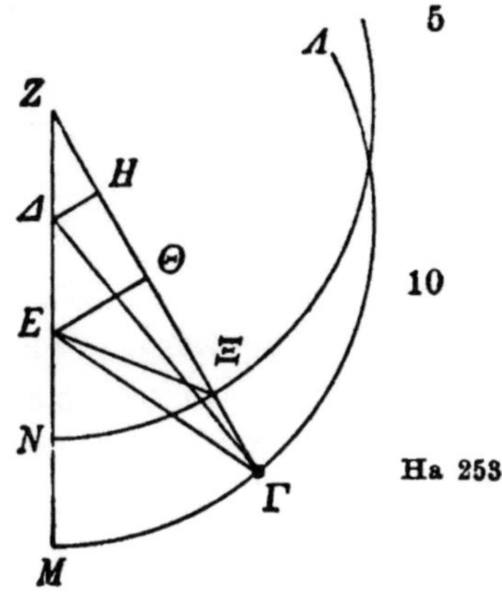

$$b\,\Xi N = 32^0 51',$$

folglich $\angle \Xi ZN = 32^0 51'$
$$\text{wie } 4R = 360^0,$$
$$= 65^0 42'$$
$$\text{wie } 2R = 360^0,$$

mithin $\left\{ \begin{array}{l} b\,\Delta H = 65^0 42' \\ ,b\,ZH = 114^0 18' \end{array} \right\}$ wie $\ominus \Delta HZ = 360^0$,

also $\left\{ \begin{array}{l} s\,\Delta H = 65^P 6' \\ ,s\,ZH = 100^P 49' \end{array} \right\}$ wie $h\,\Delta Z \quad 120^P.$

Setzt man $\Delta Z = 2^P 42'$ wie $exhm\ \Delta\Gamma = 60^P,$
so wird $\Delta H = 1^P 28'$ und $ZH = 2^P 16'.$ Hei 374

Nun ist $\Delta\Gamma^2 - \Delta H^2 = \Gamma H^2,$
mithin $\Gamma H = 59^P 59'$ in demselben Maße.

2. Es ist ferner (weil $Z\Delta = \Delta E$)

$\left. \begin{array}{l} H\Theta = ZH \\ E\Theta = 2\Delta H \end{array} \right\}$ (Eukl. VI. 2. 4)

mithin $\left\{ \begin{array}{l} \Gamma\Theta = \Gamma H - H\Theta = 57^P 43' \\ E\Theta\ (= 2\Delta H) \quad = 2^P 56' \end{array} \right\}$ (wie $\Delta\Gamma = 60^P$).

(Nun ist $\Gamma\Theta^2 + E\Theta^2 = \Gamma E^2$)
mithin $h\,\Gamma E = 57^P 47'$ in demselben Maße.

Setzt man $h\,\Gamma E = 120^P,$
so wird $s\,E\Theta = 6^P 5'$ in diesem Maße,

mithin    $b\,E\Theta =$     $5^0\,48'$  wie $\ominus\,E\Theta\Gamma = 360^0,$
folglich  $\angle\,E\Gamma\Theta =$   $5^0\,48'$  wie $2R = 360^0.$

3. Setzt man (wie oben in dem Maße von $\Delta\Gamma = Z\Xi$ nachgewiesen)

$E\Theta = 2^P\,56'$  wie $exhm\;Z\Xi = 60^P,$

so wird $\left\{\begin{array}{l} Z\Theta\,(=2ZH) \qquad\; = 4^P\,32' \\ \Xi\Theta = Z\Xi - Z\Theta = 55^P\,28' \end{array}\right\}$ in diesem Maße.

(Nun ist    $\Xi\Theta^2 + E\Theta^2 = \Xi E^2$)
mithin    $h\,\Xi E =$   $55^P\,33'$  in demselben Maße.

Setzt man    $h\,\Xi E = 120^P,$

so wird    $s\,E\Theta =$   $6^P\,20'$  in diesem Maße,
also    $b\,E\Theta =$    $6^0\;\;2'$  wie $\ominus\,E\Theta\Xi = 360^0,$
mithin $\angle\,E\Xi\Theta =$   $6^0\;\;2'$  wie $2R = 360^0.$

(Nun war  $\angle\,E\Gamma\Theta =$   $5^0\,48'$  wie $2R = 360^0$)
folglich  $\angle\,\Gamma E\Xi =$   $0^0\,14'$  als Differenz,

$=$   $0^0\;\;7'$  wie $4R = 360^0.$

Bei der dritten Opposition hatte der Planet, der Theorie nach auf der Geraden $E\Gamma$ stehend, als (scheinbaren) Ort $\gamma\,14^0\,23'$ inne. Wenn er also wieder (scheinbar) auf der Geraden $E\Xi$ stünde, so ist klar, daß sein Ort ($0^0\,7'$ weiter vorwärts) in $\gamma\,14^0\,30'$ liegen müßte.

Es war bewiesen worden, daß der Jupiter (theoretisch auf die Gerade $E\Xi$ bezogen) bei der ersten Opposition in $\text{m}\,23^0\,14'$ und bei der zweiten in $)($ $7^0\,53'$ gestanden hat. Wenn also die scheinbaren Intervalle des Planeten theoretisch nicht auf den Exzenter bezogen werden, welcher den Mittelpunkt des Epizykels trägt, sondern auf denjenigen, welcher die gleichförmige Bewegung des Epizykelmittelpunktes bewirkt, so betragen sie

1. von der ersten bis zur zweiten Opposition
(von $\text{m}\,23^0\,14'$ bis $)($ $7^0\,53'$)
$104^0\,39'$ (statt $104^0\,43'$ S. 205, 2),

2. von der zweiten bis zur dritten Opposition
(von $)($ $7^0\,53'$ bis $\gamma\,14^0\,30'$)
$36^0\,37'$ (statt $36^0\,29'$ S. 205, 3).

## III. Wiederaufnahme des Beweisverfahrens.

Unter Einsetzung dieser Beträge fanden wir bei (nochmaliger) Durchführung des oben (S. 205 ff.) angewendeten Beweisverfahrens (I)

1. die Verbindungslinie zwischen den Zentren der Ekliptik und des Exzenters, welcher die gleichförmige Bewegung des Epizykels bewirkt,

$$(\Delta K) = 5^P 30' \text{ wie } exdm = 120^P \text{ (statt } 5^P 23' \text{ S. 208, 12);}$$

2. die Exzenterbogen

   a) von dem Apogeum bis zu dem Orte der ersten Opposition

$$(b\, A\Lambda) = 77^0 15' \text{ (statt } 79^0 30' \text{ S. 209, 9);}$$

   b) von dem Orte der zweiten Opposition bis zum Perigeum

$$(b\, BM) = 2^0 50' \text{ (statt } 0^0 35' \text{ S. 209, 3);}$$

   c) von dem Perigeum bis zum Orte der dritten Opposition

$$(b\, \Gamma M) = 30^0 36' \text{ (statt } 32^0 51' \text{ S. 208, 27).}$$

## IV. Probe der Endergebnisse.

Daß diese zahlenmäßigen Beträge zufällig gleich als die genau richtigen auf dem eingeschlagenen Wege ermittelt sind, geht schon daraus hervor, daß mit ihrer Hilfe nahezu die nämlichen Differenzen der (scheinbaren) Intervalle wie vorher (S. 214, 32. 35) errechnet werden.[a] Nun werden aber auch die scheinbaren Intervalle des Planeten auf Grund der gefundenen Verhältnisse als dieselben befunden, wie sie (S 205, 2. 3) durch die Beobachtung festgestellt worden sind. Dies wird uns auf folgendem Wege klar werden.

---

[a] Daher fehlen hier bei dem Jupiter die Abschnitte B und C des Absatzes III S. 189 f. Die Unterschiede in den Entfernungen der drei Oppositionen vom Apogeum oder Perigeum gegen die vorher gefundenen betragen nur je $2^0 15'$, während sie bei dem Mars (S. 189, 13—16) je $6^0 14'$ ausmachten.

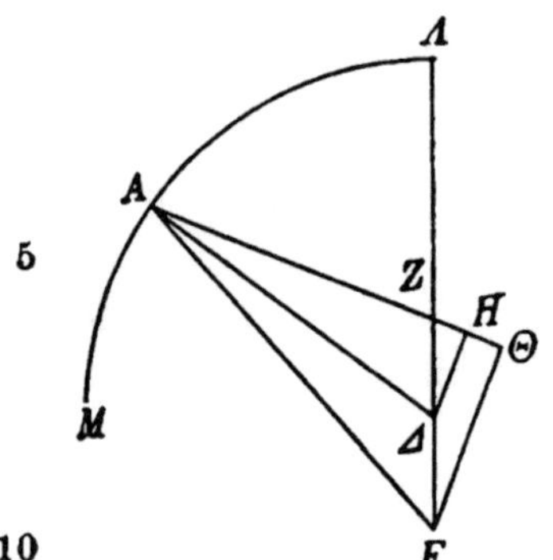



A. Es sei wieder die Zeichnung der ersten Opposition vorgelegt, jedoch mit der Beschränkung auf den Exzenter[a], welcher den Mittelpunkt des Epizykels trägt.

1. Es wurde nachgewiesen (s. S. 215, 12 $b$ AΛ), daß

$$\angle\, \mathsf{A Z Λ} = \;\; 77°15' \quad \text{wie } 4R = 360°,$$
$$= 154°30' \quad \text{wie } 2R = 360°;$$

folglich auch $\angle\, \mathsf{ΔZH} = 154°30'$   als Scheitelwinkel;

$$\text{mithin} \begin{cases} b\,\mathsf{ΔH} = 154°30' \\ {}_,b\,\mathsf{ZH} = \;\;25°30' \end{cases} \text{wie } \ominus \mathsf{ΔHZ} = 360°,$$

$$\text{also} \begin{cases} s\,\mathsf{ΔH} = 117^P\; 2' \\ {}_,s\,\mathsf{ZH} = \;\;26^P 29' \end{cases} \text{wie } h\,\mathsf{ΔZ} = 120^P.$$

Hei 377   Setzt man    $\mathsf{ΔZ} = \;\;\;2^P45'$   wie *exhm* $\mathsf{ΔA} = 60^P$, (s. S. 215, 8)

16     so wird    $\mathsf{ΔH} = \;\;\;2^P41'$   und $\mathsf{ZH} = 0^P36'$.

(Nun ist    $\mathsf{ΔA}^2 - \mathsf{ΔH}^2 = \mathsf{AH}^2$)

mithin    $\mathsf{AH} = 59^P56'$   in demselben Maße.

2. Es ist zunächst (weil $\mathsf{ZΔ} = \mathsf{ΔE}$)

20

$$\left.\begin{array}{l} (\mathsf{HΘ} = \mathsf{ZH}) \\ \mathsf{EΘ} = 2\mathsf{ΔH} \end{array}\right\} \text{(Eukl. VI. 2. 4)}$$

$$\text{mithin} \begin{cases} \mathsf{AΘ} = \mathsf{AH} + \mathsf{HΘ} = 60^P 32' \\ \mathsf{EΘ}\,(= 2\mathsf{ΔH}) \;\;\;\;\; = \;\;5^P 22' \end{cases} \text{(wie } \mathsf{ΔA} = 60^P).$$

(Nun ist    $\mathsf{AΘ}^2 + \mathsf{EΘ}^2 = \mathsf{AE}^2$)

25     mithin    $h\,\mathsf{AE} = \;\;60^P 46'$   in demselben Maße.

Setzt man    $h\,\mathsf{AE} = 120^P,$

Ha 256   so wird    $s\,\mathsf{EΘ} = 10^P 36'$   in diesem Maße,

also    $b\,\mathsf{EΘ} = \;\;10°\; 8'$   wie $\ominus \mathsf{EΘA} = 360°,$

mithin   $\angle\, \mathsf{EAΘ} = \;\;10°\; 8'$   wie $2R = 360°.$

---

a) Es ist an den drei voranstehenden Figuren der Exzenter um $\mathsf{Δ}$, auf dem die scheinbaren Örter der drei Oppositionen ebenfalls mit $\mathsf{A}$, $\mathsf{B}$ und $\mathsf{Γ}$ bezeichnet wurden.

(Nun war $\angle$ AZ$\Lambda = 154^0\,30'$   wie $2R = 360^0$)
folglich   $\angle$ AE$\Lambda = 144^0\,22'$   als Differenz,
$= 72^0\,11'$   wie $4R = 360^0$.

So viel Grade stand demnach der Planet bei der ersten
Opposition von dem Apogeum in der Ekliptik entfernt.          5

B. Es sei nun auch die Figur der
zweiten Opposition vorgelegt.

1. Es ist der Annahme nach (s. S.
215, 15 $b$ BM)

$$\angle \text{BZM} = 2^0\,50'$$
$$\text{wie } 4R = 360^0,$$
$$= 5^0\,40'$$
$$\text{wie } 2R = 360^0;$$

mithin $\left\{ \begin{array}{l} b\,\Delta\text{H} = \quad 5^0\,40' \\ ,b\,\text{ZH} = 174^0\,20' \end{array} \right\}$
$$\text{wie } \ominus \Delta\text{HZ} = 360^0,$$

also $\left\{ \begin{array}{l} s\,\Delta\text{H} = \quad 5^P\,55' \\ ,s\,\text{ZH} = 119^P\,51' \end{array} \right\}$ wie $h\,\Delta\text{Z} = 120^P.$          15

Setzt man       $\Delta\text{Z} = \quad 2^P\,45'$   wie $exhm\,\Delta\text{B} = 60^P,$
so wird       $\Delta\text{H} = \quad 0^P\,8'$   und $\text{ZH} = 2^P\,45',$
mithin auch       $\text{BH} = \;$ rund $60^P$ (weil unbetr. $< h\,\Delta\text{B}$).

2. Es ist (zunächst wieder, weil $Z\Delta = \Delta\text{E},$

$\left. \begin{array}{l} \text{H}\Theta = \text{ZH} \\ \text{E}\Theta = 2\Delta\text{H} \end{array} \right\}$ Eukl. VI. 2. 4)          20

mithin $\left\{ \begin{array}{l} \text{B}\Theta = \text{BH} - \text{H}\Theta = 57^P\,15' \\ \text{E}\Theta\,(= 2\Delta\text{H}) \quad = \quad 0^P\,16' \end{array} \right\}$ (wie $\Delta\text{B} = 60^P$),

olglich auch       $h\,\text{BE} = \;57^P\,15'$   (weil unbetr. $> \text{B}\Theta$).

Setzt man       $h\,\text{BE} = 120^P,$          25
so wird       $s\,\text{E}\Theta = \quad 0^P\,33'$   in diesem Maße,
also       $b\,\text{E}\Theta = \quad 0^0\,32'$   wie $\ominus \text{E}\Theta\text{B} = 360^0,$
mithin $\angle$ EB$\Theta = \quad 0^0\,32'$   wie $2R = 360^0.$

(Nun war $\angle$ BZM $= \quad 5^0\,40'$   wie $2R = 360^0$)
folglich $\angle$ BEM $= \quad 6^0\,12'$   als Summe,          30
$= \quad 3^0\,6'$   wie $4R = 360^0.$

Hei 379   Demnach stand der Planet bei der zweiten Opposition gegen die Richtung der Zeichen $3^0 6'$ vor dem Perigeum. Nun war (S. 217, 3) nachgewiesen, daß er bei der ersten Opposition in der Richtung der Zeichen $72^0 11'$ von dem Apogeum entfernt war. Folglich beläuft sich in Übereinstimmung mit dem (S. 205, 2) aus den Beobachtungen gewonnenen Intervall das scheinbare Intervall von der ersten bis zur zweiten Opposition auf

$$180^0 - [72^0 11' + 3^0 6'] = 104^0 43'.$$

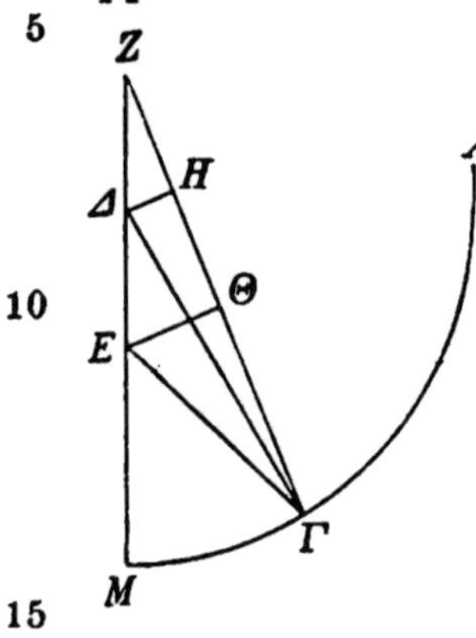

C. Es sei nun auch die Figur der dritten Opposition vorgelegt.

1. Es war nachgewiesen worden (s. S. 215, 18 $b\,\Gamma$M), daß

$$\angle\,\Gamma\mathsf{ZM} = 30^0 36' \quad \text{wie } 4R = 360^0,$$
$$= 61^0 12' \quad \text{wie } 2R = 360^0;$$

mithin $\left\{\begin{array}{l} b\,\Delta\mathsf{H} = 61^0 12' \\ ,b\,\mathsf{ZH} = 118^0 48' \end{array}\right\}$ wie $\ominus\,\Delta\mathsf{HZ} = 360^0,$

also $\left\{\begin{array}{l} s\,\Delta\mathsf{H} = 61^P 6' \\ ,s\,\mathsf{ZH} = 103^P 17' \end{array}\right\}$ wie $h\,\Delta\mathsf{Z} = 120^P.$

Setzt man $\quad \Delta\mathsf{Z} = 2^P 45'$ wie $exhm\,\Delta\Gamma = 60^P,$
so wird $\quad \Delta\mathsf{H} = 1^P 24'$ und $\mathsf{ZH} = 2^P 22'.$

(Nun ist $\quad \Delta\Gamma^2 - \Delta\mathsf{H}^2 = \Gamma\mathsf{H}^2$)

mithin $\quad \Gamma\mathsf{H} = 59^P 59'$ in demselben Maße.

2. Es ist (zunächst wieder, weil $\mathsf{Z}\Delta = \Delta\mathsf{E},$

$\left.\begin{array}{l} \mathsf{H}\Theta = \mathsf{ZH} \\ \mathsf{E}\Theta = 2\Delta\mathsf{H} \end{array}\right\}$ Eukl. VI. 2. 4)

mithin $\left\{\begin{array}{l} \Gamma\Theta = \Gamma\mathsf{H} - \mathsf{H}\Theta = 57^P 37' \\ \mathsf{E}\Theta(= 2\,\Delta\mathsf{H}) \qquad\quad 2^P 48' \end{array}\right\}$ (wie $\Delta\Gamma = 60^P$).

Hel 380

31   (Nun ist $\quad \Gamma\Theta^2 + \mathsf{E}\Theta^2 = \Gamma\mathsf{E}^2$)

mithin $\quad h\,\Gamma\mathsf{E} = 57^P 41'$ in demselben Maße.

Ha 258   Setzt man $\quad h\,\Gamma\mathsf{E} = 120^P,$
so wird $\quad s\,\mathsf{E}\Theta = 5^P 50'$ in diesem Maße,

also       $b\,\mathsf{E\Theta} =$      5° 34′   wie $\oplus\,\mathsf{E\Theta\Gamma} = 360°$,
mithin     $\angle\,\mathsf{E\Gamma\Theta} =$   5° 34′   wie $2R = 360°$.

(Nun war  $\angle\,\mathsf{\Gamma Z M} =$   61° 12′   wie $2R = 360°$)
folglich   $\angle\,\mathsf{\Gamma E M} =$   66° 46′   als Summe.
               $=$   33° 23′   wie $4R = 360°$.          5

So viel Grade stand demnach der Planet bei der dritten
Opposition in der Richtung der Zeichen von dem Perigeum
entfernt. Nun war nachgewiesen, daß er bei der zweiten
Opposition gegen die Richtung der Zeichen 3° 6′ vor demselben Perigeum stand. Folglich beläuft sich wieder in Über-  10
einstimmung mit den (S. 205, 3) durch die Beobachtung
festgestellten Graden das scheinbare Intervall von der zweiten bis zur dritten Opposition in Summa auf 36° 29′.

## V. Lage des Apogeums.

Der Planet hatte bei der dritten Opposition, wie oben  15
(Z. 5) nachgewiesen, in dem durch die Beobachtung (S. 204, 21)
festgestellten Orte ♈ 14° 23′ in der Richtung der Zeichen
33° 23′ von dem Perigeum entfernt gestanden. Folglich  Hei 381
ist ohne weiteres klar[a], daß damals das Perigeum der
Exzentrizität in ♓ 11° lag und das Apogeum diametral gegen-  20
über in ♍ 11°.

## VI. Nachweis der mittleren Länge und der Anomalie.

Wenn wir um den Mittelpunkt $\mathsf{\Gamma}$ den Epizykel $\mathsf{H\Theta K}$ beschreiben, werden wir ohne weiteres erhalten:

1. von dem Apogeum $\mathsf{\Lambda}$ des Exzenters[b] ab den mittleren  25
Ort in Länge mit $(180° + 30° 36′ =)\ 210° 36′$, weil (oben
S. 215, 18) nachgewiesen worden ist, daß $\angle\,\mathsf{\Gamma Z M} = 30° 36′$
wie $4R = 360°$;

2. den Epizykelbogen $\mathsf{\Theta K}$ von dem Perigeum $\mathsf{\Theta}$ bis zu  Ha 259
dem Planeten in $\mathsf{K}$ mit 2° 47′, weil (oben Z. 2) nachgewiesen  30

---

a) Weil 14° 23′ des Widders +19° der Fische $= 33° 23′$.
b) Es ist der Exzenter des gleichförmigen Laufs um das Zentrum Z, dessen Apogeum natürlich auf der Verlängerung des
Halbmessers $\mathsf{\Delta\Lambda}$ liegt.

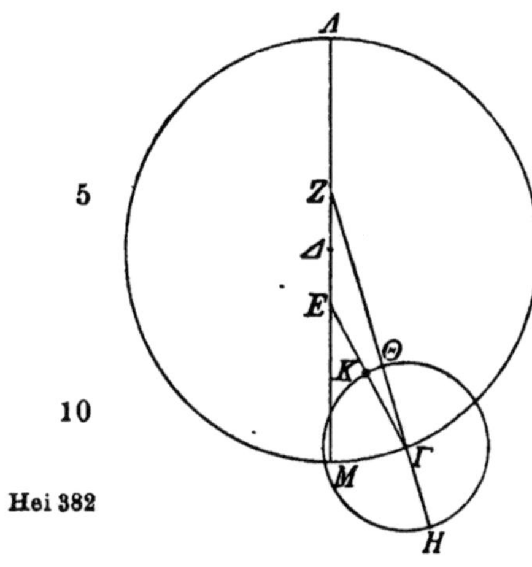



worden ist, daß $\angle\,E\Gamma Z = 5^0\,34$ wie $2R = 360^0$ oder $= 2^0\,47$ wie $4R = 360^0$.

Zur Zeit der dritten Opposition, d. i. im ersten Jahre Antonins am 20/21. ägyptischer Athyr 5 Stunden nach Mitternacht (8. Oktober 137 n. Chr 5ʰ früh), stand demnach der Planet Jupiter, theoretisch auf die mittleren Örter bezogen, in Länge von dem Apogeum (♍ 11⁰) des Exzenters $210^0\,36'$ entfernt, d. h. sein mittlerer Ort[a]

war $(\curlyeqprec 14^0\,23' - \angle\,E\Gamma Z =)\ \curlyeqprec 11^0\,36'$, während er in Anomalie von dem Apogeum H des Epizykels $182^0\,47'$ entfernt war.

## Zweites Kapitel.
### Nachweis der zahlenmäßigen Größe des Epizykels des Jupiter.

Zum Nachweis der zahlenmäßigen Größe des Epizykels wählten wir weiterhin wieder eine Beobachtung, welche wir mit dem Diopter im 2ᵗᵉⁿ Jahre Antonins am 26/27. ägyptischen Mesore vor Sonnenaufgang anstellten, d. i. ungefähr 5 Äquinoktialstunden nach Mitternacht (11. Juli 139 n. Chr. 5ʰ früh), als der mittlere Ort der Sonne ♋ $16^0\,11'$ war[b] und am Astrolab ♈ $2^0$ kulminierte. Mit Bezug auf den glänzenden Stern (Aldebaran) der Hyaden anvisiert, hatte der Jupiter damals als scheinbaren Ort ♊ $15^0\,45'$ inne und die gleiche scheinbare Länge wie das Zentrum des südlicher stehenden Mondes. Für jene Stunde[c] fanden wir auf Grund der früher dargelegten Berechnungen

---

a) D. i. der auf der Leitlinie $Z\Gamma$ liegende Ort.

b) Für $885^a\,355^d\,17^h$ ergibt die Nachprüfung ♋ $16^0\,11'\,2''$.

c) Für dieselbe Zeit ergibt die Nachprüfung nach den Mondtafeln: ♊ $9^0\,10'\,47''$ in Länge, $272^0\,13'\,39''$ in Anomalie und

| | |
|---|---|
| den mittleren Ort des Mondes in Länge | ♊ 9° 0′ |
| die Entfernung vom Apogeum des Epizykels in Anomalie | 272° 5′   Hei 383 |
| den genauen Ort des Mondes[8] | ♊ 14°50′ |
| den scheinbaren Ort für Alexandria[a] | ♊ 15°45′.   5 |

Da ferner die Zeit von der dritten Opposition bis zur vorliegenden Beobachtung (vom 20/21. Athyr 5^h früh 885 Nab bis 26/27. Mesore 5^h früh 886 Nab.) 1 ägyptisches Jahr und (10 + 240 + 26) 276 Tage beträgt, so bringt sie (für den Jupiter) — es wird keinen merkbaren Unterschied machen, wenn hierbei mit etwas abgerundeten Zahlen gerechnet wird[b] — in Länge 53°17′ und in Anomalie 218°31′. Wenn wir diese Beträge zu den für die dritte Opposition (S. 220, 13. 16) nachgewiesenen Örtern addieren, so werden wir zur Zeit dieser (zweiten) Beobachtung in Länge von nahezu demselben Apogeum (♍ 11°) (210°36′ + 53°17′ =) 263°53′ erhalten, in Anomalie von dem Apogeum des Epizykels (182°47′ + 218°31′ — 360° =) 41°18′.

Diese Zahlen sollen gegeben sein. Es sei wieder die ähnliche Figur vorgelegt wie (S. 197) bei der Beweisführung für den Mars, nur daß sie den hier vorliegenden mittleren Örtern in Länge und in Anomalie entsprechend die Lage des Epizykels nach Passierung des Perigeums des

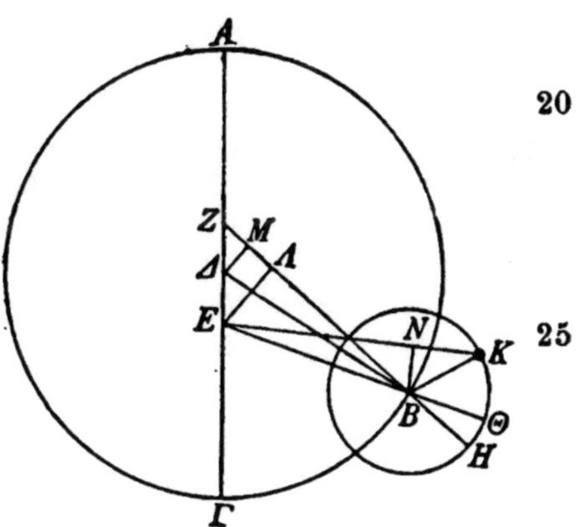


231°8′44″ in Breite, woraus sich die wahre südliche Breite mit etwa 2°40′ ergibt. Die Mondörter in Länge und in Anomalie zeigen wieder dieselben auffallenden Differenzen wie S. 147 Anm. a).

a) Da der Mond östlich des Meridians stand, so wirkt die Längenparallaxe in der Richtung der Zeichen.

b) Für 1^a 276^d ergibt die Nachprüfung in Länge 53°16′52″, in Anomalie 218°30′37″.

Exzenters und die Stellung des Planeten nach Passierung
des Apogeums des Epizykels zeigen muß.

1. Da die Entfernung des mittleren Ortes in Länge von
dem Apogeum des Exzenters $263^0 53'$ beträgt, so ist (als
5 die um $180^0$ gekürzte Entfernung von dem Perigeum)

$$\angle \mathsf{BZ\Gamma} = \ 83^0 53' \quad \text{wie } 4R = 360^0,$$
$$= 167^0 46' \quad \text{wie } 2R = 360^0;$$

$$\text{mithin} \left\{ \begin{array}{l} b\,\triangle\mathsf{M} = 167^0 46' \\ {}_{,}b\,\mathsf{ZM} = \ 12^0 14' \end{array} \right\} \text{wie } \ominus\triangle\mathsf{MZ} = 360^0,$$

$$\text{10} \qquad \text{also} \left\{ \begin{array}{l} s\,\triangle\mathsf{M} = 119^\mathrm{P} 19' \\ {}_{,}s\,\mathsf{ZM} = \ 12^\mathrm{P} 47' \end{array} \right\} \text{wie } h\,\triangle\mathsf{Z} = 120^\mathrm{P}.$$

$$\text{Setzt man} \quad \triangle\mathsf{Z} = \ \ 2^\mathrm{P} 45' \quad \text{wie } exhm\,\triangle\mathsf{B} = 60^\mathrm{P},$$
$$\text{so wird} \quad \triangle\mathsf{M} = \ \ 2^\mathrm{P} 44' \quad \text{und } \mathsf{ZM} = 0^\mathrm{P} 18'.$$

$$\text{Nun ist} \quad \triangle\mathsf{B}^2 - \triangle\mathsf{M}^2 = \mathsf{BM}^2,$$
$$\text{15} \qquad \text{mithin} \quad \mathsf{BM} = 59^\mathrm{P} 56' \ \text{ in demselben Maße.}$$

2. Es ist ferner (weil $\mathsf{Z}\triangle = \triangle\mathsf{E}$)

$$\left. \begin{array}{l} \mathsf{ZM} = \mathsf{M}\Lambda \\ \mathsf{E}\Lambda = 2\triangle\mathsf{M} \end{array} \right\} \text{(Eukl. VI. 2. 4)}$$

Hei 385
20
$$\text{mithin} \left\{ \begin{array}{l} \mathsf{B}\Lambda = \mathsf{BM} - \mathsf{M}\Lambda = 59^\mathrm{P} 38' \\ \mathsf{E}\Lambda \, (= 2\triangle\mathsf{M}) \qquad = \ 5^\mathrm{P} 28' \end{array} \right\} \text{(wie } \triangle\mathsf{B} = 60^\mathrm{P}\text{).}$$

$$\text{(Nun ist} \quad \mathsf{B}\Lambda^2 + \mathsf{E}\Lambda^2 = \mathsf{EB}^2)$$
$$\text{mithin} \quad h\,\mathsf{EB} = \ 59^\mathrm{P} 52' \ \text{ in demselben Maße.}$$

$$\text{Setzt man} \quad h\,\mathsf{EB} = 120^\mathrm{P},$$
$$\text{so wird} \quad s\,\mathsf{E}\Lambda = \ 10^\mathrm{P} 58' \ \text{ in diesem Maße,}$$
$$\text{25} \qquad \text{also} \quad b\,\mathsf{E}\Lambda = \ 10^0 30' \quad \text{wie } \ominus\mathsf{E}\Lambda\mathsf{B} = 360^0,$$
$$\text{mithin} \ \angle\mathsf{EBZ} = \ 10^0 30' \quad \text{wie } 2R = 360^0.$$

$$\text{Nun war} \ \angle\mathsf{BZ\Gamma} = 167^0 46' \quad \text{wie } 2R = 360^0,$$
$$\text{folglich} \ \angle\mathsf{BE\Gamma} = 178^0 16' \quad \text{als Summe.}$$

3. Da das Perigeum $\Gamma$ in $)(\,11^0$ liegt und der Planet
30 (S. 220, 26) seinen scheinbaren Ort auf der Geraden $\mathsf{EK}$ in
$\Pi\,15^0 45'$ hatte, so ist (von $)(\,11^0$ bis $\Pi\,15^0 45'$)

Ha 262
$$\angle\mathsf{KE\Gamma} = \ 94^0 45' \quad \text{wie } 4R = 360^0,$$
$$= 189^0 30' \quad \text{wie } 2R = 360^0.$$

(Nun war　∠ BEΓ = 178° 16′　wie $2R = 360°$)
folglich　∠ BEK = 11° 14′　als Differenz;
mithin　　$b$ BN = 11° 14′　wie ⊖ BNE = 360°,
also　　　$s$ BN = 11ᴾ 44′　wie $h$ EB = 120ᴾ.

Setzt man　　EB = 59ᴾ 52′　wie *exhm* = 60ᴾ, (s. S. 222, 22)　5
so wird　　　BN = 5ᴾ 50′　in diesem Maße.

4. Ferner ist (nach Annahme S. 221, 19 gegeben)

　　　　　　$b$ HK = 41° 18′,
mithin　　HBK = 41° 18′　wie $4R = 360°$,
　　　　　　= 82° 36′　wie $2R = 360°$.　　　Hei 386

Nun war　∠ EBZ = 10° 30′　wie $2R = 360°$,　　11
folglich auch　∠ HBΘ = 10° 30′　als Scheitelwinkel,
mithin　∠ ΘBK = 72° 6′　als Differenz.

Nun war　∠ KEΘ = 11° 14′　wie $2R = 360°$, (s. oben Z. 2)
folglich　∠ BKN = 60° 52′　als Differenz,　　15
mithin　　$b$ BN = 60° 52′　wie ⊖ BNK = 360°,
also　　　$s$ BN = 60ᴾ 47′　wie $h$ BK = 120ᴾ.

Setzt man　　BN = 5ᴾ 50′　wie *exhm* = 60ᴾ,
so wird　　　BK = 11ᴾ 30′　als *ephm*, was zu finden war.

## Drittes Kapitel.

### Korrektion der periodischen Bewegungen des Jupiter.

Weiter wählten wir wieder zum Zweck (der Korrektion) Ha 263
ler periodischen Bewegungen aus der Zahl der mit zweifel- 21
oser Sicherheit aufgezeichneten alten Beobachtungen eine,
ıach welcher mit Bestimmtheit angegeben wird, daß im
ı5ᵗᵉⁿ Jahre[a]) der Zeitrechnung des Dionysius am 10. Par-
henon früh der Jupiter den südlichen Esel ($\delta$ Cancri) be- 25
leckte. Der Zeitpunkt fällt in das 83ᵗᵉ Jahr nach dem
ʼode Alexanders (507 Nab.) auf den 17/18. Epiphi in der

---

a) Daß dieses mit dem 26. Juni 241 v. Chr. beginnende Jahr
n das Jahr 507 Nab. fällt, geht aus der Nachprüfung des mitt-
eren Sonnenortes hervor, welcher sich für 506ᵃ 316ᵈ 18ʰ mit
♈ 9° 55′ 32″ ergibt.

Morgendämmerung (4. September 241 v. Chr. 6ʰ früh). Für diese Stunde fanden wir die Sonne nach mittlerem Lauf in

Hei 387 ♍ 9° 56′. Nun stand von den Sternen ($\gamma \delta \eta \vartheta$) um den Nebelfleck (die Krippe) im Krebs der sog. südliche Esel ($\delta$)

5 zur Zeit unserer Beobachtung (im ersten Jahre Antonins 885 Nab. S. 199, 15) in ♋ 11° 20′, zur Zeit der herangezogenen Beobachtung natürlich (3° 47′ weiter zurück) in ♋ 7° 33′ weil auf die (507 bis 885 Nab.) 378 Jahre, welche zwischen den Beobachtungen liegen, 3° 47′ Zunahme entfallen. Folg-

10 lich stand damals auch der Jupiter, weil er diesen Fixstern bedeckte, in ♋ 7° 33′. Demnach mußte auch das Apogeum da es zu unserer Zeit in ♍ 11° lag, zur Zeit der (alten) Beobachtung in ♍ 7° 13′, liegen. Somit ist klar, daß der scheinbare Planet von dem damaligen Apogeum des Exzen-

15 ters 300° 20′ entfernt stand, während der mittlere Ort der Sonne von demselben Apogeum 2° 43′ entfernt war.

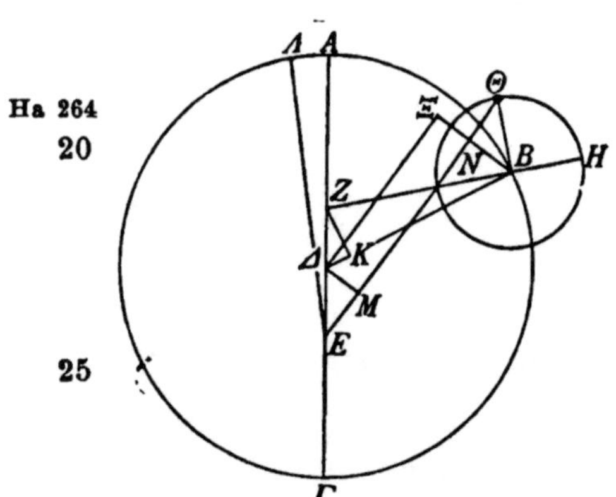

Diese Zahlen sollen gegeben sein. Vorgelegt sei wieder die ähnliche Figur wie (S. 200)

Ha 264

20 bei der Beweisführung für den Mars. Nur muß sie die hier nach der Beobachtung gegebenen Örter zeigen, d. i. erstens die Lage des Epi-

25 zykels in B vor dem Apogeum A, zweitens die Lage des mittleren Ortes der Sonne in Λ kurz nach demselben

Apogeum, und deshalb drittens die Stellung des Planeten

30 in Θ nach dem Apogeum H des Epizykels. Man ziehe jedenfalls in ähnlicher Weise die Verbindungslinien ZBH, ΔB,

Hei 388 BΘ, ΘE und fälle auf ΔB das Lot ZK, auf ΘE die Lote ΔM, BN, endlich das Lot ΔΞ auf die hier nötige Verlängerung von BN, welche das rechtwinklige Parallelo-

35 gramm ΔMNΞ fertig macht.

1. Als Erfüllung eines Kreislaufs in der Ekliptik zu 300° 20′ ist

$$\angle\, AE\Theta =\ 59^\circ 40' \quad \text{wie } 4R = 360^\circ,$$

ferner $\angle\, AE\Lambda =\ 2^\circ 43' \quad$ wie $4R = 360^\circ$, (s. S. 224, 16)

mithin $\angle\, \Lambda E\Theta =\ 62^\circ 23' \quad$ als Summe,

folglich auch $\angle\, B\Theta E =\ 62^\circ 23'$, (Eukl. I. 29)

$$=124^\circ 46' \quad \text{wie } 2R = 360^\circ,$$

mithin $b\, BN = 124^\circ 46' \quad$ wie $\ominus\, BN\Theta = 360^\circ$,    5

also $s\, BN = 106^P 20' \quad$ wie $h\, B\Theta = 120^P$.    Hei 389

Setzt man $ephm\, B\Theta =\ 11^P 30'$,

so wird $\quad BN =\ 10^P 12' \quad$ in demselben Maße.

**2.** Es ist ferner (als derselbe wie $\angle\, AE\Theta$)    10

$$\angle\, \Delta EM =\ 59^\circ 40' \quad \text{wie } 4R = 360^\circ,$$

$$=119^\circ 20' \quad \text{wie } 2R = 360^\circ,$$    Ha 265

folglich $\angle\, M\Delta E =\ 60^\circ 40' \quad$ als Komplementwinkel,

mithin $b\, \Delta M = 119^\circ 20' \quad$ wie $\ominus\, \Delta ME = 360^\circ$,

also $s\, \Delta M = 103^P 34' \quad$ wie $h\, \Delta E = 120^P$.    15

Setzt man $\quad \Delta E =\ 2^P 45' \quad$ wie $exhm\, \Delta B = 60^P$,

so wird $\quad \Delta M =\ 2^P 23' \quad$ in demselben Maße.

(Nun ist $\quad \Delta M = N\Xi$) (Eukl. I. 34)

mithin $\quad B\Xi = BN + N\Xi = 12^P 35'$ in demselben Maße.

Setzt man $h\, \Delta B = 120^P$,    20

so wird $\quad s\, B\Xi =\ 25^P 10' \quad$ in diesem Maße,

mithin $\quad b\, B\Xi =\ 24^\circ 14' \quad$ wie $\ominus\, B\Xi\Delta = 360^\circ$,

also $\left\{ \begin{array}{l} \angle\, B\Delta\Xi =\ 24^\circ 14' \quad \text{wie } 2R = 360^\circ, \\ \angle\, B\Delta M = 155^\circ 46' \quad \text{als Komplementwinkel.} \end{array} \right.$

(Nun war $\angle\, M\Delta E =\ 60^\circ 40' \quad$ wie $2R = 360^\circ$)    25

folglich $\angle\, B\Delta E = 216^\circ 26' \quad$ als Summe,

endlich $\angle\, B\Delta Z = 143^\circ 34' \quad$ als Nebenwinkel,

mithin $\left\{ \begin{array}{l} b\, ZK = 143^\circ 34' \\ {}_,b\, \Delta K =\ 36^\circ 26' \end{array} \right\}$ wie $\ominus\, ZK\Delta = 360^\circ$,

also $\left\{ \begin{array}{l} s\, ZK = 113^P 59' \\ {}_,s\, \Delta K =\ 37^P 31' \end{array} \right\}$ wie $h\, \Delta Z = 120^P$.    Hei 390    31

Setzt man $\quad \Delta Z =\ 2^P 45' \quad$ wie $exhm\, \Delta B = 60^P$,

so wird $\quad ZK =\ 2^P 37' \quad$ und $\Delta K = 0^P 52'$,

mithin $\quad KB = \Delta B - \Delta K = 59^P 8'$.

(Nun ist $KB^2 + ZK^2 = ZB^2$)

mithin $h\,ZB = 59^P\,12'$ in demselben Maße.

Setzt man $h\,ZB = 120^P$,

so wird $s\,ZK = 5^P\,18'$ in diesem Maße,

also $b\,ZK = 5^0\,4'$ wie $\ominus\,ZKB = 360^0$,

mithin $\angle\,ZB\Delta = 5^0\,4'$ wie $2R = 360^0$.

(Nun war $\angle\,B\Delta Z = 143^0\,34'$ wie $2R = 360^0$)

folglich $\angle\,\dot{A}ZB = 148^0\,38'$ als Summe,

$= 74^0\,19'$ wie $4R = 360^0$.

10 Hiermit ist der Winkel der gleichförmigen Länge (welcher an einem Umlauf fehlt) gefunden.

Nun bildet (s. S. 173, 31) der $\angle\,HB\Theta$ (der Anomalie) zusammen mit dem Winkel von $180^0 + \angle\,BZ\Gamma$ (der Länge vom Apogeum ab) — d. h. hier unter Abzug des $\angle\,AZB^{a)}$

15 — den $\angle\,AE\Lambda$ der Sonne, welcher mit $2^0 43'$ (S. 224, 16) gegeben ist: Wir erhalten

$(\angle\,HB\Theta - \angle\,AZB = \angle\,AE\Lambda$

$\angle\,HB\Theta - 74^0\,19' = 2^0\,43')$

demnach $\angle\,HB\Theta = 77^0\,2'$ wie $4R = 360^0$.

20 Damit ist der Winkel gefunden, welcher den Lauf des Planeten von dem Apogeum des Epizykels ab mißt.

Es ist demnach von uns der Beweis erbracht worden, daß zur Zeit der vorgelegten Beobachtung der Jupiter, theoretisch nach dem mittleren Lauf betrachtet, in Länge von dem

25 Apogeum (♍ $7^0\,13'$) des Exzenters $(360^0 - 74^0\,19' =)$ $285^0\,41'$ entfernt stand, d. h. daß sein mittlerer Ort ♉ $22^0\,54'$ war, während er von dem Apogeum des Epizykels in Anomalie $77^0\,2'$ entfernt war.

Nun war aber von uns (S. 220, 16) der Nachweis geführt

30 worden, daß er zu der Zeit der dritten Opposition von dem Apogeum des Epizykels $182^0\,47'$ entfernt war; er hat also in der zwischen den beiden Beobachtungen (vom 17/18. Epiphi $6^h$ früh 507 Nab. bis 20/21. Athyr $5^h$ früh 885 Nab.

---

a) D. i. unter Abzug der Länge bis zum Apogeum.

verflossenen Zeit, welche 377 ägyptische Jahre und $(12 +$
$5 + 90 + 21 =) 128$ Tage weniger eine Stunde beträgt, nach
Abzug von 345 ganzen Kreisen in Anomalie einen Überschuß von $(182^0 47' - 77^0 2' =) 105^0 45'$ gewonnen. Das ist
rund[a] wieder der Überschuß an Graden der Anomalie, wel-   5
cher aus den von uns bearbeiteten (Tafeln der) mittleren
Bewegungen gewonnen wird, weil wir direkt aus dem hier
vorliegenden Material die Feststellung des täglichen Betrags
der Bewegung dadurch erzielt haben, daß mit der Anzahl
der aus der Zwischenzeit gewonnenen Tage dividiert wurde   Ha 267
in die aus der Zahl der Kreise und dem Überschuß gewon-   11
nenen Grade.

## Viertes Kapitel.
### Epoche der periodischen Bewegungen des Jupiter.

Die seit dem Mittag des 1. ägyptischen Thoth des ersten
Jahres Nabonassars bis zu der (S. 223, 27) vorgelegten alten
Beobachtung (am 17/18. Epiphi $6^h$ früh 507 Nab.) verflos-   15
sene Zeit beträgt ohne wesentlichen Fehler 506 ägyptische
Jahre und $(300^d + 16^d + 18^h =) 316^3/_4$ Tage. Diese Zeit
umfaßt an Überschuß $258^0 13'$ in Länge und $290^0 58'$ in
Anomalie.[b] Daher werden wir auch hier wieder, wenn wir
diese Grade von den nach der Beobachtung (S. 226, 26. 28)   20
festgestellten Örtern ($285^0 41'$ in Länge und $77^0 2'$ in Anomalie) zugehörigerweise abziehen, für dieselbe Zeit der   Hei 392
Epoche wie bei den anderen Planeten als mittleren Ort für
den Planeten Jupiter erhalten

in Länge ($258^0 13'$ rückwärts von ♊ $22^0 54'$)     ♎ $4^0 41'$   25
von dem Apogeum des Epizykels in Anomalie[c]     $146^0$ $4'$
für das Apogeum der Exzentrizität              ♍ $2^0 9'$.

An dieser Stelle wird letzteres aus demselben Grunde[d]
$5^0 4'$ rückwärts von ♍ $7^0 13'$) gelegen sein.

---

a) Die Nachprüfung ergibt für $377^a 127^d 23^h$ in Anomalie
$05^0 45' 46''$.

b) Die Nachprüfung ergibt für $506^a 316^d 18^h$ in Länge $258^0$
$2' 40''$. in Anomalie $290^0 58' 0''$.

c) $360^0 + 77^0 2' - 290^0 58' = 146^0 4'$.

d) Aus dem bei dem Mars S. 204, 1 angegebenen Grunde.

## Fünftes Kapitel.
### Nachweis der Exzentrizität und des Apogeums des Saturn

Da für die vorliegende Aufgabe noch übrig bleibt, aucl
die an dem Planeten Saturn theoretisch betrachteten Anomalie:
und ihre Epochen nachzuweisen, so wählten wir, zunächs
wieder zur Feststellung des Apogeums und der Exzentrizitäl
wie bei den anderen Planeten, drei dem mittleren Orte de:
Sonne diametral gegenüber eingetretene Oppositionen.  A:
den astrolabischen Instrumenten beobachteten wir

die erste im 11$^{ten}$ Jahre Hadrians am 7/8. ägyptischei
Pachon abends (26. März 127 n. Chr. 6$^h$ abends) in ♎ 1$^0$13′;$^a$

die zweite im 17$^{ten}$ Jahre Hadrians am 18. ägyptischei
Epiphi; hier berechneten wir Zeit und Ort der genauei
Opposition mit Hilfe der vor und nach derselben angestellter
Beobachtungen auf 4 Stunden nach dem Mittag des 18. Epiph
(3. Juni 133 n. Chr. 4$^h$ nachmittags) in ♐ 9$^0$40′;$^{b)}$

die dritte im 20$^{ten}$ Jahre Hadrians am 24. ägyptischei
Mesore; auch hier berechneten wir wieder die Zeit de:
genauen Opposition: sie hatte genau am Mittag des 24 Mesor:
(8. Juli 136 n. Chr. 12$^h$ mittags) stattgefunden, ihr Ort wa:
♑ 14$^0$14′.$^{c)}$

Die beiden Zwischenzeiten betragen

zwischen  erster  und  zweiter:  6$^a$70$^d$22$^h$;
zwischen  zweiter  und  dritter:  3$^a$35$^d$20$^h$.

Der scheinbare Lauf des Planeten beträgt in der
ersten  Zwischenzeit (von ♎ 1$^0$13′ bis ♐  9$^0$40′)  68$^0$27′
zweiten Zwischenzeit (von ♐ 9$^0$40′ bis ♑ 14$^0$14′)  34$^0$34′

---

a) Für 873$^a$246$^d$6$^h$ ergibt die Nachprüfung als mittleren Or
der Sonne ♈ 1$^0$12′54″.

b) Für 879$^a$317$^d$4$^h$ ergibt die Nachprüfung als mittleren Or
der Sonne ♊ 9$^0$39′16″.

c) Für 882$^a$353$^d$0$^h$ ergibt die Nachprüfung als mittleren Or
der Sonne ♋ 14$^0$14′38″.

Endlich beträgt der mittlere Lauf in Länge (auf Minuten)
abgerundet

für die erste Zwischenzeit[a)]          75°43′,
für die zweite Zwischenzeit[b)]          37°52′.

Unter Zugrundelegung dieser Intervalle weisen wir wieder 5
die in Frage stehenden Verhältnisse vermittelst desselben
Beweisverfahrens, als ob es sich zunächst nur um einen
Exzenter handelte, auf folgende Weise nach.

## I. Vorläufiger Nachweis der Exzentrizität und des Apogeums.

Um unnötige Wiederholungen
zu vermeiden, sei (ohne weiteres)
die demselben Beweisgang entsprechende Figur vorgelegt.

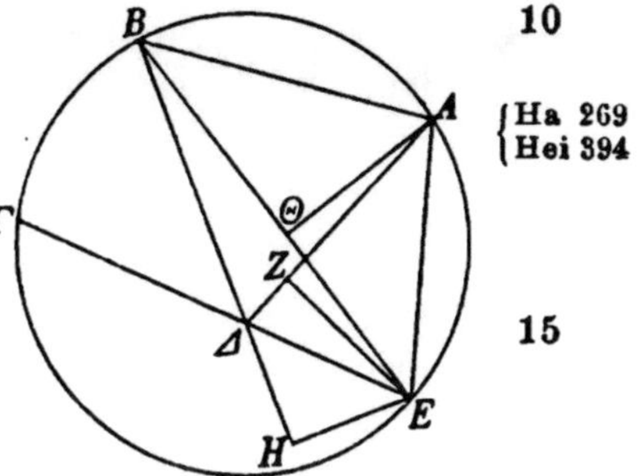


10

A. 1. Da der Exzenterbogen BΓ
(S. 228, 25) nach der Annahme
34°34′ in der Ekliptik unterspannt,
so ist als Zentriwinkel der Ekliptik

15

$$\angle\, \mathsf{B\Delta\Gamma} = 34°34′ \text{ wie } 4R = 360°,$$
$$= 69°\ 8′ \text{ wie } 2R = 360°,$$

folglich auch $\angle\, \mathsf{E\Delta H} = 69°\ 8′$ (als Scheitelwinkel),          20

mithin $\quad b\,\mathsf{EH} = 69°\ 8′ \text{ wie } \ominus \mathsf{EH\Delta} = 360°,$

also $\quad s\,\mathsf{EH} = 68^P\ 5′ \text{ wie } h\,\mathsf{\Delta E} = 120^P.$

Da ferner der Bogen BΓ (oben Z. 4) 37°52′ beträgt, so
ist als Peripheriewinkel

$$\angle\, \mathsf{BE\Gamma} = 37°52′ \text{ wie } 2R = 360°.$$          25

(Nun war $\angle\, \mathsf{B\Delta\Gamma} = 69°\ 8′ \text{ wie } 2R = 360°$)

folglich $\angle\, \mathsf{EBH} = 31°16′$ als Differenz,

mithin $\quad b\,\mathsf{EH} = 31°16′ \text{ wie } \ominus \mathsf{EHB} = 360°,$

also $\quad s\,\mathsf{EH} = 32^P\ 20′ \text{ wie } h\,\mathsf{BE} = 120^P.$

Setzt man $\quad \mathsf{EH} = 68^P\ 5′ \text{ wie } h\,\mathsf{\Delta E} = 120^P,$          30

so wird $\quad \mathsf{BE} = 252^P\,41′$ in demselben Maße.

Hei 395

---

a) Für 6ᵃ 70ᵈ 22ʰ ergibt die Nachprüfung 75°42′51″.
b) Für 3ᵃ 35ᵈ 20ʰ ergibt die Nachprüfung 37°52′19″.

2. Da der ganze (Exzenter-) Bogen $AB\Gamma$ (S. 228, 24. 25) $103^0 1'$ in der Ekliptik unterspannt, d i. die Summe der beiden Intervalle, so ist als Zentriwinkel der Ekliptik

$$\angle\, A\triangle\Gamma = 103^0\ 1'\ \text{wie}\ 4R = 360^0,$$

5      folglich $\angle\, A\triangle E = \ 76^0 59'$ als Nebenwinkel,

$$= 153^0 58'\ \text{wie}\ 2R = 360^0,$$

Ha 270      mithin    $b\, EZ = 153^0 58'$ wie $\ominus EZ\triangle = 360^0,$

also    $s\, EZ = 116^P 55'$ wie $h\,\triangle E = 120^P.$

Da ferner der Exzenterbogen $AB\Gamma$ (S. 229, 3. 4) in Summa 10 $113^0 35'$ beträgt, so ist als Peripheriewinkel

$$\angle\, AE\Gamma = 113^0 35'\ \text{wie}\ 2R = 360^0.$$

Nun war $\angle\, A\triangle E = 153^0 58'$ wie $2R = 360^0,$

folglich $\angle\, EAZ = \ 92^0 27'$ als Ergänzung zu $360^0$(im Dreieck),

mithin    $b\, EZ = \ 92^0 27'$ wie $\ominus EZA = 360^0,$

15      also    $s\, EZ = \ 86^P 39'$ wie $h\, AE = 120^P.$

Setzt man    $EZ = 116^P 55'$ wie $h\,\triangle E = 120^P,$

so wird    $AE = 161^P 55'$ in demselben Maße.

3. Da der Exzenterbogen $(AB)$ (S. 229, 3) $75^0 43'$ beträgt, so ist als Peripheriewinkel

Hei 396
     $\angle\, AEB = \ 75^0 43'$ wie $2R = 360^0,$

21      mithin $\left\{\begin{array}{l} b\, A\Theta = \ 75^0 43' \\ ,b\, E\Theta = 104^0 17' \end{array}\right\}$ wie $\ominus A\Theta E = 360^0,$

also $\left\{\begin{array}{l} s\, A\Theta = \ 73^P 39' \\ ,s\, E\Theta = \ 94^P 45' \end{array}\right\}$ wie $h\, AE = 120^P.$

25      Setzt man    $AE = 161^P 55'$ wie $h\,\triangle E = 120^P,$

so wird    $A\Theta = \ 99^P 43'$ und $E\Theta = 127^P 51'.$

Nun war    $BE = 232^P 41'$ in demselben Maße,

Ha 271
     folglich    $\Theta B = BE - E\Theta = 124^P 50'$ wie $A\Theta = 99^P 43'.$

Ferner ist    $\Theta B^2 = 15583^{P^2} 22'$ und $A\Theta^2 = 9877^{P^2} 3',$

30      folglich    $AB^2 = 25460^{P^2} 25'$ als Summe,

mithin    $AB = \ 159^P 34'$ wie $\left\{\begin{array}{l} \triangle E = 120^P \\ AE = 161^P 55'. \end{array}\right.$

4. Setzt man nun als Sehne, die den Bogen $AB$ von $75^0 43'$ unterspannt,

$$s\,\mathsf{AB} = 73^{\mathrm{P}}\,39' \text{ wie } exdm = 120^{\mathrm{P}},$$

Hei 397

so wird $\left\{\begin{array}{l}\triangle\mathsf{E} = 55^{\mathrm{P}}\,23'\\ \mathsf{AE} = 74^{\mathrm{P}}\,43'\end{array}\right\}$ in demselben Maße,

also $exb\,\mathsf{AE} = 77^{\circ}\,1'$ (wie $\bigcirc\mathsf{AB\Gamma} = 360^{\circ}$),

mithin $\left\{\begin{array}{l}b\,\mathsf{AE} + b\,\mathsf{AB\Gamma} = 190^{\circ}36',\ (\text{s. S. 230, 9})\\ b\,\mathsf{\Gamma E} = 169^{\circ}24' \text{ als Ergänzung zu } 360^{\circ},\end{array}\right.$

5

folglich $\quad s\,\mathsf{\Gamma E} = 119^{\mathrm{P}}\,28'$ wie $exdm = 120^{\mathrm{P}}.$

B. Es sei demnach das Zentrum des Exzenters **innerhalb** des Segments EAΓ angesetzt, weil letzteres größer als ein Halbkreis ist. Dieses Zentrum sei der Punkt K. Durch K und △ ziehe man den durch beide Zentren gehenden Durchmesser ΛKΔM des Exzenters, fälle von ⟨ auf ΓE das Lot KN und verlängere es bis Ξ. Nach dem ebengeführten Beweise war

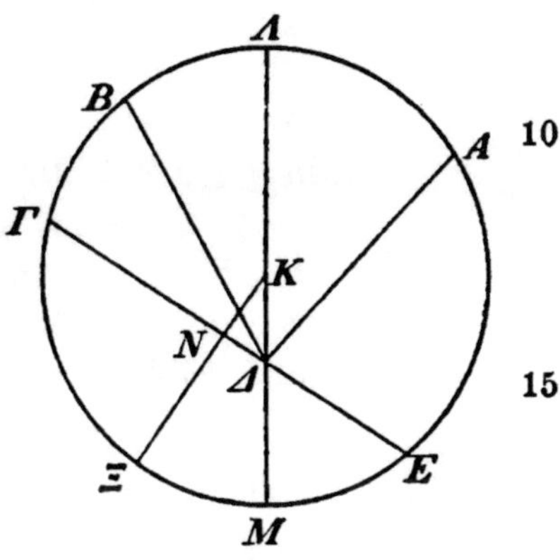

10

15

$$\left.\begin{array}{l}s\,\mathsf{\Gamma E} = 119^{\mathrm{P}}\,28'\\ \triangle\mathsf{E} = \ 55^{\mathrm{P}}\,23'\end{array}\right\} \text{ wie } dm\ \mathsf{\Lambda M} = 120^{\mathrm{P}},$$

20

mithin $\mathsf{\Gamma\triangle} = \ 64^{\mathrm{P}}\,5'$ als Differenz.

Nun ist (nach Eukl. III. 35) das aus den Geraden △E und ⁻△ gebildete Rechteck gleich dem Rechteck, welches aus Λ△ und △M gebildet wird, also

Hei 393

$$\triangle\mathsf{E}\cdot\mathsf{\Gamma\triangle} = \mathsf{\Lambda\triangle}\cdot\mathsf{\triangle M},$$

26

mithin $\mathsf{\Lambda\triangle}\cdot\mathsf{\triangle M} = 3549^{\mathrm{P}^2}\,9'$ wie $dm\ \mathsf{\Lambda M} = 120^{\mathrm{P}}.$

Ha 272

Es ist ferner (nach Eukl. II. 5) die Summe des aus Λ△ und △M gebildeten Rechtecks und des Quadrats von △K gleich dem Quadrat des halben Durchmessers, d. i. gleich dem Quadrat von ΛK (d. i. $= 3600^{\mathrm{P}^2}$), also

30

$$\mathsf{\Lambda\triangle}\cdot\mathsf{\triangle M} + \mathsf{\triangle K}^2 = \mathsf{\Lambda K}^2.$$

Nun ist $\mathsf{\triangle K}^2 = 3600^{\mathrm{P}^2} - 3549^{\mathrm{P}^2}\,9' = 50^{\mathrm{P}^2}\,51',$

folglich $\quad \mathsf{\triangle K} = 7^{\mathrm{P}}\,8'$ wie $exdm = 120^{\mathrm{P}}.$

Hiermit ist die Verbindungslinie zwischen den Zentren (der Ekliptik und des Exzenters) gefunden.

C. Es ist ferner nachgewiesenermaßen (da $\Gamma E$ gleich $119^P 28'$) die Hälfte von $\Gamma E$, d. i. (nach Eukl. III. 5)

$$\left.\begin{array}{l} EN = 59^P 44' \\ \Delta E = 55^P 23' \end{array}\right\} \text{ wie } dm \wedge M = 120^P,$$

folglich      $\Delta N = EN - \Delta E = 4^P 21'$ wie $\Delta K = 7^P 8'$.

Setzt man    $h\, \Delta K = 120^P,$

so wird     $s\, \Delta N = 73^P 11'$ in diesem Maße,

also       $b\, \Delta N = 75^0 10'$ wie $\ominus \Delta NK = 360^0,$

mithin $\angle \Delta KN = 75^0 10'$ wie $2R = 360^0.$

$$= 37^0 35' \text{ wie } 4R = 360,$$

folglich      $b\, M\Xi = 37^0 35',$ weil $\Delta KN$ Zentriwinkel.

Nun ist  $b\, \Gamma\Xi = 84^0 42'$ als $\frac{1}{2} b\, \Gamma\Xi E,$ (S. 231, 6)

folglich      $b\, \Gamma\wedge = 180^0 - [b\, M\Xi + b\, \Gamma\Xi],$

$$= 57^0 43'.$$

Hiermit ist zunächst der Bogen gefunden, welcher

a) die Entfernung von dem Apogeum bis zu dem Ort der dritten Opposition ($\displaystyle\approx 14^0 14'$) mißt. Weiter ergibt sich

b) die Entfernung von dem Apogeum bis zu dem Ort der zweiten Opposition ($\nearrow 9^0 40'$). Da (S. 229, 4) der Annahme nach

$$b\, B\Gamma = 37^0 52' \text{ (und } b\, \Gamma M = 57^0 43'\text{),}$$
$$\text{so ist } b\, B\wedge = b\, \Gamma\wedge - b\, B\Gamma,$$
$$= 19^0 51';$$

c) die Entfernung des Ortes der ersten Opposition ($\triangleq 1^0 13'$) bis zu dem Apogeum. Da (S. 229, 3) der Annahme nach

$$b\, AB = 75^0 43' \text{ (und } b\, B\wedge = 19^0 51'\text{),}$$
$$\text{so ist } b\, A\wedge = b\, AB - b\, B\wedge,$$
$$= 55^0 52'.$$

### II. Nachweis der Differenzbogen.

Da nun wieder der Mittelpunkt des Epizykels sich nicht auf diesem Exzenter bewegt, sondern auf demjenigen, welcher mit dem Abstand $K\wedge$ um den Halbierungspunkt der Strecke

$\Delta$K als Zentrum beschrieben wird, so haben wir im weiteren
Verfolg, wie schon bei den anderen Planeten, die Differenzen,
welche sich für die in der Ekliptik gemessenen scheinbaren
Intervalle érgeben, unter der (vorläufigen) Annahme berechnet, daß die gefundenen Verhältnisse annähernd die 5
richtigen seien, wenn man den Lauf des Epizykels auf den
(bisher) zugrunde gelegten Exzen-
ter überträgt, welcher die Anomalie
zur Ekliptik bewirkt.

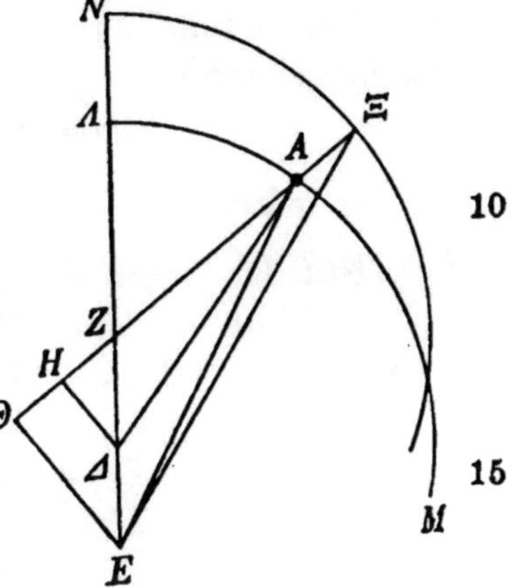

**A.** Es sei die Figur für den ähnlichen Beweisgang bei der ersten
Opposition vorgelegt, und zwar soll
sie die Stellung vor Passierung des
Apogeums $\Lambda$ zeigen.

1. Nachgewiesen wurde (s.
S. 232,29 $b$ A$\Lambda$) der Winkel des
gleichförmigen Laufs in Länge

$$\angle \, \text{N}\,\text{Z}\,\Xi = \; 55^{0}\,52' \; \text{wie} \; 4R = 360^{0},$$
folglich auch $\angle \, \Delta\text{Z}\text{H} = \; 55^{0}\,52'$ (als Scheitelwinkel),
$$= 111^{0}\,44' \; \text{wie} \; 2R = 360^{0}, \qquad 20$$

mithin $\left\{\begin{array}{l} b\,\Delta\text{H} = 111^{0}\,44' \\ {,b}\,\text{Z}\text{H} = \; 68^{0}\,16' \end{array}\right\}$ wie $\ominus\,\Delta\text{H}\text{Z} = 360^{0}$, Hei 400

also $\left\{\begin{array}{l} s\,\Delta\text{H} = \; 99^{\text{P}}\,20' \\ {,s}\,\text{Z}\text{H} = \; 67^{\text{P}}\,20' \end{array}\right\}$ wie $h\,\Delta\text{Z} = 120^{\text{P}}.$

Setzt man $vbl\,\Delta\text{Z} = \quad 3^{\text{P}}\,34' \;\text{wie}\; exhm\,\Delta\text{A} \doteq 60^{\text{P}}$, (S. 231,34) 25
so wird $\quad \Delta\text{H} = \quad 2^{\text{P}}\,57'$ und $\text{Z}\text{H} = 2^{\text{P}}\,0'.$

Nun ist $\quad \Delta\text{A}^{2} - \Delta\text{H}^{2} = \text{A}\text{H}^{2},$ Ha 274
mithin $\quad \text{A}\text{H} = \; 59^{\text{P}}\,56'$ in demselben Maße.

2. Es ist ferner (weil $\text{Z}\Delta = \Delta\text{E}$)

$\left.\begin{array}{l} \text{Z}\text{H} = \text{H}\ominus \\ \text{E}\ominus = 2\,\Delta\text{H} \end{array}\right\}$ (Eukl. VI. 2. 4) 30

mithin $\left\{\begin{array}{l} \text{A}\ominus = \text{A}\text{H} + \text{H}\ominus = 61^{\text{P}}\,56' \\ \text{E}\ominus \; (= 2\,\Delta\text{H}) \; = \; 5^{\text{P}}\,54' \end{array}\right\}$ (wie $\Delta\text{A} = 60^{\text{P}}$).

(Nun ist     $A\Theta^2 + E\Theta^2 = AE^2$)

mithin     $h\,AE = \ 62^P 13'$ in demselben Maße.

Setzt man     $h\,AE = 120^P$,

so wird     $s\,E\Theta = \ 11^P 21'$ in diesem Maße,

5     also     $b\,E\Theta = \ 10^0 51'$ wie $\ominus E\Theta A = 360^0$,

folglich $\angle\, EA\Theta = \ 10^0 51'$ wie $2R = 360^0$.

Hei 401     3. Setzt man nun (wie oben in dem Maße von $\triangle A = Z\Xi$ nachgewiesen)

$$E\Theta = 5^P 54' \text{ wie } exhm\ Z\Xi = 60^P,$$

10     so wird $\left.\begin{cases} Z\Theta \ (= 2\,ZH) \ = \ \ 4^P \\ \Xi\Theta = Z\Xi + Z\Theta = 64^P \end{cases}\right\}$ in diesem Maße.

(Nun ist     $\Xi\Theta^2 + E\Theta^2 = \Xi E^2$)

mithin     $h\,\Xi E = \ 64^P 16'$ in demselben Maße.

Setzt man     $h\,\Xi E = 120^P$,

15     so wird     $s\,E\Theta = \ 11^P \ 2'$ in diesem Maße,

also     $b\,E\Theta = \ 10^0 33'$ wie $\ominus E\Theta\Xi = 360^0$,

mithin $\angle\, E\Xi\Theta = \ 10^0 33'$ wie $2R = 360^0$.

Nun war $\angle\, EA\Theta = \ 10^0 51'$ wie $2R = 360^0$,

folglich $\angle\, AE\Xi = \ \ \ 0^0 18'$ als Differenz,

20     $= \ \ \ 0^0 \ 9'$ wie $4R = 360^0$.

Das ist der Winkel der gesuchten Differenz. Nun hatte
der Planet bei der ersten Opposition auf der Geraden EA
als scheinbaren Ort $\triangleq 1^0 13'$ inne. Hieraus ergibt sich folgendes. Wenn sich der Mittelpunkt des Epizykels nicht auf
Ha 275 dem Exzenter $A\Lambda$, sondern auf dem Exzenter $N\Xi$ bewegte,
26 so würde er sich in dem Punkt $\Xi$ des letzteren befinden,
und der scheinbare Ort des Planeten würde auf der Geraden
$E\Xi$ (nicht in $\triangleq 1^0 13'$, sondern) um $0^0 9'$ gegen die Richtung
der Zeichen weiter rückwärts der Stellung in Punkt A in
30 $\triangleq 1^0 4'$ liegen.

B. Es sei wieder auch die Figur der zweiten Opposition
für denselben Beweisgang vorgelegt, und zwar soll sie die
Stellung nach Passierung des Apogeums zeigen.

Hei 402     1. Nachgewiesen wurde (s. S. 232,24 $b$ $B\Lambda$) als Bogen des
35 Exzenters (des gleichförmigen Laufs)

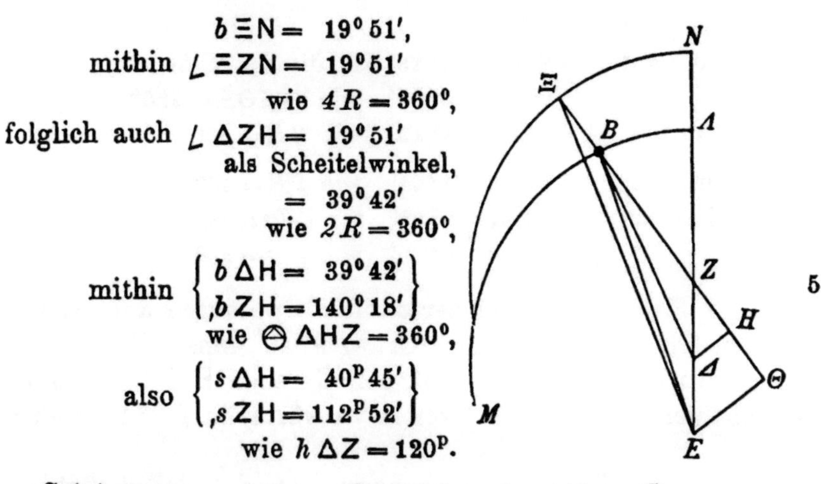


$$b\,\Xi N = 19^\circ\,51',$$

mithin $\angle\,\Xi ZN = 19^\circ\,51'$

wie $4R = 360^\circ,$

folglich auch $\angle\,\Delta ZH = 19^\circ\,51'$
als Scheitelwinkel,

$$= 39^\circ\,42'$$
wie $2R = 360^\circ,$

mithin $\left\{\begin{array}{l} b\,\Delta H = 39^\circ\,42' \\ ,b\,ZH = 140^\circ\,18' \end{array}\right\}$
wie $\ominus\,\Delta HZ = 360^\circ,$

also $\left\{\begin{array}{l} s\,\Delta H = 40^P\,45' \\ ,s\,ZH = 112^P\,52' \end{array}\right\}$
wie $h\,\Delta Z = 120^P.$

Setzt man $\quad \Delta Z = 3^P\,34'$ wie $exhm\,\Delta B = 60^P,$

so wird $\quad \Delta H = 1^P\,13'$ und $ZH = 3^P\,21'.$ 10

Nun ist $\quad \Delta B^2 - \Delta H^2 = BH^2,$

mithin $\quad BH = 59^P\,59'$ in demselben Maße.

2. Es ist ferner (weil $Z\Delta = \Delta E$)

$$\left.\begin{array}{l} ZH = H\Theta \\ E\Theta = 2\,\Delta H \end{array}\right\}\ \text{(Eukl. VI. 2. 4)}$$ 15

mithin $\left\{\begin{array}{l} B\Theta = BH + H\Theta = 63^P\,20' \\ E\Theta (= 2\,\Delta H) = 2^P\,26' \end{array}\right\}$ (wie $\Delta B = 60^P$).

(Nun ist $\quad B\Theta^2 + E\Theta^2 = BE^2$)

mithin $\quad h\,BE = 63^P\,23'$ in demselben Maße. Hei 403

Setzt man $\quad h\,BE = 120^P,$ 20

so wird $\quad s\,E\Theta = 4^P\,36'$ in diesem Maße, Ha 276

also $\quad b\,E\Theta = 4^\circ\,24'$ wie $\ominus\,E\Theta B = 360^\circ,$

folglich $\angle\,EB\Theta = 4^\circ\,24'$ wie $2R = 360^\circ.$

3. Setzt man, wie oben (in dem Maße von $\Delta B = Z\Xi$)
nachgewiesen, 25

$$E\Theta = 2^P\,26'\ \text{wie}\ exhm\,Z\Xi = 60^P,$$

so wird $\left\{\begin{array}{l} Z\Theta (= 2\,ZH) = 6^P\,42' \\ \Xi\Theta = Z\Xi + Z\Theta = 66^P\,42' \end{array}\right\}$ in diesem Maße.

(Nun ist $\Xi\Theta^2 + E\Theta^2 = \Xi E^2$)

mithin $h\,\Xi E = 66^P\,45'$ in demselben Maße. 30

Setzt man $h\,\Xi\,\mathrm{E}=120^{\mathrm{P}}$,

so wird $s\,\mathrm{E}\Theta=\quad4^{\mathrm{P}}23'$ in diesem Maße,

also $b\,\mathrm{E}\Theta=\quad4^{0}12'$ wie $\ominus\,\mathrm{E}\Theta\Xi=360^{0}$,

mithin $\angle\,\mathrm{E}\Xi\Theta=\quad4^{0}12'$ wie $2R=360^{0}$.

5 Nun war $\angle\,\mathrm{EB}\Theta=\quad4^{0}24'$ wie $2R=360^{0}$,

folglich $\angle\,\mathrm{BE}\Xi=\quad0^{0}12'$ als Differenz,

$=\quad0^{0}\ 6'$ wie $4R=360^{0}$.

Der Planet hatte bei der zweiten Opposition auf der Geraden EB als scheinbaren Ort $\nearrow 9^{0}40'$ inne. Wenn sein 10 scheinbarer Ort wieder auf der Geraden $\mathrm{E}\Xi$ läge, so ist
Hei 404 auch hier klar, daß er (weiter vorwärts) in $\nearrow 9^{0}46'$ stehen würde.

Nun war (S. 234, 30) nachgewiesen, daß der Planet bei der ersten Opposition unter der gleichen Voraussetzung in 15 $\triangleq 1^{0}4'$ gestanden haben würde. Hieraus geht hervor, daß das scheinbare Intervall von der ersten bis zur zweiten Opposition, wenn es theoretisch auf den Exzenter N$\Xi$ bezogen würde, in der Ekliptik (von $\triangleq 1^{0}4'$ bis $\nearrow 9^{0}46'$) 20 $68^{0}42'$ (statt $68^{0}27'$) betragen müßte.

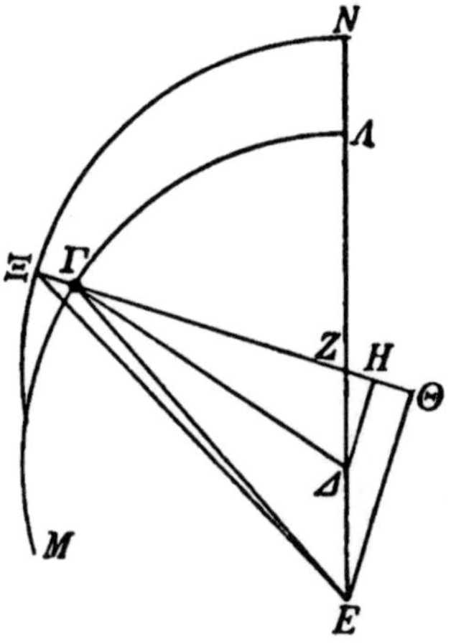

C. Ebenso sei auch die Figur der dritten Opposition in derselben Stellung, wie sie für die zweite Opposition (d. h. nach Passierung des
Ha 277 25 Apogeums) angesetzt war, vorgelegt.

1. Es wurde nachgewiesen (s. S. 232, 16 $b\,\Gamma\Delta$), daß

30 $b\,\mathrm{N}\Xi=\quad57^{0}43'$,

mithin $\angle\,\Xi\mathrm{ZN}=\quad57^{0}43'$ wie $4R=360^{0}$,

folglich auch $\angle\,\Delta\mathrm{ZH}=\quad57^{0}43'$ (als Scheitelwinkel),

$=115^{0}26'$ wie $2R=360^{0}$,

35 mithin $\begin{cases} b\,\Delta\mathrm{H}=115^{0}26' \\ ,b\,\mathrm{ZH}=\ 64^{0}34' \end{cases}$ wie $\ominus\,\Delta\mathrm{HZ}=360^{0}$,

$$\text{also} \begin{cases} s\,\Delta\mathsf{H} = 101^{\mathrm{P}}\,27' \\ ,s\,\mathsf{ZH} = \phantom{0}64^{\mathrm{P}}\,6' \end{cases} \text{wie } h\,\Delta\mathsf{Z} = 120^{\mathrm{P}}.$$

Hei 405

Setzt man $\quad \Delta\mathsf{Z} = \phantom{0}3^{\mathrm{P}}\,34'$ wie $exhm\;\Delta\Gamma = 60^{\mathrm{P}}$,
so wird $\quad\quad \Delta\mathsf{H} = \phantom{0}\cdot3^{\mathrm{P}}\,1'$ und $\mathsf{ZH} = 1^{\mathrm{P}}\,54'$.

Nun ist $\quad\quad \Delta\Gamma^2 - \Delta\mathsf{H}^2 = \Gamma\mathsf{H}^2$,
mithin $\quad\quad\quad \Gamma\mathsf{H} = 59^{\mathrm{P}}\,56'$ in demselben Maße.

5

2. Es ist ferner (weil $\mathsf{Z}\Delta = \Delta\mathsf{E}$)

$$\begin{cases} \mathsf{ZH} = \mathsf{H}\Theta \\ \mathsf{E}\Theta = 2\,\Delta\mathsf{H} \end{cases} \text{(Eukl. VI. 2. 4)}$$

$$\text{mithin} \begin{cases} \Gamma\Theta = \Gamma\mathsf{H} + \mathsf{H}\Theta = 61^{\mathrm{P}}\,50' \\ \mathsf{E}\Theta\,(=2\,\Delta\mathsf{H}) \phantom{00} = \phantom{0}6^{\mathrm{P}}\,2' \end{cases} \text{(wie } \Delta\Gamma = 60^{\mathrm{P}}).$$

10

(Nun ist $\quad\quad \Gamma\Theta^2 + \mathsf{E}\Theta^2 = \Gamma\mathsf{E}^2$)
mithin $\quad\quad h\,\Gamma\mathsf{E} = \phantom{0}62^{\mathrm{P}}\,8'$ in demselben Maße.

Setzt man $\quad h\,\Gamma\mathsf{E} = 120^{\mathrm{P}}$,
so wird $\quad\quad s\,\mathsf{E}\Theta = \phantom{0}11^{\mathrm{P}}\,39'$ in diesem Maße,
also $\quad\quad\quad b\,\mathsf{E}\Theta = \phantom{0}11^{\circ}\,9'$ wie $\oplus\,\mathsf{E}\Theta\Gamma = 360^{\circ}$,
folglich $\quad \angle\,\mathsf{E}\Gamma\Theta = \phantom{0}11^{\circ}\,9'$ wie $2R = 360^{\circ}$.

15

2. Setzt man (wie oben in dem Maße von $\Delta\Gamma = \mathsf{Z}\Xi$ nachgewiesen)

$$\mathsf{E}\Theta = 6^{\mathrm{P}}\,2' \text{ wie } exhm\;\mathsf{Z}\Xi = 60^{\mathrm{P}},$$

20

$$\text{so wird} \begin{cases} \mathsf{Z}\Theta\,(=2\,\mathsf{ZH}) \phantom{000} = \phantom{0}3^{\mathrm{P}}\,48' \\ \Xi\Theta = \mathsf{Z}\Xi + \mathsf{Z}\Theta = 63^{\mathrm{P}}\,48' \end{cases} \text{in diesem Maße.}$$

Ha 278

(Nun ist $\quad\quad \Xi\Theta^2 + \mathsf{E}\Theta^2 = \Xi\mathsf{E}^2$)
mithin $\quad\quad h\,\Xi\mathsf{E} = \phantom{0}64^{\mathrm{P}}\,5'$ in demselben Maße.

Setzt man $\quad h\,\Xi\mathsf{E} = 120^{\mathrm{P}}$,
so wird $\quad\quad s\,\mathsf{E}\Theta = \phantom{0}11^{\mathrm{P}}\,18'$ in diesem Maße,
also $\quad\quad\quad b\,\mathsf{E}\Theta = \phantom{0}10^{\circ}\,49'$ wie $\oplus\,\mathsf{E}\Theta\Xi = 360^{\circ}$,
mithin $\quad \angle\,\mathsf{E}\Xi\Theta = \phantom{0}10^{\circ}\,49'$ wie $2R = 360^{\circ}$.

Hei 406<br>26

Nun war $\quad \angle\,\mathsf{E}\Gamma\Theta = \phantom{0}11^{\circ}\,9'$ wie $2R = 360^{\circ}$,
folglich $\quad \angle\,\Gamma\mathsf{E}\Xi = \phantom{00}0^{\circ}\,20'$ als Differenz,
$$\phantom{folglich \angle\Gamma E\Xi} = \phantom{00}0^{\circ}\,10' \text{ wie } 4R = 360^{\circ}.$$

30

Da der scheinbare Ort des Planeten bei der dritten Op-
position (S. 228, 19) auf der Geraden $\mathsf{E}\Gamma$ in $\textrm{♐}\,14^{\circ}\,14'$ lag,

so geht hieraus hervor, daß er, wenn er sich auf der Geraden E Ξ befände, (0°10′ weiter vorwärts) in ♏ 14°24′ liegen müßte.  Es betrug somit wieder, theoretisch auf den Exzenter N Ξ bezogen, das scheinbare Intervall von der zweiten bis zur dritten Opposition (d. i. von ♐ 9°46′ bis ♏ 14°24′) 34°38′ (statt 34°34′).

### III. Wiederaufnahme des Beweisverfahrens.

Unter Einsetzung der (S. 231 f. und) vorstehend für diese Intervalle gewonnenen Werte fanden wir bei (nochmaliger) Durchführung desselben Beweisverfahrens (I)

1. die Verbindungslinie zwischen den Zentren der Ekliptik und des Exzenters, welcher die gleichförmige Bewegung des Epizykels bewirkt, d. i. die E Z gleiche Strecke[a]

$$(\triangle K) = 6^P 50' \text{ wie } exdm = 120^P \text{ (statt } 7^P 8' \text{ S. 231, 34);}$$

2. die Bogen desselben Exzenters

    a) von dem Ort der ersten Opposition bis zum Apogeum

$$(b \, A \Lambda) = 57°5' \text{ (statt } 55°52' \text{ S. 232, 29);}$$

    b) von dem Apogeum bis zu dem Ort der zweiten Opposition

$$(b \, B \Lambda) = 18°38' \text{ (statt } 19°51' \text{ S. 232, 24);}$$

    c) von dem Apogeum bis zu dem Ort der dritten Opposition

$$(b \, \Gamma \Lambda) = 56°30' \text{ (statt } 57°43' \text{ S. 232, 16).}$$

### IV. Probe der Endergebnisse.

Hu 279
Hei 407} Auf diesem Wege sind die vorstehenden zahlenmäßigen Beträge wieder genau ermittelt.[b]  Denn erstens ergeben

---

    a) E Z bezieht sich auf die bisherige Figur S. 236, die folgenden in Parenthese beigefügten Buchstaben auf die Figur S 231.

    b) Daher fehlen auch bei dem Saturn die Abschnitte B und C des Absatzes III S. 189 f.  Die Unterschiede in den Entfernungen der drei Oppositionen vom Apogeum gegen die vorher ermittelten betragen nur je 1°13′.

sich vermittelst dieser Beträge die Differenzen der Ekliptikbogen ohne wesentlichen Fehler als dieselben wie die vorher (S 236, 21; 238, 6) gewonnenen, zweitens lassen sich
aus ihnen die scheinbaren Intervalle des Planeten berechnen und werden in Überein-
stimmung gefunden mit den (S.
228, 24. 25) durch die Beobachtung
festgestellten. Dies wird uns auf
dem ähnlichen Wege klar werden.

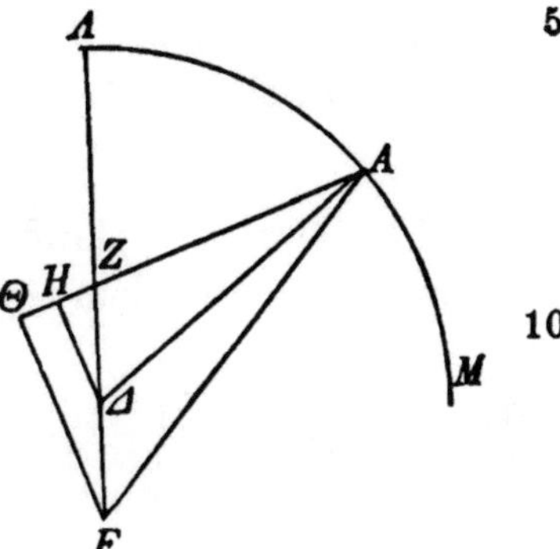

A. Vorgelegt sei die Figur der
ersten Opposition mit der Beschränkung auf den Exzenter, welcher den
Mittelpunkt des Epizykels trägt.

1. Als Zentriwinkel des Exzenters (des gleichförmigen Laufs) ist

$$\angle \mathsf{AZ\Lambda} = \phantom{0}57^0\ 5' \quad \text{wie } 4\,R = 360^0,$$
$$= 114^0 10' \quad \text{wie } 2\,R = 360^0;$$

folglich auch $\angle \triangle \mathsf{ZH} = 114^0 10'$ als Scheitelwinkel,

$$\text{mithin} \begin{cases} b\,\triangle\mathsf{H} = 114^0 10' \\ {}_{,}b\,\mathsf{ZH} = \phantom{0}65^0\,50' \end{cases} \text{wie } \ominus \triangle\mathsf{HZ} = 360^0,$$

$$\text{also} \begin{cases} s\,\triangle\mathsf{H} = 100^{\mathrm{P}}44' \\ {}_{,}s\,\mathsf{ZH} = \phantom{0}65^{\mathrm{P}}13' \end{cases} \text{wie } h\,\triangle\mathsf{Z} = 120^{\mathrm{P}}.$$

Setzt man $vbl\,\triangle\mathsf{Z} = \phantom{0}3^{\mathrm{P}}25'$ wie $exhm\,\triangle\mathsf{A} = 60^{\mathrm{P}}$,   
so wird $\triangle\mathsf{H} = \phantom{0}2^{\mathrm{P}}52'$ und $\mathsf{ZH} = 1^{\mathrm{P}}51'$.

Nun ist $\triangle\mathsf{A}^2 - \triangle\mathsf{H}^2 = \mathsf{AH}^2$,
mithin $\mathsf{AH} = 59^{\mathrm{P}}56'$ in demselben Maße.

2. Es ist ferner (weil $\mathsf{Z}\triangle = \triangle\mathsf{E}$)

$$\begin{matrix} \mathsf{ZH} = \mathsf{H}\Theta \\ \mathsf{E}\Theta = 2\triangle\mathsf{H} \end{matrix} \Big\} \ (\text{Eukl. VI. 2. 4})$$

$$\text{mithin} \begin{cases} \mathsf{A}\Theta = \mathsf{AH} + \mathsf{H}\Theta = 61^{\mathrm{P}}57' \\ \mathsf{E}\Theta\,(= 2\triangle\mathsf{H}) = \phantom{0}5^{\mathrm{P}}44' \end{cases} (\text{wie } \triangle\mathsf{A} = 60^{\mathrm{P}}).$$

$$(\text{Nun ist} \quad \mathsf{A}\Theta^2 + \mathsf{E}\Theta^2 = \mathsf{AE}^2)$$
mithin $h\,\mathsf{AE} = \phantom{0}62^{\mathrm{P}}\,3'$ in demselben Maße.

Hei 408

Ha 280

Setzt man    $h\,\mathsf{AE} = 120^\mathrm{p}$,

so wird    $s\,\mathsf{E\Theta} = 11^\mathrm{p}\,5'$   in diesem Maße,

also    $b\,\mathsf{E\Theta} = 10^\circ 36'$   wie $\ominus\,\mathsf{E\Theta A} = 360^\circ$,

mithin    $\angle\,\mathsf{EAZ} = 10^\circ 36'$   wie $2R = 360^\circ$.

5    Nun war    $\angle\,\mathsf{AZ\Lambda} = 114^\circ 10'$   wie $2R = 360^\circ$,

folglich    $\angle\,\mathsf{AE\Lambda} = 103^\circ 34'$   als Differenz,

$= 51^\circ 47'$   wie $4R = 360^\circ$.

So viel Grade stand demnach der Planet bei der ersten Opposition vor dem Apogeum.

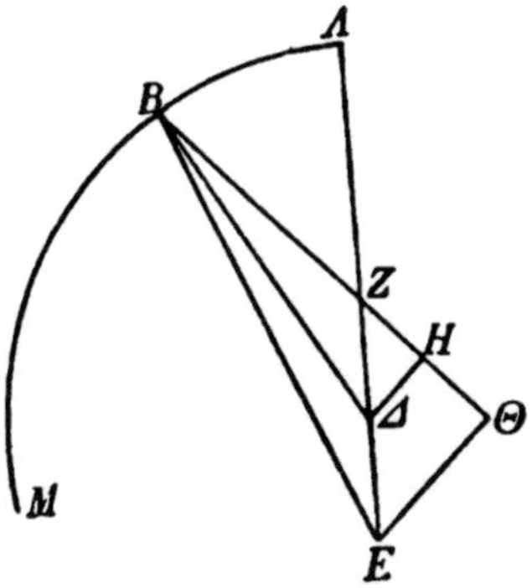

10    B. Es sei ferner entsprechenderweise die Figur der zweiten Opposition vorgelegt.

1. Es wurde nachgewiesen (s. S. 238, 21 $b$ B$\Lambda$), daß

$\angle\,\mathsf{BZ\Lambda} = 18^\circ 38'$   wie $4R = 360^\circ$,

$= 37^\circ 16'$   wie $2R = 360^\circ$;

folglich auch



$\angle\,\Delta\mathsf{ZH} = 37^\circ 16'$ als Scheitelwinkel,

20    mithin $\left\{ \begin{array}{l} b\,\Delta\mathsf{H} = \ \ 37^\circ 16' \\ {}_{,}b\,\mathsf{ZH} = 142^\circ 44' \end{array} \right\}$ wie $\ominus\,\Delta\mathsf{HZ} = 360^\circ$,

also $\left\{ \begin{array}{l} s\,\Delta\mathsf{H} = \ \ 38^\mathrm{p}\,20' \\ {}_{,}s\,\mathsf{ZH} = 113^\mathrm{p}\,43' \end{array} \right\}$ wie $h\,\Delta\mathsf{Z} = 120^\mathrm{p}$.

Setzt man    $\Delta\mathsf{Z} = \ \ 3^\mathrm{p}\,25'$   wie $exhm\ \Delta\mathsf{B} = 60^\mathrm{p}$,

so wird    $\Delta\mathsf{H} = \ \ 1^\mathrm{p}\,5'$   und $\mathsf{ZH} = 3^\mathrm{p}\,14'$.


   Nun ist    $\Delta\mathsf{B}^2 - \Delta\mathsf{H}^2 = \mathsf{BH}^2$,

26    mithin    $\mathsf{BH} = 59^\mathrm{p}\,59'$ in demselben Maße.

2. Es ist ferner (weil $\mathsf{Z}\Delta = \Delta\mathsf{E}$)

$\left. \begin{array}{l} \mathsf{ZH} = \mathsf{H\Theta} \\ \mathsf{E\Theta} = 2\,\Delta\mathsf{H} \end{array} \right\}$ (Eukl. VI. 2. 4)

30    mithin $\left\{ \begin{array}{l} \mathsf{B\Theta} = \mathsf{BH} + \mathsf{H\Theta} = 63^\mathrm{p}\,13' \\ \mathsf{E\Theta}\,(= 2\,\Delta\mathsf{H}) \ \ \ = \ \ 2^\mathrm{p}\,10' \end{array} \right\}$ (wie $\Delta\mathsf{B} = 60^\mathrm{p}$).

(Nun ist     $B\Theta^2 + E\Theta^2 = BE^2$)

  mithin     $h\,BE = 63^P 15'$  in demselben Maße.

Setzt man     $h\,BE = 120^P$,

  so wird     $s\,E\Theta = 4^P 7'$  in diesem Maße,

  also     $b\,E\Theta = 3°56'$  wie $\ominus E\Theta B = 360°$,

  mithin $\angle EB\Theta = 3°56'$  wie $2R = 360°$.

Nun war $\angle BZ\Lambda = 37°16'$  wie $2R = 360°$,

  folglich $\angle BE\Lambda = 33°20'$  als Differenz,

  $= 16°40'$  wie $4R = 360°$.

Bei der zweiten Opposition lag demnach der scheinbare Ort des Planeten $16°40'$ hinter dem Apogeum. Nun war (S. 240, 7) nachgewiesen, daß bei der ersten Opposition der Planet $51°47'$ vor demselben Apogeum gestanden hatte. Folglich beläuft sich in Übereinstimmung mit den (S. 228,24) aus den Beobachtungen gewonnenen Graden das scheinbare Intervall von der ersten Opposition bis zur zweiten in Summa auf $68°27'$.

C. Es sei nun auch die Figur der dritten Opposition vorgelegt.

1. Es war nachgewiesen (s. S. 238,24 $b\,\Gamma\Lambda$), daß

$$\angle \Gamma Z\Lambda = 56°30'$$
$$\text{wie } 4R = 360°,$$
$$= 113°$$
$$\text{wie } 2R = 360°,$$

folglich auch $\angle \Delta ZH = 113°$ als Scheitelwinkel,

  mithin $\begin{cases} b\,\Delta H = 113° \\ {,}b\,ZH = 67° \end{cases}$ wie $\ominus \Delta HZ = 360°$,

  also $\begin{cases} s\,\Delta H = 100^P 4' \\ {,}s\,ZH = 66^P 14' \end{cases}$ wie $h\,\Delta Z = 120^P$.

Setzt man     $\Delta Z = 3^P 25'$  wie $exhm\ \Delta\Gamma = 60^P$,

  so wird     $\Delta H = 2^P 51'$  und $ZH = 1^P 53'$.

Nun ist     $\Delta\Gamma^2 - \Delta H^2 = \Gamma H^2$,

  mithin     $\Gamma H = 59^P 56'$  in demselben Maße.

2. Es ist ferner (weil $Z\Delta = \Delta E$)

$$\left.\begin{array}{l} ZH = H\Theta \\ E\Theta = 2\Delta H \end{array}\right\} \text{(Eukl. VI. 2. 4)}$$

5     mithin $\left\{\begin{array}{l} \Gamma\Theta = \Gamma H + H\Theta = 61^P 49' \\ E\Theta\,(=2\Delta H) \quad = \quad 5^P 42' \end{array}\right\}$ (wie $\Delta\Gamma = 60^P$).

(Nun ist     $\Gamma\Theta^2 + E\Theta^2 = \Gamma E^2$)

mithin     $h\,\Gamma E = \ 62^P\ 5'$   in demselben Maße.

Setzt man     $h\,\Gamma E = 120^P$,

so wird     $s\,E\Theta = \ 11^P 10'$   in diesem Maße,

10     also     $b\,E\Theta = \ 10^0 32'$   wie $\bigodot E\Theta\Gamma = 360^0$,

mithin     $\angle\,E\Gamma\Theta = \ 10^0 32'$   wie $2R = 360^0$.

Hei 412     Nun war     $\angle\,\Gamma Z\Lambda = 113^0$   wie $2R = 360^0$,

folglich     $\angle\,\Gamma E\Lambda = 102^0 28'$   als Differenz,

$= \ 51^0 14'$   wie $4R = 360^0$.

15 So viel Grade lag demnach bei der dritten Opposition der scheinbare Ort des Planeten hinter dem Apogeum. Nun war nachgewiesen, daß er auch bei der zweiten Opposition dasselbe Apogeum $16^0 40'$ hinter sich hatte. Folglich beläuft sich, wieder in Übereinstimmung mit den (S. 228, 25) 20 aus den Beobachtungen gewonnenen Geraden, das scheinbare Intervall von der zweiten bis zur dritten Opposition als Differenz (von $51^0 14' - 16^0 40'$) auf $34^0 34'$.

## V. Lage des Apogeums.

Ha 283     Der Planet hatte bei der dritten Opposition in ♏ $14^0 14'$ 25 das Apogeum, wie (eben) nachgewiesen wurde, $51^0 14'$ hinter sich. Folglich ist ohne weiteres klar, daß damals das Apogeum der Exzentrizität ($51^0 14'$ rückwärts) in ♏ $23^0$ lag und das Perigeum diametral gegenüber in ♉ $23^0$.

## VI. Nachweis der mittleren Länge und der Anomalie.

30 Wenn wir um den Mittelpunkt $\Gamma$ den Epizykel HK beschreiben, werden wir ohne weiteres erhalten

1. von dem Apogeum des Exzenters ab den mittleren Ort
des Epizykels in Länge mit den (S. 238, 23) nachgewiesenen
$56^0 30'$;

2. den Epizykelbogen ΘK (von
dem Perigeum K bis zu dem Planeten in Θ) mit $5^0 16'$ (wie *epz*
$= 360^0$), weil (S. 242, 11) nachgewiesen worden ist, daß ∠EΓZ
$= 10^0 32'$ wie $2R = 360^0$. Es
bleibt somit für den Bogen HΘ
von dem Apogeum des Epizykels
bis zu dem Planeten $(180^0 -$
$5^0 16' =) 174^0 44'$ übrig.

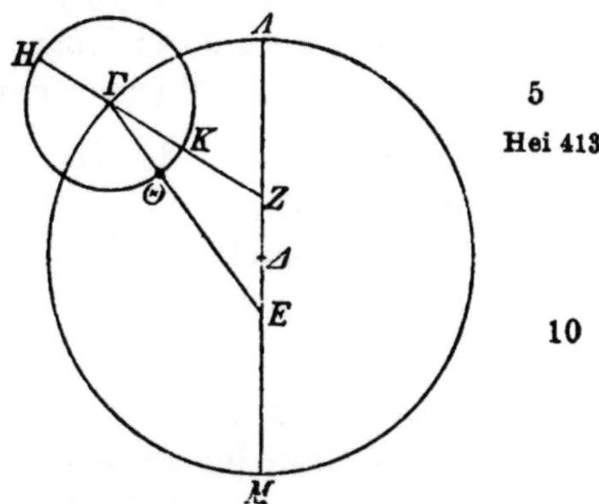



Zur Zeit der dritten Opposi-
tion, d. i. im $20^{ten}$ Jahre Hadrians am 24. ägyptischen Me- 15
sore mittags (8. Juli 136 n. Chr. $12^h$ mittags), stand demnach der Planet Saturn, theoretisch auf die mittleren Örter
bezogen, in Länge von dem Apogeum (♏ $23^0$) des Ex-
zenters $56^0 30'$ entfernt, d.h. sein mittlerer Ort[a] war (♐ $14^0 14'$
$+ ∠$EΓZ $=$) ♐ $19^0 30'$, während er in Anomalie von dem 20
Apogeum des Epizykels $174^0 44'$ entfernt war. Dies zu finden war als Aufgabe gestellt.

## Sechstes Kapitel.
### Nachweis der zahlenmäßigen Größe des Epizykels
### des Saturn.

Weiter wählten wir wieder, um die zahlenmäßige Größe {Ha 284
{Hei 414
des Epizykels nachzuweisen, eine Beobachtung, welche wir
im $2^{ten}$ Jahre Antonins am 6/7. ägyptischen Mechir 4 Äqui- 25
noktialstunden vor Mitternacht (22. Dezember 138 n. Chr.
$8^h$ abends) angestellt hatten. Am Astrolab kulminierte ♈ $30^0$,
während die mittlere Sonne in ♐ $28^0 41'$ stand.[b]  Damals
hatte der Planet Saturn, mit Bezug auf den glänzenden Stern

---

a) D. i. der auf der Leitlinie ZΓ liegende Ort.
b) Für $885^a 155^d 8^h$ ergibt die Nachprüfung ♐ $28^0 41' 14''$.

(Aldebaran) der Hyaden anvisiert, als scheinbaren Ort ≈ 9° 4′ inne und blieb hinter dem Zentrum des Mondes ungefähr einen halben Grad (östlich) zurück; denn so weit stand er von dem nördlichen Horn des Mondes[a] entfernt. Nun war

5 für jene Stunde[b] (nach den Mondtafeln berechnet)

| | |
|---|---|
| der mittlere Ort des Mondes | ≈ 8° 55′ |
| die Entfernung von dem Apogeum des Epizykels in Anomalie | . 174° 15′ |
| daher der genaue Ort[8] | ≈ 9° 40′ |
| Hei 415   der scheinbare Ort für Alexandria[c] | ≈ 8° 34′. |

11      So mußte also der Planet Saturn, da er ungefähr einen halben Grad hinter dem Zentrum des Mondes (östlich) zurückblieb, in ≈ 9° 4′ stehen, war demnach von demselben Apogeum des Exzenters (d. i. von ♏ 23°), weil dieses auf

15 eine so kurze Zeit keinen nennenswerten Fortschritt in Bewegung zeigt, 76° 4′ entfernt.

Da ferner die von der dritten Opposition bis zu dieser Beobachtung (vom 24. Mesore mittags 883 Nab. bis zum

Ha 285   6. Mechir 8[h] abends 886 Nab.) verflossene Zeit 2 ägyptische

20 Jahre, (7 + 5 + 150 + 5 =) 167 Tage und 8 Stunden beträgt, und da sich der Saturn in dieser Zeit rund[d] 30° 3′ in Länge und 134° 24′ in Anomalie bewegt, so werden wir, wenn wir diese Grade zu den für die dritte Opposition (S. 243, 19. 21) festgestellten Örtern addieren, zur Zeit der vorliegen-

25 den Beobachtung in Länge von dem Apogeum des Exzenters (56° 30′ + 30° 3′ =) 86° 33′ erhalten, in Anomalie von dem Apogeum des Epizykels (174° 44′ + 134° 24′ =) 309° 8′.

---

a) Der Mond stand in Sichelform etwa 5° vor dem ersten Oktanten und hatte 1° 36′ südliche Breite. S. Anm. 22.1.

b) Die Nachprüfung ergibt ≈ 8° 57′ 43″ und 174° 19′ 53″ in Anomalie. Da der Mond 40° mittlere Elongation hatte, so machte sich die zweite Anomalie geltend. Hierzu s. Anm. 8.

c) Da der Mond westlich des Meridians stand, so wirkte die Längenparallaxe gegen die Richtung der Zeichen.

d) Die Nachprüfung ergibt 30° 2′ 59″ in Länge und 134° 23′ 33″ in Anomalie.

Diese Zahlen sollen gegeben sein. Es sei wieder die Figur (S. 221) für den ähnlichen Beweis vorgelegt. Nur muß sie (hier) den zugrunde gelegten Örtern entsprechend die Lage des Epizykels nach Passierung des Apogeums des Exzenters und den Planeten in der Stellung vor Passierung des Apogeums des Epizykels zeigen.

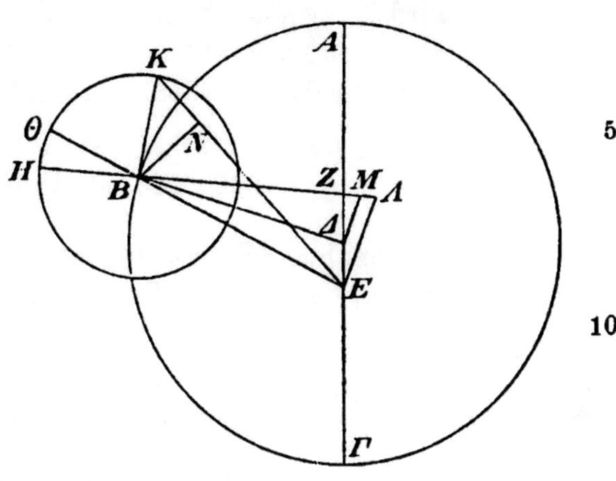


1. Als gegeben ist zugrunde gelegt

$$\angle\, AZB = \phantom{0}86^0\,33' \quad \text{wie } 4R = 360^0,$$
$$= 173^0\ \phantom{0}6' \quad \text{wie } 2R = 360^0,$$

folglich auch $\angle\, \Delta ZM = 173^0\ 6'$ (als Scheitelwinkel),

mithin $\left\{ \begin{array}{l} b\,\Delta M = 173^0\ \phantom{0}6' \\ ,b\,ZM = \phantom{00}6^0\,54' \end{array} \right\}$ wie $\ominus \Delta MZ = 360^0,$

also $\left\{ \begin{array}{l} s\,\Delta M = 119^{\mathrm{P}}\,47' \\ ,s\,ZM = \phantom{00}7^{\mathrm{P}}\,13' \end{array} \right\}$ wie $h\,\Delta Z = 120^{\mathrm{P}}.$

Setzt man $vbl\,\Delta Z = \phantom{0}3^{\mathrm{P}}\,25'$ wie $exhm\,\Delta B = 60^{\mathrm{P}},$
so wird $\Delta M = \phantom{0}3^{\mathrm{P}}\,25'$ und $ZM = 0^{\mathrm{P}}\,12'.$

Nun ist $\Delta B^2 - \Delta M^2 = BM^2,$
mithin $BM = 59^{\mathrm{P}}\,54'$ in demselben Maße.

2. Es ist ferner (weil $Z\Delta = \Delta E$)

$$\left. \begin{array}{l} ZM = M\Lambda \\ E\Lambda = 2\Delta M \end{array} \right\} \text{(Eukl. VI. 2. 4)}$$

mithin $\left\{ \begin{array}{l} B\Lambda = BM + M\Lambda = 60^{\mathrm{P}}\ \phantom{0}6' \\ E\Lambda\ (= 2\Delta M) \phantom{000} = \phantom{0}6^{\mathrm{P}}\,50' \end{array} \right\}$ (wie $\Delta B = 60^{\mathrm{P}}$).

(Nun ist $B\Lambda^2 + E\Lambda^2 = EB^2$)
mithin $h\,EB = \phantom{0}60^{\mathrm{P}}\,29'$ in demselben Maße.

Setzt man      $h\,\mathsf{EB} = 120^\mathrm{P}$,

so wird        $s\,\mathsf{E\Lambda} = 13^\mathrm{P}33'$   in diesem Maße,

also           $b\,\mathsf{E\Lambda} = 12^\circ 58'$   wie $\ominus\,\mathsf{E\Lambda B} = 360^\circ$,

mithin $\angle\,\mathsf{EBZ} = 12^\circ 58'$   wie $2R = 360^\circ$.

5   Nun war $\angle\,\mathsf{AZB} = 173^\circ\,6'$   wie $2R = 360^\circ$,

folglich $\angle\,\mathsf{AEB} = 160^\circ\,8'$   als Differenz.

3. Nach Annahme (S. 244, 16) war gegeben als der Winkel, welcher die scheinbare Entfernung des Planeten vom Apogeum mißt,

10          $\angle\,\mathsf{AEK} = 76^\circ\,4'$   wie $4R = 360^\circ$,

$= 152^\circ\,8'$   wie $2R = 360^\circ$.

(Nun war $\angle\,\mathsf{AEB} = 160^\circ\,8'$   wie $2R = 360^\circ$)

folglich $\angle\,\mathsf{KEB} = 8^\circ$        als Differenz,

mithin $b\,\mathsf{BN} = 8^\circ$        wie $\ominus\,\mathsf{BNE} = 360^\circ$,

**Hei 418**   also $s\,\mathsf{BN} = 8^\mathrm{P}22'$   wie $h\,\mathsf{EB} = 120^\mathrm{P}$.

16   Setzt man $\mathsf{EB} = 60^\mathrm{P}29'$   wie $exhm = 60^\mathrm{P}$,   (S. 245, 34)

so wird $\mathsf{BN} = 4^\mathrm{P}13'$   in diesem Maße.

4. Da die Entfernung des Planeten von dem Apogeum des Epizykels (S. 244, 28) $309^\circ 8'$ betrug, so ist als Supple-

20 mentbogen

$b\,\mathsf{HK} = 50^\circ 52'$,

**Ha 287**   mithin $\angle\,\mathsf{HBK} = 50^\circ 52'$   wie $4R = 360^\circ$,

$= 101^\circ 44'$   wie $2R = 360^\circ$.

Nun war $\angle\,\mathsf{EBZ} = 12^\circ 58'$   wie $2R = 360^\circ$,

25 mithin auch $\angle\,\mathsf{HB\Theta} = 12^\circ 58'$   (als Scheitelwinkel),

folglich $\angle\,\Theta\mathsf{BK} = 88^\circ 46'$   als Differenz.

Nun war $\angle\,\mathsf{KEB} = 8^\circ$        wie $2R = 360^\circ$,

folglich $\angle\,\mathsf{BKN} = 80^\circ 46'$   als Differenz,

mithin $b\,\mathsf{BN} = 80^\circ 46'$   wie $\ominus\,\mathsf{BNK} = 360^\circ$,

30   also $s\,\mathsf{BN} = 79^\mathrm{P}45'$   wie $h\,\mathsf{BK} = 120^\mathrm{P}$.

Setzt man $\mathsf{BN} = 4^\mathrm{P}13'$   wie $exhm = 60^\mathrm{P}$,

so wird $\mathsf{BK} = 6^\mathrm{P}30'$   als $ephm$.

Somit sind wir zu dem Ergebnis gelangt, daß erstens
(S. 242, 27) zur Zeit des Regierungsantrittes Antonins das
Apogeum des Saturn in ♏ 23⁰ lag, daß zweitens (S. 238,14)  Hei 419
die Verbindungslinie zwischen den Zentren der Ekliptik und
des Exzenters, welcher die gleichförmige Bewegung bewirkt, 5
$6^P 50'$ in dem Maße beträgt, in welchem der Halbmesser
des den Epizykel tragenden Exzenters gleich $60^P$ ist, daß
endlich in demselben Maße der Halbmesser des Epizykels
$6^P 30'$ beträgt, was zu finden als Aufgabe gestellt war.

## Siebentes Kapitel.
### Korrektion der periodischen Bewegungen des Saturn.

Da noch die Korrektion der periodischen Bewegungen 10
nachzuweisen bleibt, so wählten wir auch für diesen Zweck
wieder eine von den mit zweifelloser Sicherheit aufgezeich-  Ha 283
neten alten Beobachtungen, nach welcher mit Bestimmtheit
angegeben wird, daß im 82$^{ten}$ Jahre der Zeitrechnung der
Chaldäer am 5. Xanthikos abends der Planet Saturn zwei 15
Zoll unterhalb der südlichen Schulter ($\gamma$) der Jungfrau gestanden habe.

Der Zeitpunkt fällt in das 519$^{te}$ Jahr seit Nabonassar auf
den 14. ägyptischen Tybi abends (1. März 229 v. Chr. 6$^h$
abends). Für diese Stunde[a] fanden wir die mittlere Sonne 20
in ♓ $6^0 10'$. Nun stand der Fixstern ($\gamma$) an der südlichen
Schulter der Jungfrau[b] zur Zeit unserer Beobachtung[c] (885 Hei 420
Nab.) in ♍ $13^0 10'$, zur Zeit der vorgelegten Beobachtung,
weil auf die Zwischenzeit von 366 Jahren ohne wesentlichen
Fehler $3^0 40'$ Bewegung der Fixsterne entfallen, natürlich 25
in ♍ $9^0 30'$, wo auch der Planet Saturn stehen mußte, weil

---

a) Für 518$^a$ 133$^d$ 6$^h$ ergibt die Nachprüfung ♓ $6^0 8' 50''$, genauer für 7$^h$ ♓ $6^0 11' 17''$. Vgl. jedoch S. 251, 10

b) Im Sternkatalog wird dieser Stern (Nr. 7) bezeichnet als
„von den vier Sternen im linken Flügel der dem vorangehenden ($\eta$) nachfolgende".

c) Gemeint ist das Jahr 137 n. Chr. des Regierungsantrittes
Antonins, wie aus der Zwischenzeit von 366 Jahren (519 bis
885 Nab.) hervorgeht. Vgl. S. 15, 5; 167, 30; 199, 15.20.

er ja zwei Zoll südlicher als der Fixstern stand.  Aus demselben Grunde mußte sein Apogeum, da es zu unserer Zeit
(S. 242, 27) in ♏ 23⁰ nachgewiesen wurde, zur Zeit der vorgelegten Beobachtung in ♏ 19⁰20′ liegen.  Hieraus ergibt
sich, daß zu dem vorliegenden Zeitpunkt der scheinbare Planet von dem damaligen Apogeum (von ♏ 19⁰20′ bis ♍ 9⁰30′)
in der Ekliptik 290⁰10′ entfernt stand, während die mittlere
Sonne von demselben Apogeum (von ♏ 19⁰20′ bis ♓ 6⁰10′)
106⁰50′ entfernt war.

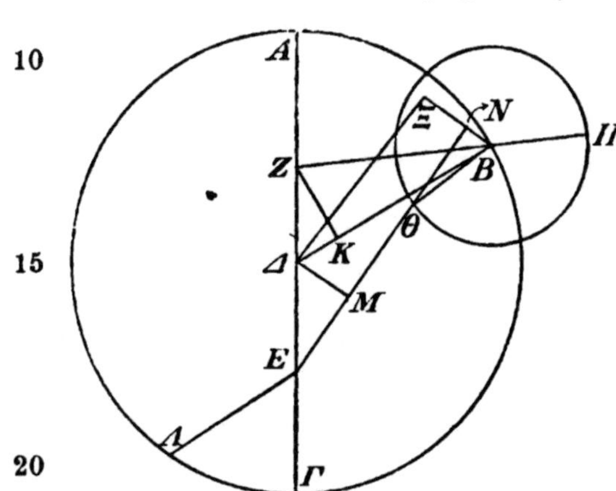

DieseZahlen sollen
gegeben sein. Vorgelegt sei wieder die
(S. 224, 18) bei dem
ähnlichen Nachweis
angewendete Figur.
Sie zeigt hier den Epizykel (gleichfalls) in
der Lage vor Passierung des Apogeums,
aber den Ort der Sonne vor Passierung des

Perigeums.  Parallel zu letzterem (d. h. zu EΛ) ziehe man
die Gerade (BΘ) von dem Mittelpunkte des Epizykels zum
Planeten.

1. Da der scheinbare Ort des Saturn die (zu 290⁰10′)
an einem Kreise fehlenden 69⁰50′ vor dem Apogeum stand,
so ist als Zentriwinkel der Ekliptik

$$\angle\, AE\Theta = \;\; 69^0 50' \quad \text{wie } 4R = 360^0,$$
$$= 139^0 40' \quad \text{wie } 2R = 360^0.$$

Ferner ist $\angle\, AE\Lambda = 106^0 50'$ wie $4R = 360^0$ als Abstand
der Sonne,
$$= 213^0 40' \quad \text{wie } 2R = 360^0,$$
mithin $\angle\, \Lambda E\Theta = 353^0 20'$ als Summe.

Nun ist $\angle\, \Lambda E\Theta = \angle\, B\Theta E,$ weil BΘ ‖ EΛ, (Eukl. I. 29)
folglich auch $\angle\, B\Theta E = 353^0 20'$ wie $2R = 360^0,$
sowie $\angle\, B\Theta N = \;\; 6^0 40'$ als Nebenwinkel,

mithin   $b$ BN $=$   6° 40′   wie $\ominus$ BN$\Theta = 360°$,
also    $s$ BN $=$   6ᴾ 58′   wie $h$ B$\Theta = 120ᴾ$.

Setzt man *ephm* B$\Theta =$   6ᴾ 30′,                    Hei 422
so wird      BN $=$   0ᴾ 23′   in demselben Maße.

2. Es ist ferner (wie oben)                          5

$\angle$ AE$\Theta = 139° 40′$   wie $2R = 360°$,
folglich $\angle$ M$\triangle$E $=$   40° 20′   als Komplementwinkel,
mithin  $b\triangle$M $= 139° 40′$   wie $\ominus \triangle$ME $= 360°$,
also   $s\triangle$M $= 112ᴾ 39′$   wie $h\triangle$E $= 120ᴾ$.

Setzt man $vbl \triangle$E $=$   3ᴾ 25′   wie *exhm* $\triangle$B $= 60ᴾ$,     10
so wird     $\triangle$M $=$   3ᴾ 12′   in demselben Maße.

Nun ist    $\triangle$M $= \Xi$N,   (Eukl. I. 34)
mithin       B$\Xi = $BN$+\Xi$N $= 3ᴾ 35′$   wie $h \triangle$B $= 60ᴾ$.

Setzt man  $h \triangle$B $= 120ᴾ$,
so wird   $s$ B$\Xi =$   7ᴾ 10′   in diesem Maße,     Ha 290
mithin   $b$ B$\Xi =$   6° 52′   wie $\ominus$ B$\Xi\triangle = 360°$,     16
also $\begin{cases} \angle \text{B}\triangle\Xi = & 6° 52′ & \text{wie } 2R = 360°, \\ \angle\text{B}\triangle\text{M} = 173° 8′ & & \text{als Komplementwinkel.} \end{cases}$

(Nun war $\angle$ M$\triangle$E $=$   40° 20′   wie $2R = 360°$,
folglich $\angle$ B$\triangle$E $= 213° 28′$   als Summe,                20
endlich $\angle$ B$\triangle$A $= 146° 32′$   als Nebenwinkel,

mithin $\begin{cases} b \text{ ZK} = 146° 32′ \\ ,b \triangle\text{K} = 33° 28′ \end{cases}$ wie $\ominus$ ZK$\triangle = 360°$,

also $\begin{cases} s \text{ ZK} = 114ᴾ 55′ \\ ,s \triangle\text{K} = 34ᴾ 33′ \end{cases}$ wie $h \triangle$Z $= 120ᴾ$.
                                                    Hei 423

Setzt man $vbl \triangle$Z $=$   3ᴾ 25′   wie *exhm* $\triangle$B $= 60ᴾ$,     26
so wird    ZK $=$   3ᴾ 17′   und $\triangle$K $= 0ᴾ 59′$,
mithin    KB $= \triangle$B $- \triangle$K $= 59ᴾ 1′$   wie ZK $= 3ᴾ 17′$.

(Nun ist   $\text{KB}^2 + \text{ZK}^2 = \text{ZB}^2$)
mithin    $h$ ZB $=$   59ᴾ 6′   in demselben Maße.        30

Setzt man  $h$ ZB $= 120ᴾ$,
so wird    $s$ ZK $=$   6ᴾ 40′   in diesem Maße,

also    $b$ ∠ K =    6° 22'   wie ⊖ ZKB = 360°,
mithin   ∠ ZBK =    6° 22'   wie $2R$ = 360°.

Nun war   ∠ BΔA = 146° 32'   wie $2R$ = 360°,
folglich   ∠ AZB = 152° 54'   als Summe,
               = 76° 27'   wie $4R$ = 360°.

Hiermit ist der Winkel gefunden, welcher den (an einem Umlauf fehlenden) gleichförmigen Lauf in Länge mißt.

Es stand demnach der Saturn zur Zeit der vorgelegten Beobachtung in mittlerem Lauf in Länge (360° — 76° 27' =) 283° 33' von dem Apogeum (♏ 19° 20') entfernt, d. h. sein (mittlerer) Ort war ♍ 2° 53'. Da aber auch der mittlere Ort der Sonne mit 106° 50' gegeben ist, so werden wir, wenn wir die 360° eines Kreises dazu addieren und von der erhaltenen Summe 466° 50' die 283° 33' der Länge abziehen, auch die Anomalie (d. i. den ∠ HBΘ) von dem Apogeum des Epizykels ab mit 183° 17' erhalten.[a]

Es ist also nachgewiesen, daß der Planet zur Zeit der vorgelegten Beobachtung, welche in das 519te Jahr seit Nabonassar auf den 14. Tybi abends (6h) fällt, von dem Apogeum des Epizykels 183° 17' entfernt war; es ist ferner (S. 243, 21) nachgewiesen, daß diese Entfernung zur Zeit der dritten Opposition, welche in das 883te Jahr seit Nabonassar auf den 24. Mesore mittags fällt, 174° 44' betrug. Hieraus geht hervor, daß sich der Planet Saturn in der zwischen den Beobachtungen verflossenen Zeit, welche 364 ägyptische Jahre und (16d + 180d + 23d + 18h =) 219³⁄₄ Tage umfaßt, nach Abzug von 351 ganzen Kreisen[10] 351° 27' in Anomalie[b] bewegt hat. Das ist wieder rund[c] der Überschuß an Graden (der Anomalie), welcher aus den von uns be-

---

a) Weil Länge + Anomalie des Planeten = mittlerer Sonne. Vgl. S. 173, 31. Die Anomalie berechnet sich also nach der Formel: $x + 283° 33' = 360° + 106° 50'$ mit $x = 466° 50' - 283° 33' = 183° 17'$.

b) Zum ganzen Kreise fehlen dem früheren Orte 360° — 183° 17' = 176° 43'; hierzu kommen 174° 44'.

c) Die Nachprüfung ergibt für 364ᵃ 219ᵈ 18ʰ in Anomalie 351° 26' 57''.

arbeiteten (Tafeln der) mittleren Bewegungen gewonnen wird,
weil die Feststellung des mittleren täglichen Laufs direkt
auf Grund des hier vorliegenden Materials dadurch erzielt
worden ist, daß in die aus der Zahl der Kreise und dem
Überschuß gewonnenen Grade dividiert wurde mit der An-  Hei 425
zahl der aus der Zeit gewonnenen Tage.  6.

## Achtes Kapitel.

### Epoche der periodischen Bewegungen des Saturn.

Die seit dem Mittag des 1. ägyptischen Thoth des ersten  Ha 292
Jahres Nabonassars bis zu der vorgelegten alten Beobachtung (14. Tybi $6^h$ abends 519 Nab.) verflossene Zeit beträgt
518 ägyptische Jahre und $(120^d + 13^d + 6^h =)$ $133^1/_4$ Tage. 10
Diese Zeit umfaßt an Überschuß $216^0 9'$ in Länge und
$149^0 15'$ in Anomalie.[a] Daher werden wir, wenn wir diese
Grade von den nach der Beobachtung (S. 250, 10. 16) festgestellten Örtern ($283^0 33'$ in Länge und $183^0 17'$ in Anomalie) abziehen, wieder für dieselbe Zeit der Epoche als 15
mittleren Ort für den Saturn erhalten

1. in Länge ($216^0 9'$ rückwärts von ♍ $2^0 53'$)   ♎ $26^0 44'$
2. von dem Apogeum des Epizykels in Anomalie   $34^0\ 2'$
3. für das Apogeum der Exzentrizität   ♏ $14^0 10'$.

An dieser Stelle wird letzteres aus demselben Grunde[b] 20
($5^0 10'$ rückwärts von ♏ $19^0 20'$) gelegen sein. Dies zu finden war als Aufgabe gestellt.

------

a) Die Nachprüfung ergibt für $518^a 133^d 6^h$ in Länge $216^0$
$8' 25''$, in Anomalie $149^0 15' 24''$.
b) Aus dem bei dem Mars S. 204, 1 angegebenen Grunde.

## Neuntes Kapitel.

### Gewinnung der genauen Örter aus den periodischen Bewegungen auf dem Wege geometrischer Konstruktion.

Hei 426　Daß umgekehrt auch die scheinbaren Örter der Planeten sich auf dem Wege geometrischer Konstruktion bequem gewinnen lassen, wenn die periodischen Bogen des die gleichförmige Bewegung bewirkenden Exzenters und des 5　Epizykels[a] gegeben sind, wird uns auf Grund derselben Voraussetzungen klar werden.

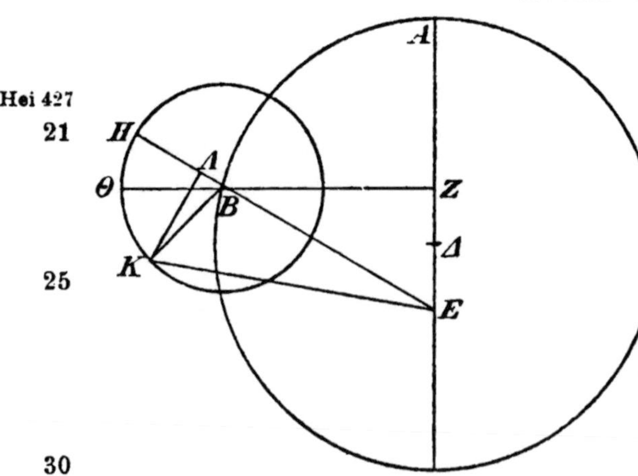

Wenn wir an der einfachen Figur von Exzenter und Epizykel die Verbindungslinien ZBΘ und EBH ziehen, so wird, wenn der mittlere Ort in Länge, d. i. ∠AZB gegeben ist, nach beiden Hypothesen auf Grund der früher (I 173 f. und 175 f.) geführten Beweise erstens ∠AEB und ∠EBZ sich bestimmen lassen, und somit auch ∠HBΘ, zweitens das Verhältnis der Geraden EB zu dem Halbmesser (BH) des Epizykels.[b]

Weiter sei auch der Planet beispielshalber in Punkt K des Epizykels ange-

Ha 293
Hei 427

---



a) D. h. die Zahlen der mittleren Länge und der mittleren Anomalie.　b) S. folgende Seite.

nommen. Man ziehe die Verbindungslinien EK und BK;
der Bogen ΘK (d. i. der mittlere Ort in Anomalie) soll gegeben sein.  Nun werden wir nicht mehr, wie (Fig. S. 245)
bei dem umgekehrten Beweisgange, von dem Mittelpunkt B
des Epizykels auf die Gerade EK ein Lot fällen, sondern  5
von dem Planeten in K auf die Gerade EB, wie hier das
Lot KΛ.  Alsdann wird der ganze ∠HBK (als Summe von
∠ΘBK + ∠HBΘ) gegeben sein, deshalb auch das Verhältnis von (den Katheten) KΛ und ΛB zu (der Hypotenuse)
BK (nach Eukl. Data 40) und natürlich (nach Eukl. Data 8)  10
auch zu EB; demzufolge auch das Verhältnis der ganzen
Strecke EΛ (= EB + BΛ) zu ΛK (nach Eukl. Data 6. 8).
Folglich erhalten wir, nachdem (nach Eukl. Data 41) auch
∠ΛEK gegeben ist, auch den ganzen ∠AEK (= ∠AEB +
∠ΛEK), welcher die scheinbare Entfernung des Planeten  15
von dem (derzeitigen) Apogeum mißt.

## Zehntes Kapitel.
### Praktische Anleitung zur Aufstellung von Tabellen der Anomalien.

Um nicht jedesmal auf dem Wege geometrischer Konstruktion die scheinbaren Örter berechnen zu müssen —
dieses Verfahren ist zwar einzig und allein maßgebend für  Ha 294
die absolut genaue Lösung der gestellten Aufgabe, aber doch  Hei 428
etwas zu kompliziert zur raschen Erledigung der Ortsbestim-  21
mungen — so haben wir so praktisch wie möglich und zugleich mit größter Annäherung an die absolute Genauigkeit
für jeden der fünf Planeten eine Tabelle bearbeitet, welche
ihre von Fall zu Fall in Rechnung zu ziehenden Anomalien  25
enthält, damit wir, wenn die periodischen Bewegungen von
den betreffenden Apogeen aus gegeben sind, vermittelst dieser
Anomalien ohne weitere Mühe jedesmal auch die scheinbaren Örter berechnen können.

---

b) Wie dieses Verhältnis sich bestimmen läßt, wenn ∠AZB
gegeben ist, wurde für jeden Planeten gehörigen Ortes (z. B.
Buch X. Kap 2 u. Kap. 8) nachgewiesen.

Jede Tabelle ist wieder aus Rücksicht auf die Symmetrie der Anordnung zu je 45 Zeilen angelegt und enthält 8 Spalten.

Die ersten beiden Spalten werden, wie bei der Sonne und
5 dem Monde, die Argumentzahlen des mittleren Laufs enthalten. Und zwar stehen in der ersten Spalte von oben nach unten die 180 Grade von dem Apogeum ab, in der zweiten von unten nach oben die übrigen 180 Grade des Halbkreises, so daß die Argumentzahl 180⁰ in beiden Spalten in der
10 letzten Zeile steht. Die Zunahme der Grade geht in den ersten 15 Zeilen von oben nach unten von 6 zu 6 Grad vor sich, in den übrigen 30 darunter befindlichen Zeilen dagegen von 3 zu 3 Grad, weil die Unterschiede der Anomalieabschnitte zu beiden Seiten der Apogeen auf eine größere
Hei 429 Strecke hin ganz unwesentlich voneinander abweichen, wäh-
16 rend sie zu beiden Seiten der Perigeen einem rascheren Wechsel unterliegen.

Von den folgenden zwei Spalten wird die dritte die Prosthaphäresisbeträge enthalten, welche sich zu den in den zu-
20 gehörigen Zeilen stehenden Argumentzahlen des mittleren Laufs infolge der größeren Exzentrizität ergeben; indessen
Ha 295 sind sie schlechthin gewonnen, als ob sich der Mittelpunkt des Epizykels direkt auf dem Exzenter bewegte, welcher die gleichförmige Bewegung bewirkt.

25 Die vierte Spalte enthält die Differenzen der Prosthaphäresisbeträge, welche sich infolge des Umstandes ergeben müssen, daß sich der Mittelpunkt des Epizykels nicht auf dem vorbenannten Kreise, sondern auf einem anderen bewegt.[12]

Die Methode, nach welcher jede Art dieser beiden Be-
30 träge, sowohl zusammen als auch getrennt für sich, auf dem Wege geometrischer Konstruktion gewonnen wird, ist durch zahlreiche, vorher von uns ausführlich mitgeteilte Beweisgänge dem Verständnis zugänglich gemacht worden.[a] Hier

---

a) D. h. sowohl in den Berechnungen, denen die Figur mit beiden Exzentern beigegeben war (wie z. B. S. 209—214), als auch in denjenigen mit der Figur, welche nur den einen Exzenter zeigt, auf dem sich der Epizykel bewegt (S. 216—219).

nun war es, wie es sich für ein Lehrbuch gehört, geboten,
dieses wichtige Berechnungsmaterial der auf die Ekliptik
bezogenen Anomalie vor Augen zu stellen und deshalb in
zwei Spalten anzuordnen. Für die Praxis selbst wird jedoch eine Spalte genügen, welche aus der Prosthaphäresis  5
dieser beiden Spalten kombiniert sein würde.

Jede der drei nächsten Spalten wird die Prosthaphäresisbeträge enthalten, welche sich infolge der Bewegung auf
dem Epizykel ergeben, wieder schlechthin gewonnen, als ob
die Apogeen und Perigeen der Epizyklen theoretisch nach 10
der Entfernung von unserem Auge betrachtet würden.[a]
Außerdem setzen wir voraus, daß die Methode dieser Art Hei 430
des Nachweises durch die früher (I 175 f. und 179 f.) ausführlich mitgeteilten Beweisgänge dem Verständnis zugänglich gemacht worden ist.                                  15

Die mittelste von diesen drei Spalten, die sechste von der
ersten ab, wird die Prosthaphäresisbeträge enthalten, welche
sich nach den Verhältnissen der mittleren Entfernungen
ergeben, die fünfte die Differenzen, welche sich \für dieselben Gradabschnitte zwischen den Prosthaphäresisbeträgen 20
bei größter und den Beträgen bei mittlerer Entfernung ergeben, die siebente die Differenzen, welche sich zwischen
den Prosthaphäresisbeträgen bei kleinster und den Beträgen bei mittlerer Entfernung ergeben. Nach den von uns
geführten Beweisen beträgt nämlich                        25

1. die mittlere Entfernung (vgl. Fig. S. 252), d. i. die
theoretisch nach dem Halbmesser ($A\Delta$) des den Epizykel Ha 296
tragenden Exzenters bemessene, bei allen Planeten $60^P$ in
dem Maße, in welchem bei jedem Planeten — es empfiehlt
sich mit den obersten anzufangen —                        30

bei dem Saturn der Halbmesser des Epizykels  =  $6^P 30'$

bei dem Jupiter  ,,   ,,   ,,   ,,  = $11^P 30'$

bei dem Mars   ,,   ,,   ,,   ,,  = $39^P 30'$

---

[a] D. h. der Lauf auf dem Epizykel wird nicht von dem
mittleren, sondern von dem genauen Apogeum aus gerechnet. S. Anm. 13.2.

bei der Venus der Halbmesser des Epizykels $= 43^P 10'$
bei dem Merkur „  „  „  „  $= 22^P 30'$.

2. Die **größte** Entfernung, d. i. die auf den Mittelpunkt der Ekliptik bezogene $(A\triangle + \triangle E)$, beträgt dagegen

5

  bei dem Saturn $(60^P + 3^P 25' =) 63^P 25'$
  bei dem Jupiter $(60^P + 2^P 45' =) 62^P 45'$
  bei dem Mars $(60^P + 6^P\ 0' =) 66^P\ 0'$
Hei 431  bei der Venus $(60^P + 1^P 15' =) 61^P 15'$
  bei dem Merkur $(60^P + 3 \times 3^P =) 69^P\ 0'$;

10 3. **die kleinste** in demselben Sinne $(A\triangle - \triangle E)$

  bei dem Saturn $(60^P - 3^P 25' =) 56^P 35'$
  bei dem Jupiter $(60^P - 2^P 45' =) 57^P 15'$
  bei dem Mars $(60^P - 6^P\ 0' =) 54^P\ 0'$
  bei der Venus $(60^P - 1^P 15' =) 58^P 45'$
15  bei dem Merkur $(60^P - 4^P 26' =) 55^P 34'$.[a]

Die achte und letzte Spalte ist von uns aufgestellt worden zur Gewinnung der Bruchteile der angesetzten Differenzen, welche fällig werden, wenn die Epizyklen der Planeten nicht direkt in der mittleren, größten oder kleinsten
20 Entfernung stehen, sondern in den zwischenliegenden Örtern. Die Berechnung der diesfalls erforderlichen Korrektion ist von uns ausschließlich mit Rücksicht auf diejenigen Maxima der Prosthaphäresisbeträge angestellt worden, welche in jeder Zwischenentfernung an den (Berüh-
25 rungspunkten der) Tangenten eintreten, die von unserem Auge (d. i. von $\Gamma$) aus an den Epizykel gezogen werden, wobei wir von der Annahme ausgehen, daß für die Einzelabschnitte des Epizykels der Zuschlag der Differenzen von den Zuschlägen, die für die Maxima der Prosthaphä-
30 resisbeträge gelten, nur ganz unwesentlich verschieden ist.[b]

---

a) Diese Entfernungsstrecke ist S. 146,12 für die beiden Erdnähen des Merkur nachgewiesen worden.

b) Die angedeutete Erleichterung der Berechnung ist nach dem vorliegenden Wortlaut nicht recht verständlich.

Damit das Gesagte deutlicher werde und zugleich der Ha 297
methodische Weg, auf dem wir die Zuschläge gewinnen, sich
erkennen lasse, sei ABΓΔ als
die Gerade vorgelegt, welche
durch die beiden Zentren der
Ekliptik und des die gleichförmige Bewegung des Epizykels
bewirkenden Exzenters geht. Als
der Mittelpunkt der Ekliptik sei
Γ angenommen, als Zentrum der
gleichförmigen Bewegung des
Epizykels B. Nachdem man die
Verbindungslinie BEZ gezogen,

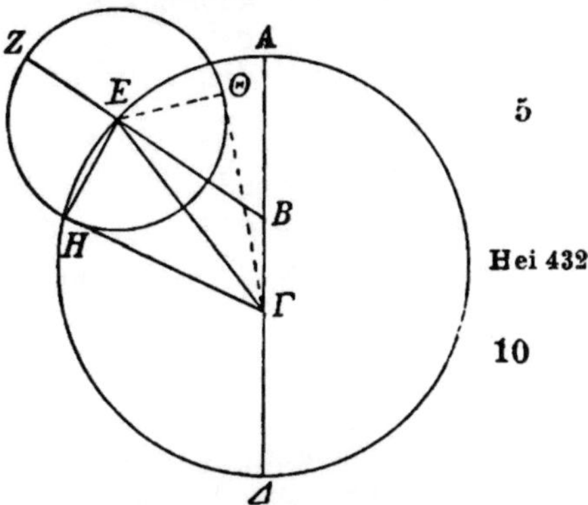

beschreibe man um den Mittelpunkt E den Epizykel ZH,
ziehe von Γ aus an denselben die Tangente ΓH, verbinde Γ 15
mit E und ziehe endlich die (zu ΓH nach Eukl. III. 18) senk-
rechte Verbindungslinie EH.[a]

Beispielshalber sei angenommen, daß bei jedem der fünf
Planeten der Mittelpunkt des Epizykels von dem Apogeum
der Exzentrizität in gleichförmiger Bewegung $30^0$ entfernt 20
sei. Durch Wiederholung derselben Beweisgänge würde die
Berechnung einen zu großen Raum beanspruchen; wir beschränken uns daher auf die Mitteilung der Ergebnisse. In
den vorangehenden Kapiteln ist sowohl bei der Hypothese
des Merkur (S. 143 f.) als auch bei der Hypothese der übrigen 25
Planeten (Buch X, Kap. 2 u. 8; Buch XI, Kap. 2 u. 6) ausführlich bewiesen worden, daß, wenn der ∠ABE gegeben ist,
auch das Verhältnis von ΓE zu dem Halbmesser des Epizykels, d. i. zu HE, sich bestimmen läßt. Die für jeden Planeten einzeln angestellte Berechnung führt bei Annahme des 30
∠ABE = $30^0$ wie $4R = 360^0$ zu folgenden Ergebnissen.
Es verhält sich

------

[a] Nach welcher Seite des Epizykels die Tangente gezogen
wird, bleibt sich für die Größe des bei Γ gebildeten Winkels
gleich, da die rechtwinkligen Dreiecke ΓHE und ΓΘE kongru-
ent sind.

Hei 433

bei dem Saturn    $\Gamma E : HE = 63^P\ 2' : \ 6^P\ 30'$
bei dem Jupiter    „    „   $= 62^P\ 26' : 11^P\ 30'$
bei dem Mars    „    „   $= 65^P\ 24' : 39^P\ 30'$
bei der Venus[a]    „    „   $= 61^P\ 6' : 43^P\ 10'$
5   bei dem Merkur    „    „   $= 66^P\ 35' : 22^P\ 30'.$

Demnach werden wir auch den (der Kathete $HE$ gegen-
Ha 298 überliegenden) $\angle E\Gamma H$ erhalten[b], welcher in der vorliegenden
Entfernung ($\Gamma E$) das Maximum der infolge der Bewegung
auf dem Epizykel eintretenden Prosthaphäresis mißt. Es
10 beträgt

bei dem Saturn   $\angle E\Gamma H = \ 5°55'30''$ wie $4R = 360°$
bei dem Jupiter   „   $= 10°36'30''$    „    „
bei dem Mars   „   $= 37°\ 9'\ 0''$    „    „
bei der Venus   „   $= 44°56'30''$    „    „
15   bei dem Merkur   „   $= 19°45'\ 0''$    „    „

Es betragen ferner die Maxima der Prosthaphäresisbeträge
(wenn der Planet im Berührungspunkte der Tangente an den
Epizykel steht) unter den kurz vorher (S. 255 f.) mitgeteilten (drei Entfernungs-) Verhältnissen[c] — wir behalten die
20 bisher angesetzte Reihenfolge bei, um die Namen der Planeten nicht immer wiederholen zu müssen — in den

| mittleren Entfern. | $6°13'$ | $11°\ 3'$ | $41°10'$ | $46°\ 0'$ | $22°\ 2'$ |
|---|---|---|---|---|---|
| größten    „ | $5°53'$ | $10°34'$ | $36°45'$ | $44°48'$ | $19°\ 2'$ |
| kleinsten    „ | $6°36'$ | $11°35'$ | $47°\ 1'$ | $47°17'$ | $23°53'.$ |

25   Hieraus ergeben sich folgende Differenzen der Prosthaphäresisbeträge:

---

a) Da die Entfernungen abnehmen, so kann $61^P26'$ (vgl.
S. 256,8) unmöglich richtig sein; ich habe daher die Lesart des
Cod. D $61^P6'$ wiedergegeben.

b) Setzt man z. B. für den Saturn $h\ \Gamma E = 120^P$ statt $63^P2'$,
so wird *ephm* $HE = 12^P23'$ in diesem Maße. Zu dieser Sehne
geben die Sehnentafeln den Bogen mit $11°51'$, wovon auf $\angle E\Gamma H$
als Hälfte $5°55'30''$ entfallen.

c) Z. B. für den Saturn bei dem Verhältnis $60^P : 6^P30'$ in
etwa $93°$ Entfernung von dem Apogeum des Exzenters $6°13'$, bei
$63^P25' : 6^P30'$ im Apogeum des Exzenters $5°53'$, bei $56^P35' : 6^P30'$
im Perigeum des Exzenters $6°36'$.

a) in den mittleren und den größten Entfernungen     Hei 434

0°20′ 0°29′ 4°25′ 1°12′ 3°0′;

b) in den mittleren und den kleinsten Entfernungen

0°23′ 0°32′ 5°51′ 1°17′ 1°51′.

Nun sind die (S. 258,11—15 festgesetzten) Prosthaphäresis- 5
beträge in den in Frage stehenden Entfernungen (bei 30°
mittlerer Länge) kleiner als die (ebenda Z. 22 mitgeteilten)
in den mittleren Entfernungen, und ihre Differenzen (mit
den letzteren) betragen[a]

0°17′30″ 0°26′30″ 4°1′ 1°3′30″ 2°17′.     10

Diese Differenzen lassen sich im Verhältnis zu den (oben
Z. 2) angesetzten ganzen Differenzen zwischen den (Beträgen
der) mittleren und größten Entfernungen als Bruchteile in
Sechzigsteln ausdrücken und betragen[b]

bei dem Saturn (1050″ : 1200″ =) 52′30″     15
bei dem Jupiter (1590″ : 1740″ =) 54′50″
bei dem Mars ( 241′ : 265′ =) 54′34″     Ha 299
bei der Venus (3810″ : 4320″ =) 52′55″
bei dem Merkur ( 137′ : 180′ =) 45′40″.

Diese Sechzigstel haben wir in jeder Tabelle in der ach- 20
ten Spalte in die Zeile gesetzt, welche die Argumentzahl 30°
der periodischen Länge enthält.[c]

---

a) Für den Saturn 6°13′ − 5°55′30″ = 0°17′30″, für den Jupiter
11°3′ − 10°36′30″ = 0°26′30″ usw.

b) Die in Parenthese beigefügten Verhältnisse von Sekunden
ergeben sich bei dem Saturn aus 0°17′30″ : 0°20′, bei dem
Jupiter aus 0°26′30″ : 0°29′ usw.

c) Diese Sechzigstel der ganzen Differenz (der 5. Spalte),
welche bei den Längengraden des erdfernen Halbkreises stehen,
sind demnach von den Beträgen für die mittlere Entfernung
(der 6. Spalte) abzuziehen und werden deshalb im Original in
der Überschrift der 8. Spalte aller Tabellen als Sechzigstel des
Abzugs bezeichnet, während die Sechzigstel der ganzen Differenz
(der 7. Spalte), welche zu den Längengraden des erdnahen
Halbkreises gesetzt sind, zu den Beträgen der 6. Spalte zu addieren sind und deshalb als Sechzigstel des Zusatzes bezeichnet werden. In der Übersetzung ist aus räumlichen Rücksichten dieser Unterschied durch die Zeichen − und + angedeutet.

Hei 435    Desgleichen haben wir bei den Entfernungen, welche gegen die Prosthaphäresisbeträge der mittleren Entfernungen (S. 258, 22) die größeren Beträge zeigen, die sich ergebenden Differenzen wieder in Sechzigstel verwandelt, jedoch im
5  Verhältnis zu den (S. 259, 4 angesetzten) ganzen Differenzen der Beträge in den kleinsten, nicht der Beträge in den größten Entfernungen.

Auf dieselbe Weise (wie vorstehend zu der mittleren Länge von 30°) haben wir auch zu den anderen Örtern von
10  6 zu 6 Grad den Betrag der Sechzigstel der ganzen Differenzen berechnet und zu den betreffenden Argumentzahlen gesetzt. Für die sinnliche Wahrnehmung bleibt, wie (S. 256, 27) gesagt, der Zuschlag der Differenzen derselbe, auch wenn die Örter der Planeten nicht direkt an den Stellen des Epizykels
15  mit dem Maximum der Prosthaphäresis liegen, sondern auch in anderen Teilen desselben.[a]

## Elftes Kapitel.
### Die Tabellen zur Berechnung
### der genauen Länge der fünf Planeten

Ha 300|
Hei 436| gestalten sich folgendermaßen (s. S. 261—265).

## Zwölftes Kapitel.
### Berechnung der Länge der fünf Planeten
### nach den Tabellen.

Ha 310|
Hei 446| Wenn wir mit Hilfe des vorstehenden Tabellenmaterials aus den periodischen Bewegungen in Länge und in Ano-
20  malie zur Kenntnis der scheinbaren Örter eines jeden der Planeten gelangen wollen, so werden wir die Berechnung nach den Tabellen, welche für die fünf Planeten ein und dieselbe ist, folgendermaßen anstellen.

---

a) Mit der Annäherung an die kleinste Entfernung vergrößert sich der von den Tangenten am Auge gebildete Winkel und die Berührungspunkte fallen an andere Stellen des Epizykels, ohne daß diese Verschiebung den Zuschlag der Differenzen wesentlich beeinflußt.

Apogeum ♏ 14° 10'.

| 1 | 2 | 3 | 4 | 5 | 6 | 7 | 8 |
|---|---|---|---|---|---|---|---|
| Gemeinsame Argumentzahlen | | Prosthaphäresis der Länge | Differenz der Prosthaphäresis | Differenz der Abnahme | Prosthaphäresis der Anomalie | Differenz der Zunahme | Sechzigstel |
| .6° | 354 | 0° 37' | + 0° 2' | 0° 2' | 0° 36' | 0° 2' | — 60' 0" |
| 12 | 348 | 1 13 | + 0 4 | 0 4 | 1 11 | 0 4 | — 58 30 |
| 18 | 342 | 1 49 | + 0 6 | 0 5 | 1 45 | 0 7 | — 57 0 |
| 24 | 336 | 2 23 | + 0 8 | 0 7 | 2 18 | 0 9 | — 55 30 |
| 30 | 330 | 2 57 | + 0 9 | 0 8 | 2 50 | 0 11 | — 52 30 |
| 36 | 324 | 3 29 | + 0 10 | 0 10 | 3 20 | 0 13 | — 49 30 |
| 42 | 318 | 3 59 | + 0 11 | 0 11 | 3 49 | 0 15 | — 46 30 |
| 48 | 312 | 4 28 | + 0 11 | 0 12 | 4 17 | 0 17 | — 43 30 |
| 54 | 306 | 4 55 | + 0 10 | 0 14 | 4 42 | 0 19 | — 39 0 |
| 60 | 300 | 5 20 | + 0 9 | 0 15 | 5 4 | 0 20 | — 34 30 |
| 66 | 294 | 5 42 | + 0 8 | 0 17 | 5 25 | 0 20 | — 30 0 |
| 72 | 288 | 6 0 | + 0 7 | 0 18 | 5 42 | 0 21 | — 24 0 |
| 78 | 282 | 6 14 | + 0 5 | 0 18 | 5 55 | 0 21 | — 18 0 |
| 84 | 276 | 6 24 | + 0 3 | 0 19 | 6 5 | 0 22 | — 12 0 |
| 90 | 270 | 6 30 | + 0 1 | 0 19 | 6 12 | 0 22 | — 4 30 |
| 93 | 267 | 6 31 | 0 0 | 0 20 | 6 12 | 0 23 | — 0 45 |
| 96 | 264 | 6 32 | — 0 2 | 0 20 | 6 13 | 0 23 | + 2 32 |
| 99 | 261 | 6 31 | — 0 3 | 0 20 | 6 12 | 0 24 | + 5 51 |
| 102 | 258 | 6 30 | — 0 4 | 0 21 | 6 12 | 0 24 | + 9 8 |
| 105 | 255 | 6 27 | — 0 5 | 0 21 | 6 9 | 0 24 | + 11 45 |
| 108 | 252 | 6 23 | — 0 6 | 0 20 | 6 5 | 0 25 | + 14 21 |
| 111 | 249 | 6 19 | — 0 7 | 0 20 | 6 0 | 0 25 | + 16 58 |
| 114 | 246 | 6 14 | — 0 8 | 0 20 | 5 55 | 0 24 | + 19 31 |
| 117 | 243 | 6 7 | — 0 9 | 0 19 | 5 48 | 0 24 | + 22 11 |
| 120 | 240 | 5 59 | — 0 10 | 0 19 | 5 40 | 0 23 | + 24 47 |
| 123 | 237 | 5 50 | — 0 10 | 0 19 | 5 31 | 0 23 | + 27 24 |
| 126 | 234 | 5 39 | — 0 11 | 0 18 | 5 21 | 0 22 | + 30 0 |
| 129 | 231 | 5 27 | — 0 11 | 0 18 | 5 10 | 0 22 | + 32 37 |
| 132 | 228 | 5 14 | — 0 12 | 0 17 | 4 58 | 0 21 | + 35 13 |
| 135 | 225 | 5 0 | — 0 12 | 0 17 | 4 45 | 0 20 | + 37 50 |
| 138 | 222 | 4 45 | — 0 12 | 0 16 | 4 31 | 0 19 | + 40 26 |
| 141 | 219 | 4 29 | — 0 12 | 0 15 | 4 16 | 0 18 | + 43 3 |
| 144 | 216 | 4 12 | — 0 12 | 0 14 | 4 0 | 0 17 | + 45 39 |
| 147 | 213 | 3 54 | — 0 12 | 0 14 | 3 43 | 0 15 | + 47 37 |
| 150 | 210 | 3 35 | — 0 11 | 0 12 | 3 25 | 0 14 | + 49 34 |
| 153 | 207 | 3 16 | — 0 11 | 0 11 | 3 7 | 0 13 | + 51 32 |
| 156 | 204 | 2 56 | — 0 10 | 0 10 | 2 48 | 0 12 | + 53 29 |
| 159 | 201 | 2 36 | — 0 9 | 0 9 | 2 29 | 0 11 | + 54 49 |
| 162 | 198 | 2 15 | — 0 8 | 0 7 | 2 9 | 0 10 | + 56 6 |
| 165 | 195 | 1 53 | — 0 7 | 0 6 | 1 48 | 0 8 | + 57 24 |
| 168 | 192 | 1 31 | — 0 6 | 0 5 | 1 27 | 0 7 | + 58 42 |
| 171 | 189 | 1 9 | — 0 5 | 0 5 | 1 6 | 0 5 | + 59 21 |
| 174 | 186 | 0 47 | — 0 3 | 0 4 | 0 45 | 0 4 | + 60 0 |
| 177 | 183 | 0 24 | — 0 2 | 0 2 | 0 23 | 0 2 | + 60 0 |
| 180 | 180 | 0 0 | 0 0 | 0 0 | 0 0 | 0 0 | + 60 0 |

Apogeum ♍ 2° 9'.

| 1 | 2 | 3 | 4 | 5 | 6 | 7 | 8 |
|---|---|---|---|---|---|---|---|
| Gemeinsame Argumentzahlen | | Prosthaphäresis der Länge | Differenz der Prosthaphäresis | Differenz der Abnahme | Prosthaphäresis der Anomalie | Differenz der Zunahme | Sechzigstel |
| 6° | 354° | 0° 30 | + 0° 1' | 0° 2' | 0° 58' | 0° 2' | — 60' 0" |
| 12 | 348 | 1 0 | + 0 2 | 0 5 | 1 56 | 0 5 | — 58 58 |
| 18 | 342 | 1 30 | + 0 3 | 0 7 | 2 52 | 0 7 | — 57 56 |
| 24 | 336 | 1 58 | + 0 4 | 0 9 | 3 48 | 0 9 | — 56 54 |
| 30 | 330 | 2 26 | + 0 5 | 0 11 | 4 42 | 0 11 | — 54 50 |
| 36 | 324 | 2 52 | + 0 6 | 0 13 | 5 34 | 0 13 | — 51 43 |
| 42 | 318 | 3 17 | + 0 7 | 0 15 | 6 25 | 0 15 | — 47 35 |
| 48 | 312 | 3 40 | + 0 7 | 0 17 | 7 12 | 0 18 | — 43 27 |
| 54 | 306 | 4 1 | + 0 7 | 0 19 | 7 57 | 0 20 | — 39 19 |
| 60 | 300 | 4 20 | + 0 6 | 0 21 | 8 37 | 0 22 | — 35 8 |
| 66 | 294 | 4 37 | + 0 5 | 0 23 | 9 14 | 0 24 | — 28 58 |
| 72 | 288 | 4 51 | + 0 4 | 0 24 | 9 46 | 0 26 | — 22 45 |
| 78 | 282 | 5 2 | + 0 3 | 0 25 | 10 13 | 0 28 | — 17 35 |
| 84 | 276 | 5 9 | + 0 2 | 0 26 | 10 35 | 0 30 | — 11 23 |
| 90 | 270 | 5 14 | + 0 1 | 0 26 | 10 51 | 0 31 | — 4 40 |
| 93 | 267 | 5 15 | 0 0 | 0 27 | 10 57 | 0 31 | — 1 8 |
| 96 | 264 | 5 16 | — 0 1 | 0 27 | 11 0 | 0 32 | + 1 52 |
| 99 | 261 | 5 15 | - 0 1 | 0 27 | 11 2 | 0 32 | + 5 9 |
| 102 | 258 | 5 14 | — 0 2 | 0 28 | 11 3 | 0 32 | + 8 26 |
| 105 | 255 | 5 12 | — 0 2 | 0 28 | 11 1 | 0 33 | + 11 43 |
| 108 | 252 | 5 9 | — 0 3 | 0 29 | 10 59 | 0 33 | + 15 0 |
| 111 | 249 | 5 5 | — 0 4 | 0 29 | 10 53 | 0 33 | + 17 49 |
| 114 | 246 | 5 0 | — 0 5 | 0 30 | 10 45 | 0 34 | + 20 37 |
| 117 | 243 | 4 54 | — 0 5 | 0 30 | 10 35 | 0 34 | + 23 26 |
| 120 | 240 | 4 47 | — 0 6 | 0 30 | 10 24 | 0 34 | + 26 15 |
| 123 | 237 | 4 39 | — 0 6 | 0 29 | 10 10 | 0 33 | + 29 4 |
| 126 | 234 | 4 30 | — 0 7 | 0 29 | 9 54 | 0 33 | + 31 52 |
| 129 | 231 | 4 20 | — 0 7 | 0 28 | 9 36 | 0 32 | + 34 41 |
| 132 | 228 | 4 9 | — 0 8 | 0 28 | 9 16 | 0 32 | + 37 30 |
| 135 | 225 | 3 58 | — 0 8 | 0 27 | 8 54 | 0 31 | + 40 19 |
| 138 | 222 | 3 46 | — 0 8 | 0 26 | 8 30. | 0 30 | + 43 7 |
| 141 | 219 | 3 33 | — 0 8 | 0 25 | 8 4 | 0 28 | + 45 28 |
| 144 | 216 | 3 20 | — 0 7 | 0 23 | 7 36 | 0 26 | + 47 49 |
| 147 | 213 | 3 6 | — 0 7 | 0 22 | 7 6 | 0 25 | + 49 42 |
| 150 | 210 | 2 51 | — 0 6 | 0 21 | 6 34 | 0 23 | + 51 31 |
| 153 | 207 | 2 36 | — 0 6 | 0 19 | 6 0 | 0 21 | + 52 58 |
| 156 | 204 | 2 20 | — 0 5 | 0 17 | 5 24 | 0 19 | + 54 22 |
| 159 | 201 | 2 4 | — 0 5 | 0 15 | 4 47 | 0 17 | + 55 47 |
| 162 | 198 | 1 47 | — 0 4 | 0 13 | 4 9 | 0 15 | + 57 11 |
| 165 | 195 | 1 30 | — 0 3 | 0 11 | 3 29 | 0 13 | + 57 40 |
| 168 | 192 | 1 13 | — 0 2 | 0 9 | 2 49 | 0 10 | + 58 13 |
| 171 | 189 | 0 55 | — 0 2 | 0 7 | 2 7 | 0 8 | + 58 40 |
| 174 | 186 | 0 37 | — 0 1 | 0 5 | 1 25 | 0 5 | + 59 4 |
| 177 | 183 | 0 18 | — 0 1 | 0 3 | 0 43 | 0 3 | + 59 32 |
| 180 | 180 | 0 0 | 0 0 | 0 0 | 0 0 | 0 0 | + 60 0 |

Apogeum ♋ 16° 40'.

| 1 | 2 | 3 | 4 | 5 | 6 | 7 | 8 |
|---|---|---|---|---|---|---|---|
| Gemeinsame Argument-zahlen | | Prosth-aphäresis der Länge | Differenz der Prosth-aphäresis | Differenz der Ab-nahme | Prosth-aphäresis der Anomalie | Differenz der Zunahme | Sechzigstel |
| 6° | 354° | 1° 0 | + 0° 5' | 0° 8' | 2° 24' | 0° 9' | — 59' 53'' |
| 12 | 348 | 2 0 | + 0 10 | 0 16 | 4 46 | 0 18 | — 58 59 |
| 18 | 342 | 2 58 | + 0 15 | 0 24 | 7 8 | 0 28 | — 57 51 |
| 24 | 336 | 3 56 | + 0 20 | 0 33 | 9 30 | 0 37 | — 56 36 |
| 30 | 330 | 4 52 | + 0 24 | 0 42 | 11 51 | 0 46 | — 54 34 |
| 36 | 324 | 5 46 | + 0 27 | 0 51 | 14 11 | 0 56 | — 52 11 |
| 42 | 318 | 6 39 | + 0 28 | 1 0 | 16 29 | 1 6 | — 49 28 |
| 48 | 312 | 7 28 | + 0 29 | 1 9 | 18 46 | 1 16 | — 46 17 |
| 54 | 306 | 8 14 | + 0 28 | 1 18 | 21 0 | 1 28 | — 42 38 |
| 60 | 300 | 8 57 | + 0 27 | 1 27 | 23 13 | 1 40 | — 38 8 |
| 66 | 294 | 9 36 | + 0 24 | 1 37 | 25 22 | 1 53 | — 33 26 |
| 72 | 288 | 10 9 | + 0 20 | 1 49 | 27 29 | 2 6 | — 28 20 |
| 78 | 282 | 10 38 | + 0 15 | 2 1 | 29 32 | 2 19 | — 22 47 |
| 84 | 276 | 11 2 | + 0 10 | 2 14 | 31 30 | 2 33 | — 16 33 |
| 90 | 270 | 11 19 | + 0 4 | 2 28 | 33 22 | 2 45 | — 10 5 |
| 93 | 267 | 11 25 | 0 0 | 2 35 | 34 15 | 2 57 | — 6 34 |
| 96 | 264 | 11 29 | — 0 4 | 2 42 | 35 6 | 3 6 | — 3 3 |
| 99 | 261 | 11 32 | — 0 8 | 2 49 | 35 56 | 3 15 | + 0 5 |
| 102 | 258 | 11 32 | — 0 12 | 2 56 | 36 43 | 3 25 | + 3 13 |
| 105 | 255 | 11 31 | — 0 16 | 3 4 | 37 27 | 3 36 | + 6 1 |
| 108 | 252 | 11 28 | — 0 19 | 3 13 | 38 9 | 3 47 | + 8 49 |
| 111 | 249 | 11 22 | — 0 22 | 3 22 | 38 48 | 3 58 | + 11 44 |
| 114 | 246 | 11 14 | — 0 25 | 3 32 | 39 24 | 4 9 | + 14 38 |
| 117 | 243 | 11 5 | — 0 28 | 3 43 | 39 56 | 4 21 | + 17 33 |
| 120 | 240 | 10 53 | — 0 31 | 3 54 | 40 23 | 4 35 | + 20 27 |
| 123 | 237 | 10 39 | — 0 33 | 4 4 | 40 44 | 4 50 | + 23 35 |
| 126 | 234 | 10 23 | — 0 35 | 4 14 | 40 59 | 5 5 | + 26 42 |
| 129 | 231 | 10 4 | — 0 37 | 4 24 | 41 7 | 5 21 | + 29 31 |
| 132 | 228 | 9 44 | — 0 39 | 4 35 | 41 9 | 5 37 | + 32 20 |
| 135 | 225 | 9 21 | — 0 40 | 4 45 | 41 2 | 5 55 | + 35 9 |
| 138 | 222 | 8 55 | — 0 41 | 4 56 | 40 45 | 6 14 | + 37 58 |
| 141 | 219 | 8 27 | — 0 41 | 5 7 | 40 16 | 6 34 | + 40 35 |
| 144 | 216 | 7 59 | — 0 41 | 5 18 | 39 37 | 6 53 | + 43 12 |
| 147 | 213 | 7 27 | — 0 41 | 5 28 | 38 40 | 7 12 | + 45 26 |
| 150 | 210 | 6 54 | — 0 38 | 5 34 | 37 25 | 7 30 | + 47 39 |
| 153 | 207 | 6 19 | — 0 36 | 5 38 | 35 52 | 7 45 | + 49 50 |
| 156 | 204 | 5 41 | — 0 33 | 5 38 | 33 53 | 7 58 | + 52 1 |
| 159 | 201 | 5 3 | — 0 30 | 5 34 | 31 30 | 8 3 | + 53 47 |
| 162 | 198 | 4 22 | — 0 27 | 5 18 | 28 35 | 7 58 | + 55 32 |
| 165 | 195 | 3 41 | — 0 23 | 4 52 | 25 3 | 7 47 | + 56 44 |
| 168 | 192 | 2 58 | — 0 19 | 4 18 | 21 0 | 7 6 | + 57 55 |
| 171 | 189 | 2 14 | — 0 15 | 3 32 | 16 25 | 5 59 | + 58 49 |
| 174 | 186 | 1 30 | — 0 10 | 2 27 | 11 19 | 4 26 | + 59 43 |
| 177 | 183 | 0 45 | — 0 5 | 1 16 | 5 45 | 2 20 | + 59 52 |
| 180 | 180 | 0 0 | 0 0 | 0 0 | 0 0 | 0 0 | + 60 0 |

Apogeum ♉ 16°10'.

| 1 2 Gemeinsame Argumentzahlen | | 3 Prosthaphäresis der Länge | 4 Differenz der Prosthaphäresis | 5 Differenz der Abnahme | 6 Prosthaphäresis der Anomalie | 7 Differenz der Zunahme | 8 Sechzigstel |
|---|---|---|---|---|---|---|---|
| 6° | 354° | 0° 14' | + 0° 1' | 0° 1' | 2° 31' | 0° 2' | — 59' 10'' |
| 12 | 348 | 0 28 | + 0 1 | 0 3 | 5 1 | 0 4 | — 57 55 |
| 18 | 342 | 0 42 | + 0 1 | 0 5 | 7 31 | 0 6 | — 56 40 |
| 24 | 336 | 0 56 | + 0 2 | 0 7 | 10 1 | 0 8 | — 55 0 |
| 30 | 330 | 1 9 | + 0 2 | 0 9 | 12 30 | 0 10 | — 52 55 |
| 36 | 324 | 1 21 | + 0 2 | 0 11 | 14 58 | 0 12 | — 49 35 |
| 42 | 318 | 1 32 | + 0 3 | 0 13 | 17 25 | 0 14 | — 45 50 |
| 48 | 312 | 1 43 | + 0 3 | 0 15 | 19 51 | 0 16 | — 42 5 |
| 54 | 306 | 1 53 | + 0 3 | 0 18 | 22 15 | 0 18 | — 37 5 |
| 60 | 300 | 2 1 | + 0 2 | 0 20 | 24 38 | 0 20 | — 31 40 |
| 66 | 294 | 2 8 | + 0 2 | 0 22 | 26 37 | 0 23 | — 26 15 |
| 72 | 288 | 2 14 | + 0 2 | 0 24 | 29 14 | 0 25 | — 20 25 |
| 78 | 282 | 2 18 | + 0 1 | 0 27 | 31 27 | 0 28 | — 14 35 |
| 84 | 276 | 2 21 | + 0 1 | 0 29 | 33 38 | 0 30 | — 8 20 |
| 90 | 270 | 2 23 | + 0 1 | 0 31 | 35 44 | 0 33 | — 1 40 |
| 93 | 267 | 2 23 | 0 0 | 0 33 | 36 40 | 0 36 | + 1 31 |
| 96 | 264 | 2 23 | — 0 1 | 0 35 | 37 43 | 0 38 | + 4 42 |
| 99 | 261 | 2 22 | — 0 1 | 0 38 | 38 40 | 0 40 | + 7 39 |
| 102 | 258 | 2 21 | — 0 1 | 0 40 | 39 35 | 0 43 | + 10 35 |
| 105 | 255 | 2 20 | — 0 1 | 0 42 | 40 29 | 0 45 | + 13 32 |
| 108 | 252 | 2 18 | — 0 1 | 0 45 | 41 20 | 0 47 | + 16 28 |
| 111 | 249 | 2 16 | — 0 1 | 0 47 | 42 9 | 0 50 | + 19 25 |
| 114 | 246 | 2 13 | — 0 2 | 0 49 | 42 54 | 0 52 | + 22 21 |
| 117 | 243 | 2 10 | — 0 2 | 0 52 | 43 35 | 0 55 | + 25 18 |
| 120 | 240 | 2 6 | — 0 2 | 0 54 | 44 12 | 0 58 | + 28 14 |
| 123 | 237 | 2 2 | — 0 2 | 0 57 | 44 45 | 1 1 | + 31 0 |
| 126 | 234 | 1 58 | — 0 2 | 1 0 | 45 14 | 1 4 | + 33 44 |
| 129 | 231 | 1 54 | — 0 2 | 1 3 | 45 36 | 1 8 | + 36 18 |
| 132 | 228 | 1 49 | — 0 3 | 1 6 | 45 51 | 1 11 | + 38 50 |
| 135 | 225 | 1 44 | — 0 3 | 1 10 | 45 55 | 1 14 | + 41 11 |
| 138 | 222 | 1 39 | — 0 3 | 1 14 | 45 57 | 1 18 | + 43 32 |
| 141 | 219 | 1 33 | — 0 3 | 1 19 | 45 45 | 1 22 | + 45 42 |
| 144 | 216 | 1 27 | — 0 2 | 1 24 | 45 20 | 1 27 | + 47 51 |
| 147 | 213 | 1 21 | — 0 2 | 1 29 | 44 40 | 1 32 | + 49 37 |
| 150 | 210 | 1 14 | — 0 2 | 1 33 | 43 39 | 1 38 | + 51 23 |
| 153 | 207 | 1 7 | — 0 2 | 1 37 | 42 18 | 1 43 | + 52 46 |
| 156 | 204 | 1 0 | — 0 2 | 1 39 | 40 28 | 1 48 | + 54 8 |
| 159 | 201 | 0 53 | — 0 2 | 1 41 | 38 7 | 1 51 | + 55 18 |
| 162 | 198 | 0 46 | — 0 1 | 1 42 | 35 7 | 1 52 | + 56 26 |
| 165 | 195 | 0 39 | — 0 1 | 1 38 | 31 24 | 1 50 | + 57 28 |
| 168 | 192 | 0 32 | — 0 1 | 1 31 | 26 46 | 1 43 | + 58 26 |
| 171 | 189 | 0 24 | — 0 1 | 1 19 | 21 15 | 1 27 | + 59 1 |
| 174 | 186 | 0 16 | — 0 1 | 0 58 | 17 47 | 1 5 | + 59 36 |
| 177 | 183 | 0 8 | — 0 1 | 0 31 | 7 38 | 0 35 | + 59 58 |
| 180 | 180 | 0 0 | 0 0 | 0 0 | 0 0 | 0 0 | + 60 0 |

Apogeum ♎ 1°10′.

| 1 2 | | 3 | 4 | 5 | 6 | 7 | 8 |
|---|---|---|---|---|---|---|---|
| Gemeinsame Argumentzahlen | | Prosthaphäresis der Länge | Differenz der Prosthaphäresis | Differenz der Abnahme | Prosthaphäresis der Anomalie | Differenz der Zunahme | Sechzigstel |
| 6° | 354° | 0° 18′ | — 0° 1′ | 0° 10′ | 1° 38′ | 0° 5′ | — 59′ 20″ |
| 12 | 348 | 0 34 | — 0 2 | 0 20 | 3 16 | 0 11 | — 57 20 |
| 18 | 342 | 0 51 | — 0 4 | 0 24 | 4 53 | 0 17 | — 54 40 |
| 24 | 336 | 1 7 | — 0 5 | 0 39 | 6 29 | 0 23 | — 50 40 |
| 30 | 330 | 1 22 | — 0 5 | 0 49 | 8 4 | 0 28 | — 45 40 |
| 36 | 324 | 1 37 | — 0 4 | 0 59 | 9 36 | 0 34 | — 39 40 |
| 42 | 318 | 1 51 | — 0 4 | 1 8 | 11 6 | 0 40 | — 33 0 |
| 48 | 312 | 2 4 | — 0 3 | 1 18 | 12 33 | 0 45 | — 25 40 |
| 54 | 306 | 2 15 | — 0 1 | 1 28 | 13 58 | 0 50 | — 18 0 |
| 60 | 300 | 2 25 | 0 0 | 1 39 | 15 18 | 0 56 | — 10 20 |
| 66 | 294 | 2 34 | + 0 2 | 1 49 | 16 33 | 1 4 | — 2 20 |
| 72 | 288 | 2 41 | + 0 4 | 1 59 | 17 43 | 1 11 | + 9 14 |
| 78 | 282 | 2 46 | + 0 6 | 2 9 | 18 47 | 1 17 | + 20 0 |
| 84 | 276 | 2 50 | + 0 7 | 2 19 | 19 44 | 1 23 | + 29 44 |
| 90 | 270 | 2 52 | + 0 9 | 2 29 | 20 33 | 1 29 | + 39 28 |
| 93 | 267 | 2 52 | + 0 10 | 2 34 | 20 54 | 1 32 | + 43 31 |
| 96 | 264 | 2 52 | + 0 10 | 2 39 | 21 14 | 1 35 | + 47 34 |
| 99 | 261 | 2 51 | + 0 11 | 2 44 | 21 29 | 1 38 | + 50 0 |
| 102 | 258 | 2 50 | + 0 10 | 2 48 | 21 42 | 1 41 | + 52 26 |
| 105 | 255 | 2 48 | + 0 10 | 2 53 | 21 52 | 1 44 | + 54 52 |
| 108 | 252 | 2 46 | + 0 10 | 2 58 | 21 59 | 1 46 | + 57 18 |
| 111 | 249 | 2 44 | + 0 9 | 3 2 | 22 2 | 1 49 | + 58 23 |
| 114 | 246 | 2 41 | + 0 9 | 3 4 | 22 1 | 1 52 | + 59 28 |
| 117 | 243 | 2 37 | + 0 9 | 3 6 | 21 56 | 1 55 | + 59 44 |
| 120 | 240 | 2 33 | + 0 8 | 3 8 | 21 47 | 1 57 | + 60 0 |
| 123 | 237 | 2 28 | + 0 7 | 3 9 | 21 33 | 1 59 | + 59 44 |
| 126 | 234 | 2 23 | + 0 7 | 3 10 | 21 15 | 2 0 | + 59 23 |
| 129 | 231 | 2 18 | + 0 6 | 3 12 | 20 53 | 2 0 | + 58 39 |
| 132 | 228 | 2 12 | + 0 6 | 3 12 | 20 25 | 2 1 | + 57 50 |
| 135 | 225 | 2 6 | + 0 5 | 3 9 | 19 50 | 2 1 | + 56 46 |
| 138 | 222 | 2 0 | + 0 4 | 3 6 | 19 10 | 2 0 | + 55 41 |
| 141 | 219 | 1 53 | + 0 4 | 3 2 | 18 24 | 2 0 | + 54 3 |
| 144 | 216 | 1 46 | + 0 3 | 2 57 | 17 32 | 1 58 | + 52 26 |
| 147 | 213 | 1 38 | + 0 3 | 2 51 | 16 35 | 1 53 | + 50 48 |
| 150 | 210 | 1 30 | + 0 2 | 2 42 | 15 31 | 1 47 | + 49 11 |
| 153 | 207 | 1 22 | + 0 2 | 2 32 | 14 20 | 1 41 | + 47 34 |
| 156 | 204 | 1 13 | + 0 2 | 2 21 | 13 3 | 1 34 | + 45 57 |
| 159 | 201 | 1 5 | + 0 1 | 2 9 | 11 41 | 1 26 | + 44 36 |
| 162 | 198 | 0 56 | + 0 1 | 1 55 | 10 13 | 1 17 | + 43 15 |
| 165 | 195 | 0 46 | + 0 1 | 1 38 | 8 40 | 1 7 | + 42 26 |
| 168 | 192 | 0 38 | 0 0 | 1 19 | 7 1 | 0 56 | + 41 37 |
| 171 | 189 | 0 28 | 0 0 | 1 1 | 5 19 | 0 43 | + 40 48 |
| 174 | 186 | 0 19 | 0 0 | 0 42 | 3 35 | 0 28 | + 40 0 |
| 177 | 183 | 0 9 | 0 0 | 0 21 | 1 48 | 0 14 | + 39 44 |
| 180 | 180 | 0 0 | 0 0 | 0 0 | 0 0 | 0 0 | + 39 28 |

Aus den Tafeln der mittleren Bewegung (S. 104ff.) gewinnen wir zunächst für den in Frage stehenden Zeitpunkt durch Summierung (der einzelnen Posten) nach Abzug ganzer Kreise die gleichförmigen Örter in Länge und Anomalie und zählen die Grade (des Überschusses der Länge) von dem derzeitigen Apogeum des Exzenters bis zu dem mittleren Ort in Länge ab.

1. Mit diesen Graden (der gleichförmigen Länge) gehen wir in die Anomalietabelle des betreffenden Planeten ein und entnehmen den bei der Argumentzahl in der dritten Spalte für die genaue Berechnung der Länge angesetzten Betrag unter Anrechnung[a] der aus Minuten bestehenden Prosthaphäresis der vierten Spalte. Den erhaltenen Betrag werden wir, wenn die festgestellte Argumentzahl der (gleichförmigen) Länge in der ersten Spalte steht, von den Graden der Länge abziehen und zu den Graden der Anomalie addieren, steht die Argumentzahl aber in der zweiten Spalte, umgekehrt zu den Graden der Länge addieren und von den Graden der Anomalie abziehen[13], um beide Örter in genauer Berechnung zu erhalten.

2. Hierauf gehen wir mit der von dem (genauen) Apogeum (des Epizykels) genauberechneten Zahl der Anomalie wieder in die beiden ersten Spalten ein und notieren uns die bei ihr in der sechsten Spalte angesetzte Prosthaphäresis (der Anomalie) der mittleren Entfernung. Desgleichen gehen wir mit der Zahl der gleichförmigen Länge, mit welcher gleich von vornherein schon eingegangen worden war, in dieselben Argumentzahlen ein. Steht sie in den ersten Zeilen, welche dem Apogeum (des Exzenters) näher liegen, d. i. über der Zeile für die mittlere Entfernung, was aus den in der achten Spalte stehenden Sechzigsteln klar hervorgeht[b], so nehmen wir die bei ihr in ebendieser achten

---

a) D. h. unter Abzug oder Zusatz, je nachdem diese Prosthaphäresis als negativ oder positiv bezeichnet ist.

b) Insofern diese Sechzigstel von oben nach unten abnehmen, in der Zeile der mittleren Entfernung gleich Null werden und dann wieder zunehmen.

Spalte stehenden Sechzigstel, so viel dort angegeben sind, von
der Differenz, welche in der fünften Spalte der größten
Entfernung in der Zeile der notierten mittleren Prosthaphäresis (der Anomalie) steht, und subtrahieren das
Ergebnis von diesem notierten Betrage. Steht aber die Zahl 5
der besagten Länge in den tieferen Zeilen, welche dem Perigeum (des Exzenters) näher liegen, d. i. unter der Zeile für
die mittlere Entfernung, so nehmen wir gleicherweise die
in der achten Spalte bei ihr stehenden Sechzigstel, so viel
dort angegeben sind, von der Differenz, welche in der sieben- 10
ten Spalte der kleinsten Entfernung neben der notierten
mittleren Prosthaphäresis steht, und addieren das Ergebnis Hei 448
zu dem notierten Betrage.[13)]

3. Hat die genau berechnete Zahl der Anomalie in der ersten
Spalte gestanden, so werden wir den hiermit erhaltenen 15
Gradbetrag der genau berechneten Prosthaphäresis (der Anomalie) zu den Graden der genau berechneten Länge addieren, hat sie in der zweiten Spalte gestanden, davon abziehen.[13)] Zählen wir dann die als Ergebnis erhaltene Zahl
von dem derzeitigen Apogeum des Planeten aus ab, so werden 20
wir auf seinen scheinbaren Ort stoßen.[14)]

# Zwölftes Buch.

## Erstes Kapitel.

### Vorbemerkungen zur Rückläufigkeit.

Nach Erledigung vorstehender Beweisführungen dürfte{Ha 312 / Hei 450}
es die nächstliegende Aufgabe sein, unser Augenmerk auf
die bei jedem der fünf Wandelsterne eintretenden kleinsten
und größten Rückläufigkeitsstrecken zu richten und 25
nachzuweisen, daß auch die zahlenmäßigen Beträge dieser
Bewegungen sich aus den erklärten Hypothesen in denkbar
bester Übereinstimmung mit den Beobachtungsergebnissen
ableiten lassen.

Ehe sie an die Untersuchung dieser Erscheinung heran- 30
treten, schicken sowohl die anderen Mathematiker als auch

Apollonius von Perga einen Lehrsatz voraus, welcher
verschieden lautet, je nachdem die Anomalie zur Sonne, die
hierbei allein für maßgebend gehalten wird[a], nach der epizyklischen oder nach der exzentrischen Hypothese zum Aus-
5 druck gelangt.

### A. Nach der epizyklischen Hypothese.

Der Epizykel bewerkstelligt den Lauf in Länge auf dem
mit der Ekliptik konzentrischen Kreise in der Richtung der
Zeichen, während der Planet auf dem Epizykel um dessen
Ha 313 Mittelpunkt den Lauf in Anomalie auf dem erdfernen Bogen
10 in der Richtung der Zeichen vollzieht.[b]  Unter dieser Voraussetzung lautet (vgl. S. 271,8) der

Lehrsatz. Wenn von unserem Auge aus eine Gerade ($Z\Delta$)
gezogen wird, die den Epizykel so schneidet, daß die Hälfte
($O\Theta$) ihres innerhalb des Epizykels liegenden Teiles sich zu
15 der Geraden ($Z\Theta$) von unserem Auge bis zu dem am Peri-
Hei 451 geum des Epizykels liegenden Schnittpunkt ($\Theta$) verhält wie
die Geschwindigkeit des Epizykels zu der Geschwindigkeit des
Planeten, so bezeichnet der von der also gezogenen Geraden
auf dem erdnahen Bogen des Epizykels erzeugte Punkt ($\Theta$)
20 die Grenze zwischen Rechtläufigkeit und Rückläufigkeit, d. h.
der Planet wird, in diesem Punkte angelangt, den Eindruck
eines scheinbaren Stillstandes machen.

### B. Nach der exzentrischen Hypothese.

Dieselbe kann mit Erfolg nur bei den drei Planeten angewendet werden, welche in Opposition zur Sonne gelangen.
25 Das Zentrum des Exzenters bewegt sich um den Mittelpunkt
der Ekliptik in der Richtung der Zeichen mit der gleichen

---

a) Insofern auf die Anomalie infolge der Bewegung auf einem
Exzenter keine Rücksicht genommen wird, weil die Erdentfernung
während der Rückläufigkeitsperiode sich nicht wesentlich ändert.
Daher wird einerseits (A) die einfache epizyklische Hypothese
zugrunde gelegt, wie bei dem Mond in den Syzygien, anderseits (B) ein Exzenter, dessen Zentrum sich um den Mittelpunkt der Ekliptik bewegt, wodurch die Folge der Exzentrizität für den Lauf des Planeten aufgehoben wird.

b) In Übereinstimmung mit der bisherigen Annahme S. 123,18.

Geschwindigkeit wie die Sonne, während sich der Planet
auf dem Exzenter um dessen Zentrum gegen die Richtung
der Zeichen mit der dem Lauf in Anomalie entsprechenden
Geschwindigkeit bewegt. Unter dieser Voraussetzung lautet (vgl. S. 271,6) derselbe

Lehrsatz. Wenn man in dem exzentrischen Kreise durch
den Mittelpunkt (K) der Ekliptik, d. i. durch das Auge, eine
Gerade (BΘ) zieht, die so verläuft, daß die Hälfte (ΠΘ) der
ganzen Geraden sich zu (KΘ) dem kleineren der am Auge
gebildeten Abschnitte verhält wie die Geschwindigkeit des
Exzenters zur Geschwindigkeit des Planeten, so .wird der
Planet, in dem Punkte (Θ) angelangt, in welchem die Gerade
den erdnahen Bogen des Exzenters schneidet, den Eindruck
eines scheinbaren Stillstandes machen.

Auch wir werden trotz aller Kürze nicht minder praktisch
die vorliegende Aufgabe lösen, wenn
wir nach beiden Hypothesen einen ge- ·
meinsamen, d. i. gemischten Beweis
führen, um auch unter diesen Verhältnissen die Übereinstimmung und die
Gleichartigkeit beider zu zeigen.

Der Kreis ABΓΔ sei ein Epizykel
um den Mittelpunkt E. Sein Durchmesser AEΓ sei verlängert bis zu dem
Mittelpunkt Z der Ekliptik, d. h. bis
zu unserem Auge. Nachdem man
beiderseits des Perigeums Γ die gleichgroßen Bogen ΓH und ΓΘ abgetragen,
ziehe man von Z durch die Punkte
H und Θ die Geraden ZHB und ZΘΔ,
sowie die Verbindungslinien ΔH
und BΘ, welche einander in dem
Punkte K schneiden, der (nach Eukl.
I. 4; III. 7) selbstverständlich auf
den Durchmesser AΓ zu liegen kommen wird. Wir behaupten zunächst, daß

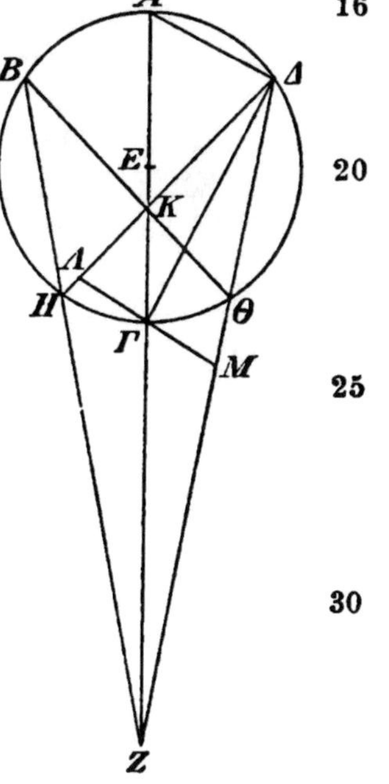

$$\text{I. } AZ:Z\Gamma = AK:K\Gamma.$$

**A. Beweis nach der epizyklischen Hypothese.**

Man ziehe die Verbindungslinien $A\Delta$ und $\Delta\Gamma$ und durch $\Gamma$ parallel zu $A\Delta$ die Gerade $\Lambda\Gamma M$, welche (nach Eukl. I. 29) selbstverständlich mit $\Delta\Gamma$ rechte Winkel bildet, weil (nach Eukl. III. 31) auch $\angle A\Delta\Gamma$ ein Rechter ist.

$$\text{Da} \qquad \angle \Gamma\Delta H = \angle \Gamma\Delta\Theta, \qquad \text{(Eukl. III. 27)}$$
$$\text{so ist} \qquad \Gamma\Lambda = \Gamma M; \qquad \text{(Eukl.   I. 26)}$$
$$\text{folglich ist} \qquad A\Delta:\Gamma\Lambda = A\Delta:\Gamma M.$$
$$\text{Nun ist} \left\{ \begin{array}{l} A\Delta:\Gamma M = AZ:Z\Gamma \\ A\Delta:\Gamma\Lambda = AK:K\Gamma \end{array} \right\} \text{(Eukl. VI. 2. 4)}$$
$$\text{folglich} \qquad AZ:Z\Gamma = AK:K\Gamma.$$

**B. Ableitung für die exzentrische Hypothese.**

Wenn wir uns den Epizykel $AB\Gamma\Delta$ als den Exzenter selbst denken, so wird der Punkt $K$ der Mittelpunkt der Ekliptik sein. In diesem Punkte wird der Durchmesser $A\Gamma$ in demselben Verhältnis geteilt werden, wie bei der epizyklischen Hypothese (die Gerade $AZ$ in Punkt $\Gamma$). Denn wir haben ja (vorstehend nichts anderes) bewiesen, (als) daß bei dem Epizykel die **größte Entfernung** $AZ$ sich **zur kleinsten Entfernung** $Z\Gamma$ verhält, wie bei dem Exzenter die **größte Entfernung** $AK$ **zur kleinsten Entfernung** $K\Gamma$.

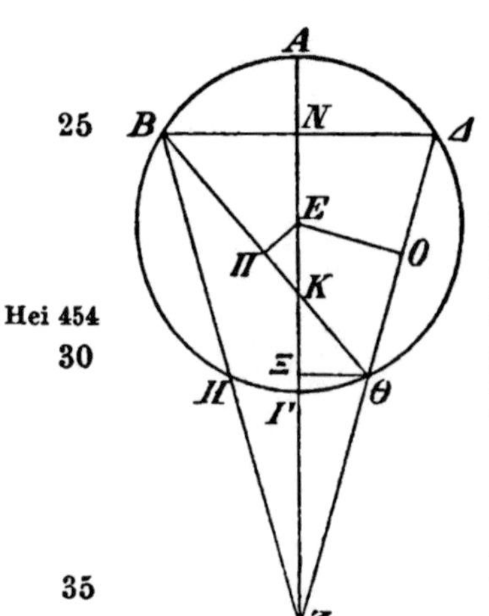


$$\text{II. } \Delta Z:Z\Theta = BK:K\Theta.$$

**A. Beweis nach der epizyklischen Hypothese.**

Man ziehe an der ähnlichen Figur die Verbindungslinie $BN\Delta$, welche (nach Eukl. I. 4) selbstverständlich den Durchmesser $A\Gamma$ unter rechten Winkeln schneidet, und von $\Theta$ aus zu ihr parallel die Gerade $\Theta\Xi$.

$$\text{Da} \qquad BN = N\Delta,$$
$$\text{so ist} \quad BN:\Xi\Theta = N\Delta:\Xi\Theta.$$
$$\text{Nun ist} \left\{ \begin{array}{l} N\Delta:\Xi\Theta = \Delta Z:Z\Theta \\ BN:\Xi\Theta = BK:K\Theta \end{array} \right\} \begin{array}{l}\text{(Eukl.} \\ \text{VI. 2. 4)}\end{array}$$
$$\text{folglich} \quad \Delta Z:Z\Theta = BK:K\Theta.$$

B. Ableitung für die exzentrische Hypothese.

Man fälle die Lote ΕΟ und ΕΠ.

Bei Verbindung ist ΔΖ + ΖΘ : ΖΘ = ΒΚ + ΚΘ : ΚΘ.

(Eukl. V. 15)

$$(\Delta Z + [\Delta Z - 2\Delta O]) : Z\Theta = B\Theta : K\Theta, \quad \text{(Eukl. III. 3)}$$

$$2[\Delta Z - \Delta O] : Z\Theta = 2\Pi\Theta : K\Theta.)$$

5

Bei Trennung (demnach)  ΟΖ : ΖΘ = ΠΘ : ΚΘ. (Eukl. V. 17)

Bei nochm. Trennung (ΟΖ − ΖΘ : ΖΘ = ΠΘ − ΚΘ : ΚΘ)

ΟΘ : ΖΘ = ΠΚ : ΚΘ. (Eukl. V. 17)

Das heißt: Wenn bei der epizyklischen Hypothese die Gerade ΔΖ so durchgezogen ist, daß ΟΘ zu ΖΘ sich ver- 10 hält wie die Geschwindigkeit des Epizykels zur Geschwindigkeit des Planeten, so wird bei der exzentrischen Hypothese ΠΚ zu ΚΘ in demselben Verhältnis stehen.
Ha 316<br>Hei 455

Daß aber nicht auch hier (wie bei der epizyklischen Hypothese ΟΘ : ΖΘ, d. i. ΟΖ − ΖΘ : ΖΘ) dieses durch Trennung 15 erzielte Verhältnis, d. i. das Verhältnis ΠΚ : ΚΘ (oder ΠΘ − ΚΘ : ΚΘ), mit Bezug auf die Stillstände zur Anwendung gelangt, sondern das ungetrennte, d i. ΠΘ : ΚΘ (oder ΠΚ + ΚΘ : ΚΘ) hat seinen Grund in folgendem. Die Geschwindigkeit des Epizykels (ΟΘ) steht zu der Geschwindigkeit des Planeten (ΖΘ) 20 in dem (einfachen) Verhältnis wie lediglich der Lauf in Länge zu dem Lauf in Anomalie, während die Geschwindigkeit des Exzenters (ΠΚ + ΚΘ) zur Geschwindigkeit des Planeten (ΚΘ) in dem (komplizierten) Verhältnis steht wie (S. 173,31) der mittlere Lauf der Sonne, d. i. die Summe des mittleren 25 Laufs des Planeten in Länge und in Anomalie, zu dem Lauf in Anomalie. So steht z. B. bei dem Mars die Geschwindigkeit des Epizykels (ΟΘ) zu der Geschwindigkeit des Planeten (ΖΘ) ungefähr in dem Verhältnis 42 : 37 — das ist ja ohne wesentlichen Fehler der zahlenmäßige Betrag, wie 30 er von uns (S. 100,14) für das Verhältnis des Laufs in Länge zu dem Lauf in Anomalie mitgeteilt wurde[a] — und des-

---

a) D. h.: 42 Umläufe des Epizykels in Länge auf dem Exzenter, die sich von Wende zu Wende in 79 Jahren vollenden, fallen mit 37 Umläufen des Planeten auf dem Epizykel in Anomalie ohne wesentlichen Fehler zusammen.

halb steht auch $O\Theta$ zu $Z\Theta$ in diesem Verhältnis $(42:37)$.
Dagegen steht die Geschwindigkeit des Exzenters $(\Pi K + K\Theta)$
zu der Geschwindigkeit des Planeten $(K\Theta)$ in dem Verhältnis der Summe 79 (d. i. 42 + 37):37, mithin in dem durch
5 Verbindung erzielten Verhältnis von $\Pi\Theta$ (d. i. $\Pi K + K\Theta$)
$:K\Theta$, indem ja das durch Trennung erzielte Verhältnis
$\Pi K$ (d. i. $\Pi\Theta - K\Theta$) $:K\Theta$ (S. 271,8) identisch war mit
Hei 156 $O\Theta:Z\Theta$, d. i. mit $42:37$ (also für die exzentrische Hypothese nicht anwendbar).

10 Diese theoretischen Vorbemerkungen seien von uns bis
zu diesem Punkte geführt. Nun bleibt noch der Beweis
Ha 317 übrig, daß in den Punkten H und $\Theta$, mögen die in dem besprochenen Verhältnis geteilten Geraden nach dieser oder
nach jener Hypothese genommen werden, der Eindruck des
15 scheinbaren Stillstandes eintreten wird, d. h. daß der Bogen
$H\Gamma\Theta$ die Strecke der Rückläufigkeit werden muß, während
der übrige Teil der Peripherie für die Rechtläufigkeit
verbleibt. Ehe Apollonius zum Beweis schreitet, behandelt
er folgenden

20 Hilfssatz. Wenn in dem $\triangle AB\Gamma$, in welchem $B\Gamma > A\Gamma$,
die (auf $B\Gamma$) abgetragene Strecke $\Gamma\Delta$ nicht kleiner ist als
$A\Gamma$, so gilt

$$\Gamma\Delta:\Delta B > \angle AB\Gamma:\angle A\Gamma B.$$

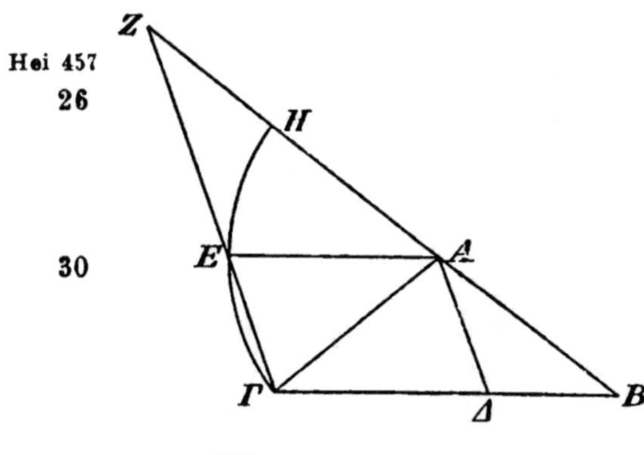

Hei 457
26

30

Beweis. Man zeichne
— lautet seine Angabe
— das Parallelogramm
$A\Delta\Gamma E$ fertig und verlängere die Seiten $BA$
und $\Gamma E$, bis sie sich in
Punkt $Z$ schneiden. Da
$AE$ nicht kleiner als $A\Gamma$
ist[a], so wird der um
das Zentrum A mit dem
Abstand $AE$ beschrie-

a) Weil $AE = \Gamma\Delta$ und $\Gamma\Delta$ nicht $< A\Gamma$, d. i. mindestens $= A\Gamma$,
wie an vorliegender Figur. Zu diesem Satz ist I 33 f. zu ver-
gleichen.

bene Kreis entweder durch $\Gamma$ oder über $\Gamma$ hinausgehen.[a] So
sei denn der Kreis HE$\Gamma$ durch $\Gamma$ gezogen.

Dann ist
$$\begin{cases} \triangle\,\text{AEZ} > skt\,\text{AEH}, \\ \triangle\,\text{AE}\Gamma < skt\,\text{AE}\Gamma, \end{cases}$$

folglich $\quad \triangle\,\text{AEZ} : \triangle\,\text{AE}\Gamma > skt\,\text{AEH} : skt\,\text{AE}\Gamma.$     5

Nun ist
$$\begin{cases} skt\,\text{AEH} : skt\,\text{AE}\Gamma = \angle\,\text{EAZ} : \angle\,\text{EA}\Gamma, \\ \triangle\,\text{AEZ} : \triangle\,\text{AE}\Gamma = grl\,\text{ZE} : grl\,\text{E}\Gamma, \quad \text{(Eukl. VI. 1)} \end{cases}$$

folglich $\quad\quad \text{ZE} : \text{E}\Gamma > \angle\,\text{EAZ} : \angle\,\text{EA}\Gamma.$

Ferner ist $\quad\quad \text{ZE} : \text{E}\Gamma = \Gamma\Delta : \Delta\text{B},$[b]

(mithin auch $\quad \Gamma\Delta : \Delta\text{B} > \angle\,\text{EAZ} : \angle\,\text{EA}\Gamma.$)     10

Nun ist
$$\begin{cases} \angle\,\text{EAZ} = \angle\,\text{AB}\Gamma \\ \angle\,\text{EA}\Gamma = \angle\,\text{A}\Gamma\text{B} \end{cases} \text{(Eukl. I. 2)}$$

folglich $\quad\quad \Gamma\Delta : \Delta\text{B} > \angle\,\text{AB}\Gamma : \angle\,\text{A}\Gamma\text{B}.$    Ha 313

Es ist klar, daß das Verhältnis noch viel größer sein wird, Hei 458
wenn $\Gamma\Delta = \text{AE}$ nicht gleich A$\Gamma$, sondern größer an- 15
genommen wird.

Dieser Hilfssatz mußte vorausgeschickt werden.

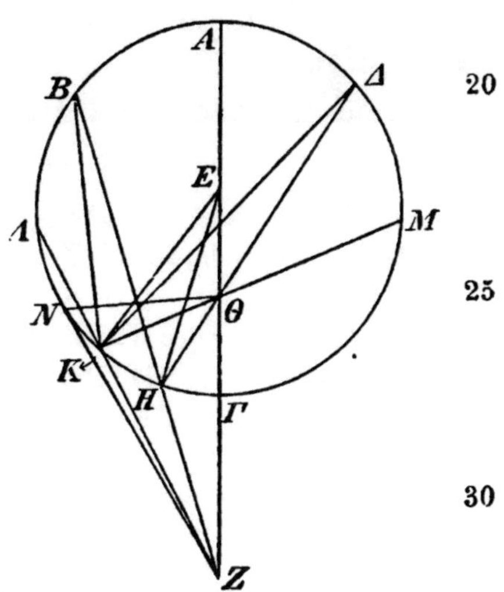

Der Kreis um den Mittel-
punkt E und den Durchmesser
AE$\Gamma$ sei ein Epizykel. Man
verlängere diesen Durchmesser
bis zu dem Punkt Z, wo sich 20
unser Auge befindet, derart,
daß das Verhältnis E$\Gamma$:$\Gamma$Z
größer sei als das Verhältnis
der Geschwindigkeit des Epi- 25
zykels zu der Geschwindigkeit
des Planeten. Es ist mithin
(nach Eukl. III. 8) möglich, die
Gerade ZHB in der Lage durch 30
den Epizykel zu ziehen, daß
$^{1}/_{2}$ BH : HZ in dem Verhältnis



a) Letzteres in dem Fall, daß AE$>$A$\Gamma$.

b) Zunächst ist ZE : E$\Gamma$ = ZA : AB und ZA : AB = $\Gamma\Delta$ : $\Delta$B
nach Eukl. VI. 2.

steht wie die Geschwindigkeit des Epizykels zu der Geschwindigkeit des Planeten. Wenn wir nun nach dem oben (S. 272,24)
geführten Beweis einen dem Bogen AB gleichen Bogen AΔ
(von A aus) abtragen und die Verbindungslinie ΔΘH ziehen,
5 so wird nach der exzentrischen Hypothese Punkt Θ als
unser Auge anzunehmen sein, und es wird ¹/₂ΔH : ΘH in
dem Verhältnis stehen[a] wie die Geschwindigkeit des Exzenters zu der Geschwindigkeit des Planeten.

Hei 459   Wir behaupten also, daß der Planet, in Punkt H angelangt,
10 nach beiden Hypothesen den Eindruck eines scheinbaren
Stillstandes machen wird, und daß wir, wenn wir beiderseits
des Punktes H einen beliebig großen Bogen abtragen, den
nach dem Apogeum (d. i. nach K) zu als Bogen der Rechtläufigkeit und den nach dem Perigeum (d. i. nach Γ) zu
15 als Bogen der Rückläufigkeit finden werden.

Beweis.   A. Nach der epizyklischen Hypothese.

Man trage zunächst nach dem Apogeum zu den beliebig
großen Bogen HK ab und ziehe die durchgehenden Geraden
ZKΛ, KΘM, sowie die Verbindungslinien BK, ΔK und
Ha 319 EK, EH.

21   Dann ist (nach Eukl. III. 15) in dem △ BKZ

$$BH > BK,$$

mithin $\quad BH : HZ > \angle HZK : \angle HBK,$ (S. 272, 23)

also auch $\quad ¹/₂ BH : HZ > \angle HZK : 2 \angle HBK.$

25   Nun ist $\quad \angle HEK = 2 \angle HBK,$ (Eukl. III. 20)

mithin $\quad ¹/₂ BH : HZ > \angle HZK : \angle HEK.$

Es ist aber $\quad ¹/₂ BH : HZ = GEp : GPl$ [b],

folglich $\quad \angle HZK : \angle HEK < GEp : GPl.$ [c]

---

a) Es ist das oben (S. 271,6) mit ΠΘ : KΘ bezeichnete Verhältnis.   Hierzu vgl. den Lehrsatz S. 269, 6.

b) Die Bezeichnung *GEp* und *GEx*, sowie *GPl* wird von hier
ab in den Beweisgängen für die Geschwindigkeit des Epizykels,
des Exzenters und des Planeten angewendet werden.

c) Das Zeichen < tritt ein wegen Umstellung der Verhältnisse: das Verhältnis der Winkel stand vorher (Z. 26) an zweiter
Stelle.

Mithin muß derjenige Winkel, welcher zu ∠HEK dasselbe Verhältnis hat wie die Geschwindigkeit des Epizykels Hei 460
zu der Geschwindigkeit des Planeten, größer als ∠HZK
sein.   Dieser Winkel sei also der ∠HZN.

In derselben Zeit, in welcher der Planet den Epizykel-  5
bogen KH zurücklegt, hat sich der Mittelpunkt des Epizykels
nach der entgegengesetzten Richtung die Laufstrecke bewegt, welche dem Intervall von ZH zu ZN gleich ist.  Somit ist klar, daß der Epizykelbogen KH den Planeten um
einen kleineren an unserem Auge gebildeten Winkel — es 10
ist der ∠HZK — in der gleichen Zeit gegen die Richtung
der Zeichen weitergetragen hat, als der Winkel beträgt —
es ist der ∠HZN — welchen der Epizykel selbst den Planeten
in der Richtung der Zeichen weitergeführt hat.   Folglich
ist der Planet um den ∠KZN zurückgeblieben (d. h. noch 15
rechtläufig) [a]

### B. Nach der exzentrischen Hypothese.

$$\text{Es ist} \qquad BH:HZ > \angle HZK : \angle HBK. \quad (S.\ 272,23)$$

$$\text{Bei Verbindung} \quad (BH + HZ:HZ > \angle HZK + \angle HBK : \angle HBK)$$

$$BZ:HZ > \angle BK\Lambda : \angle HBK. \quad (Eukl.\ I.32) \quad 20$$

$$\text{Nun ist} \qquad BZ:HZ = \Delta\Theta : \Theta H. \quad (S.\ 270,23) \qquad \text{Ha 320}$$

$$\text{(mithin auch} \qquad \Delta\Theta : \Theta H > \angle BK\Lambda : \angle HBK.)$$

$$\text{Ferner ist} \qquad \left\{\begin{array}{l} \angle BK\Lambda = \angle \Delta KM \\ \angle HBK = \angle H\Delta K \end{array}\right\} \quad (Eukl.\ III.\ 27)$$

$$\text{folglich} \qquad \Delta\Theta : \Theta H > \angle \Delta KM : \angle H\Delta K. \qquad \text{Hei 461}$$

$$\text{Bei Verbindung} \quad (\Delta\Theta + \Theta H : \Theta H > \angle \Delta KM + \angle H\Delta K : \angle H\Delta K) \quad 26$$

$$\Delta H : \Theta H > \angle H\Theta K : \angle H\Delta K; \quad (Eukl.\ I.32)$$

$$\text{mithin bei Trennung} \quad \tfrac{1}{2}\Delta H : \Theta H > \angle H\Theta K : 2\angle H\Delta K,$$

$$\text{oder} \qquad \tfrac{1}{2}\Delta H : \Theta H > \angle H\Theta K : \angle HEK. \quad (Eukl.III.20)$$

$$\text{Es ist aber} \qquad \tfrac{1}{2}\Delta H : \Theta H = GEx : GPl, \qquad 30$$

$$\text{folglich} \ \angle H\Theta K : \angle HEK < GEx : GPl.$$

Mithin muß derjenige Winkel, welcher zu ∠HEK dasselbe Verhältnis hat wie die Geschwindigkeit des Exzen-

---

[a] Ὑπολείπεσθαι bezeichnet das Zurückbleiben in östlicher
Richtung hinter der Bewegung des täglichen Umschwungs, wodurch die „Rechtläufigkeit" des Planeten zum Ausdruck kommt.

ters zu der Geschwindigkeit des Planeten, größer als $\angle$ HΘK sein.  Dieser Winkel sei also wieder der $\angle$ HΘN.

In der gleichen Zeit ist der Planet selbst nach Zurücklegung des Bogens HK um den $\angle$ HEK gegen die Richtung
5 der Zeichen (S. 269, 2) fortgeschritten, während er von der Bewegung des Exzenters selbst in der Richtung der Zeichen um den $\angle$ HΘN weitergeführt worden ist, welcher größer ist als der $\angle$ HΘK.  Es ist demnach klar, daß auch so (d. i. vom Mittelpunkt Θ aus) betrachtet, der Planet um den
10 $\angle$ KΘN scheinbar zurückgeblieben (d. h. noch rechtläufig) ist.

Es ist leicht einzusehen, daß sich mit denselben Mitteln auch das Gegenteil beweisen lassen wird, wenn wir an derselben Figur annehmen, daß

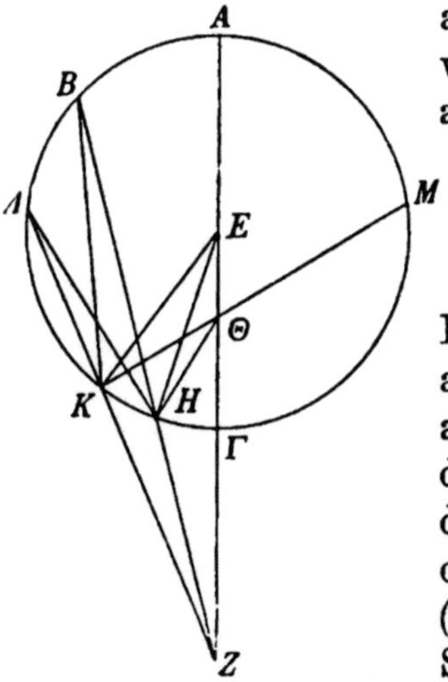

$$\tfrac{1}{2}\,\text{ΛK} : \text{ZK} = GEp : GPl,$$
bzw. $\tfrac{1}{2}\,\text{MK} : \text{ΘK} = GEx : GPl.$

Wir haben uns nunmehr den Bogen KH von der Geraden ΛZ aus nach dem Perigeum (Γ) zu abgetragen zu denken.  Man ziehe die Verbindungslinie ΛH und mache dadurch das $\triangle$ ΛZH fertig, in welchem die abgetragene Strecke ZK (nach Eukl. III. 8) größer ist als die Seite ZH.  Es ist demnach[a]



$$\text{ΛK} : \text{ZK} < \angle\,\text{HZK} : \angle\,\text{HΛK},$$
mithin  $\tfrac{1}{2}\,\text{ΛK} : \text{ZK} < \angle\,\text{HZK} : 2\,\angle\,\text{HΛK}.$
Nun ist  $\angle\,\text{HEK} = 2\,\angle\,\text{HΛK},$   (Eukl. III. 20)
folglich  $\tfrac{1}{2}\,\text{ΛK} : \text{ZK} < \angle\,\text{HZK} : \angle\,\text{HEK}.$

30 Hiermit ist also das umgekehrte Ergebnis erzielt worden wie oben (S. 274, 26).  Und schließlich wird man auf demselben

---

a) Weil ΛK als die kleinere Strecke der größeren ZK voransteht, so ist das Größenverhältnis das umgekehrte wie im Hilfssatz S. 272, 23.

Wege[15)] zu dem umgekehrten Verhältnis (wie S. 274, 28 u.
275, 31) gelangen:

$$\angle\,\mathsf{HEK} : \angle\,\mathsf{HZK} < GPl : GEp,$$
$$\text{bzw.}\quad \angle\,\mathsf{HEK} : \angle\,\mathsf{H\Theta K} < GPl : GEx.$$

Hei 463

Hieraus ergibt sich die Schlußfolgerung: Wenn derjenige 5
Winkel, welcher (in beiden Fällen) in demselben Verhältnis
steht (d. i. $\angle\,\mathsf{HZK}$, bzw. $\angle\,\mathsf{H\Theta K}$), größer wird als der
Winkel $\mathsf{HEK}$, dann wird die rückläufige Bewegung größer
als die rechtläufige.

Noch ein Punkt ist zu beachten.  In den Entfernungen, 10
in welchen das Verhältnis von $\mathsf{E\Gamma}$ zu $\mathsf{\Gamma Z}$ nicht größer (d. i.
mindestens ebensogroß) ist als das Verhältnis, welches die Geschwindigkeit des Epizykels zu der Geschwindigkeit des
Planeten hat, wird es erstens nicht möglich sein, eine andere
Gerade in dem gleichen Verhältnis durch den Epizykel zu 15
ziehen, und zweitens wird der Planet weder scheinbar stationär
noch rückläufig werden.  Da nämlich in dem $\triangle\,\mathsf{EKZ}$ die
abgetragene Gerade $\mathsf{E\Gamma}$ nicht kleiner (sondern ebensogroß) Ha 322
als die Seite $\mathsf{EK}$ ist, so wird das Verhältnis

$$\angle\,\mathsf{\Gamma ZK} : \angle\,\mathsf{\Gamma EK} < \mathsf{E\Gamma} : \mathsf{\Gamma Z}. \quad \text{(S. 272, 23)} \qquad 20$$

Nun ist $\qquad \mathsf{E\Gamma} : \mathsf{\Gamma Z}$ nicht $> GEp : GPl,$

folglich $\qquad \angle\,\mathsf{\Gamma ZK} : \angle\,\mathsf{\Gamma EK} < GEp : GPl.$

Da von uns (S. 275, 15) nachgewiesen worden ist, daß dort,
wo dieses Verhältnis stattfindet, der Planet (östlich) zurück- Hei 464
geblieben (d. i. noch rechtläufig) ist, so werden wir also (in 25
diesem Fall) keinen Bogen des Epizykels und des Exzenters
finden, auf welchem er scheinbar rückläufig werden wird.[a)]

a) Deshalb werden bei den übrigen Planeten außer bei dem
Merkur (vgl. S. 311, 15—18) die Rückläufigkeitsstrecken mit der
Annäherung an die Erde immer kürzer und fallen bei dem
Monde, wenn er sich im Apogeum des Epizykels gegen die
Richtung der Zeichen bewegt, ganz weg.

## Zweites Kapitel.
### Nachweis der Rückläufigkeitsstrecken des Saturn.

Mit Rücksicht auf diese Verhältnisse werden wir schließlich für jeden Planeten den dargelegten Hypothesen gemäß die Berechnung der Rückläufigkeitsstrecken auseinandersetzen und hierbei mit dem Saturn den Anfang auf folgende Weise machen.

Der Kreis, welcher den Mittelpunkt des Epizykels trägt, sei AB um den Durchmesser AΓB[a], auf welchem der Mittelpunkt der Ekliptik, d. h. unser Auge, in Γ angenommen sei. Nachdem man um den Mittelpunkt A den Epizykel ΔEZH beschrieben, ziehe man durch ihn die Gerade ΓZE und fälle auf sie von A aus das Lot AΘ. Diese Gerade soll derartig gezogen sein, daß die Hälfte derselben, d. i. ZΘ, zu ZΓ in dem Verhältnis stehe, welches die Geschwindigkeit des Epizykels zu der Geschwindigkeit des Planeten hat.

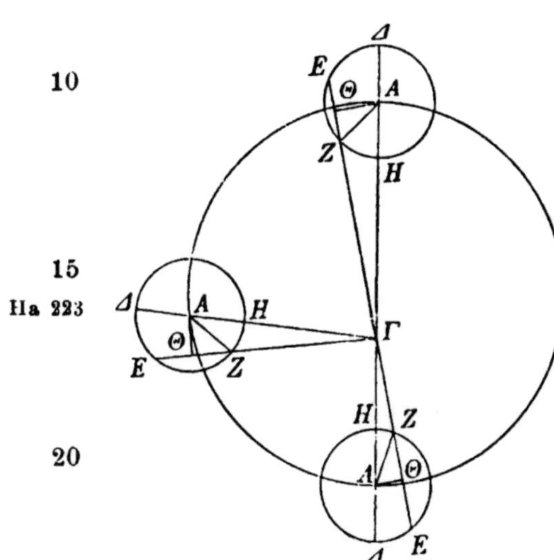


I. Zunächst sei der Epizykel in der mittleren Entfernung in der Stellung angenommen, daß die periodischen Bewegungen in Länge und in Anomalie nahezu dieselben sind, wie die theoretisch auf den Mittelpunkt der Ekliptik bezogenen.[b]

-----

a) Der Buchstabe B fehlt an der Figur, weil die drei Entfernungen zu einer Figur von mir vereinigt worden sind. Die Gründe, welche zu dieser Veränderung geführt haben, werden in der Anm. 16 erörtert.

b) Auf der Strecke des mittleren Laufs (d. i. in der Mitte zwischen Erdferne und Erdnähe) ist der ungleichförmige oder

Bei dem Saturn hatten wir (S. 255, 31) den Halbmesser
$A\Delta$ des Epizykels zu $6^P 30'$ in dem Maße nachgewiesen, in Hei 465
welchem der Halbmesser $\Gamma A$ der mittleren Entfernung $60^P$
beträgt;

mithin ist $\left.\begin{array}{l}\Gamma\Delta = \Gamma A + A\Delta = 66^P 30' \\ \Gamma H = \Gamma A - A\Delta = 53^P 30'\end{array}\right\}$ in demselben Maße, 5

demnach $\quad \Gamma H \cdot \Gamma\Delta = 3557^{P^2} 45'.$

Nun ist $\quad \Gamma H \cdot \Gamma\Delta = E\Gamma \cdot \Gamma Z,$ (Eukl. III. 35)

folglich auch $\quad E\Gamma \cdot \Gamma Z = 3557^{P^2} 45'$ wie $\Gamma A = 60^P.$

Setzt man die Geschwindigkeit des Epizykels, d. i. die 10
Strecke $Z\Theta$ gleich $1^\pi$, so ist nach Maßgabe des mittleren
Laufs[a] die Geschwindigkeit des Planeten, d. i. die Strecke
$\Gamma Z$, gleich $28^\pi 25' 46''$. In diesem Maße ist demnach

$$E\Gamma = 2Z\Theta + \Gamma Z = 30^\pi 25' 46'',$$
$$E\Gamma \cdot \Gamma Z = 865^{\pi^2} 5' 32''. \qquad\qquad 15$$

Wenn wir nun[b] den oben (für $E\Gamma \cdot \Gamma Z$) gewonnenen Wert
durch letztere Zahl dividieren, so ist

$$3557^{P^2} 45' : 865^{\pi^2} 5' 32'' = 4^{P^2} 6' 45'', \qquad\qquad \text{Hei 466}$$
$$\sqrt{4^{P^2} 6' 45''} = 2^P 1' 40''.$$

Multiplizieren wir alsdann mit diesem Werte sowohl die 20
Verhältniszahl $1^\pi$ der Strecke $Z\Theta$ als auch die Verhältniszahl $28^\pi 25' 46''$ der Strecke $\Gamma Z$, so werden wir erhalten

---

genauberechnete Lauf des Epizykels (in der Ekliptik) unwesentlich verschieden von dem periodischen (auf dem Exzenter der
größeren Exzentrizität), weil dort die Anomaliedifferenz nahezu
von derselben Größe bleibt, so daß sie auf den Unterschied des
scheinbaren Laufs des Epizykels von dem mittleren auf dieser
Strecke keinen wesentlichen Einfluß äußert.

a) Das Verhältnis der Wiederkehren in Anomalie zu den Umläufen des Epizykels ist (nach S. 99, 24) $57^W : 2^u + 1°43'$, d. i.
$20520° : 721^3/_4{}° = 28^\pi 25' 51'' : 1^\pi$. Genau in demselben Verhältnis stehen die jährlichen Beträge in Anomalie und Länge $347°32'$
$: 12°13'24''$ (s. Tafel IIa S. 105).

b) Um die Strecken $Z\Theta$ und $\Gamma Z$ auf das Maß $\Gamma A = 60^P$ zu
reduzieren. Die Division ergibt zunächst das Verhältnis der
beiden Maße mit $1^{\pi^2} : 4^{P^2} 6' 45''.$

$$Z\Theta = \ 2^{\mathrm{P}}\ 1'40''\ \Big\}\ \text{wie}\ \mathsf{E\Gamma\cdot\Gamma Z} = 3557^{\mathrm{P}^2}45'.$$
$$\Gamma Z = 57^{\mathrm{P}}38'55''\ \Big\}$$

Nun ziehe man die Verbindungslinie $\mathsf{AZ}$. Dann ist

Ha 324                $Z\Theta = \ \ 2^{\mathrm{P}}\ 1'40''$    wie $\mathsf{AZ} = 6^{\mathrm{P}}30'.$

5    Setzt man    $h\,\mathsf{AZ} = 120^{\mathrm{P}},$

     so wird    $s\,Z\Theta = \ \ 37^{\mathrm{P}}26'\ 9''$    in diesem Maße,

       also    $b\,Z\Theta = \ \ 36^{\circ}21'15''$    wie $\ominus\,Z\Theta\mathsf{A} = 360^{\circ},$

   mithin $\angle\,Z\mathsf{A}\Theta = \ \ 36^{\circ}21'15''$    wie $2R = 360^{\circ},$

                     $= \ \ 18^{\circ}10'38''$    wie $4R = 360^{\circ}.$

10    Ferner ist    $\Gamma\Theta = \Gamma Z + Z\Theta = 59^{\mathrm{P}}40'35''$    wie $h\,\Gamma\mathsf{A} = 60^{\mathrm{P}}.$

   Setzt man    $h\,\Gamma\mathsf{A} = 120^{\mathrm{P}},$

     so wird    $s\,\Gamma\Theta = 119^{\mathrm{P}}21'10''$    in diesem Maße,

       also    $b\,\Gamma\Theta = 168^{\circ}\ 5'39''$    wie $\ominus\,\Gamma\Theta\mathsf{A} = 360^{\circ},$

   mithin $\angle\,\Gamma\mathsf{A}\Theta = 168^{\circ}\ 5'39''$    wie $2R = 360^{\circ},$

15                     $= \ \ 84^{\circ}\ 2'50''$    wie $4R = 360^{\circ},$

Hei 467    daher $\angle\,\mathsf{A}\Gamma\Theta = \ \ 5^{\circ}57'10''$    als Komplementwinkel.

(Nun war $\angle\,Z\mathsf{A}\Theta = \ \ 18^{\circ}10'38''$    wie $4R = 360^{\circ}$)

   folglich $\angle\,Z\mathsf{A}\mathsf{H} = \ \ 65^{\circ}52'12''$    als Differenz.

$$(\angle\,\mathsf{A}\Gamma\Theta - \angle\,Z\mathsf{A}\Theta)$$

Zur Zeit des ersten Stillstandes liegt der scheinbare Ort
20 des Planeten auf der Geraden $\Gamma Z$, zur Zeit der Opposition
dagegen auf der Geraden $\Gamma\mathsf{H}$. Hätte der Mittelpunkt des
Epizykels keine Bewegung in der Richtung der Zeichen,
so ist klar, daß die $65^{\circ}52'12''$ des Epizykelbogens $Z\mathsf{H}$ die
$5^{\circ}57'10''$ Rückläufigkeit des $\angle\,\mathsf{A}\Gamma Z$ (s. Z. 16 $\angle\,\mathsf{A}\Gamma\Theta$) (dau-
25 ernd) messen würden.[a] Nun entfallen aber bei dem vor-
liegenden Verhältnis $(1:28^{5}/_{12})$ der Geschwindigkeit des Epizykels zu der Geschwindigkeit des Planeten auf die oben
festgestellten $65^{\circ}52'12''$ in Anomalie ohne wesentlichen
Fehler $2^{\circ}19'$ in Länge[b]; mithin werden wir die Rückläufig-

---

a) D. h. die $65^{\circ}52'12''$ der Anomalie würden in diesem Fall
maßgebend sein zur tabellengemäßen Berechnung der Zeit, in
welcher der Planet die Strecke von $5^{\circ}57'10''$ zurücklegt.

b) Das Verhältnis $1:28^{5}/_{12} = x:65^{8}/_{9}$ liefert für $x$ ungefähr $2^{1}/_{3}{}^{\circ}$,
die (vgl. S. 281,14) für mittlere Länge gelten.

keit von dem ersten Stillstand bis zur Opposition in dem
Rest $(5^0 57' 10'' - 2^0 19' =)$ $3^0 38' 10''$ erhalten oder mit Ha 325
69 Tagen, in welchen der Planet sich ohne wesentlichen
Fehler die $2^0 19'$ der periodischen Länge weiterbewegt.[a]
Folglich erhalten wir die ganze Strecke der Rückläufigkeit 5
mit $7^0 16' 20''$ oder 138 Tagen.

II. Weiter werden wir auf demselben Wege die zahlenmäßigen Beträge in der größten Entfernung ermitteln,
d. h. wenn die in der Mitte zwischen den Stillständen eintretende Opposition den Mittelpunkt des Epizykels genau 10
in das Apogeum des Exzenters verlegt, jeden der beiden Stillstände dagegen selbstverständlich annähernd in denjenigen
Abstand von der Stelle der Opposition, welcher für das Hei 468
mittlere Verhältnis mit $2^0 19'$ (mittlerer Länge) nachgewiesen worden ist, d. h. (jetzt) in den Abstand der genau- 15
berechneten Länge vom Apogeum. Für diese Stellung
wird die Strecke ΓA der alsdann stattfindenden Entfernung
als unwesentlich verschieden gewonnen von der Strecke der
größten Entfernung, welche auf dem von uns früher (S. 256,
5) erörterten theoretischen Wege (mit $63^P 25'$) festgestellt 20
wurde, während die auf einen Grad in Länge entfallende
Prosthaphäresis ohne wesentlichen Fehler $0^0 6' 30''$ beträgt.[b]
Mithin steht die genauberechnete Länge $(Z\Theta)$ zu der genauberechneten Anomalie $(\Gamma Z)$, d. i. die zurzeit (des ersten Stillstandes) vor sich gehende scheinbare Geschwindigkeit des 25
Epizykels zu der scheinbaren Geschwindigkeit des Planeten, in dem Verhältnis von $(1^\pi - 6' 30'' =)$ $0^\pi 53' 30''$ zu
$(28^\pi 25' 46'' + 6' 30'' =)$ $28^\pi 32' 16''$.

Es sei dieselbe Figur vorgelegt.[16] Als unwesentlich verschieden von der größten Entfernung ist 30

---

a) Die Berechnung nach der Tafel für Saturn (S. 106) liefert für $69^d$ in Länge $2^0 18' 38''$, in Anomalie $65^0 41' 52''$.

b) Nach der Anomalietabelle (S. 261) entfällt auf $6^0$ Entfernung vom Apogeum des Exzenters die Prosthaphäresis $0^0 39'$,
also auf $1^0$ genau $0^0 6' 30''$. Warum dieser Wert einerseits abzuziehen, anderseits zu addieren ist, wird Anm. 16 erklärt.

$$\Gamma A = 63^P 25' \quad \text{wie } ephm\, A\Delta = 6^P 30';$$

mithin
$$\begin{cases} \Gamma\Delta = \Gamma A + A\Delta = 69^P 55', \\ \Gamma H = \Gamma A - A\Delta = 56^P 55'. \end{cases}$$

Nun ist
$$\Gamma\Delta \cdot \Gamma H = E\Gamma \cdot \Gamma Z, \quad \text{(Eukl. III. 35)}$$

5 folglich auch
$$E\Gamma \cdot \Gamma Z = 3979^{P^2} 25' 25''.$$

Ha 326
Hei 469
Ferner ist
$$\begin{cases} Z\Theta = 0^\pi 53' 30'' \quad \text{als } GEp, \\ \Gamma Z = 28^\pi 32' 16'' \quad \text{als } GPl, \end{cases}$$

mithin
$$E\Gamma = 2Z\Theta + \Gamma Z = 30^\pi 19' 16'',$$

folglich
$$E\Gamma \cdot \Gamma Z = 865^{\pi^2} 17' 50''.$$

10 Ferner ist
$$3979^{P^2} 25' 25'' : 865^{\pi^2} 17' 50'' = 4^{P^2} 35' 56'',$$

mithin
$$\sqrt{4^{P^2} 35' 56''} = 2^P 8' 40''.$$

Multiplizieren wir alsdann mit diesem Werte sowohl die
Verhältniszahl $0^\pi 53' 30''$ der Strecke $Z\Theta$ als auch die Verhältniszahl $28^\pi 32' 16''$ der Strecke $\Gamma Z$, so werden wir er-
15 halten

$$\left. \begin{array}{l} Z\Theta = 1^P 54' 44'' \\ \Gamma Z = 61^P 11' 52'' \end{array} \right\} \text{wie} \left\{ \begin{array}{l} AZ = 6^P 30' \\ \Gamma A = 63^P 25', \end{array} \right.$$

mithin
$$\Gamma\Theta = 63^P 6' 36'' \quad \text{als Summe.}$$

Setzt man $h\,AZ$ und $h\,\Gamma A = 120^P$,

20 so wird $s\,Z\Theta = 35^P 18' 9''$ und $s\,\Gamma\Theta = 119^P 25' 11''$,

also
$$\begin{cases} b\,Z\Theta = 34^0 13' 4'' \quad \text{wie } \ominus Z\Theta A = 360^0, \\ b\,\Gamma\Theta = 168^0 43' 38'' \quad \text{wie } \ominus \Gamma\Theta A = 360^0; \end{cases}$$

Hei 470

mithin
$$\begin{cases} \angle\, Z A\Theta = 34^0 13' 4'' \quad \text{wie } 2R = 360^0, \\ \angle\, \Gamma A\Theta = 168^0 43' 38'' \quad \text{wie } 2R = 360^0; \end{cases}$$

25 folglich
$$\begin{cases} \angle\, Z A\Theta = 17^0 6' 32'' \quad \text{wie } 4R = 360^0, \\ \angle\, \Gamma A\Theta = 84^0 21' 49'' \quad \text{wie } 4R = 360^0. \end{cases}$$

Endlich ist
$$\begin{cases} \angle\, A\Gamma\Theta = 5^0 38' 11'' \quad \text{als Komplementwinkel,} \\ \angle\, Z A H = 67^0 15' 17'' \quad \text{als Differenz.} \end{cases}$$
$$(\angle\, \Gamma A\Theta - \angle\, Z A\Theta)$$

Wenn der Epizykel keine rechtläufige Bewegung hätte, so
30 hätten wir in $\angle\, A\Gamma\Theta$ den Winkel der Rückläufigkeit von
dem einen Stillstand bis zur Opposition und in $\angle\, Z A H$ den
Ha 327 Winkel des scheinbaren Laufs (in Anomalie) auf dem Epizykel bei demselben Abstand (von $5^0 38' 11''$). Nun ent-

fallen auf die vorliegenden $67^0 15' 17''$ (der scheinbaren Anomalie) nach den in dem Apogeum eintretenden Verhältnissen $(28^1/_2 : {}^9/_{10})$ der Geschwindigkeiten $2^0 6' 6''$ genauberechneter Länge; mithin werden wir die Hälfte der ganzen Rückläufigkeit in dem Rest $(5^0 38' 11'' - 2^0 6' 6'' =) 3^0 32' 5''$ erhalten oder mit $70^1/_3$ Tagen; denn in so viel Tagen bewegt sich der Planet ohne wesentlichen Fehler die $2^0 21' 25''$ in periodischer Länge weiter[a], welche (unter Zusatz der Prosthaphäresis $0^0 15' 19''$) auf die obengenannten $2^0 6' 6''$ der genauberechneten Länge entfallen. Folglich erhalten wir die ganze Strecke der Rückläufigkeit mit $7^0 4' 10''$ oder $140^2/_3$ Tagen.

III. Auf dem ähnlichen Wege werden wir an derselben Figur auch die Beträge in der kleinsten Entfernung ermitteln, wenn die in der Mitte zwischen den Stillständen eintretende Opposition genau in dem Perigeum des Exzenters und jeder der beiden Stillstände in dem (für die mittlere Entfernung mit $2^0 19'$) vorliegenden Abstand in Länge von dem Ort der Opposition, d. i. von dem Perigeum, stattfindet. Für diese Stellung wird die Strecke ΓA der alsdann eintretenden Entfernung als unwesentlich verschieden von der Strecke $(56^p 35'$ S. 256, 11) der kleinsten Entfernung gewonnen, während die auf einen Grad in Länge entfallende Prosthaphäresis ohne wesentlichen Fehler $0^0 7' 20''$ beträgt.[b] Mithin steht in diesem Fall die scheinbare Geschwindigkeit des Epizykels zu der scheinbaren Geschwindigkeit des Planeten in dem Verhältnis von $(1^\pi + 7' 20'' =) 1^\pi 7' 20''$ zu $(28^\pi 25' 46'' - 7' 20'' =) 28^\pi 18' 26''$.

Ist also     $\Gamma Z = 28^\pi 18' 26''$ und $Z\Theta = 1^\pi 7' 20''$,

so wird     $E\Gamma = 2 Z\Theta + \Gamma Z = 30^\pi 33' 6''$,

folglich     $E\Gamma \cdot \Gamma Z = 864^{\pi^2} 49' 50''$.

---

a) Für $70^1/_3{}^d$ gibt die Tafel (S. 106) in Länge $2^0 21' 18''$, in Anomalie $66^0 58' 3''$.

b) Nach der Anomalietabelle (S. 261) entfällt auf $3^0$ Abstand von dem Perigeum die Prosthaphäresis $0^0 22'$, also auf $1^0$ genau $0^0 7' 20''$.

Ha 323  Ferner ist als unwesentlich verschieden von der kleinsten Entfernung

$$\Gamma A = 56^P 35' \quad \text{wie } \textit{ephm } A\Delta = 6^P 30';$$

5  mithin
$$\begin{cases} \Gamma\Delta = \Gamma A + A\Delta = 63^P 5', \\ \Gamma H = \Gamma A - A\Delta = 50^P 5'. \end{cases}$$

(Nun ist  $\Gamma\Delta \cdot \Gamma H = E\Gamma \cdot \Gamma Z)$  (Eukl. III. 35)

Hei 472  folglich  $E\Gamma \cdot \Gamma Z = 3159^{P^2} 25' 25''.$

Ferner ist  $3159^{P^2} 25' 25'' : 864^{\pi^2} 49' 50'' = 3^{P^2} 39' 12'',$

mithin  $\sqrt{3^{P^2} 39' 12''} = 1^P 54' 42''.$

10  Multiplizieren wir alsdann mit diesem Werte sowohl die Verhältniszahl $1^\pi 7' 20''$ der Strecke $Z\Theta$ als auch die Verhältniszahl $28^\pi 18' 26''$ der Strecke $\Gamma Z$, so werden wir erhalten

$$\left.\begin{array}{l} Z\Theta = 2^P 8' 43'' \\ \Gamma Z = 54^P 6' 22'' \end{array}\right\} \text{ wie } \left\{\begin{array}{l} AZ = 6^P 30' \\ \Gamma A = 56^P 35', \end{array}\right.$$

15

mithin  $\Gamma\Theta = 56^P 15' 5''$  als Summe.

Setzt man  $h\,AZ$ und $h\,\Gamma A = 120^P,$
so wird  $sZ\Theta = 39^P 36' 18''$ und $s\Gamma\Theta = 119^P 17' 46'',$

also
$$\begin{cases} bZ\Theta = 38^\circ 32' 34'' & \text{wie } \ominus Z\Theta A, \\ b\Gamma\Theta = 167^\circ 34' 54'' & \text{wie } \ominus \Gamma\Theta A; \end{cases}$$

20

mithin
$$\begin{cases} \angle ZA\Theta = 38^\circ 32' 34'' & \text{wie } 2R = 360^\circ, \\ \angle \Gamma A\Theta = 167^\circ 34' 54'' & \text{wie } 2R = 360^\circ; \end{cases}$$

folglich
$$\begin{cases} \angle ZA\Theta = 19^\circ 16' 17'' & \text{wie } 4R = 360^\circ, \\ \angle \Gamma A\Theta = 83^\circ 47' 27'' & \text{wie } 4R = 360^\circ. \end{cases}$$

Ha 329  
Hei 473  }  Endlich ist
$$\begin{cases} \angle A\Gamma\Theta = 6^\circ 12' 33'' & \text{als Komplementwinkel,} \\ \angle ZAH = 64^\circ 31' 10'' & \text{als Differenz.} \end{cases}$$

26
$$(\angle \Gamma A\Theta - \angle ZA\Theta)$$

Wir werden also in $\angle A\Gamma\Theta$ den Winkel der Rückläufigkeit von dem einen Stillstand bis zur Opposition gemäß der Geschwindigkeit des Planeten haben und in $\angle ZAH$ den
30 Winkel des scheinbaren Laufs (in Anomalie) auf dem Epizykel bei demselben Intervall $(A\Theta)$. Nun entfallen auf die $64^\circ 31' 10''$ des letzteren nach dem im Perigeum eintretenden Verhältnis $(28^1/_3 : {}^{67}/_{60})$ der Geschwindigkeiten $2^\circ 33' 28''$

genauberechneter Länge. Mithin werden wir die Hälfte der
ganzen Rückläufigkeit in dem Rest $(6^0 12' 33'' - 2^0 33' 28'' =)$
$3^0 39' 5''$ erhalten oder mit 68 Tagen; denn in so viel Tagen legt der Planet in mittlerer Bewegung ohne wesentlichen
Fehler die $2^0 16' 45''$ periodischer Länge zurück[a], welche
(unter Abzug der Prosthaphäresis $0^0 16' 43''$) auf die oben
ermittelten $2^0 33' 28''$ der genauberechneten Länge entfallen.
Folglich erhalten wir die ganze Strecke der Rückläufigkeit
mit $7^0 18' 10''$ oder 136 Tagen.

## Drittes Kapitel.
### Nachweis der Rückläufigkeitsstrecken des Jupiter.

I. Nach den Zahlenverhältnissen bei der mittleren Entfernung erhält man bei dem Jupiter folgende Proportionen:[b]

$$Z\Theta : \Gamma Z = \quad 1^\pi : 10^\pi 51' 29'',$$

mithin $\qquad E\Gamma : \Gamma Z = \quad 12^\pi 51' 29'' : 10^\pi 51' 29'';$

folglich $\qquad E\Gamma \cdot \Gamma Z = 139^{\pi^2} 37' 39''.$

Ferner ist $\qquad \Gamma A : A\Delta = \quad 60^P : 11^P 30',$

mithin $\qquad \Gamma\Delta : \Gamma H = \quad 71^P 30' : 48^P 30';$

folglich $\qquad \Gamma\Delta \cdot \Gamma H = 3467^{P^2} 45'.$

Wird die Wurzel $4^P 59' 1''$ des aus der Division hervorgegangenen Quotienten $24^{P^2} 50' 9''$ mit den oben (Z. 12) gegebenen Verhältniszahlen der Strecken $Z\Theta$ und $\Gamma Z$ multipliziert, so wird

$$\left. \begin{array}{l} Z\Theta = \quad 4^P 59' \ 1'' \\ \Gamma Z = 54^P \ 6' 44'' \end{array} \right\} \text{ wie } \left\{ \begin{array}{l} A Z = 11^P 30' \\ \Gamma A = 60^P, \end{array} \right.$$

mithin $\qquad \Gamma\Theta = 59^P 5' 45''$ als Summe.

Setzt man $\qquad h\,AZ$ und $h\,\Gamma A = 120^P,$

so wird $\qquad s\,Z\Theta = 52^P 0' 10''$ und $s\,\Gamma\Theta = 118^P 11' 30'',$

Hei 474<br>16<br>Ha 330<br>20<br>25

---

a) Für $68^d$ gibt die Tafel (S. 106) $2^0 16' 37''$ in Länge, in
Anomalie $64^0 44' 44''$.

b) Das Verhältnis der Wiederkehren in Anomalie zu den Umläufen des Epizykels ist (nach S. 100, 9) $65^W : 6^n - 4^0 50'$, d. i.
$23\,400^0 : 2155\tfrac{1}{8}{}^0 = 10^\pi 51' 28'' : 1^\pi$. Zu dem Entfernungsverhältnis $\Gamma A : A\Delta$ s. S. 255, 32.

mithin $\quad b\,Z\Theta = 51^0\,21'\,41''\quad$ und $\quad b\,\Gamma\Theta = 160^0\,4'\,55'';$

also $\begin{cases}\angle\,Z\mathsf{A}\Theta = 25^0\,40'\,50'' & \text{wie } 4R = 360^0, \\ \angle\,\Gamma\mathsf{A}\Theta = 80^0\,\ \ 2'\,28'' & \text{wie } 4R = 360^0.\end{cases}$



5 Endlich ist $\begin{cases}\angle\,\mathsf{A}\Gamma Z = \ \ 9^0\,57'\,32'' & \text{als Komplementwinkel,} \\ \angle\,Z\mathsf{A}\mathsf{H} = 54^0\,21'\,38'' & \text{als Differenz.}\end{cases}$

$$(\angle\,\Gamma\mathsf{A}\Theta - \angle\,Z\mathsf{A}\Theta)$$

Somit ist $\angle\,\mathsf{A}\Gamma Z$ der Winkel der Rückläufigkeit gemäß der Geschwindigkeit des Planeten und $\angle\,Z\mathsf{A}\mathsf{H}$ der Winkel

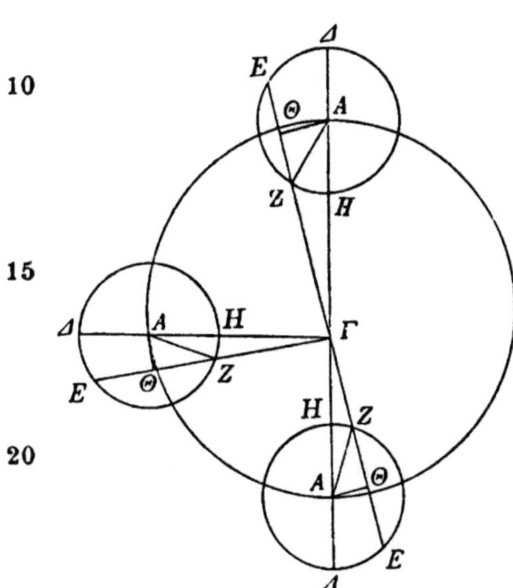

10

15

20

der scheinbaren Anomalie. Auf die $54^0\,21'\,38''$ des letzteren entfallen nach den (mit $10^5/_6 : 1$) vorliegenden Verhältnissen $5^0\,1'\,24''$ (diesfalls mittlerer) Lauf in Länge. Mithin beträgt die Hälfte der Rückläufigkeit ($9^0\,57'\,32'' - 5^0\,1'\,24'' =$) $4^0\,56'\,8''$ oder rund $60^1/_2$ Tage[a] (der periodischen Länge entsprechend) und die ganze Strecke der Rückläufigkeit $9^0\,52'\,16''$ oder $121$ Tage.

25 Die Entfernung ($\Gamma\mathsf{A}$) ist bei $5^0$ Abstand (der Stillstände) von dem Apogeum (des Exzenters) unbeträchtlich kleiner als die größte Entfernung ($62^\mathrm{P}\,45'$), und die Entfernung bei demselben Abstand von dem Perigeum (des Exzenters) ist nur unbeträchtlich größer als die kleinste Entfernung ($57^\mathrm{P}\,15'$).

---

a) Für $60^1/_2{}^\mathrm{d}$ gibt die Tafel (S. 109) $5^0\,1'\,43''$ in Länge und $54^0\,36'\,6''$ in Anomalie.

II. Nach den Zahlenverhältnissen bei der größten Entfernung ($62^P 45'$ S. 256, 6) findet man die Prosthaphäresis der genauen Berechnung[a] mit $0^\circ 5' 10''$. Daher ist

$$Z\Theta : \Gamma Z = \quad 0^\pi 54' 50'' : 10^\pi 56' 39'',$$

mithin    $E\Gamma : \Gamma Z = \quad 12^\pi 46' 19'' : 10^\pi 56' 39'';$     Ha 331

folglich    $E\Gamma \cdot \Gamma Z = 139^{\pi^2} 46' 42''.$     6

Ferner ist    $\Gamma A : A\Delta = \quad 62^P 45' : 11^P 30',$

mithin    $\Gamma\Delta : \Gamma H = \quad 74^P 15' : 51^P 15';$

folglich    $\Gamma\Delta \cdot \Gamma H = 3805^{P^2} 18' 45''.$

Wird die Wurzel $5^P 13' 4''$ des aus der Division hervor- Hei 476
gegangenen Quotienten $27^{P^2} 13' 26''$ mit den oben (Z. 4) ge- 11
gebenen Verhältniszahlen der Strecken $Z\Theta$ und $\Gamma Z$ multipliziert, so wird

$$\left.\begin{array}{l} Z\Theta = \quad 4^P 46' \ 6' \\ \Gamma Z = 57^P \ 6' 19' \end{array}\right\} \text{ wie } \left\{\begin{array}{l} AZ = 11^P 30' \\ \Gamma A = 62^P 45', \end{array}\right. \qquad 15$$

mithin    $\Gamma\Theta = 61^P 52' 25''$   als Summe.

Setzt man   $h\, AZ$ und $h\,\Gamma A = 120^P,$

so wird    $s\, Z\Theta = 49^P 45' 23''$   und $s\,\Gamma\Theta = 118^P 19' 27'',$

mithin    $b\, Z\Theta = 48^\circ 59' 34''$   und $b\,\Gamma\Theta = 160^\circ 49' 36'',$

also $\left\{\begin{array}{l} \angle Z A\Theta = 24^\circ 29' 47'' \quad \text{wie } 4R = 360^\circ, \\ \angle \Gamma A\Theta = 80^\circ 24' 48'' \quad \text{wie } 4R = 360^\circ. \end{array}\right.$     20

Endlich ist $\left\{\begin{array}{l} \angle A\Gamma Z = \quad 9^\circ 35' 12'' \quad \text{als Komplementwinkel,} \\ \angle Z A H = 55^\circ 55' \ 1'' \quad \text{als Differenz.} \end{array}\right.$

$$(\angle \Gamma A\Theta - \angle Z A\Theta)$$

Somit ist $\angle A\Gamma Z$ der Winkel der Rückläufigkeit gemäß der Geschwindigkeit des Planeten, $\angle ZAH$ der Winkel der 25 scheinbaren Anomalie. Auf die $55^\circ 55' 1''$ des letzteren entfallen nach den in dem Apogeum eintretenden Verhältnissen $(11 : {}^{11}/_{12})$ $4^\circ 40' 35''$ genauberechneter Länge, während die periodische Länge (unter Zusatz der Prosthaphäresis $0^\circ 26'$) $5^\circ 6' 35''$ beträgt. Mithin beläuft sich die Hälfte der Rück- 30

---

a) Nach der Anomalietabelle (S. 262) enträllt auf $6^\circ$ Entfernung vom Apogeum die Prosthaphäresis $0^\circ 31'$, also auf $1^\circ$ genau $0^\circ 5' 10''$.

läufigkeit auf $(9^0 35' 12'' - 4^0 40' 35'' =) 4^0 54' 37''$ oder rund $61^1/_2$ Tage[a] (der periodischen Länge entsprechend) und die ganze Strecke der Rückläufigkeit $9^0 49' 14''$ oder 123 Tage.

Ha 332<br>Hei 477

5  III. Nach den Zahlenverhältnissen bei der kleinsten Entfernung $(57^P 15'$ S. 256, 12) findet man die Prosthaphäresis der genauen Berechnung[b] zu $0^0 5' 40''$.  Daher ist

$$Z\Theta : \Gamma Z = \quad 1^\pi \, 5' 40'' : 10^\pi 45' 49'',$$
mithin
$$E\Gamma : \Gamma Z = 12^\pi 57' \, 9'' : 10^\pi 45' 49'',$$
folglich
$$E\Gamma \cdot \Gamma Z = 139^{\pi^2} 24' 56''.$$

10  Ferner ist
$$\Gamma A : A\Delta = \quad 57^P 15' : 11^P 30',$$
mithin
$$\Gamma\Delta : \Gamma H = 68^P 45' : 45^P 45';$$
folglich
$$\Gamma\Delta \cdot \Gamma H = 3145^{P^2} 18' 45''.$$

Wird die Wurzel $4^P 45'$ des aus der Division hervorgegangenen Quotienten $22^{P^2} 33' 39''$ mit den oben (Z. 7)

15  gegebenen Verhältniszahlen der Strecken $Z\Theta$ und $\Gamma Z$ multipliziert, so wird

$$\left.\begin{array}{l} Z\Theta = \quad 5^P 11' 55'' \\ \Gamma Z = 51^P \, 7' 38'' \end{array}\right\} \text{ wie } \left\{\begin{array}{l} AZ = 11^P 30' \\ \Gamma A = 57^P 15', \end{array}\right.$$

mithin $\quad \Gamma\Theta = 56^P 19' 33''$  als Summe.

20  Setzt man $\quad h\,AZ$ und $h\,\Gamma A = 120^P$,

so wird $\quad s\,Z\Theta = 54^P 14' 47''$  und $s\,\Gamma\Theta = 118^P \, 3' 46''$,

also $\quad b\,Z\Theta = 53^0 45' \, 4''$  und $b\,\Gamma\Theta = 159^0 22' 40''$;

mithin $\left\{\begin{array}{ll} \angle\,ZA\Theta = 26^0 52' 32'' & \text{wie } 4R = 360^0, \\ \angle\,\Gamma A\Theta = 79^0 41' 20'' & \text{wie } 4R = 360^0. \end{array}\right.$

Hei 478

25  Endlich ist $\left\{\begin{array}{ll} \angle\,A\Gamma Z = 10^0 18' 40'' & \text{als Komplementwinkel,} \\ \angle\,ZAH = 52^0 48' 48'' & \text{als Differenz.} \end{array}\right.$

$$(\angle\,\Gamma A\Theta - \angle\,ZA\Theta)$$

Somit ist $\angle\,A\Gamma Z$ der Winkel der Rückläufigkeit gemäß der Geschwindigkeit des Planeten, $\angle\,ZAH$ der Winkel der scheinbaren Anomalie.  Auf die $52^0 48' 48''$ des letzteren ent-

---

a) Für $61^1/_2{}^d$ gibt die Tafel (S. 109) $5^0 6' 42''$ in Länge und $55^0 30' 15''$ in Anomalie.

b) Nach der Anomalietabelle (S. 262) entfällt auf $3^0$ Entfernung vom Perigeum die Prosthaphäresis $0^0 17'$, also auf $1^0$ genau $0^0 5' 40''$.

fallen nach den in dem Perigeum eintretenden Verhält-
nissen $(10^3/_4 : 1^1/_{10})\ 5^0\,21'\,20''$ genauberechneter Länge, wäh- Ha 333
rend die periodische Länge (unter Abzug der Prosthaphä-
resis $0^0\,27'$) $4^0\,54'\,20''$ beträgt. Mithin beläuft sich die Hälfte
der Rückläufigkeit auf $(10^0\,18'\,40'' - 5^0\,21'\,20'' =)\ 4^0\,57'\,20''$   5
oder rund 59 Tage[a] (der periodischen Länge entsprechend)
und die ganze Strecke der Rückläufigkeit auf $9^0\,54'\,40''$
oder 118 Tage.

<h3 style="text-align:center">Viertes Kapitel.</h3>

## Nachweis der Rückläufigkeitsstrecken des Mars.

I. Nach den Zahlenverhältnissen bei der mittleren Entfernung erhält man bei dem Mars folgende Proportionen:[b]  10

$$Z\Theta : \Gamma Z = 1^\pi : 0^\pi\,52'\,51'',$$

mithin $\quad E\Gamma : \Gamma Z = 2^\pi\,52'\,51'' : 0^\pi\,52'\,51'';$

folglich $\quad E\Gamma \cdot \Gamma Z = 2^{\pi^2}\,32'\,15''.$

Ferner ist $\quad \Gamma A : A\Delta = 60^P : 39^P\,30',$ [c]

mithin $\quad \Gamma\Delta : \Gamma H = 99^P\,30' : 20^P\,30';$   15

folglich $\quad \Gamma\Delta \cdot \Gamma H = 2039^{P^2}\,45'.$

Wird die Wurzel $28^P\,21'\,8''$ des aus der Division hervor- Hei 479
gegangenen Quotienten $803^{P^2}\,50'\,50''$ mit den oben (Z. 11)
gegebenen Verhältniszahlen der Strecken $Z\Theta$ und $\Gamma Z$ multipliziert, so wird   20

$$\left.\begin{array}{l} Z\Theta = 28^P\,21'\ 8'' \\ \Gamma Z = 24^P\,58'\,25'' \end{array}\right\} \text{ wie } \left\{\begin{array}{l} AZ = 39^P\,30' \\ \Gamma A = 60^P, \end{array}\right.$$

mithin $\quad \Gamma\Theta = 53^P\,19'\,33''\quad$ als Summe.

---

a) Für $59^d$ gibt die Tafel (S. 109) in Länge $4^0\,54'\,14''$ und
$53^0\,14'\,53''$ in Anomalie.

b) Das Verhältnis der Wiederkehren in Anomalie zu den Umläufen des Epizykels ist (nach S. 100 14) $37^w : 42^u + 3^0\,10'$, d. i.
$13\,320^0 : 15\,123^1/_6{}^0 = 0^\pi\,52'\,51'' : 1^\pi$. Zu dem Entfernungsverhältnis $\Gamma A : A\Delta$ s. S. 255, 33.

c) Den bisher mit $A\Delta$ bezeichneten Halbmesser habe ich beibehalten an Stelle des fortan im griechischen Text erscheinen-
den Halbmessers $A H$.

Setzt man   $h\,\mathsf{AZ}$ und $h\,\mathsf{\Gamma A} = 120^{\mathrm{P}}$,

so wird     $s\,\mathsf{Z\Theta} = 86^{\mathrm{P}}\ 8'\ 0''$    und $s\,\mathsf{\Gamma\Theta} = 106^{\mathrm{P}}39'6''$,

also      $b\,\mathsf{Z\Theta} = 91^0 44'34''$    und $b\,\mathsf{\Gamma\Theta} = 125^0 26'10''$;

mithin $\begin{cases} \angle\,\mathsf{ZA\Theta} = 45^0\,52'17'' & \text{wie } 4R = 360^0, \\ \angle\,\mathsf{\Gamma A\Theta} = 62^0 43'\ 5'' & \text{wie } 4R = 360^0. \end{cases}$

Endlich ist $\begin{cases} \angle\,\mathsf{A\Gamma Z} = 27^0 16'55'', \\ \angle\,\mathsf{ZAH} = 16^0 50'48'' \quad \text{als Differenz.} \end{cases}$

$$(\angle\,\mathsf{\Gamma A\Theta} - \angle\,\mathsf{ZA\Theta})$$

Somit ist $\angle\,\mathsf{A\Gamma Z}$ der Winkel der Rückläufigkeit gemäß der Geschwindigkeit des Planeten, $\angle\,\mathsf{ZAH}$ der Winkel der (scheinbaren) Anomalie.

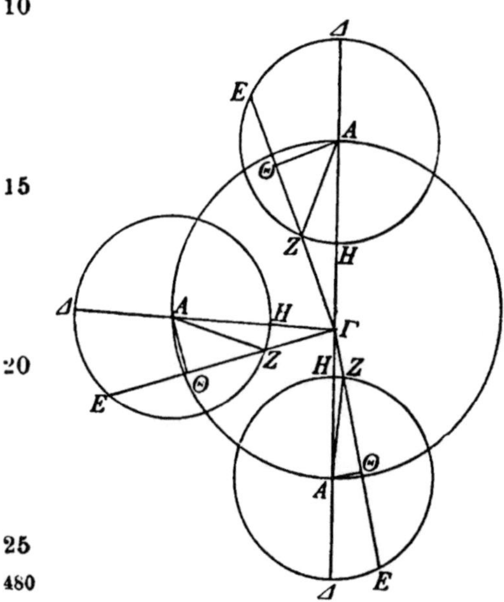

Auf die $16^0 50'48''$ des letzteren entfallen nach dem (mit $^{53}/_{60} : 1$) vorliegenden Verhältnis $19^0 7'33''$ (diesfalls mittlerer) Lauf in Länge; mithin beträgt die Hälfte der Rückläufigkeit ($27^0 16'55'' - 19^0 7'33'' =$) $8^0 9'22''$ oder rund $36^1/_2$ Tage[a] (der periodischen Länge entsprechend) und die ganze Strecke der Rückläufigkeit $16^0 18'44''$ oder 73 Tage. Die Entfernung ($\mathsf{\Gamma A}$) ist bei dem ($20^0 58'21''$ betragenden) Abstand der Stillstände von dem Apogeum (s. S. 292, 3) ohne merklichen Fehler um $0^{\mathrm{P}}20'$ im Maße der mittleren Entfernung kleiner als die größte Entfernung ($66^{\mathrm{P}}$) und die Entfernung bei dem ($16^0 52'52''$ betragenden) Abstand von dem Perigeum (s. S. 293, 9) um ebensoviel größer als die kleinste Entfernung ($54^{\mathrm{P}}$).

---

a) Für $36^1/_2{}^{\mathrm{d}}$ gibt die Tafel (S. 112) $19^0 7'40''$ in Länge und $16^0 50'50''$ in Anomalie.

II. Nach den Zahlenverhältnissen bei der größten Entfernung ($66^P$ S 256, 7) findet man die Prosthaphäresis der genauen Berechnung[a], soweit sie auf einen Grad entfällt, zu $0^0 10' 20''$. Daher ist

$$Z\Theta : \Gamma Z = 0^\pi 49' 40'' : 1^\pi 3' 11'',$$

mithin $\quad E\Gamma : \Gamma Z = 2^\pi 42' 31'' : 1^\pi 3' 11'',$

folglich $\quad E\Gamma \cdot \Gamma Z = 2^{\pi^2} 51' 8''.$

Ferner ist $\quad \Gamma A : A\Delta = 65^P 40' : 39^P 30',\quad$ (S. 290, 26)

mithin $\quad \Gamma\Delta : \Gamma H = 105^P 10' : 26^P 10',$

folglich $\quad \Gamma\Delta \cdot \Gamma H = 2751^{p^2} 51' 40''.$

5

10

Wird die Wurzel $31^P 3' 41''$ des aus der Division hervorgegangenen Quotienten $964^{p^2} 48' 47''$ mit den oben (Z. 5) gegebenen Verhältniszahlen der Strecken $Z\Theta$ und $\Gamma Z$ multipliziert, so wird

$$\left.\begin{array}{l} Z\Theta = 25^P 42' 43'' \\ \Gamma Z = 32^P 42' 34'' \end{array}\right\} \text{ wie } \left\{\begin{array}{l} AZ = 39^P 30' \\ \Gamma A = 65^P 40', \end{array}\right.$$

mithin $\quad \Gamma\Theta = 58^P 25' 17''$ als Summe.

Ha 335

16

Hei 481

Setzt man $\quad h\,AZ$ und $h\,\Gamma A = 120^P,$

so wird $\quad s\,Z\Theta = 78^P 6' 44''$ und $s\,\Gamma\Theta = 106^P 45' 36'',$

also $\quad b\,Z\Theta = 81^0 13' 8''$ und $b\,\Gamma\Theta = 125^0 39' 46'';$

20

mithin $\left\{\begin{array}{l} \angle ZA\Theta = 40^0 36' 34'' \text{ wie } 4R = 360^0, \\ \angle \Gamma A\Theta = 62^0 49' 53'' \text{ wie } 4R = 360^0. \end{array}\right.$

Endlich ist $\left\{\begin{array}{l} \angle A\Gamma Z = 27^0 10' 7'' \text{ als Komplementwinkel,} \\ \angle ZAH = 22^0 13' 19'' \text{ als Differenz.} \end{array}\right.$

$$(\angle \Gamma A\Theta - \angle ZA\Theta)$$

Somit ist $\angle A\Gamma Z$ der Winkel der Rückläufigkeit gemäß der Geschwindigkeit des Planeten, $\angle ZAH$ der Winkel der scheinbaren Anomalie. Auf die $22^0 13' 19''$ des letzteren ent-

25

---

a) Nach der Anomalietabelle (S. 263) beträgt bei $18^0$ Entfernung vom Apogeum die Prosthaphäresis $3^0 13'$, bei $24^0$ Entfernung $4^0 16'$; mithin entfällt auf einen Grad $\frac{1}{6}$ der Differenz $1^0 3'$ mit $0^0 10' 30''$. Wie Ptolemäus zu dem noch kleineren Wert gelangt, vermag ich nicht zu erklären, zumal da auf Grund desselben die Prosthaphäresis für $20^0 58' 21''$ (S. 292, 3) mit $3^0 37'$ um $0^0 8'$ zu klein ausfällt.

fallen nach den im Apogeum eintretenden Verhältnissen $(9:7)$
$17^0 13' 21''$ genauberechneter Länge, während die periodische
Länge (unter Zusatz der Prosthaphäresis $3^0 45'$) $20^0 58' 21''$
beträgt. Mithin beläuft sich die Hälfte der Rückläufigkeit
5 auf $(27^0 10' 7'' - 17^0 13' 21'' =)$ $9^0 56' 46''$ oder rund 40
Tage[a] (der periodischen Länge entsprechend) und die ganze
Strecke der Rückläufigkeit auf $19^0 53' 32''$ oder 80 Tage.

III. Nach den Zahlenverhältnissen bei der kleinsten Entfernung $(54^P$ S. $256, 13)$ findet man die Prosthaphäresis der
10 genauen Berechnung[b] zu $0^0 12' 40''$.  Daher ist

$$\mathsf{Z\Theta : \Gamma Z} = 1^\pi 12' 40'' : 0^\pi 40' 11'',$$
$$\text{mithin} \quad \mathsf{E\Gamma : \Gamma Z} = 3^\pi 5' 31'' : 0^\pi 40' 11'',$$
$$\text{folglich} \quad \mathsf{E\Gamma \cdot \Gamma Z} = 2^{\pi^2} 4' 14''.$$

Ha 336)
Hei 482)
Ferner ist
$$\mathsf{\Gamma A : A\Delta} = 54^P 20' : 39^P 30', \quad (\text{S. } 290, 31)$$
15 mithin
$$\mathsf{\Gamma\Delta : \Gamma H} = 93^P 50' : 14^P 50',$$
folglich
$$\mathsf{\Gamma\Delta \cdot \Gamma H} = 1391^{P^2} 51' 40''.$$

Wird die Wurzel $25^P 55' 38''$ des aus der Division hervorgegangenen Quotienten $672^{P^2} 13'$ mit den oben (Z. 11) ge-
gebenen Verhältniszahlen der Strecken $\mathsf{Z\Theta}$ und $\mathsf{\Gamma Z}$ multi-
20 pliziert, so wird

$$\left.\begin{array}{l}\mathsf{Z\Theta} = 31^P 24' \ 3'' \\ \mathsf{\Gamma Z} = 17^P 21' 51''\end{array}\right\} \text{wie} \left\{\begin{array}{l}\mathsf{AZ} = 39^P 30' \\ \mathsf{\Gamma A} = 54^P 20',\end{array}\right.$$
$$\text{mithin} \quad \mathsf{\Gamma\Theta} = 48^P 45' 54'' \quad \text{als Summe.}$$

Setzt man $\quad h\,\mathsf{AZ}$ und $h\,\mathsf{\Gamma A} = 120^P,$
25 so wird $\quad s\,\mathsf{Z\Theta} = 95^P 23' 42''$ und $s\,\mathsf{\Gamma\Theta} = 107^P 42' 7'',$
also $\quad b\,\mathsf{Z\Theta} = 105^0 18' 10''$ und $b\,\mathsf{\Gamma\Theta} = 127^0 40' 22'';$

$$\text{mithin} \left\{\begin{array}{l}\angle\,\mathsf{ZA\Theta} = 52^0 39' 5'' \quad \text{wie } 4R = 360^0, \\ \angle\,\mathsf{\Gamma A\Theta} = 63^0 50' 11'' \quad \text{wie } 4R = 360^0.\end{array}\right.$$

---

a) Für $40^d$ gibt die Tafel (S. 112) $20^0 57' 44''$ in Länge und
$18^0 27' 46''$ in Anomalie.

b) Nach der Anomalietabelle (S. 263) beträgt bei $18^0$ Entfernung vom Perigeum die Prosthaphäresis $3^0 55'$, bei $12^0$ Entfernung $2^0 39'$. Nur so erhält man auf einen Grad $^1/_6$ der Differenz $1^0 16'$ mit $0^0 12' 40''$.

Endlich ist $\begin{cases} \angle\,\mathsf{A\Gamma Z} = 26^\circ\ 9'\,49'' & \text{als Komplementwinkel,} \\ \angle\,\mathsf{ZAH} = 11^\circ 11'\ 6'' & \text{als Differenz.} \end{cases}$
$$(\angle\,\mathsf{\Gamma A\Theta} - \angle\,\mathsf{ZA\Theta})$$

Somit ist $\angle\,\mathsf{A\Gamma Z}$ der Winkel der Rückläufigkeit gemäß der Geschwindigkeit des Planeten und $\angle\,\mathsf{ZAH}$ der Winkel der scheinbaren Anomalie. Auf die $11^\circ 11' 6''$ des letzteren entfallen nach den im Perigeum eintretenden Verhältnissen $(40:73)$ $20^\circ 33' 42''$ genauberechneter Länge, während die periodische (unter Abzug der Prosthaphäresis $3^\circ 40' 50''$) $16^\circ 52' 52''$ beträgt. Mithin beläuft sich die **Hälfte** der Rück- läufigkeit auf $(26^\circ 9' 49'' - 20^\circ 33' 42'' =) 5^\circ 36' 7''$ oder rund $32\frac{1}{4}$ Tage[a]) (der periodischen Länge entsprechend) und die ganze Strecke der Rückläufigkeit auf $11^\circ 12' 14''$ oder $64\frac{1}{2}$ Tage.

## Fünftes Kapitel.
### Nachweis der Rückläufigkeitsstrecken der Venus.

I. Nach den Zahlenverhältnissen bei der mittleren Entfernung erhält man bei der Venus die Proportionen:[b])

$$\begin{aligned} \mathsf{Z\Theta:\Gamma Z} &= 1^\pi : 0^\pi 37' 31'', \\ \text{mithin} \quad \mathsf{E\Gamma:\Gamma Z} &= 2^\pi 37' 31'' : 0^\pi 37' 31'', \\ \text{folglich} \quad \mathsf{E\Gamma\cdot\Gamma Z} &= 1^{\pi^2} 38' 30''. \end{aligned}$$

$$\begin{aligned} \text{Ferner ist} \quad \mathsf{\Gamma A:A\Delta} &= 60^P : 43^P 10', \\ \text{mithin} \quad \mathsf{\Gamma\Delta:\Gamma H} &= 103^P 10' : 16^P 50', \\ \text{folglich} \quad \mathsf{\Gamma\Delta\cdot\Gamma H} &= 1736^{P^2} 38' 20''. \end{aligned}$$

Wird die Wurzel $32^P 31' 29''$ des aus der Division hervorgegangenen Quotienten $1057^{P^2} 50' 6''$ mit den oben (Z. 16) gegebenen Verhältniszahlen der Strecken $\mathsf{Z\Theta}$ und $\mathsf{\Gamma Z}$ multipliziert, so wird

---

a) Für $32\frac{1}{4}{}^{\text{d}}$ gibt die Tafel (S. 112) $16^\circ 54' 2''$ in Länge und $14^\circ 53' 8''$ in Anomalie.

b) Das Verhältnis der Wiederkehren in Anomalie zu den Umläufen des Epizykels ist (nach S. 100, 19) $5^{\text{w}} : 8^{\text{u}} - 2^\circ 15'$, d. i. $1800^\circ : 2877^3/_4{}^\circ = 0^\pi 37' 31'' : 1^\pi$. Zu dem Entfernungsverhältnis $\mathsf{\Gamma A:A\Delta}$ s. S. 256, 1.

Hei 484

$$Z\Theta = 32^{P}\,31'\,29'' \atop \Gamma Z = 20^{P}\,20'\,11''\Big\} \;\; \text{wie} \;\; {AZ = 43^{P}\,10' \atop \Gamma A = 60^{P},}$$

mithin        $\Gamma\Theta = 52^{P}\,51'\,40''$  als Summe.

Setzt man   $h\,AZ$ und $h\,\Gamma A = 120^{P}$,

5        so wird   $s\,Z\Theta = 90^{P}\,24'\,58''$  und $s\,\Gamma\Theta = 105^{P}\,43'\,20''$,

also     $b\,Z\Theta = 97^{0}\,47'\,0''$  und $b\,\Gamma\Theta = 123^{0}\,31'\,49''$;

mithin $\Big\{\begin{array}{l} \angle\,Z A\Theta = 48^{0}\,53'\,30'' \;\;\text{wie}\; 4R = 360^{0}, \\ \angle\,\Gamma A\Theta = 61^{0}\,45'\,54'' \;\;\text{wie}\; 4R = 360^{0}. \end{array}$

Ha 338

10   Endlich ist $\Big\{\begin{array}{l} \angle\,A\Gamma Z = 28^{0}\,14'\,6'' \;\;\text{als Komplementwinkel,} \\ \angle\,Z AH = 12^{0}\,52'\,24'' \;\;\text{als Differenz.} \end{array}$

$$(\angle\,\Gamma A\Theta - \angle\,Z A\Theta)$$

Somit ist $\angle\,A\Gamma Z$ der Winkel der Rückläufigkeit gemäß der Geschwindigkeit des Planeten, $\angle\,Z AH$ der Winkel der

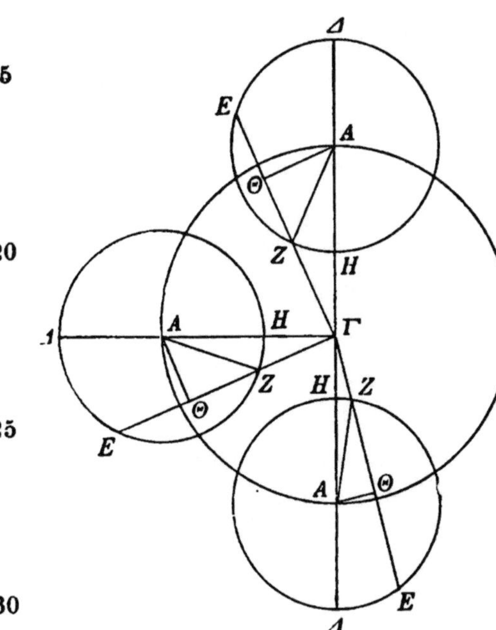


Anomalie. Auf die $12^{0}$ $52'\,24''$ des letzteren entfallen nach dem (mit $^{37}/_{60}:1$) vorliegenden mittleren Verhältnis $20^{0}\,35'\,19''$ Lauf in Länge. Mithin beträgt die Hälfte der Rückläufigkeit $(28^{0}\,14'\,6''$ $-\;20^{0}\,35'\,19'' =)$ $7^{0}$ $38'\,47''$ oder rund $20^{5}/_{6}$ Tage[a] (dem periodischen Lauf entsprechend) und die ganze Strecke der Rückläufigkeit $15^{0}\,17'\,34''$ oder $41^{2}/_{3}$ Tage.

Die Entfernung $(\Gamma A)$ ist bei dem $(21^{0}\,9'\,3''$ betragenden) Abstand der Stillstände von dem Apogeum

---

a) Für $20^{5}/_{6}{}^{d}$ gibt die Tafel (S. 115) $20^{0}\,32'\,0''$ in Länge und $12^{0}\,50'\,38''$ in Anomalie.

(s. S. 296,4) ohne merklichen Fehler $0^P 5'$ in dem Maße der mittleren Entfernung kleiner als die größte Entfernung $(61^P 15')$ und die Entfernung bei dem $(20° 4' 30''$ betragenden) Abstand von dem Perigeum (s. S. 297,8) um ebensoviel größer als die kleinste Entfernung $(58^P 45')$.   5

II. Nach den Zahlenverhältnissen bei der größten Ent- Hei 485 fernung findet man die Prosthaphäresis der genauen Berechnung[a) zu $0$ $2'20''$.  Daher ist

$$Z\Theta : \Gamma Z = \quad 0^\pi 57'40'' : 0^\pi 39'51'',$$
mithin $\quad E\Gamma : \Gamma Z = \quad 2^\pi 35'11'' : 0^\pi 39'51'',$   10
folglich $\quad E\Gamma \cdot \Gamma Z = \quad 1^{\pi^2} 43'4''.$

Ferner ist $\quad \Gamma A : A\Delta = \quad 61^P 10' : 43^P 10',$ (s. oben Z. 1)
mithin $\quad \Gamma\Delta : \Gamma H = 104^P 20' : 18^P\ 0',$
folglich $\quad \Gamma\Delta \cdot \Gamma H = 1878^{P^2} 0'.$

Wird die Wurzel $33^P 3'53''$ des aus der Division hervor- 15 gegangenen Quotienten $1093^{P^2} 16'23''$ mit den oben (Z. 9) gegebenen Verhältniszahlen der Strecken $Z\Theta$ und $\Gamma Z$ multipliziert, so wird

$$\left.\begin{array}{l} Z\Theta = 31^P 46'44'' \\ \Gamma Z = 21^P 57'38'' \end{array}\right\} \text{ wie } \left\{\begin{array}{l} AZ = 43^P 10' \\ \Gamma A = 61^P 10', \end{array}\right.$$   20
mithin $\quad \Gamma\Theta = 53^P 44'22''$  als Summe.

Setzt man $\quad h\,AZ$ und $h\,\Gamma A = 120^P,$   Ha 339
so wird $\quad s\,Z\Theta = 88^P 20'34''$ und $s\,\Gamma\Theta = 105^P 25'44'',$
also $\quad b\,Z\Theta = 94° 48'54''$ und $b\,\Gamma\Theta = 122° 56'27'';$
mithin $\left\{\begin{array}{l} \angle\,ZA\Theta = 47° 24'27'' \text{ wie } 4R = 360°, \\ \angle\,\Gamma A\Theta = 61° 28'14'' \text{ wie } 4R = 360°. \end{array}\right.$   Hei 486   26

Endlich ist $\left\{\begin{array}{l} \angle\,A\Gamma Z = 28° 31'46'' \text{ als Komplementwinkel,} \\ \angle\,ZAH = 14°\ 3'47'' \text{ als Differenz.} \end{array}\right.$

$$(\angle\,\Gamma A\Theta - \angle\,ZA\Theta)$$

Somit ist $\angle\,A\Gamma Z$ der Winkel der Rückläufigkeit gemäß der Geschwindigkeit des Planeten, $\angle\,ZAH$ der Winkel der 30

------

a) Nach der Anomalietabelle (S. 264) entfällt auf 6° Entfernung vom Apogeum die Prosthaphäresis $0° 14'$ ohne Zusatz, mithin nur so auf $1°\!,$ genau $0° 2'20''.$

scheinbaren Anomalie. Auf die $14^0 3' 47''$ des letzteren entfallen nach den im Apogeum eintretenden Verhältnissen
$(20 : 29)$ $20^0 19' 3''$ genauberechneter Länge, während die
periodische (unter Zusatz der Prosthaphäresis $0^0 50'$) $21^0 9' 3''$
5 beträgt. Mithin beläuft sich die Hälfte der Rückläufigkeit
auf $(28^0 31' 46'' - 20^0 19' 3'' =)$ $8^0 12' 43''$ oder rund $21^1/_2$
Tage[a] (der periodischen Länge entsprechend) und die ganze
Strecke der Rückläufigkeit auf $16^0 25' 26''$ oder 43 Tage.

III. Nach den Zahlenverhältnissen bei der kleinsten Ent-
10 fernung findet man die Prosthaphäresis der genauen Berechnung[b] zu $0^0 2' 20''$.　Daher ist

$$Z\Theta : \Gamma Z = \quad 1^\pi\ 2' 20'' : 0^\pi 35' 11'',$$

mithin $\quad E\Gamma : \Gamma Z = \quad 2^\pi 39' 51'' : 0^\pi 35' 11'',$

folglich $\quad E\Gamma \cdot \Gamma Z = \quad 1^{\pi^2} 33' 44''.$

15　Ferner ist $\quad \Gamma A : A\Delta = \ 58^P 50' : 43^P 10', \quad$ (S. 295, 3)

mithin $\quad \Gamma\Delta : \Gamma H = 102^P\ 0' : 15^P 40',$

folglich $\quad \Gamma\Delta \cdot \Gamma H = 1598^{P^2} 0'.$

Hei 487 Wird die Wurzel $31^P 58' 58''$ des aus der Division hervorgegangenen Quotienten $1022^{P'} 54' 7''$ mit den oben (Z. 12)
20 gegebenen Verhältniszahlen der Strecken $Z\Theta$ und $\Gamma Z$ multipliziert, so wird

$$Z\Theta = 33^P 13' 36'' \ \Big\rbrace \ \text{wie} \ \Big\lbrace \ AZ = 43^P 10'$$
$$\Gamma Z = 18^P 45' 16'' \qquad\qquad \Gamma A = 58^P 50',$$

Ha 340

mithin $\quad \Gamma\Theta = 51^P 58' 52'' \quad$ als Summe.

25　Setzt man $\quad h\,AZ$ und $h\,\Gamma A = 120^P,$

so wird $\quad s\,Z\Theta = \ 92^P 22'\ 3''\quad$ und $s\,\Gamma\Theta = 106^P\ 1' 23'',$

also $\quad b\,Z\Theta = 100^0 39' 34'' \quad$ und $b\,\Gamma\Theta = 124^0\ 8' 22'',$

mithin $\Big\lbrace$ $\angle\,Z A\Theta = \ 50^0 19' 47'' \quad$ wie $4R = 360^0,$

$\quad\quad\quad \angle\,\Gamma A\Theta = \ 62^0\ 4' 11'' \quad$ wie $4R = 360^0.$

---

a) Für $21^1/_2{}^d$ gibt die Tafel (S. 115) $21^0 11' 28''$ in Länge und
$13^0 15' 17''$ in Anomalie.

b) Nach der Anomalietabelle (S. 264) entfällt auf $3^0$ Entfernung
vom Perigeum die Prosthaphäresis $0^0 7'$ nach Abzug, mithin
nur so auf $1^0$ genau $0^0 2' 20''$.

Endlich ist $\begin{cases} \angle\,\mathsf{A\Gamma Z} = & 27^{0}\,55'\,49'' \quad \text{als Komplementwinkel,} \\ \angle\,\mathsf{ZAH} = & 11^{0}\,44'\,24'' \quad \text{als Differenz.} \end{cases}$

$$(\angle\,\mathsf{\Gamma A\Theta} - \angle\,\mathsf{ZA\Theta})$$

Somit ist $\angle\,\mathsf{A\Gamma Z}$ der Winkel der Rückläufigkeit gemäß der Geschwindigkeit des Planeten, $\angle\,\mathsf{ZAH}$ der Winkel der scheinbaren Anomalie. Auf die $11^{0}\,44'\,24''$ des letzteren ent- 5 fallen nach den im Perigeum eintretenden Verhältnissen $(5:9)\ 20^{0}\,53'\,30''$ genauberechneter Länge, während die periodische (unter Abzug der Prosthaphäresis $0^{0}\,49'$) $20^{0}\,4'\,30''$ beträgt. Mithin beläuft sich die Hälfte der Rückläufigkeit auf $(27^{0}\,55'\,49'' - 20^{0}\,53'\,30'' =)\ 7^{0}\,2'\,19''$ oder rund $20^{1}/_{3}$ Tage[a] 10 (der periodischen Länge entsprechend) und die ganze Strecke der Rückläufigkeit auf $14^{0}\,4'\,38''$ oder $40^{2}/_{3}$ Tage.

## Sechstes Kapitel.
### Nachweis der Rückläufigkeitsstrecken des Merkur.

I. Nach den Zahlenverhältnissen bei der mittleren Ent- Hei 488 fernung erhält man bei dem Merkur die Proportionen:[b]

$$\mathsf{Z\Theta} : \mathsf{\Gamma Z} = 1^{\pi} : 3^{\pi}\,9'\,8'',$$

mithin $\quad \mathsf{E\Gamma} : \mathsf{\Gamma Z} = 5^{\pi}\,9'\,8'' : 3^{\pi}\,9'\,8'',$ 15

folglich $\quad \mathsf{E\Gamma} \cdot \mathsf{\Gamma Z} = 16^{\pi^2}\,24'\,27''.$

Ferner ist $\quad \mathsf{\Gamma A} : \mathsf{A\Delta} = 60^{\mathrm{P}} : 22^{\mathrm{P}}\,30',$ Ha 341

mithin $\quad \mathsf{\Gamma\Delta} : \mathsf{\Gamma H} = 82^{\mathrm{P}}\,30' : 37^{\mathrm{P}}\,30',$

folglich $\quad \mathsf{\Gamma\Delta} \cdot \mathsf{\Gamma H} = 3093^{\mathrm{P}^2}\,45'.$ 20

Wird die Wurzel $13^{\mathrm{P}}\,48'\,7''$ des aus der Division hervorgegangenen Quotienten $190^{\mathrm{P}^2}\,29'\,31''$ mit den oben (Z. 15) gegebenen Verhältniszahlen der Strecken $\mathsf{Z\Theta}$ und $\mathsf{\Gamma Z}$ multipliziert, so wird

---

a) Für $20^{1}/_{3}{}^{\mathrm{d}}$ gibt die Tafel (S. 115) $20^{0}\,2'\,28''$ in Länge und $12^{0}\,32'\,8''$ in Anomalie.

b) Das Verhältnis der Wiederkehren in Anomalie zu den Umläufen des Epizykels ist (nach S. 100,24) $145^{\mathrm{W}} : 46^{\mathrm{u}} + 1^{0}$, d.i. $52\,200^{0} : 16\,561^{0} = 3^{\pi}\,9'\,7''\,8''' : 1^{\pi}$. Zu dem Entfernungsverhältnis $\mathsf{\Gamma A} : \mathsf{A\Delta}$ vgl. S. 256,2.

$$Z\Theta = 13^{\mathrm{P}}\,48'\ 7''\ \big|\ \text{wie}\ \big|\ AZ = 22^{\mathrm{P}}\,30'$$
$$\Gamma Z = 43^{\mathrm{P}}\,30'\,24''\ \big|\qquad\quad\big|\ \Gamma A = 60^{\mathrm{P}},$$

mithin        $\Gamma\Theta = 57^{\mathrm{P}}\,18'\,31''$   als Summe.

Setzt man  $h\,AZ$ und $h\,\Gamma A = 120^{\mathrm{P}}$,

Hel 489    so wird   $s\,Z\Theta = 73^{\mathrm{P}}\,36'\,37''$   und $s\,\Gamma\Theta = 114^{\mathrm{P}}\,37'\ 2''$,

6       also   $b\,Z\Theta = 75^{0}\,40'\,28''$   und $b\,\Gamma\Theta = 145^{0}\,32'\,52''$,

mithin $\begin{cases} \angle\,ZA\Theta = 37^{0}\,50'\,14'' & \text{wie } 4R = 360^{0}, \\ \angle\,\Gamma A\Theta = 72^{0}\,46'\,26'' & \text{wie } 4R = 360^{0}. \end{cases}$

10  Endlich ist $\begin{cases} \angle\,A\Gamma Z = 17^{0}\,13'\,34'' & \text{als Komplementwinkel,} \\ \angle\,ZAH = 34^{0}\,56'\,12'' & \text{als Differenz.} \end{cases}$

$$(\angle\,\Gamma A\Theta - \angle\,ZA\Theta)$$

Somit ist $\angle\,A\Gamma Z$ der Winkel der Rückläufigkeit gemäß der Geschwindigkeit des Planeten, $\angle\,ZAH$ der Winkel der

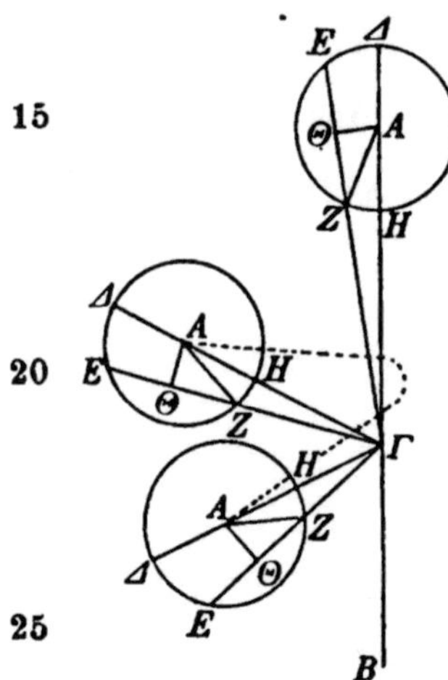

Anomalie. Auf die $34^{0}56'12''$ des letzteren entfallen nach dem (mit $3^{3}/_{20}:1$)

15  vorliegenden Verhältnis $11^{0}4'59''$ Lauf in Länge; mithin verbleiben als Rest $(17^{0}13'34'' - 11^{0}4'59'' =)$ $6^{0}8'35''$ für die Hälfte der Rückläufigkeit oder rund $11^{1}/_{4}$ Tage[a]) (der periodischen

20  Länge entsprechend), während die ganze Strecke der Rückläufigkeit $12^{0}$ $17'10''$ oder $22^{1}/_{2}$ Tage beträgt.

II. Nach den Zahlenverhältnissen bei der größten Entfernung, d. h. wenn der Abstand (des Epizykels) von

25  dem Apogeum (des Exzenters) rund $11^{0}$ genauberechneter Länge beträgt, auf welche (unter Zusatz der Prosthaphäresis $0''30'$) rund $11^{1}/_{2}^{0}$ gleichförmiger Länge entfallen, findet man die Prosthaphäresis der genauen

30 Berechnung[b]), soweit sie auf einen Grad entfällt, ohne merklichen Fehler zu $0^{0}2'20''$.  Daher ist

---

a) Für $11^{1}/_{4}^{\mathrm{d}}$ gibt die Tafel (S. 118) $11^{0}5'18''$ in Länge und $34^{0}57'1''$ in Anomalie.

b) Nach der Anomalietabelle (S. 265) beträgt bei $12^{0}$ Entfernung vom Apogeum die Prosthaphäresis $0^{0}32'$, bei $6^{0}$ Ent-

$$Z\Theta : \Gamma Z = 0^{\pi}\,57'\,40'' : 3^{\pi}\,11'\,28'',$$

mithin $\quad E\Gamma : \Gamma Z = 5^{\pi}\,6'\,48'' : 3^{\pi}\,11'\,28'',$

folglich $\quad E\Gamma \cdot \Gamma Z = 16^{\pi^2}\,19'\,2''.$

Ferner ist $\quad \Gamma A : A\Delta = 68^{P}\,36' : 22^{P}\,30',$ [a]

mithin $\quad \Gamma\Delta : \Gamma H = 91^{P}\,6' : 46^{P}\,6',$

folglich $\quad \Gamma\Delta \cdot \Gamma H = 4199^{P^2}\,42'\,36''.$

Wird die Wurzel $16^{P}\,2'\,35''$ des aus der Division hervorgegangenen Quotienten $257^{P^2}\,22'\,44''$ mit den oben (Z. 1) gegebenen Verhältniszahlen der Strecken $Z\Theta$ und $\Gamma Z$ multipliziert, so wird

$$\left.\begin{array}{l} Z\Theta = 15^{P}\,25'\,9'' \\ \Gamma Z = 51^{P}\,11'\,43'' \end{array}\right\} \quad \text{wie} \quad \left\{\begin{array}{l} AZ = 22^{P}\,30' \\ \Gamma A = 68^{P}\,36'. \end{array}\right.$$

mithin $\quad \Gamma\Theta = 66^{P}\,36'\,52''$ als Summe.

Setzt man $\quad h\,AZ$ und $h\,\Gamma A = 120^{P},$

so wird $\quad s\,Z\Theta = 82^{P}\,14'\,8''$ und $s\,\Gamma\Theta = 116^{P}\,31'\,36'',$

also $\quad b\,Z\Theta = 86^{\circ}\,31'\,4''$ und $b\,\Gamma\Theta = 152^{\circ}\,27'\,56'';$

mithin $\left\{\begin{array}{l} \angle\,ZA\Theta = 43^{\circ}\,15'\,32'' \quad \text{wie } 4R = 360^{\circ}, \\ \angle\,\Gamma A\Theta = 76^{\circ}\,13'\,58'' \quad \text{wie } 4R = 360^{\circ}. \end{array}\right.$

Endlich ist $\left\{\begin{array}{l} \angle\,A\Gamma Z = 13^{\circ}\,46'\,2'' \quad \text{als Komplementwinkel,} \\ \angle\,ZAH = 32^{\circ}\,52'\,26'' \quad \text{als Differenz.} \end{array}\right.$ [b]

$$(\angle\,\Gamma A\Theta - \angle\,ZA\Theta)$$

Somit ist $\angle\,A\Gamma Z$ der Winkel der Rückläufigkeit gemäß der Geschwindigkeit des Planeten, $\angle\,ZAH$ der Winkel der scheinbaren Anomalie. Auf die $32^{\circ}\,52'\,26''$ des letzteren entfallen nach den im Apogeum eintretenden Verhältnissen $(96:29)\ 9^{\circ}\,48'\,51''$ genauberechneter Länge, während die periodische (unter Zusatz der Prosthaphäresis $0^{\circ}\,28'$) $10^{\circ}\,16'\,51''$ beträgt. Mithin verbleiben als Rest $(13^{\circ}\,46'\,2''$

---

fernung $0^{\circ}\,17'$. Somit entfällt auf einen Grad $^1/_6$ der Differenz $0^{\circ}\,15'$ mit $0^{\circ}\,2'\,30''$. Für den kleineren Betrag finde ich auch hier (vgl. S. 291, 3) keine Erklärung.

a) Die Entfernung ist bei $11^{\circ}$ Abstand von dem Apogeum um $0^{P}\,24'$ kleiner als die größte Entfernung $69^{P}$. Vgl. S. 300, 16.

b) Der Subtraktionsfehler $52'$ statt $58'$ wird auch S. 308, 16 aufrecht erhalten.

$-9^0 48' 51'' =$) $3^0 57' 11''$ für die Hälfte der Rückläufigkeit oder rund $10^1/_2$ Tage[a] (der periodischen Länge entsprechend), während die ganze Strecke der Rückläufigkeit $7^0 54' 22''$ oder 21 Tage beträgt.

5   III. Nach den Zahlenverhältnissen bei den kleinsten Entfernungen, welche in den Intervallen von $120^0$ periodischen Laufs (beiderseits) von dem Apogeum eintreten, findet man die Prosthaphäresis der genauen Berechnung[b], die sich aus dem (auf $1^0$ entfallenden) Betrag bei dem (nach 10 S. 298, 27) $11^0$ betragenden Abstand (des Epizykels) beiderseits der beiden Erdnähen ergibt, ohne merklichen Fehler zu $0^0 1' 30''$.  Daher ist

$$Z\Theta : \Gamma Z = 1^\pi \; 1' 30'' : 3^\pi 7' 38'',$$

mithin $\quad$ $$E\Gamma : \Gamma Z = 5^\pi 10' 38'' : 3^\pi 7' 38'';$$

15  folglich $\quad$ $$E\Gamma \cdot \Gamma Z = 16^{\pi^2} 11' 25''.$$

Ferner ist $\quad$ $$\Gamma A : A\Delta = 55^P 42' : 22^P 30' \; c),$$

mithin $\quad$ $$\Gamma\Delta : \Gamma H = 78^P 12' : 33^P 12';$$

folglich $\quad$ $$\Gamma\Delta \cdot \Gamma H = 2596^{P^2} 14' 24''.$$

Wird die Wurzel $12^P 39' 48''$ des aus der Division hervor-
20 gegangenen Quotienten $160^P 21' 29''$ mit den oben (Z. 13) gegebenen Verhältniszahlen der Strecken $Z\Theta$ und $\Gamma Z$ multipliziert, so wird

$$\left.\begin{array}{l} Z\Theta = 12^P 58' 47'' \\ \Gamma Z = 39^P 36' \; 4'' \end{array}\right\} \text{ wie } \left\{\begin{array}{l} AZ = 22^P 30' \\ \Gamma A = 55^P 42', \end{array}\right.$$

25  mithin $\quad$ $\Gamma\Theta = 52^P 34' 51''$ als Summe.

Setzt man $\quad$ $h\,AZ$ und $h\,\Gamma A = 120^P,$
so wird $\quad$ $s\,Z\Theta = 69^P 13' 31''$ und $s\,\Gamma\Theta = 113^P 16' 48'',$
also $\quad$ $b\,Z\Theta = 70^0 27' 44''$ und $b\,\Gamma\Theta = 141^0 28' 14'';$

---

a) Für $10^1/_2{}^d$ gibt die Tafel (S. 118) $10^0 20' 56''$ in Länge und $32^0 37' 13''$ in Anomalie.

b) Nach der Anomalietabelle (S. 265) beträgt bei $114^0$ Entfernung vom Apogeum, d i. $6^0$ vor der Erdnähe $120^0$, die Prosthaphäresis $2^0 50'$, bei $120^0$ aber $2^0 41'$.  Nur dann entfällt auf einen Grad $1/_6$ der Differenz $0^0 9'$ mit $0^0 1' 30''$.

c) Die Entfernung ist bei $11^0$ Abstand von der Erdnähe um $0^P 8'$ größer als die kleinste Entfernung $55^P 34'$ (S. 256, 15).

$$\text{mithin} \begin{cases} \angle \text{ZA}\Theta = 35^\circ 13' 52'' & \text{wie } 4R = 360^\circ, \\ \angle \Gamma\text{A}\Theta = 70^\circ 44' 7'' & \text{wie } 4R = 360^\circ. \end{cases}$$

$$\text{Endlich ist} \begin{cases} \angle \text{A}\Gamma\text{Z} = 19^\circ 15' 53'' & \text{als Komplementwinkel,} \\ \angle \text{ZAH} = 35^\circ 30' 15'' & \text{als Differenz.} \end{cases}$$

$$(\angle \Gamma\text{A}\Theta - \angle \text{ZA}\Theta)$$

Somit ist $\angle$ AΓZ der Winkel der Rückläufigkeit gemäß der Geschwindigkeit des Planeten, $\angle$ ZAH der Winkel der scheinbaren Anomalie. Auf die $35^\circ 30' 15''$ des letzteren entfallen nach den (mit $3^1/_8 : 1$) vorliegenden Verhältnissen $11^\circ 39' 30''$ genauberechneter Länge, während die periodische (unter Abzug der Prosthaphäresis $0^\circ 18'$) $11^\circ 21' 30''$ beträgt. Mithin verbleiben als Rest $(19^\circ 15' 53'' - 11^\circ 39' 30'' =)$ $7^\circ 36' 23''$ für die Hälfte der Rückläufigkeit oder rund $11^1/_2$ Tage[a] (der periodischen Länge entsprechend), während die ganze Strecke der Rückläufigkeit $15^\circ 12' 46''$ oder 23 Tage beträgt.

Die nachgewiesenen zahlenmäßigen Beträge sind ohne wesentliche Fehler in Übereinstimmung mit den Beträgen, welche aus den Erscheinungen gewonnen werden, die jeder einzelne der Planeten darbietet.[b]

Die Beträge, welche in den größten und in den kleinsten Entfernungen auf den (periodischen) Lauf in Länge entfallen, haben wir auf folgendem Wege festgestellt. So hatten wir z. B. (S. 291, 24) bei Erörterung der Verhältnisse in der größten Entfernung des Mars den scheinbaren Epizykelbogen (ZH) von dem einen Stillstand bis zur Opposition, d. h. den theoretisch auf den Mittelpunkt der Ekliptik bezogenen Bogen[c], mit $22^\circ 13' 19''$ nachgewiesen. Die auf diese Grade nach dem Verhältnis von $1^\pi : 1^\pi 3' 11''$ ohne wesentlichen Fehler entfallenden $21^\circ 10'$ periodischer Länge entsprechen

---

a) Für $11^1/_2{}^d$ gibt die Tafel (S. 118) $11^\circ 20' 5''$ in Länge und $35^\circ 43' 37''$ in Anomalie.

b) D. h. mit den aus den Beobachtungen abgeleiteten Beträgen, wie sie die Tafeln S. 114—118 bieten.

c) D. i. den auf das scheinbare oder genaue Perigeum des Epizykels bezogenen Bogen.

insofern nicht ganz der absoluten Genauigkeit, als die für
die (Dauer der) Stillstände angegebenen Verhältnisse der
Geschwindigkeiten (des Epizykels und des Planeten selbst)
während des ganzen Verlaufs der Rückläufigkeit nicht un-
5 verändert bleiben. Indessen weichen diese $21^0 10'$ von
dem absolut genauen Werte nicht so stark ab, daß auch die
auf sie entfallende Prosthaphäresis, die nahezu $3^0 45'$ beträgt[a], mit einer wesentlichen Differenz behaftet sein könnte.
Hei 491 Daher haben wir diesen Betrag, weil in der größten Ent-
10 fernung der scheinbare Lauf auf dem Epizykel größer ist
als der periodische[b], von den $22^0 13' 19''$ des Epizykels abgezogen und erhielten den auf diese Grade entfallenden pe-
Ha 345 riodischen Lauf in Anomalie von dem einen Stillstand bis
zur Opposition mit $(22^0 13' 19'' - 3^0 45' =) 18^0 28' 19''$. Weil
15 nun auf diesen Betrag infolge des (S. 289, 11 vorgelegten)
Verhältnisses $(^{53}/_{60} : 1)$ der mittleren Bewegungen $20^0 58'$
$21''$ periodischer Länge entfallen, so haben wir von diesen
Graden, weil sie den genauen Wert darstellen, anstatt der
$21^0 10'$ Gebrauch gemacht und die $3^0 45'$ betragende Prosth-
20 aphäresis, die auch in diesem Falle nahezu dieselbe bleibt,
davon abgezogen, weil in den größten Entfernungen der
scheinbare Lauf in Länge kleiner ist als der periodische.[c]
Somit haben wir (S. 292, 2) für den scheinbaren (oder genauberechneten) Lauf in Länge bei dem vorliegenden Abstand
25 $(20^0 58' 21'' - 3^0 45' =) 17^0 13' 21''$ erhalten.

---

a) Nach der Anomalietabelle beträgt bei $21^0$ Entfernung vom
Apogeum die Prosthaphäresis als Mittel zwischen $4^0 16'$ und
$3^0 13'$ ziemlich genau $3^0 45'$.

b) Insofern die von dem scheinbaren Perigeum des Epizykels
aus gerechnete Anomaliezahl größer ist als die von dem mittleren ab gerechnete, weil letzteres vor dem Apogeum des Exzenters dem scheinbaren vorangeht. S. Fig. 1 zu Anm. 16.

c) Insofern der scheinbare oder genaue Lauf von dem Apogeum des Exzenters aus gemessen hinter dem mittleren, der
von der Leitlinie der größeren Exzentrizität bestimmt wird, zurückbleibt. S. Fig. zu Anm. 13. 1.

## Siebentes Kapitel.
### Praktische Anleitung zur Aufstellung einer Tabelle für die Stillstände.

Um wieder auch bei denjenigen Entfernungen, welche einerseits zwischen der mittleren und der größten, anderseits zwischen der mittleren und der kleinsten liegen, bequem die Zahl der Grade ermitteln zu können, an denen auf dem Epizykel angelangt, jeder Planet den Eindruck des schein- 5 baren Stillstandes machen wird, entwerfen wir auch für diesen Zweck auf methodischem Wege eine Tabelle von 31 Zeilen und 12 Spalten.                    Hel 495

Die ersten beiden Spalten werden entsprechend der Anordnung der übrigen Tabellen von 6 zu 6 Graden die Ar- 10 gumentzahlen der periodischen Länge enthalten, die zehn weiteren die für jeden der fünf Planeten geltenden Abstände in genauberechneter Anomalie von den scheinbaren Apogeen der Epizyklen, und zwar, Planet für Planet, die erste Spalte die Abstände des ersten Still- 15 standes, die zweite die des zweiten Stillstandes. Festgestellt haben wir die zahlenmäßigen Beträge auch dieser Abstände (von den Apogeen) sowohl (I) nach den vorstehend nachgewiesenen Beträgen für die mittleren, die größten und die Ha 346 kleinsten Entfernungen, als auch (II) nach den in den 20 Zwischenentfernungen eintretenden Differenzen, über welche wir früher (S. 259 f.) gelegentlich des Ansatzes der Sechzigstel in der achten Spalte der Anomalietabellen die nötigen Erklärungen abgegeben haben. Es lassen sich eben für jeden Ort periodischer Länge zugleich mit dem zahlenmäßigen Be- 25 trag der größten Differenz der (scheinbaren) Anomalie auch diejenigen Entfernungen der Epizyklen nachweisen, für welche gerade auch der Unterschied der Stillstände auf theoretischem Wege ermittelt wird.

I. Da die in den Erdfernen und in den Erdnähen nach- 30 gewiesenen Rückläufigkeitsstrecken sich nicht nach dem Eintritt der Stillstände bemessen, wenn die Mittelpunkte der Hel 496

Epizyklen genau in den Apogeen und den Perigeen (der
Exzenter) stehen, sondern wenn sie von diesen Punkten einen
an gewisse Grenzen gebundenen Abstand (in Länge) einhalten,
so haben wir aus diesen Abständen für jeden Planeten die
5 direkt auf die Apogeen und Perigeen (der Exzenter) entfallenden zahlenmäßigen Beträge (der scheinbaren Anomalie, d. i.
die Größe des $\angle$ ZAH) auf folgendem Wege abgeleitet.
   1. Bei dem Saturn und dem Jupiter gibt es zwischen
den Entfernungen ($\Gamma$A) der Epizyklen, welche direkt in den
10 Apogeen und den Perigeen (des Exzenters) stattfinden, keinen
wesentlichen Unterschied[a] von den Entfernungen, welche in
den von diesen Punkten ab festgestellten Abständen eintreten.
Deshalb haben wir die für diese Planeten gewonnenen Zahlen
der Anomalie, welche (jetzt) von den scheinbaren Apo-
15 geen[b] der Epizyklen ab gerechnet sind, (unverändert) in
die entsprechenden Zeilen gesetzt, d. h. die für die Erdfernen geltenden Zahlen in die (erste) Zeile mit der Argumentzahl 360, die für die Erdnähen geltenden Zahlen
in die (letzte) Zeile mit der Argumentzahl 180.
20    Nachgewiesen wurde (S. 282, 28) für den Saturn der
Abstand (des Planeten) von dem Perigeum des Epizykels im
Hᴀ 347 Apogeum der Exzentrizität (d. i. $\angle$ ZAH) mit $67^0 15'$ und
der Abstand im Perigeum (S. 284, 26) mit $64^0 31'$; für den
Jupiter der Abstand im Apogeum (S. 287, 23) mit $55''55'$
25 und der Abstand im Perigeum (S. 288, 26) mit $52^0 49'$.
Die auf diese Abstände entfallenden (Grad-) Zahlen, welche
aus Gründen der Zweckmäßigkeit von den Apogeen der
Hei 497 Epizyklen ab gerechnet sind, haben wir in den der Länge
nach folgenden vier Spalten in die entsprechenden Zeilen
30 gesetzt, d. h. in der (ersten) Zeile mit der Argumentzahl 360,
welche für das Apogeum (der Exzentrizität) gilt, stehen in

---

   a) Dieser Umstand wurde für den Saturn S. 281, 16 und S. 283, 20
erörtert, für den Jupiter S. 286, 25.   Der für den Jupiter mit $5^0$
festgestellte Abstand vom Apogeum wurde dort für eine Änderung
der Entfernung als belanglos bezeichnet.
   b) Bisher waren die Gradzahlen des $\angle$ ZAH von den scheinbaren Perigeen der Epizyklen aus angegeben worden.

der dritten Spalte die $(180^0 — 67^015' =)\ 112^045'$ des ersten Stillstandes des Saturn, in der vierten Spalte die $(180^0 + 67^015' =)\ 247^015'$ des zweiten Stillstandes; gleicherweise in der fünften Spalte die $(180^0 — 55^055' =)\ 124^05'$ des ersten Stillstandes des Jupiter, in der sechsten Spalte die $(180^0 + 55^055' =)\ 235^055'$ des zweiten Stillstandes. Schließlich stehen in der (letzten) Zeile mit der Argumentzahl 180, welche für das Perigeum (der Exzentrizität) gilt, in derselben Reihenfolge (für den Saturn) die Beträge $(180^0 — 64^031' =)\ 115^029'$ und $(180^0 + 64^031' =)\ 244^031'$, desgleichen (für den Jupiter) die Beträge $(180^0 — 52^049' =)\ 127^011'$ und $(180^0 + 52^049' =)\ 232^049'$.

2. Für den Mars hatten wir (S. 292, 3; 302, 16) nachgewiesen, daß der Planet seine Stillstände bewirkt, wenn der Mittelpunkt des Epizykels von dem Apogeum des Exzenters einen Abstand von 20'58' periodischen Laufs hat, während der Planet selbst (S. 291, 24) von dem scheinbaren Perigeum des Epizykels $22^013'$ (d. i. den $\angle$ ZAH) entfernt steht. Da in der mittleren Entfernung (S. 290, 7) der Lauf (d. i. $\angle$ ZAH) nur $16^051'$ beträgt, so ergibt sich eine Differenz von $(22^013' — 16^051' =)\ 5^022'$. Nun beträgt in dem Maße, in welchem die mittlere Entfernung gleich $60^P$ ist, die größte $66^P$, somit die Differenz gegen die mittlere Entfernung $6^P$, während bei dem (mit $20^058'$) vorliegenden Abstand vom Apogeum die Entfernung ($\Gamma$A S. 291, 8) $65^P40'$, mithin die Differenz gegen die mittlere Entfernung $5^P40'$ beträgt. Folglich haben wir $6^P$ mit $5^022'$ multipliziert und das Produkt durch $5^P40'$ dividiert: dadurch fanden wir [a] die Differenz (zwischen den Gradzahlen der genauberechneten Anomalie), welche im Apogeum selbst (d. i. bei $66^P$ Entfernung) gegen die mittlere Entfernung eintritt, ohne wesentlichen Fehler zu $5^041'$. Mithin ergeben sich (für den $\angle$ ZAH bei Zunahme der Entfernung um $6^P$) von dem scheinbaren Perigeum des Epizykels ab $(16^051' + 5^041' =)\ 22^032'$, d. s. vom Apogeum (des Epizykels) ab gerechnet $(180^0 — 22^032' =)$

a) Nach der Proportion $5^P40' : 6^P = 5^022' : 5^041'$.

$157^0 28'$ des ersten Stillstandes. Diesen Betrag werden wir in der siebenten Spalte in die (erste) Zeile mit der Argumentzahl 360 setzen, während wir den Betrag $(180^0 + 22^0 32' =)$ $202^0 32'$ (des zweiten Stillstandes) in dieselbe Zeile in der
5 achten Spalte setzen werden.

Gleicherweise bewirkt der Mars seine Stillstände, wenn der Mittelpunkt des Epizykels (S. 293, 9) von dem Perigeum (des Exzenters) einen Abstand von $16^0 53'$ periodischen Laufs hat, während der Planet selbst von dem scheinbaren
10 Perigeum des Epizykels (S. 293, 2: den $\angle$ ZAH $=$) $11^0 11'$ entfernt steht. Hier ist somit die Differenz gegen (den $\angle$ ZAH für) die mittlere Entfernung (S. 290, 7) gleich $(16^0 51' - 11^0 11' =) 5^0 40'$. Nun beträgt $54^{\mathrm{P}}$ die kleinste Entfernung mit der Differenz von $6^{\mathrm{P}}$ gegen die mittlere
15 (von $60^{\mathrm{P}}$), während bei dem (mit $16^0 53'$ periodischen Laufs) vorliegenden Abstand von dem Perigeum des Exzenters die Entfernung ($\Gamma$A S. 292, 14) $54^{\mathrm{P}} 20'$, somit die Differenz gegen die mittlere Entfernung $5^{\mathrm{P}} 40'$ beträgt. Wir werden demnach[a] die ganze Differenz (zwischen den Gradzahlen der
20 genauberechneten Anomalie) im Perigeum selbst mit $6^0$ und deshalb den Lauf von dem scheinbaren Perigeum des Epizykels ab (d. i. den $\angle$ ZAH bei Abnahme der Entfernung um $5^{\mathrm{P}} 40'$) mit $(16^0 51' - 6^0 =) 10^0 51'$ erhalten. Mithin ergeben sich von dem Apogeum (des Epizykels) ab gerechnet
25 $(180^0 - 10^0 51' =) 169^0 9'$ des ersten Stillstandes und $(180^0 +$
Hei 499 $10^0 51' =) 190^0 51'$ des zweiten. Diese Beträge werden wir wieder in den betreffenden Spalten (d. i. in der siebenten und der achten) in die (letzte) Zeile mit der Argumentzahl 180 setzen.

30 3. Für die Venus hatten wir (S. 296, 4) nachgewiesen, daß der Planet seine Stillstände bewirkt, wenn der Mittelpunkt des Epizykels[b] von dem Apogeum (des Exzenters) in Länge einen Abstand von $21^0 9'$ periodischen Laufs hat, während der Planet selbst von dem scheinbaren Perigeum

---

a) Nach der Proportion $5^{\mathrm{P}} 40' : 6^{\mathrm{P}} = 5^0 40' : 6^0$.

b) Diese beiden Worte fehlen im griechischen Text; ich habe sie aus der gleichlautenden Stelle oben Z. 7 ergänzt.

des Epizykels $14^0 4'$ (S. 295, 28: den $\angle$ZAH) entfernt steht. Da in der mittleren Entfernung (S. 294, 10) der Lauf (d. i. $\angle$ ZAH) nur $12^0 52'$ beträgt, so ergibt sich eine Differenz von $1^0 12'$. Nun beträgt in dem Maße, in welchem die mittlere Entfernung gleich $60^P$ ist, die größte Entfernung $61^P 15'$, somit die Differenz gegen die mittlere $1^P 15'$, während bei dem (mit $21^0 9'$ periodischen Laufs) vorliegenden Abstand vom Apogeum die Entfernung ($\Gamma$A S. 295, 12) $61^P 10'$, mithin die Differenz gegen die mittlere Entfernung $1^P 10'$ beträgt. Folglich haben wir wieder $1^P 15'$ mit $1^0 12'$ multipliziert und das Produkt durch $1^P 10'$ dividiert: dadurch fanden wir[a] die Differenz (der Gradzahlen der genauberechneten Anomalie) im Apogeum selbst gegen die mittlere Entfernung mit $1^0 17'$. Mithin ergeben sich (für $\angle$ ZAH bei Zunahme der Entfernung um $1^P 15'$) von dem scheinbaren Perigeum des Epizykels ab $(12^0 52' + 1^0 17' =) 14^0 9'$, d. s von dem Apogeum (des Epizykels) ab gerechnet $(180^0 - 14^0 9' =) 165^0 51'$ des ersten Stillstandes, welche wir in der neunten Spalte in die (erste) Zeile mit der Argumentzahl 360 setzen werden, und $(180^0 + 14^0 9' =) 194^0 9'$ des zweiten Stillstandes, welche wir in der zehnten Spalte in dieselbe Zeile setzen werden.

Gleicherweise bewirkt die Venus ihre Stillstände, wenn der Epizykel (S. 297, 8) in gleichförmigem Lauf in Länge von dem **Perigeum** des Exzenters einen Abstand von rund $20^0$ hat, während der Planet selbst von dem scheinbaren Perigeum des Epizykels (S. 297, 2: den $\angle$ ZAH $=$) $11^0 44'$ entfernt steht. Hier ist somit die Differenz gegen (den $\angle$ ZAH für) die mittlere Entfernung (vgl. oben Z. 3) gleich $(12^0 52' - 11^0 44' =) 1^0 8'$. Nun beträgt $58^P 45'$ die kleinste Entfernung in dem Maße, in welchem die mittlere Entfernung gleich $60^P$ ist, mithin die Differenz zwischen beiden Entfernungen $1^P 15'$, während bei dem (mit $20^0$ periodischen Laufs) vorliegenden Abstand von dem Perigeum die Entfernung ($\Gamma$A S. 296, 15) $58^P 50'$, somit die Differenz gegen die mittlere Entfernung $1^P 10'$ beträgt. Folglich haben wir wieder $1^P 15'$ mit $1^0 8'$ multipliziert und das

Ha 349

6

10

15

20

Hei 500

25

30

35

---

a) Nach der Proportion $1^P 10' : 1^P 15' = 1^0 12' : 1^0 17'$.

Produkt durch $1^P 10'$ dividiert: dadurch fanden wir[a] die
Differenz (der Gradzahlen der genauberechneten Anomalie)
im Perigeum selbst gegen die mittlere Entfernung mit $1^0 13'$
und deshalb den Lauf von dem scheinbaren Perigeum des
Epizykels ab (d. i. den ∠ ZAH bei Abnahme der Entfernung
um $1^P 15'$) mit ($12^0 52' - 1^0 13' =$) $11^0 39'$. Mithin ergeben
sich von dem Apogeum (des Epizykels) ab gerechnet ($180^0 -$
$11^0 39' =$) $168^0 21'$ des ersten Stillstandes und ($180^0 +$
$11^0 39' =$) $191^0 39'$ des zweiten. Diese Beträge werden wir
in den nämlichen Spalten (d. i. in der neunten und der zehnten) in die (letzte) Zeile mit der Argumentzahl 180 setzen.

4. Für den Merkur hatten wir (S. 299, 27) nachgewiesen,
daß der Planet seine Stillstände bewirkt, wenn der Epizykel
von dem Apogeum des Exzenters einen Abstand von $10^" 17'$
periodischen Laufs in Länge hat, während der Planet selbst
von dem scheinbaren Perigeum des Epizykels $32^0 52'$ (S. 299, 20:
den ∠ ZAH) entfernt steht. Da in der mittleren Entfernung
(S. 298, 10) der Lauf (d. i. ∠ ZAH) $34^0 56'$ beträgt, so ergibt
sich eine Differenz von ($34^0 56' - 32^0 52' =$) $2^0 4'$. Nun beträgt in dem Maße, in welchem die mittlere Entfernung
gleich $60^P$ ist, die größte Entfernung $69^P$, somit die Differenz
zwischen beiden Entfernungen $9^P$, während bei dem (mit
$10^0 17'$ periodischen Laufs) vorliegenden Abstand von dem
Apogeum die Entfernung (ГА S. 299, 4) $68^P 36'$, mithin die
Differenz gegen die mittlere Entfernung $8^P 36'$ beträgt. Folglich haben wir ebenso wie vorher $9^P$ mit $2^0 4'$ multipliziert
und das Produkt durch $8^P 36'$ dividiert: dadurch fanden
wir[b] die Differenz (der Gradzahlen der genauberechneten
Anomalie) im Apogeum selbst gegen die mittlere Entfernung
mit $2^0 10'$. Mithin ergeben sich (für den ∠ ZAH bei Zunahme der Entfernung um $9^P$) von dem scheinbaren Perigeum des Epizykels ab ($34^0 56' - 2^" 10' =$) $32^0 46'$[c], d. s.

a) Nach der Proportion $1^P 10' : 1^P 15' = 1^0 8' : 1^0 13'$.

b) Nach der Proportion $8^P 36' : 9^P = 2^0 4' : 2^0 10'$.

c) Daß bei dem Merkur der ∠ ZAH bei Zunahme der Entfernung, umgekehrt wie bei den übrigen Planeten, kleiner wird,
erklärt sich aus der großen Exzentrizität der Bahn. Vgl. S. 311, 18.

von dem Apogeum (des Epizykels) ab gerechnet $(180^0 - 32^0 46' =)$ $147^0 14'$ des ersten Stillstandes, welche wir in der elften Spalte (in die erste Zeile) zu der Argumentzahl 360 setzen werden, und $(180^0 + 32^0 46' =)$ $212^0 46'$ des zweiten Stillstandes, welche wir in der zwölften Spalte in dieselbe Zeile setzen werden.

Gleicherweise bewirkt der Merkur seine Stillstände, wenn der Epizykel (S. 301,10) von dem Perigeum (des Exzenters) einen Abstand von $11^0 22'$ periodischen Laufs hat, während der Planet selbst von dem scheinbaren Perigeum des Epizykels (S. 301,4: den ∠ZAH =) $35^0 30'$ entfernt steht. Hier ist somit die Differenz gegen (den ∠ZAH für) die mittlere Entfernung (S. 298,10) gleich $(35^0 30' - 34^0 56' =)$ $0^0 34'$. Ha 351 Nun beträgt (S. 256,15) $55^P 34'$ die kleinste Entfernung in Hei 502 dem Maße, in welchem die mittlere Entfernung gleich $60^P$ ist, mithin die Differenz zwischen beiden Entfernungen $4^P 26'$, während bei dem (mit $11^0 22'$ periodischen Laufs) vorliegenden Abstand von dem Perigeum die Entfernung (ΓA S. 300,16) ungefähr $55^P 42'$, mithin die Differenz gegen die mittlere Entfernung $4^P 18'$ beträgt. Folglich haben wir wieder $4^P 26'$ mit $0^0 34'$ multipliziert und das Produkt durch $4^P 18'$ dividiert: dadurch fanden wir[a] die Differenz (der Gradzahlen der genauberechneten Anomalie) im Perigeum selbst gegen die mittlere Entfernung mit $0^0 35'$ und deshalb den Lauf von dem scheinbaren Perigeum des Epizykels ab (d. i. den ∠ZAH bei Abnahme der Entfernung um $4^P 26'$) mit $(34^0 56' + 0^0 35' =)$ $35^0 31'$. Mithin ergeben sich von dem Apogeum (des Epizykels) ab gerechnet $(180^0 - 35^0 31' =)$ $144^0 29'$ des ersten Stillstandes und $(180^0 + 35^0 31' =)$ $215^0 31'$ des zweiten. Diese Beträge werden wir in dieselben Spalten (d. i. in die elfte und die zwölfte) setzen, jedoch nicht mehr zu der Argumentzahl der Länge 180, sondern zu den Argumentzahlen 120 und 240, weil in diesen Graden die größten Erdnähen der exzentrischen Bahn des Merkur (S. 144,19 ff.; vgl. S. 300,5) nachgewiesen worden sind.

a) Nach der Proportion $4^P 18' : 4^P 26' = 0^0 34' : 0^0 35'$.

II. Nach dieser Auseinandersetzung, welche an erster Stelle vorgenommen werden mußte, lassen sich nach denselben Methoden auch die Unterschiede feststellen, welche in den Zwischenstellungen eintreten.

5 Es sei beispielshalber die Aufgabe gestellt, die Ansätze der scheinbaren Anomalie für die ersten Stillstände zu finden, wenn der mittlere Ort in Länge 30⁰ von dem Apogeum (des Exzenters) entfernt ist.

In dieser Stellung beträgt, wie gesagt, nach den früher 10 (S. 258, 1—5) angewendeten Methoden die Entfernung des Epi-

Hei 503 zykels in dem Maße, in welchem auf die mittlere Entfernung volle $60^P$ entfallen, für

| Saturn | Jupiter | Mars | Venus | Merkur |
|---|---|---|---|---|
| $63^P 2'$ | $62^P 26'$ | $65^P 24'$ | $61^P 6'$ | $66^P 35'$. |

15 Mithin ergeben sich Planet für Planet — in derselben

Ha 352 Reihenfolge, um lästige Wiederholungen zu vermeiden — gegen die mittlere Entfernung folgende Differenzen:

| | | | | |
|---|---|---|---|---|
| $3^P 2'$ | $2^P 26'$ | $5^P 24'$ | $1^P 6'$ | $6^P 35'$. |

Nun betragen, weil bei allen Planeten die angesetzten 20 Entfernungszahlen größer sind als die mittlere Entfernung, die Differenzen zwischen den mittleren Entfernungen (vgl. S. 256) und den Entfernungen in den Apogeen selbst

| | | | | |
|---|---|---|---|---|
| $3^P 25'$ | $2^P 45'$ | $6^P 0'$ | $1^P 15'$ | $9^P$. |

Es betragen ferner die ganzen Differenzen zwischen den 25 Graden der scheinbaren (oder genauberechneten) Anomalie (d. i. zwischen $\angle ZAH$) bei den Entfernungen in den Apogeen und bei den mittleren Entfernungen in derselben Reihenfolge

$$\left(\begin{array}{ccccc} \text{S. 282,28; 280,18} & \text{S. 287,23; 286,5} & \text{S. 305,32} & \text{S. 307,13} & \text{S. 308,30} \\ 67^0 15' - 65^0 52' & 55^0 55' - 54^0 22' & & & \end{array}\right)$$

30          $1^0 23'$          $1^0 33'$          $5^0 41'$          $1^0 17'$          $2^0 10'$.

Wenn wir nun jede dieser Differenzen — z. B. (für den Saturn) $1^0 23'$ — Planet für Planet in zugehöriger Weise mit der Differenz zwischen der vorliegend (mit $63^P 2'$) angenommenen Entfernung und der mittleren ($60^P$) — z. B. 35 mit $3^P 2'$ — multiplizieren und das Produkt durch die Differenz bei der größten Entfernung — z. B. durch $3^P 25'$ —

dividieren, so werden wir[a] Planet für Planet die für den (mit $30^0$) vorliegenden Lauf in Länge geltende Differenz der Grade der (genauberechneten) Anomalie (d. i. den Unterschied des $\angle ZAH$) gegen die Grade der Anomalie bei der mittleren Entfernung erhalten mit

$1^0 14'$      $1^0 22'$      $5^0 7'$      $1^0 8'$      $1^0 35'.$

Nun betragen die Gradzahlen (der ersten Stillstände), von dem scheinbaren Apogeum des Epizykels ab gerechnet, in den mittleren Entfernungen

$\Big($ S. 280, 18     S. 286, 5     S. 290, 7     S. 294, 10     S. 298, 10 $\Big)$

$180^0-65^0 52'$   $180^0-54^0 22'$   $180^0-16^0 51'$   $180^0-12^0 52'$   $180^0-34^0 56'$

$114^0 8'$      $125^0 38'$      $163^0 9'$      $167^0 8'$      $145^0 4'.$

Es sind aber die Gradzahlen (der ersten Stillstände), welche bei den größten Entfernungen (in der ersten Zeile der Tabelle bereits) angesetzt sind, für die übrigen Planeten kleiner als die vorstehenden (d. h. der $\angle ZAH$ wird mit Zunahme der Entfernung größer), während sie für den Merkur größer sind (d. h. der $\angle ZAH$ wird bei Zunahme der Entfernung kleiner). Wenn wir daher die Differenzen, welche bei der (mit $63^P 2'$) angenommenen Entfernung (oben Z. 6) gefunden worden sind, bei den übrigen Planeten von den bei der mittleren Entfernung (oben Z. 12) angesetzten Graden abziehen, während wir sie bei dem Merkur dazu addieren, werden wir die Grade der scheinbaren Anomalie, von dem Apogeum des Epizykels ab gerechnet, mit folgenden Beträgen erhalten:

$(114^0 8'-1^0 14'$   $125^0 38'-1^0 22'$   $163^0 9'-5^0 7'$   $167^0 8'-1^0 8'$   $145^0 4'+1^0 35')$

$112^0 54'$      $124^0 16'$      $158^0 2'$      $166^0 0'$      $146^0 39'.$

Diese Beträge sind in die Spalten des ersten Stillstandes zu 30" periodischer Länge zu setzen.

Auch die Spalten der zweiten Stillstände werden wir nun ohne weiteres ausfüllen, indem wir Planet für Planet zu den Zahlen der ersten Stillstände in die Spalten der zweiten Stillstände in denselben Zeilen die an 360 fehlenden Grade dazusetzen, also bei der (mit $30^0$) vorliegenden (periodischen) Länge

$(360^0-112^0 54'$   $360^0-124^0 16'$   $360^0-158^0 2'$   $360^0-166^0$   $360^0-146^0 39')$

$247^0 6'$      $235^0 44'$      $201^0 58'$      $194^0 0'$      $213^0 21'.$

---

[a] Nach der Proportion $3^P 25' : 3^P 2' = 1^0 23' : 1^0 14'.$

Sollten wir es aus Gründen größerer Zweckmäßigkeit vorziehen, nicht die theoretisch auf das scheinbare Apogeum des Epizykels bezogenen Grade der Anomalie in Ansatz zu bringen, sondern die auf das periodische Apogeum bezogenen, d. h. die noch nicht genauberechneten (oder mittleren) Grade, so ist leicht zu begreifen, daß auch dieser Anforderung von uns ohne weiteres entsprochen werden kann. Steht doch in den Tabellen der Anomalie (in der dritten Spalte) bei jeder Argumentzahl der periodischen Länge die dazugehörige Prosthaphäresis, welche von den gefundenen Graden der scheinbaren Anomalie bei den von dem Apogeum des Exzenters ab gerechneten Graden bis 180 abgezogen werden muß, während sie bei den über 180 hinausgehenden Graden zu addieren ist.[a]

## Achtes Kapitel.
### Zahlen der genauberechneten Anomalie.

Die Tabelle (der Stillstände) gestaltet sich folgendermaßen. (S. 314—315.)

## Neuntes Kapitel.
### Nachweis der größten Elongationen der Venus und des Merkur.

Nachdem die theoretischen Erörterungen der Rückläufigkeit erledigt sind, dürfte es am Orte sein, im Anschluß daran die größten Elongationen der Venus und des Merkur von der Sonne nachzuweisen, welche in jedem einzelnen Zeichen nach den vorgetragenen Hypothesen zustande kommen. Die Darlegung dieser Erscheinungen haben wir erstens mit Bezug auf den scheinbaren Ort der Sonne gemacht, zweitens unter der Annahme, daß die Planeten selbst in den

---

a) Weil zwischen Apogeum und Perigeum das mittlere oder periodische Apogeum des Epizykels dem scheinbaren vorangeht, während es zwischen Perigeum und Apogeum dem scheinbaren nachfolgt. Vgl. Anm. 13. 1.

Anfängen der Zeichen stehen, drittens unter der Voraussetzung, daß die Apogeen die für unsere Zeit geltende Lage
zu den Wende- und den Nachtgleichenpunkten innehaben,
d. h. daß das Apogeum der Venus in ♉ 25⁰, das des Merkur
in ♎ 10⁰ liege. Die Verschiebung der größten Elongatio    5
nen, welche infolge des Fortschritts der Apogeen eintreten
muß, wird von den Forschern der Nachwelt bei Anwendung
derselben Methode durch ·eine leichte Korrektion zu ermitteln sein, und übrigens bleibt auf lange Zeit hinaus der
Unterschied ganz unwesentlich.    10

1. Damit aber auch die Methode des Verfahrens dem Verständnis zugänglich gemacht werde, sollen zuerst an der
Venus die oben näher bezeichneten größten morgendlichen
und abendlichen Elongationen nachgewiesen werden, wenn    Hei 509
der Planet beispielshalber im Frühlingsnachtgleichenpunkte,    15
d. i. im Anfang des Widders steht.

A. Es sei ΑΒΓΔΕ die durch das    Ha 357
Apogeum Α der Exzentrizität gehende Gerade, auf welcher Β als
das Zentrum der gleichförmigen
Bewegung, Γ als das Zentrum des    20
den Epizykel tragenden Exzenters
und Δ als der Mittelpunkt der
Ekliptik angenommen sei. Nachdem man aus dem Zentrum des Exzenters die Gerade ΓΖ gezogen, be    25
schreibe man um Ζ den Epizykel
ΗΘ und ziehe von Δ aus an die Morgenseite, d. i. an die
(infolge des täglichen Umschwungs) vorangehende Seite[a]
des Epizykels, die Tangente ΔΘ. Endlich ziehe man die    30
Verbindungslinien ΒΖΗ, ΖΘ, und fälle die Lote ΓΚ, ΓΛ
und ΒΜ.

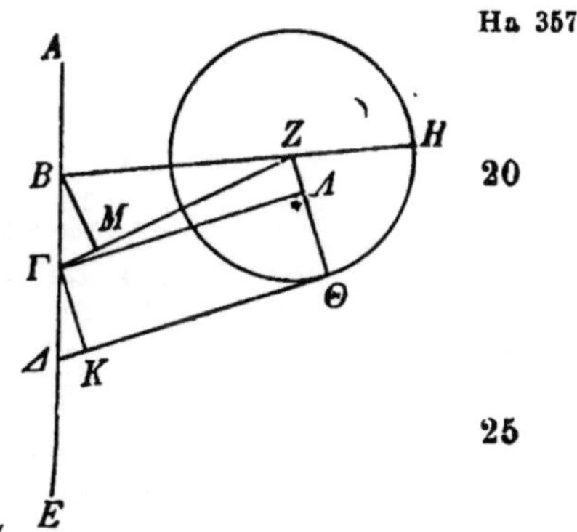


a) Der tägliche Umschwung vollzieht sich gegen die Richtung der Zeichen, d. i. von Δ aus gesehen, von links nach
rechts. Daher erscheinen in der vorangehenden Morgenseite
die beiden Planeten als Morgensterne, in der nachfolgenden
Abendseite als Abendsterne.

| Gemeinsame Argumentzahlen | | Saturn | | Jupiter | |
|---|---|---|---|---|---|
| | | 1. Stillstand | 2. Stillstand | 1. Stillstand | 2. Stillstand |
| 0 | 360 | 112°45′ | 247°15′ | 124° 5′ | 235°55′ |
| 6 | 354 | 112 45 | 247 15 | 124 6 | 235 54 |
| 12 | 348 | 112 46 | 247 14 | 124 7 | 235 53 |
| 18 | 342 | 112 48 | 247 12 | 124 9 | 235 51 |
| 24 | 336 | 112 51 | 247 9 | 124 12 | 235 48 |
| 30 | 330 | 112 54 | 247 6 | 124 16 | 235 44 |
| 36 | 324 | 112 58 | 247 2 | 124 21 | 235 39 |
| 42 | 318 | 113 3 | 246 57 | 124 26 | 235 34 |
| 48 | 312 | 113 8 | 246 52 | 124 32 | 235 28 |
| 54 | 306 | 113 15 | 246 45 | 124 39 | 235 21 |
| 60 | 300 | 113 22 | 246 38 | 124 47 | 235 13 |
| 66 | 294 | 113 29 | 246 31 | 124 55 | 235 5 |
| 72 | 288 | 113 36 | 246 24 | 125 3 | 234 57 |
| 78 | 282 | 113 44 | 246 16 | 125 12 | 234 48 |
| 84 | 276 | 113 53 | 246 7 | 125 22 | 234 38 |
| 90 | 270 | 114 1 | 245 59 | 125 32 | 234 28 |
| 96 | 264 | 114 10 | 245 50 | 125 41 | 234 19 |
| 102 | 258 | 114 18 | 245 42 | 125 51 | 234 9 |
| 108 | 252 | 114 27 | 245 33 | 126 0 | 234 0 |
| 114 | 246 | 114 35 | 245 25 | 126 10 | 233 50 |
| 120 | 240 | 114 43 | 245 17 | 126 19 | 233 41 |
| 126 | 234 | 114 51 | 245 9 | 126 28 | 233 32 |
| 132 | 228 | 114 58 | 245 2 | 126 36 | 233 24 |
| 138 | 222 | 115 5 | 244 55 | 126 44 | 233 16 |
| 144 | 216 | 115 11 | 244 49 | 126 51 | 233 9 |
| 150 | 210 | 115 16 | 244 44 | 126 57 | 233 3 |
| 156 | 204 | 115 21 | 244 39 | 127 2 | 232 58 |
| 162 | 198 | 115 25 | 244 35 | 127 6 | 232 54 |
| 168 | 192 | 115 27 | 244 33 | 127 8 | 232 52 |
| 174 | 186 | 115 29 | 244 31 | 127 10 | 232 50 |
| 180 | 180 | 115 29 | 244 31 | 127 11 | 232 49 |

| Mars | | Venus | | Merkur | |
|---|---|---|---|---|---|
| 1. Stillstand | 2. Stillstand | 1. Stillstand | 2. Stillstand | 1. Stillstand | 2. Stillstand |
| 157°28′ | 202°32′ | 165°51′ | 194° 9′ | 147°14′ | 212°46′ |
| 157 29 | 202 31 | 165 52 | 194 8 | 147 13 | 212 47 |
| 157 34 | 202 26 | 165 53 | 194 7 | 147 8 | 212 52 |
| 157 41 | 202 19 | 165 55 | 194 5 | 147 1 | 212 59 |
| 157 50 | 202 10 | 165 57 | 194 3 | 146 51 | 213 9 |
| 158 2 | 201 58 | 166 0 | 194 0 | 146 39 | 213 21 |
| 158 18 | 201 42 | 166 4 | 193 56 | 146 25 | 213 35 |
| 158 34 | 201 26 | 166 9 | 193 51 | 146 11 | 213 49 |
| 158 55 | 201 5 | 166 15 | 193 45 | 145 55 | 214 5 |
| 159 17 | 200 43 | 166 22 | 193 38 | 145 39 | 214 21 |
| 159 42 | 200 18 | 166 29 | 193 31 | 145 23 | 214 37 |
| 160 10 | 199 50 | 166 35 | 193 25 | 145 8 | 214 52 |
| 160 39 | 199 21 | 166 42 | 193 18 | 144 58 | 215 2 |
| 161 10 | 198 50 | 166 50 | 193 10 | 144 52 | 215 8 |
| 161 44 | 198 16 | 166 58 | 193 2 | 144 46 | 215 14 |
| 162 18 | 197 42 | 167 7 | 192 53 | 144 40 | 215 20 |
| 162 54 | 197 6 | 167 14 | 192 46 | 144 36 | 215 24 |
| 163 31 | 196 29 | 167 21 | 192 39 | 144 33 | 215 27 |
| 164 9 | 195 51 | 167 28 | 192 32 | 144 30 | 215 30 |
| 164 47 | 195 13 | 167 35 | 192 25 | 144 30 | 215 30 |
| 165 25 | 194 35 | 167 43 | 192 17 | 144 29 | 215 31 |
| 166 3 | 193 57 | 167 50 | 192 10 | 144 29 | 215 31 |
| 166 37 | 193 23 | 167 56 | 192 4 | 144 30 | 215 30 |
| 167 8 | 192 52 | 168 1 | 191 59 | 144 31 | 215 29 |
| 167 39 | 192 21 | 168 6 | 191 54 | 144 33 | 215 27 |
| 168 4 | 191 56 | 168 10 | 191 50 | 144 35 | 215 25 |
| 168 28 | 191 32 | 168 14 | 191 46 | 144 37 | 215 23 |
| 168 46 | 191 14 | 168 17 | 191 43 | 144 38 | 215 22 |
| 168 59 | 191 1 | 168 19 | 191 41 | 144 39 | 215 21 |
| 169 8 | 190 52 | 168 20 | 191 40 | 144 40 | 215 20 |
| 169 9 | 190 51 | 168 21 | 191 39 | 144 40 | 215 20 |
| 1. Stillstand | 2. Stillstand | 1. Stillstand | 2. Stillstand | 1. Stillstand | 2. Stillstand |

Da die Gerade $\Delta$A in der Richtung nach ♑ $25^0$ und $\Delta\Theta$
in der Richtung nach ♈ $0^0$ liegt, so ist

|  | | | |
|---|---|---|---|
| Hei 510 | $\angle\,$A$\Delta\Theta=$ | $55^0$ | wie $4R=360^0$, |
|  | $=110^0$ | | wie $2R=360^0$, |
| 5 | $\angle\,\Delta\Gamma$K$=$ | $70^0$ | als Komplementwinkel |
|  | | | (im rw. Dreieck $\Gamma$K$\Delta$); |
| mithin | $b\,\Gamma$K$=110^0$ | | wie $\ominus\,\Gamma$K$\Delta=360^0$, |
| also | $s\,\Gamma$K$=\ \ 98^{\mathrm{P}}18'$ | | wie $h\,\Gamma\Delta=120^{\mathrm{P}}$. |

Setzt man $\quad\Gamma\Delta=\ \ \ 1^{\mathrm{P}}15'\quad$ wie *ephm* $Z\Theta=43^{\mathrm{P}}10'$,
so wird $\quad\ \Gamma$K$=\ \ \ 1^{\mathrm{P}}\ \ 1'\quad$ in demselben Maße.

10  Nun ist $\quad\ \ \Gamma$K$=\Theta\Lambda,\qquad$ (Eukl. I. 34)
folglich auch $\quad\Theta\Lambda=\ \ \ 1^{\mathrm{P}}1'\quad$ wie *ephm* $Z\Theta=43^{\mathrm{P}}10'$,
mithin $\qquad Z\Lambda=Z\Theta-\Theta\Lambda=42^{\mathrm{P}}9'\quad$ wie *exhm* $\Gamma Z=60^{\mathrm{P}}$.

Setzt man $\quad h\,\Gamma Z=120^{\mathrm{P}}$,
so wird $\quad\ s\,Z\Lambda=\ \ 84^{\mathrm{P}}18'\quad$ in diesem Maße,
15  mithin $\quad b\,Z\Lambda=\ \ 89^0 16'\quad$ wie $\ominus\,Z\Lambda\Gamma=360^0$,
IIa 358  also $\angle\,Z\Gamma\Lambda=\ \ 89^0 16'\quad$ wie $2R=360^0$.

Nun ist $\begin{cases}\angle\,\Delta\Gamma$K$=\ \ 70^0 & \text{wie } 2R=360^0,\\ \angle\,\Lambda\Gamma$K$=180^0 & \text{wie } 2R=360^0,\end{cases}$
folglich $\angle\,Z\Gamma\Delta=339^0 16'\quad$ als Summe (vorst. 3 Winkel),
20  hierzu $\angle\,$A$\Gamma Z=\ \ 20^0 44'\quad$ als Nebenwinkel,

mithin $\begin{cases} b\,$B$$M$=\ \ 20^0 44'\\ ,b\,\Gamma$M$=159^0 16'\end{cases}$ wie $\ominus\,$B$$M$\Gamma=360^0$,

Hei 511  also $\begin{cases} s\,$B$$M$=\ \ 21^{\mathrm{P}}35'\\ ,s\,\Gamma$M$=118^{\mathrm{P}}\ 2'\end{cases}$ wie $h\,$B$\Gamma=120^{\mathrm{P}}$.

25  Setzt man $\quad$B$\Gamma=\ \ \ 1^{\mathrm{P}}15'\quad$ wie *exhm* $\Gamma Z=60^{\mathrm{P}}$,
so wird $\quad$B$$M$=\ \ \ 0^{\mathrm{P}}13'\quad$ und $\Gamma$M$=1^{\mathrm{P}}14'$,
mithin $\qquad$M$Z=\Gamma Z-\Gamma$M$=58^{\mathrm{P}}46'\quad$ in demselben Maße,
folglich auch $\quad h\,$B$Z=\ \ 58^{\mathrm{P}}46'\quad$ wie B$$M$=0^{\mathrm{P}}13'$
(weil unbetr. $>$ M$Z$).

Setzt man $\quad h\,$B$Z=120^{\mathrm{P}}$,
30  so wird $\quad s\,$B$$M$=\ \ \ 0^{\mathrm{P}}27'\quad$ in diesem Maße,
also $\qquad b\,$B$$M$=\ \ \ 0^0 26'\quad$ wie $\ominus\,$B$$M$Z=360^0$,
mithin $\angle\,$B$Z\Gamma=\ \ \ 0^0 26'\quad$ wie $2R=360^0$.

Nun war  $\angle\,\mathrm{A\Gamma Z}=\ 20^0\,44'$  wie  $2\,R=360^0,$
folglich  $\angle\,\mathrm{ABZ}=\ 21^0\,10'$  als Summe, (Eukl. I. 32)
$=\ 10^0\,35'$  wie  $4\,R=360^0.$

Das ist der Winkel des gleichförmigen Laufs in Länge (bis zum Apogeum ♑ $25^0$). Es wird demnach auch der mittlere Ort der Sonne von dem Apogeum A gegen die Richtung der Zeichen $10^0\,35'$ entfernt sein[a], somit natürlich in (♑ $25^0 - 10^0\,35'$, d. i.) ♑ $14^0\,25'$ liegen; während der genaue Ort[b] ♑ $15^0\,14'$ sein wird. Folglich wird der Planet, wenn er in ♈ $0^0$ steht, seine größte Elongation nach der Morgenseite (des Epizykels) von dem genauen Ort der Sonne mit $(15^0\,14' + 30^0 =)\ 45^0\,14'$ erreichen.

B. Es sei die entsprechende Figur vorgelegt, an welcher die Tangente an die Abendseite, d. i. an die (infolge des täglichen Umschwungs) nachfolgende Seite des Epizykels gezogen sein muß. Der Planet soll gleichfalls in dem Anfang des Widders angenommen sein.

Wie im voranstehenden Beweisgang ist, weil der $\angle\,\mathrm{A\Delta\Theta}$ derselbe bleibt,

$$\angle\,\mathrm{\Delta\Gamma K}=70^0\quad\text{wie }2\,R=360^0,$$

$$\text{ferner}\left\{\begin{matrix}\mathrm{\Gamma K}\\ \mathrm{\Theta\Lambda}\end{matrix}\right\}=\ 1^\mathrm{P}\,1'\quad\text{wie }\left\{\begin{matrix}exhm\ \mathrm{\Gamma Z}=60^\mathrm{P}\\ ephm\ \mathrm{Z\Theta}=43^\mathrm{P}\,10',\end{matrix}\right.$$

mithin  $\mathrm{Z\Lambda}=\mathrm{Z\Theta}+\mathrm{\Theta\Lambda}=44^\mathrm{P}\,11'$ in demselben Maße.

Setzt man  $h\ \mathrm{\Gamma Z}=120^\mathrm{P},$
so wird  $s\ \mathrm{Z\Lambda}=\ 88^\mathrm{P}\,22'$ in diesem Maße,

Ha 359

Hei 512

---

a) Weil der mittlere Ort der Sonne mit dem Mittelpunkt des Epizykels der Venus zusammenfällt.
b) Weil für die Sonne die Anomaliedifferenz bei $338^0\,55'$ Entfernung von dem Apogeum ♏ $5^0\,30'$ genau $+\,0^0\,49'$ beträgt.

$$\text{mithin} \quad b\,Z\Lambda = 94^0\,51' \quad \text{wie } \ominus Z\Lambda\Gamma = 360^0,$$
$$\text{also} \quad \angle Z\Gamma\Lambda = 94^0\,51' \quad \text{wie } 2\,R = 360^0,$$
$$\text{folglich} \quad \angle Z\Gamma K = 85^0\,\ 9' \quad \text{als Komplementwinkel.}$$

$$(\text{Nun war} \quad \angle \Delta\Gamma K = 70^{\bullet}\,\ 0' \quad \text{wie } 2\,R = 360^0)$$
5      $$\text{folglich} \quad \angle Z\Gamma\Delta = 155^0\,\ 9' \quad \text{als Summe,}$$
$$\text{mithin auch} \quad \angle B\Gamma M = 155^0\,\ 9' \quad \text{(als Scheitelwinkel),}$$

Hei 513    $$\text{demnach} \begin{cases} b\,BM = 155^0\,\ 9' \\ {}_{,}b\,\Gamma M = \ 24^0\,51' \end{cases} \text{wie } \ominus BM\Gamma = 360^0,$$

10      $$\text{also} \begin{cases} s\,BM = 117^P\,11' \\ {}_{,}s\,\Gamma M = \ 25^P\,49' \end{cases} \text{wie } h\,B\Gamma = 120^P.$$

$$\text{Setzt man} \quad B\Gamma = \ \ 1^P\,15', \ \text{(s. S. 316, 25)}$$
Ha 360    $$\text{so wird} \quad BM = \ \ 1^P\,13' \ \text{und } \Gamma M = 0^P\,16' \ \text{(wie } \Gamma Z = 60^P\text{)};$$
$$\text{mithin} \quad MZ = \Gamma Z + \Gamma M = 60^P\,16' \ \text{in demselben Maße.}$$

$$(\text{Nun ist} \quad \Gamma Z^2 + BM^2 = BZ^2)$$
15      $$\text{folglich} \quad h\,BZ = \ \ 60^P\,17' \ \text{in demselben Maße.}$$

$$\text{Setzt man} \quad h\,BZ = 120^P,$$
$$\text{so wird} \quad s\,BM = \ \ 2^P\,25' \ \text{in diesem Maße,}$$
$$\text{also} \quad b\,BM = \ \ 2^0\,19' \ \text{wie } \ominus BMZ = 360^0,$$
$$\text{mithin} \ \angle BZM = \ \ 2^0\,19' \ \text{wie } 2\,R = 360^0.$$

20     $$\text{Nun war} \ \angle Z\Gamma\Delta = 155^0\,\ 9' \ \text{wie } 2\,R = 360^0,$$
$$\text{also} \ \angle B\Gamma Z = 204^0\,51' \ \text{(als Nebenwinkel),}$$
$$\text{folglich} \ \angle ABZ = 207^0\,10' \ \text{als Summe, (Eukl. I. 32)}$$
$$= 103^0\,35' \ \text{wie } 4\,R = 360^0.$$

Das ist der Winkel des gleichförmigen Laufs in Länge
25 (bis zum Apogeum ♉ 25$^0$). Es wird demnach auch der
mittlere Ort der Sonne in ♒ 11$^0$25′ liegen[a], während der
genaue Ort[b] ♒ 13$^0$38′ sein wird. Folglich wird der Planet, wenn er gleicherweise in ♈ 0$^0$ steht, seine größte Elongation nach der Abendseite (des Epizykels) von dem genauen
30 Ort der Sonne mit (16$^0$22′ + 30$^0$ =) 46$^0$22′ erreichen.

---

a) Dahin führen 103$^0$35′ von dem Apogeum ♉ 25$^0$ rückwärts
gezählt: es sind 25$^0$ des Stiers, 60$^0$ des Widders und der Fische,
18$^0$35′ des Wassermanns.

b) Weil die Anomaliedifferenz der Sonne bei 246$^0$ Entfernung
vom Apogeum + 2$^0$13′ beträgt.

II. Für den Merkur wollen wir uns die Aufgabe stellen, den Betrag der größten Elongation des Planeten von dem genauen Ort der Sonne zu finden, wenn er als Abendstern im Anfang des Skorpions, als Morgenstern im Anfang des Stiers steht. Diese Annahme wird für die weiterhin (Buch XIII, Kap. 8) zu führenden Nachweise seiner ausbleibenden heliakischen Aufgänge eine Erleichterung bieten.

Nach der Hypothese des Merkur kann der mittlere Ort in Länge nicht gewonnen werden, wenn der scheinbare Ort des Planeten gegeben ist, weil die Strecke $\Gamma Z$ (s. Figur S. 317) keineswegs immer dieselbe, d. h. gleichgroß wie der Halbmesser des Exzenters bleibt[a], wie dies bei der Hypothese der übrigen Planeten der Fall ist. Wohl aber kann (umgekehrt), wenn der mittlere Ort in Länge gegeben ist, auch der scheinbare Ort gewonnen werden. Nur müssen für jedes Zeichen zwei (mittlere) Örter in Länge zugrunde gelegt werden, welche geeignet sind, den Lauf des Planeten in den Anfang des betreffenden Zeichens gelangen zu lassen, und zwar muß der eine Ort rückwärts, der andere vorwärts (des betreffenden Zeichenanfangs) liegen. Berechnen wir dann weiter die in den (beiden) gefundenen (scheinbaren) Örtern eintretenden größten Elongationen, so finden wir mit Hilfe derselben auch die größte Elongation, welche direkt im Anfang des Zeichens zustande kommt. Dies auf dem vorstehend erörterten Wege zu finden, wird dem Verständnis leicht zugänglich zu machen sein.

**A.** Zuerst soll die größte abendliche Elongation im Anfang des Skorpions nachgewiesen werden.

Es sei die Gerade $A B \Gamma \Delta$ der durch das Apogeum $A$ gehende Durchmesser, auf welchem $\Gamma$ als der Mittelpunkt der Ekliptik und $B$ als das Zentrum der gleichförmigen Bewegung des Epizykels angenommen sei.

---

a) Weil das Zentrum des beweglichen Exzenters, der den Epizykel trägt, infolge der Kreisbewegung um den S. 121,34 näher bezeichneten Mittelpunkt beiderseits der Linie $AE$ zu liegen kommen kann. Vgl. die Figuren S. 145 u. 148.

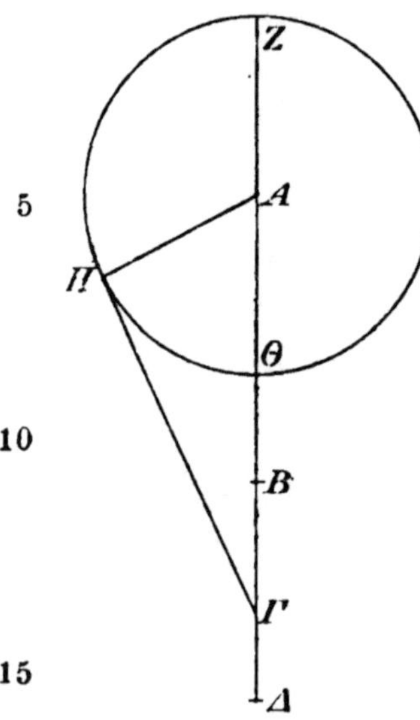


1. Nun denke man sich zunächst den Mittelpunkt des Epizykels direkt im Apogeum ($\simeq 10^0$), damit auch der mittlere Ort der Sonne in $\simeq 10^0$ und der genaue Ort[a] in $\simeq 8^0$ zu liegen komme. Nachdem man um A den Epizykel ZH beschrieben, ziehe man von Γ aus an die Abendseite desselben die Tangente ΓH und schließlich die (nach Eukl. III. 18) senkrecht zu ihr stehende Verbindungslinie AH.

An der Hand früher entwickelter Beweismethoden ist (S. 144, 17) der Nachweis geführt worden, daß in der größten Entfernung (ΓA)

$$ep\bar{h}m\ \mathsf{AH} = \quad 22^\mathrm{p}\,30' \quad \text{wie}\ \mathsf{ΓA} = 69^\mathrm{p}.$$

<table>
<tr><td>Ha 362</td><td>Setzt man</td><td>$h\,\mathsf{ΓA} = 120^\mathrm{p}$,</td><td></td></tr>
<tr><td></td><td>so wird</td><td>$s\,\mathsf{AH} = \quad 39^\mathrm{p}\,8'$</td><td>in diesem Maße,</td></tr>
<tr><td>20</td><td>also</td><td>$b\,\mathsf{AH} = \quad 38^0\,4'$</td><td>wie $\ominus\,\mathsf{AHΓ} = 360^0$,</td></tr>
<tr><td></td><td>folglich</td><td>$\angle\,\mathsf{AΓH} = \quad 38^0\,4'$</td><td>wie $2R = 360^0$,</td></tr>
<tr><td></td><td></td><td>$= \quad 19^0\,2'$</td><td>wie $4R = 360^0$.</td></tr>
</table>

Hci 516  Die Gerade ΓA liegt in der Richtung nach $\simeq 10^0$: folglich wird der Planet (auf der Geraden ΓH) in $\simeq 29^0 2'$ stehen, mithin wird seine größte Elongation von dem genauen Ort ($\simeq 8^0$) der Sonne $21^0 2'$ betragen.

2. Es sei ferner von dem Apogeum (A) ab die mittlere Länge (d. i. $\angle$ ABE) mit $3^0$ angenommen, so daß der mittlere Ort (E) der Sonne $\simeq 13^0$, der genaue Ort[b] $\simeq 11^0 4'$ sei. Nachdem man die Gerade BE gezogen, beschreibe man um E als Mittelpunkt den Epizykel ZH, ziehe wieder die

---

a) Weil die Anomaliedifferenz der Sonne bei $124^0 30'$ Entfernung von dem Apogeum Π $5^0 30'$ gerade $- 2^0$ beträgt.

b) Weil die Anomaliedifferenz der Sonne bei $127^0 30'$ Entfernung von dem Apogeum Π $5^0 30'$ genau $- 1^0 56'$ beträgt.

Tangente ΓH und die Verbindungslinien
EΓ, EH.

In der gegebenen Stellung, d. h. wenn
∠ ABE = 3⁰ wie $4R = 360$⁰ angenommen wird, ergibt sich nach den früher
(S. 257 f.) mitgeteilten Beweisgängen
als Differenz infolge der Exzentrizität[a]
∠ AΓE = 2⁰ 52′ wie $4R = 360$⁰ und als
derzeitige Entfernung des Epizykels

$$ΓE = 68^P 58′$$
$$\text{wie } ephm \ EH = 22^P 30′.$$

Setzt man　　　$h$ ΓE = 120$^P$,
　　so wird　　　$s$ EH = 39$^P$ 9′
　　　　　　　　in diesem Maße,

　　also　　$b$ EH = 38⁰ 5′　wie ⊖ EHΓ = 360⁰,
　mithin　∠ EΓH = 38⁰ 5′　wie $2R = 360$⁰,
　　　　　　　　　= 19⁰ 3′　wie $4R = 360$⁰.

(Nun war　∠ AΓE = 　2⁰ 52′　wie $4R = 360$⁰)
folglich　∠ AΓH = 21⁰ 55′　als Summe.

Demnach wird der Planet, wenn er in ♏ 1⁰ 55′ (d. i. 21⁰
55′ vorwärts von ♎ 10⁰) steht, seine größte Elongation von
dem genauen Ort (♎ 11⁰ 4′) der Sonne mit (21⁰ 55′ — 1⁰ 4′
=) 20⁰ 51′ erreichen.

3. Nun wurde (an erster Stelle) nachgewiesen, daß, wenn
der Planet in ♎ 29⁰ 2′ steht, seine größte Elongation von
dem genauen Ort der Sonne 21⁰ 2′ betragen werde. Die
Differenz der Örter (zwischen ♎ 29⁰ 2′ und ♏ 1⁰ 55′) beträgt 2⁰ 53′, die Differenz der größten Elongationen (21⁰ 2′
— 20⁰ 51′ =) 0⁰ 11′, so daß auf die Differenz 0⁰ 58′ zwischen
dem ersten Ort (♎ 29⁰ 2′) und ♏ 0⁰ ohne wesentlichen

---

a) Insofern ∠ AΓE = ∠ ABE — ∠ ΓEB. Letzterer Winkel ist
die Prosthaphäresis der Länge und beträgt bei 6⁰ Entfernung
des Epizykelmittelpunktes vom Apogeum nach der Anomalietabelle (S. 265) 0⁰ 17′, also bei 3⁰ genau 0⁰ 8′ 30″.

Fehler $0^0 4'$ entfallen.[a] Wenn wir also diesen Betrag von $21^0 2'$ abziehen, so werden wir die größte abendliche Elongation von dem genauen Ort der Sonne im Anfang des Skorpions mit $20^0 58'$ erhalten.

5   B. Zur Bestimmung der größten morgendlichen Elongation im Anfang des Stiers sei zunächst der mittlere Ort

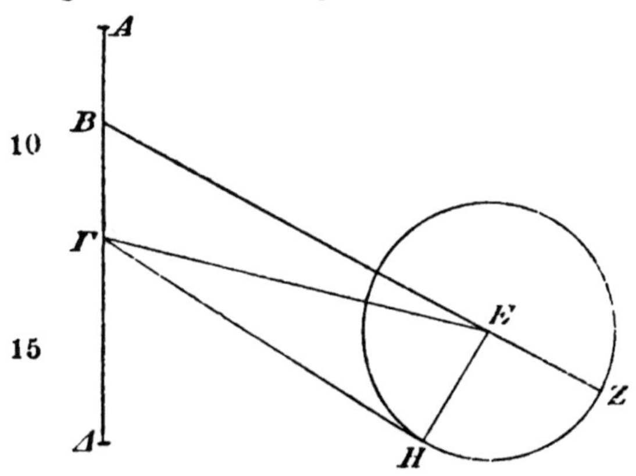


in Länge bei der Entfernung von $39^0$ von dem Perigeum($\Upsilon 10^0$) in der Richtung der Zeichen angenommen, so daß auch der mittlere Ort der Sonne $\Taurus 19^0$, der genaue Ort[b] $\Taurus 19^0 38'$ sei.

Vorgelegt sei die ähnliche Figur; nur muß der Epizykel

Hei 518 nach Passierung des Perigeums gezeichnet und die Tangente an die Morgenseite des Epizykels gezogen sein.

20

1. In der gegebenen Stellung, d. h. wenn $\angle \Delta BZ = 39^0$ wie $4R = 360^0$ angenommen wird, ergibt sich nach den früher mitgeteilten Beweisgängen[c] $\angle \Delta \Gamma E = 40^0 57'$ wie $4R = 360^0$ und als derzeitige Entfernung

IIa 364                   $\Gamma E = 55^P 59'$   wie *ephm* $EH = 22^P 30'$.

26   Setzt man    $h \Gamma E = 120^P$,
     so wird    $s EH = 48^P 14'$  in diesem Maße,
     also    $b EH = 47^0 24'$  wie $\ominus EH\Gamma = 360^0$,
Hei 519   mithin    $\angle E\Gamma H = 47^0 24'$  wie $2R = 360^0$,
30             $= 23^0 42'$  wie $4R = 360^0$.

---

a) Nach dem Verhältnis $2^0 53' : 0^0 58' = 0^0 11' : 0^0 4'$. Vgl. die nämliche Berechnungsweise S. 134, 6—26.

b) Weil die Anomaliedifferenz der Sonne bei $343^0 30'$ Entfernung von dem Apogeum genau $+ 0^0 38'$ beträgt.

c) $\angle \Delta \Gamma E = \angle \Delta BZ + \angle \Gamma EB$. Letzterer beträgt nach der Anomalietabelle (S. 265) bei $(180^0 + 39^0 =) 219^0$ Entfernung vom Apogeum genau $1^0 57'$.

(Nun war  $\angle \Delta\Gamma E = 40^0 57'$  wie $4R = 360^0$)
folglich  $\angle \Delta\Gamma H = 17^0 15'$  als Differenz.

Demnach wird der Planet Merkur, wenn er in ($\Upsilon 10^0 +$ 17°15′, d. i.) $\Upsilon 27^0 15'$ steht, seine größte morgendliche Elongation von dem genauen Ort ($\text{♉} 19^0 38'$) der Sonne mit (2°45′ + 19°38′ =) 22°23′ erreichen.

2. Der Planet soll wieder nach derselben Seite von dem Perigeum ($\Upsilon 10^0$) ab bei der Entfernung von 42° mittlerer Länge angenommen sein, so daß der mittlere Ort der Sonne $\text{♉} 22^0$, der genaue Ort[a] $\text{♉} 22^0 31'$ sei.

In dieser Position, d. h. wenn $\angle \Delta BZ = 42^0$ wie $4R = 360^0$ angenommen wird, ergibt sich[b] $\angle \Delta\Gamma E = 44^0 4'$ wie $4R = 360^0$ und als derzeitige Entfernung

$$\Gamma E = 55^P 50' \quad \text{wie } ephm\ EH = 22^P 30'.$$

Setzt man  $h\,\Gamma E = 120^P,$
so wird  $s\,EH = 48^P 19'$  in diesem Maße,
also  $b\,EH = 47^0 30'$  wie $\ominus EH\Gamma = 360^0,$
mithin  $\angle E\Gamma H = 47^0 30'$  wie $2R = 360^0,$
$= 23^0 45'$  wie $4R = 360^0.$

(Nun war  $\angle \Delta\Gamma E = 44^0\ 4'$  wie $4R = 360^c$)
folglich  $\angle \Delta\Gamma H = 20^0 19'$  als Differenz.

Demnach wird der Planet Merkur, wenn er in ($\Upsilon 10^0 +$ 20°19′, d. i.) $\text{♉} 0^0 19'$ steht, seine größte Elongation nach der Morgenseite (des Epizykels) von dem genauen Ort ($\text{♉} 22^0 31'$) der Sonne mit (22°31′ − 0°19′ =) 22°12′ erreichen.

3. Nun wurde (an erster Stelle) nachgewiesen, daß, wenn der Planet in $\Upsilon 27^0 15'$ steht, seine größte Elongation im gleichen Sinne 22°23′ betragen werde. Die Differenz der Örter (zwischen $\Upsilon 27^0 15'$ und $\text{♉} 0^0 19'$) beträgt 3°4′, die Differenz der größten Elongationen (22°23′ − 22°12′ =)

---

a) Weil die Anomaliedifferenz der Sonne bei 346°30′ Entfernung von dem Apogeum +0°31′ beträgt.
b) Weil die Prosthaphäresis (d. i. $\angle \Gamma EB$) bei 222° Entfernung von dem Apogeum +2°4′ beträgt.

$0^0 11'$, so daß auf die Differenz $2^0 45'$ zwischen dem ersten Orte ($\Upsilon 27^0 15'$) und $\text{♉}\, 0^0$ ohne wesentlichen Fehler $0^0 10'$ entfallen.[a] Wenn wir also diesen Betrag von $22^0 23'$ abziehen, so werden wir die größte morgendliche Elongation von dem genauen Ort der Sonne im Anfang des Stiers mit $22^0 13'$ erhalten.

Dies zu finden war als Aufgabe gestellt.

Nachdem wir auf dieselbe Weise auch die in den anderen Zeichen zustandekommenden größten morgendlichen und abendlichen Elongationen beider Planeten berechnet hatten, haben wir eine Tabelle der Elongationen von je 12 Zeilen (für jeden Planeten) in 5 Spalten aufgestellt. In die erste Spalte haben wir vom Widder ab die Zeichenanfänge vorangestellt und in den vier weiteren Spalten die durch Rechnung gefundenen größten Elongationen von dem genauen Ort der Sonne dazugesetzt; und zwar enthält die zweite Spalte die morgendlichen und die dritte die abendlichen Elongationen der Venus, dann weiter die vierte Spalte die morgendlichen und die fünfte die abendlichen des Merkur.

## Zehntes Kapitel.

### Größte Elongationen von der genauen Sonne.

| Anfänge der Zeichen | Venus | | Anfänge der Zeichen | Merkur | |
|---|---|---|---|---|---|
| | morgens | abends | | morgens | abends |
| Widder | $45^0\ 14'$ | $46^0\ 22'$ | Widder | $24^0\ 14'$ | $19^0\ 36'$ |
| Stier | 45 17 | 45 31 | Stier | 22 13 | 21 7 |
| Zwillinge | 45 34 | 44 49 | Zwillinge | 20 18 | 23 41 |
| Krebs | 45 56 | 44 25 | Krebs | 18 17 | 26 16 |
| Löwe | 46 20 | 44 31 | Löwe | 16 35 | 27 37 |
| Jungfrau | 46 38 | 44 55 | Jungfrau | 16 8 | 26 17 |
| Wage | 46 45 | 45 41 | Wage | 17 46 | 23 31 |
| Skorpion | 46 47 | 46 30 | Skorpion | 21 32 | 20 58 |
| Schütze | 46 30 | 47 13 | Schütze | 26 9 | 19 28 |
| Steinbock | 46 7 | 47 35 | Steinbock | 28 37 | 19 14 |
| Wassermann | 45 41 | 47 34 | Wassermann | 28 17 | 18 51 |
| Fische | 45 20 | 47 7 | Fische | 26 24 | 19 0 |

a) Nach dem Verhältnis $3^0 4' : 2^0 45' = 0^0 11' : 0^0 10'$. Genau beträgt die gesuchte Zahl nur $0^0 9' 28''$.

# Dreizehntes Buch.

## Erstes Kapitel.
### Die Hypothesen zur Erklärung des Laufs in Breite der fünf Planeten.

An der Darstellung einer Theorie der fünf Planeten sind{Ha 367 / Hei 524}
noch zwei Punkte rückständig: der Lauf in Breite, wel-
cher sich mit Bezug auf die Ekliptik vollzieht, und das Kapitel von den Sehungsbogen bei den heliakischen Auf-
und Untergängen der Planeten. Da aber diesem Kapitel die 5
Besprechung der Breitenabstände eines jeden Planeten vor-
ausgegangen sein muß, weil deswegen einige wesentliche
Unterschiede bei den heliakischen Auf- und Untergängen
eintreten, so werden wir zuerst wieder vorher die Hypothesen mitteilen, welche wir (für alle fünf Planeten) unter 10
einem gemeinsamen Gesichtspunkt hinsichtlich der Neigung
ihrer Kreise zugrunde legen müssen.

Mit Rücksicht darauf, daß alle Planeten auch in Breite
scheinbar eine zwiefache Differenz bewirken, wie sie auch
eine zwiefache Anomalie in Länge zeigten, die eine mit Ha 368
Bezug auf die Teile der Ekliptik infolge des Exzenters, die 16
andere mit Bezug auf die Sonne infolge des Epizykels, legen wir bei allen Planeten die Annahme zugrunde, daß so- Hei 525
wohl der Exzenter gegen die Ebene der Ekliptik geneigt
sei, als auch der Epizykel gegen die Ebene des Exzenters, 20
ohne daß deshalb, wie (S. 123, 7) gesagt, irgendwelche bemerkenswerte Verschiebung hinsichtlich des Laufs in Länge
oder hinsichtlich des Nachweises der Anomalien eintritt,
wie wir weiterhin darlegen werden, wenigstens nicht bei so
kleinen Neigungswinkeln. 25

Ferner haben wir mit Rücksicht auf spezielle Beobach-
tungsergebnisse, die für jeden Planeten einzeln erzielt worden sind, folgende Voraussetzungen zu machen.

1. Wenn die Zahl der genauberechneten Länge ebenso wie die Zahl der genauberechneten Anomalie gleichzeitig die Entfernung mit rund 90° angibt, d. h. die Zahl der Länge von dem nördlichen oder dem südlichen Grenzpunkt des Exzenters ab, die Zahl der Anomalie von dem betreffenden (d. h. derzeitigen scheinbaren) Apogeum (des Epizykels) ab, liegen die scheinbaren Örter der Planeten direkt in der Ebene der Ekliptik.

2. Die Neigungswinkel der Exzenter werden, wie schon bei dem Monde, in dem Mittelpunkt der Ekliptik gebildet, und zwar mit Bezug auf die Durchmesser, welche durch die nördlichen oder südlichen Grenzpunkte gehen.

3. Die Neigungswinkel der Epizyklen werden mit Bezug auf die nach dem Mittelpunkt der Ekliptik gerichteten Epizykeldurchmesser gebildet, auf denen der Theorie nach die scheinbaren Apogeen und Perigeen liegen.

I. Bei den drei Planeten, dem Saturn, dem Jupiter und dem Mars, haben wir folgende Beobachtungen gemacht:

1. Wenn ihre Örter in Länge auf dem erdfernen Abschnitt des Exzenters liegen, erreichen sie stets scheinbar ein Maximum des nördlichen Abstandes von der Ekliptik, und zwar ist alsdann das Maximum der nördlichen Breite größer bei dem Stand (der Planeten selbst) in den Perigeen der Epizyklen als bei dem Stand in den Apogeen.

2. Wenn dagegen ihre Örter auf dem erdnäheren Abschnitt des Exzenters liegen, erreichen sie scheinbar eine südliche Breite in entgegengesetzter Folge (d. h. das Maximum der südlichen Breite ist in den Apogeen der Epizyklen kleiner als in den Perigeen).

3. Die nördlichsten Grenzpunkte der Exzenter liegen bei dem Saturn und dem Jupiter im Anfang des Zeichens der Scheren, bei dem Mars am Ende des Krebses, und zwar (bei letzterem) ziemlich nahe am Apogeum.[a]

---

a) Bei dem Mars liegt der nördliche Grenzpunkt in ♋ 30° rund 5° nach seinem Apogeum ♋ 25°30′.  Vgl. Anm. 21.

Hieraus ist der Schluß zu ziehen, daß an den genannten
Stellen der Ekliptik die einen Abschnitte der Exzenter dieser Planeten nach Norden geneigt sind, die diametral gegenüberliegenden um den gleichen Betrag nach Süden, während die Perigeen der Epizyklen stets nach derselben 5
Seite geneigt sind, nach der die Neigung der Exzenter gerichtet ist[b]), wobei diejenigen (Epizykel-) Durchmesser, welche die durch die Apogeen gezogenen unter rechten Winkeln
schneiden, zu der Ebene der Ekliptik jederzeit parallel bleiben. 10

II. Bei der Venus und dem Merkur haben wir dagegen
folgende Beobachtungen gemacht:
1. Wenn ihre Örter in Länge in den Apogeen oder den
Perigeen des Exzenters liegen, alsdann zeigen die Bewegungen in den Perigeen der Epizyklen keinerlei Unter- 15
schied in Breite gegen die Bewegungen in den Apogeen, Hei 527
sondern verlaufen entweder gleichweit nördlich oder gleichweit südlich der Ekliptik, d. h. stets nördlich bei der Venus,
bei dem Merkur im Gegenteil stets südlich. Dagegen unterscheiden sich ihre Örter bei den größten Elongationen von- 20
einander durch ein Maximum (der Differenz von $5^0$ nach
S. 335, 21), d. h. die morgendlichen Örter von den abendlichen, während sie von den Örtern in den Apogeen oder
den Perigeen der Epizyklen, d. h. von dem Unterschied Ha 370
(in Breite), welchen (die Neigung) der Exzenter verleiht, 25
wieder um den gleichgroßen Betrag (von $2\frac{1}{2}^0$ nach
S. 335, 31) nach den entgegengesetzten Seiten hin abweichen: die größte östliche, d. i. abendliche Elongation liegt
bei der Venus im Apogeum des Exzenters (um $2\frac{1}{2}^0$) nördlicher (als die Örter in den Apogeen oder Perigeen der Epi- 30
zyklen) und im Perigeum (ebensoviel) südlicher, bei dem
Merkur umgekehrt im Apogeum südlicher und im Perigeum
nördlicher.

a) Das Perigeum des Epizykels hat auf dem nördlichen Teile
des Exzenters die Neigung nach Norden, auf dem südlichen
die Neigung nach Süden.

2. Wenn ihre genauberechneten Örter in Länge sich in
den Knotenpunkten (des Exzenters mit der Ekliptik) befinden, dann liegen die auf beiden Seiten (d. i. auf der Mor-
gen- und auf der Abendseite) der Epizyklen von den Apo-
5 geen oder den Perigeen den Abstand von 90⁰ einhaltenden
(Epizykel-) Örter beiderseits in der Ebene der Ekliptik,
während die in den Perigeen (der Epizyklen) liegenden Örter
von den in den Apogeen liegenden ein Maximum des Unterschieds (in Breite) zeigen: bei der Venus haben die Peri-
10 geen in dem Knoten[a], welcher auf dem mit der Aphäresis
behafteten Halbkreis (des Exzenters vom Apogeum zum Perigeum) liegt, die Neigung nach Süden und in dem Knoten, welcher auf dem mit der Prosthesis behafteten Halbkreis (vom Perigeum zum Apogeum) liegt, die Neigung nach
Hei 528 Norden, bei dem Merkur dagegen wieder umgekehrt in dem
16 Knoten, welcher auf dem mit der Aphäresis behafteten Halbkreis liegt, die Neigung nach Norden und in dem Knoten, welcher auf dem entgegengesetzten Halbkreis liegt, die
Neigung nach Süden.
20    Hieraus sind wieder folgende Schlüsse zu ziehen:
1. Die Neigungswinkel der Exzenter haben gleichfalls eine
Bewegung und bewerkstelligen eine Wiederkehr, welche mit
den Umläufen der Epizyklen zusammenfällt. Stehen letztere
in den Knotenpunkten, so fallen diese Winkel (der Exzen-
25 ter) in die Ebene der Ekliptik (sind gleich Null); stehen
aber die Epizyklen in den Perigeen oder den Apogeen (der
Exzenter), so verursachen jene Winkel bei der Venus ein
Maximum nördlicher Breite des Epizykels[b], bei dem Merkur ein Maximum südlicher Breite.

---

a) Vorliegende Bezeichnung der Knoten ist hier und ebenso
S. 332,1 erforderlich, weil die Bahn der Venus keinen niedersteigenden, die Bahn des Merkur keinen aufsteigenden Knoten
hat. Vom Apogeum zum Perigeum ist die mittlere Bewegung
der genauen voraus, bedarf also zur Bestimmung der genauen
des Abzugs, vom Perigeum zum Apogeum bleibt sie hinter der
genauen zurück, bedarf also zur Bestimmung der letzteren des
Zusatzes. Vgl. I Anh. Anm. 24.
b) D. h. der Epizykelmittelpunkt erreicht bei der Venus, mag

2. Die Epizyklen verursachen zwei Unterschiede (in Breite):
einmal dadurch, daß sie in den Knotenpunkten der Ex-  Ha 371
zenter ihren durch die scheinbaren Apogeen gezogenen Durchmessern ein Maximum der Neigung verleihen, zweitens dadurch, daß sie in den Apogeen und den Perigeen der  5
Exzenter den Durchmessern, welche die vorgenannten unter
rechten Winkeln schneiden, ein Maximum des Schiefstandes verleihen — durch diese Bezeichnung soll der in diesem Fall gebildete Neigungswinkel unterschieden werden.
Umgekehrt verlegen sie in den Apogeen und den Perigeen  10
der Exzenter die erstgenannten (durch die scheinbaren Apogeen gezogenen) Durchmesser in die Ebene des Exzenters, während sie in den bezeichneten Knotenpunkten die
letztgenannten (jene unter rechten Winkeln schneidenden)
Durchmesser in die Ebene der Ekliptik verlegen.[a]      15

## Zweites Kapitel.
### Art der Bewegung der nach den Hypothesen eintretenden Neigungswinkel und Schiefstände.

Der Inhalt unserer Hypothesen läßt sich zu folgendem  Hei 529
Gesamtbild zusammenfassen.

1. Die Exzenter der fünf Planeten bilden gegen die Ebene
der Ekliptik Neigungswinkel im Mittelpunkte der Ekliptik.  Bei den drei Planeten, dem Saturn, dem Jupiter und  20
dem Mars, bleiben diese Winkel unverändert, so daß die
einander diametral gegenüberliegenden Epizykelörter entgegengesetzte Breite haben.  Bei der Venus und dem
Merkur bewerkstelligen dagegen diese Neigungswinkel der
Exzenter gleichzeitig mit den Epizyklen eine Wiederkehr zu  25

---

er im Perigeum oder im Apogeum des Exzenters stehen, ein
Maximum nördlicher Breite, bei dem Merkur in beiden Fällen
ein Maximum südlicher Breite.

a) Infolgedessen ist das Maximum der Breite im Apogeum
oder Perigeum des Exzenters lediglich von der Neigung des Exzenters abhängig, in den Knotenpunkten dagegen lediglich
von der Neigung des Epizykels.

derselben Breite[a], welche bei der Venus immer nördlich, bei dem Merkur immer südlich ist.

2. Die durch die scheinbaren Apogeen gehenden Durchmesser der Epizyklen liegen von einem gewissen Anfangspunkt (des Epizykellaufs) an in der Ebene des Exzenters
und werden von kleinen Kreisen (aus dieser Lage) auf- und
niederbewegt. Diese kleinen Kreise liegen, nehmen wir einmal an, bei den erdnahen Endpunkten dieser Durchmesser
und stehen in genauem Verhältnis zu der Abweichung in
Breite[b], so groß diese eben (bei jedem Planeten) ist. Sie
stehen senkrecht zu den Ebenen der Exzenter und haben ihre
Zentren in diesen Ebenen; sie drehen sich gleichförmig und
dem Lauf in Länge entsprechend von dem einen ihrer beiden Anfangspunkte an, welche auf den Schnittlinien ihrer
eigenen Ebenen mit denen der Epizyklen liegen, der Hypothese gemäß nach Norden. Hierdurch heben sie die Ebenen
der Epizyklen im Verlauf der Drehung bis zum ersten Quadranten (ihres Umlaufs) natürlich empor bis zum nördlichsten Grenzpunkt (der erreichbaren Breite), senken sie im
Verlauf der weiteren Drehung wieder bis zur Ebene des
Exzenters und im Verlauf der Drehung bis zum dritten Quadranten weiter bis zum südlichsten Grenzpunkt, um sie auf
dem Wege der Wiederkehr zum letzten Quadranten wieder
emporzuheben zur Ebene der Anfangslage.

Der Ausgangs- und Wiederkehrpunkt des vorstehend beschriebenen Auslaufs liegt bei dem Saturn, dem Jupiter und
dem Mars an dem im aufsteigenden Knoten (von Exzenter und Ekliptik) gebildeten Schnittpunkt, bei der Venus

a) Dadurch, daß die Ebene des Exzenters während des Laufs
des Epizykels vom Apogeum zum Knoten bei der Venus zur
Ebene der Ekliptik herabsinkt und während des Laufs des
Epizykels vom Knoten zum Perigeum wieder zu der gleichen
Höhe über die Ebene der Ekliptik emporsteigt. Bei dem
Merkur vollzieht sich dagegen diese Bewegung der Exzenter-
hälften entsprechend unterhalb, d. i. südlich der Ekliptikebene.

b) D. h der Halbmesser dieser kleinen Kreise ist genau so
groß wie das Maximum der Breite.

im Perigeum des Exzenters, bei dem Merkur im Apogeum des Exzenters.

3. Die Durchmesser, welche die obengenannten (durch die
scheinbaren Apogeen gezogenen) unter rechten Winkeln
schneiden, bleiben bei den drei erstgenannten Planeten, wie 5
(S. 327, 7) gesagt, immer parallel zu der Ebene der Ekliptik oder sind wenigstens nur ganz unbeträchtlich gegen dieselbe schiefgestellt. Bei dem Merkur und der Venus liegen
sie gleichfalls wieder von einem gewissen Anfangspunkt (des
Epizykellaufs) an in der Ebene der Ekliptik und werden 10
von kleinen Kreisen auf- und niederbewegt. Letztere liegen,
nehmen wir einmal an, bei den nachfolgenden (östlichen)
Endpunkten[a] dieser Durchmesser und stehen wieder in genauem Verhältnis zu der Abweichung in Breite, so groß sie
eben (bei diesen beiden Planeten) ist. Sie stehen senkrecht 15
zur Ebene der Ekliptik und haben ihre Zentren auf den zur
Ebene der Ekliptik parallelen Durchmessern.[b]  Sie drehen Ha 373
sich mit der gleichen Geschwindigkeit wie die anderen Kreise
von dem einen ihrer beiden Anfangspunkte an, welche auf
den Schnittlinien ihrer eigenen Ebenen mit denen der Epi- Hei 531
zyklen liegen, der Hypothese gemäß nach Norden, wodurch 21
sie gleichzeitig die nach Abend zu liegenden (westlichen)
Endpunkte[c] der betreffenden Durchmesser mit in Bewegung
versetzen, was natürlich in derselben Reihenfolge geschieht,
wie wir sie oben beschrieben haben. 25
Bei diesen Durchmessern liegt der Ausgangs- und Wiederkehrpunkt des entsprechenden Auslaufs bei der Venus in

---

a) Es sind die an der Abendseite des Epizykels liegenden
Endpunkte, die bei dem täglichen Umschwung den vorangehenden Endpunkten folgen. Vgl. S. 313 Anm. a).

b) Unter diesen Durchmessern sind die Normallagen zu
verstehen, mit welchen die beweglichen Durchmesser die Winkel des S. 327, 28 erwähnten Schiefstandes bilden, während
der Epizykel die Quadranten der Ekliptik vom Knoten zum
Perigeum, vom Perigeum zum gegenüberliegenden Knoten usw.
durchläuft.

c) Es sind die an der Morgenseite des Epizykels liegenden
Endpunkte. Indem die Morgenseite bei dem täglichen Umschwung
vorangeht, hält sie die Richtung nach Abend zu ein.

dem Knoten, welcher auf dem mit der Prosthesis behafteten
Halbkreis (des Exzenters vom Perigeum zum Apogeum) liegt,
bei dem Merkur in dem Knoten, welcher auf dem mit der
Aphäresis behafteten Halbkreis liegt.

5    4. Hinsichtlich der beschriebenen kleinen Kreise, von denen
die Veränderungen (der Lage) der Epizyklen geregelt werden, muß indessen noch folgende Bemerkung vorausgeschickt
werden. Sie werden zwar gleichfalls (wie die Ekliptik) von
den Ebenen (der Exzenter) halbiert, zu deren beiden Seiten
10 wir die Veränderungen der Neigungswinkel (der Epizyklen)
vor sich gehen lassen — denn nur so ist es möglich, daß
die beiderseits (der Exzenterebenen) von diesen (kleinen
Kreisen) verliehenen Breiten (nördlich wie südlich) gleichgroß ausfallen — indessen vollziehen sich bei ihnen die
15 mit gleichförmiger Bewegung vor sich gehenden Umläufe
nicht um das eigene Zentrum, sondern um ein anderes,
welches mit Bezug auf den kleinen Kreis dieselbe Exzentrizität bewirken soll, wie sie für den Planeten (bei dem
Lauf) in Länge mit Bezug auf die Ekliptik gilt. Denn da
20 in der Ekliptik und auf dem kleinen Kreise Wiederkehren
von gleicher Zeitdauer angenommen werden, da ferner die
in jedem der beiden Kreise je einen Quadranten betragen-
Hei 532 den Läufe, wie die Himmelserscheinung lehrt, miteinander
zusammenfallen, so würde die vorliegende Aufgabe nimmer-
25 mehr eine Lösung finden, wenn der Umlauf des kleinen Kreises um sein eigenes Zentrum vor sich ginge. Dann wür-
Ha 374 den die Läufe auf dem kleinen Kreise jeden Quadranten in
gleichen Zeiten durchmessen, was aber bei den theoretisch
auf die Ekliptik bezogenen Läufen der Epizyklen infolge
30 der von Quadrant zu Quadrant (mit verschiedener Wirkung)
zugrundeliegenden Exzentrizität nicht der Fall ist. Erfolgt
aber der Umlauf um ein Zentrum, welches seiner Lage nach
dem Zentrum des Exzenters und seiner Quadranten entspricht,
so werden die Wiederkehren der Neigungswinkel die zu-
35 sammenfallenden Quadranten der Ekliptik und des kleinen
Kreises in gleichen Zeiten durchlaufen.[a]

a) D. h. die den Neigungswinkel der bezeichneten Durch-

Es wird sich wohl niemand im Hinblick auf die Dürftigkeit menschlicher Machwerke der Technik Gedanken machen, daß die hier vorgetragenen Hypothesen zu künstlich seien. Darf man doch Menschliches nicht mit Göttlichem vergleichen und ebensowenig die Beweisgründe für so gewaltige Vorgänge den ungleichartigsten Beispielen entnehmen. Denn was könnte es Ungleichartigeres geben als Wesen, die sich ewig gleichmäßig verhalten, gegenüber Geschöpfen, die sich niemals so verhalten, oder Ungleichartigeres als Geschöpfe, die von jeder Kleinigkeit aus ihrem Gleise gebracht werden können, gegenüber Wesen, die nicht einmal durch sich selbst Störungen erleiden? Versuchen freilich soll man, soweit es möglich ist, die einfacheren Hypothesen den am Himmel verlaufenden Bewegungen anzupassen; wenn dies aber durchaus nicht gelingen will, so soll man zu den Hypothesen schreiten, welche diese Möglichkeit bieten. Denn lassen sich einmal alle Himmelserscheinungen auf Grund der Hypothesen genügend erklären, wie könnte dann noch jemand die Möglichkeit wunderbar erscheinen, daß den Bewegungen der himmlischen Körper ein so kompliziertes Ineinandergreifen eigen sei, wo doch bei ihnen keinerlei in ihrer Natur begründeter Zwang herrscht, sondern die angemessene Kraft obwaltet, den allen himmlischen Körpern je nach ihrer Beschaffenheit eigenen Bewegungen auszuweichen und nachzugeben, auch wenn diese Bewegungen in entgegengesetzter Richtung verlaufen. So kommen denn alle diese Wesen durch alle nur denkbaren Ströme der Materie glücklich hindurch und können sie mit ihrem Lichte durchdringen, ja ein mit so wunderbarer Kraft begabtes Wesen findet seinen Weg nicht nur auf den ihm speziell vorgeschriebenen Kreisen, sondern auch um die Sphären selbst und um die Achsen der Umschwünge. Gerade in dem bei der Verschiedenartigkeit der Bewegungen so überaus komplizierten Ineinander-

----

messer des Epizykels verursachende Bewegung der kleinen Kreise wird sich Quadrant für Quadrant dieser Kreise in derselben Zeit vollziehen, in welcher der Epizykel auf dem Exzenter die entsprechenden Quadranten der Ekliptik durchläuft.

greifen dieser Umschwünge erblicken wir bei der Konstruktion der bei uns üblichen Himmelsgloben[a] ein höchst müh-
sames und schwerzubewältigendes Stück Arbeit, wenn es gilt,
den ungehemmten Verlauf der Bewegungen zu erzielen, wäh-
5 rend wir am Himmel dieses Ineinandergreifen nirgends auch
nur im geringsten von (der Schwierigkeit) einer derartigen
Vermischung (der Bewegungen) nachteilig beeinflußt sehen.

Hierzu kommt noch eine Erwägung.  Die „Einfachheit"
der Vorgänge am Himmel darf man nicht nach dem beur-
10 teilen, was uns Menschen als einfach gilt, zumal man auf
Erden über den Begriff „einfach" keineswegs einig ist.  Denn
wenn jemand von diesem menschlichen Standpunkt aus seine
Betrachtungen anstellt, dem dürfte nichts von allem, was am
Himmel vor sich geht, einfach erscheinen, nicht einmal die
15 Unveränderlichkeit des ersten (d. i. täglichen) Umschwungs;
denn gerade dieses in alle Ewigkeit sich gleichbleibende
Verhalten ist bei uns Menschen, nicht schwer durchführbar,
Hei 534 nein, überhaupt ganz unmöglich.  Man muß vielmehr in
seinem Urteil von der Unwandelbarkeit der am Himmel selbst
20 kreisenden Geschöpfe und ihrer Bewegungen ausgehen; nur
unter diesem Gesichtspunkt können sie alle „einfach" erscheinen, ja noch in höherem Grade einfach als die Dinge,
welche auf Erden als einfach gelten, weil kein Mühsal, kein
Notzustand bei den Umläufen dieser Wesen denkbar ist.

## Drittes Kapitel.
### Zahlenmäßiger Betrag der Neigungswinkel
### und der Schiefstände von Fall zu Fall.

25       Von Lage und Verlauf der Neigung der Kreise im allgemeinen wird man sich nach den gebotenen Erörterungen wohl
eine Vorstellung machen können.[17]  Was aber die speziell
Ha 376 für jeden Planeten geltenden zahlenmäßigen Beträge der
Bogen anbelangt, welche die Neigungswinkel auf dem größten

---

a) D. h. der Himmelsgloben, welche zugleich den Vorgang
der Präzession der Nachtgleichen darstellen, wie dies S. 75,
4—23 beschrieben worden ist.

Kreise abschneiden, der durch die Pole des geneigten Kreises
(sei es der Exzenter oder der Epizykel) gezogen wird und senkrecht zur Ebene der Ekliptik steht — das ist nämlich der
Kreis, auf welchen die Örter in Breite theoretisch bezogen
werden — so gewähren bei der Venus und dem Merkur die 5
scheinbaren Örter in Breite in den (S. 327 f.) besprochenen
Lagen für die Gewinnung der zahlenmäßigen Beträge einen
Anhalt.

I. 1. Wenn (bei diesen Planeten) die Bewegungen in Länge
in den Apogeen und den Perigeen der Exzenter verlaufen, 10
liegen ihre scheinbaren Örter, während die Planeten in Hei 535
den Perigeen und den Apogeen der Epizyklen stehen,
wie wir (S. 327, 17) nach den näheren Beobachtungen des
uns gewordenen Zusatzbetrags (in Breite) mitteilten, gleichweit nördlich oder südlich der Ekliptik, und zwar steht die 15
Venus etwa $^1/_6{}^0$ stets nördlich (der Ekliptik), der Merkur
stets $^3/_4{}^0$ südlich, woraus zu schließen ist, daß dieser Betrag
(lediglich) auf die Neigungswinkel ihrer Exzenter entfällt.[a]
Dagegen liegen (vgl. S. 327, 28) die scheinbaren Örter dieser
beiden Planeten bei den größten Elongationen von der 20
Sonne um etwa $5^0$ nach dem mittleren (Entfernungs-) Verhältnis nördlicher oder südlicher als bei den Elongationen
nach der entgegengesetzten Seite. Nämlich die Venus bewerkstelligt die hiermit bezeichnete entgegengesetzte Stellung
in scheinbarer Breite mit unbeträchtlich weniger als $5^0$ im 25
Apogeum des Exzenters, mit unbeträchtlich mehr im Perigeum, während bei dem Merkur dieses weniger oder mehr
rund $^1/_2{}^0$ beträgt.[b] Demnach unterspannen die Schiefstände
des Epizykels oberhalb oder unterhalb der Ebenen, in welchen die Exzenter liegen, auf dem zur Ekliptik (nach Z. 3) 30
senkrechten Kreise nach dem mittleren Verhältnis etwa $2^1/_2{}^0$.[c]

a) Weil die Epizyklen in den Ebenen der Exzenter liegen.

b) D. h. bei dem Merkur beträgt der Unterschied in Breite
bei den entgegengesetzten Elongationen im Apogeum des Exzenters $4^1/_2{}^0$, im Perigeum $5^1/_2{}^0$.

c) Indem der vom beweglichen Quermesser des Epizykels gebildete Winkel des Schiefstandes im Betrage von $5^0$ durch die
zur Ekliptik parallele Normallage des Quermessers halbiert wird.

Ha 377 Aus diesen Winkeln werden auch die zahlenmäßigen Beträge
derjenigen Winkel abgeleitet, welche von dem Schiefstande
der Epizyklen mit den Ebenen der Exzenter gebildet werden,
wie bei den später (S. 367 ff.) hierüber zu führenden Nach-
Hei 536 weisen klar werden wird, um nicht an dieser Stelle die für
6 die fünf Planeten allgemeingültig gehaltene Besprechung der
Neigungswinkel zu unterbrechen.

2. Wenn die genauberechneten Bewegungen in Länge in
den Knotenpunkten, d. i. nahezu in den mittleren Ent-
10 fernungen verlaufen[a]), dann liegt

a) der scheinbare Ort der Venus bei dem Stande im
Apogeum des Epizykels $1^0$ nördlich und (im gegenüberliegenden Knoten ebensoviel) südlich der Ekliptik, bei dem
Stande im Perigeum dagegen $6^1/_3{}^0$ (südlich oder gegen-
15 über nördlich). Hieraus läßt sich der Schluß ziehen, daß
der Neigungswinkel des Epizykels, auf dem Kreise gemessen,
welcher in der (S. 335, 1) angegebenen Weise durch die
Pole des Epizykels gezogen wird, $2^1/_2{}^0$ beträgt. Denn wir
finden aus der auf dem Epizykel eintretenden Anomalie[18]),
20 daß in den mittleren Entfernungen (d. i. in den Knoten)
soviel (d. h. $2^1/_2$) Grade am Apogeum des Epizykels am
Auge (d. i. im Mittelpunkt der Ekliptik) einen Winkel von
$1^0 2'$, am Perigeum aber einen solchen von $6^0 22'$ (auf dem
oben bezeichneten Kreise) unterspannen.[b])

25 b) Der Merkur kommt bei dem Stande im Apogeum
des Epizykels, wie man aus seinen ziemlich sicher festzustellenden heliakischen Aufgängen[c]) berechnen kann, $1^3/_4{}^0$
südlich und (im gegenüberliegenden Knoten ebensoviel) nörd-

---

a) D. h. wenn in genauberechneter Länge vom Apogeum des
Exzenters ab der Epizykelmittelpunkt direkt in einem der Knoten anzunehmen ist.

b) D. h. ein Bogen von $2^1/_2{}^0$ am Apogeum des Epizykels erscheint dem Auge auf genanntem Kreise unter einem Winkel
von $1^0 2'$, ein ebensogroßer Bogen am Perigeum aber unter
einem Winkel von $6^0 22'$. Zur Berechnung s. Anm. 18.

c) Eine Andeutung der Berechnung, welche bei $18^0$ Entfernung vom zweiten Knoten zu $1^0 40'$ nördlicher Breite führt, wird
gehörigen Ortes (s. Anm. 23, 2) mitgeteilt.

lich der Ekliptik zu stehen, bei dem Stande im Perigeum
dagegen rund 4° (nördlich oder gegenüber südlich). Hieraus
ist zu schließen, daß der Neigungswinkel des Epizykels $6^1/_4°$
beträgt. Denn wir finden wieder aus der auf dem Epizykel
eintretenden Anomalie[18], daß in den Entfernungen, in welchen
die größten Neigungswinkel (des Epizykels) eintreten, d. h.
wenn die genauberechnete Länge 90° Abstand von dem Apogeum (des Exzenters) anzeigt, so viel (d. h. $6^1/_4$) Grade am
Apogeum des Epizykels am Auge einen Winkel von 1°46',
am Perigeum aber einen solchen von 4°5' (auf dem Breitenkreis) unterspannen.

II. Bei den übrigen Planeten, dem Saturn, dem Jupiter
und dem Mars, kann man nicht ohne weiteres zu den zahlenmäßigen Beträgen der Neigungswinkel gelangen, weil beide,
sowohl der am Exzenter als der am Epizykel gebildete, stets
miteinander vermischt sind. Aber aus den Örtern in Breite,
welche in den Perigeen und in den Apogeen der Exzenter
und der Epizyklen beobachtet werden, scheiden wir die
beiden Neigungswinkel auf folgende Weise aus.

In der senkrecht zur Ebene der Ekliptik stehenden Ebene
(in welcher die Neigungswinkel des Exzenters und der Epizyklen liegen) sei
AB die gemein-
same Schnittlinie
mit der Ebene der
Ekliptik und ΓΔ
die gemeinsame
Schnittlinie mit
der Ebene des Ex-
zenters; E sei der
Mittelpunkt der
Ekliptik.[a] Auf der gemeinsamen Schnittlinie (ΓΔ) der

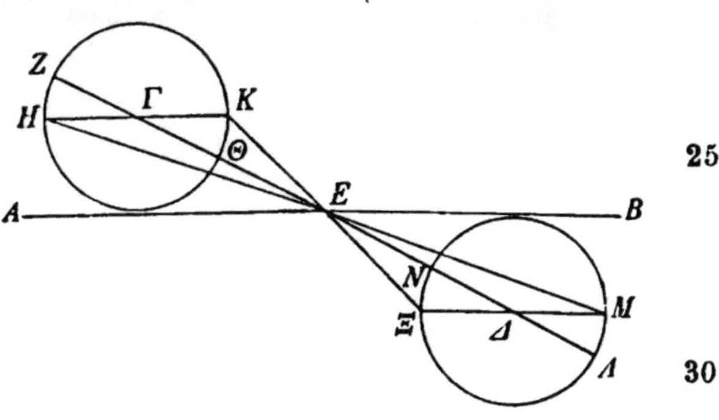


Hei 537

a) Die falsche Lage der Figur im griechischen Text erschwert
ungemein das Verständnis. Bei Richtigstellung der Figur liegen
die Kreise durch die Pole der Epizyklen in der Ebene des
Papiers und die Ebenen der Ekliptik, des Exzenters und der
Epizyklen in der Blickrichtung, so daß sie als die Linien AB,
ΓΔ, HK und ΞM erscheinen.

Ebenen beschreibe man um das Apogeum Γ des Exzenters und das Perigeum Δ in der (zur Ekliptik senkrecht) angenommenen Ebene die gleichgroßen Kreise ΖΗΘΚ und ΛΜΝΞ. Das sind die durch die Pole der Epizyklen gehenden Kreise, auf denen die Neigung der Ebenen der Epizyklen (zu der Ebene des Exzenters), d. h. die auf den Durchmessern ΗΓΚ und ΞΔΜ bei Γ und Δ gebildeten, natürlich gleichgroßen Winkel (ΗΓΖ und ΛΔΜ) gemessen werden. Nun ziehe man von dem Mittelpunkt Ε der Ekliptik, wo sich unser Auge befindet, Verbindungslinien nach den Apogeen und den Perigeen der Epizyklen, nach den (in Η unterhalb und in Μ oberhalb der Exzenterebene liegenden) Apogeen die Geraden ΕΗ und ΕΜ, nach den (in Κ oberhalb und in Ξ unterhalb der Exzenterebene liegenden) Perigeen die Geraden ΕΚ und ΕΞ. Alsdann fallen (S. 173,25) die Punkte Κ und Ξ auf die Örter der Oppositionen, und die Punkte Η und Μ auf die Örter der Konjunktionen.

1. Für den Mars haben wir diejenigen Örter in Breite gewählt, welche sich einerseits bei den Oppositionen im Apogeum des Exzenters ergeben, d. i. in Punkt Κ des Epizykels, anderseits bei den Oppositionen im Perigeum des Exzenters, d. i. in Punkt Ξ des Epizykels, weil bei ihnen der Unterschied (in Breite) sehr wahrnehmbar ist. Bei den Oppositionen im Apogeum hat der Planet (in Κ) eine nördliche Breite von $4\frac{1}{3}^{0}$, bei denen im Perigeum (in Ξ) eine südliche Breite von rund $7^{0}$. Demnach stellt sich

$$\angle \mathsf{AEK} = 4\tfrac{1}{3}^{0} \ \text{wie}\ 4\,R = 360^{0},$$
$$\angle \mathsf{BE\Xi} = 7^{0} \quad \text{wie}\ 4\,R = 360^{0}.$$

Sind diese Beträge gegeben, so finden wir den Neigungswinkel des Exzenters, d. i. den $\angle \mathsf{AE\Gamma}$, und den Neigungswinkel des Epizykels, d. i. den $\angle \mathsf{H\Gamma Z}$, auf folgendem Wege.

Aus den Anomalien des Mars, welche wir nachgewiesen haben, ist leicht ersichtlich[a], daß von den am Auge gebil-

---

a) Weil die Breitenkreise ΖΗΘΚ und ΛΜΝΞ gleichgroß sind wie der Epizykel, so entsprechen die Winkel am Auge der Prosthaphäresis der Anomalie in der 5—7. Spalte (S. 263).

d ten Winkeln, welche an den Apogeen[a] und den Perigeen
des Epizykels von den gleichgroßen Bogen (des Breitenkreises) überspannt werden, die bei dem Stande (des Epizykels) im Apogeum des Exzenters (am Auge) gebildeten
Winkel sich zu den bei dem Stande im Perigeum gebildeten
verhalten wie 5 : 9. Nun ist der Bogen $\Theta K$ gleich dem Bogen
$N\Xi$: folglich verhält sich

$$\angle \Gamma EK : \angle \Delta E\Xi = 5 : 9.$$

Gegeben sind demnach $\angle AEK$ und $\angle BE\Xi$, gegeben ist
ferner das Verhältnis von $\angle \Gamma EK : \angle \Delta E\Xi$ ($= 5 : 9$), endlich
sind (die beiderseitigen Neigungswinkel des Exzenters)
$\angle AE\Gamma$ und $\angle BE\Delta$ einander gleich. Nun gibt ein arith-
metischer Hilfssatz[b] folgendes Verfahren an die Hand:

„Wenn wir von jeder der Verhältniszahlen (5 und 9)
denjenigen Bruchteil ($^2/_3$) nehmen, welcher herauskommt,
wenn man die Differenz ($2^2/_3$) der ungetrennten zahlenmäßigen
Beträge (7 und $4^1/_3$) durch die Differenz (4) der Verhältniszahlen (5 und 9) dividiert, so werden wir den auf das be-
treffende Verhältnis ($\angle \Gamma EK : \angle \Delta E\Xi$) entfallenden zahlenmäßigen Betrag erhalten.“

Die (ungetrennten) zahlenmäßigen Beträge (der Breitenabstände) sind $4^1/_3$ und 7, ihre Differenz beträgt $2^2/_3$; das
Verhältnis (der ungetrennten Winkel) ist 5 : 9, die Differenz
dieser Zahlen beträgt 4, endlich gibt $2^2/_3 : 4$ (d. i. $\frac{8}{3\cdot 4}$) den
Bruchteil $^2/_3$. Nehmen wir also $^2/_3$ von 5 und von 9, so
erhalten wir

$$\angle \Gamma EK = 3^{\circ}20' \text{ und } \angle \Delta E\Xi = 6^{\circ}.$$

Weiter erhalten wir als die Differenzen die beiderseitigen
Neigungswinkel des Exzenters:

Bei rund $3^{\circ}$ Entfernung vom Perigeum des Epizykels (d. i. zu $183^{\circ}$)
erhält man bei dem Stand im Apogeum des Exzenters $5^{\circ}45' - 1^{\circ}16'$
$= 4^{\circ}30'$, bei dem Stand im Perigeum $5^{\circ}45' + 2^{\circ}20' = 8^{\circ}$. Das
Verhältnis $4^1/_2 : 8$ entspricht also annähernd dem Verhältnis 5 : 9.

a) Hier war eine Lücke des griechischen Textes nach der ähnlichen Stelle S. 340, 29 auszufüllen.

b) Zu vergleichen ist der Satz (V. 17) des Euklid: Sind ver-
bundene Größen proportioniert, so sind auch die getrennten proportioniert.

$$\angle A E \Gamma = (\angle A E K - \angle \Gamma E K \text{ d. i. } 4^0 20' - 3^0 20' =) 1^0,$$
$$\angle B E \Delta = (\angle B E \Xi - \angle \Delta E \Xi \text{ d. i. } 7^0 - 6^0 =) 1^0.$$

Endlich erhalten wir aus diesen Winkelgrößen ($3^0 20'$ und $6^0$) auch den Bogen $\Theta K$ ($= N \Xi$) des Neigungswinkels
5 des Epizykels mit $2^0 15'$, weil nach den Tabellen der Anomalie[19] ungefähr so viel Grade (am Perigeum des Epizykels) die gefundenen zahlenmäßigen Beträge der (am Auge gebildeten) Winkel $\Gamma E K$ und $\Delta E \Xi$ umfassen.[a]

2. Für den Saturn und den Jupiter haben wir zwischen
10 den Örtern (bei den Oppositionen) in den erdfernen Teilen der Exzenter und den Örtern in den diametral gegenüberliegenden, d. i. erdnahen Teilen, keine Unterschiede (in
Hei 541 Breite) für die sinnliche Wahrnehmung gefunden. Deshalb haben wir für diese Planeten die vorliegende Aufgabe auf
IIa 381 einem anderen Wege gelöst, nämlich durch Vergleichung
16 der Örter in den Apogeen der Epizyklen mit den Örtern in den Perigeen derselben.

Wie uns aus den von Fall zu Fall angestellten Beobachtungen gut ersichtlich geworden ist, zeigt der Saturn in
20 den Örtern, welche er zur Zeit seiner heliakischen Auf- und Untergänge (d. i. nahe der Konjunktion in H oder M) einnimmt, ein Maximum nördlicher oder südlicher Breite ($= \angle A E H$ oder $\angle B E M$) von rund $2^0$, der Jupiter ein solches von $1^0$. Dagegen zeigt in den zur Zeit der Oppositionen eingenommenen Örtern (K oder $\Xi$) der Saturn ein solches
25 Maximum ($= \angle A E K$ oder $\angle B E \Xi$) von etwa $3^0$, der Jupiter von etwa $2^0$. Nun geht aus den Anomalien auch dieser Planeten deutlich hervor, daß von den am Auge gebildeten Winkeln, welche an den Apogeen und an den Perigeen des
30 Epizykels von gleichgroßen Bogen (des Breitenkreises) überspannt werden, die an den Apogeen gebildeten Winkel zu den

---

a) D. h. ein Bogen von $2^0 15'$ am Perigeum des Epizykels erscheint dem Auge auf dem Breitenkreis in der größten Entfernung, d. i. wenn der Epizykel im Apogeum des Exzenters steht, unter einem Winkel von $3^0 20'$, in kleinster, d. i. bei dem Stande im Perigeum des Exzenters, unter einem Winkel von $6^0$. Zur Berechnung s. Anm. 19.

an den Perigeen gebildeten sich bei dem Saturn wie 18 : 23
und bei dem Jupiter wie 29 : 43 verhalten.[a]　Die Bogen
des Epizykels ZH und ΘK sind gleichgroß: folglich verhält sich

bei dem Saturn　$\angle$ ZEH : $\angle$ ZEK = 18 : 23,

bei dem Jupiter　$\angle$ ZEH : $\angle$ ZEK = 29 : 43.

Nun bleibt für den $\angle$ HEK als Differenz ($\angle$ AEK — $\angle$ AEH)
der beiden Örter in Breite (bei Opposition und heliakischem
Aufgang) bei beiden Planeten $3^0 - 2^0$ bzw. $2^0 - 1^0 =$) $1^0$
übrig.　Wird dieser eine Grad (als Summe der Winkel
ZEH und ZEK) nach den vorstehend festgestellten Verhältnissen geteilt[b], so werden wir erhalten

bei dem Saturn　$\angle$ ZEH = $0^0 26'$ und $\angle$ ZEK = $0^0 34'$,

bei dem Jupiter　$\angle$ ZEH = $0^0 24'$ und $\angle$ ZEK = $0^0 36'$.

Demnach wird als Differenz auch der Neigungswinkel
des Exzenters übrigbleiben:

bei dem Saturn　$\angle$ AEΓ = ($3^0 - 0^0 34' =$) $2^0 26'$,

bei dem Jupiter　$\angle$ AEΓ = ($2^0 - 0^0 36' =$) $1^0 24'$.

Anstatt dieser Beträge werden wir wegen des kommensurableren Maßes von den nach oben abgerundeten Werten
$2\frac{1}{2}^0$ und $1\frac{1}{2}^0$ Gebrauch machen.

Ohne weiteres erhalten wir endlich auch den Bogen
(HZ = ΘK) des Neigungswinkels (ZΓH = KΓΘ) der
Epizyklen

bei dem Saturn mit ΘK = $4\frac{1}{2}^0$,

bei dem Jupiter mit ΘK = $2\frac{1}{2}^0$.

---

a) Die Tabelle des Saturn (S. 261) gibt in der 6. Spalte der
Prosthaphäresis der Anomalie zur Argumentzahl 6 den Winkel
mit $0^0 36'$, zu 3 also mit $0^0 18'$, zur Argumentzahl 183 mit
$0^0 23'$. — Die Tabelle des Jupiter (S. 262) liefert zu denselben
Argumentzahlen (3 und 183) am Apogeum des Epizykels $0^0 29'$,
am Perigeum $0^0 43'$.

· b) Bei dem Saturn erhält man aus der Proportion $x : (60' - x)$
$= 18 : 23$ die beiden Winkel mit $26\frac{14}{41}$ Minuten und $33\frac{27}{41}$ Minuten, d. s. $26' 20'' 30'''$ und $33' 39'' 30''''$, bei dem Jupiter aus der
Proportion $x : (60' - x) = 29 : 43$ mit $24\frac{12}{72}$ und $35\frac{60}{72}$ Minuten,
d. s. $24' 10''$ und $35' 50''$.

Denn rund so viel Grade überspannen beiderseits (d. i. am Apogeum den $b\,\mathsf{HZ}$ und am Perigeum den $b\,\Theta\mathsf{K}$) wieder nach den Tabellen der Anomalie[20] die (S. 341, 13. 14) gefundenen zahlenmäßigen Beträge der (am Auge gebildeten) Winkel $\mathsf{ZEH}$ und $\mathsf{ZEK}$.[a]

Dies zu finden war als Aufgabe gestellt.

## Viertes Kapitel.
### Praktische Anleitung zur Aufstellung von Tabellen für die Einzelörter in Breite.

Aus dem vorstehend vorgelegten Material wurden von uns die zahlenmäßigen Normalbeträge der größten Neigungswinkel der Exzenter und der Epizyklen abgeleitet. Um aber auch bei den gradweise fortschreitenden Abständen (von den Apogeen, sei es des Planeten auf dem Epizykel oder des Epizykels auf dem Exzenter) die Örter in Breite jedesmal nach einer bequemen Methode ermitteln zu können, haben wir für die fünf Planeten fünf Tabellen aufgestellt. Jede enthält ebensoviel (d. s. 45) Zeilen wie die Tabellen der Anomalie, aber nur fünf Spalten.

Von letzteren enthalten die beiden ersten Spalten, wie dort, die Argumentzahlen. Die dritte Spalte enthält die Abstände von der Ekliptik in Breite, welche auf die Einzelabschnitte der Epizyklen bei ihren größten Neigungswinkeln entfallen, d. h. die Spalte (der Tabelle) für die Venus und die (der Tabelle) für den Merkur die Breitenabstände bei den (größten) Neigungswinkeln (der Epizyklen) in den Knotenpunkten der Exzenter, die Spalte (der Tabellen) für die drei übrigen Planeten die Breitenabstände bei den (größten) Neigungswinkeln in den nördlichen Grenzpunkten der Exzenter. Die entsprechenden Beträge in den

---

a) D. h. für den Saturn: ein Winkel am Auge von 26′ (d. i. $\angle\,\mathsf{ZEH}$) schneidet am Apogeum $\mathsf{H}$ des Epizykels den Bogen $\mathsf{HZ}$ von $4\tfrac{1}{2}$ Graden des Kreises $\mathsf{ZH\Theta K}$ ab, ein Winkel am Auge von 34′ ($\angle\,\mathsf{ZEK}$) den ebensogroßen Bogen $\Theta\mathsf{K}$ am Perigeum $\mathsf{K}$ des Epizykels. Zur Berechnung s. Anm. 20.

südlichen Grenzpunkten der Exzenter wird für diese
drei Planeten die vierte Spalte enthalten. Bei diesen Planeten ist das Maximum der Abweichung der Exzenter selbst
nach Norden und nach Süden miteingeschlossen in Rechnung
gezogen worden.

Zur Erklärung der dritten Spalte der Tabellen der Venus
und des Merkur.

I. Für die Venus und den Merkur ist die Gewinnung
dieser Gradbeträge (der Breite) wieder durch ein (für beide
anwendbares) theoretisches Verfahren auf folgende Weise
von uns gehandhabt worden.

In der senkrecht zur Ebene der Ekliptik stehenden Ebene
(in welcher die Neigungswinkel liegen) sei ABΓ die gemeinsame Schnittlinie mit der Ebene
der Ekliptik selbst und ΔBE die
gemeinsame Schnittlinie mit der
Ebene des Epizykels; A sei der
Mittelpunkt der Ekliptik, B der
des Epizykels und AB die (mittlere) Entfernung bei den größten
Neigungswinkeln der Epizyklen
(d. i. in den Knotenpunkten).
Nachdem man um B den Epizykel
ΔZEH beschrieben, ziehe man
rechtwinklig zu ΔE den Durchmesser ZBH. Es soll aber auch
die Ebene des Epizykels rechtwinklig zu der (senkrecht zur
Ekliptik) angenommenen Ebene
gestellt sein[a], wovon die Folge
sein muß, daß von den in ihr

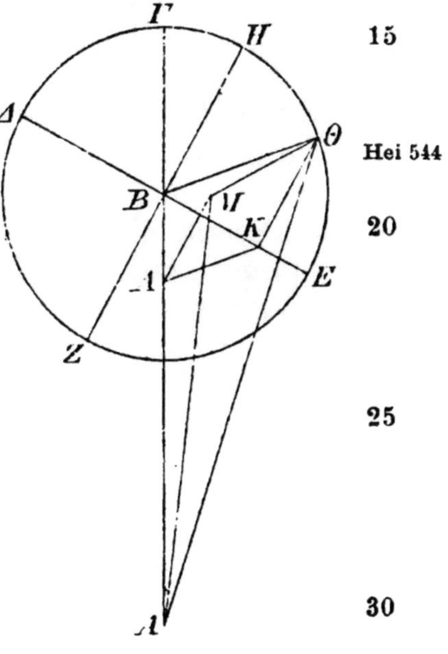


(d. i. der Ebene des Epizykels) rechtwinklig zu ΔE gezogenen

----

a) Dann liegt der Durchmesser ΔE in der auf AB senkrecht
stehenden Ebene des Neigungswinkels ABE, während der Durchmesser ZH mit der Schnittlinie AB in Punkt B rechte Winkel
bildet.

Geraden (wie ZH und KΘ) nur der Durchmesser ZH in der
Ebene der Ekliptik liegt, während alle übrigen (wie KΘ) zu
ihr (d. i. zur Ebene der Ekliptik) parallel sind.

Es soll die Aufgabe gestellt sein, wenn das Verhältnis
AB:BE und der zahlenmäßige Betrag des Neigungswinkels
(des Epizykels), d. i. des ∠ABE, gegeben ist, die Örter der
(beiden) Planeten in Breite zu finden, wenn sie von dem
Perigeum E des Epizykels beispielshalber 45⁰, d. s. solche
Grade, wie der Epizykel 360 hat, entfernt stehen. Wir be-
absichtigen nämlich, gleichzeitig auch die Unterschiede mit-
nachzuweisen, welche infolge derartiger (d. i. größter) Neigungswinkel für die Örter in Länge eintreten; diese Unterschiede müssen nämlich in den Örtern, die etwa in der Mitte
zwischen dem Perigeum E und den Punkten Z oder H liegen, ihr Maximum erreichen, weil in den genannten Punkten (E, Z und H) die Örter (des Planeten in Länge) unterschiedslos dieselben sind wie diejenigen, welche abgesehen
von den Neigungswinkeln (des Epizykels) eintreten.[a]

So sei denn EΘ als ein Bogen von wie gesagt 45⁰ abgetragen. Man fälle auf BE das Lot ΘK, auf die Ebene
der Ekliptik die Lote KΛ und ΘM und ziehe die Verbindungslinien ΘB, ΛM, AM, AΘ. Daß ΛKΘM ein Parallelogramm, und zwar ein rechtwinkliges ist, dürfte ohne weiteres klar sein, weil KΘ (nach Zeile 2) parallel zur Ebene
der Ekliptik ist, ebenso klar, daß ∠ΛAM die Prosthaphäresis in Länge[b] und ∠ΘAM den Ort in Breite mißt,

---

a) Weil, wenn der Epizykel in den Knotenpunkten steht, die
Örter des Planeten an den Endpunkten des Durchmessers ZH
direkt in der Ebene der Ekliptik liegen, während die Projektion
des im Perigeum E in der Ebene des Neigungswinkels liegenden
Ortes auf die Schnittlinie ABΓ fällt.

b) Der auf die Ebene der Ekliptik projizierte Ort M des
Planeten in Θ muß, in Länge in der Ekliptik gemessen, vor
dem Epizykelmittelpunkt, d. i. vor dem Knoten liegen, wogegen
er, wenn Θ auf dem Quadranten EZ angenommen wird, nach
dem Knoten liegt. Ein Bedenken gegen die Wahl des Punktes Θ
auf dem Epizykelquadranten EH wird zu S. 346, 26 geäußert.

während $\angle$ A$\Lambda$M und $\angle$ AM$\Theta$ ebenfalls Rechte sind, weil auch die Gerade AM in der Ekliptik liegen muß.[a]

Nun soll der Nachweis geführt werden, auf welchen zahlenmäßigen Betrag die in Frage stehenden Örter (in Breite und in Länge) für jeden der obengenannten Planeten sich belaufen, und zwar zuerst für

## A. Die Venus.

1. Da der Bogen E$\Theta$ 45° mißt, wie der Epizykel 360 Grade hat, so ist als Zentriwinkel des Epizykels

Hei 546

$$\angle \text{EB}\Theta = 45° \quad \text{wie } 4R = 360°,$$
$$= 90° \quad \text{wie } 2R = 360°;$$

$$\text{mithin} \begin{cases} b\,\text{BK} = \\ ,b\,\text{K}\Theta = \end{cases} 90° \quad \text{wie } \ominus\,\text{BK}\Theta = 360°,$$

Ha 385

$$\text{also} \begin{cases} s\,\text{BK} = \\ ,s\,\text{K}\Theta = \end{cases} 84^{\text{P}}52' \quad \text{wie } h\,\text{B}\Theta = 120^{\text{P}}.$$

Setzt man den Epizykelhalbmesser B$\Theta$ gleich $43^{\text{P}}10'$ in dem Maße, in welchem die mittlere Entfernung AB $60^{\text{P}}$ beträgt, weil in dieser Entfernung (im Knoten) gerade der größte Neigungswinkel des Epizykels eintritt,

so wird  BK und K$\Theta = 30^{\text{P}}32'$  in diesem Maße.

Ferner ist, weil (S. 336, 18) als Neigungswinkel (des Epizykels) gegeben,

$$\angle \text{ABE} = \quad 2°30' \quad \text{wie } 4R = 360°,$$
$$= \quad 5°0' \quad \text{wie } 2R = 360°;$$

$$\text{mithin} \begin{cases} b\,\Lambda\text{K} = \quad 5°0' \\ ,b\,\text{B}\Lambda = 175°0' \end{cases} \text{wie } \ominus\,\text{B}\Lambda\text{K} = 360°,$$

---

a) Weil sie von dem Mittelpunkt der Ekliptik nach dem (nach S 344,21) in der Ebene der Ekliptik liegenden Punkt M gezogen ist. Zur Unterstützung der Vorstellung der Figur ist schon bemerkt, daß man sich den Durchmesser ZH rechtwinklig zur Schnittlinie AB (s. S. 344, 1) zu denken hat; daher $\angle$ A$\Lambda$M $= 1R$. Der Endpunkt $\Gamma$ der Schnittlinie AB liegt natürlich über oder unter der Ebene des Epizykels, je nachdem man sich das Perigeum E unter oder über der Ebene der Ekliptik vorstellt, was für den Verlauf des Beweisgangs gleichgültig ist.

$$\text{also} \begin{cases} s\,\Lambda\mathsf{K} = \phantom{11}5^{\mathrm{P}}\,14' \\ ,s\,\mathsf{B}\Lambda = 119^{\mathrm{P}}\,53' \end{cases} \text{wie } h\,\mathsf{BK} = 120^{\mathrm{P}}.$$

Setzt man        $\mathsf{BK} = \phantom{1}30^{\mathrm{P}}\,32'$  wie $\mathsf{AB} = 60^{\mathrm{P}}$,
so wird        $\Lambda\mathsf{K} = \phantom{11}1^{\mathrm{P}}\,20'$  und $\mathsf{B}\Lambda = 30^{\mathrm{P}}\,30'$;

5

Hei 547

$$\text{mithin} \begin{cases} \mathsf{A}\Lambda = \mathsf{AB} - \mathsf{B}\Lambda = 29^{\mathrm{P}}\,30' \\ \Lambda\mathsf{M} = \mathsf{K}\Theta \phantom{= \mathsf{AB} } = 30^{\mathrm{P}}\,32' \end{cases} \text{in demselben Maße.}$$

(Nun ist        $\mathsf{A}\Lambda^2 + \Lambda\mathsf{M}^2 = \mathsf{AM}^2$)
mithin        $h\,\mathsf{AM} = \phantom{1}42^{\mathrm{P}}\,27'$  in demselben Maße.

Setzt man        $h\,\mathsf{AM} = 120^{\mathrm{P}}$,

10

so wird        $s\,\Lambda\mathsf{M} = \phantom{1}86^{\mathrm{P}}\,19'$  in diesem Maße,
folglich $\angle\,\Lambda\mathsf{AM} = \phantom{1}92^{\circ}\phantom{1}0'$  wie $2R = 360^{\circ}$,
$\phantom{\text{folglich } \angle\,\Lambda\mathsf{AM}} = \phantom{1}46^{\circ}\phantom{1}0'$  wie $4R = 360^{\circ}$.

Hiermit ist der Winkel der im vorliegenden Falle eintretenden Prosthaphäresis in Länge gefunden.

15    2. Es ist, weil $\Theta\mathsf{M}$ (im Parallelogramm) gleich $\Lambda\mathsf{K}$, auch

$$\Theta\mathsf{M} = 1^{\mathrm{P}}\,20' \quad \text{wie } \mathsf{AM} = 42^{\mathrm{P}}\,27'. \quad (\text{s. Z. 4. 8})$$

Nun ist        $\mathsf{AM}^2 + \Theta\mathsf{M}^2 = \mathsf{A}\Theta^2$,

Hä 386

mithin        $h\,\mathsf{A}\Theta = \phantom{1}42^{\mathrm{P}}\,29'$  in demselben Maße.

Setzt man        $h\,\mathsf{A}\Theta = 120^{\mathrm{P}}$,

20

so wird        $s\,\Theta\mathsf{M} = \phantom{11}3^{\mathrm{P}}\,46'$  in diesem Maße,
folglich $\angle\,\Theta\mathsf{AM} = \phantom{11}3^{\circ}\,36'$  wie $2R = 360^{\circ}$,
$\phantom{\text{folglich } \angle\,\Theta\mathsf{AM}} = \phantom{11}1^{\circ}\,48'$  wie $4R = 360^{\circ}$.

Hiermit ist der Winkel der Abweichung in Breite
gefunden.  Diesen Betrag werden wir in der dritten Spalte
25 der Tabelle der Venus in die Zeile mit der Argumentzahl
$135^{\circ}$ (d. i. $180^{\circ} - 45^{\circ}$) setzen.[a)]        —

3. Um den Unterschied kenntlich zu machen, welcher bei
der Prosthaphäresis in Länge eintritt, sei die ähnliche Figur

---

a) Weil die Entfernung $45^{\circ}$ von dem Perigeum $\mathsf{E}$ ab gerechnet war.  Genau genommen gehört der Betrag zu der Argu-
mentzahl ($180^{\circ} + 45^{\circ} =$) 225, weil der Planet vom Apogeum $\Delta$
über $\mathsf{Z}$ nach $\Theta$ gelaufen ist, daher bereits $45^{\circ}$ über das Perigeum des Epizykels hinaus ist.

vorgelegt, nur daß sie den Epizykel ohne Neigungswinkel zeigt.
Es ist, wie oben (S. 345, 20) nachgewiesen,

$$BK \text{ und } K\Theta = 30^P 32'$$
$$\text{wie } AB = 60^P,$$

mithin $AK = AB - BK = 29^P 28'$
in demselben Maße.

Nun ist $AK^2 + K\Theta^2 = A\Theta^2$,
mithin $h A\Theta = 42^P 26'$
in demselben Maße.

Setzt man $h A\Theta = 120^P$,
so wird $s K\Theta = 86^P 21'$,
folglich $\angle \Theta AK = 92^0 3'$
$$\text{wie } 2R = 360^0,$$
$$= 46^0 2'$$
$$\text{wie } 4R = 360^0.$$

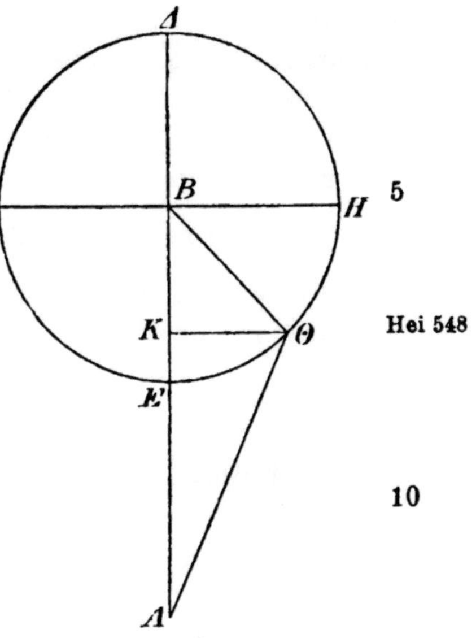


Das ist der Winkel der Prosthaphäresis in Länge, welcher
oben bei der (Annahme größter) Neigung (des Epizykels)
in demselben Maße mit $46^0$ nachgewiesen worden war. Folg- 15
lich ist die Prosthaphäresis in Länge infolge der Neigung
des Epizykels nur um $0^0 2'$ kleiner ausgefallen. Dies sollte
gefunden werden.

## B. Der Merkur.

Um auch die für den Merkur sich
ergebenden Örter (in Länge und in
Breite) nachzuweisen, sei die ähnliche Figur wie die vorletzte vorgelegt, an welcher der Bogen $E\Theta$
wieder zu $45^0$ in demselben Maße
(wie oben S. 345, 8) angenommen
sein soll. Mithin ist wieder (wie
S. 345, 14. 15)

$$BK \text{ und } K\Theta = 84^P 52'$$
$$\text{wie } h B\Theta = 120^P.$$

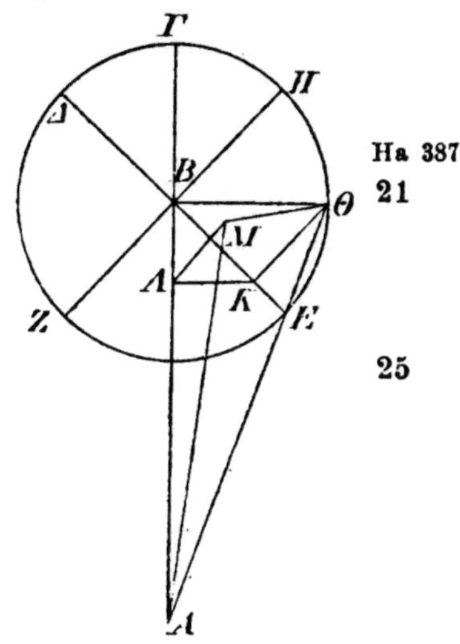

Hei 549 Setzt man den Epizykelhalbmesser $B\Theta$ gleich $22^P 30'$ in dem Maße, in welchem $AB$, d. i. die Entfernung, in welcher (in den Knotenpunkten) die größten Neigungswinkel eintreten, $56^P 40'$ beträgt — dies alles ist früher (vgl. S. 328, 7) 5 von uns bewiesen[a] —

so wird $BK$ und $K\Theta = 15^P 55'$ in diesem Maße.

Ferner ist, weil (S. 337, 3) als Neigungswinkel des Epizykels gegeben,

$$\angle ABE = \quad 6^\circ 15' \quad \text{wie } 4R = 360^\circ,$$
10
$$\qquad\qquad = 12^\circ 30' \quad \text{wie } 2R = 360^\circ;$$

$$\text{mithin} \begin{cases} b\wedge K = \quad 12^\circ 30' \\ ,b\, B\wedge = 167^\circ 30' \end{cases} \text{wie } \ominus B\wedge K = 360^\circ,$$

$$\text{also} \begin{cases} s\wedge K = \quad 13^P \ 4' \\ ,s\, B\wedge = 119^P 17' \end{cases} \text{wie } h\, BK, = 120^P.$$

15 Setzt man $\quad BK = \quad 15^P 55' \quad$ wie $AB = 56^P 40'$,

so wird $\qquad \wedge K = \quad 1^P 44' \quad$ und $B\wedge = 15^P 49'$;

$$\text{mithin} \begin{cases} A\wedge = AB - B\wedge = 40^P 51', \\ \wedge M = K\Theta \qquad = 15^P 55'. \quad \text{(s. Z. 6)} \end{cases}$$

Hei 550 Nun ist $\qquad A\wedge^2 + \wedge M^2 = AM^2,$

20 mithin $\quad h\, AM = \quad 43^P 50' \quad$ wie $\wedge M = 15^P 55'.$

Setzt man $\quad h\, AM = 120^P,$

so wird $\quad s\wedge M = \quad 43^P 34' \quad$ in diesem Maße,

folglich $\angle \wedge AM = \quad 42^\circ 34' \quad$ wie $2R = 360^\circ,$

$$\qquad\qquad = 21^\circ 17' \quad \text{wie } 4R = 360^\circ.$$

25 Hiermit ist der Winkel der Prosthaphäresis in Länge gefunden.

Ha 388 2. Es ist, weil $\Theta M$ (im Parallelogramm) gleich $\wedge K$, auch

$$\Theta M = 1^P 44' \quad \text{wie } AM = 43^P 50'. \quad \text{(s. Z. 16. 20)}$$

a) Die Entfernung in den Knotenpunkten ist für den Merkur nirgends direkt nachgewiesen. Die Methode der Berechnung ergibt sich aus dem Nachweis der Entfernung in größter Erdnähe, die (nach S. 146, 12) bei $120^\circ$ Entfernung vom Apogeum, das mit dem südlichen Grenzpunkt zusammenfällt, $55^P 34'$ beträgt. Die Größe des Halbmessers $B\Theta$ ist S. 144, 15 nachgewiesen.

Nun ist $AM^2 + \Theta M^2 = A\Theta^2$,
mithin $h\,A\Theta = 43^P 52'$ in demselben Maße.

Setzt man $h\,A\Theta = 120^P$,
so wird $s\,\Theta M = 4^P 44'$ in diesem Maße,
folglich $\angle\,\Theta AM = 4^o 32'$ wie $2R = 360^o$,
$= 2^o 16'$ wie $4R = 360^o$.

Hiermit ist der Winkel der Abweichung in Breite gefunden. Diesen Betrag werden wir in der dritten Spalte der Tabelle des Merkur in dieselbe Zeile (wie bei der Venus), d. h. in die Zeile mit der Argumentzahl $135^o$ setzen.

3. Um wieder die Vergleichung der Prosthaphäresis (in Länge) zu ermöglichen, sei wieder die Figur ohne den Neigungswinkel (des Epizykels) vorgelegt. Wie oben (S. 348, 6) nachgewiesen, ist

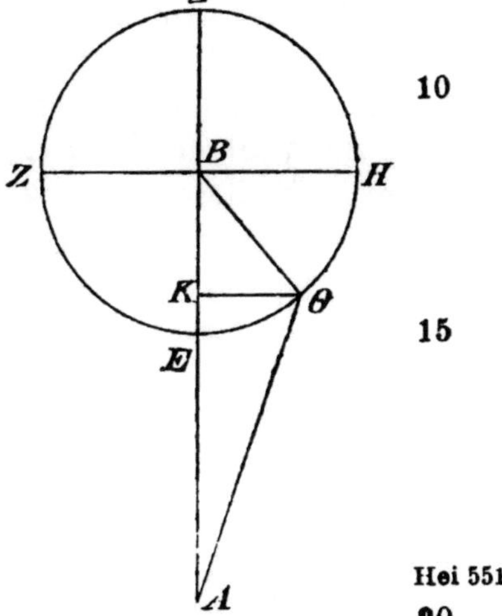

$$BK \text{ und } K\Theta = 15^P 55'$$
$$\text{wie } AB = 56^P 40',$$

mithin $AK = AB - BK = 40^P 45'$ in demselben Maße.

Nun ist $AK^2 + K\Theta^2 = A\Theta^2$,
mithin $h\,A\Theta = 43^P 45'$ wie $K\Theta = 15^P 55'$.

Setzt man $h\,A\Theta = 120^P$,
so wird $s\,K\Theta = 43^P 39'$ in diesem Maße,
folglich $\angle\,\Theta AK = 42^o 40'$ wie $2R = 360^o$,
$= 21^o 20'$ wie $4R = 360^o$.

Das ist der Winkel der Prosthaphäresis in Länge, welcher oben bei der (Annahme größter) Neigung (des Epizykels) in demselben Maße mit $21^o 17'$ nachgewiesen worden war. Folglich ist auch hier die Prosthaphäresis in Länge infolge der Neigung des Epizykels nur um $0^o 3'$ kleiner ausgefallen. Dies sollte gefunden werden.

Somit hätten wir bei diesen beiden Planeten auf dem vorstehend beschriebenen Wege die bei den größten Neigungswinkeln eintretenden Örter in Breite ermittelt, weil diese
(Neigungswinkel) zustande kommen, wenn der Exzenter in
5 derselben Ebene wie die Ekliptik liegt.[a]

### Zur Erklärung der dritten und vierten Spalte der Tabellen des Saturn, Jupiter und Mars.

Hei 552    Bei den drei übrigen Planeten ermitteln wir dagegen diese
Örter mit Hilfe eines theoretischen Beweisverfahrens, wel-
10 ches einer anderen Figur bedarf, weil bei den größten Neigungswinkeln der Exzenter zugleich auch (S. 326, 19) die
größten Neigungswinkel der Epizyklen eintreten und es sich
empfehlen dürfte, die aus beiden Neigungswinkeln zusammen sich ergebenden Örter in Breite in die Berechnung mit-
15 eingeschlossen zu erhalten.

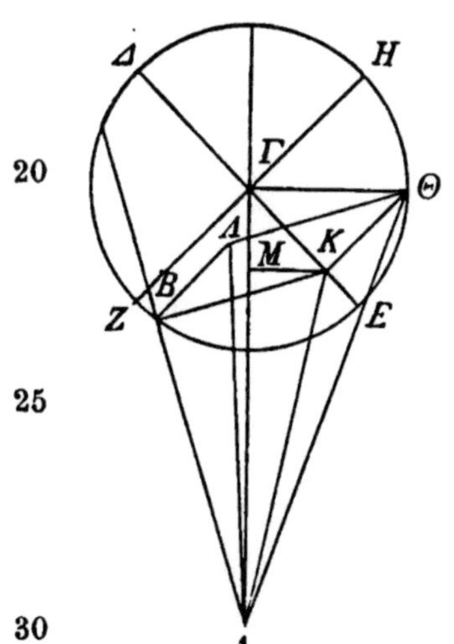


Es sei wieder in der zur Ebene
der Ekliptik senkrecht stehenden
Ebene (in welcher die Neigungswinkel liegen) AB die gemeinsame Schnittlinie mit der Ebene der Ekliptik und
ΔΓE die gemeinsame Schnittlinie
mit der Ebene des Epizykels; A sei
als der Mittelpunkt der Ekliptik angenommen und Γ als der des Epizykels. Um Γ sei der Epizykel ΔZEH
wieder so beschrieben, daß von den
rechtwinklig zu ΔE gezogenen Geraden (wie ZH und KΘ) nur der
Durchmesser ZΓH in der Ebene des
Exzenters liege und parallel sei
zu der Ebene der Ekliptik, während
die übrigen Geraden (wie KΘ) zu beiden genannten
Ebenen parallel sind.

---

a) Infolgedessen hängt die Größe der Breite lediglich von
der Neigung des Epizykels ab.

Es sei in gleicher Weise (wie bisher, von dem Perigeum E aus) der Bogen EΘ abgetragen, welcher in demselben Maße (wie S. 345, 8) zu $45^0$ angenommen sein soll. Man fälle von Punkt Θ aus, wo der Planet steht, (auf den Durchmesser ΔE) das Lot ΘK, ferner von den Punkten Θ und K auf die Ebene der Ekliptik die Lote KB, ΘΛ und ziehe die Verbindungslinien BΛ, AΛ.

Es sei die Aufgabe gestellt, sowohl die durch den Winkel BAΛ gemessene Prosthaphäresis in Länge zu finden, als auch den durch den Winkel ΘAΛ gemessenen Ort in Breite. Man fälle nun noch von K auf AΓ das Lot KM und ziehe die Verbindungslinien ΓΘ, AK, AΘ.[a]

## A. Der Saturn.

Es ist (S. 246, 32) nachgewiesen worden, daß der Halbmesser (ΓΘ) des Epizykels gleich $6^P 30'$ in dem Maße ist, in welchem die mittlere Entfernung (d. i. der Halbmesser des Exzenters) $60^P$ beträgt. Es soll zunächst wieder davon ausgegangen werden, daß, wie oben (S. 345, 14. 15 in dem entsprechenden Dreieck) nachgewiesen,

$$\text{ΓK und KΘ} = 84^P 52' \quad \text{wie } h\,\text{ΓΘ} = 120^P.$$

Setzt man   ΓΘ $= 6^P 30'$   als *ephm*,

so wird   ΓK und KΘ $= 4^P 36'$   in diesem Maße.

Ferner ist, weil (S. 341, 25) als Neigungswinkel des Epizykels gegeben,

$$\angle\,\text{AΓE} = \quad 4^0 30' \quad \text{wie } 4R = 360^0,$$
$$= \quad 9^0 0' \quad \text{wie } 2R = 360^0;$$

$$\text{mithin} \left\{ \begin{array}{l} b\,\text{KM} = \quad 9^0 0' \\ ,b\,\text{ΓM} = 171^0 0' \end{array} \right\} \text{wie } \ominus\,\text{KMΓ} = 360^0,$$

$$\text{also} \left\{ \begin{array}{l} s\,\text{KM} = \quad 9^P 25' \\ ,s\,\text{ΓM} = 119^P 38' \end{array} \right\} \text{wie } h\,\text{ΓK} = 120^P.$$

Setzt man   ΓK $= \quad 4^P 36'$,     (s. Z. 22)

so wird   KM $= \quad 0^P 22'$   und ΓM $= 4^P 35'$.

---

[a] Der hier im griechischen Text folgende Satz ist Z. 17—20 eingeschoben worden.

1. Beweis für den erdferneren Halbkreis (Spalte 3). Bei dem größten Neigungswinkel auf dem erdferneren Halbkreise beläuft sich die Strecke $A\Gamma$, d. i. die Entfernung am Anfang der Scheren[a], nach den früher (S. 257,18) bei den Anomalien durchgeführten theoretischen Beweismethoden auf $62^P10'$. Demnach ist

Ha 391

$$AM = A\Gamma - \Gamma M = 57^P 35' \quad \text{wie} \quad KM = 0^P 22',$$

mithin auch $\quad hAK = 57^P 35'$ (weil unbetr. $>$ AM).

Setzt man $\quad hAK = 120^P,$

so wird $\quad sKM = \phantom{0}0^P 46' \quad$ in diesem Maße,

mithin $\quad \angle\, KAM = \phantom{0}0^0 44' \quad$ wie $2R = 360^0.$

Ferner ist $\quad \angle\, BA\Gamma = \phantom{0}2^0 30' \quad$ wie $4R = 360^0$ als Neigungswinkel des Exzenters, (S. 341,21)

$$= \phantom{0}5^0 0' \quad \text{wie} \quad 2R = 360^0,$$

folglich $\quad \angle\, BAK = \phantom{0}5^0 44' \quad$ als Summe beider;

mithin $\begin{cases} bKB = \phantom{00}5^0 44' \\ ,bAB = 174^0 16' \end{cases}$ wie $\ominus KBA = 360^0,$

also $\begin{cases} sKB = \phantom{00}6^P 0' \\ ,sAB = 119^P 51' \end{cases}$ wie $hAK = 120^P.$

Setzt man $\quad AK = 57^P 35', \quad$ (s. Z. 8)

Hel 555 $\quad$ so wird $\quad KB = \phantom{0}2^P 53' \quad$ und $AB = 57^P 31'.$

21 $\quad$ Da nun $\quad K\Theta = B\Lambda,$ (im Parallelogramm)

so ist auch $\quad B\Lambda = \phantom{0}4^P 36' \quad$ in demselben Maße.

Nun ist $\quad AB^2 + B\Lambda^2 = A\Lambda^2,$

mithin $\quad hA\Lambda = \phantom{0}57^P 42' \quad$ in demselben Maße.

25 $\quad$ Da ebenso $\quad \Theta\Lambda = KB,$ (im Parallelogramm)

so ist auch $\quad \Theta\Lambda = 2^P 53' \quad$ (wie $A\Lambda = 57^P 42'$).

Nun ist $\quad A\Lambda^2 + \Theta\Lambda^2 = A\Theta^2,$

mithin $\quad hA\Theta = \phantom{0}57^P 46' \quad$ in demselben Maße.

---

a) Das Apogeum des Saturn lag zur Zeit des Ptolemäus (S. 242, 27: 136 n. Chr.) in ♏ $23^0$, wo die größte Entfernung (S. 256, 5) $63^P 25'$ beträgt, während der nördliche Grenzpunkt, der hier in Betracht kommt, genau $53^0$ rückwärts (nach S. 326,31) am Anfang der Scheren lag. Vgl. Anm. 21.

Setzt man     $h\, A\Theta = 120^{\mathrm{P}}$,
so wird     $s\,\Theta\Lambda = \phantom{0}5^{\mathrm{P}}59'$   in diesem Maße,
folglich     $\angle\,\Theta A\Lambda = \phantom{0}5^{\circ}44'$   wie $2R = 360^{\circ}$,
            $= \phantom{0}2^{\circ}52'$   wie $4R = 360^{\circ}$.

Hiermit ist der Winkel der Abweichung in Breite   5
gefunden. Diesen Betrag werden wir in die **dritte Spalte**
der Tabelle des Saturn zu $135^{0}$ setzen.      Ha 392

2. Beweis für den erdnäheren Halbkreis (Spalte 4). Bei
dem größten Neigungswinkel auf dem erdnäheren Halbkreis
beläuft sich die Strecke $A\Gamma$, d. i. die Entfernung am Anfang   10
des Widders, auf $57^{\mathrm{P}}40'$ (vgl. S. 352, 3) in dem Maße, in
welchem oben (S. 351, 32) $KM$ mit $0^{\mathrm{P}}22'$ und $\Gamma M$ mit $4^{\mathrm{P}}35'$
nachgewiesen worden ist. Demnach ist

$$A M = A\Gamma - \Gamma M = 53^{\mathrm{P}}5' \quad \text{in demselben Maße,}$$

mithin auch     $h\, A K = \phantom{0}53^{\mathrm{P}}\phantom{0}5'$, weil unbetr. $> A M$.     15

Setzt man     $h\, A K = 120^{\mathrm{P}}$,
so wird     $s\, K M = \phantom{0}0^{\mathrm{P}}50'$   in diesem Maße,
mithin     $\angle\, K A M = \phantom{0}0^{\circ}48'$   wie $2R = 360^{\circ}$.      Hei 556

Nun war     $\angle\, B A\Gamma = \phantom{0}5^{\circ}\phantom{0}0'$   wie $2R = 360^{\circ}$,   (S. 352, 13)
folglich     $\angle\, B A K = \phantom{0}5^{\circ}48'$   als Summe;     20

mithin $\begin{cases} b\, K B = \phantom{0}5^{\circ}48' \\ {}_{,}b\, A B = 174^{\circ}12' \end{cases}$ wie $\ominus\, K B A = 360^{\circ}$,

also $\begin{cases} s\, K B = \phantom{0}6^{\mathrm{P}}\phantom{0}4' \\ {}_{,}s\, A B = 119^{\mathrm{P}}51' \end{cases}$ wie $h\, A K = 120^{\mathrm{P}}$.

Setzt man     $A K = \phantom{0}53^{\mathrm{P}}\phantom{0}5'$,     25
so wird     $K B = \phantom{0}\phantom{0}2^{\mathrm{P}}41'$   und $A B = 53^{\mathrm{P}}1'$.

Nun war     $B\Lambda = \phantom{0}\phantom{0}4^{\mathrm{P}}36'$   in demselben Maße
                            nachgewiesen, (S. 352, 22)
ferner ist     $A B^{2} + B\Lambda^{2} = A\Lambda^{2}$,
mithin     $h\, A\Lambda = \phantom{0}53^{\mathrm{P}}13'$   in demselben Maße.

Setzt man     $h\, A\Lambda = 120^{\mathrm{P}}$,     30
so wird     $s\, B\Lambda = 10^{\mathrm{P}}23'$   in diesem Maße,
folglich     $\angle\, B A\Lambda = \phantom{0}9^{\circ}56'$   wie $2R = 360^{\circ}$,     Ha 393
            $= \phantom{0}4^{\circ}58'$   wie $4R = 360^{\circ}$.

Hiermit ist der Winkel der Prosthaphäresis in Länge gefunden.[a]

Da ferner        $\Theta\Lambda = KB$,   (im Parallelogramm)

so ist auch       $\Theta\Lambda = 2^P 41'$   wie $A\Lambda = 53^P 13'$. (S. 353, 26. 29)

Nun ist        $A\Lambda^2 + \Theta\Lambda^2 = A\Theta^2$,

mithin       $h\,A\Theta = 53^P 17'$   in demselben Maße.

Hei 557   Setzt man   $h\,A\Theta = 120^P$,

so wird       $s\,\Theta\Lambda = 6^P\ 3'$   in diesem Maße,

folglich   $\angle\,\Theta A\Lambda = 5^0 46'$   wie $2R = 360^0$,

$= 2^0 53'$   wie $4R = 360^0$.

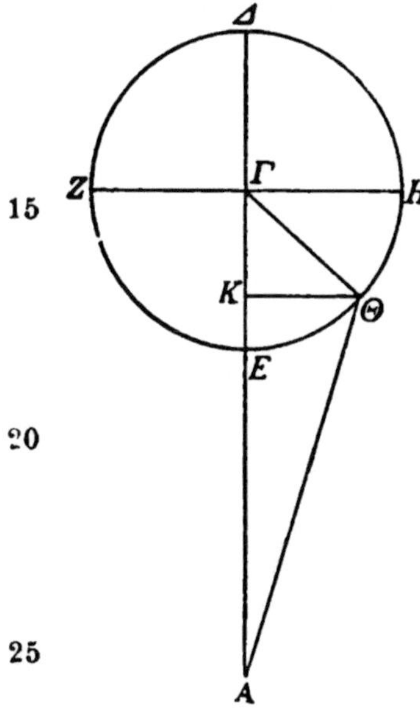


Hiermit ist der Winkel der Abweichung in Breite gefunden. Diesen Betrag werden wir in die vierte Spalte der Tabelle zu $135^0$ setzen.

3. Um nun auch die Vergleichung der Prosthaphäresisbeträge in Länge bei dem Neigungswinkel in größerer Erdnähe zu ermöglichen, sei wieder die Figur ohne den Neigungswinkel gezeichnet. In dem Maße, in welchem die Strecke $A\Gamma$ der diesfalls geltenden Entfernung $57^P 40'$ beträgt, ist $\Gamma K$ und $K\Theta$ (nach S. 351, 22) mit $4^P 36'$ gegeben. Demnach ist

$$AK = A\Gamma - \Gamma K = 53^P 4'.$$

Nun ist     $AK^2 + K\Theta^2 = A\Theta^2$,

mithin      $h\,A\Theta = 53^P 16'$   in demselben Maße.

---

a) Die Prosthaphäresis in Länge wird nur für die größere Erdnähe nachgewiesen, weil das Maximum des Unterschieds gegen die Prosthaphäresis in Länge bei Fehlen des Neigungswinkels festgestellt werden soll.

Setzt man $\quad h\,\mathsf{A\Theta} = 120^{\mathrm{P}}$,

so wird $\quad s\,\mathsf{K\Theta} = 10^{\mathrm{P}}22'$ in diesem Maße,

folglich $\quad \angle\,\mathsf{\Theta AK} = 9^{\circ}54'$ wie $2R = 360^{\circ}$, Hei 558

$$= 4^{\circ}57' \text{ wie } 4R = 360^{\circ}.$$

Das ist der Winkel der **Prosthaphäresis in Länge**, 5
welcher (oben S. 353, 33) bei den Neigungswinkeln in demselben Maße mit $4^{\circ}58'$ nachgewiesen worden war. Folglich
ist infolge der beiden Neigungswin- Ha 394
kel (des Exzenters und des Epizykels)
zusammen die Prosthaphäresis in 10
Länge nur um $0^{\circ}1'$ größer ausgefallen. Dies sollte gefunden werden.

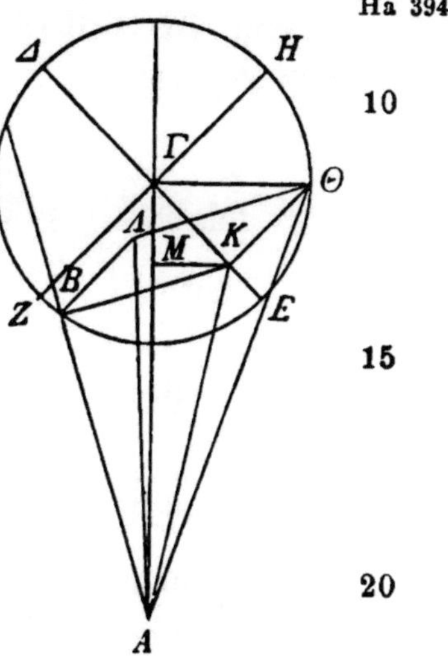


## B. Der Jupiter.

Es sei die Figur mit den Neigungswinkeln in den für den Jupiter (S.
255, 32) nachgewiesenen Verhältnissen vorgelegt. Demnach beträgt in
dem Maße, in welchem der Halb-
messer $\mathsf{\Gamma\Theta}$ des Epizykels gleich $11^{\mathrm{P}}$
$30'$ ist, $\mathsf{\Gamma K}$ und $\mathsf{K\Theta}$ $8^{\mathrm{P}}8'$.[a] Nun ist
(S. 341, 26) als der Neigungswinkel
des Epizykels

15

20

$$\angle\,\mathsf{A\Gamma E} = 2^{\circ}30' \text{ wie } 4R = 360^{\circ},$$
$$= 5^{\circ}\ 0' \text{ wie } 2R = 360^{\circ};$$

$$\text{mithin}\begin{cases} b\,\mathsf{KM} = 5^{\circ}\ 0' \\ ,b\,\mathsf{\Gamma M} = 175^{\circ}\ 0' \end{cases} \text{ wie } \ominus\,\mathsf{KM\Gamma} = 360^{\circ},$$

25

Hei 559

$$\text{also}\begin{cases} s\,\mathsf{KM} = 5^{\mathrm{P}}14' \\ ,s\,\mathsf{\Gamma M} = 159^{\mathrm{P}}53' \end{cases} \text{ wie } h\,\mathsf{\Gamma K} = 120^{\mathrm{P}}.$$

**1.** Beweis für den erdferneren Halbkreis. Hier beträgt
(bei dem größten Neigungswinkel) die Strecke $\mathsf{A\Gamma}$, d. i. die 30
Entfernung am Anfang der Scheren[b], $62^{\mathrm{P}}30'$.

---

a) Im Verhältnis zum Saturn (S. 351, 22) nach der Proportion
$6^{\mathrm{P}}30' : 11^{\mathrm{P}}30' = 4^{\mathrm{P}}36' : x$.

b) Das Apogeum liegt bei dem Jupiter in ♍ $11^{\circ}$ (S. 219, 21),
wo die größte Entfernung (S. 256, 6) $62^{\mathrm{P}}45'$ beträgt, während
der nördliche Grenzpunkt (nach S. 326, 31) $19^{\circ}$ weiter vorwärts
am Anfang der Scheren liegt.

Setzt man        $\Gamma K = 8^P\,8'$  in diesem Maße,
so wird        $KM = 0^P\,21'$   und $\Gamma M = 8^P\,8'$,
mithin        $AM = A\Gamma - \Gamma M = 54^P\,22'$ in demselben Maße,
mithin auch    $h\,AK = 54^P\,22'$, weil unbetr. $> AM$.

5    Setzt man    $h\,AK = 120^P$,
so wird    $s\,KM = 0^P\,46'$  in diesem Maße,
mithin $\angle\,KAM = 0^\circ\,44'$  wie $2R = 360^\circ$.

Nun ist, weil (S. 341, 21) als Neigungswinkel des Exzenters gegeben,

Ha 395        $\angle\,BA\Gamma = 1^\circ\,30'$  wie $4R = 360^\circ$,
11        $= 3^\circ\,0'$  wie $2R = 360^\circ$;
folglich $\angle\,BAK = 3^\circ\,44'$  als Summe,

mithin $\begin{cases} b\,KB = 3^\circ\,44' \\ {,}b\,AB = 176^\circ\,16' \end{cases}$ wie $\ominus\,KBA = 360^\circ$,

15 also $\begin{cases} s\,KB = 3^P\,54' \\ {,}s\,AB = 119^P\,56' \end{cases}$ wie $h\,AK = 120^P$.

Setzt man    $AK = 54^P\,22'$,
so wird    $KB = 1^P\,46'$  und $AB = 54^P\,20'$.

Da nun    $B\Lambda = K\Theta$,  (im Parallelogramm)
Hei 560 so ist auch    $B\Lambda = 8^P\,8'$  in demselben Maße. (S. 355, 20)

21    Ferner ist    $AB^2 + B\Lambda^2 = A\Lambda^2$,
mithin    $h\,A\Lambda = 54^P\,56'$  in demselben Maße.

Ebenso ist    $\Theta\Lambda\,(= KB$  im Parallelogramm)
$= 1^P\,46'$  (wie $A\Lambda = 54^P\,56'$).

25    Nun ist    $A\Lambda^2 + \Theta\Lambda^2 = A\Theta^2$,
mithin    $h\,A\Theta = 54^P\,58'$  in demselben Maße.

Setzt man    $h\,A\Theta = 120^P$,
so wird    $s\,\Theta\Lambda = 3^P\,52'$  in diesem Maße,
folglich $\angle\,\Theta A\Lambda = 3^\circ\,42'$  wie $2R = 360^\circ$,
30        $= 1^\circ\,51'$  wie $4R = 360^\circ$.

Hiermit ist der Winkel der Abweichung in Breite gefunden. Diesen Betrag werden wir in die dritte Spalte der Tabelle des Jupiter zu $135^\circ$ setzen.

2. Beweis für den erdnäheren Halbkreis. Es beträgt (bei dem größten Neigungswinkel) die Strecke $A\Gamma$, d. i. die Entfernung am Anfang des Widders, $57^P 30'$ in dem Maße, in welchem wir (S. 356, 2) $KM = 0^P 21'$ und $\Gamma M = 8^P 8'$ nachgewiesen haben. Demnach ist

$$AM = A\Gamma - \Gamma M = 49^P 22',$$

mithin auch　$h\,AK = 49^P 22'$, weil unbetr. $> AM$.　　　Ha 396

Setzt man　$h\,AK = 120^P$,
　so wird　$s\,KM = 0^P 51'$　in diesem Maße,
　mithin　$\angle KAM = 0° 49'$　wie $2R = 360°$.

(Nun war　$\angle BA\Gamma = 3° 0'$　wie $2R = 360°$)
　folglich　$\angle BAK = 3° 49'$　als Summe;

mithin $\begin{cases} b\,KB = 3° 49' \\ ,b\,AB = 176° 11' \end{cases}$ wie $\ominus KBA = 360°$,

also $\begin{cases} s\,KB = 3^P 59' \\ ,s\,AB = 119^P 56' \end{cases}$ wie $h\,AK = 120^P$.　　Hel 561

Setzt man　$AK = 49^P 22'$,
　so wird　$KB = 1^P 39'$　und $AB = 49^P 20'$.

Nun ist auch　$B\Lambda\,(= K\Theta$　im Parallelogramm)
$$= 8^P 8'\quad (\text{wie } AB = 49^P 20').$$

Ferner ist　$AE^2 + B\Lambda^2 = A\Lambda^2$,
　mithin　$h\,A\Lambda = 50^P$　in demselben Maße.

Setzt man　$h\,A\Lambda = 120^P$,
　so wird　$s\,B\Lambda = 19^P 31'$　in diesem Maße,
　folglich　$\angle BA\Lambda = 18° 44'$　wie $2R = 360°$,
$$= 9° 22'\quad \text{wie } 4R = 360°.$$

Hiermit ist der Winkel der Prosthaphäresis in Länge gefunden.

Es ist ferner　$\Theta\Lambda\,(= KB$　im Parallelogramm)
$$= 1^P 39'\quad \text{wie } A\Lambda = 50^P.$$

Nun ist　$A\Lambda^2 + \Theta\Lambda^2 = A\Theta^2$,
　mithin　$h\,A\Theta = 50^P 2'$　in demselben Maße.

Setzt man      $h\,A\Theta = 120^P$,
so wird      $s\,\Theta\Lambda =$   $3^P 57'$   in diesem Maße,
folglich   $\angle\,\Theta A\Lambda =$   $3^0 45'$   wie $2R = 360^0$,
$=$   $1^0 53'$   wie $4R = 360^0$.

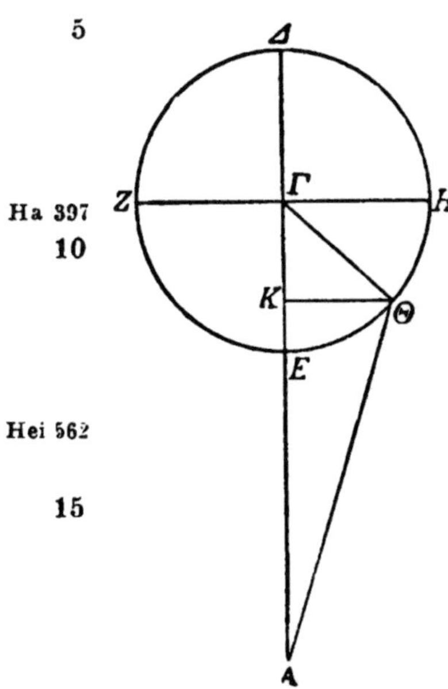


Hiermit ist der Winkel des Abstandes in Breite gefunden. Diesen Betrag werden wir in die vierte Spalte der Tabelle zu $135^0$ setzen.

3. Zur Vergleichung der Prosthaphäresisbeträge in Länge sei die Figur ohne die Neigungswinkel vorgelegt. Bei der (zuletzt) vorgelegten Entfernung ist (S. 357, 2)

$A\Gamma = 57^P 30'$ wie $\Gamma K$ und
$K\Theta = 8^P 8'$, (S. 355, 20)
mithin   $A K = A\Gamma - \Gamma K = 49^P 22'$.

Nun ist   $A K^2 + K\Theta^2 = A\Theta^2$,
mithin $h\,A\Theta = 50^P 2'$
in demselben Maße.

Setzt man $h\,A\Theta = 120^P$,
so wird      $s\,K\Theta = 19^P 30'$   in diesem Maße,
folglich   $\angle\,\Theta A K = 18^0 42'$   wie $2R = 360^0$,
$=$   $9^0 21'$   wie $4R = 360^0$.

Das ist der Winkel der Prosthaphäresis in Länge, welcher oben (S. 357, 26) bei den Neigungswinkeln in demselben Maße mit $9^0 22'$ nachgewiesen worden war. Folglich ist wieder infolge der beiden Neigungswinkel (des Exzenters und des Epizykels) zusammen die Prosthaphäresis in Länge nur um $0^0 1'$ größer ausgefallen. Dies zu finden war als Aufgabe gestellt.

## C. Der Mars.

Es sei zuerst die Figur mit den Neigungswinkeln vorgelegt. Es läßt sich wieder berechnen, daß in dem Maße,

in welchem (S. 255, 33) der Halbmesser ΓΘ des Epizykels 39ᴾ 30′
beträgt, jede der beiden Geraden
ΓK und KΘ gleich 27ᴾ 56′ ist.[a]
Als der Neigungswinkel des Epizykels ist (S. 340, 5) gegeben

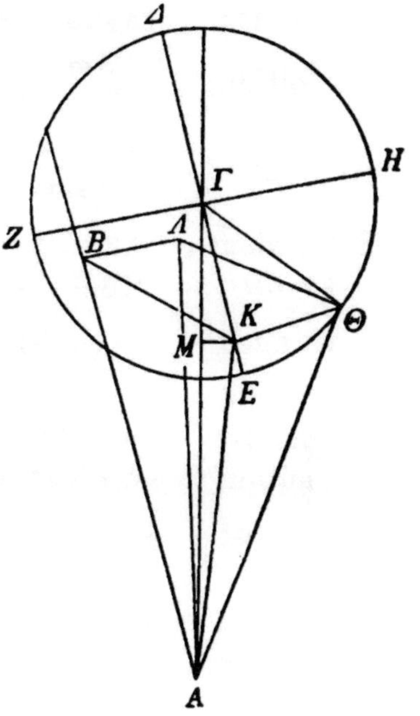

$$\angle A\Gamma E = 2°15'$$
$$\text{wie } 4R = 360°,$$
$$= 4°30'$$
$$\text{wie } 2R = 360°;$$

$$\text{mithin}\begin{cases} b\,KM = 4°30' \\ ,b\,\Gamma M = 175°30' \end{cases}$$
$$\text{wie } \ominus KM\Gamma = 360°,$$

$$\text{also}\begin{cases} s\,KM = 4^{P}43' \\ ,s\,\Gamma M = 119^{P}54' \end{cases}$$
$$\text{wie } h\,\Gamma K = 120^{P}.$$

**1. Beweis für den erdferne-**
**ren Halbkreis.** Hier beträgt AΓ
als die Strecke der größten Entfernung[b] 66ᴾ.

Setzt man       ΓK = 27ᴾ 56′  in diesem Maße,
so wird       KM = 1ᴾ 6′  und ΓM = 27ᴾ 54′,
mithin       AM = AΓ − ΓM = 38ᴾ 6′.

(Nun ist       $AM^2 + KM^2 = AK^2$)
mithin       h AK = 38ᴾ 7′  in demselben Maße.

Setzt man       h AK = 120ᴾ,
so wird       s KM = 3ᴾ 28′  in diesem Maße,
mithin ∠ KAM = 3°19′  wie $2R = 360°$.

Nun war ∠ BAΓ = 1° 0′  wie $4R = 360°$ als Neigungswinkel des Exzenters, (S. 340, 1)
= 2° 0′  wie $2R = 360°$,

---

a) Im Verhältnis zum Jupiter (S. 355, 19) nach der Proportion
11ᴾ 30′ : 39ᴾ 30′ = 8ᴾ 8′ : x.

b) Das Apogeum liegt bei dem Mars in ♋ 25°30′, der nördliche Grenzpunkt (S. 326, 32) am Ende des Krebses, so daß die
größte Entfernung (S. 256, 7) nicht wesentlich verändert wird.

folglich $\angle\,BAK=\ \ \ 5^{0}\,19'$ als Summe beider,

mithin $\left\{\begin{array}{l} b\,KB=\ \ \ \ 5^{0}\,19' \\ {}_{,}b\,AB=174^{0}\,41' \end{array}\right\}$ wie $\ominus\,KBA=360^{0}$,

5 also $\left\{\begin{array}{l} s\,KB=\ \ \ \ 5^{P}\,34' \\ {}_{,}s\,AB=119^{P}\,52' \end{array}\right\}$ wie $h\,AK=120^{P}$.

Setzt man $\quad AK=\ \ \ 38^{P}\ \ 7'$,

so wird $\quad KB=\ \ \ \ 1^{P}46'$ und $AB=38^{P}5'$.

Nun ist auch $\quad B\Lambda\,(=K\Theta\ $ im Parallelogramm$)$
$\qquad\qquad\quad =27^{P}\,56'\ \ $ (wie $AB=38^{P}5'$).

10 Ferner ist $\quad AB^{2}+B\Lambda^{2}=A\Lambda^{2}$,

mithin $\quad h\,A\Lambda=47^{P}\,14'\ \ $ in demselben Maße.

Ebenso ist $\quad \Theta\Lambda\,(=KB\ $ im Parallelogramm$)$
$\qquad\qquad\quad =1^{P}\,46'\ \ $ (wie $A\Lambda=47^{P}\,14'$).

Ferner ist $\quad A\Lambda^{2}+\Theta\Lambda^{2}=A\Theta^{2}$,

15 mithin $\quad h\,A\Theta=\ \ 47^{P}\,16'\ \ $ in demselben Maße.

Ha 399 Setzt man $\quad h\,A\Theta=120^{P}$,

so wird $\quad s\,\Theta\Lambda=\ \ \ 4^{P}\,29'\ \ $ in diesem Maße,

folglich $\angle\,\Theta A\Lambda=\ \ \ 4^{0}\,18'\ \ $ wie $2R=360^{0}$,
$\qquad\qquad\quad =\ \ \ 2^{0}\ \ 9'\ \ $ wie $4R=360^{0}$.

20 Hiermit ist der Winkel des Abstandes in Breite gefunden. Diesen Betrag werden wir in die dritte Spalte der
Tabelle des Mars zu $135^{0}$ setzen.

2. Beweis für den erdnäheren Halbkreis. Hier beträgt
bei den in der kleinsten Entfernung eintretenden Neigungs-
25 winkeln die Strecke $A\Gamma$ (S. 256, 13) $54^{P}$ in dem Maße, in
Hei 565 welchem (S. 359, 17) $KM$ mit $1^{P}6'$ und $\Gamma M$ mit $27^{P}54'$ nachgewiesen wurde. Demnach ist

$$AM=A\Gamma-\Gamma M=26^{P}6'.$$

(Nun ist $\quad AM^{2}+KM^{2}=AK^{2}$)

30 mithin $\quad h\,AK=\ \ 26^{P}\ \ 7'\ \ $ in demselben Maße.

Setzt man $\quad h\,AK=120^{P}$,

so wird $\quad s\,KM=\ \ \ \ 5^{P}\ \ 3'\ \ $ in diesem Maße,

mithin $\angle\,KAM=\ \ \ 4^{0}\,49'\ \ $ wie $2R=360^{0}$.

(Nun war $\angle\,\mathrm{BA\Gamma} = 2°\ 0'$  wie $2R = 360°$)
folglich $\angle\,\mathrm{BAK} = 6°49'$  als Summe,

mithin $\left\{\begin{array}{l}b\,\mathrm{KB} = 6°49'\\ {,}b\,\mathrm{AB} = 173°11'\end{array}\right\}$ wie $\ominus\,\mathrm{KBA} = 360°$,

also $\left\{\begin{array}{l}s\,\mathrm{KB} = 7^{\mathrm{P}}\ 8'\\ {,}s\,\mathrm{AB} = 119^{\mathrm{P}}47'\end{array}\right\}$ wie $h\,\mathrm{AK} = 120^{\mathrm{P}}.$

5

Setzt man $\qquad \mathrm{AK} = 26^{\mathrm{P}}\ 7',$
so wird $\qquad \mathrm{KB} = 1^{\mathrm{P}}33'$  und $\mathrm{AB} = 26^{\mathrm{P}}4'.$

Nun ist wieder $\quad \mathrm{B\Lambda}\,(= \mathrm{K\Theta}$  im Parallelogramm)
$\qquad\qquad\qquad = 27^{\mathrm{P}}56'$  (wie $\mathrm{AB} = 26^{\mathrm{P}}4'$). 10

Ferner ist $\qquad \mathrm{AB}^2 + \mathrm{B\Lambda}^2 = \mathrm{A\Lambda}^2,$
mithin $\qquad h\,\mathrm{A\Lambda} = 38^{\mathrm{P}}12'$  in demselben Maße.

Setzt man $\quad h\,\mathrm{A\Lambda} = 120^{\mathrm{P}},$
so wird $\quad s\,\mathrm{B\Lambda} = 87^{\mathrm{P}}45'$  in diesem Maße,
folglich $\angle\,\mathrm{BA\Lambda} = 94°\ 0'$  wie $2R = 360°,$   Ha 400
$\qquad\qquad\quad = 47°\ 0'$  wie $4R = 360°.$   16

Hiermit ist der Winkel der Prosthaphäresis in Länge
gefunden.

Es ist ferner $\qquad \Theta\Lambda\,(= \mathrm{KB}$  im Parallelogramm)
$\qquad\qquad\qquad = 1^{\mathrm{P}}33'$  wie $\mathrm{A\Lambda} = 38^{\mathrm{P}}12'.$   20

Nun ist $\qquad \mathrm{A\Lambda}^2 + \Theta\Lambda^2 = \mathrm{A\Theta}^2,$
mithin $\qquad h\,\mathrm{A\Theta} = 38^{\mathrm{P}}14'$  (wie $\Theta\Lambda = 1^{\mathrm{P}}33'$).

Setzt man $\quad h\,\mathrm{A\Theta} = 120^{\mathrm{P}},$   Hei 566
so wird $\quad s\,\Theta\Lambda = 4^{\mathrm{P}}52'$  in diesem Maße,
folglich $\angle\,\Theta\mathrm{A\Lambda} = 4°40'$  wie $2R = 360°,$   25
$\qquad\qquad\quad = 2°20'$  wie $4R = 360°.$

Hiermit ist der Winkel des Abstandes in Breite gefunden. Diesen Betrag werden wir in die vierte Spalte der
Tabelle zu $135°$ setzen.

3. Zur Vergleichung der Prosthaphäresis in Länge 30
legen wir wieder die Figur ohne die Neigungswinkel vor.
In der kleinsten Entfernung, in welcher der Unterschied am

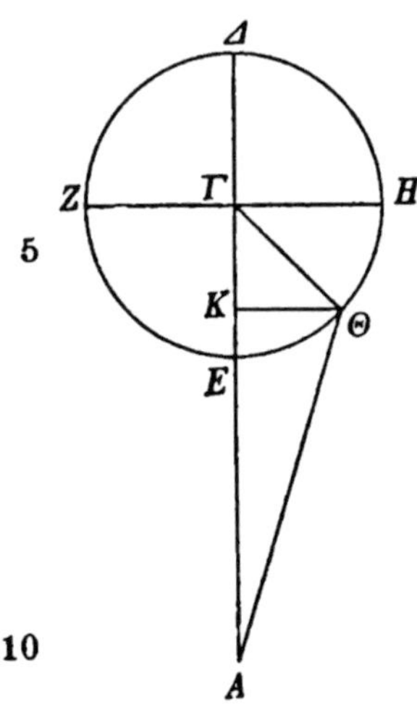


stärksten wahrnehmbar werden muß, verhält sich[a)] die Strecke AΓ zu jeder der beiden Strecken ΓK und KΘ wie $54^P : 27^P 56'$. Demnach ist

$$AK = A\Gamma - \Gamma K = 26^P 4'.$$

(Nun ist $\quad AK^2 + K\Theta^2 = A\Theta^2$)
mithin $\quad h\, A\Theta = 38^P 12'$

(wie $K\Theta = 27^P 56'$).

Setzt man $\quad h\, A\Theta = 120^P,$
so wird $\quad s\, K\Theta = 87^P 45'$
in diesem Maße,

folglich $\quad \angle \Theta AK = 94^0\, 0'$
wie $2R = 360^0,$
$= 47^0\, 0'$
wie $4R = 360^0.$

Das ist der Winkel der Prosthaphäresis in Länge. Von genau derselben Größe war er (S. 361, 16) auch aus der Berechnung bei den Neigungswinkeln hervorgegangen. Es hat sich also bei dem Mars für die Prosthaphäresis in Länge infolge der Neigungswinkel der Kreise gar kein Unterschied herausgestellt. Dies sollte gefunden werden.

### Zur Erklärung der vierten Spalte der beiden Tabellen der Venus und des Merkur.

Die vierte Spalte dieser Tabellen wird die Örter in Breite enthalten, die von den größten Schiefständen der Epizyklen der Venus und des Merkur verursacht werden, welche (S. 327, 19) in den Apogeen und den Perigeen der Exzenter eintreten. Ermittelt worden sind indes die (durch diese Schiefstände verursachten) Örter von uns nur an sich, d. h. ohne Berücksichtigung des Unterschieds, welcher infolge der Neigungswinkel der Exzenter hinzutritt. Denn es hätten

---

a) Der sonst üblichen Ausdrucksweise entspricht: ΓK und $K\Theta = 27^P 56'$ wie $A\Gamma = 54^P$. Zur Feststellung der Größe von ΓK und KΘ ist S. 359, 4 zu vergleichen.

sich alsdann noch mehr Tabellen nötig gemacht, und die Berechnung (nach diesen Tabellen) wäre nur noch komplizierter geworden, weil die (Breiten der) Örter auf der Abendseite und der Morgenseite (der Epizyklen) ungleich groß ausfallen und sich durchaus nicht (in allen Fällen) nach derselben Seite (d. i. beiderseits nördlich oder beiderseits südlich) der Ekliptik erstrecken müssen. Übrigens könnten auch, da der Neigungswinkel der Exzenter nicht unverändert bleibt, die Differenzen der Verminderungen, welche bei den größten Neigungswinkeln (in den Knotenpunkten) eintreten, nicht im Einklang mit den Differenzen derjenigen Verminderungen stehen, welche infolge der größten Schiefstände (in den Apogeen und Perigeen der Exzenter) eintreten. Wird jedoch der Unterschied getrennt behandelt, so werden sich die einzelnen Fälle von uns nach einer bequemeren Methode darstellen lassen, wie aus den Nachweisen selbst, die hier unmittelbar folgen, ersichtlich sein wird.

Es sei AB die gemeinsame Schnittlinie der Ebenen der Ekliptik und des Epizykels; A sei angenommen als der Mittelpunkt der Ekliptik, B als der Mittelpunkt des Epizykels.[a] Um letzteren beschreibe man den Epizykel ΓΔΕΖΗ schiefgestellt zur Ebene der Ekliptik, d. h. es sollen die in den (beiden) Ebenen rechtwinklig zu der gemeinsamen Schnittlinie ΓΗ ge-

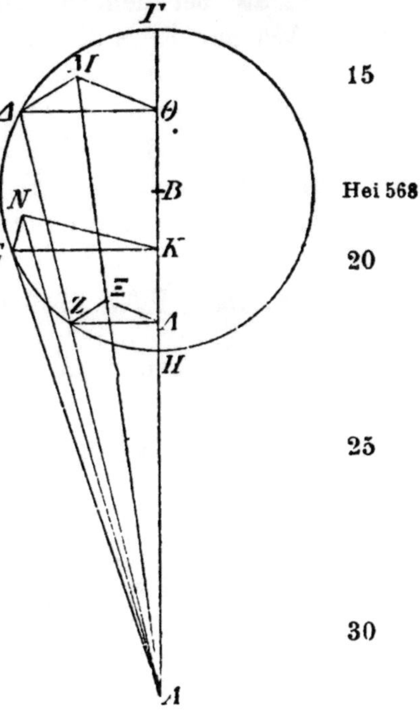


Hei 568

---

a) Demnach werden die Winkel des Schiefstandes, unabhängig von den Entfernungen, in denen sie der Hypothese nach wirklich eintreten, nach dem Verhältnis der mittleren Entfernung (κατὰ τὸν μέσον λόγον) betrachtet, nach welchem schon bisher (S. 335,21.31) der Gesichtswinkel EAN = 2 ½° aufgefaßt wurde.

zogenen Geraden alle (Neigungs-) Winkel, welche in den Punkten der Schnittlinie selbst gebildet werden, gleichgroß

Ha 402 machen.  Alsdann ziehe man die Tangente AE an den Epizykel und die ihn schneidende Gerade AZΔ in beliebiger

5 Lage, fälle (in der Ebene des Epizykels) von den Punkten Δ, E, Z die Lote ΔΘ, EK, ZΛ auf die Schnittlinie ΓH, auf

Hei 569 die Ebene der Ekliptik aber die Lote ΔM, EN, ZΞ und ziehe die Verbindungslinien ΘM, KN, ΛΞ und außerdem AN und AΞM.  Eine Gerade ist AΞM deshalb, weil die

10 drei Punkte in zwei Ebenen liegen, sowohl in der Ebene der Ekliptik, als auch in der durch AZΔ gelegten, welche zu der Ebene der Ekliptik senkrecht steht.

Daß bei dem angenommenen Schiefstand die Winkel ΘAM und KAN die Prosthaphäresis des Planeten in Länge[a]

15 und die Winkel ΔAM und EAN die Prosthaphäresis in Breite[b] messen, ist klar.

Es soll zuerst der Beweis geführt werden, daß der im Berührungspunkte (E) gebildete Winkel EAN des Ortes in Breite größer ist als alle anderen, gerade wie auch die Prosth-

20 aphäresis in Länge (d. i. ∠ KAN).

A. Da ∠ EAK größer ist als alle anderen, so ist

$$KE:EA > \begin{cases} \Theta\Delta : \Delta A. \\ \Lambda Z : ZA. \end{cases}$$

25   $$\text{Nun ist } KE:EN = \begin{cases} \Theta\Delta : \Delta M. \\ \Lambda Z : Z\Xi. \end{cases} \quad \text{(Eukl. VI. 4)}$$

Denn die auf die beschriebene Weise gebildeten Dreiecke sind alle, wie (Z. 1) angedeutet, gleichwinklig und die Winkel ΔMΘ, ENK und ZΞΛ Rechte.  Folglich ist

---

a) Der in der Ebene der Ekliptik liegende ∠ KAN mißt die Entfernung des in N auf die Ekliptik projizierten Planetenortes E.  Siehe die von mir beigegebene Figur.

b) Der in der zur Ekliptik senkrechten Ebene liegende ∠ EAN mißt je nach dem Schiefstand des Epizykels die Breite des Planetenortes E über oder unter der Ekliptik, d. i. den Schiefstand an und für sich (S. 362, 25).  Prosthaphäresis wird er genannt, weil er die Breite, die eventuell durch die Neigung des Exzenters verursacht wird, vermehrt oder vermindert.

$$\mathrm{EN} : \mathrm{EA} > \begin{cases} \Delta\mathrm{M} : \Delta\mathrm{A}. \\ \mathrm{Z}\Xi : \mathrm{ZA}. \end{cases}$$

Nun sind ferner die Winkel $\Delta$MA, ENA und Z$\Xi$A Rechte; folglich ist $\angle$EAN $> \angle\Delta$AM und selbstverständlich auch größer als alle auf dieselbe Weise zustandekommenden Winkel.

B. Ohne weiteres ist klar, daß auch von den Unterschieden, welche bei den Prosthaphäresisbeträgen in Länge infolge des Schiefstandes entstehen, derjenige der größte ist, welcher bei den in E liegenden Örtern größter Breite zum Ausdruck kommt; denn gemessen werden diese Unterschiede von den Winkeln, welche die Differenzen zwischen den Geraden $\Theta\Delta$ und $\Theta$M, KE und KN, $\Lambda$Z und $\Lambda\Xi$ unterspannen.[a] Da aber für alle diese Geraden zu ihren Differenzen dasselbe Verhältnis bestehen bleibt, so folgt daraus, daß auch die Differenz zwischen KE und KN zu EA in einem größeren Verhältnis steht als die Differenzen zwischen den übrigen (wie zwischen $\Theta\Delta$ und $\Theta$M) zu den A$\Delta$ entsprechenden Geraden. Ferner ist ohne weiteres klar, daß in demselben Verhältnis, in welchem die größte Prosthaphäresis in Länge zum Ort der größten Breite steht, auch in allen Abschnitten des Epizykels die jeweiligen Prosthaphäresisbeträge in Länge zu den Örtern in Breite stehen; denn wie sich KE zu KN verhält, so verhalten sich auch alle die

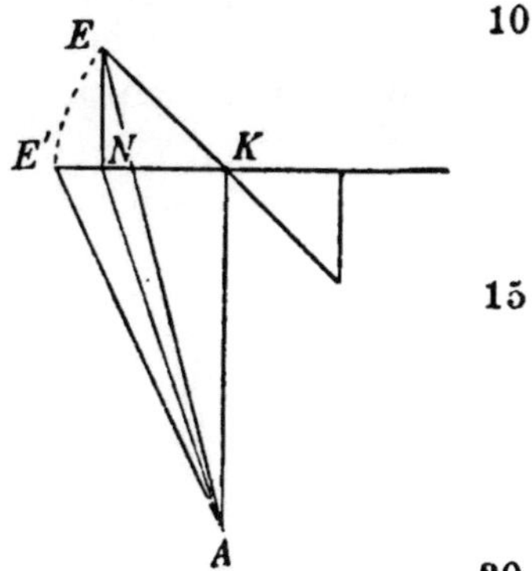

Hei 570<br>Ha 403<br>5<br><br><br><br><br>10<br><br><br><br><br>15<br><br><br><br><br>20<br><br><br><br>25

---

a) Die von mir beigegebene Figur zeigt, daß die Prosthaphäresis in Länge bei normaler Lage des Quermessers des Epizykels KE′ ist, d. i. die in der Ebene des Epizykels zum Quermesser durch den Berührungspunkt der Tangente gezogene Parallele, bei Schiefstand desselben aber KN. Der infolge des Schiefstandes eintretende Unterschied ist also E′N, gemessen von dem $\angle$E′AN, welcher $= \angle$E′AK $- \angle$NAK. Da aber der infolge der Schiefstellung des Quermessers um den Schenkel AK gedrehte Gesichtswinkel gleichgroß bleibt, so ist der Unterschied der Prosthaphäresis in Länge $= \angle$EAK $- \angle$NAK.

ΛZ und ΘΔ entsprechenden Geraden zu den ZΞ und ΔM entsprechenden. Dies zu beweisen war als Aufgabe gestellt.

Hel 571    Nachdem diese Erörterungen der Methode vorausgeschickt sind, wollen wir zuerst sehen, wie hoch sich für jeden der

5 beiden Planeten der zahlenmäßige Betrag des Winkels stellt, welcher von dem Schiefstand der Ebenen gebildet wird. Wir legen hierbei nach den eingangs (S. 335, 19) besprochenen Verhältnissen die Annahme zugrunde, daß an den Stellen, die in der Mitte zwischen der größten und der kleinsten

10 Entfernung liegen[a], jeder dieser beiden Planeten im Maximum $5^0$ nördlicher oder südlicher zu stehen kommt als in den gegenüberliegenden Örtern auf dem Epizykel. Denn die Venus bewerkstelligt (S. 335, 23) die im Perigeum und im Apogeum des Exzenters eintretende Abweichung (von der Normalen) mit unbeträchtlich mehr (im Perigeum) oder weniger (im Apogeum) als diese $5^0$, während bei dem Merkur dieses mehr oder weniger rund $1/_2{}^0$ ausmacht.

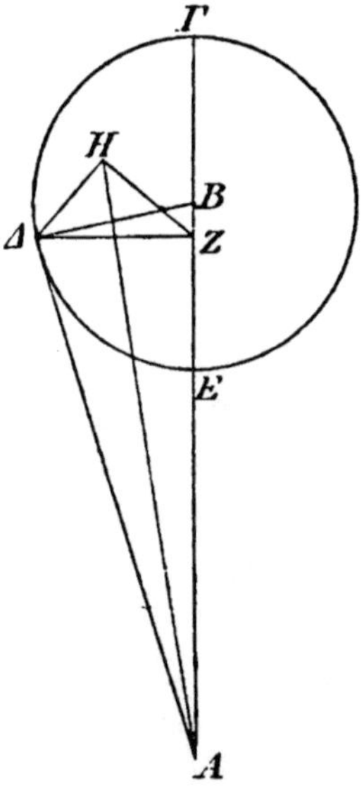

Es sei wieder ABΓ die gemeinsame Schnittlinie der Ekliptik und des Epizykels. Nachdem man um Punkt B den Epizykel ΓΔE in der oben (S. 363, 27) näher angegebenen Weise zur Ebene der Ekliptik schiefgestellt beschrieben, ziehe man von dem Mittelpunkt A der Ekliptik an den Epizykel die Tangente AΔ, fälle von Δ aus auf den

---

a) Das würde für beide Planeten in den Knotenpunkten sein, wo der Hypothese gemäß (s. die Figur zu Anm. 17) dieser Schiefstand gerade nicht eintritt. Die gegen die Hypothese gemachte Annahme, daß der Epizykelmittelpunkt B bei dem Schiefstande in der Ebene der Ekliptik liege, dient lediglich dazu, den größten Winkel des Schiefstandes nur an sich (S. 362, 25), d. h. als reine Breite zur Ekliptik bei der mittleren Entfernung (d. i. im Mittel) festzustellen.

Durchmesser $\Gamma BE$ das Lot $\Delta Z$, auf die Ebene der Ekliptik aber das Lot $\Delta H$ und ziehe die Verbindungslinien $B\Delta$, $ZH$, $AH$. Angenommen sei, daß $\angle \Delta AH$ von der mitgeteilten Abweichung in Breite die Hälfte[a]) messe, welche für jeden der beiden Planeten $2\frac{1}{2}°$ wie $4R = 360°$ beträgt.

Hei 572

Es soll die Aufgabe gestellt sein, den Größenbetrag des Schiefstandes der beiden Ebenen zu finden, d. i. den zahlenmäßigen Betrag des $\angle \Delta ZH$.

6

## A. Für die Venus

beträgt (S. 256,8) die größte Entfernung $61^P 15'$, (S. 256,14) die kleinste $58^P 45'$, die mittlere $60^P$ in dem Maße, in welchem der Halbmesser ihres Epizykels gleich $43^P 10'$ ist. Demnach ist

10

| | | |
|---|---|---|
| 1. | $AB : B\Delta = 60^P : 43^P 10'$.[b]) | |
| Nun ist | $AB^2 - B\Delta^2 = A\Delta^2$, mithin $A\Delta = 41^P 40'$. | 15 |
| Ferner ist | $AB : A\Delta = B\Delta : \Delta Z$, (Eukl. VI. 4) | Ha 405 |
| mithin | $\Delta Z = 29^P 58'$ in demselben Maße. | |

Der Annahme nach ist weiter

| | | | | |
|---|---|---|---|---|
| | $\angle \Delta AH =$ | $2° 30'$ | wie $4R = 360°$, | |
| | $=$ | $5° 0'$ | wie $2R = 360°$, | 20 |
| mithin | $b \Delta H =$ | $5° 0'$ | wie $\oplus AH\Delta = 360°$, | Hei 573 |
| also | $s \Delta H =$ | $5^P 14'$ | wie $h A\Delta = 120^P$. | |

| | | | |
|---|---|---|---|
| Setzt man | $A\Delta =$ | $41^P 40'$, (Z. 15) | |
| so wird | $\Delta H =$ | $1^P 50'$ | wie $\Delta Z = 29^P 58'$. |

| | | | | |
|---|---|---|---|---|
| Setzt man | $h \Delta Z = 120^P$, | | | 25 |
| so wird | $s \Delta H =$ | $7^P 20'$ | in diesem Maße, | |
| folglich | $\angle \Delta ZH =$ | $7° 0'$ | wie $2R = 360°$, | |
| | $=$ | $3° 30'$ | wie $4R = 360°$. | |

Hiermit ist der Winkel des Schiefstandes gefunden.

---

a) Zur Halbierung des Winkels von $5°$ s. S. 335, 31.

b) Die bisher übliche Ausdrucksweise würde sein: $B\Delta = 43^P 10'$ wie $AB = 60^P$.

2. Da die Differenz der Winkel $\triangle$AZ und ZAH den Unterschied der Prosthaphäresis in Länge mißt, welcher (infolge des Schiefstandes) eintritt[a], so kann auch dieser (Unterschied) aus dem zu ermittelnden zahlenmäßigen Betrag dieser (beiden Winkel) ohne weiteres mitberechnet werden. Nachgewiesen wurde (S. 367,24)

$$\left.\begin{array}{l}\triangle H = \phantom{0}1^P 50' \\ \triangle Z = 29^P 58'\end{array}\right\} \text{ wie } A\triangle = 41^P 40'.$$

Nun ist $\quad A\triangle^2 - \triangle H^2 = AH^2$ und $\triangle Z^2 - \triangle H^2 = HZ^2,$

mithin $\quad AH = \phantom{0}41^P 37'$ und $HZ = 29^P 51'.$

Setzt man $\quad h\,AH = 120^P,$

so wird $\quad s\,HZ = \phantom{0}86^P 16'$ in diesem Maße,

folglich $\angle ZAH = \phantom{0}91^\circ 56'$ wie $2R = 360^\circ,$

$\phantom{folglich \angle ZAH} = \phantom{0}45^\circ 58'$ wie $4R = 360^\circ.$

Setzt man aber gleicherweise

(nachdem $\triangle Z = \phantom{0}29^P 58'$ wie $A\triangle = 41^P 40'$ gefunden ist)

$\phantom{(nachdem } h\,A\triangle = 120^P,$

so wird $\quad s\,\triangle Z = \phantom{0}86^P 18'$ in diesem Maße,

folglich $\angle \triangle AZ = \phantom{0}91^\circ 58'$ wie $2R = 360^\circ,$

$\phantom{folglich \angle \triangle AZ} = \phantom{0}45^\circ 59'$ wie $4R = 360^\circ.$

Es ist also infolge des Schiefstandes die Prosthaphäresis in Länge nur um $0^\circ 1'$ kleiner geworden.

### B. Für den Merkur

wurde (S. 256,9) in dem Maße, in welchem der Halbmesser des Epizykels gleich $22^P 30'$ ist, die größte Entfernung mit $69^P$ nachgewiesen, während die diametral gegenübergelegene Entfernung $(60^P - 3^P =) 57^P$ beträgt, woraus sich das Mittel zwischen diesen beiden Entfernungen mit $63^P$ ergibt. Demnach ist

---

a) Zu der Differenz $\angle \triangle AZ - \angle ZAH$ als Unterschied der Prosthaphäresis s. S. 365 Anm. a)

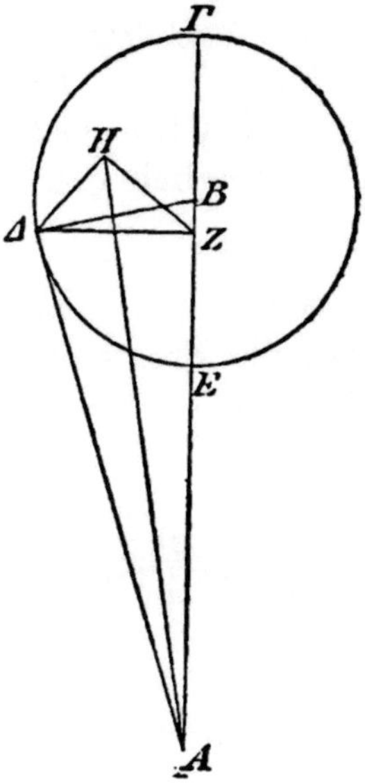

1.     $AB : B\Delta = 63^P : 22^P\,30'.$

Nun ist     $AB^2 - B\Delta^2 = A\Delta^2,$
mithin     $A\Delta = 58^P\,51'.$

Ferner ist     $AB : A\Delta = B\Delta : \Delta Z,$
          (Eukl. VI. 4)
mithin     $\Delta Z = 21^P\,1'$
          in demselben Maße.

Der Annahme nach ist weiter

$\angle \Delta AH = \quad 5^0\,0'$
          wie $2R = 360^0,$
mithin     $b\,\Delta H = 5^0\,0'$
          wie $\ominus AH\Delta = 360^0,$
also     $s\,\Delta H = 5^P\,14'$
          wie $h\,A\Delta = 120^P.$

Setzt man     $A\Delta = 58^P\,51',$
so wird     $\Delta H = \quad 2^P\,34'$
          wie $\Delta Z = 21^P\,1'.$

Setzt man     $h\,\Delta Z = 120^P,$
so wird     $s\,\Delta H = \quad 14^P\,40'$  in diesem Maße,
folglich     $\angle \Delta ZH = \quad 14^0\,0'$  wie $2R = 360^0,$
          $= \quad 7^0\,0'$  wie $4R = 360^0.$

Hiermit ist der Winkel des Schiefstandes gefunden.

2. Um wieder die Vergleichung der Winkel der Prosth- Ha 407
aphäresis zu ermöglichen, hat man auszugehen von

$$\left.\begin{array}{l} \Delta H = \quad 2^P\,34' \\ \Delta Z = 21^P\,\ 1' \end{array}\right\} \text{ wie } h\,A\Delta = 58^P\,51'.$$

Nun ist     $A\Delta^2 - \Delta H^2 = AH^2$  und  $\Delta Z^2 - \Delta H^2 = HZ^2,$
mithin     $AH = \quad 58^P\,47'$  und  $HZ = 20^P\,53'.$

Setzt man     $h\,AH = 120^P,$
so wird     $s\,HZ = \quad 42^P\,38'$  in diesem Maße,
folglich     $\angle ZAH = \quad 41^0\,38'$  wie $2R = 360^0,$
          $= \quad 20^0\,49'$  wie $4R = 360^0.$

Setzt man aber gleicherweise

(nachdem  $\Delta Z = 21^P 1'$ wie $A\Delta = 58^P 51'$ gefunden ist)
$$h\,A\Delta = 120^P,$$
so wird  $s\,\Delta Z = 42^P 50'$  in diesem Maße,

Hei 576  folglich  $\angle\,\Delta AZ = 41^\circ 50'$  wie $2R = 360^\circ,$

6  $\qquad\qquad = 20^\circ 55'$  wie $4R = 360^\circ.$

Es ist also auch bei dem Merkur infolge des Schiefstandes die Prosthaphäresis in Länge nur um $0^\circ 6'$ kleiner geworden.

10

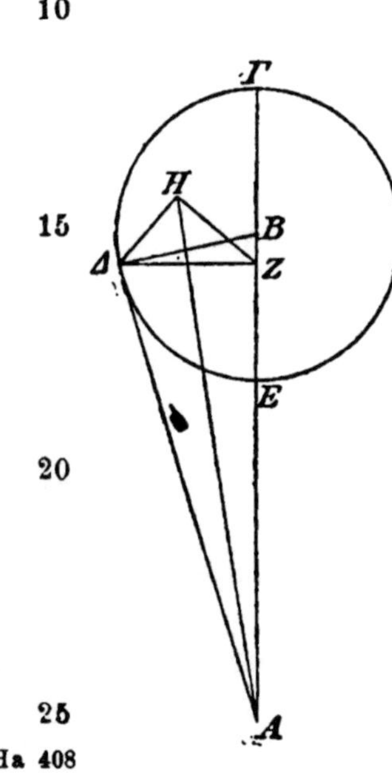


15

20

25

Ha 408

Probe der Ergebnisse. Des weiteren wollen wir nun sehen, ob wir unter Zugrundelegung der gewonnenen zahlenmäßigen Beträge der Schiefstände die in den größten und den kleinsten Entfernungen[a] sich ergebenden Örter der größten Breite mit den aus der Beobachtung (S. 327, 19) gewonnenen Beträgen in Einklang finden.

A. Für die Venus sei wieder dieselbe Figur vorgelegt.

1. In der größten Entfernung (S. 367, 10) verhält sich

$$AB : B\Delta = 61^P 15' : 43^P 10'.$$

Nun ist  $AB^2 - B\Delta^2 = A\Delta^2,$
mithin  $A\Delta = 43^P 27'.$

Ferner ist  $AB : A\Delta = B\Delta : \Delta Z,$
(Eukl. VI. 4)

mithin  $\Delta Z = 30^P 37'$  in demselben Maße.

Weiter ist, da der Winkel des Schiefstandes (S. 367, 27) als gegeben angenommen wird,

---

a) D. h. bei dem Stande des Epizykels in dem Apogeum und dem Perigeum des Exzenters, wo die Schiefstände der Hypothese gemäß eintreten.

$$\angle \; \Delta ZH = \quad 7^0\; 0' \quad \text{wie } 2R = 360^0,$$

also $\quad s\,\Delta H = \quad 7^P 20' \quad$ wie $h\,\Delta Z = 120^P.$

Setzt man $\quad \Delta Z = \quad 30^P 37' \quad$ wie $A\Delta = 43^P 27',$

so wird $\quad \Delta H = \quad 1^P 52' \quad$ in demselben Maße.

Setzt man $\quad h\,A\Delta = 120^P,$

so wird $\quad s\,\Delta H = \quad 5^P\; 9' \quad$ in diesem Maße,

folglich $\quad \angle\,\Delta AH = \quad 4^0 54' \quad$ wie $2R = 360^0,$

$$= \quad 2^0 27' \quad \text{wie } 4R = 360^0.$$

Hiermit ist der Winkel des Maximums der Abweichung in Breite gefunden.

2. In der kleinsten Entfernung (S. 367,11) verhält sich

$$AB : B\Delta = 58^P 45' : 43^P 10'.$$

Nun ist $\quad AB^2 - B\Delta^2 = A\Delta^2,$ mithin $A\Delta = 39^P 51'.$

Ferner ist $\quad AB : A\Delta = B\Delta : \Delta Z,$

mithin $\quad \Delta Z = 29^P 17' \quad$ in demselben Maße.

Der Annahme nach ist weiter

$$\Delta Z : \Delta H = 120^P : 7^P 20'.^{a)}$$

Setzt man $\quad \Delta Z = \quad 29^P 17' \quad$ wie $A\Delta = 39^P 51',$

so wird $\quad \Delta H = \quad 1^P 47' \quad$ in demselben Maße.

Setzt man $\quad h\,A\Delta = 120^P,$

so wird $\quad s\,\Delta H = \quad 5^P 22' \quad$ in diesem Maße,

folglich $\quad \angle\,\Delta AH = \quad 5^0\; 8' \quad$ wie $2R = 360^0,$

$$= \quad 2^0 34' \quad \text{wie } 4R = 360^0.$$

Da im Mittel (S. 335,31) die Abweichung in Breite mit $2\tfrac{1}{2}^0$ zugrunde gelegt ist, so ist demnach die Abweichung um einen für die sinnliche Wahrnehmung nicht in Frage kommenden Betrag im Apogeum (des Exzenters) kleiner und im Perigeum größer geworden. Denn in der größten Entfernung ist die Breite nur um $0^0 3'$ kleiner und in der kleinsten um $0^0 4'$ größer geworden. So kleine Beträge beobachtungsgemäß sicherzustellen, wäre ganz unmöglich.

---

a) Die übliche Ausdrucksweise ist die oben Z. 2 angewendete Nebeneinanderstellung.

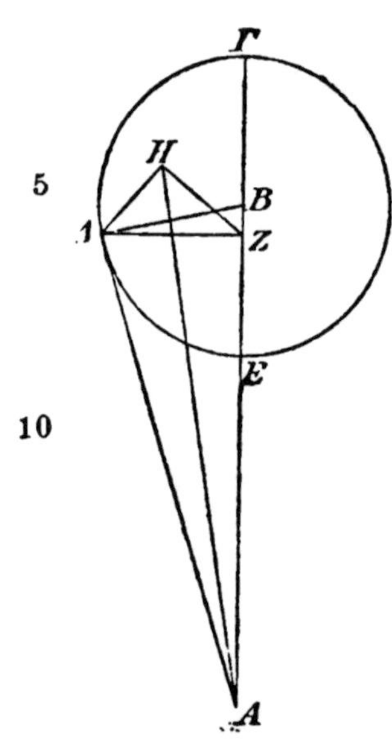


B. Für den Merkur sei wieder
1. die größte Entfernung (S. 368, 25) angenommen, d. h. es sei

$$AB : B\triangle = 69^P : 22^P 30',$$
$$A\triangle = 65^P 14' \quad \text{und} \quad \triangle Z = 21^P 16'.$$

Die Berechnung letzterer Strecken erfolgt auf demselben Wege wie oben (bei der Venus). Weiter haben wir auch hier den Winkel des Schiefstandes (S. 369, 14) der Annahme nach als gegeben mit

$$\angle \triangle ZH = 14^0\ 0'$$
$$\text{wie } 2R = 360^0,$$
$$\text{mithin} \quad s\triangle H = 14^P 40'$$
$$\text{wie } h\triangle Z = 120^P.$$

$$\text{Setzt man} \quad \triangle Z = 21^P 16'$$
$$\text{wie } A\triangle = 65^P 14',$$

so wird $\triangle H = 2^P 36'$ in demselben Maße.

Setzt man $h A\triangle = 120^P$,

so wird $s\triangle H = 4^P 47'$ in diesem Maße,

folglich $\angle \triangle AH = 4^0 34'$ wie $2R = 360^0$,

$\qquad\qquad\qquad = 2^0 17'$ wie $4R = 360^0$.

Hiermit ist der Winkel des Maximums der Abweichung in Breite gefunden.

2. In der kleinsten Entfernung[a] ist wieder gegeben

$$AB : B\triangle = 57^P : 22^P 30',$$
$$A\triangle = 52^P 22' \quad \text{und} \quad \triangle Z = 20^P 40',$$
$$\text{berechnet wie oben.}$$

Weil der Schiefstand derselbe ist (d. h. wieder $14^0$ wie $2R = 360^0$ beträgt), so erhält man als gegeben wieder (vgl. oben Z. 13) die Proportion

---

a) Es handelt sich nicht um die Entfernung bei der größten Erdnähe, welche (nach S. 146, 12) $55^P 34'$ beträgt, sondern um die der größten Entfernung im Apogeum diametral gegenüberliegende im Perigeum. Vgl. S. 368, 27.

$$\Delta Z : \Delta H = 120^P : 14^P 40'.$$

Setzt man $\quad \Delta Z = \quad 20^P 20' \quad$ wie $A\Delta = 52^P 22',$
so wird $\quad \Delta H = \quad 2^P 32' \quad$ in demselben Maße.

Setzt man $\quad h\,A\Delta = 120^P,$
so wird $\quad s\,\Delta H = \quad 5^P 48' \quad$ in diesem Maße,
folglich $\quad \angle\,\Delta AH = \quad 5^0 32' \quad$ wie $2R = 360^0,$
$\qquad\qquad\qquad\quad = \quad 2^0 46' \quad$ wie $4R = 360^0.$

5

Ha 410

Es hat sich demnach auch hier von der nach dem mittleren Verhältnis mit $2^1/_2{}^0$ festgestellten Abweichung in
Breite für die Breite im Apogeum des Exzenters als Unter- 10
schied ein Fehlbetrag von $(2^0 30' - 2^0 17' =) 0^0 13'$ und für
die Breite im Perigeum ein Mehrbetrag von $(2^0 46' - 2^0 30' =)$
$0^0 16'$ herausgestellt. An Stelle dieser Differenzen werden
wir zu der Korrektion, welche bei der tabellarischen Berechnung im Gegensatz zum mittleren Verhältnis anzubrin- 15
gen ist[a], von dem Werte $^1/_4{}^0$ Gebrauch machen, welcher Hei 580
dem Unterschied entspricht, der sich bei dem Beobachtungsgeschäft (S. 335,28) für die sinnliche Wahrnehmung geltend
macht.

Mit Hilfe der vorstehend geführten Nachweise und mit 20
Rücksicht darauf, daß auch in den übrigen Abschnitten des
Epizykels die Teilbeträge der Prosthaphäresis in Länge zu
den Einzelörtern in Breite in demselben Verhältnis stehen
wie die größten Beträge der Prosthaphäresis in Länge zu
den Örtern der größten Breite, ist uns der Ansatz der Örter 25
in Breite infolge des Schiefstandes in den hierfür angeleg-
ten vierten Spalten der Tabellen der Venus und des Merkur
leicht von der Hand gegangen. Indessen sind dies nur die
Örter, welche sich lediglich infolge des Schiefstandes der
Epizyklen ableiten lassen, sowie aus dem Betrag (von $2^1/_2{}^0$), 30
welcher, wie gesagt, auf das Mittel entfällt. Der Unterschied, welcher sich infolge des (Hinzutritts des) Neigungswinkels der Exzenter einstellt, wozu bei dem Merkur noch
der Unterschied (von $^1/_4{}^0$) bei seiner Stellung im Apogeum

---

a) Die hierauf bezügliche Korrektion ist S. 378,26 angedeutet.

und im Perigeum hinzukommt, wird die nötige Korrektion, weil es sich dabei leicht machen läßt, gelegentlich der alsbald mitzuteilenden tabellarischen Berechnung (S. 378, 26; 380, 2) erhalten. (Zur Gewinnung der Beträge der vierten Spalte aus dem bisher im Mittel gefundenen Betrag von $2^1/_2{}^0$ ist weiter folgendes zu bemerken.) Bei den vorliegenden mittleren Verhältnissen wurde für beide Planeten die größte Breite infolge des Schiefstandes (der Epizyklen) beiderseits der Ekliptik (S. 371 u. 372 f.) mit $2^1/_2{}^0$ nachgewiesen, die größte Prosthaphäresis in Länge (S. 368, 14) für die Venus mit rund $46^0$ und für den Merkur mit rund $22^0$.[a]

Nun finden wir die auf die einzelnen Gradabschnitte der Epizyklen entfallenden (mittleren) Prosthaphäresisbeträge in den (sechsten Spalten der) Tabellen ihrer Anomalie angesetzt. Da nehmen wir denn für jeden der beiden Planeten in zugehöriger Weise den ebensogroßen Teil, welchen diese Beträge von den **ganzen** größten Prosthaphäresisbeträgen in Länge ausmachen, von $2^1/_2{}^0$ und setzen das Ergebnis in die vierte Spalte der Tabellen der Breite zu denselben Argumentzahlen.[b]

Die fünfte Spalte

haben wir hinzugefügt, um auch die in den anderen Positionen der **Exzenter** zustande kommenden Abweichungen in Breite auf dem methodischen Wege des Ansatzes der Sechzigstel in genauer Berechnung feststellen zu können. Die Neigungswinkel und Schiefstände der Epizyklen bewerkstelligen nämlich die Wiederkehr ihrer Ab- und Zunahme vermittels Anbringung der kleinen Kreise in genauer Entsprechung, wie (S. 332, 5) gesagt, zu der Wiederkehr mit

---

a) Nach S. 370, 6 beträgt sie nur $20^0 55'$, während in der Tabelle des Merkur (S. 265) zur Argumentzahl 111 die Prosthaphäresis der mittleren Anomalie mit $22^0 2'$ angesetzt ist.

b) So beträgt z. B. zum 24. Epizykelgrad der Venus das Verhältnis der mittleren Prosthaphäresis zum Maximum $10:46$. Es sind also $^{10}/_{46}$ von $2^1/_2$ zu nehmen, weil angenommen wird, daß $10:46 = x:2^1/_2$. Das Ergebnis $0^0 33'$ steht demgemäß in der vierten Spalte bei der Argumentzahl 24.

Bezug auf den Exzenter. Ferner sind die zahlenmäßigen Beträge der Neigungswinkel und Schiefstände insgesamt nicht weit entfernt von dem Betrag (von 5⁰), der bei dem schiefen Kreis des Mondes in Betracht kommt, und auch die Einzelbeträge der unter so kleinen Neigungswinkeln eintretenden Abweichungen (in Breite) stehen nahezu wieder in entsprechendem Verhältnis (zu den wechselnden Breiten des Mondes). Da uns nun die für den Mond auf dem Wege geometrischer Konstruktion ermittelten Beträge (in der siebenten Spalte der Gesamtanomalie des Mondes I 286) zur Verfügung stehen, so haben wir jeden der dort gemachten Ansätze (der Breite) mit 12 multipliziert[a] — weil dort das Maximum rund 5⁰ beträgt, während wir es hier mit 60 ansetzen — und die Ergebnisse zu den betreffenden Argumentzahlen in die fünften Spalten der Tabellen für jeden Planeten gesetzt.

## Fünftes Kapitel.
### Die Tabellen zur Bestimmung der Breite

gestalten sich folgendermaßen (S. 376—377).   {Ha 412 / Hei 582}

## Sechstes Kapitel.
### Berechnung der Abweichung der fünf Planeten in Breite nach den Tabellen.

Nach den umstehend vorgelegten Tabellen werden wir die {Ha 414 / Hei 587} Berechnung der Breite der fünf Planeten auf folgende Weise in Angriff nehmen.

---

a) D. h. die dort für die Breite des Mondes angesetzten Fünftel des Maximums von 5⁰ sind für die Tabellen sämtlicher Planeten in Sechzigstel eines mit 60 angenommenen Maximums verwandelt worden. So wird z. B. der zur Argumentzahl 30 gesetzte Bruchteil $4\frac{1}{3}$ von 5⁰ der Breite des Mondes für die Planetentabellen nach dem Verhältnis $4\frac{1}{3} : 5 = x : 60$ mit $x = 4\frac{1}{3} \times 12$, d. i. mit 52′ gefunden. Ein bei dieser Umrechnung wiederkehrender Fehler wird Anm. 21.2 a. E. nachgewiesen.

| Argumentzahlen vom Apogeum | | Saturn | | | Jupiter | | | Mars | | |
|---|---|---|---|---|---|---|---|---|---|---|
| | | Neigungswinkel vom | | Sechzigstel | Neigungswinkel vom | | Sechzigstel | Neigungswinkel vom | | Sechzigstel |
| | | nördl. | südl. | | nördl. | südl. | | nördl. | südl. | |
| | | Grenzpunkt | | | Grenzpunkt | | | Grenzpunkt | | |
| 6° | 354° | 2° 4′ | 2° 2′ | 59′36″ | 1° 7′ | 1° 5′ | 59′36″ | 0° 8′ | 0° 4′ | 59′36″ |
| 12 | 348 | 2 5 | 2 3 | 58 36 | 1 8 | 1 6 | 58 36 | 0 9 | 0 4 | 58 36 |
| 18 | 342 | 2 6 | 2 3 | 57 0 | 1 8 | 1 6 | 57 0 | 0 11 | 0 5 | 57 0 |
| 24 | 336 | 2 7 | 2 4 | 54 36 | 1 9 | 1 7 | 54 36 | 0 13 | 0 6 | 54 36 |
| 30 | 330 | 2 8 | 2 5 | 52 0 | 1 10 | 1 8 | 52 0 | 0 14 | 0 7 | 52 0 |
| 36 | 324 | 2 10 | 2 7 | 48 24 | 1 11 | 1 9 | 48 24 | 0 15 | 0 9 | 48 24 |
| 42 | 318 | 2 11 | 2 8 | 44 24 | 1 12 | 1 10 | 44 24 | 0 18 | 0 12 | 44 24 |
| 48 | 312 | 2 12 | 2 10 | 40 0 | 1 13 | 1 11 | 40 0 | 0 21 | 0 15 | 40 0 |
| 54 | 306 | 2 14 | 2 12 | 35 12 | 1 14 | 1 13 | 35 12 | 0 24 | 0 18 | 35 12 |
| 60 | 300 | 2 16 | 2 15 | 30 0 | 1 16 | 1 16 | 30 0 | 0 28 | 0 22 | 30 0 |
| 66 | 294 | 2 18 | 2 18 | 24 24 | 1 18 | 1 18 | 24 24 | 0 32 | 0 26 | 24 24 |
| 72 | 288 | 2 21 | 2 21 | 18 24 | 1 21 | 1 21 | 18 24 | 0 36 | 0 30 | 18 24 |
| 78 | 282 | 2 24 | 2 24 | 12 24 | 1 24 | 1 24 | 12 24 | 0 41 | 0 36 | 12 24 |
| 84 | 276 | 2 27 | 2 27 | 6 24 | 1 27 | 1 27 | 6 24 | 0 46 | 0 42 | 6 24 |
| 90 | 270 | 2 30 | 2 30 | 0 0 | 1 30 | 1 30 | 0 0 | 0 52 | 0 49 | 0 0 |
| 93 | 267 | 2 31 | 2 31 | 3 12 | 1 31 | 1 31 | 3 12 | 0 55 | 0 52 | 3 12 |
| 96 | 264 | 2 33 | 2 33 | 6 24 | 1 33 | 1 33 | 6 24 | 0 59 | 0 56 | 6 24 |
| 99 | 261 | 2 34 | 2 34 | 9 24 | 1 34 | 1 34 | 9 24 | 1 3 | 1 0 | 9 24 |
| 102 | 258 | 2 36 | 2 36 | 12 24 | 1 36 | 1 36 | 12 24 | 1 6 | 1 4 | 12 24 |
| 105 | 255 | 2 37 | 2 37 | 15 24 | 1 37 | 1 37 | 15 24 | 1 10 | 1 8 | 15 24 |
| 108 | 252 | 2 39 | 2 39 | 18 24 | 1 39 | 1 39 | 18 24 | 1 14 | 1 13 | 18 24 |
| 111 | 249 | 2 40 | 2 40 | 21 24 | 1 40 | 1 40 | 21 24 | 1 18 | 1 18 | 21 24 |
| 114 | 246 | 2 42 | 2 42 | 24 24 | 1 42 | 1 42 | 24 24 | 1 23 | 1 24 | 24 24 |
| 117 | 243 | 2 43 | 2 43 | 27 12 | 1 43 | 1 43 | 27 12 | 1 28 | 1 30 | 27 12 |
| 120 | 240 | 2 45 | 2 45 | 30 0 | 1 45 | 1 45 | 30 0 | 1 34 | 1 37 | 30 0 |
| 123 | 237 | 2 46 | 2 46 | 32 36 | 1 46 | 1 46 | 32 36 | 1 41 | 1 44 | 32 36 |
| 126 | 234 | 2 47 | 2 48 | 35 12 | 1 47 | 1 48 | 35 12 | 1 48 | 1 51 | 35 12 |
| 129 | 231 | 2 49 | 2 49 | 37 36 | 1 49 | 1 49 | 37 36 | 1 54 | 2 0 | 37 36 |
| 132 | 228 | 2 50 | 2 51 | 40 0 | 1 50 | 1 51 | 40 0 | 2 1 | 2 10 | 40 0 |
| 135 | 225 | 2 52 | 2 53 | 42 12 | 1 51 | 1 53 | 42 12 | 2 9 | 2 20 | 42 12 |
| 138 | 222 | 2 53 | 2 54 | 44 24 | 1 52 | 1 54 | 44 24 | 2 16 | 2 32 | 44 24 |
| 141 | 219 | 2 54 | 2 55 | 46 36 | 1 53 | 1 55 | 46 36 | 2 25 | 2 44 | 46 36 |
| 144 | 216 | 2 55 | 2 56 | 48 24 | 1 55 | 1 57 | 48 24 | 2 34 | 2 56 | 48 24 |
| 147 | 213 | 2 56 | 2 57 | 50 12 | 1 56 | 1 59 | 50 12 | 2 44 | 3 12 | 50 12 |
| 150 | 210 | 2 57 | 2 58 | 52 0 | 1 58 | 2 0 | 52 0 | 2 54 | 3 29 | 52 0 |
| 153 | 207 | 2 58 | 2 59 | 53 12 | 1 59 | 2 1 | 53 12 | 3 5 | 3 46 | 53 12 |
| 156 | 204 | 2 59 | 3 0 | 54 36 | 2 0 | 2 3 | 54 36 | 3 16 | 4 9 | 54 36 |
| 159 | 201 | 2 59 | 3 1 | 56 0 | 2 1 | 2 4 | 56 0 | 3 27 | 4 32 | 56 0 |
| 162 | 198 | 3 0 | 3 2 | 57 0 | 2 2 | 2 5 | 57 0 | 3 38 | 4 55 | 57 0 |
| 165 | 195 | 3 0 | 3 2 | 57 48 | 2 2 | 2 6 | 57 48 | 3 49 | 5 24 | 57 48 |
| 168 | 192 | 3 1 | 3 3 | 58 36 | 2 2 | 2 6 | 58 36 | 4 0 | 5 53 | 58 36 |
| 171 | 189 | 3 1 | 3 3 | 59 12 | 2 3 | 2 7 | 59 12 | 4 10 | 6 21 | 59 12 |
| 174 | 186 | 3 2 | 3 4 | 59 36 | 2 4 | 2 7 | 59 36 | 4 14 | 6 36 | 59 36 |
| 177 | 183 | 3 2 | 3 4 | 59 48 | 2 4 | 2 8 | 59 48 | 4 18 | 6 51 | 59 48 |
| 180 | 180 | 3 2 | 3 5 | 60 0 | 2 4 | 2 8 | 60 0 | 4 21 | 7 7 | 60 0 |

| Argument-zahlen vom Apogeum | | Venus | | | Merkur | | |
|---|---|---|---|---|---|---|---|
| | | Nei-gungs-winkel | Schief-stände | Sechzig-stel | Nei-gungs-winkel | Schief-stände | Sechzig-stel |
| 6° | 354° | 1° 2′ | 0° 8′ | 59′ 36″ | 1° 45′ | 0° 11′ | 59′ 36″ |
| 12 | 348 | 1 1 | 0 16 | 58 36 | 1 44 | 0 22 | 58 36 |
| 18 | 342 | 1 0 | 0 25 | 57 0 | 1 43 | 0 33 | 57 0 |
| 24 | 336 | 0 59 | 0 33 | 54 36 | 1 40 | 0 44 | 54 36 |
| 30 | 330 | 0 57 | 0 41 | 52 0 | 1 36 | 0 55 | 52 0 |
| 36 | 324 | 0 55 | 0 49 | 48 24 | 1 30 | 1 6 | 48 24 |
| 42 | 318 | 0 51 | 0 57 | 44 24 | 1 23 | 1 16 | 44 24 |
| 48 | 312 | 0 46 | 1 5 | 40 0 | 1 16 | 1 26 | 40 0 |
| 54 | 306 | 0 41 | 1 13 | 35 12 | 1 8 | 1 35 | 35 12 |
| 60 | 300 | 0 35 | 1 20 | 30 0 | 0 59 | 1 44 | 30 0 |
| 66 | 294 | 0 29 | 1 28 | 24 24 | 0 49 | 1 52 | 24 24 |
| 72 | 288 | 0 23 | 1 35 | 18 24 | 0 38 | 2 0 | 18 24 |
| 78 | 282 | 0 16 | 1 42 | 12 24 | 0 26 | 2 7 | 12 24 |
| 84 | 276 | 0 8 | 1 50 | 6 24 | 0 16 | 2 14 | 6 24 |
| 90 | 270 | 0 0 | 1 57 | 0 0 | 0 0 | 2 20 | 0 0 |
| 93 | 267 | 0 5 | 2 0 | 3 12 | 0 8 | 2 23 | 3 12 |
| 96 | 264 | 0 10 | 2 3 | 6 24 | 0 15 | 2 25 | 6 24 |
| 99 | 261 | 0 15 | 2 6 | 9 24 | 0 23 | 2 27 | 9 24 |
| 102 | 258 | 0 20 | 2 9 | 12 24 | 0 31 | 2 28 | 12 24 |
| 105 | 255 | 0 26 | 2 12 | 15 24 | 0 40 | 2 29 | 15 24 |
| 108 | 252 | 0 32 | 2 15 | 18 24 | 0 48 | 2 29 | 18 24 |
| 111 | 249 | 0 38 | 2 17 | 21 24 | 0 57 | 2 30 | 21 24 |
| 114 | 246 | 0 44 | 2 20 | 24 24 | 1 6 | 2 30 | 24 24 |
| 117 | 243 | 0 50 | 2 22 | 27 12 | 1 16 | 2 30 | 27 12 |
| 120 | 240 | 0 59 | 2 24 | 30 0 | 1 25 | 2 29 | 30 0 |
| 123 | 237 | 1 8 | 2 26 | 32 36 | 1 35 | 2 28 | 32 36 |
| 126 | 234 | 1 18 | 2 27 | 35 12 | 1 45 | 2 26 | 35 12 |
| 129 | 231 | 1 28 | 2 29 | 37 36 | 1 55 | 2 23 | 37 36 |
| 132 | 228 | 1 38 | 2 30 | 40 0 | 2 6 | 2 20 | 40 0 |
| 135 | 225 | 1 48 | 2 30 | 42 12 | 2 16 | 2 16 | 42 12 |
| 138 | 222 | 1 59 | 2 30 | 44 24 | 2 27 | 2 11 | 44 24 |
| 141 | 219 | 2 11 | 2 29 | 46 36 | 2 37 | 2 6 | 46 36 |
| 144 | 216 | 2 23 | 2 28 | 48 24 | 2 47 | 2 0 | 48 24 |
| 147 | 213 | 2 43 | 2 26 | 50 12 | 2 57 | 1 53 | 50 12 |
| 150 | 210 | 3 3 | 2 22 | 52 0 | 3 7 | 1 46 | 52 0 |
| 153 | 207 | 3 23 | 2 18 | 53 12 | 3 17 | 1 38 | 53 12 |
| 156 | 204 | 3 44 | 2 12 | 54 36 | 3 26 | 1 29 | 54 36 |
| 159 | 201 | 4 5 | 2 4 | 56 0 | 3 34 | 1 20 | 56 0 |
| 162 | 198 | 4 26 | 1 55 | 57 0 | 3 42 | 1 10 | 57 0 |
| 165 | 195 | 4 49 | 1 42 | 57 48 | 3 48 | 0 59 | 57 48 |
| 168 | 192 | 5 13 | 1 27 | 58 36 | 3 54 | 0 48 | 58 36 |
| 171 | 189 | 5 36 | 1 9 | 59 12 | 3 58 | 0 36 | 59 12 |
| 174 | 186 | 5 52 | 0 48 | 59 36 | 4 2 | 0 24 | 59 36 |
| 177 | 183 | 6 7 | 0 25 | 59 48 | 4 4 | 0 12 | 59 48 |
| 180 | 180 | 6 22 | 0 0 | 60 0 | 4 5 | 0 0 | 60 0 |

### I. Für den Saturn, den Jupiter und den Mars.

Nachdem wir mit der genauberechneten Länge in die Argumentzahlen der betreffenden Tabelle eingegangen sind, mit der Länge des Mars ohne weiteres, mit der des Jupiter nach Abzug von $20^0$, mit der des Saturn unter Zusatz von $50^0$, werden wir uns die in der fünften Spalte bei ihr stehenden Sechzigstel der Breite notieren.[21] Desgleichen gehen wir mit der genauberechneten Zahl der Anomalie in dieselben Argumentzahlen ein und entnehmen den zu ihr angesetzten Unterschied in Breite: wenn die genauberechnete Länge in den ersten 15 Zeilen steht, den in der dritten Spalte, wenn sie in den folgenden Zeilen steht, den in der vierten Spalte angesetzten. Diesen Betrag multiplizieren wir mit den (der fünften Spalte) entnommenen Sechzigsteln und werden den Planeten um die erhaltene Zahl nördlich der Ekliptik finden, wenn wir den Unterschied in Breite aus der dritten Spalte genommen haben, südlich, wenn aus der vierten.[22]

### II. Für die Venus und den Merkur.

1. Zuerst gehen wir mit der genauberechneten Zahl der Anomalie in die Argumentzahlen der betreffenden Tabelle ein und notieren uns die in der dritten und der vierten Spalte der Breite bei ihr stehenden Beträge getrennt, und zwar die aus den dritten Spalten ohne weiteres, dagegen den Betrag aus der vierten Spalte des Merkur (vgl. S. 373, 16) mit Abzug von $^1/_{10}$ des Betrags, wenn die genauberechnete Länge in den ersten 15 Zeilen steht, und mit Zusatz von $^1/_{10}$, wenn in den darunterstehenden Zeilen.[a]

---

a) Im Apogeum (S. 372, 19) bleibt das Maximum des Schiefstandes $2^0 17'$ um $13'$, d. i. um $^1/_{10}$ des ganzen Betrags, hinter dem mit $2^1/_2{}^0$ angenommenen Mittel zurück, im Perigeum (S. 373, 7) überschreitet das Maximum $2^0 46'$ dieses Mittel um $16'$, also auch wieder um $^1/_{10}$ des ganzen Betrags. Zwischen größter und mittlerer Entfernung ist daher das Mittel um $^1/_{10}$ zu verkleinern, zwischen mittlerer und kleinster Entfernung um $^1/_{10}$ zu vergrößern.

2. Alsdann addieren wir zu der genauberechneten Länge jedesmal bei der Venus 90⁰, bei dem Merkur 270⁰, ziehen, wenn es geht, einen Kreis (d. s. 360⁰) ab und gehen mit dem Ergebnis[21] in dieselben Argumentzahlen ein. So viel Sechzigstel, als in der fünften Spalte bei der Argumentzahl stehen, nehmen wir nun von den aus der dritten Spalte notierten Beträgen und stellen das Ergebnis fest. Dasselbe gibt an:

A. wenn die mit dem angegebenen Zusatz versehene Länge in den ersten 15 Zeilen steht,

    a) südliche Breite, wenn die Zahl der genauberechneten Anomalie in den ersten 15 Zeilen steht;

    b) nördliche Breite, wenn in den folgenden;

B. wenn die besagte Zahl der Länge unter die ersten 15 Zeilen fällt:

    a) nördliche Breite, wenn die Zahl der genauberechneten Anomalie in den ersten 15 Zeilen steht;

    b) südliche Breite, wenn in den folgenden.

3. Ferner gehen wir wieder mit der genauberechneten Länge bei der Venus ohne weiteres, bei dem Merkur unter Zusatz von 180⁰ in dieselben Argumentzahlen ein[21], nehmen so viel Sechzigstel, als in der fünften Spalte dabeistehen, von den aus der vierten Spalte notierten Beträgen und stellen das Ergebnis fest. Dasselbe gibt an:

A. wenn die Länge, mit der wir nach Vorschrift eingegangen sind, in die ersten 15 Zeilen fällt,

    a) nördliche Breite, wenn die genauberechnete Zahl der Anomalie bis 180⁰ geht;

    b) südliche Breite, wenn über 180⁰;

B. wenn die besagte Zahl der Länge unter die ersten 15 Zeilen fällt,

    a) südliche Breite, wenn die Zahl der Anomalie bis 180⁰ geht;

    b) nördliche Breite, wenn über 180⁰.

Schließlich nehmen wir von ebendiesen Sechzigsteln, die bei dem zweiten (zu 3 bewirkten) Eingehen mit der Länge

gefunden worden waren, denselben Bruchteil, der sie selbst
von 60 waren, und werden von dem Ergebnis bei der Venus
$^1/_6$, was stets auf nördliche, und bei dem Merkur $^3/_4$ davon,
was stets auf südliche Breite entfällt[a], noch in Ansatz
5 bringen.

So werden wir bei diesen Planeten aus der Vereinigung
der drei Ansätze zur Kenntnis des scheinbaren Ortes in Breite
zur Ekliptik gelangen.[22]

## Siebentes Kapitel.
### Heliakische Auf- und Untergänge der fünf Planeten.

Hel 590   Nachdem vorher auch die Abweichung der fünf Planeten
10 in Breite eingehend behandelt worden ist, bleiben zur Erfüllung unserer Aufgabe nur noch die theoretischen Erörterungen übrig, welche über ihre heliakischen Auf- und Untergänge angestellt werden müssen.

Wie wir schon bei dem Kapitel von den Fixsternen (S. 87)
15 besprochen haben, müssen (auch) die Abstände der Planeten
von der Sonne, in der Ekliptik gemessen, bei ihren heliakischen Auf- und Untergängen aus vielen Gründen mannig-
fach ungleich werden. Der erste Grund liegt in der Un-
gleichheit ihrer Größen, der zweite in der Ungleichförmig-
Ha 417 keit der Neigungswinkel, welche die Ekliptik mit dem Hori-
21 zont bildet, der dritte in den Positionen der Planeten in
Breite.

Denken wir uns wieder Abschnitte größter Kreise, AB
als einen des Horizonts, ΓΔ als solchen der Ekliptik, und
25 nehmen wir den Punkt E als gemeinsamen östlichen oder
auch westlichen Schnittpunkt dieser Abschnitte an, die
Punkte Γ und A mit der Neigung nach Süden[b], Punkt Δ

---

a) Insofern bei der Venus $^1/_6{}^0$ das Maximum des Neigungswinkels des Exzenters ist, der stets nördlich der Ekliptik liegt,
während bei dem Merkur das Maximum des stets südlich der
Ekliptik liegenden Neigungswinkels $^3/_4{}^0$ beträgt. Zur Begründung des Verfahrens s. Anm. 22. 2 a. E.

b) So daß beide Punkte auf denselben Höhenkreis zu liegen
kommen.

als das Zentrum der Sonne. Durch
letzteren und den Pol des Horizonts beschreiben wir wieder den
Abschnitt ΔBZ eines größten
(Höhen-)Kreises und wollen annehmen, daß der Planet im Horizont AEB, wenn er in der Ekliptik steht, natürlich in Punkt E
auf- oder untergehe, wenn nörd-

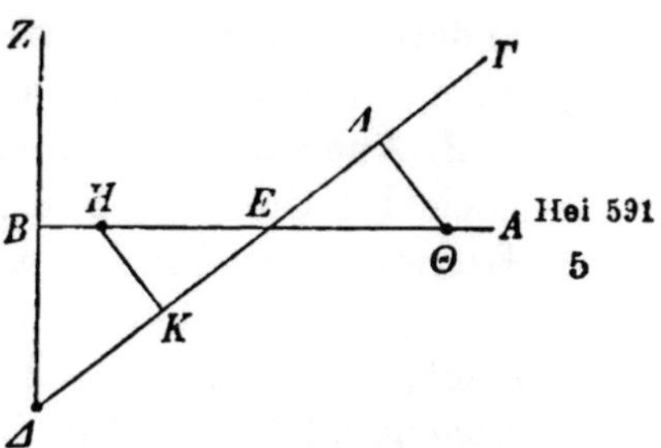


lich der Ekliptik, in H, wenn südlich, in Θ. Fällen wir 10
auf die Ekliptik von den Punkten H und Θ aus die Lote
HK und ΘΛ, so werden wir in BΔ wieder den (Sehungs-)
Bogen erhalten, welcher den jederzeit gleichgroßen Abstand
der Sonne unter dem Horizont mißt, wenn derselbe Planet
(bei dem Aufgang) erstmalig sichtbar oder (bei dem Unter- 15
gang) erstmalig unsichtbar wird. Denn auf den so (d. i.
senkrecht) zum Horizont gezogenen größten Kreis bezogen,
ist der lichte Schein, den die Sonnenstrahlen bei gleichgroßen unter den Horizont sich erstreckenden Abständen
(wie BΔ) verbreiten, gleichstark. 20

1. Da dieser Bogen (BΔ) für die Planeten je nach Un-
gleichheit ihrer Größe natürlicherweise ungleich groß ausfällt, so müssen unbedingt, auch wenn die übrigen Verhält- Hei 592
nisse (wie Neigung der Ekliptik, Klarheit der Luft) alle
dieselben sind, auch die den rechten Winkel (EBΔ) über- 25
spannenden Ekliptikbogen, d. h. die dem Bogen EΔ entsprechenden Abstände (der Sonne), verschieden groß sein,
kleiner natürlich bei den größeren Planeten und größer Ha 418
bei den kleineren.[a]

2. Desgleichen muß, auch wenn der (Sehungs-)Bogen 30
BΔ bei dem nämlichen Planeten derselbe ist, aber der Neigungswinkel BEΔ der Ekliptik, sei es infolge des Unterschieds der Zeichen oder der Wohnorte, ungleich wird, auch
der (Ekliptik-)Bogen EΔ des Abstandes (der Sonne) sich

---

a) D. h. je größer der Sehungsbogen BΔ, um so größer wird
der Abstand EΔ bei gleichem ∠ BEΔ.

ändern, d. h. größer werden, wenn besagter Winkel kleiner wird, kleiner, wenn er größer wird.[a]

3. Auch wenn zu dem an erster Stelle besprochenen Fall noch der Umstand hinzutritt, daß der Neigungswinkel (der Ekliptik) derselbe ist, aber der Planet nicht in der Ekliptik, sondern entweder nördlicher in H oder südlicher in Θ steht, so wird er nicht mehr im Abstand des (Ekliptik-) Bogens EΔ erstmalig sichtbar oder unsichtbar werden, sondern, wenn nördlich der Ekliptik, im Abstand des kleineren Bogens KΔ, wenn südlich, im Abstand des größeren Bogens ΔEΛ.[b]

Es ist mithin für die Betrachtung der Einzelfälle notwendig, daß zuerst für jeden der fünf Planeten die Normalbeträge der (Sehungs-) Bogen BΔ nach den mit einiger Sicherheit beobachteten heliakischen Aufgängen gegeben seien. Das dürften die Sommerbogen sein, d. h. die am Krebs liegenden, weil erstens in dieser Jahreszeit die Atmosphäre dünn und durchsichtig ist, und weil zweitens die Neigungswinkel (wie BEΔ), welche die Ekliptik mit den Horizonten bildet, von angemessener Größe sind. So fanden wir denn, als wir die unter diesen Verhältnissen angestellten Beobachtungen der Aufgänge prüften, daß am Anfang des Krebses der Saturn in einem Abstand von der genauen Sonne von rund $14^0$ (heliakisch) aufgeht, der Jupiter in einem Abstand von $12^3/_4{}^0$, der Mars in einem solchen von $14^1/_2{}^0$, die Venus als Abendstern in einer Elongation von $5^2/_3$, der Merkur als Abendstern in einer solchen von $11^1/_2{}^0$.[c]

Diese Abstände (von der Sonne) sollen gegeben sein. Die Figur kann weiter in derselben Gestalt (d. h. geradlinig)

---

a) D. h. je größer der ∠ BEΔ, um so kleiner wird der Abstand EΔ bei gleichem Sehungsbogen BΔ.

b) D. h. je größer die nördliche Breite des Planeten, um so kleiner wird sein in der Ekliptik gemessener Abstand ΔK von der Sonne, je größer die südliche, um so größer sein Abstand ΔΛ, wenn der Sehungsbogen BΔ und ∠ BEΔ gleichgroß bleiben.

c) Während die in der Tabelle (S. 394) zum Krebs angegebenen Abstände für die übrigen Planeten annähernd stimmen, beträgt dort der Abstand für den Merkur 12°22′.

gezeichnet sein, wie oben, weil es bei so
kleinen Bogen nichts ausmachen wird,
wenn wir aus praktischen Rücksichten
die Verhältnisse unter der Annahme feststellen, daß die unterspannenden Sehnen
für die sinnliche Wahrnehmung unterschiedslos (von den sie überspannenden
Bogen) seien. Der Punkt E soll als ge-
meinsamer Schnittpunkt der Ekliptik und
des Horizonts bei den vorliegenden heliakischen Aufgängen am Anfang des Krebses liegen, und
zwar als Aufgangspunkt für die drei am Morgen erstmalig
sichtbar werdenden Planeten, für den Saturn, den Jupiter
und den Mars, als Untergangspunkt natürlich (s. nächste
Figur) für die am Abend heliakisch aufgehenden, für die
Venus und den Merkur. Als geographische Breite soll die
von Phönizien zugrunde gelegt sein, wo der längste Tag
$14\frac{1}{4}$ Äquinoktialstunden hat, weil auf diesem Parallel oder
beiderseits desselben die meisten zuverlässigen Beobachtungen gemacht worden sind, nahezu auf ihm die chaldäischen, beiderseits desselben die in Griechenland und
in Ägypten angestellten.

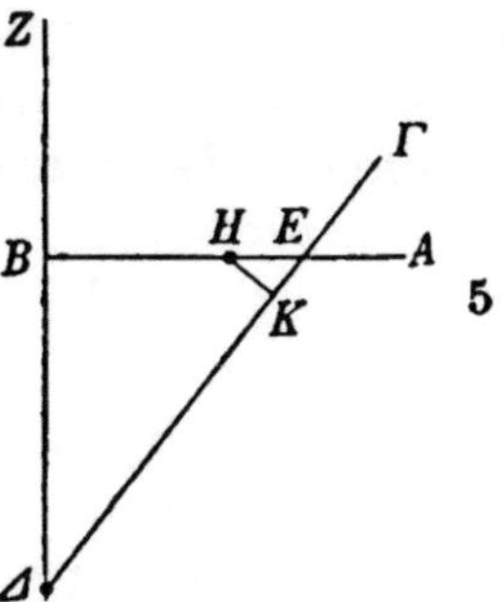

### A. Die drei oberen Planeten.

Nach der von uns früher (I 110f.) mitgeteilten Berechnung der (von der Ekliptik am Horizont gebildeten)
Winkel finden wir, wenn der Anfang des Krebses in der
zugrunde gelegten Breite aufgeht, daß

$$\angle\, \mathsf{BE\Delta} = 103^0 \quad \text{wie } 2R = 360^{0,\mathrm{a)}}$$

demnach $\quad \mathsf{B\Delta : BE} = 94^{\mathrm{P}} : 75^{\mathrm{P}} \quad$ wie $\, h\, \mathsf{E\Delta} = 120^{\mathrm{P}},$

desgleichen $\quad \mathsf{KH : KE} = 94^{\mathrm{P}} : 75^{\mathrm{P}} \quad$ wie $\, h\, \mathsf{EH} = 120^{\mathrm{P}}.$

Weiter finden wir nach der Darstellung der Verhältnisse
in Breite den Saturn und den Jupiter unterschiedslos für
die sinnliche Wahrnehmung nahezu in der Ekliptik selbst,

---

a) Als Peripheriewinkel des um $\triangle\, \mathsf{EB\Delta}$ beschriebenen Kreises, wozu der Komplementwinkel $\mathsf{B\Delta E} = 77^0$ wie $2R = 360^0.$

Hel 595 den Mars dagegen etwa $^1/_5{}^0$ nördlich der Ekliptik, wenn diese drei Planeten, und zwar nur diese, ihren Aufgang am Anfang des Krebses bewerkstelligen, d. h. wenn ihr Ort auf dem erdfernen Bogen des Epizykels in einer beliebigen Ent-
5 fernung von dem Apogeum liegt, die jedoch $30^0$ nicht überschreiten darf.[a] Deshalb wird $\Delta E$ der Bogen sein, welcher in der Ekliptik den Abstand des Saturn und des Jupiter von der Sonne messen wird, und $\Delta K$ der Bogen, welcher den Abstand des Mars von der Sonne messen wird, weil er
10 um den Bogen $KH$, welcher $0^012'$ beträgt, nördlich der Ekliptik steht.

$$\text{Da aber} \quad KH : KE = 94^P : 75^P,$$
$$(0^012' : x = 94^P : 75^P)$$
$$\text{so wird} \quad KE = 0^010'.$$

15 Nun ist für den Mars (S. 382,25) der Bogen $\Delta K$ mit $14^1/_2{}^0$ gegeben, folglich ist der ganze Bogen $E\Delta = 14^040'$.

Für den Saturn beträgt (a. a. O.) dieser Bogen $E\Delta$ $14^0$, für den Jupiter $12^3/_4$. Da wir wieder das Verhältnis haben

$$E\Delta : \Delta B = 120^P : 94^P,$$

20 so werden wir auch den Bogen $\Delta B$ des durch die Pole des Horizonts gezogenen größten Kreises (d. i. den Sehungsbogen) erhalten

für den Saturn    mit $(14 \times 94 : 120 = \text{rund})$ $11^0$,
für den Jupiter    mit $(12^3/_4 \times 94 : 120 = \text{rund})$ $10^0$,
25    für den Mars    mit $(14^2/_3 \times 94 : 120 = \text{rund})$ $11^1/_2{}^0$.

---

a) Daß die drei Planeten in dieser Entfernung von den Apogeen ihrer Epizyklen sich in Konjunktion mit der mittleren Sonne befinden, ist S. 173,25 erklärt. Nahezu in der Ekliptik selbst stehen der Saturn und der Jupiter, weil ihre Epizyklen am Anfang des Krebses $90^0$ vom nördlichen Grenzpunkt ihrer Exzenter, der am Anfang der Scheren liegt, entfernt sind. Ihre Epizyklen stehen somit in den Knotenpunkten (vgl. S. 326,1), während der Epizykel des Mars ein Zeichen vor dem nördlichen Grenzpunkt des Exzenters steht, wo bei etwa $30^0$ Entfernung vom Apogeum des Epizykels (nach der Tabelle S. 376) die nördliche Breite $0^012'8''$ beträgt.

## B. Die Venus und der Merkur.

Wenn der Anfang des Krebses untergeht, bildet er im Horizont (s. I 107, 12) denselben Neigungswinkel wie oben. Als Voraussetzung gilt (S. 382, 26), daß an dieser Stelle der Ekliptik die Venus am Abend (beobachtungsgemäß) mit 5²/₃° Elongation von der genauen Sonne heliakisch aufgeht, der Merkur mit 11¹/₂° Elongation. Folglich wird bei den (heliakischen) Aufgängen die genaue Sonne für die Venus in ♊ 24°20′ und für den Merkur in ♊ 18°30′ stehen, die mittlere für die Venus in ♊ 25°, für den Merkur rund in ♊ 19°.[a] In diesen Graden stand also die mittlere Bewegung der Planeten in Länge (d. h. der Mittelpunkt ihrer Epizyklen). Wenn aber bei dieser Länge die Planeten selbst ihren scheinbaren Ort am Anfang des Krebses haben, so wird die Venus in etwa 14° Entfernung von dem Apogeum des Epizykels gefunden, der Merkur in etwa 32° Entfernung. Der Beweis hierfür läßt sich an der Hand der theoretischen Sätze liefern, welche wir früher (S. 257, 18) zum Nachweis ihrer Anomalie mitgeteilt haben.[23] Demgemäß wird in diesen Positionen (nach den Tabellen der Breite berechnet) die Venus 1° und der Merkur 1²/₃° nördlich der Ekliptik gefunden, was natürlich der Betrag des Bogens KH ist. Mithin erhalten wir den Bogen KE wegen Identität des Verhältnisses

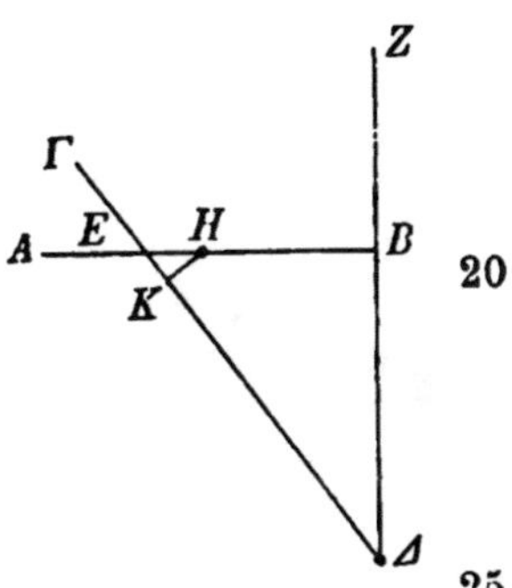


$$\mathrm{KH:KE}=94^{\mathrm{P}}:75^{\mathrm{P}}$$

$$\mathrm{mit}\ \left\{\begin{array}{l}1°\ :\ ^{3}/_{4}°\\1^{2}/_{3}°:1^{1}/_{3}°\end{array}\right\}=94^{\mathrm{P}}:75^{\mathrm{P}}$$

für die Venus mit (⁷⁵/₉₄ = rund) ³/₄°,
für den Merkur mit (1²/₃ ⨯ 75 : 94 =) 1¹/₃°.

----

a) Die Anomalie der Sonne (I 182) bedingt zum genauen Ort ♊ 24°20′ (d. i. bei 18°50′ Entfernung vom Apogeum ♊ 5°30′) für den mittleren Ort einen Zusatz von 0°44′, zum genauen Ort ♊ 18°30′ (d. i. bei 13° Entfernung) für den mittleren Ort einen Zusatz von 0°30′. Vgl. I Anh. Anm. 24.

Nun liegt in demselben Maße der Bogen $\triangle K$, d. i. die scheinbare Elongation beider Planeten von der Sonne, für die Venus mit $5^2/_3{}^0$ und für den Merkur mit $11^1/_2{}^0$ als ge-geben vor; mithin werden wir den ganzen Bogen $\triangle KE$ für die Venus mit $6^2/_5{}^{a)}$ und für den Merkur mit $12^5/_6{}^0$ er-halten.

Schließlich erhalten wir wieder den zahlenmäßigen Be-trag des Normalabstandes (d. i. des Sehungsbogens) $\triangle B$ wegen Identität des Verhältnisses

$$E\triangle : \triangle B = 120^P : 94^P$$

$$\text{mit} \left\{ \begin{array}{c} 6^2/_5{}^0 : 5^0 \\ 12^5/_6{}^0 : 10^0 \end{array} \right\} = 120^P : 94^P$$

für die Venus    mit ( $6^2/_5 \times 94 : 120 =$) $5^0$,
für den Merkur mit ($12^5/_6 \times 94 : 120 =$) $10^0$.

Dies zu finden war als Aufgabe gestellt.

<h2 style="text-align:center">Achtes Kapitel.</h2>

<h3 style="text-align:center">Nachweis, daß das eigenartige Verhalten der Venus und des Merkur mit den Hypothesen in Einklang steht.</h3>

Das befremdende Verhalten der Venus und des Merkur bei den heliakischen Auf- und Untergängen besteht bei der Venus darin, daß sie am Anfang der Fische vom heliakischen Spätuntergang bis zum heliakischen Frühaufgang höchstens etwa zwei Tage braucht, während diese Zeit am Anfang der Jungfrau sich auf 16 Tage beläuft, bei dem Merkur darin, daß die heliakischen Spätaufgänge ausbleiben, wenn er am Anfang des Skorpions sichtbar werden müßte, und ebenso die heliakischen Frühaufgänge, wenn er am Anfang des Stiers steht. Daß dieses eigenartige Verhalten im Ein-klang mit den vorgelegten Hypothesen steht, werden wir auf folgendem Wege begreifen lernen.

---

a) $5^2/_3{}^0 + {}^3/_4{}^0 = 6^5/_{12}{}^0$ oder $6^0 25'$, während $6^2/_5{}^0 = 6^0 24'$ eine Minute weniger beträgt.

## A. Die Venus.

I. Es sei die entsprechende Figur
der heliakischen Aufgänge vorgelegt wie vorher.[a] Zuerst sei der
Punkt E der Ekliptik am Anfang
der Fische angenommen, wo die
Venus, wenn sie im Perigeum des
Epizykels steht, etwa $6\frac{1}{3}^{0}$ nördliche Breite hat.[b]

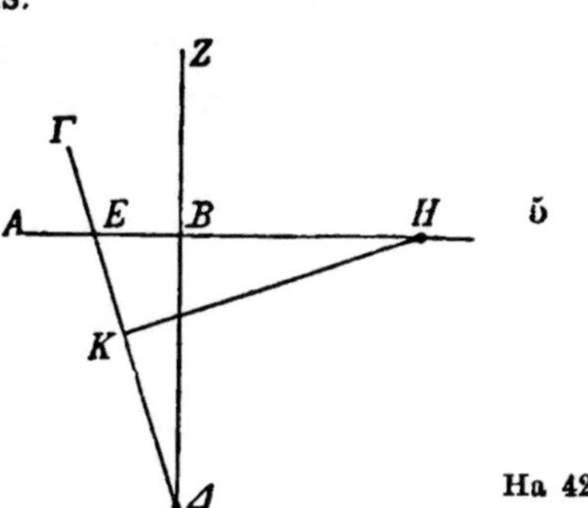


Ha 423
11

1. Die Lage an der Figur soll
die des heliakischen Spätunter-
gangs sein, bei welchem in der (S. 383, 16) zugrunde gelegten
geographischen Breite

$$\angle\, BE\Delta = 154^{0} \quad \text{wie } 2R = 360^{0},[c]$$

mithin    $BA : BE = 117^{P} : 27^{P} \quad \text{wie } h\,E\Delta = 120^{P}.$    15

Setzt man    $B\Delta = 5^{0}$    als den Normalabstand,
so wird    $E\Delta = 5^{0}8'.$

Ferner ist, weil der Planet $6\frac{1}{3}^{0}$ nördlich der Ekliptik
steht, was die Größe des Bogens KH ist, wegen der Iden-   Hei 599
tität der Verhältnisse    20

$$\left.\begin{array}{l} KH : KE \\ 6\tfrac{1}{3}^{0} : 1^{0}30' \end{array}\right\} = 117^{P} : 27^{P}$$

mithin    $KE = 1^{0}30',$
folglich    $K\Delta = E\Delta - KE = 3^{0}38'.$

---

a) Die zum Teil fehlerhaften Figuren des Originals sind durch
Figuren ersetzt worden, welche annähernd die richtigen Verhältnisse zeigen. Ob eine Figur die Sonne in Punkt Δ unter
dem östlichen oder dem westlichen Horizont zeigt, ist an der
Richtung des aufsteigenden oder niedersteigenden Ekliptikbogens EΔ zu erkennen.

b) Am Anfang der Fische beträgt die genauberechnete Länge
277°22′, die genauberechnete Anomalie 177°38′. Geht man mit
diesen Grundzahlen in die Tabelle der Breite nach Vorschrift
ein, so erhält man die gesuchte nördliche Breite mit rund 6°20′.
Vgl. die Figur zu Anm. 17.

c) Zu berechnen als der mit dem Horizont gebildete Winkel, wenn der Anfang der Fische untergeht, nach I 110 f

Das ist der Bogen, welcher die Elongation des Planeten bei dem heliakischen Spätuntergang in der Richtung der Zeichen von der Sonne ab (nach Osten zu) mißt.

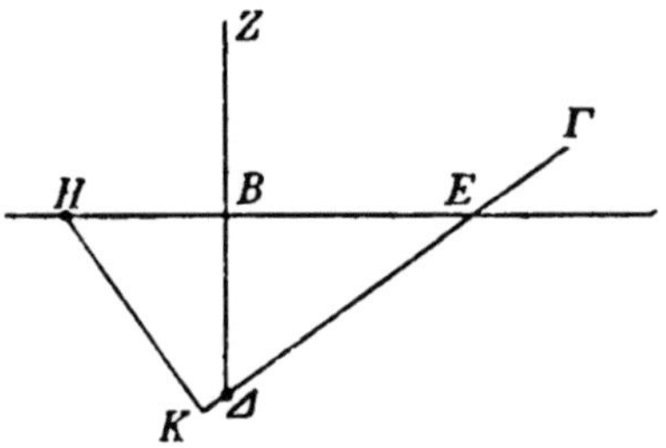

2. An der ähnlichen Figur ist wieder bei dem heliakischen Frühaufgang

$$\angle\, \mathsf{BE\Delta} = 69^0$$
$$\text{wie } 2R = 360^0,$$
$$\text{mithin} \quad \mathsf{B\Delta : BE} = 68^\mathrm{P} : 99^\mathrm{P}$$
$$\text{wie } h\,\mathsf{E\Delta} = 120^\mathrm{P}.$$

Ferner ist wegen Identität der Verhältnisse

$$\text{einerseits} \left\{ \begin{array}{l} \mathsf{B\Delta : E\Delta} \\ 5^0 : 8^0\,49' \end{array} \right\} = 68^\mathrm{P} : 120^\mathrm{P},$$

$$\text{anderseits} \left\{ \begin{array}{l} \mathsf{KH : KE} \\ 6\tfrac{1}{3}{}^0 : 9^0\,13' \end{array} \right\} = 68^\mathrm{P} : 99^\mathrm{P},{}^{\text{a)}}$$

$$\text{mithin} \quad \mathsf{E\Delta} = 8^0\,49' \text{ und } \mathsf{KE} = 9^0\,13',$$
$$\text{folglich} \quad \mathsf{\Delta K} = \mathsf{KE} - \mathsf{E\Delta} = 0^0\,24'.$$

Hiermit erhalten wir KE als den Bogen des Unterschieds infolge der Breite[b)] und in der Differenz $\mathsf{\Delta K}$ einen Bogen, welcher selbstverständlich von der Sonne ab in der Richtung der Zeichen (d. i. ostwärts) verläuft.

Nun betrug bei dem heliakischen Spätuntergang die Elongation (von der Sonne in der Ekliptik gemessen) gleichfalls in der Richtung der Zeichen $3^0\,38'$. Folglich hat die Venus in der Zeit vom Spätuntergang bis zum Frühaufgang infolge der auf dem Epizykel vor sich gehenden Rückläufigkeit (in der Ekliptik) eine Strecke zurückgelegt, welche um $3^0\,14'$ kleiner ist als die (mittlere) Bewegung der Sonne,

---

a) In $\triangle\,\mathsf{EB\Delta}$ handelt es sich um das Verhältnis der dem $\angle\,\mathsf{BE\Delta} = 69^0$ wie $2R = 360^0$ gegenüberliegenden Kathete zur Hypotenuse, in $\triangle\,\mathsf{EKH}$ um das Verhältnis der demselben Winkel gegenüberliegenden Kathete zu der dem Komplementwinkel $\mathsf{EHK} = 111^0$ wie $2R = 360^0$ gegenüberliegenden Kathete.

b) Hätte die Venus keine Breite, so würde ihr Aufgangspunkt E, d. i. $\mathsf{H}\,0^0$, mit dem Sonnenabstand $\mathsf{E\Delta}$ sein.

d. i. als ihre eigene (mittlere) Bewegung in Länge. Gerade
um diesen Betrag ist der Planet rückläufig, wenn er im Pe-
rigeum des Epizykels $1^0 15'$ zurückgelegt hat, wie aus der
Anomalietabelle leicht zu ersehen ist.[24]   Da er aber diese
Strecke (nach der Tafel III$^b$ S. 115: $1^0 13' 58''$) in mittlerer
Bewegung in rund 2 Tagen durchläuft, so ist klar, daß die
Zeit, in welcher die Elongation von der gefundenen Größe
(d. i. von $0^0 24'$) erreicht wird, mit den Erscheinungen in
Einklang steht.

II. An der ähnlichen Figur
sei der Punkt E am Anfang der
Jungfrau angenommen, wo der
Planet Venus, wenn er im Perigeum des Epizykels steht, ungefähr die nämliche südliche
Breite von $6^1/_3{}^0$ hat.[a]

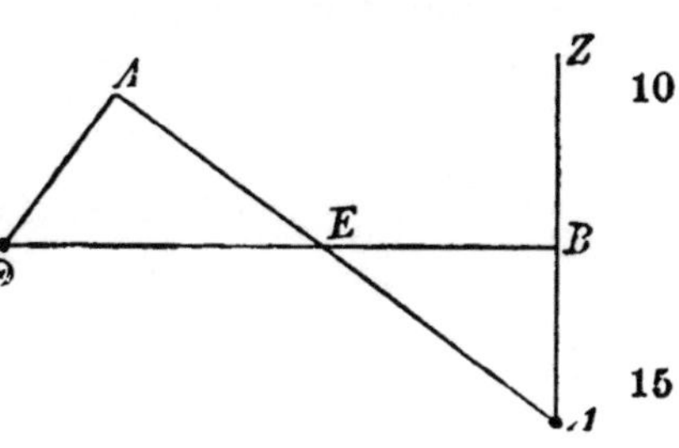

1. Es soll zunächst der heliakische Spätuntergang betrachtet werden, wenn

$$\angle\, \mathsf{BE\Delta} = 69^0 \quad \text{wie } 2R = 360^0,$$
$$\text{mithin} \quad \mathsf{B\Delta} : \mathsf{BE} = 68^P : 99^P \quad \text{wie } h\,\mathsf{E\Delta} = 120^P.$$

Da dieselben Verhältnisse vorliegen wie bei dem heliakischen Frühaufgang der Fische[b], auch der Abstand in Breite
derselbe ist, so werden wir wieder (wie S. 388,15) erhalten

$$\mathsf{E\Delta} = 8^0 49' \text{ und } \Lambda\mathsf{E} = 9^0 13',$$
$$\text{folglich} \quad \Delta\Lambda = \mathsf{E\Delta} + \Lambda\mathsf{E} = 18^0 2'.$$

---

a) Bei $95^0$ Entfernung in Länge vom Apogeum ♉ $25^0$ und
bei dem Stande des Planeten im 180. Grad des Epizykels, d. i.
in der unteren Konjunktion. Vgl. die Figur zu Anm. 17.

b) Der südlich der Ekliptik (d. i. unter dem Horizont) ge-
egene Untergangswinkel des Anfangs der Jungfrau ist gleich
dem nördlich der Ekliptik (d. i. gleichfalls unter dem Horizont)
gelegenen Aufgangswinkel des Anfangs der Fische (S. 388,7),
weil in diametral gegenüberliegenden Punkten der (unter dem
Horizont gelegene) Aufgangswinkel (der Fische) und der (über
dem Horizont gelegene) Untergangswinkel (der Jungfrau) in
Summa gleich $2R$ ist. Siehe I 108, 9.

Hiermit erhalten wir $\Lambda E$ als den Bogen des Unterschieds infolge der Breite[a] und $\Delta \Lambda$ als den Bogen, welcher die Elongation des Planeten von der Sonne ab in der Richtung der Zeichen (nach Osten) mißt. Nach der Anomalietabelle, wie (S. 389, 3) gesagt, entfallen auf so viel Grade der Rückläufigkeit gegen die mittlere Bewegung der Sonne und des Planeten in Länge ungefähr $7^{1}/_{2}^{0}$ von dem Perigeum des Epizykels ab.[24]

2. Bei dem heliakischen Frühaufgang am Anfang der Jungfrau ist wieder (wie S. 387, 14 bei dem Spätuntergang des Anfangs der Fische)

$$\angle \, BE\Delta = 154^{0} \quad \text{wie } 2R = 360^{0},$$
$$\text{mithin} \quad B\Delta : BE = 117^{P} : 27^{P} \quad \text{wie } h E\Delta = 120^{P}.$$

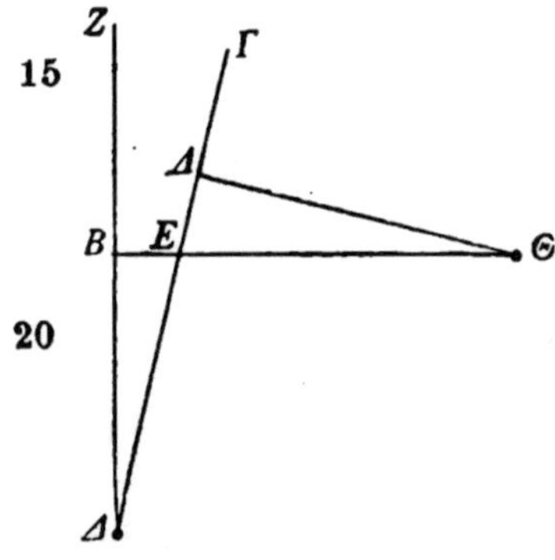

Da sich wieder dieselben Verhältnisse herausstellen wie die bei dem heliakischen Spätuntergang der Fische dargelegten, so werden wir wieder (wie S. 387, 17. 23) erhalten

$$E\Delta = 5^{0}8' \text{ und } \Lambda E = 1^{0}30',$$
$$\text{folglich} \quad \Delta\Lambda = E\Delta + \Lambda E = 6^{0}38'.$$

Hiermit erhalten wir $\Lambda E$ als den Bogen des Unterschieds infolge der Breite und $\Delta\Lambda$ als den Bogen, welcher die Elongation des Planeten von der Sonne ab gegen die Richtung der Zeichen (nach Westen) mißt. Auf diese 6°38′ entfallen gleicherweise von dem Perigeum des Epizykels ab ungefähr $2^{1}/_{2}^{0}$.[24]

Folglich wird sich der Planet Venus vom heliakischen Spätuntergang bis zum Frühaufgang im ganzen ($7^{1}/_{2}^{0} + 2^{1}/_{2}^{0} =$) $10^{0}$ auf dem Epizykel bewegt haben, d. i. eine Strecke, welche er in den rund 16 Tagen, um die es sich handelt, im Einklang mit den Erscheinungen durchwandert.

---

a) Ohne Breite würde die Venus in $E$, d. i. in ♍ $0^{0}$, mit dem Sonnenabstand $E\Delta$ stehen.

## B. Der Merkur.

Nachdem diese Nachweise geführt sind, müssen auch die theoretischen Erörterungen der Verhältnisse angestellt werden, welche bei den ausbleibenden heliakischen Aufgängen des Merkur maßgebend sind.

1. Am Anfang des Skorpions kann er, auch wenn er die größte östliche Elongation von der Sonne hat, als Abendstern nicht sichtbar werden.

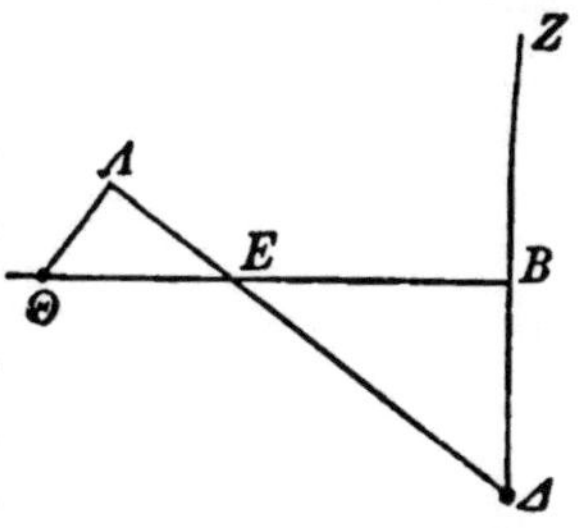

Es sei die für die heliakischen Aufgänge (des Merkur am Abend) maßgebende Figur vorgelegt, an welcher der Punkt E der Ekliptik am Anfang des Skorpions angenommen sein soll, wo in dem westlichen Horizont

$$\angle\, BE\Delta = 69^0 \quad \text{wie}\ 2R = 360^0,^{a)}$$
$$\text{mithin} \quad B\Delta : BE = 68^P : 99^P \quad \text{wie}\ h\,E\Delta = 120^P.$$

Setzt man $B\Delta = 10^0$ als den Normalabstand, (S. 386, 14) so wird $E\Delta = 17^0 39'.^{b)}$

Nun hat der Planet in der vorliegenden Position$^{c)}$ rund $3^0$ südliche Breite. Setzt man bei den gegebenen Verhältnissen $(\Lambda\Theta : \Lambda E = 68^P : 99^P\ \text{wie}\ h\,E\Theta = 120^P)\ \Lambda\Theta$ gleich $3^0$ als südliche Breite, so wird

$$\Lambda E = 4^0 22' \quad \text{und} \quad \Delta\Lambda = E\Delta + \Lambda E = 22^0.$$

So große (östliche) Elongation muß der Planet von der genauen Sonne haben, um erstmalig (am Abend) sichtbar werden zu können. Da er nun am Anfang des Skorpions als Maximum eine (östliche) Elongation von nur $20^0 58'$

---

a) Weil die Untergangswinkel, welche in den von demselben Nachtgleichenpunkt gleichweit entfernten ersten Graden des Skorpions und der Jungfrau (S. 389, 19) gebildet werden, einander gleich sind. Siehe I 107, 12.

b) Zunächst erhält man $BE = 14\frac{1}{2}^0$, sodann $E\Delta = \sqrt{B\Delta^2 + BE^2}$.

c) D. i. bei $20^0$ Entfernung vom Apogeum ♎ $10^0$ und bei der größten östlichen Elongation, die ungefähr im 108. Grad des Epizykels eintritt.

von der genauen Sonne erreicht — das ist von uns früher
(S. 322,4) bei Ermittelung der größten Elongationen nachgewiesen worden —, so ist klar, daß die heliakischen Aufgänge
dieser Art (bei so unzureichender Elongation) naturgemäß
5 ausbleiben.

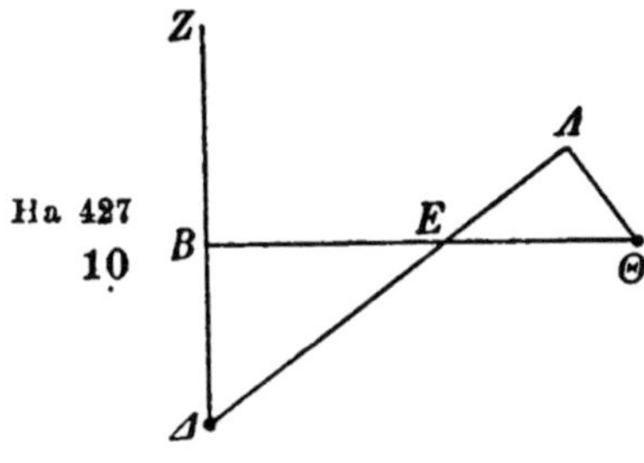


Ha 427

10

2. Es sei wieder die ähnliche Figur der heliakischen Aufgänge vorgelegt, an der wir nun den Punkt E
am Anfang des Stiers zur Zeit des
Frühaufgangs annehmen wollen, wenn
der Planet der gegebenen Position[a]
entsprechend eine südliche Breite von
$3°10'$ hat. Da die Verhältnisse der
um den rechten Winkel liegenden Bogen dieselben sind[b]
15 wie oben (S. 391, 16), so erhalten wir

$$E\Delta = 17°39'.$$

Setzt man   $\Lambda\Theta = 3°10'$   als Breite,
  so wird   $\Lambda E = 4°37'$,   (weil $\Lambda\Theta : \Lambda E = 68^P : 99^P$)
  folglich   $\Delta\Lambda = E\Delta + \Lambda E = 22°16'$.

20      Demnach wird auch hier der Planet eine so große (westliche) Elongation von der genauen Sonne erreichen müssen,
Hei 604 um erstmalig (am Morgen) sichtbar zu werden. Da er aber
eine größere (westliche) Elongation als die früher (S. 324, 6)
im Maximum mit $22°13'$ nachgewiesene nicht erreicht, so
25 werden naturgemäß auch die heliakischen Aufgänge dieser
Art (bei so unzureichender Elongation) ausbleiben.

Hiermit sind die vorgelegten Verhältnisse von uns als
mit den Erscheinungen und den aufgestellten Hypothesen
im Einklang stehend nachgewiesen.

------

a) D. i. bei $200°$ Entfernung von dem Apogeum ♎ $10°$ und
bei größter westlicher Elongation, die ungefähr im 252. Grade
des Epizykels eintritt.

b) Weil der Anfang des Stiers dem Anfang des Skorpions
diametral gegenüberliegt. Vgl. S. 389 Anm.[b]

## Neuntes Kapitel.
### Schlüssel zur Bestimmung der Elongationen von der Sonne bei den heliakischen Auf- und Untergängen von Fall zu Fall.

Wenn die Normalbogen $B\Delta$ für alle Planeten festgestellt sind, wenn ferner der im Schnittpunkt $E$ stehende Anfang der Zeichen und somit auch $\angle BE\Delta$ gegeben ist, so ist ohne weiteres klar, daß auch der (Eklip- tik-)Bogen $E\Delta$ und der bei die- sem Abstand dem Planeten zu- kommende Ort in Breite, d. i. der Bogen $KH$ oder $\Lambda\Theta$, hierdurch wieder der Bogen $KE$ oder $E\Lambda$ (als Unterschied infolge der Breite) gegeben sein wird, und endlich mit dem Bogen $\Delta K$ oder $\Delta\Lambda$ (als

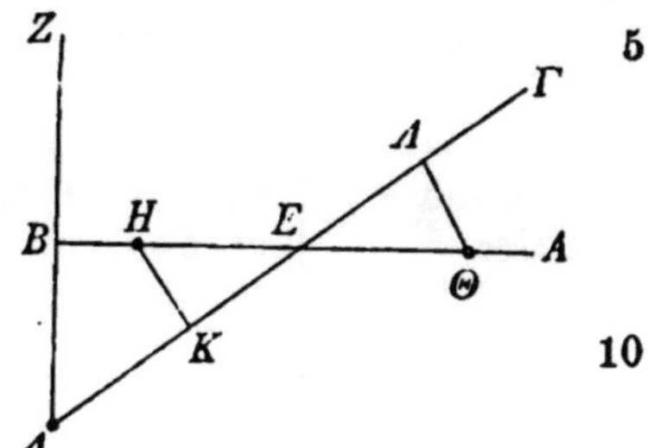


Differenz oder Summe) die scheinbare Elongation.

Nachdem wir auf diesem Wege wieder die Berechnung für alle Zeichen durchgeführt haben, jedoch, um unserem Handbuch keine zu große Ausdehnung zu verleihen, für jeden der fünf Planeten, weil dies vollständig genügt, ledig- lich für die oben (S. 383, 16) zugrunde gelegte geographische Breite, haben wir die scheinbaren Elongationen von der ge- nauen Sonne bei den heliakischen Auf- und Untergängen unter der Annahme angesetzt, daß die Planeten selbst an den Anfängen (d. i. im ersten Grade) der Zeichen stehen. Auch diese Elongationen haben wir zur Bequemlichkeit beim Gebrauch für die fünf Planeten in fünf Tabellen angeord- net, so daß auf jeden 12 Zeilen entfallen.

Die drei ersten Tabellen, die für den Saturn, den Jupiter und den Mars, haben wir zu je drei Spalten aufgestellt: die erste Spalte enthält die Anfänge der Zeichen, die zweite die Elongationen bei den Frühaufgängen, die dritte die Elon- gationen bei den Spätuntergängen.

Dagegen haben wir die weiteren beiden Tabellen, die für die Venus und den Merkur, zu je fünf Spalten aufgestellt:

die erste Spalte enthält wieder die Anfänge der Zeichen,
die zweite die Elongationen bei den Spätaufgängen, die dritte
die bei den Spätuntergängen, hierauf die vierte die Elongationen bei den Frühaufgängen, die fünfte die bei den Früh-
5 untergängen.

## Zehntes Kapitel.
### Tabellen der heliakischen Auf- und Untergänge der fünf Planeten.

Ha 430<br>Hei 606

| Anfänge der Zeichen | Saturn | | Jupiter | | Mars | |
|---|---|---|---|---|---|---|
| | Frühaufg. | Spätunterg. | Frühaufg. | Spätunterg | Frühaufg. | Spätunterg. |
| Widder | 23° 1' | 11°28' | 20°10' | 10°19' | 21°12' | 11°40' |
| Stier | 21 57 | 11 41 | 19 6 | 10 29 | 20 8 | 11 48 |
| Zwillinge | 17 52 | 12 26 | 15 51 | 11 10 | 17 21 | 12 30 |
| Krebs | 14 2 | 14 2 | 12 46 | 12 46 | 14 33 | 14 33 |
| Löwe | 11 34 | 15 34 | 10 40 | 14 31 | 12 28 | 17 19 |
| Jungfrau | 10 53 | 16 53 | 10 1 | 16 12 | 11 46 | 20 5 |
| Wage | 10 48 | 17 6 | 9 57 | 16 34 | 11 38 | 21 1 |
| Skorpion | 10 53 | 16 53 | 10 1 | 16 12 | 11 48 | 20 19 |
| Schütze | 11 34 | 15 34 | 10 40 | 14 31 | 12 34 | 17 32 |
| Steinbock | 14 2 | 14 2 | 12 46 | 12 46 | 14 45 | 14 45 |
| Wassermann | 17 52 | 12 26 | 15 51 | 11 10 | 17 35 | 12 36 |
| Fische | 21 57 | 11 41 | 19 6 | 10 29 | 20 26 | 11 49 |

| Anfänge der Zeichen | Venus | | | | Merkur | | | |
|---|---|---|---|---|---|---|---|---|
| | Spätaufg. | Spätunterg. | Frühaufg. | Frühunterg. | Spätaufg. | Spätunterg. | Frühaufg. | Frühunterg. |
| Widder | 5°10' | 4° 9' | 3° 0' | 10°28' | 9°58' | 9°43' | 23°58' | 23°38 |
| Stier | 5 8 | 4 16 | 6 16 | 9 40 | 10 4 | 10 15 | 22 15 | 22 15 |
| Zwillinge | 5 12 | 5 7 | 9 15 | 7 36 | 10 18 | 11 47 | 18 0 | 16 44 |
| Krebs | 5 36 | 8 23 | 9 50 | 5 59 | 12 22 | 15 34 | 14 4 | 12 30 |
| Löwe | 6 16 | 13 3 | 8 2 | 5 5 | 13 43 | 19 59 | 11 25 | 10 21 |
| Jungfrau | 7 22 | 18 2 | 6 38 | 4 54 | 18 1 | 23 13 | 10 21 | 9 59 |
| Wage | 7 53 | 17 43 | 5 41 | 4 54 | 22 49 | 23 16 | 9 51 | 10 0 |
| Skorpion | 8 20 | 13 47 | 5 28 | 4 55 | 20 1 | 22 1 | 9 44 | 10 19 |
| Schütze | 7 49 | 8 1 | 4 39 | 5 16 | 18 11 | 17 25 | 9 25 | 11 19 |
| Steinbock | 6 52 | 4 8 | 2 43 | 6 35 | 13 54 | 12 10 | 9 36 | 14 5 |
| Wassermann | 5 51 | 3 16 | 0 30 | 8 33 | 11 10 | 9 50 | 12 27 | 17 50 |
| Fische | 5 22 | 3 38 | 0 24 | 10 16 | 10 11 | 9 43 | 19 15 | 21 46 |

## Elftes Kapitel.
### Schlußwort.

Nachdem hiermit die letzte Hand an das Werk gelegt {Ha 432 / Hei 608}
worden ist, lieber Syrus, dürfte meines Erachtens so ziemlich alles zur Sprache gekommen sein, was in einem derartigen Handbuch erörtert werden mußte, insoweit die bis
auf unsere Tage verflossene Zeit zur Aufstellung neuer Ge- 5
sichtspunkte oder Erzielung größerer Genauigkeit eine Hand-
habe bot und der rein zu Nutz und Frommen der Wissenschaft, nicht zu eitlem Schaugepränge gebotene Erklärungs-
beitrag Anlaß gab. Somit hat das vorliegende Lehrbuch
den geeigneten und angemessenen Abschluß gefunden. 10

# Anhang.

## Erläuternde Anmerkungen.

1) S. 5. In der Abhandlung über „Fixsternbeobachtungen des Altertums", Weltall Jahrg. 5, Heft 1 u. 2, habe ich die Alignements des Hipparch und des Ptolemäus besprochen. Heutzutage wahrnehmbare Abweichungen werden im vorliegenden Text durch ein Fragezeichen angedeutet.

Zu den in Parenthese beigefügten Sternbezeichnungen ist folgendes zu bemerken. Die Sterne des direkt besprochenen Sternbildes werden nur durch die Bayerschen Buchstaben oder die Zahlen von Flamsteed und Heis bezeichnet, nebenbei erwähnte Sterne anderer Konstellationen aber unter Benennung des betreffenden Sternbildes. Sterne, die einen besonderen Namen haben, werden mit demselben ohne weiteren Zusatz benannt, wo sich das Sternbild von selbst versteht.

2) S. 5. 6. 132. 135. Die Elle ($\pi\tilde{\eta}\chi\nu\varsigma$) entspricht als astronomisches Maß zwei Graden, so daß auf einen der 24 Zolle ($\delta\acute{\alpha}\varkappa\tau\nu\lambda\omega\iota$), die sie enthält, 5 Bogenminuten entfallen, mithin doppelt so viel als auf einen der 12 Zolle, in welche der rund einen halben Grad betragende Durchmesser von Sonne und Mond eingeteilt wird.

Werden Abstände nach Mondbreiten ($\sigma\varepsilon\lambda\tilde{\eta}\nu\alpha\iota$) geschätzt, so wird die Mondbreite mit rund 0°30′ angenommen, wie aus einer Mehrzahl von Beobachtungen (S. 132,18; 133,9. 28; 151,2. 16) hervorgeht; überdies wird (S. 157, 1) die „halbe Vollmondbreite" ($\sigma\varepsilon\lambda\acute{\eta}\nu\eta\varsigma$ $\mu\iota\tilde{\alpha}\varsigma$ $\delta\iota\chi\omega\mu\acute{\eta}\nu\omega\nu$ $\tau\grave{o}$ $\tilde{\eta}\mu\iota\sigma\nu$) ausdrücklich auf 0°15′ geschätzt. Allerdings beläuft sich bei einer anderen Beobachtung (S. 158, 4) die Schätzung von „²/₃ von der Breite des Vollmondes" ($\delta\acute{\nu}o$ $\mu\acute{\varepsilon}\varrho\eta$ $\sigma\varepsilon\lambda\acute{\eta}\nu\eta\varsigma$ $\delta\iota\chi\omega\mu\acute{\eta}\nu\omega\nu$) auf 0°24′, womit das Maximum 0°35′20″ (vgl. I 352, 24) auf 0°36′ abgerundet wird. Doch selbst wenn der Mond als sichtbares Objekt in Betracht gezogen wird, überwiegt (S. 23, 12; 25, 15; 26, 9; 28, 13) die Schätzung des Halbmessers (vom Zentrum ab) mit 0°15′. Vereinzelt steht (S. 24, 8) der auf 0°20′ geschätzte Abstand des südlichen Horns vom Zentrum, was wohl damit zu erklären ist, daß das Horn — wenn im dritten Oktanten überhaupt von einem solchen die Rede sein kann — den dunkeln Mondkörper merklich überragt.

3) S. 14.   Am 9. Pharmuthi (23. Februar) 139 n. Chr. $5^h 30^m$ nachm. (vgl. die am 8. Februar desselben Jahres $6^3/_4{}^h$ früh angestellte Beobachtung I 265, 9) betrug die Zwischenzeit seit der Epoche $885^a 218^d 5^1/_2{}^h$. Für diese Stunde ist, nach den Tafeln berechnet,

| | | |
|---|---|---|
| mittlerer Ort der Sonne | ♓ | 0°40′ |
| Anomaliedifferenz | + | 2°23′ |
| genauer Ort der Sonne | ♓ | 3° 3′ |
| mittlerer Ort des Mondes | | |
|   in Länge | ♉ | 27°42′ |
|   in Anomalie | | 276° 3′ |
|   in Breite | | 212°23′ |
|   in Elongation | | 87° 2′. |

Zur Bestimmung des genauen Ortes des kurz vor der ersten Quadratur stehenden Mondes bedarf es der Berechnung der Differenz seiner Gesamtanomalie (vgl. I Anh. Anm. 35). Man geht mit der verdoppelten mittleren Elongation, d. i. mit 174°4′ in die Tabelle der Gesamtanomalie (I 286) ein und addiert, weil die verdoppelte Zahl auf den Halbkreis des Exzenters zwischen Apogeum und Perigeum entfällt, den der dritten Spalte mit 2°11′ zu entnehmenden Unterschied des genauen Apogeums zu den mittleren Graden der Anomalie. Zur genauen Anomaliezahl (276°3′ + 2°11′ =) 278°14′ erhält man als Differenz der ersten Anomalie 4°53′, als Überschuß der zweiten 2°29′. Von letzterem sind, wie die Sechzigstel der sechsten Spalte zu der verdoppelten Elongation 174 an die Hand geben, $^{59}/_{60}$, d. s. 2°26′ zu der Differenz der ersten Anomalie zu addieren. Hiermit ist die Differenz der Gesamtanomalie mit 7°19′ gefunden. Dieser Betrag ist zu den mittleren Zahlen zu addieren, weil die genaue Zahl der Anomalie auf den Halbkreis des Epizykels zwischen Perigeum und Apogeum entfällt (I Anh. Anm. 32). Somit sind die genauen Zahlen für

| | | |
|---|---|---|
| die Länge | (♉ 27°42′ + 7°19′ =) | ♊ 5° 1′ |
| die Breite | (212°23′ + 7°19′ =) | 219°42′ |
| die südl. Breite | (s. 7. Spalte I 286) | 3°50′ |
| die Elongation | $\begin{cases} (♓ 3°3′ \text{ bis } ♊ 5°1′ =) \\ (87°2′ - 2°23′ + 7°19′ =)^a) \end{cases}$ | 91°58′. |

An der von Ptolemäus mit 92°7′30″ angegebenen scheinbaren Elongation fehlen demnach noch 0°9′30″, welche auf die in der Richtung der Zeichen wirkende Längenparallaxe ent-

---

a) Die mittlere Elongation 87°2′ erstreckt sich von dem mittleren Sonnenort ♓ 0°40′ bis zum mittleren Mondort ♉ 27°42′; die genaue, von dem genauen Sonnenort ♓ 3°3′ aus gemessen muß um die Anomaliedifferenz der Sonne gekürzt werden.

fallen, weil der Mond, als ♊ 0° kulminierte, 5° östlich des Meridians stand. Infolge dieser Wirkung der Parallaxe lag der scheinbare Ort des Mondes genau in ♊ 5°10′30″, was Ptolemäus (S. 14, 9) „ohne wesentlichen Fehler" zu ♊ 5°10′ abrundet.

Hiermit war der erste Teil der Aufgabe, die Bestimmung des Mondortes von der Sonne aus, erledigt. Nun mußte gewartet werden, bis der Regulus sichtbar wurde. Als nach Verlauf einer halben Stunde, d. i. um 6ʰ, diese Möglichkeit sich bot, war der Astrolab wieder einzustellen: durch Drehung des Kolurkreises (vgl. I 257, 27) wurde der Ekliptikring so weit westwärts verschoben, bis der auf ♊ 5°10′ eingestellt bleibende innere Astrolabring wieder durch das Zentrum des Mondes ging. Hierauf wurde der äußere Astrolabring, der bisher auf den Grad der Sonne eingestellt war, auf den Regulus gedreht. Die Ablesung auf dem Ekliptikring ergab jetzt den Abstand vom Monde mit 57°10′. Dieser Abstand war aber an der Einteilung des Ekliptikringes nicht von dem eingestellten ersten Mondort ♊ 5°10′ aus abzuzählen, sondern von dem scheinbaren Ort, den der Mond neuerdings, d. i. nach Verlauf der halben Stunde, infolge seiner Eigenbewegung in der Richtung der Zeichen unter Berücksichtigung der neuen Parallaxe einnahm. Da er, wie die Anomaliezahl 278 anzeigt (vgl. I Anh. Anm. 43), nahezu in der mittleren Bewegung in Länge begriffen war, so mußte in der Zwischenzeit sein mittlerer Ort um 0°16′28″ von ♉ 27°42′ nach ♉ 27°58′28″ gerückt sein. Von einer Verminderung der Differenz der Gesamtanomalie dürfte abzusehen sein, weil eine so geringe Vermehrung der mittleren Elongation und der genauen Anomaliezahl eine wesentliche Veränderung der genauen Länge nicht herbeiführen kann. Es war somit nach Verlauf der halben Stunde der genaue Ort ♉ 27° 58′28″ + 7°19′ = ♊ 5°17′28″, woraus sich unter Abzug der gegen die Richtung der Zeichen wirkenden Längenparallaxe, die Ptolemäus (S. 14, 12) mit 0°5′ in Rechnung zieht, als scheinbarer Ort ♊ 5°12′28″ ergibt.

In Widerspruch mit diesem Ergebnis steht der scheinbare Ort ♊ 5°20′, den Ptolemäus zum Ausgangspunkt seiner Messung macht. Gelangt ist er zu demselben offenbar dadurch, daß er zu dem scheinbaren Ort ♊ 5°10′ die Eigenbewegung des Mondes mit rund 0°15′ addiert und die nunmehr westlich des Meridians rückwärts wirkende Längenparallaxe mit 0°5′ abgezogen hat. Hierbei hat er jedoch die vorher östlich des Meridians vorwärts wirkende Parallaxe, die den Ort ♊ 5° auf ♊ 5°10′ brachte, aber durch Heranrücken an den Meridian verschwunden ist, offenbar außer acht gelassen.[a] Das ist um so mehr zu verwundern, als sich Ptolemäus über

den Schein einer rückläufigen Bewegung, der bei dem scheinbaren Lauf des Mondes infolge der Parallaxen entsteht — „als
ob an ihm keine Eigenbewegung in der Richtung der Zeichen
wahrgenommen würde" — (I 400, 23) mit großer Klarheit äußert.
Demnach hätte sich ihm der neue scheinbare Ort bei der be-
liebten abrundenden Rechnungsweise als unverändert herausstellen müssen, so daß von ♉ 5° 10′ (bzw. von ♉ 5° 12′ 28″) aus
der Abstand des Regulus, wenn mit 57° 10′ richtig gemessen,
zu ♌ 2° 20′ (bzw. ♌ 2° 22′ 28″) führen mußte, was gegen Hipparchs
Zeit, d. i. 265 Jahre vorher, wo der Regulus in ♋ 29° 50′ stand,
eine Differenz von nur 2° 30′ (oder 2° 32′ 28″ nach der genauen
Rechnung) ergibt.

Richtiger wird dadurch das Ergebnis des Ptolemäus nicht.
Der von ihm mit 2° 40′ festgestellte Betrag der Präzession seit
Hipparch entspricht zwar genau der Hypothese der Alten, nach
welcher auf das Jahrhundert ein Grad entfällt, bleibt aber
mehr als einen Grad hinter dem Betrag 3° 41′ zurück, der sich
für 265 Jahre ergibt, wenn man den heutzutage geltenden Wert
der Präzession mit 50″ jährlich zugrunde legt. Der Fehler, durch
welchen Ptolemäus zu seinem Ergebnis gelangte, liegt — abgesehen von der Irrung im scheinbaren Ort des Mondes — vermutlich in dem zu kurz bemessenen Abstand des Regulus. Gibt
er ja selbst (S. 96, 3) ganz offen zu, daß solche Messungen bei
beträchtlichen Abständen „bald größer, bald kleiner ausfallen
können, als der vorliegende Abstand wirklich beträgt", scheut
sich auch nicht (I 138, 27) anzudeuten, daß er bei Beobachtungen
Hipparchs derartige Irrungen vermute, wiewohl er anderseits
(S. 136, 28) geneigt ist, den Abmessungen am Astrolab einen
hohen Wert beizulegen.

Das ihm so trefflich passende Ergebnis mag wohl auch auf
die Schätzung anderer Sternabstände bestimmend eingewirkt
haben; denn Abrundungen, die ihn zu einem gewünschten Ziele
führen, nimmt Ptolemäus auch sonst nur zu gern vor.

---

a) Die beiden Längenparallaxen, + 10′ bei 5° östlich und − 5′
bei 2° 20′ Abstand westlich des Meridians, stehen nicht nur zu
einander in richtigem Verhältnis, sondern auch zu der Höhenparallaxe, welche der Mond in der gegebenen Position bei
etwa 15° Zenitabstand — der sich für die Polhöhe von Alexandria am Globus leicht feststellen läßt — haben muß. Diese
Höhenparallaxe ($\Delta H$) berechnet sich ohne wesentlichen Unterschied für die Abstände beiderseits des Meridians (nach der
Parallaxentafel I 323) zu 0° 26′, was (nach der Formel $\Delta H^2 - H\Theta^2$
$= \Delta\Theta^2$, s. Fig. I 445) bei 10′ Längenparallaxe ($H\Theta$) zu einer
Breitenparallaxe ($\Delta\Theta$) von (676 − 100 = 576 d. i.) 24′, bei 5′ Längenparallaxe zu einer solchen von (676 − 25 = 651 d. i.) 25′ 30″ führt.

4) S. 32. **Anmerkungen zum Sternkatalog.** Von den beiden neu hinzugefügten Spalten enthält die erste die Nummern des Sternverzeichnisses für das Jahr 1900, herausgegeben von Dr. L Ambronn, Berlin 1907, die zweite, der Kürze halber nur mit „Bayer" überschrieben, die Bayerschen Buchstaben und die Flamsteedschen Zahlen, soweit letztere vorhanden sind; ein H ist der Zahl hinzugefügt, wenn sie dem Sternverzeichnis von Heis zum Neuen Himmelsatlas, Cöln 1872, entnommen ist. Wo außerdem die Bezeichnung des Sternbildes nötig war, gebot der beschränkte Raum die möglichste Knappheit; so steht *C. ven.* für *Canum venaticorum, L. min.* für *Leonis minoris, Cam.* für *Camelopardi, Cr.* für *Crucis* u. a. m. Die Heranziehung der Sternkarte wird das Verständnis leicht vermitteln. — In der letzten Spalte mit den Größenangaben sind die Zusätze $\mu\varepsilon\iota\zeta\omega\nu$ und $\dot{\varepsilon}\lambda\dot{\alpha}\sigma\sigma\omega\nu$ (von Heiberg 40, 9 irrtümlich $\dot{\varepsilon}\lambda\alpha\chi\iota\sigma\tau\sigma\nu$ gedeutet), die im Original bei gewissen Größenziffern stehen, durch zwei Ziffern wiedergegeben: 4.5 z. B. heißt „kleiner als vierter, aber größer als fünfter Größe", dagegen 4.3 „größer als vierter, aber kleiner als dritter Größe". Bei Summierung der Sterne einer Größenklasse gilt die voranstehende Ziffer.

Zur Bestimmung der Sterne ist außer dem genannten Atlas von Heis der Himmelsatlas von Richard Schurig, Leipzig-Neustadt 1886, benutzt worden, der sich für diesen Zweck noch besser eignet als ersterer, weil er auch die Zahlen von Flamsteed und Heis angibt und auf den Karten die Ekliptik eingetragen zeigt. Teilt man letztere für die Zeit des Ptolemäus durch Markierung der Zeichenanfänge ein, was mit Hilfe gewisser Sterne des Katalogs leicht zu erzielen ist, so bietet diese Teilung, die auch noch weiter durchgeführt werden kann, ein vorzügliches Hilfsmittel zur Schätzung der Längen und Breiten der Sterne. Hierzu eignen sich beispielshalber die Sterne:

| | | | | | |
|---|---|---|---|---|---|
| o Piscium | ♈ 0°30′ | − 1°40′ | e Tauri | ♈ 29°40′ | − 9°30′ |
| 132 Tauri | ♊ 1° 0′ | + 1°20′ | μ Cancri | ♋ 2°40′ | + 1° 0′ |
| ν Leon. maj. | ♌ 0° 0′ | − 0°15′ | π Virg. | ♍ 0°30′ | + 5°30′ |

usw. von Zeichen zu Zeichen.

Zum Vergleich der gewonnenen Ergebnisse ist die Übertragung von Joh. Elert Bode, Claudius Ptolemäus, Beobachtung und Beschreibung der Gestirne, Berlin und Stettin 1795, selbstverständlich herangezogen worden. Indessen werden Abweichungen von den Bestimmungen Bodes, der auf die von Irrtümern und Druckfehlern wimmelnde Übersetzung von Montignot (Straßburg 1787) angewiesen war, nur hier und da hervorgehoben. Auch habe ich die Bestimmung einer Anzahl südlicher Sterne der Argo und des Zentauren lieber offen gelassen, als sie dem Büchlein Bodes ungeprüft zu entnehmen. Was ich mit Hilfe von Schurigs Karte des südlichen Himmels und einem Globus von 33$^{cm}$ Durchmesser (Sternkarte von C. Adami, Berlin 1906) habe erreichen können, ist mit oft nicht sonderlicher Zuverlässigkeit in den Katalog aufgenommen worden.

**Drache 17.** Die Lesart $\pi\varrho o\eta\gamma o\acute{v}\mu\varepsilon\nu o\varsigma$ des Cod. D ist unbedingt die richtige. — 23. Da die Sterne $\zeta h g$ auf einer am westlichen Ende ($g$) südwärts geneigten Geraden stehen, so habe ich für den mittelsten ($h$) die Breite, einen Schreibfehler im Urtext vermutend, von $80\frac{1}{3}^0$ ($\pi\,\gamma'$) auf $83^0$ ($\pi\gamma$) erhöht. Schon Bode hat hier $83^018'$ korrigiert.

**Bootes 8.** $\mu$ ist nicht nördlicher als $\delta$ und $\beta$, sondern nur nördlicher als $\delta$; daher ist $\alpha\acute{v}\tau o\tilde{v}$ statt $\alpha\acute{v}\tau\tilde{\omega}\nu$ zu schreiben. — 11. Nur einen Grad südlich unter $\chi$ steht kein etwa einen Grad nachfolgender Stern.

**Herkules 12.** Da $\varepsilon$ ein Stern dritter Größe ist, so scheint die Lesart $\delta'\ \mu\varepsilon\acute{\iota}\zeta\omega\nu$ des Cod. D vor $\varepsilon'$, d. i. fünfter Größe, viel für sich zu haben. Indessen habe ich von der Änderung abgesehen, weil auch die Summenzahlen zweier Größenklassen des Sternbildes entsprechend korrigiert werden müßten, was grundsätzlich zu vermeiden ist, da dies auch eine Abänderung in den Gesamtsummen der Größenklassen am Schluß des Katalogs (S. 64) zur Folge haben würde.

**Leier 10.** Der dicht unter $\gamma$ stehende Begleiter $\lambda$ muß mindestens dieselbe Länge wie $\gamma$ haben. Daher ist die Länge $24^010'$ des Cod. D vorzuziehen.

**Schlangenträger 13.** Da der Ort von $\xi$ in der Ekliptik zwischen denen von $\Lambda$ und $\vartheta$ liegen muß, so ist die Länge $23^040'$ des Cod. D die richtige. Bode vermutet an dieser Stelle den neuen Stern von 1604.

**Adler 14.** $\varkappa$ paßt trotz der gut übereinstimmenden Breite insofern nicht recht zu dem Stern $\iota$, als $\varkappa$ letzterem heutzutage in der Ekliptik nachfolgt; Bode hat daher die Länge entsprechend zurückgerechnet. Der vorangehende Stern 57 kann nicht gemeint sein, weil er eine zu geringe Breite hat.

**Andromeda 13.** Die Lage der drei Gürtelsterne $\beta\mu\nu$ erfordert die Umstellung der Längen für die beiden letzteren.

**Widder 5.** $\iota$ steht in der Ekliptik dem Stern $\gamma$ voran; daher habe ich die Länge mit $6^050'$ statt $6^030'$ angesetzt. — 13. Zu dem Stern $38$ ist die Konstellation S. 159 zu vergleichen. Bode nimmt hier $\mu$ Ceti sicher falsch an; erstens ist die Breite zu groß, zweitens wird dieser Stern an sechster Stelle im Walfisch verzeichnet.

**Stier 10.** $d$ muß genau dieselbe Länge wie $\delta$ haben: die Änderung von $\iota\gamma$ zu $\iota\,\gamma'$ ist möglichst einfach. — 20. $\tau$ hat nicht südliche, sondern nördliche Breite, wie schon Bode fest-

gestellt hat. Indessen habe ich es bei der Geringfügigkeit der
Schwankung bei dem Ansatz des Originals belassen. — 27. In
Schurigs Atlas ist der größere Stern 41 mit $\psi$ zu bezeichnen,
nicht der höher stehende kleinere (vgl. Heis). Da dem Stern $\psi$
unbedingt die kleinere, $p$ die größere Länge zukommt, so habe
ich die Umstellung der Längen 8°30′ und 8° vorgenommen. —
32. Es muß auffallen, daß Ptolemäus S. 24,6 für den nachfolgenden Teil der Pleias die stets sich gleichbleibende nördliche Breite mit 3°40′ feststellt, während er hier diesem Teile
eine Breite von nur 3°20′ zuschreibt. Dies erklärt sich wohl
daraus, daß er a. a. O. mehr die Mitte, d. i. den an das südliche Ende der vorangehenden Seite (31) anschließenden
Anfang des nachfolgenden Teiles im Auge hat, dem die
Breite 3°40′ zukommt; denn die Mitteilung des Timocharis läßt
(S. 22,18) die Wahl zwischen dem nachfolgenden Drittel oder
der Hälfte. Richtig angesetzt ist die Breite 3°20′ für das
nachfolgende dichteste Ende sicherlich; denn die Pleias neigt
sich in ihrer Längsrichtung gegen die Ekliptik sichtlich von
Norden nach Süden. Die Länge der Pleias geht aus der Differenz der Längen ♉ 3°40′ und ♉ 2°10′ genau mit 1°30′ hervor,
wie sie S. 157,18 geschätzt wird. — 33. Es handelt sich nicht
um den sechsten Stern der Pleias, sondern um einen außerhalb stehenden. Daher ist statt ἕκτος mit Cod. D ἐκτός zu
schreiben. Dieses μικρός genannte Sternchen ist sechster, nicht
vierter Größe, wie der griechische Text besagt. Indessen habe
ich von einer Änderung der Größenziffer aus dem zu Herkules 12
bemerkten Grunde abgesehen. — Die Summe 32 ist nicht falsch,
wie Heiberg (S. 90 unten) vermutet: *pro λβ fuisse videtur λγ,
sed γ evanuit.* Weil als elfter Stern ($\gamma$) des Fuhrmanns dort in
der Summe inbegriffen, darf $\beta$ Tauri hier nicht noch einmal
mitgezählt werden. Ganz richtig ist er deshalb in der Summe 6
der Sterne dritter Größe des Stiers nicht inbegriffen: mit ihm
würden es sieben sein. Man vergleiche die Sternsumme des
Südlichen Fisches, welche ohne Fomalhaut elf beträgt; denn
Fomalhaut ist bereits als 42ter Stern des Wassermanns gezählt.
Wenn aus demselben Grunde $\nu$ Bootis von der Summe der Sterne
des Herkules (S. 36 a. E.) ausgeschlossen wird, so scheint mir aus
der ungewöhnlichen Art, wie dies geschieht, hervorzugehen, daß
der diesen Stern betreffende Zusatz eine Glosse ist. — 36. Bode
nimmt hier das Sternchen sechster Größe 105 an, zu welchem
die Länge 21° des griechischen Textes paßt. Mir scheint die
Bezeichnung als „mittelster" zutreffender für den etwas größeren Stern $n$, zumal da für ihn nicht nur die fünfte Größe,
sondern auch die im Cod. D mit 24° angegebene Länge stimmt.

Zwillinge 25. Infolge der fehlerhaften Länge 0°40′ läßt Bode
diesen Stern unbestimmt. Die Länge 3°, wie sie Cod. D bietet,

führt mit absoluter Sicherheit zu $\zeta$ Cancri (Tegmine). Man vergleiche das Alignement S. 8, 22 und die Konstellation S. 133 unten.

Löwe 26. Statt 3°12' ist die Breite 3°10', wie sie Cod. D bietet, unbedingt vorzuziehen (Heiberg: *fortasse recte*); denn $\varepsilon'$ ($^5/_{60}$) wird im Katalog nirgends als Sexagesimalbruch angewendet.

Jungfrau 2. $\xi$ muß vor $\nu$ liegen. Da die Länge 26°20' von $\nu$ durch die $\nu$ und $\alpha$ Crateris verbindende Gerade zweifellos feststeht, so war für $\xi$ die Länge 27° mindestens in 26° zu korrigieren. Bode hat 26°13' durch Rechnung festgestellt. — 17. $h$ steht nicht nördlich, sondern südlich der Ekliptik, wie auch Bode bemerkt. Indessen habe ich es aus demselben Grunde wie bei $\tau$ (Stier 20) auch hier bei dem Ansatz des Originals belassen. — 19. Die Lage von $i$ ist zwar durch den Vergleich mit der Spika gesichert, doch bildet $i$ mit den vorgenannten Sternen schwerlich ein Viereck. — 31. Die drei Sterne 53, 61, 89 stehen auch nach den Breitenangaben des Ptolemäus nicht genau auf einer Geraden. Daß 53 bei der Länge 27°10' der Spika $^1/_2{}^0$ östlich vorangeht, stimmt nicht zu der heutigen Länge, die Bode mit 25°39', d. i. 1° westlich der Spika, zurückgerechnet hat. Als Doppelstern kann der Stern 61 mit 63 heutzutage kaum gelten.

Scheren 14. Südlich von $\lambda$ und 41 findet Bode deshalb keinen Stern, der in Länge zwischen ihnen steht, weil er $\varkappa$ als vorangehenden nördlichen ansetzt. Die Zwischenlage kommt $\varkappa$ zu, auch die überwiegende Größe; aber während die geringe nördliche Breite für $\lambda$ und 41 stimmt, hat $\varkappa$ nicht $1^1/_2{}^0$ südliche Breite, sondern steht heutzutage gleichfalls, wenn auch nur ganz unbeträchtlich — nach Bode 0°1' — nördlich der Ekliptik. Der südliche Abstand des Sterns $\varkappa$ von 41, der nach Ptolemäus 1°50' beträgt, muß sich demnach mindestens um die ganze damalige südliche Breite von $\varkappa$ verringert haben.

Skorpion 14. Die Bezeichnung der Bestandteile des Doppelsterns ist verschieden: nach Ambronn ist $\zeta^2$ der größere (3,8), $\zeta^1$ der kleinere (4,8), während Schurig den größeren mit $\zeta^1$ bezeichnet und Bode beide unter dem Buchstaben $\zeta$ zusammenfaßt. Ich habe die Bezeichnung Ambronns angenommen. Auf jeden Fall war die Angabe der Breite für beide Sterne umzustellen: der südlichere muß natürlich die größere Breite haben. Wahrscheinlich sind auch die Längen umzustellen, weil der Widerspruch in Breite vermutlich nur durch Vertauschung der Beiwörter „der nördliche" und „der südliche" in der Beschreibung der Sterne entstanden ist. Tatsächlich geht der Begleiter ($\zeta^1$) dem Hauptstern ($\zeta^2$) mit einem kaum bemerkbaren Unterschied in Breite westlich voran[a]; es kommt ihm daher

---

[a] Das ist der Grund, weshalb der Begleiter bei Ambronn (als zuerst kulminierender Stern) die Bezeichnung $\zeta^1$ erhalten hat.

eigentlich die kleinere Länge (20°) zu. Ob der Wechsel in
Länge durch die Annahme erklärt werden kann, daß der Begleiter in der Zwischenzeit nahezu einen halben Umlauf um
den Hauptstern gemacht hat, muß ich dem Urteil der Astronomen
überlassen. — 22. Nebelförmig ist $G$ allerdings nicht, entspricht
aber in Länge und Breite ziemlich genau. — 24. Daß von den
zwei Sternen $d$ und 43 bei gleicher Länge $d$ der vorangehende
genannt wird, ist auffallend. Gerade dieser, $d = 45$ Ophiuchi,
ist heutzutage der nachfolgende und 43 (bei Schurig falsch mit
45 bezeichnet) der vorangehende, was Bode durch Angabe der
entsprechenden modernen Längen richtigstellt.

Steinbock 9. $\tau$ steht (nach Schurig) in der Ekliptik in
Länge vor $v$, ist aber als der hellste der kleinen Sterne dieser
Gegend sicher gemeint. — 21. Für $\nu o\tau i\omega$ vermute ich, da es
keine nördliche Entsprechung hat, $\nu\omega\tau\iota\alpha i\alpha$ (vgl. S. 54 Fische 29;
S. 63 Südl. Fisch 5) und habe dementsprechend übersetzt.

Wassermann 14. $\varrho$ steht mit Fomalhaut genau auf demselben Breitenkreis; dadurch ist die Länge gesichert. Die Breite
ist sichtlich geringer als die von $\vartheta$; deshalb habe ich die Minuten-
zahl (10′) zu der Breite (3°) von $\vartheta$ gesetzt. — 17. $e$ steht, wie
nur Cod. D richtig bietet, um die angegebene Breite (nach
Bode 0°14′) südlich der Ekliptik, nicht nördlich. — 23. $\varkappa$ steht
mindestens 4° (statt 2°) nördlich der Ekliptik bei wesentlich
geringerer Länge als der mit 15° angegebenen, da sie zwischen
die Längen 13°20′ und 12° von $\eta$ und $\zeta$ fallen muß. Deshalb
hat Bode den Stern $\varkappa$ mit der zurückgerechneten Länge 12°20′
nur vermutungsweise hier angesetzt, obgleich kein anderer in
dieser Gegend augenfälliger ist. Eine Änderung der Koordinaten
habe ich nicht vorgenommen, wiewohl gegen die Länge 15°
auch noch folgendes spricht. — 24. Da $\varkappa$ der vorangehende
genannt wird, so dürfte $\lambda$ mit der Länge 14°50′ ursprünglich
als $\dot\epsilon\pi\acute o\mu\epsilon\nu o\varsigma$, nicht als $\dot\epsilon\chi\acute o\mu\epsilon\nu o\varsigma$ bezeichnet gewesen sein, woraus
zu schließen wäre, daß $\varkappa$ mit geringerer Länge als $\lambda$ angesetzt
war. Zu $\lambda$ sei noch bemerkt, daß die geringe Breite heutzutage
(nach Bode 0°22′) südlich ist. — 29. Mit $\psi$ sind in den Karten
drei dicht nebeneinander stehende Sterne vierter bis fünfter
Größe bezeichnet, davon $\psi^1$ als ein im Teleskop auflösbarer
Doppelstern (vgl. S. 158, 5). — 32. Der nachfolgende Stern $\omega^2$
hat heutzutage die größere Breite, wie auch Bode angibt. —
35. Die Bestimmung des „nachfolgenden" ist nach der Karte
von Schurig getroffen, wo es der Stern $\iota^2$ (107 Flamst.) ist, den
Heis unbezeichnet läßt. Diese Gruppe zeigt vier Sterne: 104A
(nach Ambronn und Schurig in 103 A¹ und 104 A² zerfallend)
106 $\iota^1$, 107 (auch bei Ambronn $\iota^2$), 108 $\iota^3$ (bei Ambronn wohl
Fehler statt $\iota^3$). Wenn Ptolemäus einen dieser Sterne wegläßt,
so ist es vermutlich der vierte (108) etwas abseits stehende

(bei Heis $\iota^2$, bei Schurig $\iota^3$). Gerade auf diesen trifft allerdings die Bodesche Bezeichnung $A^5$ zu. Gegen diesen Stern scheint mir die gegen A zu große Differenz in Breite zu sprechen. — 39. Da $c^1$ unbedingt am tiefsten steht, so waren die Breitenangaben für $c^1$ und $c^3$ umzustellen.

Walfisch 17. Ein Viereck, dessen vorangehende und nachfolgende Seite genau je einen Grad betragen soll, läßt sich aus den heutzutage nahezu auf einer Geraden stehenden Sternen $\varphi^1$, $\varphi^2$, $\varphi^3$ und $\varphi^4$ (17, 19, 22, 23 Flamst.) nur unter der Voraussetzung gestalten, daß seinerzeit $\varphi^1$ $1^\circ$ südlicher als $\varphi^2$, und $\varphi^4$ $1^\circ$ nördlicher als $\varphi^3$ gestanden hat. Bode nimmt den etwa $3^\circ$ nördlich von $\varphi^1$ stehenden Stern 21 zu Hilfe und bestimmt als nachfolgende Seite 21, 19, als vorangehende 17 und einen nördlich fehlenden Stern.

Orion 7. Unterhalb $\xi$ stehen zwei kleine Sterne; doch dürfte heutzutage $\xi$ mit Bezug auf keinen derselben als Doppelstern zu bezeichnen sein. — 36. $\tau$ steht nur nördlicher als $\beta$; daher ist unbedingt mit Cod. B $\alpha\dot{v}\tau o\tilde{v}$ statt $\alpha\dot{v}\tau\tilde{\omega}v$ zu lesen.

Großer Hund 5. Daß $\iota$ größere Länge als $\gamma$ haben soll, ist unbedingt falsch. Es liegt vermutlich in $\varkappa\varepsilon\ \gamma'$ ein Druckfehler vor; denn Halma überliefert $20^\circ 20'$ und Bode gibt zweifellos korrekt $21^\circ 20'$ an, was ich angesetzt habe. — 22. $\delta$ Col. wird zur Zahl Ambronns falsch $\delta$ Canis majoris benannt; denn dieser Stern des Hundes steht unter 2339. — 24. Statt $\tau o\tilde{\iota}\varsigma\ \tau\acute{\varepsilon}\sigma\sigma\alpha\varrho\sigma\iota$ ist $\tau\tilde{\omega}v\ \tau\varepsilon\sigma\sigma\acute{\alpha}\varrho\omega v$ zu schreiben: westlich von den genannten vier Sternen stehen drei auf einer Geraden, keineswegs aber auf einer Geraden mit jenen vier.

Argo 5. Die nördlicheren Sterne des Hinterteils sind nach der Karte von Heis bestimmt, die südlicheren nach der Karte von Schurig. Die von Heis gebrauchten Buchstaben stimmen entweder mit den Ambronnschen überein oder sind bei Ambronn zu abweichenden Buchstaben in Parenthese hinzugefügt. Unterlassen ist dieser Zusatz bei $m$ Ambronn $= \pi$ Heis. Ich habe den Buchstaben $m$ gewählt, weil bei Ambronn $\pi$ Puppis $= 2408$. Ohne jede Bezeichnung ist bei Ambronn der Stern $\chi$. — 11. Der nach dem Katalog von Heis angesetzte Stern $v$ gehört nach Ambronn (ohne Buchst.) und Schurig zu dem Sternbild des Großen Hundes. — 45. $\tau$ stimmt vortrefflich zu Kanobus, wenn die Länge $29^\circ$ zu $19^\circ$ korrigiert wird.

Wasserschlange 25. $\pi$ hat unbedingt dieselbe Breite wie der vorletzte ($\gamma$) im Schwanze. Daher habe ich die von Bode nach seiner eigenen Konjektur festgestellte Breite $13^\circ 40'$ der viel zu großen Zahl $17^\circ 40'$ des griechischen Textes ohne Bedenken vorgezogen.

Zentaur 31. 33. 36. Die nähere Bezeichnung des Fußes ist bei diesen drei Sternen der Beschreibung der Milchstraße

S. 65, 24. 26. 28 entnommen. — 34. Für diesen Stern findet sich
a. a. O. S. 65, 30 die Bezeichnung: „der am Knöchel desselben
Fußes“. Obgleich zweiter Größe, ist er nach dem mir vorliegenden Material nicht bestimmbar.

Wolf 19. Zu der Ambronnschen Zahl 4828 ist statt *f* offenbar falsch $\delta$ Lupi gesetzt: erstens stimmt Rektaszension und
Deklination genau für den bei Schurig und auf dem Globus mit
*f* bezeichneten Stern, zweitens ist $\delta$ Lupi wenige Zeilen weiter
richtig unter 4836 aufgeführt.

Südlicher Fisch 14. Die vier ersten Sterne des Mikroskops
konnten mit Sicherheit nach der Karte von Schurig bestimmt
werden; nur mußte dem nachfolgenden Stern $\varepsilon$ statt 11°
die Länge 14° gegeben werden, wie sie von zweiter Hand korrigiert in Cod. A steht, zweifellos richtig, wie die Länge 12° des
diesem vorangehenden Sterns $\delta$ beweist. Die Sterne $\gamma$ und
$\varepsilon$ sind in Ambronns Verzeichnis nicht zu finden.

5) S. 87. Soll der mit einem im Horizont stehenden Stern
gleichzeitig aufgehende Ekliptikgrad gefunden werden, so ist
zunächst nach Feststellung der Mitkulmination des betreffenden
Sterns mit der wahren Sonne (S. 85, 14) der Ekliptikgrad
der Sonne und mit diesem der Kalendertag der Kulmination als gegeben anzunehmen. Aus dem Grad der Sonne berechnet man (I 93, 21) für die zugrunde gelegte geographische

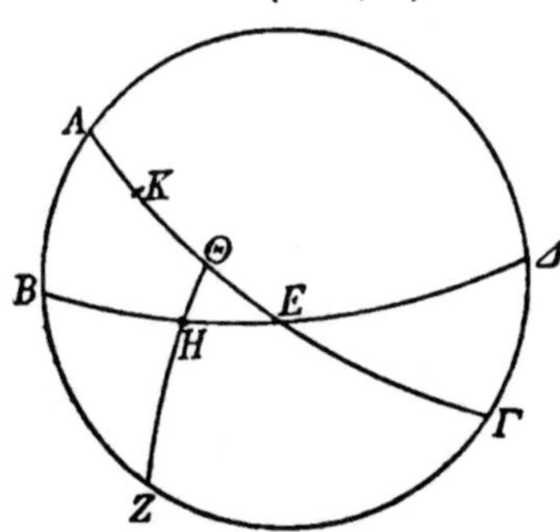


Breite die Länge der bürgerlichen
Tagstunde des gegebenen Tages.
Der (nach S. 86, 14) zu bestimmen-
de Äquatorbogen Θ E drückt die
seit Sonnenaufgang verstrichene
Zeit aus, zu welcher der mit der
Sonne auf demselben Deklinationskreis (Z Θ) stehende Stern (H) in
den Horizont tritt. Nachdem man
diese Zeitgrade in bürgerliche
Stunden von der gegebenen Länge
(I 98, 32) verwandelt hat, berechnet
man (I 99, 5) für diese seit Sonnenaufgang verstrichenen bürgerlichen Stunden den zurzeit aufgehenden Grad der Ekliptik.
Nimmt man schließlich in dem aufgehenden Grad die Sonne
an, so ist damit auch der Kalendertag des wahren Mit-
aufgangs mit der Sonne gefunden.

Die entsprechende Berechnung führt zu dem mit einem Stern
gleichzeitig untergehenden Ekliptikgrad und damit zur Bestimmung des Kalendertags des wahren Mituntergangs
mit der Sonne.

6) S. 132. Die Epoche der Zeitrechnung des Dionysius ist
die Sommerwende am 26. Juni 285 v. Chr. = 27. Pharmuthi

463 Nab. In das erste Dionysische Jahr (vgl. S. 167, 21) fällt die Thronbesteigung des Ptolemäus II. Philadelphus (285—247 v. Chr.), dem Ptolemäus Soter schon zwei Jahre vor seinem Tode unter Hintansetzung des erstgeborenen Sohnes die Regierung abtrat und zur Thronweihe ein Prachtfest anordnete, desgleichen noch nicht erlebt worden war. Somit liegt der Schluß nahe, daß Dionysius dem Philadelphus zu Ehren oder um ihm zu schmeicheln die neue Ära eingeführt habe. Ebenso natürlich ist die Voraussetzung, daß die Daten der von Ptolemäus mitgeteilten Beobachtungen von Dionysius selbst als Beobachter herrühren. Die zwischen dem 13$^{ten}$ und 45$^{ten}$ Jahre der Ära liegende Zeit läßt unstreitig die Möglichkeit zu, daß die letzte Beobachtung (241 v. Chr.) in sein 65$^{tes}$ Lebensjahr fällt, wenn er als Dreißigjähriger etwa im 10$^{ten}$ Jahre der Regierung des Philadelphus (d. i. 275 v. Chr.) zur Ausführung seiner Idee schritt. Daß er in Alexandria beobachtet hat, geht daraus hervor, daß Ptolemäus es nicht für nötig hält, die Beobachtungszeiten auf den Meridian von Alexandria zu reduzieren. Entnommen hat er dieses Material zweifellos der Sammlung des Hipparch, dessen Name mit einer dieser Beobachtungen (S. 134, 29) in Verbindung gebracht wird.

Die Monate dieser Zeitrechnung sind in der Weise nach den Zeichen des Tierkreises benannt, daß die betonte Endsilbe -ών der griechischen Monatsnamen an den Stamm der Zeichennamen angehängt wird. Ihre Reihenfolge ist mit Ergänzung der nicht überlieferten Namen: (Karkinón) Leontón, Parthenón, (Chelón) Skorpión, (Toxón) Ägón, Hydrón, (Ichthyón, Krión) Taurón, Didymón. Daß die Sommerwende am 1. Karkinon die Grenzscheide der Jahre ist, beweisen die im Tauron (S. 133, 7) und im Leonton (S. 134, 28) angestellten Beobachtungen, welche in aufeinander folgende Dionysische Jahre, aber in dasselbe Nabonassarische fallen. Die vielumstrittene Frage, ob das Jahr des Dionysius ein Epagomenenjahr oder ein Zodiakaljahr sei, ist von Böckh in der Abhandlung über „die Zeitrechnung des Astronomen Dionysios" (Sonnenkreise der Alten, Berlin 1863, S. 286—340) endgültig entschieden worden. Nimmt man ein aller vier Jahre um einen Schalttag zu vermehrendes Zodiakaljahr von 7 Monaten zu 30 und 5 Monaten zu 31 Tagen an, die auf die Jahresviertel so zu verteilen sind, daß der Anomalie der Sonne Rechnung getragen wird, so muß man von den sieben überlieferten Daten nicht weniger als drei korrigieren, um sie mit den gegebenen Sonnenörtern, welche die Nachprüfung als richtig erweist, in Einklang zu bringen. Wird dagegen das Jahr als Epagomenenjahr aufgefaßt, d. h. als Jahr von 12 Monaten zu 30 Tagen und 5 Zusatztagen, denen im dritten Jahr jeder vierjährigen Periode ein sechster hinzugefügt wird, so macht sich nur eine Änderung nötig: nicht

der 25., sondern der 26. Ägon trifft auf den 18. Januar 272 v. Chr.
zu, weil bei 30 tägigen Monaten, vom 26. Juni (1. Karkinon)
des Jahres 273 ab gezählt, der 1. Ägon auf den 23. Dezember
dieses Jahres fallen muß.

Im Laufe eines Epagomenenjahres werden die Monatsersten
allmählich hinter den Zeichenanfängen zurückbleiben, was natürlich am stärksten in den letzten Monaten, dem Tauron und
dem Didymon, zum Ausdruck gelangen muß. Es wird genügen
dieses Verhältnis für den 7. Didymon des 28. Dionysischen Jahres
(258/57 v. Chr.) zu erläutern, an dem der mittlere Sonnenort
$\Pi$ 2°50′ für den Abend gilt. Weil die mittleren Sonnenörter
sich auf Daten aus verschiedenen Jahren (272 bis 241 v. Chr.)
und auf verschiedene Tageszeiten (früh oder abends) beziehen,
so hat Böckh (vgl. die Tabelle a. a. O. S. 328) die Örter auf
das betreffende Jahr und für 6$^h$ früh desjenigen Tages berechnet,
an dessen Morgen der Dionysische Tag (vgl. I Anh. Anm. 27)
beginnen kann. Zieht man von dem mittleren Sonnenort $\Pi$ 2°50′
am Abend des 7. Didymon einen halben Grad mittlere Sonnenbewegung ab, um den Ort für 6$^h$ früh zu erhalten, und addiert
man zu $\Pi$ 2°20′ für die 23 Tage bis zum letzten des Monats
22°40′ mittlere Sonnenbewegung, so erhält man für den 30. Didymon früh den Sonnenort $\Pi$ 25°. Somit entfallen auf diesen
Tag und die 5 Epagomenen rund 6° Sonnenbewegung, so daß
im Laufe des 1. Karkinon der mittlere Sonnenort wieder in den
ersten Grad des Krebses zu liegen kommt.

7) S. 142. 163. Daß bei 90° mittlerer Entfernung des Epizykels von dem Apogeum des Exzenters die Differenz zwischen
den entgegengesetzten größten Elongationen dem Doppelten

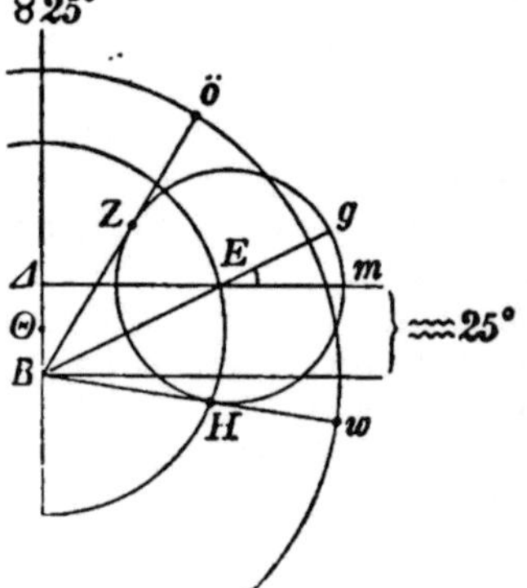


des Maximums der auf die Ekliptik
bezogenen Anomalie gleichkommt,
soll mit Rücksicht auf die weniger
komplizierte Figur für die Venus
nachgewiesen werden.

Der Kreis um B sei der mit der
Ekliptik konzentrische Kreis, der
Kreis um Θ der den Epizykel tragende Exzenter. Die den Epizykel
herumführende Leitlinie ΔE soll bis
zum Apogeum ⚹ 25° noch einen Quadranten zurückzulegen haben, d. h.
der mittlere Ort des Epizykels, welcher
mit dem mittleren Ort der Sonne zusammenfällt, wird in ♒ 25° liegen.

Daß dieser Punkt der Ekliptik für ein Auge in B und Δ unterschiedslos ist, wird durch die große Entfernung der Ekliptik
im Verhältnis zu der geringen Exzentrizität BΔ augenschein-

lich: die Parallelen durch B und Δ schneiden sich in der Unendlichkeit in ≈ 25°. Die entgegengesetzten größten Elongationen von der mittleren Sonne in den Punkten Z und H seien auf dem Konzenter mit ö(stlich) und w(estlich) markiert. Für das Auge in B liegt der Mittelpunkt des Epizykels in genauberechneter Länge um den Scheitelwinkel des ∠ BEΔ, d. i. um das Maximum der Anomaliedifferenz, wie bei der Sonne (s. I Anh. Anm. 24), in der Ekliptik weiter vorwärts (auf der Geraden BE). Ebendort liegt scheinbar (Punkt $g$) das genaue Apogeum des Epizykels, von dem aus gemessen die beiden Elongationen gleichgroß sind. Nun erhält von dem mittleren Apogeum ($m$) oder dem mittleren Sonnenort ≈ 25° aus gemessen, die östliche Elongation (auf der Abendseite des Epizykels) einen den ∠ BEΔ (= $b\,mg$) betragenden Zusatz, während die westliche Elongation (auf der Morgenseite) einen ebensogroßen Abzug erleidet. Mithin wird die östliche Elongation um das Doppelte dieses Winkels (oder $2b\,mg$), d. i. um das Doppelte der Anomaliedifferenz größer als die westliche (vgl. I 159, 17); folglich beträgt das Maximum der Anomaliedifferenz (d. i. ∠ BEΔ) die Hälfte (d. i. $b\,gm$) der zwischen den beiden Elongationen festgestellten Differenz.

8) S. 147. 221. 244. Die östliche mittlere Elongation der Mondsichel am 2/3. Epiphi $7\frac{1}{2}$ʰ abends beträgt (von ♉ 22°34′ bis ♊ 12°14′) 19°40′, die mittlere Anomalie (S. 147, 20) 281°20′. Nach der ausführlichen Berechnung der Differenz der Gesamtanomalie in Anm. 3 wird folgendes Schema verständlich sein.

1. Verdopp. Elong. 39°20′: Untersch. des gen. Apog. + 5°40′
2. Genauber. An. 287° 0′: 1. Anomalie 4°40′, Übersch. 2°19′
3. Verdopp. Elong. 39°20′: $^{6}/_{60} \times 2°19′ = 0°14′$
  Diff. der Ges.-Anom.: 4°40′ + 0°14′ = 4°54′
   Genauer Ort: ♊ 12°14′ + 4°54′ = ♊ 17°8′.

Hiermit wird der von Ptolemäus mit ♊ 17°10′ angegebene genaue Ort ziemlich erreicht.

Im zweiten Fall (S. 221) hatte der Mond am 26/27. Mesore 5ʰ früh den letzten Oktanten hinter sich; denn er stand etwa 37° westlich der Sonne. Seine östliche mittlere Elongation, d. i. die von der mittleren Sonne in der Richtung der Zeichen gemessene, beträgt (von ♋ 16°11′ bis ♊ 9°) 322°49′, die verdoppelte Elongation (645°38′ − 360° =) 285°38′, die mittlere Anomalie (S. 221, 3) 272°5′.

1. Verdopp. Elong. 285°38′: Untersch. des gen. Apog. − 11°27′
2. Genauber. An. 260°38′: 1. Anomalie 5°, Übersch. 2°39′
3. Verdopp. Elong. 285°38′: $^{19}/_{60} \times 2°39′ = 0°50′20″$
  Diff. der Ges.-Anom.: 5° + 0°50′20″
   Genauer Ort: ♊ 9° + 5°50′20″ = ♊ 14°50′20″.

Im dritten Fall (S. 244) stand der Mond am 6. Mechir 8$^h$ abends kurz vor dem ersten Oktanten. Seine östliche mittlere Elongation beträgt (von ♐ 28°41′ bis ♒ 8°55′) 40°14′, die mittlere Anomalie (S. 244, 8) 174°15′.

1. Verdopp. Elong. 80°28′: Untersch. des gen. Apog. + 11°
2. Genauber. An. 185°15′: 1. Anomalie 0°31′, Übersch. 0°18′
3. Verdopp. Elong. 80°28′: $^{22}/_{60} \times$ 0°18′ = 0°7′
   Diff. der Ges.-Anom.: 0°31′ + 0°7′ = 0°38′
   Genauer Ort: ♒ 8°55′ + 0°38′ = ♒ 9°33′.

Das Ergebnis bleibt hinter dem von Ptolemäus mit ♒ 9°40′ angegebenen genauen Ort demnach um 0°7′ zurück.

9) S. 152. 201. Die Sehnentafeln enthalten die Sehnen bis zu der Sehne des Bogens von 180°, d. i. bis zum Durchmesser, der den Halbkreis unterspannt. Überschreitet ein Bogen 180° des

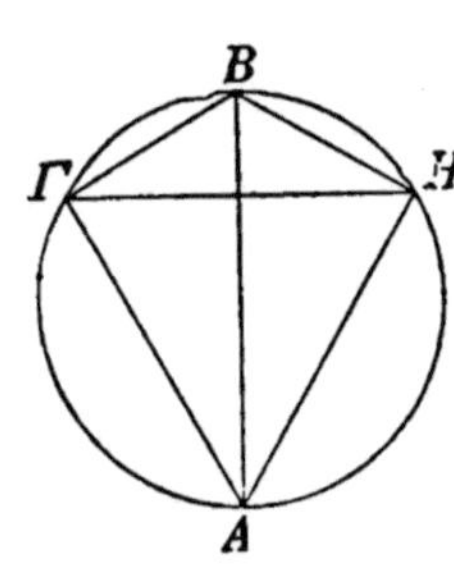

Kreises, d. h. wird der ihn unterspannende Peripheriewinkel (∠ ΓBH) größer als ein Rechter, so ist den Tafeln die gleichgroße Sehne zu entnehmen, welche den Supplementbogen oder den Supplementwinkel (∠ ΓAH) unterspannt. In dem umschriebenen gleichschenkligen Dreieck ΓBH ist daher die Sehne ΓH den Sehnentafeln zu dem Supplementwinkel des ∠ ΓBH zu entnehmen. Es ist also, weil ∠ ΓBH = 270°20′ wie $2R$ = 360°, mit ∠ ΓAH = 89°40′ desselben Maßes in die Tafeln einzugehen.

Aus demselben Grunde kann S. 201, 3 die den gegebenen ∠ BΘE überspannende Sehne (ΔΓ) als gleichgroß wie die den Nebenwinkel BΘN überspannende Sehne BN den Sehnentafeln zum kleineren Winkel entnommen werden, vorausgesetzt, daß

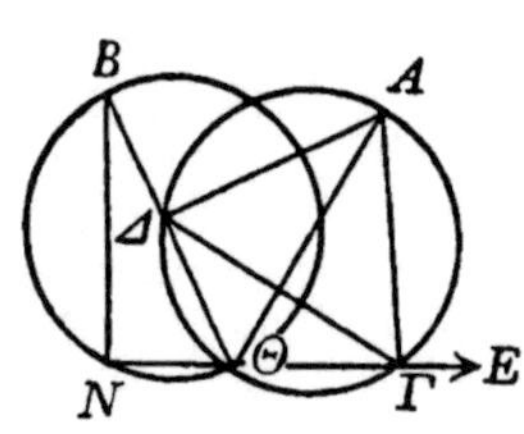

beide Sehnen in gleichgroßen Kreisen liegen. Man halbiere ∠ BΘE, mache die Halbierungslinie ΘA gleich BΘ und beschreibe um ΘA als Durchmesser einen Kreis. Wird die Sehne ΔΓ gezogen und das Sehnenviereck ΘΔAΓ fertig gezeichnet, so werden die Sehnen BN und ΔΓ von gleichgroßen Winkeln unterspannt; denn ∠ BΘN ist Nebenwinkel und ∠ ΔAΓ Supplementwinkel des gegebenen ∠ BΘE.

Diese Erörterung machte sich nötig, um den Beweisgang (S. 201, 1) mit der den Verhältnissen nicht genau entsprechenden Figur halbwegs in Einklang zu bringen, ohne den Nebenwinkel BΘN = 98°21′ einzuschieben, der in dem rechtwinkligen Dreieck BNΘ überhaupt nicht liegen kann. Dieses Mißverhältnis wird durch den an der Figur (S. 200) mehr als einen

Rechten betragenden $\angle\,\Theta\mathrm{E}\Lambda$ verursacht. Eine dem Verhältnis $\mathrm{ZE} : \Delta\mathrm{A} = 12^{\mathrm{p}} : 60^{\mathrm{p}}$ entsprechende Figur mit den genauen Win-

keln würde fünf-
mal größer sein als
die (S. 200) vor-
gelegte. Deshalb
wird beistehend
der Ausschnitt ei-
ner in den genauen
Verhältnissen ent-
worfenen Figur
mitgeteilt, an wel-
cher der Halbmes-
ser $\mathrm{B}\Theta\,\|\,\mathrm{E}\Lambda$ auf die
andere Seite des
Lotes B N zu liegen
kommt, so daß
$\angle\,\mathrm{B}\Theta\mathrm{N} = \angle\,\Theta\mathrm{E}\Lambda$
als Winkel von

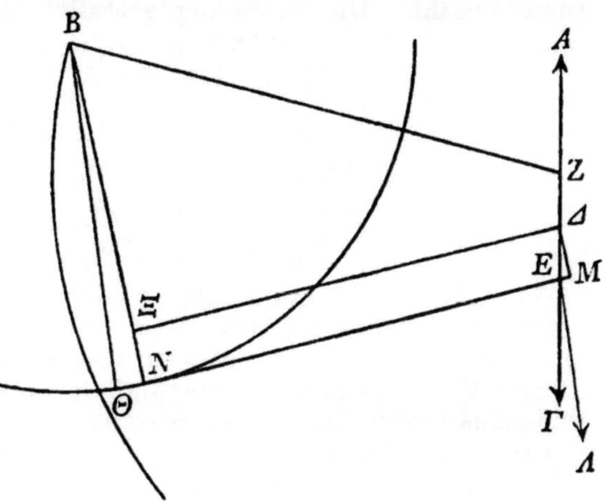


$81^{\circ}39'$ in dem rechtwinkligen Dreieck $\mathrm{B}\,\mathrm{N}\,\Theta$ liegen kann.

10) S. 154. 170. 250. 1. In 46 Sonnenjahren und einem Tage, d. i. in $16802\,^{1}/_{2}$ Tagen, vollendet (S. 100, 24) der Merkur 145 Wiederkehren der Anomalie. Die auf 20 ägyptische Jahre oder 7300 Tage entfallenden Umläufe erhält man daher nach der Proportion

$$16802\,^{1}/_{2} : 7300 = 145 : x \quad \text{mit } x = 62\,\tfrac{16745}{16803}.$$

Folglich fehlen an 63 Umläufen auf dem Epizykel

$$\tfrac{58}{16803} = \tfrac{1}{290} \text{ Umlauf oder } 1\,^{1}/_{4}{}^{\circ}.$$

Nahezu dasselbe Ergebnis erhält man bei Anstellung der Berechnung nach der Tafel der gleichförmigen Bewegungen des Merkur (S. 117). Da der Merkur in einem ägyptischen Jahre über drei volle Umläufe der Anomalie noch $53^{\circ}56'$ zurücklegt, so beträgt in 20 ägyptischen Jahren über $(3\times20=)$ 60 Umläufe der Überschuß $(53^{\circ}56'\times20=)$ $1078^{\circ}40'$, d. h. am $63^{\text{ten}}$ Umlauf fehlt $1\,^{1}/_{3}{}^{\circ}$.

2. Die Venus legt (S. 100, 19) 5 volle Umläufe auf dem Epizykel in 8 Sonnenjahren weniger $2\,^{1}/_{3}$ Tagen oder in $2919\,^{2}/_{3}$ Tagen zurück. Nun sind 8 ägyptische Jahre, d. s. 2920 Tage, um $^{1}/_{3}$ Tag länger; es entfällt also in 8 ägyptischen Jahren auf 5 Umläufe ein Überschuß von $0^{\circ}12'19''$; denn so viel beträgt in 8 Stunden die Bewegung der Venus in Anomalie nach der Tafel (S. 114).

3. Um festzustellen, daß der Saturn (S. 250, 27) in der Zwischenzeit von 364 ägyptischen Jahren und $219\,^{3}/_{4}$ Tagen in der Tat 351 volle Umläufe in Anomalie und darüber $351^{\circ}27'$ zurückgelegt hat, multiplizieren wir den jährlichen Betrag in Anomalie mit 364 und addieren dazu den auf $219\,^{3}/_{4}$ Tage

entfallenden Überschuß. Ziehen wir alsdann von der Summe 351 ganze Kreise ab, so erhalten wir die oben angegebene Anomaliezahl. Die Rechnung gestaltet sich folgendermaßen:

$$\frac{347^0\,32'\ \ 0''\,48''' \times 364}{126\ 502^0\,12'\,51''\,12'''}$$

$$\frac{209^0\,14'\ \ 3''\,16'''}{126\ 711^0\,26'\,54''\,28'''}\qquad \text{in } 219^3/_4{}^d$$

$$\frac{126\ 360^0\ \ 0'\ \ 0''\ \ 0''',}{351^0\,26'\,54''\,28'''.}\qquad \text{d. i. } \mathbf{351 \times 360^0}$$

11) S. 156. Die Jahreszahl 14, welche der griechische Text bietet, ist unbedingt falsch. Das Richtige hat hier ursprünglich Cod. D geboten: $\delta'$ ist erst von der zweiten Hand in $\iota\delta'$ korrigiert. Abgesehen davon, daß in der Syntaxis keine von Ptolemäus angestellte Beobachtung über das vierte Jahr Antonins hinausfällt, lehrt die Berechnung des mittleren Sonnenortes, daß das 14te Jahr ausgeschlossen ist. Das vierte Jahr Antonins (vgl. I Anh. Anm. 30) ist das 888te seit Nabonassar und läuft vom 19. Juli 140 bis 18. Juli 141 n. Chr. Seit dem Mittag des 1. Thoth (19. Juli) bis zum Mittag des 11. Thoth (29. Juli) sind 10 Tage verflossen, hierüber bis zur Morgendämmerung des 12. Thoth $^1/_2 5^h$ früh $16^1/_2$ Stunden. Ein späterer Termin der Beobachtung kann mit Rücksicht auf die Jahreszeit kaum angenommen werden; auch würde eine halbe Stunde später nur $1'\,14''$ mehr ausmachen. Für $887^a\,10^d\,16^1/_2{}^h$ ergibt die Nachprüfung den mittleren Sonnenort zwar nur mit $\mathcal{N}\,5^0\,37'\,58''$ statt mit $\Omega\,5^0\,45'$; allein bei der Vorliebe des Ptolemäus für günstige Abrundung fällt dieser Minderbetrag weniger ins Gewicht als der Umstand, daß die Berechnung für 10 Jahre später (27. Juli 150 n. Chr. $^1/_2 5^h$ früh) den mittleren Sonnenort mit $\mathcal{N}\,3^0\,26'\,41''$ liefert.

Als Ergänzung des zum ersten Bande (Anh. Anm. 30) aufgestellten Kanons der Regierungsjahre Hadrians und Antonins seien hier die im zweiten Bande dazukommenden Jahre Hadrians zur leichteren Prüfung der modernen Daten hinzugefügt.

| | | | | | | | | |
|---|---|---|---|---|---|---|---|---|
| 11tes | Jahr Hadrians, | das | 874te | seit Nab., | vom | 23. Juli 126 | — | 22. Juli 127 |
| 12tes | „ | „ | 875te | „ | „ | „ | 23 Juli 127 | — 21 Juli 128 |
| 13tes | „ | „ | 876te | „ | „ | „ | 22. Juli 128 | — 21. Juli 129 |
| 14tes | „ | „ | 877te | „ | „ | „ | 22. Juli 129 | — 21. Juli 130 |
| 15tes | „ | „ | 878te | „ | „ | „ | 22. Juli 130 | — 21. Juli 131 |
| 16tes | „ | „ | 879te | „ | „ | „ | 22. Juli 131 | — 20. Juli 132 |
| 18tes | „ | „ | 881te | „ | „ | „ | 21. Juli 133 | — 20 Juli 134. |

Die Stellen des Textes, in denen die einzelnen Jahre genannt werden, gibt das Namenverzeichnis unter Hadrian und Antonin an die Hand.

12) S. 254. Der Exzenter der gleichförmigen Bewegung sei
der Kreis um das Zentrum Z, der den Epizykel tragende Exzenter sei der Kreis um das Zentrum Δ, Mittelpunkt der Ekliptik
sei E (vgl. die Fig S. 209). Die Prosthaphäresis infolge der
größeren Exzentrizität wird durch die Winkel EΞZ gemessen,
die infolge des Laufs auf dem Exzenter mit der kleineren Exzentrizität durch die Winkel EAZ, EΓZ, EΓ'Z, EA'Z. Maßgebend für die genauberechnete Länge des Epizykelmittelpunktes
ist die zahlenmäßige Größe dieser letzteren Winkel, zu deren
Ermittelung die in der dritten und vierten Spalte der Tabellen
angesetzten Zahlen dienen. Die dritte Spalte enthält die den
Winkeln EΞZ entsprechenden Prosthaphäresisbeträge, die vierte

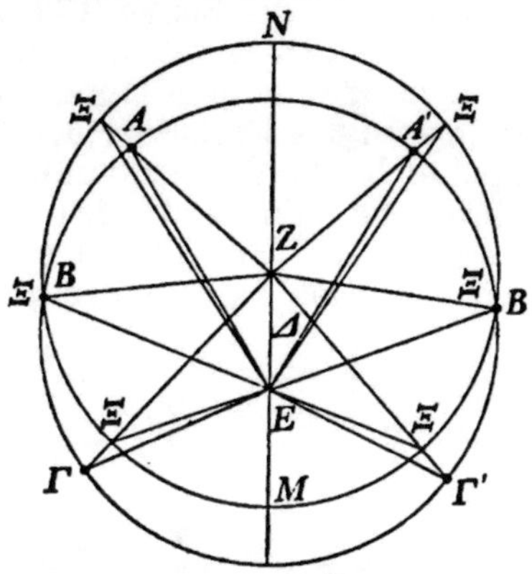



die nur Minuten betragende Größe
der Winkel AEΞ, ΓEΞ usw.,
welche die Differenz der beiden
Arten der Prosthaphäresis ausdrücken. Gleich Null wird diese
Differenz in den mittleren Entfernungen, d. i. in den Knotenpunkten der beiden Exzenter, die
bei den übrigen Planeten in die
Längen 93° und 267°, bei dem
Merkur infolge der größeren Exzentrizität in die Längen 60° und
300° fallen. Bei ersteren gewinnt
man oberhalb der Knotenlinie,
d. i. auf dem erdfernen Halb-
kreis, die Prosthaphäresis infolge des Laufs auf dem zweiten
Exzenter durch Addition der Differenz zu den Beträgen der
dritten Spalte (Außenwinkel EAZ = ∠EΞZ + ∠AEΞ), auf dem
erdnahen Halbkreis durch Subtraktion der Differenz
(Dreieckwinkel EΓZ = Außenwinkel EΞZ − Dreieckwinkel ΓEΞ).
Das entgegengesetzte Verfahren für den Merkur (vgl. die Tabelle
S. 265) erklärt sich aus der rückläufigen Bewegung des den
Epizykel tragenden Exzenters, infolge welcher der Planet zwei-
mal in die Erdnähe gelangt.

Die Berechnung dieser drei Winkel für eine gegebene gleichförmige Länge ist in den Beweisen der Exzentrizität der Planeten zahlenmäßig durchgeführt worden. Nachdem z. B. für den
Jupiter die gleichförmige Länge NΞ mit 79°30′ ermittelt war,
wurde von dem ∠NZΞ ausgehend, (S. 211,18) die Differenz[a]
∠EAZ − ∠EΞZ = ∠AEΞ mit 0°3′ nachgewiesen; demnach ist

---

a) Die Einführung des Buchstaben Z für an der zitierten
Stelle gebrauchtes Θ wird nicht irre führen, da auch dort das
Zentrum des ersten Exzenters mit Z bezeichnet ist.

$\angle EAZ = \angle E\Xi Z + 0°3'$, d. h. zur Größe des $\angle E\Xi Z$, die zur gegebenen Länge in der dritten Spalte steht, müssen die 3 Minuten aus der vierten Spalte addiert werden, um den gesuchten $\angle EAZ$ zu erhalten. Desgleichen wurde von dem mit $32°51'$ ermittelten Perigeumabstand $\Xi N$ ausgehend[b], (S. 214, 16) die Differenz $\angle E\Xi Z - \angle E\Gamma'Z = \angle \Gamma'E\Xi$ mit $0°7'$ nachgewiesen, also $\angle E\Xi Z - 0°7' = \angle E\Gamma'Z$, d. h. von der Größe des $\angle E\Xi Z$ müssen 7 Minuten abgezogen werden, um den $\angle E\Gamma'Z$ zu erhalten.

13) S. 266. 267 zweimal. 1. Genaue Berechnung der Länge und der Anomalie. Die Prosthaphäresis der Länge, d. i. $\angle BEM$ oder vielmehr dessen Scheitelwinkel, entspricht der Anomaliedifferenz bei der Sonne (I 171, 22) und zugleich dem Unterschied des genauen Apogeums des Epizykels von dem mittleren, ähnlich wie bei dem Monde (I 269, 20). Zwischen Apogeum und Perigeum des Exzenters (d. i. bei den Argumentzahlen der ersten Spalte) bleibt der Endpunkt der Leitlinie ME in der Ekliptik hinter dem Endpunkt der Leitlinie BE der gleichförmigen Bewegung um den $\angle BEM$ zurück: man hat die Prosthaphäresis von den Graden der gleichförmigen Länge abzuziehen, um die genauberechnete zu erhalten. Um denselben Winkel geht auf demselben Halbkreis des Exzenters das mittlere Apogeum ($m$) des Epizykels dem genauen ($g$) voraus: man hat die Prosthaphäresis zu den Graden der mittleren Anomaliezahl zu addieren, um die auf das genaue Apogeum reduzierte Zahl zu erhalten. Daß auf dem Halbkreis des Exzenters vom Perigeum zum Apogeum (d. i. bei den Argumentzahlen der zweiten Spalte) das umgekehrte Verfahren eintreten muß, ist aus dem Verhältnis der Leitlinien an der Figur deutlich zu erkennen.

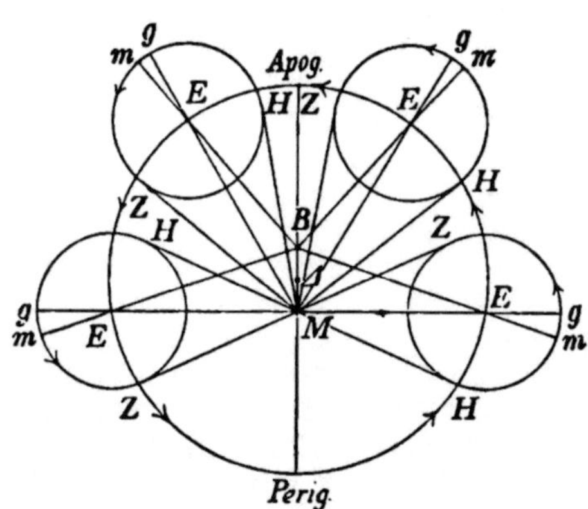


2. Berechnung der Prosthaphäresis der Anomalie. Die Prosthaphäresis in diesem Sinne entspricht der Anomaliedifferenz bei der epizyklischen Hypothese (I 172, 28). Sie mißt den Winkel $(EM\Pi)$, unter welchem einem Auge im Mittelpunkt (M) der Ekliptik der Abstand des Planeten ($\Pi$) von dem genauen Apogeum ($g$), in der Ekliptik gemessen, erscheint. Wie bei dem Monde er-

---

b) An der vorliegenden Figur entspricht $\Xi M$.

reicht dieser Winkel sein Maximum, wenn der Mond in den Berührungspunkten (Z und H) der Tangente an den Epizykel steht.
Zur Berechnung dieses Winkels bedarf es
zweier Argumentzahlen, der gleichförmigen Länge des Epizykels und der
genauberechneten Anomaliezahl des
Planeten.

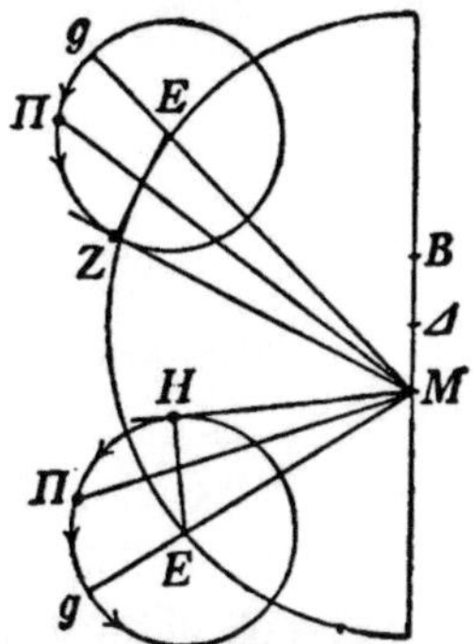

Es sei z. B. für den Saturn die gleichförmige Länge mit 30⁰ und die genauberechnete Anomaliezahl mit 45⁰ gegeben.
Zu letzterer bietet die sechste Spalte der
Tabelle (S. 261) den ∠ EMΠ für die mittlere Entfernung mit 4⁰3′ (als Mittel zwischen 3⁰49′ und 4⁰17′). Für die größte
Entfernung, d. i. bei der Länge 0⁰, würde
derselbe Winkel durch Abzug der der fünften Spalte zu
entnehmenden ganzen Differenz 0⁰11′30″ mit (4⁰3′—0⁰11′30″=)
3⁰51′30″ gewonnen werden. Nun handelt es sich aber um
die unwesentlich kleinere Entfernung, welche bei 30⁰ gleichförmiger Länge eintritt: es sind die zu dieser gegebenen
Länge in der achten Spalte angesetzten 52½ Sechzigstel
oder ⅞ der Differenz 0⁰11′30″, d. s. 0⁰10′, von der Prosthaphäresis 4⁰3′ der mittleren Entfernung abzuziehen, weil
die Länge 30⁰, als in den ersten 15 Zeilen stehend, auf den
erdfernen Halbkreis des Exzenters entfällt. Somit ist
EMΠ für die beiden gegebenen Argumentzahlen mit dem um
ein geringes größeren Betrag (4⁰3′ — 0⁰10′ =) 3⁰53′ gefunden.

3. Anbringung der Prosthaphäresis der genauberechneten
Anomalie. Der gefundene zahlenmäßige Betrag des ∠ EMΠ ist
zu der genauberechneten Länge des Epizykels zu addieren,
wenn die gegebene Anomaliezahl in der ersten Spalte, d. h.
der Planet auf der Abendseite (EZ) des Epizykels steht; denn
in diesem Fall geht der Planet auf beiden Halbkreisen des Exzenters, sowohl auf dem vom Apogeum zum Perigeum als auch
auf dem vom Perigeum zum Apogeum, dem Epizykelmittelpunkt
in der Ekliptik voran (s. Fig. zu 1). Abzuziehen ist der Betrag
des Winkels, wenn die Anomaliezahl in der zweiten Spalte,
d. h. der Planet auf der Morgenseite (EH) des Epizykels steht,
wo er auf beiden genannten Halbkreisen des Exzenters dem
Epizykelmittelpunkt in der Ekliptik nachfolgt.

14) S. 267. 1. Es soll der scheinbare Ort in Länge berechnet werden, welchen der Saturn am 6. Mechir (22. Dezember)
138 n. Chr. 8ʰ abends einnahm (vgl. S. 243, 25). Die seit der
Epoche verflossene Zeit beträgt 885ᵃ155ᵈ8ʰ. Für diese Stunde
geben die Tafeln der mittleren Bewegungen des Saturn (S. 104
bis 106) folgende einzelne Posten an die Hand:

|  | Länge | Anomalie |
|---|---|---|
| 810ᵃ | 180°53′12″ | 342°10′59″ |
| 72ᵃ | 160 4 43 | 182 24 58 |
| 3ᵃ | 36 40 11 | 322 36 2 |
| 150ᵈ | 5 1 23 | 142 49 19 |
| 5ᵈ | 10 2 | 4 45 38 |
| 8ʰ | 40 | 19 2 |
|  | 382°50′11″ | 995° 5′58″ |
| Mittlere Epoche: | ♐ 26°43′ | 34° 2′ |
|  | 409°34′ | 1029° 8′ |
| Ganze Kreise: | 360° | 720° |
| Überschuß: | 49°34′ | 309° 8′. |
| Von ♏ 23° bis ♐ 0°: | 37° |  |
| Mittlere Länge: | 86°34′. |  |

Mit den vom damaligen Apogeum ♏ 23° (S. 244, 14) ab gerechneten Graden 86°34′ der gleichförmigen Länge gehen wir in die erste Spalte der Anomalietabelle (S. 261) ein, entnehmen der dritten und vierten Spalte die Prosthaphäresis mit (6°26′30″ + 1′30″ =) rund 6°28′ und subtrahieren (Anm 13. 1) diesen Betrag von der gleichförmigen Länge 86°34′, um die genauberechnete mit 80°6′ zu erhalten, addieren ihn aber zu den Graden der mittleren Anomalie, um die genauberechnete Anomaliezahl mit (309°8′ + 6°28′ =) 315°36′ zu erhalten. Zu letzterer notieren wir hierauf die aus der sechsten Spalte sich ergebende Prosthaphäresis 4°4′ der Anomalie für die mittlere Entfernung und die aus der fünften Spalte hervorgehende Differenz 0°12′ der größten Entfernung. Von dieser sind aber nur die zur gleichförmigen Länge 86°34′ der achten Spalte zu entnehmenden ¹⁰⁄₆₀, d. s. 0°2′, in Betracht zu ziehen, und zwar (Anm. 13. 2 a. E.) von der notierten Prosthaphäresis 4°4′ zu subtrahieren, was 4°2′ gibt. Die hiermit gewonnene Prosthaphäresis der genauberechneten Anomalie werden wir nun von der genauberechneten Länge 80°6′ (Anm. 13. 3) abziehen, die als Ergebnis erhaltenen 76°4′ (vgl. S. 246, 10) von dem damaligen Apogeum ♏ 23° aus abzählen und so (vgl. S. 244, 1) zu dem scheinbaren Ort in Länge (7° + 60° + 9°4′ =) ♒ 9°4′ gelangen Die Breite des Saturn in dieser Position wird Anm. 22. 1 ermittelt.

2. Es soll der scheinbare Ort in Länge berechnet werden, welchen die Venus am 29/30. Tybi (16. Dezember) 138 n. Chr. ³⁄₄5ʰ früh einnahm (vgl. S. 164, 8). Die seit der Epoche verflossene Zeit beträgt 885ᵃ 28ᵈ 16³⁄₄ʰ. Für diese Stunde ergibt die Rechnung nach den Tafeln der mittleren Bewegungen der

Venus (S. 113—115) die gleichförmige Länge mit $292^0 9' = \nearrow 22^0 9'$,
was selbstverständlich zugleich der mittlere Ort der Sonne ist,
die mittlere Anomalie mit $230^0 31'$. Von dem damaligen Apogeum $\, \vartheta \, 25^0$ (S. 159, 27) ab gezählt, beträgt die gleichförmige
Länge $(5^0 + 180^0 + 22^0 9' =) 207^0 9'$. Zu dieser Argumentzahl gibt
die Anomalietabelle (S. 264) die Prosthaphäresis mit $(1^0 7' -
0^0 2' =) 1^0 5'$, so daß wir (Anm. 13. 1) die genauberechnete Länge
mit $(207^0 9' + 1^0 5' =) 208^0 14'$, die genauberechnete Anomalie mit
$(230^0 31' - 1^0 5' =) 229^0 26'$ erhalten. Zu letzterer entnehmen wir
der sechsten Spalte die Prosthaphäresis $45^0 43'$ der Anomalie für
die mittlere Entfernung und der siebenten Spalte die dazugehörige Differenz $1^0 10'$ der kleinsten Entfernung, nehmen aber
von dieser nur die $^{52}/_{60}$, welche zu der gleichförmigen Länge
$207^0 9'$ in der achten Spalte angesetzt sind, und **addieren**
(Anm. 13. 2 a. E.) den Bruchteil $1^0 1'$ zu der notierten Prosthaphäresis $45^0 43'$. Die hiermit erhaltenen $46^0 44'$ **subtrahieren** wir (Anm. 13. 3) von der genauberechneten Länge, zählen
den Rest $(208^0 14' - 46^0 44' =) 161^0 30'$ von dem Apogeum $\vartheta \, 25^0$
ab und gelangen so (vgl. S. 165, 5) zu dem scheinbaren Ort in
Länge $(5^0 + 150^0 + 6^0 30' =) \, \mathfrak{m} \, 6^0 30'$. Die Breite der Venus in
dieser Position wird Anm. 22. 2 ermittelt.

3. Es soll der scheinbare Ort in Länge berechnet werden,
welchen der Merkur am 18/19. Thoth (15. Nov.) 265 v. Chr.
$7^h$ früh einnahm. Eine Stunde später sei angenommen als im
Text (S. 151, 21), weil die gleichförmige Länge des Planeten in
besserem Einklang mit dem mittleren Ort der Sonne ($\mathfrak{m} \, 20^0 50'$)
gefunden wird. Die seit der Epoche verflossene Zeit beträgt
$483^a 17^d 19^h$. Für diese Stunde liefert die Rechnung nach den
Tafeln der mittleren Bewegungen des Merkur (S. 116—118) die
gleichförmige Länge mit $260^0 51' = \mathfrak{m} \, 20^0 51'$, die mittlere Anomalie mit $212^0 41'$. Zu der von dem damaligen Apogeum $\triangle \, 6^0$
(S. 151, 23) ab gezählten gleichförmigen Länge $44^0 51'$ gibt die
Anomalietabelle (S. 265) die kombinierte Prosthaphäresis mit
$1^0 53'$. Es beträgt demnach (Anm. 13. 1) die genauberechnete
Länge $(44^0 51' - 1^0 53' =) 42^0 58'$, die genauberechnete Anomalie
$(212^0 41' + 1^0 53' =) 214^0 34'$. Zu letzterer entnehmen wir der
sechsten Spalte die Prosthaphäresis $17^0 3'$ der Anomalie für
die mittlere Entfernung und der fünften Spalte die dazugehörige Differenz $2^0 54'$ der größten Entfernung. Hiervon
nehmen wir die zu der gleichförmigen Länge $44^0 51'$ sich ergebenden $^{29}/_{60}$, d. s. $1^0 25'$, und ziehen (Anm 13. 2) diesen Betrag von der notierten Prosthaphäresis $17^0 3'$ ab. Die hiermit
erhaltenen $15^0 38'$ subtrahieren wir (Anm. 13. 3) von der genauberechneten Länge $42^0 58'$ und erhalten somit (vgl. S. 151, 11)
als scheinbaren Ort in Länge $(42^0 58' - 15^0 38' =) 27^0 20'$, d. i. vom

Apogeum ♎ 6° ab gezählt, ♏ 3°20'. Die Breite des Merkur in dieser Position wird Anm. 22. ₃ ermittelt.

15) S. 277. Die Weiterführung des Beweises gestaltet sich im Vergleich zu S. 274, ₂₆ folgendermaßen:

$$\tfrac{1}{2}\,\Lambda K : ZK < \angle HZK : \angle HEK.$$

Es ist aber $\qquad \tfrac{1}{2}\,\Lambda K : ZK = G\,Ep : G\,Pl,$

folglich $\qquad\quad G\,Ep : G\,Pl < \angle HZK : \angle HEK,$

oder $\quad \angle HEK : \angle HZK < G\,Pl : G\,Ep.$

Die letzte, mit dem Schlußergebnis (S. 277, ₃) übereinstimmende Zeile ist aus der hier vorhergehenden durch Umstellung der äußeren und Vertauschung der inneren Glieder hervorgegangen. Viel klarer tritt das zu beweisende Gegenteil (S. 276, ₁₂) des vorher (S. 274, ₂₈) gewonnenen Ergebnisses hervor, wenn man die hier vorletzte Zeile unter Umstellung der Verhältnisse als Schlußergebnis hinstellt. Die beiden Ergebnisse stehen sich dann in folgender Form gegenüber:

$$\text{S. 277, ₃ :} \quad \angle HZK : \angle HEK > G\,Ep : G\,Pl,$$
$$\text{S. 274, ₂₈:} \quad \angle HZK : \angle HEK < G\,Ep : G\,Pl.$$

Die Weiterführung des Beweises für die **exzentrische Hypothese** gestaltet sich in Anknüpfung an S. 275, ₂₉ entsprechend. Auch hier führt die Gegenüberstellung der Ergebnisse in geeigneterer Form

$$\text{S. 277, ₄ :} \quad \angle H\Theta K : \angle HEK > G\,Ex : G\,Pl,$$
$$\text{S. 275, ₃₁:} \quad \angle H\Theta K : \angle HEK < G\,Ex : G\,Pl,$$

zu einem besseren Verständnis des Gegenteiles.

16) S. 281. Wenn die Figur dem Zeitpunkt entsprechen soll, wo der Planet, dessen Opposition direkt im Apogeum des Exzenters bevorsteht, noch stationär in Punkt Z steht, kann der Epizykelmittelpunkt nicht direkt im Apogeum angenommen werden, wie dies an den Figuren des Originals und an den von mir beigegebenen scheinbar der Fall ist. Es bedarf vielmehr einer Figur, welche den Planeten in Punkt Z stationär zeigt, während der Epizykelmittelpunkt A in einem gewissen Abstand **genauberechneter** Länge (2' 6' 6'') noch **vor** dem Apogeum steht, wie S. 303, ₃₀ deutlich ausgesprochen wird. Dieser Abstand wird unter Anrechnung der Prosthaphäresis (0°6'30'' auf 1°) der **periodischen** Länge (2°21'25'') entsprechen, die nach den Tafeln (III$^a$ und III$^b$ S. 106) in die zwischen dem ersten Stillstand und der Opposition verstreichende Zeit (von 70⅓ Tagen) umzuwandeln ist, in welcher der Epizykel in das Apogeum des Exzenters und der Planet **rückläufig** in das Perigeum des Epizykels gelangt.

Da für die Beweise derartig komplizierte Figuren nicht angezeigt waren, so habe ich es bei den Stellungen, welche die Figuren des Originals zeigen, belassen, jedoch diese drei Stellungen des Epizykels in größter, mittelster und kleinster Entfernung für jeden Planeten zu einer einheitlichen Figur vereinigt, in welcher der Unterschied der Entfernungen vom Mittelpunkt der Ekliptik zum Ausdruck kommt. Das Größenverhältnis zwischen Epizykel und Exzenter konnte natürlich nicht für jeden Planeten eingehalten werden, ist aber insoweit berücksichtigt, daß der Epizykel des Jupiter größer als der des Saturn und die Epizyklen der Venus und des Merkur größer als der des Jupiter gezeichnet sind. Außerdem lassen die neuen Figuren einigermaßen erkennen, daß mit der Annäherung an die Erde die Rückläufigkeitsstrecke bei den vier ersten Planeten kleiner, bei dem Merkur dagegen größer wird.

War die epizyklische Hypothese (vgl. S. 268 Anm. [a])), welche die Veränderung der Entfernung, d. i. die Exzentrizität der Planetenbahnen, bei den verhältnismäßig kurzen Strecken der Rückläufigkeit als unwesentlich außer acht läßt, für die Erklärung der vorausgeschickten Lehrsätze ausreichend, so kann sie nicht mehr genügen, sobald die Wirkung der Exzentrizität in Betracht gezogen wird. Dies geschieht erstens (S. 281, 18) mit der Erklärung, daß die Entfernung kurz vor dem Apogeum nur unwesentlich verschieden sei von der größten Entfernung, und zweitens (S 281, 22) durch Berücksichtigung der Prosthaphäresis der Länge. Solange es sich um die Rückläufigkeit n der mittleren Entfernung handelte, kam die Prosthaphäresis deshalb nicht in Betracht (vgl. S. 278, 27), weil dort, wo der Fortschritt des ungleichförmigen oder scheinbaren Laufs sich von der mittleren Bewegung auf eine ziemliche Strecke nicht wesentlich unterscheidet, genauberechnete und periodische Länge als identisch gelten kann.

Bei der größten Entfernung wird die zur Bestimmung der zwischen Stillstand und Opposition verstreichenden Zeit erforderliche periodische Länge auf folgendem Wege gewonnen. Nachdem $\angle ZAH$ der scheinbaren, d. i. der von dem genauen Perigeum H ab gerechneten Anomalie (S. 282, 28) mit $7°15'$ gefunden ist, ergibt sich nach dem gegebenen Verhältnis $3\frac{1}{2} : \frac{9}{10}$ die auf diesen Winkel entfallende genauberechnete Länge mit $2°6'$. Damit ist die Ekliptikstrecke gefunden, welche der Epizykel in der bis zur Opposition verstreichenden Zeit von A bis zum Apogeum des Exzenters für das Auge in $\Gamma$ in der Richtung der Zeichen zurücklegt. Es ist aber zugleich mit dem $\angle ZAH$ auch der $\angle A\Gamma E$ (S. 282, 27) mit $5°38'$ gefunden, d. i. die Strecke, welche in derselben Zeit der Planet in der Ekliptik gegen die Richtung der Zeichen zurücklegt; folglich beträgt die Strecke, die er für das Auge in Γ scheinbar rückläufig ist, den Unterschied der beiden Winkel, d. i. (5°38′ −

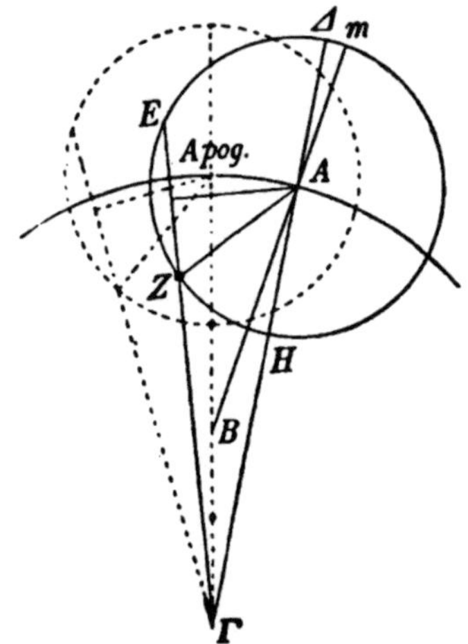

2°6′ =) 3°32′. Die Zeit, welche der Planet zu diesem Rücklauf braucht, ist dieselbe, in welcher der Epizykel die periodische oder mittlere (von dem Winkel bei B gemessene) Länge bis zum Apogeum des Exzenters zurücklegt, die um die Prosthaphäresis, d. i. um den ∠ ΔAm, größer ist als die genau berechnete oder scheinbare (von dem Winkel bei Γ gemessene) Länge. Daher addiert Ptolemäus (S. 283, 9) den auf 2°6′ der letzteren entfallenden Betrag mit 0°15′ und erhält so mit 2°21′ die periodische Länge, zu welcher die Tafeln (S. 106) der gleichförmigen Bewegungen des Saturn die halbe Dauer der Rückläufigkeit mit

70¹/₃ Tagen liefern. Die Unzulänglichkeit der mit 0°6′30″ (S. 281, 22) zugrunde gelegten Prosthaphäresis auf einen Grad, nach welcher das einfache Rechenexempel 0°6′30″ ✕ 2°6′ die gesuchte Prosthaphäresis mit nur 0°13′39″ ergibt, veranlaßt den Ptolemäus zu dem Nachtrag (S. 301 f.) am Schluß des sechsten Kapitels.

Bei der kleinsten Entfernung wird auf demselben Wege

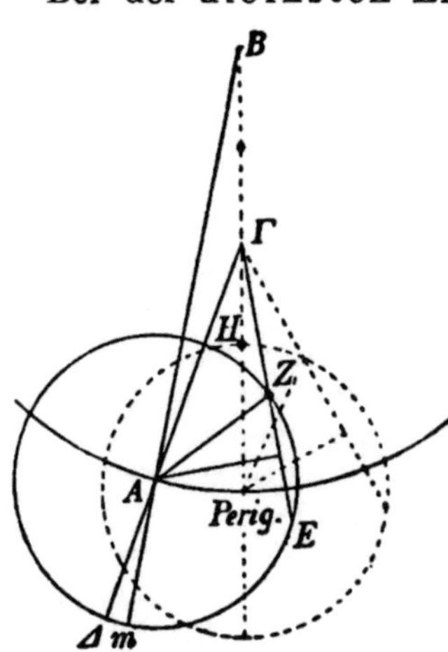

zunächst der Abstand vom Perigeum des Exzenters nach genauberechneter Länge (S. 284, 33) mit 2°33′28″ festgestellt und (S. 283, 24) die am Perigeum auf einen Grad entfallende Prosthaphäresis mit 0° 7′ 20″ zugrunde gelegt. Auch hier zeigt sich die Unzulänglichkeit dieses Wertes. Weil die genauberechnete (von dem Winkel bei Γ gemessene) Länge um den ∠ ΔAm größer ist als die periodische (von dem Winkel bei B gemessene), wird letztere (S. 285, 5) unter Abzug der Prosthaphäresis mit 2°16′45″ erzielt, d. h. die Prosthaphäresis ist zu (2°33′28″ − 2°16′45″ =) 0°16′43″

angenommen, während die Nachprüfung (0°7′20″ ✕ 2° 33′28″ zu dem um 0°2′2″ größeren Betrag 0°18′45″ führt.

17) S. 334. Bei der größeren Kompliziertheit der Bahnver-
hältnisse wird es genügen, den Lauf der Venus und des Merkur durch Figuren zu erläutern, und zwar den Lauf des Merkur ohne Rücksicht auf die stark elliptische Gestalt seiner Bahn.

Die Epizyklen sind in den Kardinalpunkten der Bahnen angenommen: in den Apogeen ($\Omega$) und den Perigeen ($\Pi$), die
mit den Grenzpunkten der Breite zusammenfallen (vgl S. 328,
25), und in den Knoten ($K^1$ u. $K^2$; vgl. S. 328, 9). Die Planeten sind in die Apogeen (A) und die Perigeen (P) ihrer Epizyklen gesetzt, sowie in die Berührungspunkte der Tangenten
an die Epizyklen, in denen für das Auge in E die größten
Elongationen eintreten. Die genauberechnete Anomalie, welche
auf diese Punkte entfällt, beträgt bei der Venus 138° und 222°,
bei dem Merkur 111° und 249°. Daß an den Figuren diese
Punkte nicht all-
enthalben gleich-
weit beiderseits
der Perigeen an-
gesetzt sind, er-
klärt sich aus dem
Schiefstand der
Epizyklen, der
nicht perspekti-
visch dargestellt
werden konnte.
Als Ausgangs-
punkt der bei bei-
den Planeten zu-
nächst nach Nor-
den gerichteten
Hebung des
Durchmessers
($AP$), welcher
durch die schein-
baren Apogeen
geht, ist das be-
treffende Peri-
geum ($P^*$) des

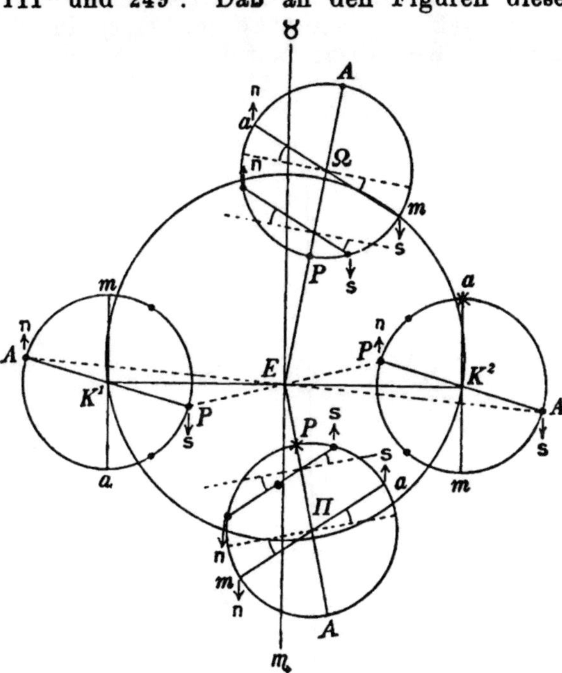

Epizykels (vgl. S. 331, 1) durch einen Stern bezeichnet. Ebenso
der auf der Abendseite des Epizykels liegende Endpunkt ($a^*$)
des Quermessers ($am$) als Ausgangspunkt der bei beiden Planeten gleichfalls zunächst nach Norden gerichteten Hebung dieses Durchmessers über seine (punktierte) Normallage (S. 331, 26).

Der Neigungswinkel ($\xi\gamma\kappa\lambda\iota\sigma\iota\varsigma$) des Epizykels der Venus im
Apogeum und Perigeum des Exzenters gleich Null, erreicht ein
Maximum von $2\frac{1}{2}$° in den Knoten (S. 336, 18). Steht der Pla-

net bei diesem Maximum in dem Perigeum des Epizykels, so erscheint die ihm durch diesen Winkel verliehene größte (in K²) nördliche und (in K¹) südliche Breite dem Auge in E unter einem Winkel von 6°22′ (S 336, 23). Steht er aber in dem Apogeum des Epizykels, so erscheint die (in K¹) nördliche und (in K²) südliche Breite unter einem Winkel von 1°2′ (S. 336, 23).

Der Winkel des Schiefstandes (λόξωσις), in den Knoten gleich Null, erreicht im Mittel ein Maximum von 3½° (S. 367, 28). Wenn der Planet in den Berührungspunkten der Tangente, d. i. in der größten Elongation von der mittleren Sonne steht, so bewirkt dieses Maximum des Schiefstandes für ein Auge in E hinsichtlich der Breite des Planeten im Apogeum des Exzenters einen Abzug (auf der Abendseite *a*) oder Zusatz (auf der Morgenseite *m*) von 2°27′ (S. 371, 8), im Perigeum des Exzenters einen Abzug (auf der Morgenseite *m*) oder Zusatz (auf der Abendseite *a*) von 2°34′ (S. 371, 23).

Endlich verleiht der Neigungswinkel des Exzenters sowohl in der Erdferne als in der Erdnähe dem im genauen Apogeum oder Perigeum des Epizykels stehenden Planeten eine nördliche Breite von ⅙° (S. 335, 16). Während des Laufs des Epizykels zum Knoten (vgl. Anm. 22. 2 a. E.) nimmt dieser Winkel ab, bis er im Knoten gleich Null wird, um von dort wieder bis zu dem Maximum anzuwachsen.

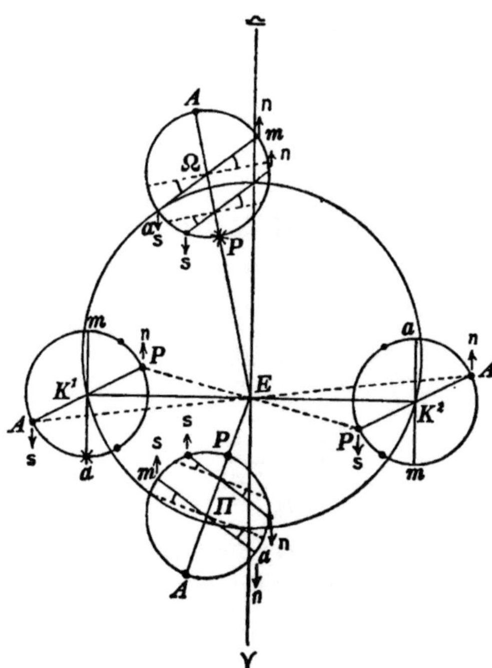

Bei dem Merkur beträgt das Maximum des Neigungswinkels des Epizykels 6¼° (S 337, 3), der Winkel am Auge, wenn der Planet im Perigeum des Epizykels steht, 4°5′ (S. 337, 10), wenn im Apogeum, 1°46′ (S. 337, 9).

Der Winkel des Schiefstandes erreicht im Mittel (S. 369, 15) das Maximum von 7° und erscheint dem Auge in der Erdferne unter einem Winkel von 2°17′ (S. 372, 19), in der Erdnähe unter einem solchen von 2°46′ (S. 373, 7).

Der Neigungswinkel des Exzenters verleiht dem im Apogeum oder Perigeum des Epizykels stehenden Planeten sowohl in der Erdferne als in der Erdnähe eine stets südliche Breite von $^3/_4$° (S. 335, 17). Dieser Winkel wird in den Knoten gleich Null und nimmt von da wieder bis zum Maximum zu.

18) S. 336. 337. Der durch die Pole des Epizykels gezogene größte Kreis, auf welchem die Neigungswinkel des Epizykels gemessen werden, ist selbstverständlich gleichgroß wie der Epizykel des betreffenden Planeten. Der Winkel, unter welchem der von dem Neigungswinkel unterspannte Bogen dieses Kreises dem Auge erscheint, ist daher identisch mit der Prosthaphäresis der Anomalie (vgl. Anm. 13. 2), welche einen gleichgroßen Abstand des Planeten von dem genauen Apogeum oder Perigeum des Epizykels mißt. Weil der Epizykel, wenn er das Maximum der Neigung zeigt, in den Knoten der Bahn steht, so kommen für die Berechnung dieses Winkels am Auge die Ansätze in Betracht, welche die Anomalietabellen der Planeten in der sechsten Spalte für die Prosthaphäresis der Anomalie in der mittleren Entfernung bieten.

Nach dieser Spalte der Tabelle der Venus (S. 264) erscheint ein Epizykelbogen von 6° am Apogeum des Epizykels dem Auge unter einem Winkel von $2^1/_2$°, so daß auf einen Grad $(2^1/_2$° : 6 =) 0°25′ entfallen; folglich wird ein Bogen des durch die Pole des Epizykels gezogenen größten Kreises, der am Apogeum des Epizykels den Neigungswinkel von $2^1/_2$° überspannt, dem Auge unter einem Winkel von (0°25′ × $2^1/_2$ =) 1°2′30″ erscheinen. Am Perigeum des Epizykels erscheint ein Epizykelbogen von 3° dem Auge unter einem Winkel von rund 7°40′, so daß auf einen Grad 2°33′ kommen; folglich ergibt sich für einen Bogen des besagten Kreises, der am Perigeum des Epizykels den Neigungswinkel von $2^1/_2$° überspannt, ein Winkel am Auge von (2°33′ × $2^1/_2$ =) 6°22′.

Nach der sechsten Spalte der Anomalietabelle des Merkur (S. 265) entfällt auf einen Grad am Apogeum des Epizykels die Prosthaphäresis mit (98′ : 6 =) rund 0°17′; mithin erscheint der am Apogeum den Neigungswinkel von $6^1/_4$° überspannende Bogen unter einem Winkel von (0°17′ × $6^1/_4$ =) 1°46′. Rechnet man ferner der Tabelle nach die auf einen Grad am Perigeum des Epizykels entfallende Prosthaphäresis (108′ : 3 =) 0°36′, so erscheint der am Perigeum denselben Neigungswinkel überspannende Bogen unter einem Winkel von nur (0°36′ × $6^1/_4$ =) 3°45′ statt 4°5′. Demnach hat Ptolemäus, abweichend von dem Betrag der Tabelle, die Prosthaphäresis auf einen Grad mit 0°39′ angenommen.

19) S. 340. Bei dem Mars wird umgekehrt aus den durch Berechnung festgestellten Winkeln von $6^{\circ}$ und $3^{\circ}20'$, unter welchen in der Erdnähe und in der Erdferne der den Neigungswinkel des Epizykels überspannende Bogen erscheint, die Größe des Neigungswinkels selbst, d. i. der Betrag des Bogens $N\Xi$ oder $\Theta K$ des durch die Pole des Epizykels gezogenen größten Kreises abgeleitet.

Für einen Epizykelbogen von $3^{\circ}$ am Perigeum des Epizykels liefert die Anomalietabelle (S. 263) die Prosthaphäresis der Anomalie in der kleinsten Entfernung mit $(5^{\circ}45' + 2^{\circ}20' =)$ rund $8^{\circ}$, so daß auf einen Grad $(8^{\circ}:3 =)$ $2^{\circ}40'$ entfallen, d. h. ein Winkel des besagten größten Kreises von einem Grad erscheint am Perigeum des Epizykels in der kleinsten Entfernung unter einem Winkel von $2^{\circ}40'$. Folglich wird der den Neigungswinkel überspannende Bogen $N\Xi$, der unter einem Winkel von $6^{\circ}$ erscheint, zu einem Winkel von $2^{\circ}15'$ gehören.[a]

In der größten Entfernung beträgt für den Epizykelbogen von $3^{\circ}$ am Perigeum des Epizykels die Prosthaphäresis der Anomalie $(5^{\circ}45' - 1^{\circ}16' =)$ rund $4''30'$, so daß auf einen Grad $1^{\circ}30'$ entfallen. Folglich wird der Neigungswinkel, dessen Bogen $\Theta K$ in der größten Entfernung unter einem Winkel von $3^{\circ}20'$ erscheint, wieder rund $2^{\circ}15'$ betragen.[b]

20) S. 342. Für den Saturn und den Jupiter ist unter etwas veränderten Verhältnissen dieselbe Aufgabe zu lösen wie für den Mars. Bei dem Saturn erscheint der Bogen des Neigungswinkels des Epizykels am Apogeum unter einem Winkel von $0^{\circ}26'$, am Perigeum unter einem solchen von $0^{\circ}34'$. Da für größte und kleinste Entfernung ein Unterschied (S. 340,27) nicht gemacht wird, so kann mit den Zahlen der mittleren Prosthaphäresis der Anomalie gerechnet werden, nach denen (s. die Tabelle S. 261) auf einen Grad am Apogeum des Epizykels $0^{\circ}6'$, am Perigeum $0^{\circ}7'40''$ entfallen. Es ergeben die Verhältnisse

$$\text{am Apogeum} \quad 1^{\circ}:0^{\circ}6' \quad\;\; = b\,\mathsf{HZ}:0^{\circ}26'$$
$$\text{am Perigeum} \quad 1^{\circ}:0^{\circ}7'40'' = b\,\Theta\mathsf{K}:0^{\circ}34'$$

für $b\,\mathsf{HZ}\ \dfrac{26'}{6}$, d. i. das $4\tfrac{1}{3}$ fache eines Grades oder $4^{\circ}20'$,

für $b\,\Theta\mathsf{K}\ \dfrac{2040''}{460}$, d. i. das $4\tfrac{20}{46}$ fache eines Grades oder $4^{\circ}26'5''$.

Beide Ergebnisse bleiben hinter dem von Ptolemäus mit $4\tfrac{1}{2}^{\circ}$ angegebenen Neigungswinkel erheblich zurück. Diesen Betrag

---

a) Nach dem Verhältnis $1^{\circ}:2^{\circ}40' = x:6^{\circ}$ ist $x = \dfrac{360'}{160} = 2\tfrac{4}{16}$, d. h. der gesuchte Winkel beträgt das $2\tfrac{1}{4}$ fache eines Grades.

b) Nach dem Verhältnis $1^{\circ}:1^{\circ}30' = x:3^{\circ}20'$ ist $x = \dfrac{200'}{90} = 2\tfrac{2}{9}$, d. i. genau $2^{\circ}13'20''$.

erzielt man genau nur dann, wenn man die Prosthaphäresis auf
einen Grad am Apogeum mit $0°5'49''$, am Perigeum mit $0°$
$7'33''$ ansetzt:

$$\text{am Apogeum mit } \frac{1560''}{349} = 4\frac{174}{349}$$

$$\text{am Perigeum mit } \frac{2040''}{453} = 4\frac{228}{453}$$

$$\Bigg\} \text{ d. i. rund } 4\tfrac{1}{2}°.$$

Bei dem Jupiter betragen die beiden gegebenen Winkel
am Auge $0°24'$ und $0°36'$. Hier erhält man mit den Beträgen
der Prosthaphäresis, wie sie die Tabelle (S. 262) für einen Grad
am Apogeum und am Perigeum des Epizykels an die Hand
gibt, ziemlich genau den von Ptolemäus mit $2\frac{1}{2}°$ angegebenen
Neigungswinkel. Es ergeben die Verhältnisse

$$\text{am Apogeum } 1°: 0°\ 9'40'' = b\,HZ : 0°24'$$

$$\text{am Perigeum } 1°: 0°14'20'' = b\,\Theta K : 0°36'$$

$$\text{für } b\,HZ \quad \frac{1440''}{580} = 2\frac{28}{58}$$

$$\text{für } b\,\Theta K \quad \frac{2160''}{860} = 2\frac{44}{86}$$

$$\Bigg\} \text{ d. i. rund } 4\tfrac{1}{2}°.$$

21) S. 378. 379 zweimal. 1. Die Argumentzahlen der Tabellen der Breite sind, wie die Überschrift der beiden ersten Spalten besagt, von den Apogeen aus gerechnet, weil in den
folgenden Spalten die gleichgroßen Beträge zu beiderseits
der Apogeen gleichweit entfernten Graden anzusetzen waren.
Nun sind für die Breite, die dem Epizykel infolge der Neigung
des Exzenters erwächst, die Zahlen der genauberechneten Länge
maßgebend, welche von den Grenzpunkten der größten
Breite ab gezählt werden. Dieser Grenzpunkt fällt bei dem
Mars nahezu, bei der Venus und dem Merkur genau mit dem
Apogeum der Exzenter zusammen, was bei den Planeten Saturn
und Jupiter nicht der Fall ist. Deshalb muß für letztere die
vom Apogeum ab gegebene genauberechnete Länge auf diesen
Grenzpunkt als Ausgang der Zählung reduziert werden. Dies
geschieht für den Saturn durch Zusatz von rund $50°$ (statt $53°$),
weil bei ihm der nördliche Grenzpunkt der Breite (S. 326,30) in
♄ $0°$ so weit rückwärts des Apogeums ♏ $23°$ liegt, für den
Jupiter durch Abzug von rund $20°$ (statt $19°$), weil bei ihm
dieser Grenzpunkt in ♎ $0°$ so weit vorwärts des Apogeums
♐ $11°$ liegt. Für den Mars wird keine Veränderung der Länge
vorgeschrieben, weil bei ihm der nördliche Grenzpunkt in ♋ $30°$
ziemlich nahe (S. 326,32) an dem Apogeum ♋ $25°30'$ liegt. Es
wird demnach eine Differenz von $4\frac{1}{2}°$ für unwesentlich gehalten, weil auf eine so kleine Strecke die Breite sich nur ganz

unmerklich ändert. Von diesem Gesichtspunkt aus sind wohl
auch die abgerundeten Zahlen bei dem Saturn und dem Jupiter
zu beurteilen.

Von einer Rücksicht auf das derzeitige Apogeum, d. i. auf
das Apogeum des Jahrhunderts, für welches die Berechnung der
Breite angestellt wird, wie sie bei Berechnung der scheinbaren
Örter in Länge (S. 266,6) vorgeschrieben wurde, sieht Ptolemäus
hier ab. Die Vorschrift kann demnach nur für seine Zeit, oder
wenigstens für nicht viel früher oder später, Gültigkeit haben.
Denn die Apogeen der Epoche — für den Saturn ♏ 14°10', für
den Jupiter ♍ 2°9', für den Mars ♋ 16°40' — verursachen gegen die nördlichen Grenzpunkte, die Ptolemäus mangels Kenntnis der geringen rückläufigen Bewegung der Knotenlinien für
unverrückbar hält, recht wesentliche Differenzen in Länge.
Solche müßten sich auch bei der Venus und dem Merkur bemerkbar machen, deren Grenzpunkte der Breite für die Zeit
des Ptolemäus direkt in den Apogeen ♉ 25° und ♎ 10° angenommen werden, während zur Zeit der Epoche letztere in
♉ 16°10' und ♎ 1°10' lagen. Je schneller sich aber ein Planet
bewegt, um so merkbarer muß schon in kurzer Zeit seine Veränderung in Breite werden und um so größer der Fehler einer
Berechnung, welche für zurückliegende Jahrhunderte ohne
Rücksicht auf das damalige Apogeum des Planeten vorgenommen wird.

2. Eine andere Bewandtnis hat es mit den vorgeschriebenen
Zusätzen zur genauberechneten Länge bei der Venus und dem
Merkur. Ist bei der Venus die gegebene genauberechnete Länge
unter 90°, d. h. steht der Epizykel zwischen dem nördlichen Grenzpunkt des erdfernen Halbkreises des Exzenters und dem Knoten
am Ende des ersten Quadranten, so führt der Zusatz von 90°
zu der Reihe der zunehmenden Sechzigstel des zweiten Quadranten, die von dem notierten Betrag des Neigungswinkels des
Epizykels genommen werden sollen. Denn im ersten Quadranten des Exzenters, d. i. vom Apogeum bis zum Knoten, nimmt
die südliche Breite des Planeten (s. Fig. zu Anm. 17), welche der
Neigungswinkel des Epizykels verleiht, von 0° bis 6°22' zu.
Fällt die genauberechnete Länge aber in den zweiten Quadranten, in welchem die südliche Breite des Planeten mit dem
Neigungswinkel bis zum Perigeum wieder abnimmt, so führt
der Zusatz von 90° zu der Reihe der abnehmenden Sechzigstel des dritten Quadranten, die von dem notierten Betrag
des Neigungswinkels genommen werden sollen. Daß durch denselben Zusatz der entsprechende Erfolg erreicht wird, wenn die
genauberechnete Länge in den dritten und vierten Quadranten des Exzenters fällt, ist ohne weiteres klar.

Bei dem **Merkur** wird als Zusatz zur genauberechneten Länge ein Halbkreis mehr als bei der Venus, d. s. 270⁰, vorgeschrieben, weil bei ihm dem Neigungswinkel entsprechend die südliche Breite (s. Figur zu Anm. 17) im **dritten** Quadranten, d. i. vom **Perigeum** ab bis zum Knoten zunimmt und im **vierten** Quadranten bis zum **Apogeum** wieder abnimmt. Fällt z. B. die Länge des Epizykels mit 183⁰ in den **dritten** Quadranten, zu welchem in der Tabelle abnehmende Sechzigstel angesetzt sind, so führt der Zusatz 270⁰ zu der Argumentzahl (1ϟ3⁰ + 270⁰ — 360⁰ =) 93⁰, d. i. in die Reihe der **zunehmenden** Sechzigstel, zu welcher bei dem entsprechenden Stande des Epizykels der Venus in dem **ersten** Quadranten der Zusatz 90⁰ führte. **Das**selbe Ergebnis würde für den Merkur auch durch **Abzug** von 90⁰ erreicht werden; in beiden Fällen wird die Argumentzahl der Länge in den **vorhergehenden** Quadranten verlegt, welcher die der Zunahme oder Abnahme des Neigungswinkels entsprechenden Sechzigstel enthält.

**Keines** Zusatzes bedarf es bei der **Venus** zur genauberechneten Länge, um die Sechzigstel zu erhalten, welche die durch den **Schiefstand** verursachte Breite betreffen; denn da die nach Norden gehobene Abendseite des Epizykels (s. Figur zu Anm. 17) im **ersten** Quadranten, d. i. vom **Apogeum** zum Knoten, sich zur Ebene der Ekliptik **herabsenkt**, worauf sich im **zweiten** Quadranten bis zum **Perigeum** die Morgenseite wieder nach Norden **emporhebt**, so führen die gegebenen Grade der Länge **ohne weiteres** zu den erforderlichen ab- oder zunehmenden Sechzigsteln.

Bei dem **Merkur** vollzieht sich der entsprechende Verlauf des Schiefstandes im dritten und vierten Quadranten des Exzenters (s. Figur zu Anm. 17), d. i. vom Perigeum zum Apogeum, mithin gleichfalls einen Halbkreis weiter vorwärts als bei der Venus. Nun stehen aber bei den genauberechneten Längen, welche in diese Quadranten fallen, d. h. bei den Argumentzahlen der zweiten Spalte von unten nach oben, dem Verlauf des Schiefstandes durchaus entsprechend, im dritten Quadranten **abnehmende** und im vierten Quadranten **zunehmende** Sechzigstel; die **gegebene** Länge führt also gerade so gut wie bei der Venus **ohne weiteres** zu den dem Verlauf des Schiefstandes entsprechenden Sechzigsteln. Der Zusatz von 180⁰, der die Argumentzahlen der zweiten Spalte zu den ebenfalls erst abnehmenden, dann zunehmenden Sechzigsteln des ersten und zweiten Quadranten führt, ist demnach in dieser Hinsicht belanglos, wird aber maßgebend für die Erzielung derjenigen Länge, von welcher der Ausfall nördlicher oder südlicher Breite des Schiefstandes abhängt. So führt z. B. (vgl. S. 391,19) die Länge von 20⁰ ebensogut wie die um 180⁰ vermehrte

Länge von 200° zu $^{58}/_{60}$, während nur letztere bei der unter
180° bleibenden Anomaliezahl 108 nach Absatz 3 Ba) S. 379 zu
der erforderlichen südlichen Breite führt.

Betrachtet man die beiden Sechzigstelreihen näher, die einerseits für die Argumentzahlen der ersten Spalte von oben nach
unten, anderseits für die der zweiten Spalte von unten nach
oben verlaufen, so besteht der einzige Unterschied darin, daß
auf der Strecke vom Apogeum zum Perigeum (d. i. von 0° bis
180°) die abnehmenden Sechzigstel (bis 90°) von 6 zu 6 Grad
und die (von da ab) zunehmenden von 3 zu 3 Grad fort-
schreiten, dagegen auf der Strecke vom Perigeum zum Apogeum
(von 180° bis 360°) die abnehmenden (bis 270°) von 3 zu
3 Grad und die (von da ab) zunehmenden von 6 zu 6 Grad.
Es lassen sich demnach zu den um 180° vermehrten mittleren
Argumentzahlen der kürzeren Reihe die entsprechenden
Sechzigstel aus der längeren Reihe entnehmen. So entfallen
auf 27° die bei (27° + 180° =) 207° stehenden 53′12″.

Zur Berechnung der Sechzigstel für die Planetenbreiten
muß noch folgendes bemerkt werden. Sie sind aus den Zahlen
für die Breite des Mondes (Tabelle der Gesamtanomalie I
286) einfach durch Multiplikation mit 12 (S. 375, 12) abgeleitet.
Bei der Nachprüfung hat sich für eine Reihe von Argumentzahlen ein Rechnungsfehler herausgestellt, der merkwürdi-
gerweise stets auf ein Minus von 12″ hinausläuft, eine Differenz, die auf das schließliche Ergebnis der Berechnung der
Breite natürlich keinen wesentlichen Einfluß haben kann.

Die Multiplikation mit 12 ergibt nämlich bei den Argumentzahlen (einschließlich ihrer Ergänzungen zu 360°)

| | | | | | |
|---|---|---|---|---|---|
| 12° u. 168° | aus 4°54′ | nicht | 58′36″ | sondern | 58′48″ |
| 24° u. 156° | „ 4°34′ | „ | 54′36″ | „ | 54′48″ |
| 36° u. 144° | „ 4° 3′ | „ | 48′24″ | „ | 48′36″ |
| 42° u. 138° | „ 3°43′ | „ | 44′24″ | „ | 44′36″ |
| 72° u. 108° | „ 1°33′ | „ | 18′24″ | „ | 18′36″ |
| 78° u. 102° | „ 1° 3′ | „ | 12′24″ | „ | 12′36″. |

Hierüber bei den Argumentzahlen

| | | | | | |
|---|---|---|---|---|---|
| 99° | aus 0°48′ | nicht | 9′24″ | sondern | 9′36″ |
| 111° | „ 1°48′ | „ | 21′24″ | „ | 21′36″ |
| 135° | „ 3°32′ | „ | 42′12″ | „ | 42′24″ |
| 153° | „ 4°27′ | „ | 53′12″ | „ | 53′24″ |
| 165° | „ 4°50′ | „ | 57′48″ | „ | 58′ 0″. |

22) S. 378. 380. 1. Es soll die Breite berechnet werden, welche der Saturn am 6. Mechir (22. Dezember) 138 n. Chr. 8$^h$
abends (S. 243, 25) hatte. Die genauberechnete Länge war (Anm.
14. 1) mit 80°6′, die genauberechnete Anomalie mit 315°35′ fest-

gestellt. Nachdem wir erstere (Anm. 21) um 50° vermehrt haben, gehen wir mit 130°6′ in die Tabelle (S. 376) ein und notieren aus der fünften Spalte $^{38}/_{60}$. Zu der genauberechneten Anomaliezahl 315°35′ liefert die vierte Spalte, weil die vermehrte Länge auf den südlichen Halbkreis des Exzenters entfällt, die Breite 2°9′, von der obige $^{38}/_{60}$ zu nehmen sind. Der Bruchteil 1°21′ zeigt die südliche Breite an, welche der Saturn zurzeit hatte.

Zur Kontrolle dieses Ergebnisses kann folgendes dienen. Beobachtungsgemäß stand der Saturn (S. 244, 4) von dem nördlichen Horn des südlich der Ekliptik stehenden Mondes 0°30′ in der Richtung der Zeichen (d. i. östlich) entfernt; das Horn lag mithin auch 1°21′ südlich der Ekliptik; folglich mußte das Zentrum des Mondes eine um 0°15′ größere scheinbare südliche Breite von 1°36′ haben. Läßt sich diese Breite für den Mond nachweisen, so ist damit auch die Breite des Saturn als zutreffend bewiesen.

Nach den Mondtafeln berechnet beträgt die Entfernung des Mondes vom nördlichen Grenzpunkt, einschließlich der Differenz der Gesamtanomalie, 100°56′, wozu die letzte Spalte der Tabelle der Gesamtanomalie (I 286) rund 1° südliche wahre Breite gibt. Folglich müssen die noch übrig bleibenden 0°36′ auf die südwärts wirkende Breitenparallaxe (vgl. I Anh. Anm. 40) entfallen. Da sich für Alexandria bei etwa 70° Zenitabstand die Höhenparallaxe ($\Delta H$) des Mondes in Erdnähe nach der Parallaxentafel (I 323) mit 1°15′ berechnet und (S. 244, 10) die Längenparallaxe ($\Theta H$) mit 1°6′ gegeben ist, so steht eine Breitenparallaxe ($\Delta\Theta$) im Betrag von 0°36′ zu diesen Zahlen im richtigen Verhältnis; denn sie muß sich aus der für das Parallaxendreieck ($\Delta\Theta H$) geltenden Formel ($\Delta H^2 - \Theta H^2 = \Delta\Theta^2$, d. i.)

$$36^2 = 75^2 - 66^2 \quad \text{oder} \quad 1269 = 5625 - 4356$$

als $\sqrt{1269}$ ergeben, was annähernd stimmt; denn $36^2 = 1296$.

2. Es soll die Breite berechnet werden, welche die Venus am 29/30. Tybi (16. Dezember) 138 n. Chr. $^3/_4 5^h$ früh (S. 164, 8) hatte. Die genauberechnete Länge war (Anm. 14. 2) mit 208°14′, die genauberechnete Anomalie mit 229°26′ festgestellt Zu letzterer notieren wir aus der dritten Spalte der Tabelle (S. 377) mit 1°33′ die Breite, welche der Planet bei der gegebenen Anomaliezahl durch die Neigung des Epizykels erhält, und aus der vierten die Breite, die ihm der Schiefstand des Epizykels verleiht, mit 2°29′.

Berechnet ist die Breite 1°33′ unter der Annahme (vgl. S. 343, 12), daß der Epizykel in einem der Knoten das Maximum der Neigung gegen die Ekliptik erreicht habe, während der Planet auf dem Epizykel rund 50° über das Perigeum hinaus

ist, mithin die größte Elongation als Morgenstern bereits einige
Grade hinter sich hat. Bei der gegebenen Länge 208° würde
die Breite 1°33′ erst im zweiten Knoten, d. i. bei 270° Länge
am Ende des dritten Quadranten eintreten, an dessen Anfang,
d. i. im Perigeum, sie bei der Länge 180°, ebenso wie der
Neigungswinkel, gleich Null ist. Bei dem Fortschritt in Länge
um 28° muß mit dem Anwachsen des Neigungswinkels auch der
Planet in Breite gehoben worden sein, und zwar nach Maßgabe der zunehmenden Sechzigstel, zu welchen (Anm. 21. 2)
die um 90° vermehrte Länge führt. Demnach hat man die zu
der Länge (208° + 90° =) 298° gehörigen $^{28}/_{60}$ von dem Höchst-
betrag 1°33′ zu nehmen, welchen der Planet in dem gegebenen
Epizykelgrad erst im Knoten erreicht. Mit dem Bruchteil 0°43′
ist die Breite gefunden, zu welcher der Planet bei der Länge
208° infolge der Neigung des Epizykels gelangt, und zwar (nach
S. 379, 13) als nördliche Breite.

Auch die durch den Schiefstand verliehene Breite 2°29′
ist (vgl. S. 366, 21) unter der Annahme berechnet, daß der Epizykel in einem der Knoten stehe und zur Ebene der Ekliptik
schiefgestellt sei, während der Planet auf dem Epizykel den
Berührungspunkt der Tangente auf der nach Norden gehobe-
nen Morgenseite überschritten hat. Tatsächlich ist es die Breite
(s. Figur zu Anm. 17), welche erst am Ende des zweiten Quadranten, d. i. im Perigeum eintritt, wenn bei der Länge 180°
der Planet in der bezeichneten Lage durch das Maximum des
Schiefstandes gehoben erscheint. Bei dem Fortschritt in Länge
um 28° muß auch der Winkel, unter welchem der verminderte Schiefstand dem Auge erscheint, kleiner geworden sein,
und zwar nach Maßgabe der abnehmenden Sechzigstel, welche die Längen zwischen 180° und 270° ohne weiteres an die
Hand geben. Demnach hat man die zu der unvermehrten Länge
208° gehörigen $^{52}/_{60}$ von 2°29′ zu nehmen, um mit 2°9′ die
dem Planeten durch den Schiefstand verliehene Breite, und
zwar (nach S. 379, 34) ebenfalls als nördliche zu erhalten.

Zum Ansatz des dritten und letzten Faktors der Breite führt
(nach S. 379, 35) folgende Berechnung:

$$\frac{52}{60} \times \frac{52}{60} \times \frac{1}{6} = \frac{2704}{3600} \times \frac{1}{6} = \frac{3}{4} \times \frac{1}{6} = \frac{1}{8}.$$

Diese nicht ohne weiteres verständliche Vorschrift erklärt
sich folgendermaßen. Der im Mittelpunkt der Ekliptik gebildete Neigungswinkel des Exzenters, welcher im Maximum (S.
335, 16) $^{1}/_{6}°$ beträgt und stets auf nördliche Breite entfällt,
wird, während der Epizykel vom nördlichen Grenzpunkt zum
Knoten läuft, nicht bloß dadurch kleiner, daß der Epizykelmittelpunkt sich von Grad zu Grad der Ekliptik nähert, sondern auch dadurch, daß sich gleichzeitig die Ebene des Exzen-

ters zur Ebene der Ekliptik herabsenkt, bis sie, wenn der Epizykel im Knoten angelangt ist, mit ihr zusammenfällt. Die Sechzigstel, nach denen man die Verkleinerung oder Vergrößerung dieses Winkels vorzunehmen hat, werden stets dieselben sein, welche auf die Abnahme oder Zunahme des Schiefstandes entfallen: abnehmende, wenn die Länge im ersten und dritten Quadranten liegt, zunehmende, wenn im zweiten und vierten. Im vorliegenden Fall sind also die zur unvermehrten Länge $208^{\circ}$ angesetzten $^{52}/_{60}$ von dem Maximum $^{1}/_{6}{}^{\circ} = 0^{\circ}10'$ einmal aus dem ersten Grunde, und von dem Ergebnis $0^{\circ}8'40''$ zum zweitenmal aus dem zweiten Grunde zu nehmen, woraus der durch den Neigungswinkel des Exzenters verursachte Teilbetrag der nördlichen Breite des Planeten mit $^{1}/_{8}{}^{\circ} = 0^{\circ}7'30''$ hervorgeht.

Somit beläuft sich die Summe der drei erhaltenen Ansätze $0^{\circ}43' + 2^{\circ}9' + 0^{\circ}7'30''$ auf eine nördliche Breite von $2^{\circ}59'30''$, welche allerdings den von Ptolemäus (S. 165,6) mit $2^{\circ}40'$ angesetzten Betrag erheblich überschreitet.

3 Es soll die Breite berechnet werden, welche der Merkur am 18/19. Thoth (15. November) 265 v. Chr. $7^{h}$ früh hatte (vgl. S. 150,29 und Anm. 14. 3 zur Zeit). Die genauberechnete Länge war (Anm. 14.3) mit $42^{\circ}58'$, die genauberechnete Anomalie mit $212^{\circ}41'$ festgestellt. Zu letzterer liefert die dritte Spalte der Tabelle (S. 377) die Breite, welche der Neigungswinkel des Epizykels verursacht, mit $2^{\circ}57'$, die vierte Spalte die vom Schiefstand herrührende Breite mit $1^{\circ}53'$. Von letzterer ist, weil die Länge auf den erdfernen Halbkreis des Exzenters entfällt, $^{1}/_{10}$, d. s. $0^{\circ}11'$, in Abzug zu bringen. Zu der (Anm. 21.2) um $270^{\circ}$ vermehrten Länge $(42^{\circ}58' + 270^{\circ} =) 312^{\circ}58'$ gibt die fünfte Spalte $^{41}/_{60}$, die von $2^{\circ}57'$ genommen $2^{\circ}1'$ ergeben, d. i. (nach S. 379,13) einen auf nördliche Breite entfallenden Betrag. Zu der nach Vorschrift um $180^{\circ}$ vermehrten Länge $(42^{\circ}58' + 180^{\circ} =) 223^{\circ}$ erhalten wir $^{43}/_{60}$, die von $(1^{\circ}53' - 0^{\circ}11' =) 1^{\circ}42'$ genommen $1^{\circ}12'$ ergeben, was (nach S. 379,34) ebenfalls auf nördliche Breite entfällt. Endlich führt zum dritten Ansatz, der stets auf südliche Breite hinausläuft, die Multiplikation

$$\frac{43}{60} \times \frac{43}{60} \times \frac{3.0}{4} = \frac{1849}{3600} \times \frac{3.0}{4} = \frac{3.0}{8} \quad \text{oder} \quad 0^{\circ}23'.$$

Das Schlußergebnis $(2^{\circ}1' + 1^{\circ}12' - 0^{\circ}23' =) 2^{\circ}50'$ dürfte die nördliche Breite, welche dem Merkur in der beobachteten Konstellation (S. 151) zukommt, nur um ein geringes überschreiten.

23) S. 385. 1. Berechnung für die Venus. Da die mittlere Sonne (auf der Geraden $BEm$) in $\Pi\,25^{\circ}$ steht, so liegt dort auch der Mittelpunkt des Epizykels, d. h. die gleichförmige Länge

beträgt von dem Apogeum ♉ 25° ab gerade 30°. Da ferner der scheinbare Ort der Venus (auf der Geraden MΠ) ♋ 0° ist, so beträgt ihre Elongation von der mittleren Sonne 5°. Gesucht

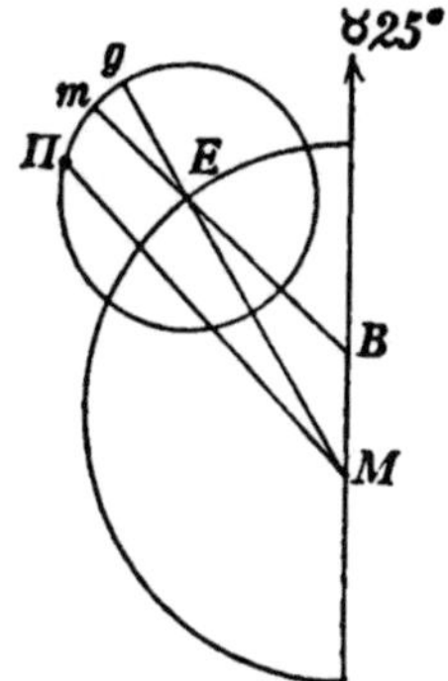

ist die Entfernung des Planeten von dem Apogeum des Epizykels. Ob die Entfernung ($m\Pi$) von dem mittleren oder die Entfernung ($\Pi g$) von dem genauen Apogeum gemeint ist, wird von Ptolemäus nicht angegeben.

Zu der gleichförmigen Länge 30° erhält man aus der dritten und vierten Spalte der Tabelle (S. 264) die kombinierte Prosthaphäresis der Länge mit 1° 11', die von 30° abgezogen, zu der genauberechneten Länge 28° 49' führt. Folglich liegt der genauberechnete Ort des Epizykels (auf der Geraden ME$g$ in ♉ 25° + 28° 49', d. i.) in Π 23° 49', und der Planet in ♋ 0° erscheint dem Auge in M um den ∠ $g$MΠ = 6° 11' von diesem Ort, d. i. von dem genauen Apogeum ($g$) des Epizykels entfernt. Für die Erdentfernung, welche bei der gleichförmigen Länge 30° eintritt, berechnet sich die der Zahl 6° 11' am nächsten kommende Prosthaphäresis der Anomalie folgendermaßen. Aus der sechsten Spalte erhält man die Prosthaphäresis der Anomalie für die mittlere Entfernung (als Mittel zwischen 5° 1' und 7° 31') mit 6° 16'. Hiervon ist die Differenz 0° 4' für die größte Entfernung, der Länge 30° gemäß mit ⁵³⁄₆₀, d. i. mit 0° 3' 30'' in Abzug zu bringen, was 6° 12' 30'' gibt. Zu dieser Zahl liefert die erste Spalte — weil ∠ $g$MΠ zur Länge des Epizykels zu addieren ist — die genauberechnete Anomaliezahl 15° (als Mittel zwischen den Graden 12 und 18), welche um die Prosthaphäresis 1° 11' (d. i. $bgm$) vermindert, zu der mittleren Anomaliezahl 13° 49' führt. Demnach ist von Ptolemäus mit 14° die vom mittleren Apogeum gerechnete Zahl gemeint.

Zur Berechnung der Breite sei die genauberechnete Länge mit 29° und die genauberechnete Anomalie mit 15° gegeben. Nach der ausführlichen Darlegung des Verfahrens (Anm. 22. ₂) wird folgendes Schema verständlich sein.

Genauberechn. Anomalie 15°: Neigung 1°, Schiefstand 0° 21'

Gen. Länge 29° + 90° = 119°: ²⁹⁄₆₀ ✕ 1° = + 0° 29'

Gen. Länge (ohne Zus.) 29°: $\begin{cases} ⁵³⁄₆₀ ✕ 0° 21' = + 0° 18' 30'' \\ ⁵³⁄₆₀ ✕ ⁵³⁄₆₀ ✕ ⅙° = ²⁹⁄₃₆ ✕ 0° 10' \\ \qquad = + 0° 7' 47''. \end{cases}$

Die drei Ansätze geben in Summa $(0^{\circ}\,29' + 0^{\circ}\,18'\,30'' + 0^{\circ}\,7'\,47'' =)\ 0^{\circ}\,54'\,17''$, was hinter der von Ptolemäus (S. 385, 23) mit $1^{\circ}$ angenommenen nördlichen Breite erheblich zurückbleibt.

2. Berechnung für den Merkur. Da die mittlere Sonne (auf der Geraden $BEm$) in $\mathstrut\text{Ⅱ}\ 19^{\circ}$ steht, so liegt dort auch der Mittelpunkt des Epizykels, d. h. die gleichförmige Länge beträgt vom Apogeum ♎ $10^{\circ}$ ab $249^{\circ}$ oder $69^{\circ}$ vom Perigeum ♈ $10^{\circ}$ ab. Da ferner der scheinbare Ort des Planeten (auf der Geraden $M\text{Ⅱ}$) ♋ $0^{\circ}$ ist, so beträgt seine Elongation von der mittleren Sonne $11^{\circ}$. Gesucht ist die Entfernung ($m\text{Ⅱ}$) des Planeten von dem (mittleren) Apogeum des Epizykels.

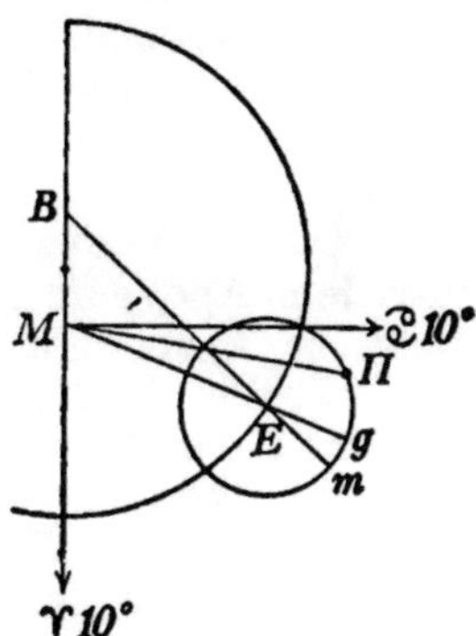


Zu der gleichförmigen Länge $249^{\circ}$ entnimmt man der dritten und vierten Spalte der Tabelle (S. 265) die kombinierte Prosthaphäresis der Länge mit $+ 2^{\circ}\,53'$ und erhält somit die genauberechnete Länge mit $251^{\circ}\,53'$. Folglich liegt der genauberechnete Ort des Epizykels (auf der Geraden $MEg$ in ♈ $10^{\circ} + 71^{\circ}\,53'$, d. i.) in $\text{Ⅱ}\ 21^{\circ}\,53'$, und der Planet in ♋ $0^{\circ}$ erscheint dem Auge in $M$ um den $\angle\,g\,M\,\text{Ⅱ}$ $= 8^{\circ}\,7'$ von dem genauen Apogeum ($g$) des Epizykels entfernt. Für die **mittlere** Entfernung entfällt nach der sechsten Spalte schon ein Winkel von $8^{\circ}\,4'$ auf den 30. Grad des Epizykels. Bei der durch die gleichförmige Länge $249^{\circ}$ bedingten **Erdnähe** entfällt aber auf den 30. Grad des Epizykels auch noch der um $^{58}/_{60}$ der Differenz (der 7 Spalte) $0^{\circ}\,28'$, d. i. um $0^{\circ}\,27'$ größere Winkel von $8^{\circ}\,31'$. Die Zunahme der Prosthaphäresis der Anomalie berechnet sich bei dieser Entfernung auf **einen** Grad aus $^{1}/_{6}\,[8^{\circ}\,31' - 6^{\circ}\,51']$ mit $0^{\circ}\,17'$; somit liegt der im vorliegenden Fall gefundene Winkel von $8^{\circ}\,7'$ um genau $1\frac{1}{2}$ Epizykelgrade — weil auf diese der Zuwachs $0^{\circ}\,25'$ (d. i. $17' + 8'$) entfällt — **rückwärts** des 30. Grades bei $28^{\circ}\,30'$. Vermehrt man diese Gradzahl um die Prosthaphäresis der Länge (d. i. $b\,mg$), die $2^{\circ}\,53'$ betrug, so wird man als Epizykelgrad von dem mittleren Apogeum ab $(28^{\circ}\,30' + 2^{\circ}\,53' =)$ $31^{\circ}\,23'$ erhalten. Auch dieses Ergebnis weist darauf hin, daß Ptolemäus mit dem 32. Grad die **mittlere** Anomaliezahl gemeint hat.

Zur Berechnung der Breite sei die genauberechnete Länge mit $252^{\circ}$ und die genauberechnete Anomaliezahl mit $29^{\circ}$ gegeben. Das Schema der Berechnung gestaltet sich unter Berücksichtigung der nach S. 378, 25 vorzunehmenden Korrektion des Schiefstandes folgendermaßen:

Genauber. Anomalie 29°: Neigung 1°37′, Schiefstand 0°53′

Schfst. vermehrt um $^1/_{10}$: 0°53′ + 0°5′ = 0°58′

Gen. L. 252° + 270° = 162°: $^{57}/_{60} \times 1°37′ = +1°32′$

Gen. L. 252° + 180° = 72°: $\begin{cases} ^{18}/_{60} \times 0°58′ = +0°17′24″ \\ ^{18}/_{60} \times ^{18}/_{60} \times ^3/_4\,° = {}^9/_{100} \times 0°45′ = -0°4′. \end{cases}$

Die drei Ansätze geben in Summa (1°32′ + 0°17′24″ − 0°4′ =) 1°45′24″, womit die von Ptolemäus (S. 385,24) mit 1°40′ angenommene nördliche Breite mit rund 5$^1/_2$ Minuten überschritten wird.

24) S. 389. 390 zweimal. Es soll gefunden werden, wie viel Epizykelgrade die Venus auf dem erdnahen Halbkreis des Epizykels zurücklegt, wenn sie in der Ekliptik eine scheinbare Rückläufigkeit von 3°14′, 18°2′ und 6°38′ bewerkstelligt.

1. Da die Venus (S 386,18) am Anfang der Fische, d. i. 85° vor dem Apogeum ♉ 25° nahezu in der mittleren Entfernung steht, so kann man die Beträge der sechsten Spalte der Anomalietabelle (S. 264) als maßgebend annehmen. Die Prosthaphäresis der Anomalie, d. i. der Winkel am Auge, unter welchem der zurückgelegte Epizykelbogen in dieser Entfernung erscheint, beträgt für einen Bogen von 3° am Perigeum des Epizykels 7°38′, so daß ein Grad unter einem Winkel von 2°33′ erscheint. Man findet demnach für einen Winkel am Auge von 3°14′ die durchlaufenen Epizykelgrade nach dem Verhältnis

$$1° : 2°33′ = x : 3°14′ \text{ mit } x = \tfrac{194}{153} = 1\tfrac{41}{153},$$

d. h. der gesuchte Epizykelbogen beträgt rund das 1$^1/_4$fache eines Grades oder 1°15′ (genau 1°16′5″).

2. Da (S. 390,9) am Anfang der Jungfrau, d. i. 95° nach dem Apogeum ♉ 25°, die Venus gleichfalls nahezu in mittlerer Entfernung steht, so kommt dieselbe Spalte der Tabelle in Betracht. Geht man mit 18°2′ in diese Spalte (von unten nach oben) ein, so findet man, daß die Zahl 18°1′ (als Mittel zwischen 21°15′ und 14°47′) auf 7$^1/_2$° vom Perigeum ab gezählt entfällt, d. i. zwischen die Argumentzahlen 186 und 189 der zweiten Spalte.

3. Die (S. 390,27) auf eine Rückläufigkeitsstrecke von 6°38′ entfallenden Epizykelgrade erhält man, da die Zahl 7°38′ der sechsten Spalte zu 3° Entfernung vom Perigeum gehört, nach dem Verhältnis

$$3° : 7°38′ = x : 6°38′ \text{ mit } x = \tfrac{1194}{458} = 2\tfrac{278}{458}.$$

Die hieraus sich ergebenden 2$^3/_5$° lassen die von Ptolemäus angegebenen 2$^1/_2$° als eine stark nach unten abgerundete Zahl erkennen.

## Nachtrag zu S. 129, 11.

Die beiden nach den Epizykelmittelpunkten Δ und E gezogenen Halbmesser KΔ und ΘE liegen an der (S. 128) vorgelegten Figur nur zufällig auf einer Geraden, weil sie den
durch das Apogeum gehenden Durchmesser des festbleibenden
Exzenters um B unter rechten Winkeln schneiden, so daß
ΘK ein gemeinsames Stück dieser Halbmesser wird  Wenn die
Leitlinien ΓZ und ΓH mit diesem Durchmesser einen spitzeren Winkel bilden als an jener Figur, so werden sich die bei-

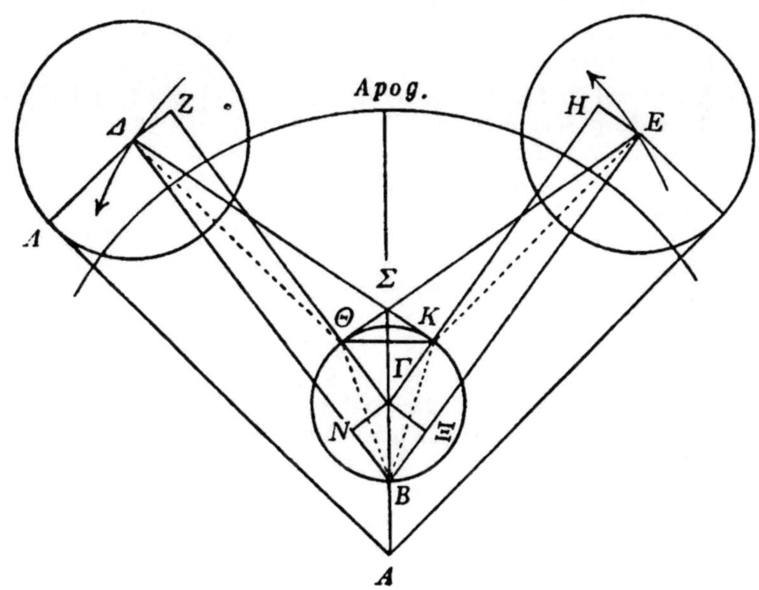


den Halbmesser KΔ und ΘE in dem Punkte Σ schneiden, der
(nach Eukl. I. 4; III. 7) stets auf den bezeichneten Durchmesser
des festbleibenden Exzenters zu liegen kommt, wie vorstehende
Figur zeigt. Um in diesem Falle ΘΔ = KE nachzuweisen, bedarf es zunächst des Beweises, daß ΘΣ = ΣK (weil in kongruenten rechtwinkligen Dreiecken gelegen), worauf sich auch
△ ΘΔΣ ≅ △ KEΣ nachweisen läßt, weil je zwei gleichgroße Seiten (ΘΣ = ΣK und ΣΔ = ΣE als die Reste der um gleichgroße
Stücke gekürzten Halbmesser KΔ und ΘE) den ∠ ΔΣΘ = ∠ KΣE
einschließen. Folglich sind auch die Grundlinien ΘΔ und KE
dieser Dreiecke einander gleich.

## Verzeichnis der Abweichungen von dem Text Heibergs.

### Im ersten Bande.

A. Vorgezogene Lesarten des Cod. D (Vat. 180 saec. XII).

Zu den nach den Seiten des Originals zitierten Lesarten ist Seite und Zeile der Übersetzung angegeben, wo letztere der gewählten Lesart stillschweigend entspricht. Bei ausdrücklicher Begründung wird auf die betreffende Anmerkung hingewiesen. Nicht aufgeführt werden vorzuziehende Lesarten, welche den griechischen Text ohne Einfluß auf die Übersetzung betreffen, wie z. B. ἀεί statt αἰεί (10, 8 u. ö.), ἀναρριπιζομένων statt ἀναριπ. (23, 6), πρὸς τὰς ἄρκτους statt πρὸς ἄρκτους (105, 11; 108, 6), ἔτει statt ἐνιαυτῷ (195, 20) u. a. m.

16, 9 τά om.] S. 11, 30 | 35, 9 τοῦ ἰσοπλεύρου] S. 27, 24 | 40, 15; 42, 3; 45, 8 ὅπερ ἔδει δεῖξαι] S. 31, 2; 32, 2; 34, 15 | 72, 2 τρίγ. ὀρθογώνιον] S. 47, 26 | 75, 2 τὰ Κ καὶ Λ σημεῖα] S. 50, 11 | 77, 11 ὁ μέγιστος κύκλος] s. Berichtigung zu S. 52, 3 | 78, 11 νη pro νϑ] s. Berichtigung zu S. 52, 19 | 95, 22 περιφερειῶν] S. 64, 5 | 104, 3.6 κέντρῳ] S. 71, 19. 22 | 105, 13 ιβ i. e. ¹/₁₂] S. 72, 19 | 107, 2 μεσουρανήσεσι] S. 73, 18 | 111, 13 να ∠′] s. Anm. zu S. 76, 21 | 112, 3 νδ α] s. Anm. zu S. 77, 1 | 122, 7 ϱνς μβ′ i. e. μ β] s. Berichtigung zu S. 84, 23 | 159, 3 ΘΖ] S. 111, 9 | 160, 18 τῶν om.] s. Berichtigung zu S. 112, 20 | 171, 6 ΜΚ] S. 120, 4 | 174, 1 in D tres columnae sunt cum quaternis signis] S. 122—128 | 192, 2 πρός] S. 131, 8 | 197, 20 ἡ διαστρ.] S. 136, 11 | 199, 5 Κάλλιππον] S. 137, 19 und so an allen weiteren Stellen | 206, 3 ἔγγιστα (cf. 205, 3)] S. 144, 1 | 208, 11 ἡμερῶν add.] S. 146, 12 | 209, 17 τάξομεν (cf. 252, 9)] S. 147, 29 | 233, 1 μετὰ πάσης σπουδῆς] S. 166, 24 | 233, 24 ἡμέρας add.] S. 167, 18 | 238, 4 ἐπιλελογισμένοις] S. 171, 4 | 249, 21 ὀρθογώνιον add.] S. 179, 23 | 262, 6 αὐτούς] S. 190, 8 | 266, 5 τῆς γῆς τουτέστι τοῦ ζωδιακοῦ διὰ τοῦ κέντρου τῆς add.] s. Anm. zu S. 192, 24 | 267, 4 τὰς αὐτάς] S. 193, 18 | 273, 9 κύκλους add.] S. 198, 19 | 275, 2 ἀπεργάσεται] S. 200, 8 | 280, 5 λ pro λα] S. 205, 3 | 294, 6 μιᾶς καὶ τῆς αὐτῆς] S. 212, 4 | 298, 24 ΘΛ] s. Anm. zu S. 216, 12 | 309, 19 ὀρθογ. κύκλος] S. 225, 8 | 315, 16 ἐκλείψεως om.] S. 228, 29 | 317, 25; 319, 4. 14 ὀρθογώνιον] S. 230, 22; 231, 11 19 | 318, 8 ὀρθογώνιον add.] S. 230, 30 | 321, 11 τῶν ΛΔ καὶ ΔΜ] S. 232, 27 | 326, 18 τῆς ἐποχῆς] Kapitelüberschr S. 237 | 328, 1 πρότερον] S. 238, 3 | 335, 13 καὶ τάς] S. 244, 5 | 341, 8 ⟨ἀπ⟩ εἶχε e corr. m²] S. 248, 21 | 345, 12 νδ′ primitus] s. Anhang Anm. 33 zu S. 252, 2 | 347, 17 ιβωι] s. Anm. zu S. 253, 29 | 350, 14 τῆς σελήνης συζυγιῶν] S. 254, 11 | 351, 13 περιφερείαις] S. 255, 31 | 353, 22 ἐπί] S. 258, 2 | 390, 32 33 Spalte δ′: λα, κδ pro λβ, κε] S. 286, 4. Spalte zu 120° u. 123° | 406, 3 διὰ τοῦτο primitus] S. 298, 5 | 410, 8 γραφομένου

μεγίστου] S. 301, 8 | 452, 2 ἤ m²] S. 330, 28 | 462, 5. 9. 16 α pro νεο-
μην. (cf. 195, 14)] s Anm. zu S. 338, 24 | 464, 5 ἡλίου] S. 340, 14 |
465, 10 να pro νβ] s. Anm. zu S. 341, 14 | 473, 25 κατὰ πλάτος]
S. 347, 7 | 474, 14 τό om.] S. 347, 30 | 478, 16 ἐπί om.] S. 351, 28 |
488, 25 ἐλαχίστης] s. Anm. zu S. 362, 1.

B. Verbesserungen und Ergänzungen.

Nicht erwähnt werden die aus praktischen Gründen hier und
da vorgenommenen Änderungen der Buchstabenfolge bei Bezeichnung von Geraden, Bogen und Dreiecken.

16, 4—7] s. Anh. Anm. 2 zu S. 11, 29 | 30, 16. 17] Einschiebsel:
s. Anm. zu S. 24, 10 | 54, 10; 122, 4 ο λβ δ] 70ᵖ 32′ 3″ nach S. 27, 12:
Sehnentafel S. 38 zu 72° u. S. 84, 21 | 83, 2. 4 ρνϛ μ α u. κγ ιϑ
νϑ] s. Berichtigung zu S. 55, 13 | 107, 13 παράλληλος] gestrichen
(vgl. 114, 23): S. 73, 30 | 109, 9 μγ ∠′ γ′] 43ᵖ 36′: s. Anm. zu S.
75, 1 | 123, 11 μα ϑ ιη] 41° 0′ 18″: s. Anm. zu S. 85, 22; richtig
Heib. 83, 20 | 123, 21 ME Druckfehler statt MH] S. 86, 2 | 181, 7
ρ μζ, λα λα] 100° 41′, 31° 37′: Winkeltabelle S. 125 Widder, als
Suppl.-Winkel der entspr. Winkel der Wage | 183, 17 λβ ο] 32°
30′: Winkeltab. S. 126 Stier, vgl. Jungfrau | 187, 27 ϛ ιϛ, μζ μδ]
90° 10′, 47° 50′: Winkeltab. S. 128 Fische, vgl. Skorpion | 188, 14
τοὺς ⟨ἀπὸ⟩ τῶν ἐποχῶν wie 342, 5; 343, 15 u. a. m.] S. 129, 17 |
194, 21 τινά fehlt] s Anm zu S. 133, 26 | 224, 14 τοῦ παρὰ τὴν
ἀνωμαλίαν ⟨διαφόρου⟩ wie 225, 12] S. 159, 16 | 226, 23 ΑΛ Druck-
fehler statt ΑΒ] S. 161, 9 | 247, 6; 249, 20 β λδ λϛ] 2ᵖ 34′: S. 177,
31; 179, 22 | 251, 24 πρὸς ⟨τοῖς⟩ ἀπογείοις (steht bei Halma) wie
252, 3] S. 181, 18 | 280, 2 ⟨ὅλους⟩ κύκλους] S. 204, 36 | 343, 2 δ
ὡρῶν παρεληλυθυιῶν] s. Anm. zu S. 249, 28 | 345, 14 u. 346, 15]
παρελϑ.: S. 252, 3. 30 | 363, 19 σμα′] 259: s. Anm. zu S. 266, 8 |
413, 7 ἐκβληθεῖσαν] hinter ΒΕ: S. 303, 4 | 419, 21 ⟨ἀκριβῶς⟩ ἐπ-
έχειν] S. 308, 13 | 449, 16 δι’ αὐτοῦ] διὰ τοῦ Η, wie auch Heib.
vermutet: S. 328, 28 | 455, 7—17] Glosse: s. Anh. Anm. 41 zu S.
334, 17 | 462, 18 τοῦ ἰδίου ⟨κύκλου⟩] S. 339, 13 | 463, 15 ἐποχῆς]
ἀποχῆς: S. 339, 32 | 465, 17 ἐποχῆς] ἐπουσίας wie 465, 11: s Anm.
zu S. 341, 25 | 477, 10 ϛ δ] 6° 15′: s. Anm. zu S. 350, 15 | 486, 19
ἀπογείου ⟨τοῦ ἐπικύκλου⟩ hierher aus Z.′ 17] S. 359, 16 | 486, 20
μέσης] μεγίστης: s. Anm. zu S. 359, 18 | 493, 1 συνάγεται] s. Anm.
zu S. 366, 18 | 493, 14 μέσης] ἐλαχίστης: s. Anm. zu S. 367, 16 |
494, 12 μέγιστον] μέσον: s. Anm. zu S. 368, 12 | 504, 13 κύκλου] κύ-
κλους: S. 378, 2; vgl. jedoch Heib. 504, 21.

C. Figuren.

1. Beibehalten: S. 28. 30. 31. 33. 34. 45. 46. 47 (2 Fig.). 48.
49. 65. 67. 87. 88. 102. 104. 109. 117. 152. 153 157. 160. 162. 163.
168 (untere Fig). 171. 173 174. 177. 183. 214. 223 (2 Fig., untere S. 224 wiederh ). 226. 227. 230. 232. 233. 261. 268. 272. 275.
279. 310 (Fig. links). 331 (obere Fig.). 332. 353. 377. 386.

2. Mit oder ohne Begründung abgeändert: S. 25. 29. 50. 51 (Anm.). 55. 60. 81. 82 (Anm. ᵃ⁾ S. 83). 84. 103 (2 Fig.). 105. 107. 108. 110 (Anm. ᵃ⁾). 112. 114. 115 (2 Fig.; s. Berichtigung S. 462). 116. 118. 119. 159. 164 (Anm. ᵃ⁾ S. 165). 172. 175 (Anm.). 176. 178. 179 (Anm.). 180. 216 (2 Fig.; s. Berichtigung S. 462). 242. 263 (Anm.) 283. 289. 291. 301. 302. 314. 318 (Anm. ᵃ⁾). 321. 326 (wiederholt 328). 331 (untere Fig.). 379. 381 (untere Fig.). 404 (wiederholt 407).

3. Neu beigegeben: S. 14 (2 Fig.). 41 (Anm.). 43 (Anm. ᵇ⁾). 100. 156. 158 (2 Fig.; zur unteren Anm. ᵇ⁾). 161. 168 (obere Fig.). 222. 229. 255 (Anm.). 296 (Anm. S. 295). 307 (Anm. ᵃ⁾ S. 308). 309 (Anm. ᵇ⁾). 310 (Fig. rechts). 319. 320. 333 (Anm.). 335 (Anm.). 352 (Anm. ᵃ⁾ S. 353). 358. 360. 362. 363. 366. 369. 370. 381 (obere Fig.). 387. 399. 408. 409. 410 (2 Fig.). 412. 413.

## Im zweiten Bande.

### A. Vorgezogene Lesarten des Cod. D (Vat. 180 saec. XII).

Von den vorzuziehenden Lesarten, welche für die Übersetzung belanglos sind, ist vor allem hervorzuheben ἀκρόννυκτος statt ἀκρώννυκτος (Hei 321, 1 bis 539, 3 an 120 Stellen).

9, 4 ἀπολαμβάνει] S. 9, 16 | 19, 3 ταῖς om.] S. 18, 2 | 19, 19 καί om.] S. 18, 19 | 29, 7 πβ ιβ′] S. 25, 10 | 32, 1 τοϑ] S. 27, 17 | 32, 18; 33, 20 ἀπέχον] S. 28, 7; 29, 3 | 37, 2 τῆς ἐποχῆς ἐπὶ τοῦ] S. 31, 20 | 37, 4 διὰ τούτων om.] S. 31, 23 | 39, 4 ο ς′] S. 32 Kl. Bär 1 | 44, 19 προηγούμενος] s. Anh. Anm. 4 Drache 17 | 59, 3 κδ ς′] s. Anm. 4 Leier 10 | 69, 13 κγ ⌐ϲ′] s. Anm. 4 Schlangentr. 13 | 90, 5 ἐκτός] s. Anm. 4 Stier 33 | 91, 10 κδ] s. Anm. 4 Stier 36 | 95, 12 γ] s. Anm. 4 Zwill. 25 | 101, 6 γ ς′] s. Anm. 4 Löwe 26 | 121, 16 νο] s. Anm. 4 Wasserm. 17 | 179, 4 ὑπό] S. 71, 18 | 181, 5 πλευρῶν] S. 73, 3 | 181, 6 εἰς τά] S. 73, 6 | 190, 18 ἀνατείλαντος] S. 81, 22 | 190, 22 καταδύναντος] S. 81, 26 | 197, 6 ΕΑ] S 86, 7 | 200, 6 τοῦ] S. 88, 25 | 200, 7 ΗΘΖΚ] s. Anm. zu S. 88, 27 | 208, 17 ἀπό] S. 94, 27 | 219, 7 νη pro λη S. 103, 7 | 297, 5 τῷ δ′] s. Anm. 11 zu S. 156, 27 | 298, 1 τὸ τῆς Πλ.] S. 157, 18 | 303, 2 ἑκατέρας] s. Anm. zu S. 161, 19 | 314, 22 ἀνωμαλίας] S. 170, 18 | 329, 17 ἐντὸς τούτου] s. Anm. zu S. 182, 11 | 379, 3 τοῦ ἀπογείου μοίρας] S. 218, 5 | 399, 15 τὸν τήν] S. 233, 8 | 433, 4 ξα ς pro ξα κς] S. 258, 4 (vgl. S. 310, 14) | 443, 43 Spalte ζ′: α μη pro α νη] S. 264, 7. Spalte zu 156° | 470, 6 τῆς (cf. 473, 1)] S. 282, 30 | 476, 16 ἀπὸ τοῦ ἀπογείου, rectius ἐπί] S. 287, 27 | 497, 21 ἀπὸ τοῦ (cf. 499, 11)] S. 305, 24 | 499, 4 τό om.] S. 306, 33 | 590, 18 μεγίστον om.] S. 380, 24.

### B. Verbesserungen und Ergänzungen.

11, 10 τόν] τούς mit Cod. C: S. 11, 18 | 25, 19 ⟨νυκτὸς⟩ ὥρας wie 27, 3] S. 22, 16 | 29, 17 τοῦ βορ. ⟨κέρατος⟩] S. 25, 22 | 32, 19

$\alpha$ $\iota\beta$] 1°5′: S. 28, 8 | 43, 14 $\kappa\beta$ $L'$ $\Gamma^{C'}$] $\Gamma^{C'}$ mit Codd. BC gestrichen: S. 33 Gr. Bär 33 | 47, 4 $\pi$ $\gamma'$] 83°: s. Anh. Anm. 4 Drache 23 | 48, 18 $\alpha\dot{v}\tau\tilde{\omega}\nu$] $\alpha\dot{v}\tau o\tilde{v}$: s. Anm 4 Bootes 8 | 56, 5—7] verm. Glosse: S. 36 Herk. a. E. | 81, 17. 18 $\alpha$ $L'$ $\gamma'$, $\beta$] 2°, 1°50′: s Anmerk. 4 Androm. 13 | 85, 7 $\varsigma$ $L'$] 6°50′: s. Anm. 4 Widder 5 | 87, 16 $\iota\gamma$] 10°20′: s. Anm. 4 Stier 10 | 89, 16. 17 $\eta$, $\eta L'$] 8°30′, 8°: s. Anm. 4 Stier 27 | 103, 4 $\kappa\zeta$] 26°: s. Anm. 4 Jungfr. 2 | 111, 13. 14 $\iota\eta$ $\Gamma^{C'}$, $\iota\eta$] 18°, 18°40′: s. Anm. 4 Skorpion 14 | 118, 8 $\nu o$$\tau\acute{\iota}\omega$] $\nu\omega\tau\iota\alpha\acute{\iota}\alpha$: s. Anm. 4 Steinb. 21 | 121, 12. 13 $\gamma$, $\gamma$ $\varsigma'$] 3°10′, 3°: s. Anm. 4 Wasserm. 14 | 123, 17. 18 $\iota\delta$ $L'$ $\delta'$, $\iota\varepsilon$ $\gamma'$] 15°20′, 14°45′: s. Anm. 4 Wasserm. 39 | 136, 8 $\alpha\dot{v}\tau\tilde{\omega}\nu$] $\alpha\dot{v}\tau o\tilde{v}$ mit Cod. B: s. Anm. 4 Orion 36 | 143, 17 $\kappa\varepsilon$ $\gamma'$] 21°20′: s. Anm. 4 Gr. Hund 5 | 146, 2 $\tau\acute{\varepsilon}\sigma\sigma\alpha\rho\sigma\iota\nu$] $\tau\varepsilon\sigma\sigma\acute{\alpha}\rho\omega\nu$: s. Anm. 4 Gr. Hund 24 | 153, 7 $\kappa\vartheta$] 19°: s. Anm. 4 Argo 45 | 155, 18 $\iota\zeta$ $\Gamma^{C'}$] 13°40′: s. Anm. 4 Wasserschl. 25 | 165, 13 $\alpha$ $\gamma'$ Fehler statt $\lambda$ $\gamma'$, was auch Heib. als richtig annimmt und Bode (nach dem Text von Montignot) angibt] 30°20′: S 63 Räucheraltar 4 | 169, 12 $\iota\alpha$] 14°: s. Anm. 4 Südl. Fisch 14 | 172, 8. 11 $To\xi\acute{o}\tau o\nu$] $\tau\acute{o}\xi o\nu$: S. 66, 15. 18 | 179, 15 $\tau\tilde{\omega}\nu$] $\tau o\tilde{v}$, wie auch Heib. vermutet: S. 71, 30 | 183, 19 $\tau\tilde{\omega}\nu$ $\kappa\acute{v}$$\kappa\lambda\omega\nu$] $\tau o\tilde{v}$ $\kappa\acute{v}\kappa\lambda o\nu$: s. Anm. zu S. 75, 21 | 214, 21 $\tau\tilde{\omega}\nu$] $\tau\alpha\tilde{\iota}\varsigma$ mit Halma: S. 100, 11 | 216, 1 $\overset{\beta}{\mu}$ $,\zeta$ $\nu$ Rechenfehler statt $\overset{\beta}{\mu}$ $,\gamma$ $\nu$] 23 400°: S. 101, 2 | 238, 3 $\overset{\cdot}{\mu}$ $\mu\varepsilon$ Druckf. statt $\overset{\cdot}{\mu}$ $o$ $\mu\varepsilon$] $\times$ 0°45′: S. 113, 3 | 258, 16 $\tau\tilde{\eta}\varsigma$ $\mu\acute{\varepsilon}\sigma\eta\varsigma$ $\langle\pi\alpha\rho\acute{o}\delta o\nu\rangle$ wie 257, 18] S. 127, 4 | 260, 8 $\mathring{\alpha}\nu\omega$$\mu\alpha\lambda\acute{\iota}\alpha\nu$ $\langle\delta\iota\alpha\varphi\acute{o}\rho o\nu\rangle$ (steht bei Halma) wie 258, 12] S. 128, 24 | 264, 18 $`T\delta\rho\tilde{\omega}\nu o\varsigma$ $\kappa\vartheta'$] $`T\delta\rho.$ $\kappa\alpha'$ mit Cod. G: s. Anm. zu S. 132, 16 | 274, 10 Kapitelüberschr.] s. Anm. S. 140 | 278, 8; 279, 6 ZA] Z$\Gamma$: s. Anm. zu S. 143, 18 (vgl. S. 144, 1) | 294, 5 $\iota\eta$ $\gamma'$ $\mathring{\varepsilon}\gamma\gamma\iota\sigma\tau\alpha$] $\iota\eta$ $\gamma'$ $\mathring{\varepsilon}\gamma\gamma$.: s. Anm. zu S. 155, 17′| 300, 2 $\iota\delta$ $L'$ $\delta'$] $\iota\delta$ $\Gamma^{C'}$ $\delta'$: s. Anm. zu S. 159, 12 | 301, 5 $\acute{o}$ $\langle\tau o\tilde{v}\rangle$ $\tau\tilde{\eta}\varsigma$ $'A\varphi\rho o\delta\acute{\iota}\tau\eta\varsigma$] S. 160, 6 | 352, 5 $A\ddot{\iota}\gamma\omega$$\nu o\varsigma$ $\kappa\varepsilon'$] $A\iota\gamma\tilde{\omega}\nu o\varsigma$ $\kappa\varsigma'$: s. Anm. zu S. 199, 4 | 360, 1 $\mathring{\varepsilon}\kappa\kappa\varepsilon\nu\tau\rho o\tau.$ $\langle\kappa\alpha\grave{\iota}$ $\tau o\tilde{v}$ $\mathring{\alpha}\pi o\gamma\varepsilon\acute{\iota}o\nu\rangle$ (steht bei Halma) wie 321, 14; 392, 8] Kapitelüberschr. S. 204 | 424, 6 $\delta'$ Druckfehler statt $\iota\delta'$] S. 250, 19 | 442, 34 Spalte $\gamma'$: $\alpha$ $\nu\alpha$] 1°54′: S. 264, 3. Spalte zu 129° | 475, 14 $\varepsilon$ $\varsigma$] 5′10″: S. 287, 3 | 478, 17 AH] A$\Delta$: S. 289, 14 | 481, 12 $\langle\mathring{\varepsilon}\pi\acute{\iota}\rangle$ $\tau o\tilde{v}$ $\mathring{\alpha}\pi o\gamma\varepsilon\acute{\iota}o\nu$ wie 470, 12; 473, 7; 482, 19 u. a. m.] S. 292, 1 | 499, 4 $\ddot{o}\tau\alpha\nu$ $\langle\tau\grave{o}$ $\kappa\acute{\varepsilon}\nu\tau\rho o\nu$ $\tau o\tilde{v}$ $\mathring{\varepsilon}\pi\iota\kappa\acute{v}\kappa\lambda o\nu\rangle$] s. Anm. zu S. 306, 32 | 513, 16 $\kappa\alpha\acute{\iota}$] gestrichen: S. 318, 24 | 539, 15 $\ddot{\iota}\sigma\omega\nu$ $\langle\pi\rho\grave{o}\varsigma$ $\tau o\tilde{\iota}\varsigma$ $\mathring{\alpha}\pi o\gamma.\rangle$ wie 541, 12] S. 339, 1 | 554, 11 K$\Lambda$M Druckf. statt KAM] S. 352, 11.

## C. Figuren.

1. Beibehalten: S. 173. 175. 177. 197. 207. 231. 245. 248. 252 (unten). 269. 270. 272. 273. 317. 320. 321. 322. 343. 347 (2 Fig.). 349. 354. 363. 366. 369. 370. 372.

2. Mit oder ohne Begründung abgeändert: S. 84 (Anm. c)).
85 87. 88. 122. 124. 126 128 (Anm. c)). 137. 141 (Anm. c)). 143.
145. 148 151 (unten). 160. 162 (Anm a) S. 163). 165 168. 179.
182. 184. 185. 187. 190. 191. 193. 194. 200 (Anm. a)). 205. 209.
211 213. 216. 217. 218. 220. 221. 224. 229. 233. 235. 236. 239.
240. 241. 243. 257. 276. 278 (Anm. a)). 286. 290. 294. 298. 313.
337 (Anm a)). 350 = 355. 358. 359. 362. 381. 383. 385. 387 (Anmerk. a)). 388. 389. 391.

    3. Neu beigegeben: S. 6. 7. 121. 133 (2 Fig.). 151 (oben). 159.
164. 252 (oben). 365. 390. 392. 393.


## Berichtigungen.

### Zum ersten Bande.

S. 52, 3 ist statt „der Kreis" nach Cod. D zu setzen „der
größte Kreis".

S. 52, 19 ist statt 23°19′59″ nach Cod. D zu setzen 23°19′58″.

S. 55, 13 ist dieselbe Änderung vorzunehmen, da Zeile 12 als
Ergänzung zu 180° nach Cod. B³ 156°40′2″ (statt 1″) gewählt
worden ist.

S. 84, 23 ist letztere Zahl ebenfalls herzustellen und Zeile 24,
wie oben, 23°19′58″ zu setzen, weil diese Grade nach Anm. b)
das Doppelte von 11°39′59″ sind.

S. 112, 20 ist statt „der größten Kreise" nach Cod. D zu setzen „größter Kreise" wie S. 114, 4. 24 (Hei 162, 13; 163, 10).

S. 231, 24 ist 10ᴾ12′49″ in 10ᴾ2′49″ zu korrigieren.

S 253, 21. 23 ist 178° in 168° zu korrigieren.

S. 271, 5 ist das Jahr 126 in 127 v. Chr. zu ändern. Die Beobachtung fällt 270ᵈ ½ʰ nach der S. 266, 6 mitgeteilten.

S. 274, 29 ist dieselbe Änderung vorzunehmen. Die Beobachtung fällt 66ᵈ 9²/₃ʰ nach der S. 271, 5 mitgeteilten.

S 306, 28 ist „Nabopolassar" nach Cod. D zu lesen.

S. 420 Anm. 11 Mitte ist „indem die von dem antarkti-
schen" (statt arktischen) zu lesen.


### Zum zweiten Bande.

S. 90 Anm. b): Der noch fehlende Bogen AB ist nicht die
Äquatorhöhe, sondern die Höhe des kulminierenden Ekliptik-
punktes A, dessen Zenitabstand S. 90, 8 als bestimmbar bezeichnet wurde. Folglich ist AB der Komplementbogen zu diesem
Zenitabstand.

S. 168, 2 ist statt ♍ das Zeichen ♏ zu setzen.

S. 281, 11 ist statt „jeden" zu lesen „jeder" (vulg. ἑκάτερος).

Nicht aufgenommen sind die Namen der Planeten, der Sternbilder, der Ekliptikzeichen und einzelner Sterne. Die ägyptischen Monate sind nur ihrer Reihenfolge nach unter Ägypten aufgeführt.

äg. Jahre nach 476 Nab.); =
1 Ant., d. i. 885 Nab., II 15, 6
(265 äg. Jahre nach III 50
Kall. = 620 Nab. nach Z. 9);
II 199, 15 (409 äg. Jahre nach
13 Dion. = 476 Nab.). — Erstes Jahr der Reg. II 131, 20;
139, 34; 167, 28; 204, 19 (vgl.
227, 1: 377 äg. Jahre u. 128
Tage nach 45 Dion. = 507
Nab., rund 378 Jahre nach
224, 8); 220, 5. Zweites Jahr
I 265, 9 (886 Nab. nach Z. 20);
II 13, 24; 141, 7; 147, 4 (886
Nab.); 164, 7; 176, 25; 195, 9.
19; 220, 20; 243, 25. Drittes
Jahr I 142, 9 (463 Phil.); II
162, 4. Viertes Jahr II 131,
28; 139, 26; 156, 27; vgl. I Anh.
Anm. 30 a. E. und II Anh.
Anm. 11.

Apellaios, syromakedonischer
Monat der chaldäischen Zeit-
rechnung, II 135, 16. Vgl.
Dios, Xanthikos.

Apollonius von Perga II 268, 1;
272, 18.

Apseudes, athenischer Archont,
I 143, 21; 144, 4.

Archimedes: Wenden I 133, 32;
Kreisumfang I 385, 5.

Aristarch: Sommerwenden I
141, 18; Sommerwende 280
v. Chr. I 144, 5; 145, 3. Vgl.
I 18, Anm. a).

Aristoteles I 1, 24.

Aristyll: Sternverzeichnis II 4, 4;
Deklination von Fixsternen
II 18, 14. 26. 39; 19, 23.

Athenische Archonten: s. Apseudes, Euandros, Phanostratos.

Aualitischer Meerbusen I 72, 8;
94, 1; 365, 25.

Augustus, römischer Kaiser
30 v. Chr. bis 14 n. Chr.:

erstes Jahr der Regierung
I 184, 22.

Babylon: Meridian von B. I
219, 30; Länge der Nacht I
220, 20; 307, 1; bürgerliche
Nachtstunde I 247, 23; 248,
32; 250, 2. — In B. beob-
achtete Finsternisse I 219, 17;
220, 10; 239, 2. 28; 241, 20. 31;
247, 11; 306, 30; 307 6; 308, 6.

Bithynien II 23, 14; 24, 3.

Borysthenes I 76, 8; 96, 1; 120,
27; 128, 1; 354, 8. 14; 405, 28.

Brettania I 76, 22; 77, 23; Groß-
brettania I 77, 9. 16; Kleinbrettania I 77, 30; 78, 4. 15;
Süd-Brettania I 97, 1.

Brigantium I 77, 8.

Chaldäische Beobachtungen I
196, 12; II 383, 20 — Chaldäische Zeitrechnung: 67.
Jahr II 135, 15 (504 Nab. nach
Z. 19). 75. Jahr II 135, 6 (512
Nab. nach Z. 11). 82. Jahr II
247, 14 (519 Nab. nach Z. 18
u. 250, 18).

Darius I., persischer König 521
—485 v. Chr.: 20. Jahr der
Regierung I 241, 25. 31. Jahr
I 239, 2 (257 Nab. nach Z. 31).

Didymon, Zodiakalmonat, II
133, 24. Vgl. Ägon.

Dionysius, Begründer einer Zeitrechnung, s. II Anh. Anm 6.
13. Jahr der Zeitr. II 199, 4
(52 Phil. = 476 Nab. nach Z.
7. 8). 21. Jahr II 150, 27 (484
Nab.). 23. Jahr II 132, 15;
133, 6 (486 Nab. nach 132, 24;
133, 19). 24. Jahr II 134, 27
(486 Nab. nach Z. 32). 28.
Jahr II 133, 22 (491 Nab. nach
134, 2). 45. Jahr II 223, 24
(83 Phil. nach Z. 26).

Katuraktonium I 77, 22.
Kleinbrettania s. Brettania.

Leonton, Zodiakalmonat, II 134, 28. Vgl. Ägon.

Mäotischer See I 76, 15.
Mardokempad, König von Babylon 721—709 v Chr: 1. Jahr der Regierung I 219,19. 2. Jahr I 220, 7. 16; 234, 27; 236, 7 (28 Nab. nach Z. 10); 241, 19; 394, 24.
Massalia I 75, 18.
Menelaus der Geometer II 26, 15; 28, 14.
Meroë I 73, 1; 94, 1; 122,1; 354, 6. 13; 405, 28.
Meton: Sommerwenden I 141, 16; Sommerwende 432 v. Chr. I 143, 16; Jahreslänge I 145, 14. 21.
Metroos, bithynischer Monat, II 23, 16.

Nabonassar, König von Babylon 747—733 v. Chr.; der Anfang seiner Regierung (1. Thoth = 26. Februar) als Epoche der Planetenbewegungen I 183, 6; 185, 3; 236,1; 338, 21; II 155, 11; 171,3; 203, 9; 227, 14; 251, 8. — Die zwischen Epoche und Beobachtung liegende Zeit in ägyptischen Jahren, in Tagen u. Stunden mitgeteilt bis zu einem Regierungsjahr 1) späterer Könige von Babylon: unter Angabe des Nabonassarischen Jahres I 307,9; ohne weiteres I 236, 9; 242, 19; 2) persischer Könige: unter Angabe I 308, 11; ohne weiteres I 239, 30; 242, 24; 3) ägyptischer Köni-

ge: unter Angabe I 350, 16; II 167, 29; 4) athenischer Archonten: unter Angabe I 248, 10; 249, 6; 250, 13; 5) römischer Kaiser: ohne weiteres I 184, 28; 240,6; 265, 19; 300, 5; 6) bis zum Tode Alexanders: ohne weiteres I 184, 18; 7) bis zu einem Jahre der Philippischen Ära: ohne weiteres I 271, 16; 275, 10; 8) bis zu einem Datum Kallippischer Perioden: unter Angabe des Nabonassarischen Jahres I 351, 19; ohne weiteres I 251, 27; 252, 11; 253, 9. — Siehe außerdem Alexander, Antonin, Chaldäische Zeitrechnung, Darius, Dionysius, Domitian, Hadrian, Kallippus, Mardokempad, Nabopolassar, Philadelphus, Philometor, Trajan.
Nabopolassar, König von Babylon 625—605 v. Chr.: 5. Jahr der Regierung I 306, 28 (127 Nab.).
Napata I 73, 15.

Parthenon, Zodiakalmonat, II 223, 24. Vgl. Ägon.
Perga s. Apollonius.
Phanostratos, athenischer Archont, I 247, 13; 248, 23.
Philadelphus, d i. Ptolemäus II., König von Ägypten 285—247 v. Chr.: 13. Jahr der Regierung II 167, 21 (476 Nab.). Siehe II Anh. Anm 6
Philometor, d. i. Ptolemäus VI., König von Ägypten 181—145 v. Chr.: 7. Jahr der Reg. I 350, 7 (574 Nab).
Phönizien I 74, 28; II 383, 17.

Pontus I 75, 26; 96, 1; 120, 27; 127, 1.

Poseideon, athenischer Monat, I 247, 14; 249, 24; II 27, 23.

Ptolemaïs I 74, 14.

Pyanepsion, athenischerMonat, II 25, 19.

Rhenus I 76, 29.

Rhodus: Meridian von Rh. I 266, 25; Parallel von Rh. I 60, 2; 74, 35; 83, 29; 91, 4; 95, 1; 125, 1; 368, 22. 24; bürgerliche Stunde I 266, 15; 271, 14; 275, 9; 351, 14; Fehlen der Parallaxe in Länge I 275, 1. — In Rh. angestellte Beobachtungen I 266, 1 (nach Z. 15); 271, 2; 274, 27; 351, 11. Siehe I Anh. Anm. **44**.

Rom II 26, 15; 28, 14.

Skirophorion, athenischer Monat, I 248, 23.

Skorpion, Zodiakalmonat, II 150, 29; 151, 15. Vgl. Ägon.

Skythische Völkerschaften I 78, 24.

Smyrna I 75, 5.

Soëne I 73, 29; 95, 1; 123, 1.

Stilbon, Beiname des Merkur, II 132, 16; 150, 30.

Süd-Brettania s. Brettania.

Syrus I 1, 1; II 3, 1; 395, 2.

Tanaïs I 77, 2.

Taprobane I 71, 27.

Tauron, Zodiakalmonat, II 133, 7. Vgl. Ägon.

Thebaïs I 74, 15

Theon der Mathematiker II 140, 26; 156, 13; 157, 14; 158, 26.

Thule I 78, 21.

Timocharis: Sternverzeichnis II 4, 5; 17, 8. 31; 18, 14; Koordinaten der Spika II 12, 22. 24; 16, 28; 19, 19; 27, 10; vgl I 137, 21; Deklination anderer Fixsterne II 18, 18 bis 20, 12. — Beobachtungen von Sternbedeckungen durch den Mond II 22, 12; 24, 20; 25, 17; 27, 21; durch die Venus II 167, 20; 168. 6.

Trajan, römischer Kaiser 98 — 117 n. Chr.: 1. Jahr der Regierung II 26, 16 (845 Nab. nach Z. 23); 28, 15 (s. Z. 24).

Xanthikos, syromakedonischer Monat, II 247, 15. Vgl. Apellaios.

Druck von B. G. Teubner in Dresden.